GESAMMELTE VERÖFFENTLICHUNGEN

VON HANS GOLDSCHMIDT.

SPRINGER-VERLAG BERLIN HEIDELBERG GMBH 1914

ISBN 978-3-662-32139-3 ISBN 978-3-662-32966-5 (eBook)
DOI 10.1007/978-3-662-32966-5

GELEITWORT.

Die vorliegende Zusammenstellung umfaßt die wichtigeren Veröffentlichungen von Professor Dr. Hans Goldschmidt. Sie erfolgt aus Anlaß seiner 25jährigen Zugehörigkeit zur Firma und bezweckt hauptsächlich, einen Überblick über die Entwicklung des von ihm ausgearbeiteten und in die Technik eingeführten aluminothermischen Verfahrens zu geben. Außerdem sind einige Aufsätze aus anderen Gebieten aufgenommen. Dem oft geäußerten Wunsche, die vielen an den verschiedensten Stellen erschienenen Veröffentlichungen zusammenhängend in zeitlich richtiger Folge zu besitzen, soll dieses Buch Rechnung tragen.

Essen Ruhr, Mai 1914.

Th. Goldschmidt A-G.

Inhaltsverzeichnis am Schlusse des textlichen Teils.

Über ein neues Verfahren zur Erzeugung hoher Temperaturen und zur Darstellung von schwer schmelzbaren, kohlestoffreien Metallen.

(Experimentalvortrag in der Hauptversammlung der Deutschen Elektrochemischen Gesellschaft zu Leipzig am 14. April 1898; Zeitschr. für Elektrochemie IV (1897/98) S. 494 und Stahl und Eisen XVIII (1898) S. 468.)

Das Verfahren, das ich Ihnen hier vorzuführen beabsichtige, ist in seinem Prinzip so außerordentlich einfach, daß ich es kaum unternommen hätte, es hier vorzutragen, wenn sich nicht überraschende und außerordentliche Wirkungen damit erzielen ließen. Es beruht vornehmlich auf der hohen Verbindungswärme des Aluminiums mit dem Sauerstoff, als dessen Quelle hierbei hauptsächlich Oxyde dienen; aber es können auch statt dessen, wiewohl mit geringerem Wärmeeffekt, Sulfide angewandt werden. Statt der Verbindungswärme des Aluminiums mit dem Sauerstoff kann man also auch die mit dem Schwefel benutzen, während sich anderseits das Aluminium einigermaßen durch Magnesium oder Kalziumkarbid ersetzen läßt.

Die Verwendung des Aluminiums als Reduktionsmittel ist durchaus nichts Neues. Schon bald nach dem Bekanntwerden des Metalles wurde von vielen Forschern darauf hingewiesen, aber es wurde nur selten mit den Sauerstoffverbindungen der zu reduzierenden Körper gearbeitet, sondern weit öfter mit den Chloriden oder Fluoriden; die Schwefelverbindungen sind wohl ganz unberücksichtigt gelassen worden. Deville, die Gebrüder Tissier, besonders Wöhler und dessen Schüler Michel, auch Beketoff haben hierüber Versuche gemacht. Neuerdings hat in der „Chemiker-Zeitung" Léon Franck* eine ausführliche Arbeit über die Verwendung des Aluminiums als Reduktionsmittel und besonders zur Darstellung von Phosphor veröffentlicht.** Klemens Winkler hat bekanntlich sehr eingehende Versuche über die Einwirkung des Magnesiums auf reduzierbare Körper angestellt. Alle diese haben aber nur mit sehr kleinen Mengen gearbeitet, indem sie die Mischung im Reagensglas oder im kleinen Tiegel, in der Muffel, also durch die Gefäßwand hindurch, erhitzten. Sie haben dann oft eine so heftige Reaktion erhalten, daß Gefäß und Inhalt zum größten Teil verloren waren, und nur manchmal, besonders bei Wöhler, geringe Mengen von Aluminiumlegierungen sich bildeten.

---

* „Chemiker Ztg." XXII (1898) S. 236—245.
** Vergl. „Stahl und Eisen" (1898) S. 410.

Nun machte mich vor einigen Jahren Claude Vautin in London darauf aufmerksam, daß eine große Menge von Metalloxyden durch Aluminium reduziert werden könne, und gab mir so die Anregung, daß ich mich zu eingehenden Versuchen über diesen Gegenstand entschloß. Auch er erhitzte seine Reaktionsmasse von außen, indem er den Tiegel mit der Mischung in ein Koksfeuer setzte, so daß er ebenfalls nur mit geringen Mengen arbeiten konnte. Auf dieselbe Weise gelang es Greene und Wahl, Mangan abzuscheiden*. Zu erwähnen sind ferner die Arbeiten von Moissan, der auf in einem Tiegel geschmolzenes Aluminium die Oxyde der betreffenden Metalle auftrug und so Aluminiumlegierungen herstellte, in der Absicht, das Aluminium später daraus vollständig durch die nämlichen Oxyde zu verdrängen. Die Veröffentlichungen dieser seiner Arbeiten sind übrigens späteren Datums als die Versuche, deren Ergebnisse Sie heute sehen. Sie stammen hauptsächlich aus dem Jahre 1894.

Da, wie vorhin gesagt, die Reaktion zwischen dem Aluminium und den Sauerstoffverbindungen außerordentlich heftig ist, so kam es vor allem darauf an, die hier entwickelte Kraft in geregelte Bahnen zu leiten, damit sie nicht mehr in plötzlichem Aufbrausen die ganze hierauf verwandte Arbeit zunichte macht, sondern vielmehr dazu dient, ein technisch brauchbares Ergebnis zu liefern.

Bei diesen Versuchen fand sich nun zunächst die wichtige Tatsache, daß es gar nicht nötig ist, das Reaktionsgemisch durch und durch auf die erforderliche Entzündungstemperatur zu erhitzen, sondern daß es vollkommen ausreicht, diese Erhitzung an einem einzigen Punkte vorzunehmen. Sie pflanzt sich dann von selbst — mehr oder weniger schnell — durch die ganze Masse fort, so daß also der Prozeß aus einem Wärme verbrauchenden in einen Wärme liefernden umgewandelt wird.

Da zunächst von Versuchen zur Gewinnung von Chrom ausgegangen wurde, so zeigte es sich, daß es hier sehr schwierig war, die nötige Temperatur auch nur an einem einzelnen Punkte zu erhalten, eine Schwierigkeit, die sich aber leicht überwinden ließ, wenn man eine leichter entzündliche Mischung zur Einleitung des Verfahrens benutzte, von der aus dann die ganze übrige Masse in Brand gesetzt wurde. Als Bestandteile einer solchen Zündmasse empfehlen sich natürlich vor allem die Superoxyde, man kann aber auch eine sehr große Anzahl von anderen Verbindungen hierzu benutzen, wie Bleioxyd, Kupferoxyd, übermangansaures Kali und andere mehr.

Es stellte sich nun als ein besonderer Vorteil dieses Verfahrens heraus, daß es möglich ist, reine aluminiumfreie Metalle zu erhalten, wenn man nur das betreffende Metalloxyd in geringem Überschuß anwendet.

Zwei Hauptverwendungsarten waren somit für das Verfahren gegeben, nämlich erstens die Ausbeutung der Wärme liefernden Kraft der Aluminiummischung zur Erhitzung und zweitens die ihrer reduzierenden Kraft zur Gewinnung von reinen Metallen oder Legierungen.

Je nachdem man einen dieser beiden Zwecke erreichen will, wird man die Art des Arbeitens einrichten müssen. Setzt man der Masse indifferente Körper zu, durch die sie gewissermaßen verdünnt wird, so kann weder die

* Vergl. „Stahl und Eisen" 1893 S. 346, 905; 1894 S. 364.

Hitze so hoch werden, daß der zu erhitzende Körper selber ins Schmelzen gerät, noch auch das reduzierte Metall zu einem Regulus zusammenfließt; man erhält vielmehr eine Sintermasse, die eine vollständige Hülle um den zu erhitzenden Körper bildet. Zu einer solchen Mischung wird man natürlich das billigste Oxyd, etwa Eisenerz, Sand oder dergleichen nehmen und ihr sodann als inerten Körper entweder einen großen Überschuß dieser Stoffe oder etwa Magnesia, Kalk oder dergleichen zusetzen. Will man andererseits Metalle darstellen, so wird man übermäßige Zusätze fortlassen, so daß die entwickelte Hitze hinreicht, nicht nur das Metall sondern auch die Schlacke (Korund) zu schmelzen, so daß sich unter ihrem Schutz ein Regulus bilden kann. Ich werde mir nun erlauben, Ihnen diese Reaktionen in einigen Versuchen vorzuführen.

Zunächst ist hier eine kleine etwa $1/4$ kg schwere Niete mit einer derartigen Erwärmungsmasse umgeben. Letztere besteht aus Eisenoxyd, Sand usw. und zerkleinertem Aluminium und ist zementiert, so daß sie eine feste Hülle um das Eisen bildet. Zur Einleitung der Reaktion wird eine sogenannte Zündkirsche aufgelegt, das ist eine aus Aluminiumpulver und einem leicht Sauerstoff abgebenden Körper geformte Kugel, in der ein Stückchen Magnesiumband steckt, das man anzündet. Wenn sich nun über die ganze Hülle der Niete Weißglut verbreitet hat, wird diese zerschlagen. Es wird dann die Niete sich stark glühend zeigen und vollkommen stauchfertig sein.

Natürlich soll diese Art und Weise der Ausführung nur als Experiment dienen, da bei dem Abbrennen der Masse in freier Luft sehr viel Wärme durch Strahlung verloren geht. Für den praktischen Gebrauch wird deshalb das Arbeitsstück noch einmal mit einem schlecht wärmeleitenden Stoffe umhüllt, am besten mit Sand oder Rasen. Hierdurch wird die Hitze zusammengehalten und es ermöglicht, eine hohe Temperatur mit einer geringen Menge Mischung zu erzielen. In dieser Weise ist auch der folgende Versuch vorbereitet. In einem Holzeimer befindet sich eine etwa 3 kg schwere Niete, wie sie beim Brückenbau gebraucht wird, mit der Erhitzungsmasse umgeben und in Sand eingebettet. Nachdem die Reaktion wie vorhin eingeleitet ist, wird, um jede Abkühlung zu verhindern, auch noch der obere Teil der Masse mit Sand bedeckt, so daß sich der Vorgang nach außen vollkommen der Wahrnehmung entzieht. Wenn nach einiger Zeit der Eimer ausgeschüttet wird, so zeigt sich auch dieses verhältnismäßig große Eisenstück vollkommen glühend.

Um in gleicher Weise die Verwendung des Verfahrens zum Hartlöten an Stelle des umständlichen Holzkohlenfeuers zu zeigen, wird hier ein einzölliges Eisenrohr mit Flansch und aufgelegtem Hartlot in die Erhitzungsmasse eingepackt. Die nötige Form bietet ein Blechgefäß (hier eine Konservenbüchse), in dessen Mitte eine Papierhülle eingestellt ist, während der Zwischenraum zwischen dieser und der Gefäßwand mit Sand ausgefüllt ist. Man kann auch eine derartige Form aus nassem Formsand einfach und schnell bereiten. Auf diese Weise läßt sich das Verfahren besonders an solchen Stellen mit Vorteil ausführen, an denen man mit einem Holzkohlenfeuer schlecht arbeiten kann. Die Schnelligkeit, mit der besonders auch große Stücke zu löten sind, dürfte einen weiteren Vorteil bieten. Nach Einleitung der Reaktion schmilzt durch die entwickelte Hitze das Hartlot und verbindet die beiden Eisenstücke, wovon Sie sich nach vollendeter Abkühlung werden überzeugen können.

Zu diesem Versuche sind ungefähr 100 g Aluminium verwendet worden, so daß also die Kosten dieses Verfahrens nicht sehr hoch sind, zumal man für diesen Zweck, wie jetzt schon ausdrücklich hervorgehoben werden soll, mit billigem Rohaluminium arbeiten kann. Hiermit würde eine solche Lötung — unter Hinzurechnung von Verkaufsspesen usw. — für etwa 15 Pf. herzustellen sein. Die Menge der anzuwendenden Erwärmungsmasse, deren Effekt empirisch festgestellt ist, läßt sich leicht aus dem Gewicht der zu erwärmenden Metalle berechnen, wobei es natürlich zur Erzielung der beabsichtigten Wirkung nicht auf eine genaue Berechnung und Abgrenzung der Masse ankommt.

Weil man durch dieses Verfahren das Eisen vollkommen rein und frei von Aluminium darstellen kann, so ist es ferner dadurch ermöglicht, Schmiedeeisen unmittelbar auszuschmelzen, so daß es also auch zum Schweißen Anwendung finden kann. Hier ist ein aus so dargestelltem Eisen vierkantig ausgeschmiedeter langer Nagel und hier ein auf eine Eisenplatte aufgeschmolzener Buckel von solchem Eisen. Das erhaltene aufgeschmolzene „Schweißstück" ist durchgesägt, und Sie können sich überzeugen, daß die Vereinigung beider Metalle in der Tat gut gelungen ist. Es sei jedoch nicht unerwähnt gelassen, daß es einiger Vorsichtsmaßregeln bedarf, um hier ein gutes Ergebnis zu erzielen. Es ist weiterhin sogar möglich, durch dicke schmiedeeiserne Platten in ganz kurzer Zeit ein Loch zu schmelzen, indem man größere Mengen der Erwärmungsmasse anwendet und schneller oder mehr davon nachträgt, sobald die Reaktion auf der Platte eingeleitet ist. Hier sehen Sie eine etwa 12 mm dicke schmiedeeiserne Platte, die auf diese Weise durchgeschmolzen ist.

Der Unterschied dieses Verfahrens vor der elektrischen Schweißung besteht hauptsächlich darin, daß es bei ihm möglich ist, eine durchaus gleichmäßige Erwärmung der Arbeitsstücke zu erzielen, während sich bei Anwendung von Elektrizität an der Berührungsstelle der beiden Schweißstücke die größte Hitze entwickelt und die angrenzenden Teile verhältnismäßig kühl bleiben, so daß dabei gerade die Schweißstelle besonders nachteilig beeinflußt wird.

Hiermit sind wir eigentlich schon auf das Gebiet der Reindarstellung von Metallen übergegangen, worüber insbesondere hier ein Versuch für die Darstellung von Chrom vorbereitet ist. Die hierzu erforderliche Temperatur ist bis jetzt nur im elektrischen Flammenbogen erzeugt worden und beträgt schätzungsweise 3000° C. Es ist zu diesem Zwecke etwas von einer Mischung von Chromoxyd und Aluminium in einen mit Magnesia ausgefütterten Tiegel eingefüllt, worauf die Umsetzung in gewöhnlicher Weise eingeleitet wird. Sodann wird soviel von der Mischung nachgegeben, bis der Tiegel voll ist, so daß sich hier im ganzen etwa 5 kg Chrom abscheiden werden, wobei die Masse weiterbrennt. Dadurch, daß man mehr oder weniger Mischung, schneller oder langsamer zu der in Reaktion befindlichen Masse nachträgt, hat man den Gang des Prozesses vollständig in der Hand und durch einige Übung erkennt man bald, wie er am vorteilhaftesten zu leiten ist.

Diesen Apparat könnte man wohl einen „sekundären" oder „pollosen" elektrischen Ofen nennen, aber er arbeitet viel rascher als der gewöhnliche elektrische Ofen und auch bei sehr viel höherer Temperatur als beispielsweise bei der Darstellung von Aluminium. Wie den eigentlichen elektrischen Ofen, so kann man auch diesen Apparat so einrichten, daß er kontinuierlich arbeitet, indem man ihn mit zwei Abstichöffnungen versieht, durch die man Metall und Schlacke abziehen kann. Einige der hier ausgestellten Metallproben sind in einem derartig eingerichteten Tiegel hergestellt. Der Apparat hat aber mit dem elektrischen Schmelzofen noch die fernere Ähnlichkeit, daß beide die nämlichen Hindernisse in der Entwicklung zu überwinden hatten; sie konnten beide so lange keine praktische Anwendung finden, als man noch Hitze von außen zuführte, da kein Tiegelmaterial der beiderseitigen Einwirkung der Feuerung und des Schmelzflusses widerstehen konnte. Erst als man die nötige Wärme lediglich im Innern des Apparates erzeugte, war die technische Ausführung im großen ermöglicht.

In der kurzen Zeit, die dieser Chromversuch dauert, wird hier eine Leistung von etwa 2000 Pferdekräften entwickelt, eine Zahl, die sich aus der Annahme ergibt, daß die bei diesem Vorgang durch die Oxydation des Aluminiums frei werdende Arbeit der zu seiner Gewinnung aufgewendeten entspricht. Es ist also hierdurch ermöglicht, bei einfachsten Apparaten eine ganz bedeutende Arbeit auf einen ganz geringen Raum und in die kürzeste Zeit zusammenzudrängen. Die Außenwand des Tiegels ist während der Reaktion fast kalt geblieben; erst nach ihrer Beendigung zeigt sich die entstandene Wärme auch da. Nach ungefähr 24 Stunden ist das Ganze so weit erkaltet, daß der Tiegel entleert und der enstandene Regulus abgeschlagen werden kann. Sie werden ihn morgen in Augenschein nehmen können. Es ist hier ein Regulus von etwa 25 kg Chrom ausgestellt, der genau in derselben Weise gewonnen ist.

Ich brauche Ihnen über die interessanten Eigenschaften des reinen kohlefreien (karbidfreien) Chroms, insbesondere in elektrischer Beziehung, weiter keine Ausführungen zu machen, da von maßgebender Seite, nämlich von Herrn Geheimrat Hittorf*, alles Wichtige über diesen Punkt bereits mitgeteilt worden ist.

Oberhalb des Regulus findet sich ferner das zugleich entstandene Aluminiumoxyd, das am passendsten wieder auf Metall verarbeitet wird. Da dieses noch etwas Chrom enthält, so findet es seinerseits wieder seine geeignetste Verwendung zur Darstellung von Chrom. Somit ist ein vollständiger Kreisprozeß von technischer Anwendungsfähigkeit gegeben. Man kann das Aluminiumoxyd aber auch als solches verwenden, da es ganz wasserfrei ist und vor dem natürlichen Schmirgel ganz bedeutende Vorzüge für seine Verwendung als Schleifmaterial besitzt; denn dieser enthält stets noch ein wenig Wasser und erreicht wohl infolgedessen auch nicht die außerordentliche Härte des hier auf feuerflüssigem Wege erhaltenen Korunds.

Die bei dieser Art von Metallgewinnung erreichten Ausbeuten sind sehr hoch und können sogar bis gegen 100 % betragen; denn es bildet sich

* Vergl. Sitzungsberichte der Königlich Preußischen Akademie der Wissenschaften zu Berlin, 71, vom 10. März 1898: „Über das elektromotorische Verhalten des Chroms".

sofort eine schützende Schlackenschicht über dem Metall, die den Zutritt der Luft abhält und auch Verdampfungen hintanhält. Es lassen sich außer Chrom wohl fast alle anderen Metalle, beispielsweise Mangan, Eisen, Titan, Bor, Wolfram, Molybdän, Nickel, Kobalt, Vanadin, auch die leicht schmelzbaren, wie Zinn, Blei, ferner Cer und, soweit ich beurteilen kann, auch die anderen Metalle der seltenen Erden auf diese Weise herstellen, also durch endotherme Reaktion und frei von Aluminium. Ebenso ist die Gewinnung von Barium, Strontium und Kalzium möglich; hier sehen Sie eine so dargestellte Legierung von Barium mit Blei. Der Zusatz von Blei ist zweckmäßig, weil das Barium leichter ist als die Schlacke. Diese Legierung zersetzt das Wasser schon bei gewöhnlicher Temperatur. Sie sehen ferner hier auch größere Stücke von kohlefreiem Mangan, das sich im Gegensatz zu dem bisher dargestellten, stark karbidhaltigen Metall, das in ziemlich kurzer Zeit zerfiel, unbegrenzt lange an der Luft hält. Auffallend sind hierbei die besonders schönen Anlauffarben, durch die es einigermaßen an das Wismut erinnert. Ferner liegen auch noch andere Stücke aus von ebenfalls kohlefreiem Ferrobor mit 20 bis 25% Bor und Ferrotitan mit etwa 40% Titan. Auch eine Legierung von Chrom und Mangan ist vorhanden, die beispielsweise zur Darstellung eines „Chrommanganins" dient. Chrom kann auch mit Kupfer legiert werden, doch sind anscheinend nicht erheblich mehr als 10% in das Kupfer einzubringen. Ein derartiges zehnprozentiges Chromkupfer hat fast noch völlig die Farbe des Kupfers, ist aber ganz bedeutend härter, so daß es zum Weiterlegieren benutzt werden kann.

Die Schlacke hat außer den bereits erwähnten allgemeinen Eigenschaften noch im einzelnen manches Interessante. So zeigt die bei der Darstellung von Chrom entstehende Schlacke rote durchsichtige Kristalle, die sich zumeist in kleinen Hohlräumen befinden, eingesprengt, die als Rubinen anzusehen sind, da auch die natürlichen Rubinen ihre Farbe dem Chrom verdanken. Infolge ihrer geringen Größe besitzen sie keinen Handelswert.

Für diese Darstellung von Metallen wird man natürlich nur reines Aluminium verwenden. Es ist somit leicht, reine Metalle frei von Kohlenstoff zu erhalten, was bekanntlich besonders für Chrom und Mangan ein lang gehegter Wunsch der Metallurgen war.

Für Erwärmungszwecke ist aber, wie schon vorhin kurz erwähnt, reines Aluminium durchaus nicht erforderlich; es genügt da die Anwendung eines unmittelbar aus dem Bauxit oder einem ähnlichen Rohstoff hergestellten Rohaluminiums, das selbst bei einem Gehalte von weit weniger als 50% hier völlig ausreichen würde; ja das darin enthaltene Silizium würde nicht nur nicht schädlich sein, sondern vielmehr die Reaktion befördern. Da man bei der Darstellung dieses Rohaluminiums nicht von der kostspieligen reinen Tonerde auszugehen braucht, so wird dieses ganz bedeutend billiger sein als das reine Aluminium des Handels, und es würde bei günstigen Kraftanlagen dem Hersteller auch dann noch ein recht guter Nutzen daran bleiben, wenn man das Kilogramm Aluminium darin selbst noch mit weniger als mit einer Mark bezahlen würde.

Zum Schluß soll noch kurz das Verhalten des Aluminiums gegen Nitrate und Sulfate betrachtet werden. Es hat sich, wie erwähnt, gezeigt, daß nicht nur Oxyde, sondern auch Sauerstoffsalze durch Aluminium reduziert werden. Nitrate wirken hier am wenigsten ein, und salpetersaures Ammon gibt mit Aluminiumpulver nur eine verhältnismäßig schwache Reaktion, wie es denn auch schon bekannt war, daß auf geschmolzenes Aluminium gebrachter Salpeter dieses so gut wie gar nicht angreift. Eine weit stärkere Reaktion und einen wahren Funkenregen geben dagegen die Sulfate, z. B. Gips oder Glaubersalz, was Tissier bereits beim schwefelsauren Natron erkannt hatte, da sein kleiner Tiegel, den er in die Muffel gestellt, in tausend Stücke zerbarst und die Muffel zum Teil zerstörte, als die Reaktion plötzlich einsetzte. Es ist leicht, diese sehr heftige Reaktion in gänzlich gefahrloser Weise vorzuführen. Hierbei wird in der Art verfahren, daß die Mischung des betreffenden Salzes mit Aluminiumpulver in ein Papierröhrchen gefüllt wird. Wenn man das Papier anzündet, so reicht die dadurch erzielte Wärme nicht aus, das Gemisch zu entzünden, man muß dies vielmehr auch hier auf die vorher beschriebene Art und Weise herbeiführen, worauf der Inhalt des Röhrchens schnell, wie ein Feuerwerkskörper, herunterbrennt. Viel niedriger liegt die Entzündungstemperatur für Aluminium und Natriumsuperoxyd, deren Gemenge sich bei Vorhandensein einer kleinen Menge Feuchtigkeit schon von selbst entzündet, ein Umstand, auf den jetzt auch Léon Franck in der „Chemiker-Zeitung"* aufmerksam gemacht hat. Es ist hiernach nicht besonders auffallend, wenn sich Natriumsuperoxyd mit Kalziumkarbid schon beim bloßen Vermischen entzündet. Ich möchte noch hervorheben, daß ich bei der Ausarbeitung der einzelnen Verfahren aufs eifrigste durch die Herren Dr. Erlenbach und besonders Dr. Weil und Wilm untertützt worden bin.

Es geht aus den vorgeführten Tatsachen wohl deutlich hervor, daß zwei neue Verwendungsweisen für Aluminium (und in geringerem Maße auch für Magnesium und Kalziumkarbid) gegeben sind, die beide auf denselben Grundlagen beruhen, nämlich auf der bisher noch nicht beachteten Eigenschaft des Aluminiums als Wärmeakkumulator, durch die es ermöglicht wird, die große Menge von Arbeit, die bei seiner Abscheidung aufgewandt wird, überall mit der größten Leichtigkeit in Form von Wärme auszulösen.

Da liegt wohl der Gedanke nahe, das Aluminium nicht nur für kalorische Zwecke zu benutzen, sondern auch danach zu trachten, das Problem zu lösen, wieder aus dem im Feuerfluß sich oxydierenden Aluminium Elektrizität zu gewinnen, um so einen großen Teil dieser Wärme für Kraftzwecke nutzbar zu machen. An der praktischen Lösung dieser Frage — die vom theoretischen Standpunkte aus nicht zweifelhaft sein kann — zu arbeiten, dürfte gewiß ein neues, wichtiges und dankenswertes Forschungsgebiet ergeben.

Dann werden sich vielleicht die großen Hoffnungen erfüllen, die man seit der Entdeckung des Aluminiums auf die Verwendung dieses Metalles zu technischen Zwecken gesetzt hat, freilich in anderer Gestalt, als man ursprünglich dachte: nicht so sehr als Metall wird das Aluminium eine Rolle spielen, sondern als ein Kraftsammler von höchster Leistungsfähigkeit.

* „Chemiker Ztg." XXII (1898) S. 236—245.

Über ein neues Verfahren zur Darstellung von Metallen und Legierungen mittels Aluminiums.

(Liebigs Annalen der Chemie, Bd. 301 (1898), S. 19/28.)

Schon bald nach der Entdeckung eines praktisch brauchbaren Verfahrens zur Darstellung von Aluminium durch Bunsen und Deville wurde von verschiedenen Seiten der Versuch gemacht, die reduzierenden Eigenschaften des neuen Metalls zu benutzen, und zwar in ähnlicher Weise, wie man bis dahin die der Alkalimetalle Kalium und Natrium schon benutzt hatte. Daher verwandte man wohl als zu reduzierende Verbindungen in erster Linie die Halogenverbindungen der Metalle, besonders die Chloride. So stellte Wöhler eine kristallisierte Verbindung von Chrom und Aluminium dar durch Reduktion von Chromchlorid (Liebigs Annalen **106,** 118); über derartige Verbindungen hat er dann gemeinschaftlich mit seinem Schüler Michel weiter gearbeitet (Liebigs Annalen **115,** 102) und solche von Aluminium mit Mangan, Eisen und Nickel aus den betreffenden Chloriden durch einen Überschuß von Aluminium erhalten. Er verwandte aber auch (in derselben Arbeit) ein Gemisch von Oxyd und Halogenverbindung und stellte so Wolfram- und Molybdänaluminium dar, nachdem er vorher (Liebigs Annalen **113,** 248) schon Titanaluminium auf diese Weise erhalten hatte. Später hat so L. Levy (Compt. rend. **106,** 66) ebenfalls eine Legierung von Titan und Aluminium dargestellt. Ungefähr gleichzeitig mit jenen Untersuchungen war es auch Beketoff gelungen, durch Einwirkung von Aluminium auf eine Mischung von Chlorbarium und Baryt eine Bariumaluminiumlegierung zu gewinnen (Liebigs Annalen **110,** 374). Aber auch reine Oxyde, ohne Zumischung anderer Verbindungen, wurden benutzt, um daraus die Metalle zu reduzieren. Schon Deville hatte dahingehende Untersuchungen angestellt, indem er Silikate und Borate mit Aluminium zersetzte und Aluminiumlegierungen darstellte, die beträchtliche Mengen von Silizium und Bor enthielten, und seine ehemaligen Assistenten, die Gebrüder Ch. und Alex. Tissier, haben diese Untersuchungen über Bor und Silizium fortgesetzt und ferner gefunden, daß Aluminium unter Explosion die Oxyde von Kupfer und Blei zersetzt; sie haben aus Eisenoxyd und Aluminium eine Legierung dieser Metalle erhalten (Compt. rend. **43,** 1187). Auch haben sie Aluminium auf Kalisalpeter, schwefelsaures Natron und Soda einwirken lassen und bei letzterem Salz eine Abscheidung von Kohle beobachtet. Die Einwirkung auf Sulfate fanden sie besonders heftig. Die Reaktion zwischen einem Gemisch von Aluminium und Sulfiden ist meines Wissens noch nicht näher untersucht worden. Über die Einwirkung von

Magnesium besonders auf die Oxyde der Metalle hat bekanntlich Klemens Winkler (Ber. d. deutsch. chem. Ges. **23,** 44—57, 120—130, 772—792, 2642—2668 [1890]; **24,** 873—899, 1966—1984 [1891] zahlreiche und sehr eingehende Versuche angestellt.

Claude Vautin in London machte mich nun vor einigen Jahren darauf aufmerksam, daß sich eine große Menge von Metallen durch Aluminium aus ihren Oxyden reduzieren läßt und hat mich dadurch zu weiteren Versuchen über diesen Gegenstand angeregt. Er hatte seine Versuche so angestellt, daß er Aluminiumpulver und die zu reduzierenden Oxyde im Tiegel von außen durch Koksfeuer bis zur Umsetzungstemperatur erhitzte. Die Reaktion trat dabei plötzlich und zumeist außerordentlich heftig ein, so daß auch er nur kleinere Mengen verwenden konnte. Auf gleiche Weise haben Greene und Wahl Mangan dargestellt (Ber. d. deutsch. chem. Ges. **26,** Ref. 980 [1893]).

Die Arbeiten Moissans, der Aluminiumlegierungen darstellte, indem er Oxyde in geschmolzenes Aluminium eintrug, mit der Absicht, den Rest des Aluminiums durch diese Oxyde später vollends zu verdrängen, gehören gleichfalls hierher; sie sind übrigens ihrer Veröffentlichung nach jünger als die in der vorliegenden Arbeit beschriebenen Versuche, die vorwiegend aus dem Jahre 1894 stammen. Neuerdings ist in der Chemikerzeitung (1898, 236—245) eine ausführliche Arbeit von Léon Franck über Aluminium als Reduktionsmittel erschienen. Er benutzt das Metall in erster Linie zur Darstellung von Phosphor.

Als mit Aluminium zu reduzierende Metalle wurden folgende besonders in Betracht gezogen, die teils unmittelbar als solche, teils in Legierungen abgeschieden worden sind: Chrom, Mangan, Eisen, Kupfer, Titan, Bor, Wolfram, Molybdän, Nickel, Kobalt, Vanadium, Cer, Thor, Barium, Kalzium, Natrium, Kalium, Blei, Zinn; doch sind die Versuche mit einigen dieser Metalle noch nicht als abgeschlossen zu betrachten. Nicht gelungen ist mir die Reduktion von Magnesia mittels Aluminiums, was auch zu erwarten war, da Klemens Winkler (Ber. d. deutsch. chem. Ges. **23,** 780 [1890]) umgekehrt Aluminiumoxyd mittels Magnesiums reduziert hatte. Es sei hier ferner bemerkt, daß Beketoff (Ber. d. deutsch. chem. Ges. **21,** Ref. 424 [1888] nach Journ. Russ. Phys.-Chem. Ges. 363 [1888]) Kalium und Rubidium aus ihren Hydroxyden abgeschieden hat, was insofern bemerkenswert ist, als umgekehrt das Aluminium aus seinem Chloride durch die Alkalimetalle in Freiheit gesetzt wird.

Die Arbeiten, von denen hier die Rede sein wird, unterscheiden sich von den bisher erwähnten wesentlich dadurch, daß es gelang, die bedeutende Umsetzungswärme, die bei der Reduktion der Oxyde durch das Aluminium frei und mit oft explosionsartiger Heftigkeit entwickelt wird, in geregelte Bahnen zu leiten und nutzbar zu machen, während früher diese ungeheure Kraft nicht nur verloren war, sondern auch oft Tiegel und Muffeln zerschmetterte.

Es hatte sich nämlich herausgestellt, daß es gar nicht nötig ist, das ganze Gemisch von Metalloxyd und Aluminiumpulver durch und durch auf die Entzündungstemperatur zu erhitzen, daß es vielmehr vollkommen genügte, die Erhitzung nur an einem einzigen Punkte vorzunehmen, von wo sie sich dann mehr oder minder rasch durch die ganze Masse verbreitet. Es war also die Möglichkeit gegeben, die Reaktion zwischen dem Aluminium und dem betreffenden Oxyd vom Innern des Gefäßes aus zu bewirken, ohne, wie es alle bisherigen Forscher getan hatten, von außen die Mischung zu erwärmen. Der Prozeß war somit aus einem Wärme verbrauchenden in einen Wärme liefernden umgewandelt, und die Umsetzung ging, einmal eingeleitet, von selbst weiter. Zur Entzündung der Masse bedient man sich am besten eines in die Mischung eingesteckten Stückes Magnesiumband, das man bekanntlich leicht mit dem Streichholz in Brand setzen kann. Bei Reduktionsgemischen, deren Entzündungstemperatur höher liegt, erreicht man diese sicherer, wenn man ein wenig von einer Mischung aus Aluminium und einem leicht Sauerstoff abgebenden Körper zufügt und diese mittels Magnesiums zunächst entzündet. Zu solchen Zündgemischen kann man nicht nur alle die Verbindungen wählen, die mit Salzsäure Chlor entwickeln, sondern auch Kupferoxyd, Bleioxyd, Wolframsäure, Molybdänsäure und viele andere Körper benutzen. Natriumsuperoxyd entzündet sich sogar mit Aluminium beim Reiben von selbst, wenn nur eine geringe Spur Feuchtigkeit zugegen ist, wie dies auch Léon Franck beobachtet hat.

Dabei soll erwähnt werden, daß Kalziumkarbid sich im Gemisch mit Natriumsuperoxyd noch leichter von selbst entzündet, natürlich unter Einwirkung der stets vorhandenen Feuchtigkeit. (Vergl. die Veröffentlichung von Heinrich Bamberger, Ber. d. deutsch. chem. Ges. **31,** 451 [1898.]) Genau ebenso wirkt Magnesiumpulver.

Erst durch die Möglichkeit, die Reaktionen lediglich im Gefäßinnern vorzunehmen, ohne jegliche äußere Wärmezufuhr, hat sich eine leichte und praktische Verwendung der oben beschriebenen Reaktionen ergeben; denn abgesehen von der gewaltsamen Zertrümmerung der Gefäße bei plötzlichem Eintritt der Umsetzung in der ganzen Masse, kann auch kein Tiegelmaterial der doppelten Einwirkung der Feuerung von außen und der schmelzenden Metall- und Oxydmassen von innen Widerstand leisten. Wird dagegen die Reaktion lediglich im Gefäßinnern hervorgerufen, so bleiben die äußeren Wände des Tiegels während der Umsetzung kalt und erwärmen sich erst nachträglich durch Leitung. Deshalb reicht auch als Apparat ein gewöhnlicher Schmelztiegel aus, der innen mit Magnesia, Tonerde oder mit sonst einem feuerfesten Oxyde ausgekleidet ist. Man kann natürlich auch das Oxyd des Metalles wählen, das im Tiegel reduziert wird. Überdies aber bildet die an der innern Gefäßwand erstarrende Schlacke schon an und für sich eine feuerfeste Kruste zum Schutze des Tiegels gegen den Schmelzfluß.

Das Schmelzgefäß verhält sich in diesen Beziehungen genau wie ein elektrischer Ofen, der auch erst dann in der Praxis Anwendung finden konnte, nachdem man gelernt hatte, die nötige Hitze durch den elektrischen Strom lediglich im Schmelzgefäß selbst entstehen zu lassen. So bildet dieser „Apparat" gewissermaßen einen „sekundären elektrischen Ofen", aber er arbeitet viel rascher als der gewöhnliche, und auch bei sehr viel höherer Temperatur als beispielsweise bei der Darstellung von Aluminium nach dem Verfahren von Héroult und Kiliani.

Ähnlich wie die Oxyde verhalten sich vielfach die Sulfide. Werden sie mit Aluminium gemischt und an einem Punkte bis zur Entzündungstemperatur erhitzt, so scheidet sich das Metall des Sulfides aus und es entsteht Schwefelaluminium. Diese Reaktion geht bei weit niederer Temperatur vor sich als die der Oxyde, nämlich schon bei Rotglut. Da aber andererseits auch Aluminiumsulfid viel leichter schmilzt als die Tonerde, so werden auch hier Metall und Schlacke gut getrennt erhalten. Diese Reaktion verläuft besonders glatt beim Schwefelkupfer, aber auch andere Sulfide lassen sich leicht reduzieren, so daß es bei der Metalldarstellung oft vorteilhafter sein kann, von den Sulfiden auszugehen, statt von den Oxyden, bzw. Gemische beider gleichzeitig zur Reduktion zu benutzen.

Die Arbeit bei diesem Verfahren gestaltet sich am besten so, daß man zuerst eine geringe Menge der Mischung in den Tiegel gibt und diese entzündet. In dem Maße wie die Umsetzung fortschreitet, wobei sich unten geschmolzenes Metall und darüber flüssiger Korund ausscheiden, gibt man allmählich mehr Mischung nach, und es gelingt so leicht, jede beliebige Menge Metall darzustellen. Wie den eigentlichen elektrischen Ofen, so kann man auch diesen Apparat einrichten, daß er ununterbrochen arbeitet, indem man zwei Abstichöffnungen anbringt, durch die man Metall und Schlacke getrennt abzieht.

Die so erhaltenen Metalle sind frei von Kohle oder Karbid, da das im Handel befindliche Aluminium hinreichend rein ist.

Trotz der großen Legierungsfähigkeit des Aluminiums hat es sich herausgestellt, daß man die Metalle bzw. Legierungen auch gänzlich frei von Aluminium darstellen kann, wenn man vor allem darauf achtet, einen geringen Überschuß des zu reduzierenden Oxydes anzuwenden. Bekanntlich ist es dagegen nicht möglich, Metalle wie Chrom, Mangan, Titan usw. kohlefrei herzustellen, wenn man bei der Reduktion mit Kohle auch einen noch so großen Überschuß des Oxydes anwendet.

Eine große Anzahl von Metallen, auch von den am schwersten schmelzbaren, ist auf die beschriebene Weise leicht darzustellen.

Das Aluminium dient bei diesem Verfahren als Wärmespeicher und gestattet, eine gewisse Menge von Wärme in ganz kurzer Zeit im engsten Raum in Freiheit zu setzen. Bei der Abscheidung von Metallen, die selbst bei sehr hohen Wärmegraden nicht oder nur spurenweise flüchtig sind, braucht keine Wärme zur Vergasung irgendwelcher Verbrennungsprodukte aufgewendet zu werden, weshalb die Wärmeverluste äußerst gering sind und die Umsetzung besonders ruhig und kräftig verläuft. Für eine rohe Schätzung der erzielten Temperaturen ist das Thermophon von Wyborgh in Anwendung gebracht worden, welches, wenn die mit ihm erhaltenen Zahlen auch auf Extrapolation beruhen, doch wenigstens einen gewissen Anhalt für die relative Temperatur der Vorgänge gibt, die z. B. bei der Reduktion von Chrom nach der Tabelle von Wyborgh wiederholt als ungefähr 3000° ermittelt wurde.

Von den auf diesem Wege dargestellten Metallen ist in erster Reihe das geschmolzene Chrom zu nennen. Es sei hier auf die interessante Untersuchung über das elektromotorische Verhalten des Chroms verwiesen, die

Hittorf mit dem vom Verfasser hergestellten Metall angestellt hat (Sitzungsber. d. Kgl. Preuß. Akad. zu Berlin **71**, 193—212 [1898]). Besonders erwähnenswert ist, daß reines Chrom an der Luft, selbst in der Atmosphäre des chemischen Laboratoriums, vollständig blank bleibt und sich überhaupt in vielen Beziehungen wie ein edles Metall verhält. Ferner ist noch besonders das nach diesem Verfahren dargestellte Mangan zu nennen, das durchaus haltbar ist, während das mit Kohle abgeschiedene bekanntlich nach einiger Zeit zu Pulver zerfällt, eine Zersetzung, die durch den Karbidgehalt des Metalles hervorgerufen wird. Das reine Mangan zeigt vielfach ähnlich dem Wismut schöne Oberflächenfarben.

In größeren Mengen sind außer diesen beiden Metallen für den technischen Bedarf insbesondere Legierungen von Eisen mit 20 bis 25 Prozent Bor und Ferrotitan mit 40 Prozent Titan dargestellt worden, ferner Chromkupfer, das noch bei 10 Prozent Chrom fast vollständig die Farbe des Kupfers besitzt, aber bedeutend härter als letzteres Metall ist, sowie Legierungen von Chrom und Mangan.

Ferner ist Blei und Barium als Legierung abgeschieden worden. Letzteres, wie überhaupt die leichten Metalle, gewinnt man vorteilhaft in Legierung mit einem Schwermetalle, da es sonst leicht an die Oberfläche der Schmelze steigt und dort verbrennt. Es sei bemerkt, daß eine solche Legierung von Blei und Barium das Wasser zersetzt. In gleicher Weise lassen sich, wie ja Beketoff schon nachgewiesen hat, auch die Alkalimetalle aus den Hydroxyden abscheiden. Auch dies geht völlig ohne äußere Wärmezufuhr vonstatten, sobald an einer Stelle der Mischung die Entzündungstemperatur erreicht ist; die Metalle destillieren ab und verbrennen (wenn nicht für Abschluß der Luft gesorgt ist) sofort wieder mit stark leuchtender Flamme.

Die bei der Metalldarstellung entstehende Schlacke bietet gleichfalls manches Bemerkenswerte. Sie besteht, falls nur Oxyde zur Reduktion verwendet wurden, aus geschmolzener Tonerde, ist aber zum Unterschied vom natürlichen Korund vollkommen wasserfrei. Hierauf beruht auch wohl ihre ausgezeichnete Härte, da sich ergeben hat, daß sie selbst von zu Bohrzwecken dienenden Diamanten, die noch ihre natürlichen Flächen hatten, nicht geritzt werden konnte. Es finden sich ferner in dieser Schlacke öfters kleine durchscheinende, farblose oder verschieden gefärbte Kristalle. Bei der Darstellung von Chrom sind diese rot gefärbt und demnach als Rubinen aufzufassen, die aber infolge ihrer Kleinheit keinen Handelswert besitzen.

In der Praxis wird man die Schlacke in erster Linie wieder zur Darstellung von Aluminium benutzen, das dann wieder zur Gewinnung desselben Metalls verwandt wird, zu dessen Reduktion es schon einmal gedient hat und von dem es ohnehin geringe Mengen enthält. Auf diese Weise ist ein vollständiger Kreisprozeß gegeben, bei dem das Aluminium die Rolle des Wärmeüberträgers spielt.

Diese Reaktionen können nun ferner noch besonders zur Metallverarbeitung aller Art angewendet werden; denn man kann, wie oben beschrieben, damit in kürzester Zeit und in einfachster Weise ein Schmiedefeuer anmachen von einer Intensität, wie dies mit keinem Kohlenfeuer möglich ist. Hierfür ist sogar ein aus Bauxit oder ähnlichen billigen Stoffen unmittelbar gewonnenes Rohaluminium vollkommen ausreichend.

Sehr viele dieser Reduktionsmischungen, insbesondere solche, die Sulfate enthalten, aber auch manche mit Oxyden, wie mit Eisenoxyd, ferner mit Molybdänsäure, rufen eine ganz außerordentlich heftige, oft explosionsartige Reaktion hervor, so daß bei all diesen Versuchen die größte Vorsicht anzuwenden ist.

Die Mengenverhältnisse der Mischung werden im allgemeinen nach den theoretischen Verhältnissen gewählt, z. B. bei der Darstellung von Chrom nach der Gleichung:

$$Cr_2O_3 + 2\ Al = Al_2O_3 + 2\ Cr.$$

Da das käufliche metallische Aluminium nie hundertprozentig ist, so ergibt sich aus dieser Berechnungsweise schon von selbst ein genügender Überschuß an Oxyd, um ein freies Metall von Aluminium zu erzielen.

Es ist nicht gleichgültig, welches Oxyd man zur Darstellung eines Metalles wählt, im Falle dieses mehrere Oxyde bildet; so ergibt natürlich Mangansuperoxyd eine viel heftigere Wirkung als Manganoxyduloxyd oder gar Manganoxydul. Durch die richtige Wahl des Oxydes sowie durch Anwendung eines Gemisches mehrerer Oxyde desselben Metalles nebeneinander hat man es außer der Verwendung eines mehr oder minder großen Oxydüberschusses durchaus in der Hand, die gewünschte Intensität der Umsetzung zu erzielen.

Als Aluminiumpulver kann man für kleinere Versuche das jetzt zum Bronzieren sehr viel gebrauchte fein geschlagene Metall verwenden, das unter dem Namen Aluminiumbronze oder Aluminiumbrokat in jedem größeren Drogengeschäft zu erhalten ist. Für größere Versuche eignet sich der sogenannte Aluminiumgries.

Metalldarstellungen im kleinen Maßstabe gehen übrigens nach dieser Methode nur ziemlich unvollkommen von statten, da die Abkühlungsverhältnisse bei ihr eine verhältnismäßig große Rolle spielen. Gute Metallabscheidungen werden erst erhalten, wenn man mit Mengen von mehreren Kilogramm arbeitet.

Als Reduktionsmittel kann man neben dem Aluminium auch Magnesium und Kalziumkarbid mitverwenden; in letzterem Falle erhält man natürlich karbidhaltige Metalle.

„Die Größe der Wärme, welche bei diesem Prozesse entsteht, ist offenbar gleich derjenigen, welche Aluminium beim Verbrennen in Sauerstoff zu wasserfreier Tonerde gibt, vermindert um die, welche die äquivalente Größe des zu reduzierenden Metalles bei der Bildung des von ihm benutzten Oxydes erzeugt. Sie ist aber, je nach der Natur des letztgenannten Metalles, verschieden. Da jedoch die Oxydationswärme des Aluminiums die der anderen Metalle fast immer bedeutend übertrifft, so wird die frei werdende Wärme in den meisten Fällen sehr groß und bringt die am Prozesse beteiligten Massen auch in intensive Weißglühhitze.

„Leider ist es gegenwärtig nicht möglich, die Größe der bei diesem Vorgange frei werdenden Wärme in den einzelnen Fällen durch Zahlen auszudrücken. Die Wärmemenge, welche die Reduktion der Oxyde in Anspruch nimmt, ist zwar meist bekannt, aber diejenige, welche die Oxydation des Aluminiums zu wasserfreier Tonerde liefert, ist noch nicht gemessen; Jul. Thomsen hat nur die Wärme bestimmt, welche Aluminium bei der Bildung von Tonerdehydrat $Al(OH)_3$ erzeugt.

Da die Reduktionsvorgänge durch Aluminium sehr rasch verlaufen, so sind sie wahrscheinlich ganz geeignet, um die genannte noch unbekannte wichtige Wärmegröße im Kalorimeter zu ermitteln. Unser Prozeß dürfte daher auch in dieser Hinsicht für die Wissenschaft Bedeutung erlangen."

Ich verdanke diese Schlußbemerkungen der großen Liebenswürdigkeit des Herrn Geheimrat Hittorf, der mir bei Beleuchtung der hier in Betracht kommenden thermochemischen Vorgänge erwünschten Rat erteilt hat, Deshalb will ich diesen Aufsatz damit schließen, daß ich ihm meinen herzlichsten Dank an dieser Stelle ausspreche.

Über ein neues Verfahren zur Darstellung von Metallen und Legierungen und von Korund, sowie zur Erzielung hoher Temperaturen.*

(Vortrag auf der Hauptversammlung des Vereins Deutscher Chemiker zu Darmstadt, 2. Juni 1898; Zeitschrift für angewandte Chemie, 1898, S. 821.)

Obwohl es schon seit längerer Zeit durch die Versuche von Wöhler, Deville, der Gebrüder Tissier u. a. bekannt geworden war, daß sich viele Metalloxyde durch Aluminium reduzieren lassen und daß dabei eine beträchtliche Wärmemenge frei wird, so war man bisher doch nicht zu einer praktischen Ausnutzung dieser Vorgänge gelangt. Man war bis jetzt noch nicht über das Stadium der Laboratoriumsversuche herausgekommen, da man stets die Umsetzung dadurch bewirkte, daß man die Masse in einem kleinen Tiegel von außen erhitzte, wodurch meist mehr oder minder heftige Reaktionen eintraten, während sich Metallabscheidungen nur in geringem Maße bildeten.

Durch Claude Vautin in London, der eine Anzahl von schwer schmelzbaren Metallen so dargestellt hatte, wurde ich vor einigen Jahren angeregt, mich mit dem Studium der Metalldarstellung mittels Aluminiums zu beschäftigen, und im Verlaufe meiner Versuche fand ich, daß es gar nicht nötig war, das ganze Gemenge von Aluminium und der zu reduzierenden Verbindung zu erhitzen, sondern daß es genügte, die nötige Entzündungstemperatur an einem Punkte der Mischung hervorzurufen, von wo sie sich dann mehr oder minder rasch über die Gesamtheit des Reaktionsgemisches fortpflanzte. Hierdurch wurde es ermöglicht, nicht nur Metalle in großem Maßstabe zu gewinnen, sondern auch die Reaktionswärme anderweitig nutzbar zu machen.

Es verhält sich die in einem solchen Gemenge eintretende Umsetzung ähnlich wie diejenige in einem Gemische von Steinkohlen und Luft, als welches man die auf dem Roste befindliche Kohlenschicht ansehen kann. Ebenso wie hier die Umsetzung, das Verbrennen, an einem Punkte eingeleitet, sich weiter fortpflanzt und durch Zugabe neuen Materials unterhalten wird, so braucht man auch das Gemisch von Aluminium und Metallverbindung nur an einem Punkte zu erhitzen, worauf es weiterbrennt und zugefügte neue Gemengteile ebenfalls in Brand setzt. Bei beiden Vorgängen liegt die Entzündungstemperatur sehr hoch, und bei beiden ist es auch nötig, diese Temperatur durch leichter entzündbare Stoffe erst an einem Punkte herzustellen. Bei Steinkohlen dient hierzu meist das leicht brennbare Holz, während es sich bei dem vorliegenden Verfahren als vorteilhaft erwiesen hat, die Verbrennung mittels eines Gemisches aus Aluminium und einem leicht Sauerstoff abgebenden Körper einzuleiten.

---

* Eine Abhandlung gleichen Inhalts ist in der Zeitschrift des Vereins deutscher Ingenieure Bd. 42 (1898) S. 1019—1022 erschienen.

Man bedient sich dessen in Form einer sogenannten Zündkirsche, das ist eine durch irgendeinen Klebstoff zusammengehaltene Kugel aus Aluminiumpulver und Bariumsuperoxyd, einem Gemische, das sich hierzu als besonders geeignet erwiesen hat. In dieser Kugel steckt ein Stück Magnesiumband, das zunächst mit einem Streichholze entzündet wird. Zur leichten Abgabe des Sauerstoffes kann man sich statt des Bariumsuperoxydes auch einer großen Anzahl anderer Stoffe bedienen, wie des übermangansauren Kalis, chlorsaurer und salpetersaurer Salze oder sauerstoffreicher Oxyde, auch des Blei- oder Kupferoxydes und anderer mehr.

Eine sehr niedrige Entzündungstemperatur hat ein Gemisch von Aluminium mit Natriumsuperoxyd, das beim Verreiben bei Vorhandensein einer geringen Menge Feuchtigkeit schon bei gewöhnlicher Temperatur sich mit explosionsartiger Heftigkeit entzündet. Ebenso wie Aluminium wirken hier Magnesium, Zinkstaub, Antimonpentasulfid, Kalziumkarbid und bekanntlich viele organische Stoffe.

Das Aluminium muß in zerkleinertem Zustande angewandt werden, am besten in Form von sogenanntem Aluminiumgrieß. Das ganz fein verteilte Aluminiumbrokat (auch mit einem wenig passenden Namen Aluminiumbronze genannt) kann allenfalls für ganz kleine Vorversuche benutzt werden; ist aber im allgemeinen wegen der darin enthaltenen meistens nicht unbeträchtlichen Verunreinigungen besser zu vermeiden.

Um nun zunächst den ursprünglichen Zweck des neuen Verfahrens, die Metalldarstellung, und zwar in erster Linie die Reindarstellung von Chrom und Mangan, zu besprechen, so ist hervorzuheben, daß das Aluminium und das zu reduzierende Oxyd zunächst gut gemischt werden muß. Von der Mischung wird etwas in einen Tiegel gegeben und darin entzündet. In dem Maße, wie die Reaktion fortschreitet, gibt man fortlaufend von dem Gemisch zu. Infolge der großen Reaktionswärme scheidet sich das Metall (also beispielsweise Chrom, das man bisher nur im elektrischen Flammenbogen schmelzen konnte) in geschmolzenem Zustande aus, und eine Schlacke von ebenfalls geschmolzener Tonerde schwimmt darüber. Das Verfahren kann ununterbrochen ausgeübt werden, indem man zwei Abstichöffnungen anbringt, eine für das Metall und eine für die Schlacke. Da die Reaktion sehr schnell vor sich geht, so kann man selbst in einem mäßig großen Tiegel in der Minute 1 bis 2 kg Aluminium oxydieren, wobei der Tiegelinhalt in ruhigem Fluß gehalten wird, da ja lediglich feste Verbrennungsprodukte entstehen. Es ist deswegen möglich, in einem ganz beschränkten Raume und in kürzester Zeit auf die einfachste Weise große Mengen Metall darzustellen. Als Tiegel kann man einen mit Magnesia ausgekleideten Tontiegel nehmen, sich aber auch einfach mit Magnesia ausgekleideter Erdlöcher von passender Größe bedienen.

Es leuchtet unmittelbar ein, daß die technische Anwendbarkeit des Aluminiums als Reduktionsmittel im Feuerfluß erst dann Anwendung finden konnte, nachdem es gelungen war, jede äußere Erwärmung des Reaktionsgefäßes zu vermeiden. In dieser Beziehung verhält sich das Verfahren genau wie die feuerflüssige Elektrolyse, die auch dann erst technisch verwendbar wurde, nachdem man gelernt hatte, die erforderliche Wärme lediglich im Innern des Gefäßes zu erzeugen. Bekanntlich gibt es kein Tiegelmaterial, das gleichzeitig der äußeren Erhitzung und der ungeheuren Wärme von innen standhalten kann. Letzterer zu widerstehen vermag allein, genau wie bei der Elektrolyse der Tonerde, die an den inneren Gefäßwänden erstarrende Tonerde selbst, da diese bei der Ausführung unseres Verfahrens die Magnesiaauskleidung des Tiegels sofort überzieht.

Es ist in hohem Maße auffallend, daß man auf diesem Wege unmittelbar aluminiumfreie Metalle erhält, sobald die Mischungen so gewählt sind, daß ein geringer Überschuß an Sauerstoff vorhanden ist, wobei dann das Aluminium vollständig verbrannt wird. Da das Aluminium des Handels außerdem frei von Kohle ist, so erhält man auch ein von dieser Verunreinigung freies Metall. Dies ist ein bedeutender Vorzug dieses Verfahrens und von besonders hohem Werte für die Technik, da es bisher noch nicht geglückt war, beispielsweise kohlefreies Chrom herzustellen.

Es hat sich gezeigt, daß das so gewonnene reine Chrom auch in wissenschaftlicher Beziehung höchst bemerkenswerte Eigenschaften hat, und es mag wegen dieser auf die interessanten Untersuchungen hingewiesen werden, die Hittorf über die Eigenschaften des vom Verfasser dargestellten reinen Chroms veröffentlicht hat. (Über das elektromotorische Verhalten des Chroms, Sitzungsb. Akad. Berlin 71 [1898], 193 bis 212.) Besonders erwähnenswert ist, daß reines Chrom zu den luftbeständigsten Metallen gehört, die wir kennen, und sich überhaupt in vielen Beziehungen wie ein edles Metall verhält.

Ebenso enthielt das bisher im Handel befindliche Mangan stets viel Kohle in Form von Karbid und zerfiel nach kurzer Zeit durch dessen Zersetzung zu einem unansehnlichen Pulver, während das mit Aluminium dargestellte Metall erst nach längerem Liegen in feuchter Luft etwas anläuft, ohne jedoch zu zerfallen. Die frischen Bruchflächen zeigen ähnlich dem Wismut ein schönes Farbenspiel.

Außer Chrom und Mangan, die, wie vorhin beschrieben, in fabrikmäßigem Maßstabe gewonnen werden, sind nach diesem Verfahren auch fast alle anderen Metalle sowie einige Nichtmetalle abgeschieden worden, wenn auch vielfach nur, um sich von seiner allgemeinen Anwendbarkeit zu überzeugen. Nur Magnesia konnte nicht reduziert werden, während das verwandte Berylloxyd von Aluminium zersetzt wird.

Ich befinde mich in dieser Beziehung mit Paul Leban in Widerspruch, der neuerdings eine vorzügliche Monographie über „Beryllium und seine Verbindungen" veröffentlicht hat (deutsch von Dr. Th. Zettel, 1898). Auf Seite 16 und 17 der deutschen Übersetzung gibt Leban ausdrücklich an, daß es nicht möglich sei, das Berylloxyd durch Aluminium zu reduzieren.

Wird das Berylloxyd in einem mit Magnesia ausgekleideten Tiegel mit fein verteiltem Aluminium in etwa äquivalenten Mengen gemischt und auf dem Gemenge eine sogenannte Zündkirsche zur Reaktion gebracht, so glimmt die Masse weiter. Nach dem Erkalten sieht man, daß dieselbe — infolge von abgeschiedenem Beryllium — sich geschwärzt hat. Da wo das glühende Gemisch der Luft ausgesetzt wird, verbrennt das ausgeschiedene Beryllium sogleich wieder und die Masse ist weiß. — Das Beryllium scheidet sich also bei diesem Verfahren nicht einheitlich regulinisch aus, wie z. B. Chrom, Mangan, ferner Eisen, Nickel, Kobalt, Kupfer, Zinn, Blei und andere, bei denen allen eine einheitliche regulinische Abscheidung mit darüberstehender geschmolzener Tonerde leicht zu erzielen ist, sondern es findet sich — wie bei den Reduktionen von Cl. *Winkler* mit Magnesium — in der Schlacke fein verteilt. Ähnlich verhalten sich dem Aluminium gegenüber nach den bisherigen Untersuchungen auch die Oxyde des *Titans*, *Bors*, *Siliziums*, *Zers*, *Thoriums* und anderer, die nur eine mehr oder minder gesinterte Masse ergeben, in der sich die Metalle nicht einheitlich abscheiden können.

Es sei besonders hervorgehoben, daß, wenn derartige Gemische nicht mit einer Zündkirsche, sondern nach alter Weise in einem Holzkohlenfeuer o. dgl. zur Reaktion gebracht werden, das Resultat im wesentlichen kein anderes ist, d. h. die Metallausscheidung ist auch nur eine fein durch die gesinterte Masse gleichmäßig verteilte.

Bei den Metallen nun, bei denen die einheitliche regulinische Abscheidung Schwierigkeiten bietet, bewirkt man leichter ihre Darstellung in Legierungen, wie z. B. beim *Titan*, das auch wegen seiner außerordentlich großen Schwerschmelzbarkeit nur in Legierungen weiter verschmolzen werden kann. Es hat sich gezeigt, daß eine Legierung von 40% Titan und 60% Eisen noch so schwer schmelzbar und so wenig legierungsfähig war, daß man zur Darstellung von 20prozentigem Titaneisen übergehen mußte, das jetzt vorzugsweise in den Handel gebracht wird. In gleicher Weise wird ein *Boreisen* mit 20 bis 25% *Bor* in den Handel gebracht. Auch sind entsprechende Legierungen mit Kupfer und Nickel gemacht worden. Es wird ferner *Chromkupfer* dargestellt, das noch bei 10% *Chrom* fast vollständig die Farbe des Kupfers besitzt, aber bedeutend zäher und härter ist als dieses; es wird ebenfalls hauptsächlich zum Weiterlegieren benutzt. Außerdem werden Legierungen von Chrom und Mangan gewonnen. In gleicher Weise sind Legierungen von *Beryllium*, und zwar besonders mit Kupfer dargestellt worden, indem gleichzeitig ein Kupferoxyd bzw. -oxydul mit der Beryllerde mittels Aluminiums reduziert worden ist. Berylliumlegierungen lassen sich so sehr leicht anfertigen, die ähnliche Zusammensetzungen haben wie diejenigen, die *Leban* im *Moissan*schen Ofen abgeschieden hat.

Schließlich ist auch die Darstellung von geschmolzenem reinen *Vanadin* gelungen, das allerdings wegen seines sehr hohen Preises vorerst mehr wissenschaftliches Interesse beanspruchen dürfte. Das gleiche ist in noch weit höherem Maße mit *Niob* und *Tantal* der Fall, die ebenfalls nach diesem Verfahren wohl zum erstenmal auf direktem Wege in geschmolzenem Zustande dargestellt worden sind. Während aber von dem Vanadin bereits große Stücke ausgeschmolzen sind, die das Metall als ein sehr hartes und sprödes kennzeichnen, konnten von *Niob* und *Tantal*, weil deren Verbindungen schwer zu beschaffen sind, nur sehr kleine Mengen bisher dargestellt werden.

Besonders erwähnenswert ist, daß sich auch die *Metalle der Erden, alkalischen Erden* und *Alkalien* durch Aluminium reduzieren lassen. Zwar sind sie leichter als die sich bildende Schlacke und würden deshalb mit der Luft in Berührung geraten und verbrennen, wenn man sie für sich allein reduzieren wollte; aber dies läßt sich bei einigen dadurch verhindern, daß man sie zugleich mit einem Schwermetalle, z. B. Blei, abscheidet. Eine Legierung von Blei und Barium zersetzt Wasser.

Hervorzuheben ist besonders der Umstand, daß Natrium aus Sauerstoffverbindungen durch Aluminium reduziert wird, während dies umgekehrt bei Halogenverbindungen des Aluminiums durch Natrium geschieht. Zwar hat schon Beketoff die Reduzierbarkeit von Bariumoxyd und den Alkalien und von deren Hydroxylverbindungen durch Aluminium erkannt, es soll aber hier darauf hingewiesen werden, daß es möglich ist, auch diese Metalle ohne äußere Wärmezufuhr abzuscheiden, sobald an einem Punkte des Gemisches die Entzündungstemperatur erreicht ist. Die Alkalimetalle destillieren natürlich bei der entstehenden Verbrennungswärme ab und verbrennen an der Luft mit leuchtender Flamme.

Hat ein Metall mehrere Oxyde, so ist zu berücksichtigen, daß das sauerstoffreichste auch die heftigste Reaktion verursacht und demgemäß die meiste Wärme entwickelt. Selbstverständlich kann man auch ein Gemenge verschiedener Oxyde eines Metalles nehmen, wenn man gefunden hat, daß sich die richtige Stärke der Umsetzung gerade damit am besten erzielen läßt. Man ist übrigens keineswegs auf die Verwendung der Oxyde beschränkt, obschon diese Verbindungsform im allgemeinen am geeignetsten ist, sondern man kann sich beliebiger Sauerstoffsalze oder auch der Schwefelverbindungen bedienen, wobei natürlich die Schlacke eine veränderte Zusammenstellung zeigen wird. Für einige Fälle wird man sich der Sulfide bedienen, die zwar keine so hohe Umsetzungstemperatur geben, aber andererseits das viel leichter als Korund schmelzbare Aluminiumsulfid liefern. Die höheren Oxyde und sehr sauerstoffhaltigen Salze setzen sich, wie schon erwähnt, sehr heftig mit dem Aluminium um.

Es dürfte von Interesse sein, die Verbrennungswärme einiger Elemente mit Sauerstoff hier einzufügen, die ich den Tabellen von Landolt und Börnstein entnehme. Leider ist aber gerade diejenige von Al_2 zu $Al_2 O_3$ darin nicht angegeben; ich verdanke diese Zahl der Güte des Herrn Dr. Strauß, Physikers der Firma Fried. Krupp. Demnach reiht sich Al über Mg ein.

H	34 200 cal.
C	8 317
Al	**7 140**
Mg	6 077
P	5 964
Na	3 293
Ca	3 284
S	2 200
Fe	1 352
Zn	1 314
As	1 030
Sn	573
Cu	321
Pb	243
Bi	95
Ag	27

Wenden wir uns nun von den Metallen der zugleich mit entstandenen Schlacke zu, so besteht diese, sofern man Sauerstoffverbindungen zur

Reaktion genommen hat, aus geschmolzener Tonerde, aus Korund. Man kann sie entweder wieder auf Aluminium verarbeiten und dann dieses wieder zur Metalldarstellung verwenden, also einen vollständigen Kreisprozeß ausführen, oder man kann sie auch als Schleifmittel benutzen. Betreffs der Verwendung zur Wiedergewinnung von Aluminium ist zu bemerken, daß das so erhaltene Aluminium stets noch eine geringe Menge des betreffenden Metalles oder Oxydes enthält und sich daher am besten zu neuen Reduktionen des nämlichen Metalles eignet. Ganz besonders vorteilhaft ist aber, wie neuere Versuche gezeigt haben, die Verwendung des Korunds als Schleifmittel, da er vor dem natürlichen Schmirgel bedeutende Vorzüge besitzt, vor allem viel härter ist, so daß es letzteren mit Leichtigkeit ritzt. Die geringere Härte des Schmirgels rührt daher, daß dieser nicht nur zumeist bedeutende Mengen von Eisenoxyd und Magneteisenerz, sondern stets auch mehrere Prozent Wasser enthält, das nicht einmal durch starkes Glühen vollständig zu entfernen ist. Stücke der Schlacke wurden nicht einmal von Diamanten geritzt, die zu Bohrzwecken dienten und noch ihre natürlichen Flächen hatten.

Zu dieser außerordentlichen Härte scheint auch noch ein geringer Gehalt an harten Oxyden, insbesondere an Chromoxyd, beizutragen, die zugleich der Schlacke ihre eigentümliche Farbe verleihen. Insbesondere sind die schönen dichten Nester von kleinen flachen, zumeist nadelförmigen Rubinen auffällig, die sich mehr oder minder zahlreich in Hohlräumen der von der Chromdarstellung herrührenden Schlacke finden. Wenn diese Kristallnester den Kathodenstrahlen einer Vacuumröhre ausgesetzt werden, erglühen sie genau so schön wie echte Rubinen.

Natürlich wird man mit dem so gewonnenen künstlichen Korund eine ähnliche Aufbereitung vornehmen, wie mit dem natürlichen Schmirgel, indem man ihn vor allem auf die richtige Korngröße bringt. Der so aufbereitete chromhaltige Korund besteht tatsächlich aus lauter kleinen sehr scharfkantigen Rubinen.

Durch diese gleichzeitige Gewinnung von Korund erweist sich die beschriebene Art der Metalldarstellung, insbesondere die des Chroms, als ganz besonders wertvoll. Bekanntlich wird letzteres heute in der Stahlindustrie, besonders für Panzerplatten, in ganz bedeutender Menge verwendet, und zwar fast ausschließlich als Ferrochrom, das nach einem sehr umständlichen und somit kostspieligen Verfahren mit einem Gehalte von 40 bis 65% Chrom zumeist im Tiegel dargestellt wird. Die neue Darstellungsweise des reinen Chroms scheint berufen, dies Ferrochrom nach und nach vollständig zu verdrängen.

Außer zur Darstellung von Metallen und von Korund können die besprochenen Reaktionen noch zur Erzielung hoher Temperaturen bei der Metallbearbeitung angewendet werden. Hierbei wird der zu erhitzende Gegenstand mit dem Reaktionsgemenge umgeben und von diesem erwärmt. Um die Hitze möglichst zusammenzuhalten, umgibt man die Erwärmungsmasse nach außen am besten mit Sand. Bei größeren Stücken dämmt man mit Mauersteinen ab und verschmiert nötigenfalls die Zwischenräume mit Formsand. Auf eine besonders dichte Ummantelung ist hierbei für gewöhnlich kein Gewicht zu legen, da die sich bildende Schlacke kleinere Fugen sofort selbst verstopft.

Man wird als geeignetes Oxyd für Erwärmungszwecke in erster Linie einen billigen Körper nehmen, wie Eisenoxyd oder Braunstein, und dieser Mischung nach Bedürfnis Sand, Kalk, Magnesia oder einen Überschuß des verwendeten Oxydes als Zuschlag beimischen. Für gewisse Zwecke kann es auch vorteilhaft sein, diese Zuschläge so reichlich zu bemessen, daß das Metall nicht einheitlich ausscheidet, sondern eine Art Sinterkörper entsteht. Durch passende Zusammensetzung des Gemisches kann man jede beliebige Temperatur von der Rotglut bis zur höchsten Weißglut erzielen. Man wird jedoch im allgemeinen dahin trachten, stets die höchsten Hitzegrade hervorzurufen und lieber zur Erwärmung des zu bearbeitenden Stückes etwas weniger von dem Gemisch anwenden.

Wieviel Erwärmungsmasse man nötig hat, um ein Metallstück bis zu dem gewünschten Grade zu erwärmen, hat man durch einige Versuche bald festgestellt, ebenso wie lange man warten muß, bis die verlangte Erhitzung des Metalles eingetreten ist. Bei dünnen Blechen findet die Durchwärmung fast augenblicklich statt, während man bei zölligen oder noch stärkeren eisernen Platten einige Minuten warten muß. Es ist hervorzuheben, daß die Schlacke und das sich stets ausscheidende Metall ohne besondere Mühe durch einige leichte Hammerschläge entfernt werden können. Dies zu erreichen hat zwar anfänglich etwas Schwierigkeit gemacht, ist aber doch durch besondere Zusammensetzung des Reaktionsgemisches vollständig gelungen. Die erwärmten Flächen zeigen keine Unebenheiten oder gar eingeschmolzene Metallteilchen und sind nach dem Abschlagen der Masse für die weitere Verarbeitung vollständig rein.

Bei der zumeist beabsichtigten Erzielung der höchsten Hitzegrade, in welchem Falle man das Metalloxyd (meist Eisenoxyd) und Aluminium in etwa äquivalenten Mengen anwendet, tritt die Umsetzung sehr heftig auf und pflanzt sich in der verwendeten Mischung so schnell fort, daß in wenigen Sekunden selbst ein dicker darin eingetauchter Eisenstab weißglühend wird und nach einigen weiteren Sekunden abschmilzt. Infolge dieser so hohen Temperatur und der Schnelligkeit der Reaktion wird auch ein Metallgegenstand, der nur an einer Stelle mit der Masse in Berührung ist, gerade hier sehr schnell glühend, während die Hitze sich nur langsam nach den benachbarten Teilen ausbreitet. Dieser Umstand ist für manche Zweige der Metallindustrie besonders wichtig, wo es darauf ankommt, ein Metallstück an einem gewissen Punkte heiß zu bearbeiten, während die gleich daneben liegenden Stellen keine Veränderung in ihrer Form erleiden sollen, beispielsweise sich nicht verziehen dürfen. Es ist auch in der Praxis dieses Verfahren da in Anwendung gebracht, wo es sich darum handelt, an bereits teilweise bearbeiteten schmiedeeisernen Platten noch andere Formveränderungen vorzunehmen.

Auf einer teilweisen Erhitzung des Arbeitsstückes beruht auch die elektrische Schweißung; aber während bei dieser die Erhitzung auf die Berührungsstelle zweier Metallstücke beschränkt ist und dort infolge von Überhitzung leicht ein Verbrennen oder Entkohlen des Metalls eintritt, so kann man mittels des neuen Verfahrens jede beliebige Stelle eines Arbeitsstückes gleichmäßig erhitzen, ohne diese Nachteile befürchten zu müssen.

Zur Veranschaulichung dieser Vorgänge wurde eine Reihe von Versuchen vorgeführt. Als Beispiel der Darstellung von Metall wurde die Gewinnung von Chrom gezeigt. In einen mit Magnesia ausgefütterten Tontiegel brachte Verfasser eine gewisse Menge des Reaktionsgemisches, entzündete sie und gab nach und nach noch so viel davon zu, daß die Menge des entstandenen Metalles etwa 5 kg betrug. Der Vorgang spielte sich nach der Formel

$$Cr_2 O_3 + 2 Al = Al_2 O_3 + 2 Cr$$

in wenigen Minuten ab. Während im Innern des Tiegels die allerhöchste Weißglut herrschte, blieben seine Außenwandungen zunächst völlig kalt, bis sie sich nach einiger Zeit durch Leitung erwärmten.

Um die Metallerwärmung und die von einem Punkte aus sich fortpflanzende Weißglühhitze zu zeigen, war ein kleiner, etwa 250 g schwerer Niet mit Erwärmungsmasse umgeben, die durch Zusatz eines Bindemittels zusammengehalten wurde. Der so vorbereitete Versuch wurde mit Hilfe einer in die Masse eingeklebten Zündkirsche in Gang gesetzt, worauf man das Fortschreiten der Weißglühhitze beobachten konnte. Die Mischung war so gewählt, daß eine Sintermasse entstand, nach deren Zerschlagen der weißglühende Niet gezeigt wurde.

Ein zweiter Versuch war in der Art vorbereitet, daß ein etwa 3 kg schwerer Niet mit Erwärmungsmasse umgeben und darauf in einen mit Sand gefüllten hölzernen Eimer eingesetzt worden war. Die Umsetzung wurde ebenso wie bei dem vorigen Versuch eingeleitet, worauf die Masse, nachdem die Reaktion begonnen hatte, auch noch von oben her mit Sand bedeckt wurde, so daß von außen nichts anzeigte, was in dem mit Sand gefüllten Eimer vorging. Nach kurzer Zeit wurde dieser ausgeschüttet und es zeigte sich nach Abschlagen der glühenden Schlacke der weißglühende Niet. Natürlich würde es nicht lohnend sein, auf diese Weise wirklich Nieten anwärmen zu wollen; es sollte durch diese Vorführung nur gezeigt werden, wie schnell und sicher man so auch umfangreiche Metallstücke auf sehr hohe Temperaturen bringen kann.

Es wurde ferner, um die Möglichkeit zu zeigen, einen Gegenstand nur an einer einzigen Stelle zu erwärmen, eine ungefähr 15 mm dicke Stahlplatte vorgezeigt, in die auf diese Weise ein etwa talergroßes Loch geschmolzen war. Sie war an einer Stelle mit der Masse bedeckt worden, worauf die Umsetzung eingeleitet und durch Zugeben von mehr Masse die Hitze so weit gesteigert worden war, daß das Blech durchschmolz.

Ebenso wie bei Chrom und Mangan ist auch beim Eisen die Darstellung eines reinen aluminium- und kohlefreien Metalles auf diesem Wege möglich: das heißt, es gelingt, Schmiedeeisen unmittelbar auszuschmelzen. Obwohl dies Verfahren zur Darstellung von Stahl- und Flußeisen zu teuer ist, so eignet es sich doch in manchen Fällen zum Schweißen und zum Aufschmelzen von Eisen auf fertige Schmiedestücke. Es wurden verschiedene eiserne Gegenstände gezeigt, auf die so gewonnenes Schmiedeeisen aufgeschmolzen war. Eine Platte mit derartig aufgeschmolzenem Eisen war durchschnitten, und es zeigte sich auf der Schnittfläche, eine wie innige Verbindung hier stattgefunden hatte. Allerdings sind bei dieser Verwendung des neuen

Verfahrens ganz besondere Vorsichtsmaßregeln zu beachten, da sonst eine zuverlässige Schweißung nicht zu erzielen ist. Einige vierkantige Stäbe waren auch aus derartig mit Hilfe von Aluminium hergestelltem Stahl ausgeschmiedet worden, wobei sich die leichte Bearbeitbarkeit dieses recht zähen Materials sehr deutlich gezeigt hatte.

Auch zum Hartlöten kann das Verfahren benutzt werden, wie ebenfalls in Darmstadt vom Verfasser gezeigt wurde. Man umgibt hier die zu verbindenden Metallstücke mit zwischengelegtem Hartlot, genau wie es die Kupferschmiede beim Löten zu tun pflegen. An Stelle des Kohlenfeuers umgibt man den zu lötenden Flansch mit Erwärmungsmasse. Um die Masse zusammenzuhalten, bediente man sich einer alten Konservenbüchse, die man mit Hilfe einer eingelegten Papierhülle mit einer etwa zolldicken Sandschicht ausgekleidet hatte. Der verbleibende Innenraum war gerade so groß, daß der Flansch mit dem zölligen Eisenrohr eingepaßt und unten und oben gleichmäßig mit der Erwärmungsmasse umgeben werden konnte. Die Reaktion wurde eingeleitet mit Hilfe einer Zündkirsche nach vorherigem Auftragen und teilweisem oberflächlichen Untermischen eines Entzündungsgemisches aus Bariumsuperoxyd und Aluminium. Nachdem die Zündung erfolgt war, wurde die Masse mit Sand überschüttet, so daß die Reaktion nach außen unmerkbar verlief.

Zu diesem Lötversuch waren etwa 100 g Aluminium nötig, die bei den jetzigen Preisen dieses Metalles kaum noch 20 Pf. kosten, während die anderen Gemengteile so billig sind, daß sie hiergegen kaum in Betracht kommen. Jedoch wird man für derartige Lösungen und Metallerhitzungen sich bei der praktischen Anwendung durchaus nicht des reinen Handelsaluminiums zu bedienen brauchen, sondern es wird hierfür vollständig ein aus Bauxit oder einem ähnlichen Material gewonnenes Rohaluminium genügen. Die Beimengungen von Eisen und Silizium, die dieses enthält, stören hierbei nicht; letzteres wird sogar die Reaktion etwas unterstützen. Man kommt sehr wohl, wie Versuche gezeigt haben, mit einem Rohaluminium aus, das noch weniger als 50% Aluminium enthält. Wird ein derartiges Rohaluminium benutzt, das bei günstig gelegenen Wasserkräften und billigem Rohstoffe, auf Aluminiumgehalt berechnet, etwa für den halben jetzigen Marktpreis des reinen Aluminiums verkauft werden kann, so können die Kosten des Anflanschens eines zölligen eisernen Rohres selbst unter Zurechnung von Verkaufspesen usw. bei Verwendung im großen auf ungefähr 15 Pf. berechnet werden.

Obschon ein Rohaluminium bis jetzt noch nicht auf dem Markte ist, und daher letzterer Preis auch noch nicht hat erreicht werden können, so wird das neue Verfahren doch auch schon mit dem jetzigen reinen Aluminium verbreitet und vielartige technische Anwendung finden. Denn obschon es an und für sich teurer ist als Kohlenfeuer und Wassergas, so bietet es doch für viele Zwecke besondere Vorteile und gestattet Erhitzungsarten, die mit keiner anderen Wärmequelle zu erreichen sind. Das neue Erwärmungsverfahren ist keineswegs dazu berufen, die alten Erwärmungsverfahren zu verdrängen, auch nicht einmal die teuren elektrischen, sondern soll sich vielmehr als ein neues Glied dieser Kette anschließen, um jene auf seinem ganz besonderen Gebiete zu ergänzen. Es wird so auch für manche Hartlötung verwendet werden, trotzdem sich Holzkohlenfeuer oder Wassergas billiger stellen, wenn es sich nämlich darum handelt, diese an solchen Punkten vorzunehmen, an die man mit diesen beiden Erhitzungsmitteln nicht gut gelangen kann. Es ist ja der Vorzug der neuen Erwärmungsmasse, daß sie sich überall bequem anbringen läßt, so z. B. auch im Innern eines Rohres oder an fertig verlegten Rohrleitungen, die man nicht wieder abnehmen will. Ein besonderer Vorteil ist auch die Schnelligkeit des Arbeitens bei diesem Verfahren, die für Reparaturen von hohem Werte ist. Diese Überlegungen und die angeführten Zahlen können natürlich nur ein ungefähres Bild davon geben, welche Vorteile die Metallerhitzung mittels Aluminiums bietet, zeigen aber jedenfalls deutlich das eine, daß sie durchaus nicht als zu teuer zu verwerfen ist.

Was die Frage nach der Höhe der hierbei auftretenden Temperaturen anbetrifft, so ist es nicht leicht, genaue Messungen anzustellen. Am einfachsten hat sich hierfür noch das Thermophon von Wyborgh erwiesen, das zwar nur rohe Werte gibt, aber doch verschiedene Temperaturen miteinander zu vergleichen gestattet. Bei diesem Thermophon werden zur jedesmaligen Temperaturmessung kleine, aus feuerfestem Material gepreßte Zylinder von genau gleicher Größe und Wandstärke angewandt, in deren Hohlraum sich ein Knallquecksilberzündhütchen befindet. Je nach der Höhe der zu bemessenden Temperatur verläuft eine kürzere oder längere Zeit, bis die Zersetzungstemperatur des Sprengstoffes im Innern des Körpers erreicht ist und eine schwache Explosion das Ende des Versuches anzeigt. In den zugehörigen Tafeln schlägt man dann die der Zeit entsprechenden Temperaturwerte nach. Natürlich beruhen diese Temperaturangaben in ihren höheren Werten auf Extrapolation und dürfen deshalb nur eine schätzungsweise Genauigkeit beanspruchen. In keinem Falle wurden die kleinen Zylinder durch den Schmelzfluß angegriffen, so daß also tatsächlich die Explosion des Knallquecksilbers nur allein durch Wärmeleitung verursacht worden war. Die verschiedenen hiermit angestellten Messungen ergaben dann auch sehr gut übereinstimmende Zahlen, und es zeigte sich zum Beispiel bei der Chromdarstellung, daß die erreichte Temperatur ungefähr 2900 bis 3000° betrug.

Die bei diesen Vorgängen geleistete Arbeit ist gleichfalls ganz außerordentlich hoch. Da anzunehmen ist, daß die durch die Oxydation des Aluminiums frei werdende Arbeit derjenigen gleich ist, die zu seiner Reduktion theoretisch hat aufgewendet werden müssen, so kann man bei der erwähnten schnellen Verbrennung des Aluminiums in Gefäßen von etwa 10 l Inhalt Tausende von Pferdekräften frei machen. Es ist nicht zu übersehen, daß praktisch natürlich viel mehr Kraft zur Aluminiumdarstellung verwendet werden muß, als aus der bloßen Reaktionsgleichung folgt.

Ostwald nannte in seiner geistreichen und schlagfertigen Art auf der diesjährigen Hauptversammlung der Deutschen Elektrochemischen Gesellschaft das dort vorgeführte Verfahren des Verfassers einen Hochofen und Schmiedefeuer in der Westentasche und hat damit den Nagel auf den Kopf getroffen. Es ist in der Tat das Kennzeichnende dieses Verfahrens die große Energiedichte, die mit ihm auf so einfache Weise zu erzielen ist. Das Aluminium stellt hier einen ganz außerordentlich fassungskräftigen Wärmeakkumulator dar und gestattet die an geeigneten Industriemittelpunkten (z. B. Niagara, Rheinfall) in ihm niedergelegten großen Kräfte an jeder beliebigen Stelle auszulösen und den mannigfachsten Zwecken dienstbar zu machen.

Zur Ausbeutung der im Vorliegenden beschriebenen Verfahren, die durch Patente in allen Kulturstaaten geschützt sind, hat sich im Anschluß an die Firma Th. Goldschmidt, Chemische Fabrik, Essen a. d. Ruhr, am gleichen Orte eine Gesellschaft mit beschränkter Haftung gebildet, die Chemische Thermo-Industrie, die sich nach kurzer Zeit ihres Bestehens jetzt genötigt gesehen hat, ihre Räume durch Neubauten bedeutend zu vergrößern. Sie ist gern bereit, allen Interessenten auf Anfrage nähere Auskunft über die Anwendung der einzelnen Verfahren zu erteilen. Infolge zahlreicher Anfragen über die Ausführung der hier erwähnten Versuche, hat sich die Firma entschlossen, fertige Gemische, die insbesondere für Vorlesungsversuche geeignet sind, auch in kleineren Packungen abzugeben und einer jeden Sendung eine genaue Beschreibung beizufügen, wie die Versuche am besten ausgeführt werden.

Über ein neues Verfahren zur Erzeugung hoher Temperaturen, verbunden mit der Darstellung reiner, kohlenstoffreier Metalle und künstlichen Korunds.

(Vortrag in der Versammlung der „Eisenhütte Düsseldorf“ am 22. Oktober 1898; erweiterter Sonderabdruck aus der Zeitschrift „Stahl und Eisen“ 1898, S. 1010.)

Es ist eine auffallende Erscheinung, daß, wenn man ganz geringe Mengen von Aluminium in einem Tiegel mit geschmolzenem Eisen untertaucht, dann eine sehr lebhafte Einwirkung entsteht, die man früher vielfach als auf einer Kontaktwirkung des Aluminiums beruhend auffaßte, bis wohl Kiliani hierfür die richtige Erklärung gab, daß sie nämlich auf der hohen Verbrennungswärme des Aluminiums mit den im Eisen vorhandenen Oxyden beruhe.

Verglichen mit dieser Einwirkung des Aluminiums auf die geringen Mengen der im Eisen enthaltenen Oxyde ist es leicht begreiflich, daß, wenn größere Mengen dieses Metalls auf Oxyde allein einwirken, die Reaktion bedeutend stärker sein muß, wie dies auch schon Wöhler, Deville, Tissier und andere ihrer Zeit erkannt haben, als sie versuchten, Metalloxyde durch Aluminium zu reduzieren. Desgleichen hat Claude Vautin in London eine Anzahl von Metallen so abzuscheiden versucht, und ihm verdankt der Vortragende die Anregung, auf diesem Felde zu arbeiten.

Die genannten Forscher stellten ihre Versuche stets so an, daß sie den Tiegel in eine Muffel oder ein Holzkohlenfeuer oder dergleichen stellten, also das ganze Gemisch auf einmal erhitzten. Obgleich nur immer mit sehr geringen Mengen gearbeitet wurde, so trat doch in den meisten Fällen eine so heftige Reaktion durch die ganze Masse ein, daß dieselbe zum großen Teil fortgeschleudert wurde.

Erst dann kam der Vortragende zum Ziel, nachdem er festgestellt hatte, daß es gar nicht nötig war, die Reaktionsmasse von außen zu erhitzen, sondern daß es vollständig genügte, die Umsetzung an einem einzigen Punkte einzuleiten, worauf sie sich dann von selber weiter fortpflanzte. Es konnte so auch die Anwendung des Verfassers außer zur Metalldarstellung (bereits im Jahre 1894 wurde so ein Regulus von etwa 25 kg Chrom dargestellt) noch zu Erwärmungszwecken ins Auge gefaßt werden. Auch die gleichzeitig entstehende Schlacke, geschmolzener Korund, zeigte sich sehr anwendungsfähig, nicht nur zur Wiedergewinnung neuer Mengen von Aluminium, sondern auch als Schleifmittel. Als solches hat sie, weil völlig wasser- und eisenfrei, vor dem natürlichen Schmirgel große Vorzüge. Dem Karborundum gegenüber besitzt sie den Vorzug außerordentlicher Zähigkeit.

Bei der weiteren Ausarbeitung seines Verfahrens hatte sich der Vortragende in der letzten Zeit der eifrigen und erfolgreichen Unterstützung der Herren Dr. Weil und Wilm zu erfreuen.

Nach dieser Einleitung ging Redner dazu über, die beiden Hauptverwendungsarten seines Verfahrens, nämlich zum Erhitzen und zur Reindarstellung von Metallen, durch Versuche zu zeigen.

Zunächst wies er eine sogenannte Zündkirsche vor, das ist eine aus Aluminiumpulver und Bariumsuperoxyd geformte Kugel, in der ein Stück Magnesiumband steckt. Indem man das letztere mit einem Streichholz entzündet, setzt man die Masse der Kugel in Brand, die dann die Reaktion eines beliebigen Aluminiumgemisches einleitet. Bariumsuperoxyd mit Aluminium hat sich am besten hierzu geeignet erwiesen, obwohl noch viele andere, Sauerstoff leicht abgebende Körper mit Aluminium ebenso zu verwenden sind.

Sodann wurde ein kleiner Niet vorgezeigt, der mit dem Reaktionsgemisch umgeben war, das dann durch eine Zündkirsche in Tätigkeit gesetzt wurde. Die Weißglut verbreitete sich rasch durch die ganze Masse hindurch; die noch glühende Schlacke wurde abgeschlagen, und der Niet zeigte sich weißglühend.

Daß man auch größere Eisenmassen so erwärmen kann, zeigte der Vortragende ferner an einem etwa 3 kg schweren Niet, der mitsamt der ihn umgebenden Reaktionsmasse in einen mit Sand gefüllten hölzernen Eimer eingesetzt war. Nachdem die Umsetzung eingeleitet war, wurde das Eisen, um die Wärmeabgabe nach Möglichkeit zu vermeiden, auch noch oben mit Sand bestreut, worauf sich der ganze Erwärmungsvorgang innerhalb des Eisens abspielte. Nach einigen Minuten wurde der Eimer ausgeschüttet und nach dem Abschlagen der Masse der weißglühende Niet freigelegt.

Ferner führte der Vortragende einen Hartlötversuch nach dem neuen Verfahren vor. Zwischen ein einzölliges Eisenrohr und den aufzulötenden Flansch war genau nach Art der Kupferschmiede das Lot zusammen mit dem Borax aufgelegt und durch vorheriges Anwärmen festgeklebt. Der so bereits vorbereitete Flansch wurde in eine Papierhülse gesteckt, die etwa den Durchmesser der Bordscheibe hatte, während das Papier selbst unten und seitlich mit einer Sandschicht umgeben war, zu deren Aufnahme eine Blechbüchse von entsprechender Form diente. Der Flansch wurde so in das Erwärmungsgemisch eingebettet, daß die Lötstelle überall gleichmäßig damit umgeben war. Nach Einleitung der Entzündung wurde trockener Sand aufgeworfen. Unter dem Einfluß der erzeugten Hitze schmolz das Lot zusammen und verband die beiden Eisenteile. Zu diesem Versuche waren etwa 100 Gramm Aluminium erforderlich, und die Nettokosten stellen sich somit bei dem augenblicklichen Aluminiumpreise auf etwa 20 Pf., da die mit dem Aluminium zu Erwärmungszwecken gemengten billigen Oxyde, wie Eisenoxyd, Kalk, Sand, in ihren Preisen kaum in Betracht kommen.

Als nächsten Versuch zeigte der Redner das Ausschmelzen von Schmiedeeisen, wobei er sich diesmal zur Einleitung einer Mischung aus Natriumsuperoxyd und Kalziumkarbid bediente, die mit einem angefeuchteten Streifen Papier vorsichtig zur Entzündung gebracht wurde. An Stelle des Carbids hätte er auch fein verteiltes Aluminium, Magnesiumpulver, Zinkstaub oder dergleichen nehmen können. In einen mit feuerfestem Material ausgekleideten Tiegel war eine Mischung von reinem Eisenoxyd und Aluminium gebracht. Nach Einleitung der Entzündung wurde mit einem Löffel neues Gemisch nachgegeben, das dann sofort in Reaktion geriet. Hierbei herrschte im Inneren des Tiegels höchste Weißglut, während seine Außenwand anfangs völlig kalt blieb, so daß das Gefäß von dem Vortragenden aufgehoben und den zunächst Sitzenden gereicht werden konnte. In dem Tiegel war reines schmiedbares Eisen abgeschieden. Es wurden auch verschiedene Schmiedestücke vorgelegt, die aus derartig erschmolzenem Eisen dargestellt waren.

Es wurde ferner eine schmiedeeiserne Platte gezeigt, in die nach dem neuen Verfahren ein Loch hineingeschmolzen worden war. Denn da die Reaktion in der Erhitzungsmasse außerordentlich rasch vor sich geht, so gelingt es, durch stellenweises Auftragen der Masse an einzelnen Stellen von Metallgegenständen hier die höchsten Wärmegrade zu erzielen, ohne daß die Wärme rasch fortgeleitet wird. Zur stellenweisen Erhitzung bereits fertig bearbeiteter Metallgegenstände bietet das Verfahren tatsächlich auch vielfache Vorzüge, besonders mit deswegen, weil ein Werfen der betreffenden Gegenstände dabei vermieden wird. Dies letztere wurde noch durch einen weiteren Versuch näher gezeigt, indem auf einer eisernen Platte zwischen vier Ziegelsteinen Erwärmungsmasse entzündet wurde; danach wurde die Masse mit den Ziegelsteinen beiseite geschoben und eine viereckige rotglühende Stelle wurde sichtbar, während das dicht daneben befindliche Eisen sich nur so wenig erwärmt hatte, daß man die Hand noch darauf legen konnte.

Danach legte Redner der Versammlung einen etwa 4 cm starken vierkantigen Eisenstab vor, der nach seinem Verfahren aus zwei Stücken zusammengeschweißt war, indem man sie mit den stumpfen Enden aneinandergelegt und die glühende Masse herumgegossen hatte. Um den zum Zusammenschweißen nötigen Druck zu erzielen, hält man am besten die beiden Eisenstücke durch eine Klammer zusammen; der Druck entsteht dann durch das Ausdehnungsbestreben des sich erwärmenden Eisens. Es ist diese spezielle Anwendung des Verfahrens zum Schweißen erst neuerdings mit besten Resultaten in Angriff genommen worden, nachdem andere Versuche des Vortragenden nicht recht geglückt waren. Der Unterschied vom elektrischen Schweißen ist augenscheinlich, da bei diesem gerade an der Berührungsstelle die heißeste Temperatur herrscht, wodurch hier leicht ein Verbrennen und eine Entkohlung des Eisens eintreten kann.

Schließlich wurde noch die Darstellung von Chrom vorgeführt, indem in einen Tiegel etwas von einer Chromoxyd-Aluminiummischung gegeben wurde; nach Einleitung der Umsetzung wurde diese durch Zugabe weiteren Gemisches unterhalten, bis etwa 5 kg Chrom dargestellt waren. Dabei war die Wärme zunächst noch gar nicht durch die Wandungen des Tiegels durchgedrungen, so daß man diesen ruhig anfassen konnte. Wenn man einen derartigen Tiegel mit zwei Abstichöffnungen versieht, eine für das Chrom und eine für die Schlacke, so kann man den Prozeß weiter ununterbrochen durchführen. Tags zuvor war in einem genau gleich großen Tiegel in gleicher Weise eine Chromdarstellung vorgenommen worden. Aus diesem Tiegel wurde nun der Chromregulus samt der Schlacke ausgestürzt. Letztere bestand aus geschmolzener Tonerde mit geringen Mengen von Chrom oder Chromoxyd. Durch einige Hammerschläge wurde sodann das Metall freigelegt, das sich am Boden des Tiegels angesammelt hatte.

Diese Art der Metalldarstellung könnte man als eine „indirekt elektrische" bezeichnen und den Tiegel als einen „sekundären elektrischen Ofen" ansehen, insofern nämlich die bei der elektrolytischen Reduktion des Aluminiums aufgewendete elektrische Kraft hier wieder ausgelöst wird. Als besonders bemerkenswert hob Redner hervor, daß Metalle, wie Chrom, Mangan, Eisen und viele andere, sich trotz der großen Legierungsfähigkeit des Aluminiums mit ihnen frei von Aluminium abscheiden lassen, sobald man nur das entsprechende Oxyd in einem kleinen Überschusse verwendet.

Auf diesem Wege dargestelltes metallisches Chrom und Mangan, ferner Ferrotitan, Ferrobor, Chromkupfer usw. wurden vorgezeigt, ebenso auch metallisch aussehendes Vanadiumoxydul, das der Vortragende, da es in regulinischen Stücken sich abschied, zuerst für das reine Metall hielt, bis ihn Geheimrat Hittorf in Münster kürzlich auf diesen Irrtum hinzuweisen die Freundlichkeit hatte, nachdem ihm vom Vortragenden ein Stückchen von dem vermeintlichen Vanadin zugesandt worden war. Durch die Untersuchung Hittorfs ist die sehr bemerkenswerte und auffällige Tatsache festgestellt, daß die Vanadinsäure mittels Aluminiums nur bis zum Oxydul ($V^2 O$) reduziert wird. Hierbei mag erwähnt werden, daß von Berzelius und bis zu den Arbeiten von Roscoe allgemein diese niedrigste Oxydationsstufe des Vanadins für das Metall selbst gehalten worden ist, das allerdings bisher nur in Form von Pulver bekannt war.

An diesen mit großem Beifall aufgenommenen Vortrag knüpfte sich eine lebhafte Besprechung. Auf die Frage des Vorsitzenden, Ingenieurs E. Schrödter, inwieweit das Verfahren schon Anwendung gefunden habe, erwiderte der Vortragende, daß dasselbe drei Hauptverwendungsarten besitze: 1. zur Metallherstellung, 2. zur Anwärmung, 3. zur Herstellung von künstlichem Korund.

Von Metallen sind bisher Chrom und Mangan in größeren Mengen, Titan dagegen noch nicht betriebsmäßig hergestellt worden. Für die Technik hat insbesondere das kohlenstoffreie Chrom und Mangan großes Interesse. Für die Verwendung des Verfahrens zur Anwärmung kommen hauptsächlich ganz besondere Verwendungsfälle in Betracht, wegen deren man sich mit dem Vortragenden in Verbindung gesetzt habe. Da man ihn jedoch ersucht habe, hierüber Stillschweigen zu bewahren, so könne er leider vorderhand nicht Näheres mitteilen. Der künstliche Korund, welcher bei der Metallherstellung gleichzeitig hergestellt wird, besitzt als Schleifmaterial vor dem Karborundum gewisse Vorzüge, welche besonders darin bestehen, daß das Material nicht so bröcklig ist wie die Karborundumkristalle, die man bekanntlich zwischen den Fingern zerreiben kann. Der Vortragende hebt ausdrücklich hervor, daß es ihm völlig fern liege, das Karborundum durch diese Gegenüberstellung schlecht zu machen, zumal sich dieses Material bekanntlich vielfach eingeführt habe. Es ist durch Versuche mit dem künstlichen Korund des Vortragenden festgestellt worden, daß die hieraus verfertigten Scheiben eine außerordentliche Schleifwirkung ausüben, und daß sie sich, je nach der Körnung, sowohl für Fein- wie für Grobschliffe vorzüglich eignen. Die Härte des hier gewonnenen Korunds ist ganz bedeutend, da selbst zu Bohrzwecken dienende Diamanten, die noch ihre natürlichen Kanten besaßen, nicht imstande waren, die Oberfläche zu ritzen. Für diesen künstlichen Korund ist der Name Corubin gesetzlich eingetragen.

Professor Biewend-Clausthal bespricht hierauf insbesondere die Vorteile der kohlefreien Metalle.

Auf die von Ingenieur Vogel aufgeworfene Frage, worin der Unterschied zwischen dem eben vorgeführten Verfahren und dem ähnlichen Verfahren von Green und Wahl bestehe, erwiderte der Vortragende, daß seines Wissens Claude Vautin noch vor den Veröffentlichungen von Green und Wahl und vor allem unabhängig von diesen Mangan aus seinen Oxyden mittels Aluminiums abgeschieden hätte. Aber, wie schon erwähnt, hätten alle diese Forscher stets die Tiegel mit dem Gemisch ins Feuer gesetzt und so eine zu stürmische Reaktion erhalten. Mit einer derartigen Arbeitsweise könnten natürlich nur ganz geringe Mengen von Metall dargestellt werden. Bei dem neuen Verfahren des Vortragenden dagegen bleibe, wie gezeigt, die äußere Tiegelwandung kalt und erwärme sich erst nachträglich durch Leitung. Hierdurch werde dann die technische Ausführbarkeit, d. h. die Darstellungsmöglichkeit der Metalle im großen, überhaupt erst gewährleistet. Denn abgesehen davon, daß es nicht möglich sei, größere Mengen der Mischung auf einmal zur Umsetzung zu bringen, gebe es kein Tiegelmaterial, das der ungeheuren Wärmewirkung von innen und einer Feuerung von außen standhalte. Hauptsächlich der an der inneren Tiegelwand erstarrende Anteil des Korunds schütze die Tiegelwandung vor dem Angriffe des noch flüssigen Anteiles. In dieser Hinsicht biete das neue Verfahren ganz dasselbe Bild, wie es bei der feuerflüssigen Elektrolyse des Aluminiumoxydes auftritt, die jetzt zur Darstellung dieses Metalles allgemein üblich ist. Erst als Héroult und Kiliani es erreicht hätten, die nötige Schmelzwärme allein im Innern des Gefäßes zu erzeugen, d. h. ohne jede äußere Wärmezufuhr zu arbeiten, wäre die Aluminiumdarstellung technisch durch Elektrolyse möglich geworden.

Dr. Hohmann bemerkt, daß die Fähigkeit des Aluminiums, durch seine Verbrennung eine so außerordentlich hohe Temperatur zu erzeugen, nicht so sehr auf der besonders großen Verbrennungswärme dieses Brennstoffes beruhe, sondern auf dem Umstand, daß die als Verbrennungswärme vorhandene Energie des Heizstoffes mit einem außerordentlich hohen Nutzeffekt für die Temperaturerzeugung zur Entwicklung gelange.

Die Verbrennungswärme des Aluminiums beträgt rund 7000 Kal., die Reaktionswärme des vom Vortragenden benutzten Erwärmungsgemisches Aluminium + Eisenoxyd ist etwa 4500 Kal. (da die Zersetzungswärme des Eisenoxyds in Abzug gebracht werden muß), während Kohle, in Luft verbrannt, die Verbrennungswärme von 8000 Kal. entwickelt; würde man aber Kohle in ähnlicher Weise wie das Aluminium mit Eisenoxyd gemischt zur Entzündung bringen, etwa unter Zuhilfenahme einer äußeren Erwärmung, so würde die Kohle infolge höherer Temperatur nur zu Kohlenoxyd verbrennen und so die räumliche und zeitliche Konzentration der Wärmeentwicklung, d. h. die Temperaturerzeugung, verloren gehen. Durch geeignete Vorkehrungen könnte man auch durch Verbrennung von Kohle die Temperatur des brennenden Aluminiums erzielen, es würde aber dabei ein scheinbar unverhältnismäßig großer Aufwand von Brennmaterial nötig sein.

Man hält einen derartigen mit Rücksicht auf das Gesetz der Erhaltung der Energie als zu groß erscheinenden Aufwand von Brennmaterial bei chemischen Prozessen, Feuerungen, Erzeugung von Licht und Kraft wohl vielfach irrtümlich für vermeidliche Verluste und spricht z. B. von einem Nutzeffekt der Dampfmaschine von 10 bis 12% in der Art, als ob die von der Maschine zu leistende Arbeit eigentlich 90 bis 100% des Äquivalentes der verbrauchten Kohle sein müsse. Diese Verluste sind aber physikalisch-chemisch notwendige Kosten, um das zu erzielen, was an der Energie nur allein auch wirtschaftlichen Wert hat, nämlich das hohe Potential.

Man sieht daher speziell bei Brennmaterial, daß der sogenannte Brennwert ganz irrtümlich gleichzeitig als Heizwert berechnet wird, daß der Wert der Kalorie je nach dem Brennstoff sehr verschieden ist.

Dem hohen Heizwert des Aluminiums entspricht es, daß bei der Reduktion des Aluminiumoxydes zum Metall tatsächlich ein wesentlich größerer Aufwand von Brennmaterial erforderlich ist als der thermochemischen Reaktionsgleichung entsprechen würde, die unter Zugrundelegung des Gesetzes von der Erhaltung der Energie aufgestellt wird. Es kann hier nur kurz angedeutet werden, daß gerade für die wirtschaftlich interessanten physikalischen und chemischen Vorgänge nicht der Satz von der Erhaltung der Energie (der erste Haupsatz der mechanischen Wärmetheorie) zur Beurteilung dienen kann, sondern der zweite Hauptsatz, das Carnot-Clausiussche Theorem, durch welches die Äquivalenz der Verwandlungen zum Ausdruck kommt.

Über ein neues Verfahren zur Erzeugung hoher Temperaturen, sowie zur Darstellung von reinen, kohlefreien Metallen und von Korund.

(Vortrag im Verein zur Beförderung des Gewerbefleißes am 9. Januar 1899; Sitzungsberichte des Vereins zur Beförderung des Gewerbefleißes, 1899, S. 57.

Meine Herren! Zum Beginne meines Vortrages möchte ich Herrn Geheimrat Slaby meinen Dank abstatten für die große Liebenswürdigkeit, mit der er mir sein Laboratorium und diesen Hörsaal zur Verfügung gestellt hat. Es ist mir hierdurch ermöglicht worden, Ihnen meine Versuche in etwas größerem Maßstabe vorzuführen.

In der ersten Chemiestunde wird dem Schüler gezeigt, welches der Unterschied zwischen einer chemischen Verbindung und einem Gemisch ist, und zwar pflegt hierzu eine Mischung aus äquivalenten Teilen Schwefel und Eisen zu dienen, in der man zunächst deutlich die gelben Schwefelteilchen neben den schwarzen Eisenteilchen liegen sieht. Man kann das Gemisch so bereiten, daß es, an einer Stelle angezündet, weiterglimmt; es entsteht dann eine chemische Verbindung, das Schwefeleisen.

Fast genau so grundlegend einfach sind die Versuche, die ich Ihnen hier vorführen werde; ich nehme an Stelle des Eisens das ihm nahe verwandte Aluminium, an Stelle des Schwefels den ihm nahe verwandten Sauerstoff. Letzteren wähle ich nun auch in fester Form, wie er sich in Verbindung mit Metallen in so reichlichem Vorkommen in den Oxyden findet, wie im Eisenoxyd, Braunstein, Chromoxyd usw. Ich würde Ihnen derartige einfache Versuche nicht vorführen, geschweige denn sie Ihnen als etwas Neues bringen, wenn nicht die damit erzielte Wirkung bisher vollkommen unbekannt geblieben wäre. Diese Wirkung ist nämlich, wie ich wohl sagen darf, durchaus überraschend.

Wie schon angedeutet, verwende ich das Aluminium als Reduktionsmittel in der Art, daß ich es auf die Oxyde einwirken lasse und dabei das in diesen enthaltene Metall ausschmelze, etwas, das wiederum durchaus nichts grundsätzlich Neues ist!

Im Jahre 1827 wurde das Aluminium zuerst von Wöhler als graues, unscheinbares Pulver dargestellt; erst 1845 gelang es ihm, dasselbe in geschmolzenem, metallisch aussehendem Zustande zu erhalten. Es ist das Verdienst St. Claire-Devilles in Paris, im Jahre 1854 zuerst etwas größere Mengen Aluminium dargestellt zu haben. Er wußte das Interesse Napoleons III. dafür zu erregen, mit dessen Unterstützung 1855 eine Fabrik in Javelle bei Paris errichtet wurde, die etwa 10 kg täglich herstellte. Diese Produktion bildete lange Jahre den Weltkonsum. Man knüpfte damals große Erwartungen an das leichte Metall; bekanntlich wollte Napoleon III. die Helme und Panzer seiner Kürassiere daraus herstellen. Man befand sich in dem Irrtum, das Aluminium für ein edles Metall zu halten; man stellt ja auch noch bis zum heutigen Tage Schmucksachen aus ihm her, die aber wegen ihres matten und unansehnlichen Aussehens als Schmuck tatsächlich nicht zu bezeichnen sind. Dagegen dient ein erheblicher Teil der Produktion zu Reduktions- und Raffinationszwecken, besonders bekanntlich in den Eisen- und Stahlgießereien; es wird somit gerade die Eigenschaft des Aluminiums ausgenutzt, daß es kein edles Metall ist, vielmehr sehr leicht oxydiert.

Interessant ist es, was Deville 1859 als Schlußbetrachtung seines Buches über das Aluminium schreibt. Er sagt hier etwa folgendes: „Was mich selbst anbetrifft, so will ich nicht von dem großen Teile meines Vermögens sprechen, den ich hierbei geopfert habe, ich bin vielmehr zufrieden, wenn meine Bemühungen mit Erfolg gekrönt sein werden, die Arbeit eines Mannes nutzbar gemacht zu haben, dessen Freund zu heißen ich mich rühmen darf, des vortrefflichen Wöhler".

So stammen denn auch die ersten Arbeiten über das Aluminium von Wöhler und seinen Schülern her, ebenso wie die über die reduzierenden Eigenschaften dieses Metalles. Ich will Sie mit diesen einzelnen Abhandlungen nicht behelligen; ich habe sie zugleich mit denen über die reduzierenden Eigenschaften des Magnesiums, die Klemens Winkler zum Urheber haben, kürzlich in einer besonderen Abhandlung angeführt*.

Diese früheren Versuche sind sämtlich nur mit kleineren, grammweisen Mengen angestellt worden. Man mischte die Oxyde, Chloride, Fluoride der Metalle mit dem Aluminium, brachte die Mischung in einen kleinen Tiegel und erhitzte diesen stark in der Muffel. Die Reaktion trat, besonders wenn man sich der Oxyde bediente, vielfach so heftig ein, daß eine Art Explosion erfolgte und Tiegel und Muffel meist zertrümmert wurden. Unter diesen Umständen blieb von den Produkten der Umsetzung meist nur so viel übrig, daß es eben hinreichte, eine chemische Untersuchung damit anzustellen. Wie hoch man die Temperatur auch nur annähernd schätzte, die bei diesen Reaktionen eintrat, darüber habe ich nichts in den Veröffentlichungen finden können. Alle Forscher arbeiteten mit Flußmitteln, und zwar vorzugsweise mit Fluoriden, wohl mit in der Absicht, das Zusammenschmelzen der sich bildenden sehr schwer schmelzbaren Tonerde zu ermöglichen. Nicht bekannt aber war, was ich hier ausdrücklich betonen möchte, die Tatsache, daß die bei der Verbrennung des Aluminiums zu reinem Oxyde entstehende Temperatur so hoch ist, um das sich bildende Aluminiumoxyd auch ohne jeden Zusatz eines Flußmittels zum Schmelzen zu bringen. Hier sehen Sie große Stücke davon zu einem einheitlichen Körper erstarrt. Ja, die Temperatur erweist sich tatsächlich hierbei als so hoch, daß sogar das Chrom, das bekanntlich zu den am schwersten schmelzbaren Metallen gehört und das bisher nur im elektrischen Lichtbogen geschmolzen werden konnte, darin zum Schmelzen gebracht wird.

* Liebig's Annalen der Chemie, Bd. 301 (1898) 19 und S. 12 dieser Sammlung.

Der Grund für diese außerordentlich hohe Wärmeentwicklung liegt mit begründet in der hohen Verbrennungswärme des Aluminiums mit dem Sauerstoff. Zum Vergleichen nenne ich Ihnen auch die Verbrennungswärmen einiger anderer Elemente, die ich den Tabellen von Landolt und Börnstein entnehme, während ich die darin nicht angegebene des Aluminiums der Güte des Herrn Dr. Strauß, Physikers der Firma Fried. Krupp in Essen, verdanke.

Sie beträgt für:

Wasserstoff	34 200	Kalorien
Kohlenstoff	8 317	„
Aluminium	**7140**	„
Magnesium	6 077	„
Phosphor	5 964	„
Natrium	3 293	„
Kalzium	3 284	„
Schwefel	2 200	„
Zink	1 314	„
Kupfer	321	„
Silber	27	„

Es war nun klar, daß beim Arbeiten mit größeren Mengen zwei Schwierigkeiten zu überwinden sein würden. Es mußte erstens die Heftigkeit der Umsetzung gemildert und zweitens ein Material gefunden werden, das dem schmelzenden Aluminiumoxyd Widerstand leistet.

Bekannt ist, daß die elektrolytische Abscheidung des metallischen Aluminiums aus seinem Oxyde erst dann Fortschritte machen konnte, nachdem man gelernt hatte, die Hitze lediglich im Innern des Gefäßes zu entwickeln. Alle Versuche, diese Umsetzung in von außen erhitzten Tiegeln vorzunehmen, mit der Absicht, an elektrischer Kraft zu sparen, schlugen fehl. Es ist gerade der an der inneren Tiegelwandung infolge der Abkühlung von außen erstarrende Anteil der Tonerde selbst, der die Wandungen des Tiegels vor dem Angriff des flüssig gebliebenen Anteils schützt.

Ich war also auch vor die Aufgabe gestellt, die Umsetzung so zu leiten, daß sich das im Feuerfluß entstehende Aluminiumoxyd im Innern des Gefäßes zu bildete, ohne daß ein Erhitzen von außen stattfände. Diese Notwendigkeit drängte sich mir um so gebietender auf, als die Temperatur, die bei der Verbrennung des Aluminiums zu seinem Oxyde entsteht, außerordentlich viel höher ist als die, die bei der Abscheidung des Aluminiums aus seinen Oxyden in dem elektrischen Ofen von Héroult und Kiliani angewendet wird.

Vom theoretischen Standpunkte aus betrachtet lag die Möglichkeit vor, ein Gemisch, beispielsweise von Chromoxyd und Aluminium, so zur Reaktion zu bringen, daß es, einmal angesteckt, weiter brennen mußte, das heißt, wenn einmal die Entzündungstemperatur des Aluminiums mit dem Sauerstoffe des Chromoxydes an einer Stelle erreicht wäre, die Reaktion sich auch weiter auf die benachbarten Teile erstrecken mußte. Diese Erscheinung konnte wieder unter zwei verschiedenen Hauptbedingungen vor sich gehen; entweder man war genötigt die ganze Masse bis zu einer gewissen

Temperatur zu erwärmen, bevor die Möglichkeit des Weiterbrennens eintrat, oder das betreffende Gemisch hatte diese Eigenschaft bereits im kalten Zustande. Trat der erste Fall ein, den ich für den wahrscheinlicheren hielt, so mußte festgestellt werden, bis auf welche Temperatur es erforderlich wäre, das Gemisch vorzuwärmen, bevor es in einen Tiegel oder dergleichen gebracht und in Reaktion gesetzt werden konnte. Sie können sich leicht die technischen Schwierigkeiten vorstellen, die sich bei einer derartigen Arbeitsweise ergaben, Schwierigkeiten, die vielleicht niemals zu überwinden gewesen sein würden, zumal, wenn es nötig gewesen wäre, das Gemisch bis fast auf die Höhe der Entzündungstemperatur vorzuwärmen. Selbstverständlich versuchte ich zunächst das Einfachste, d. h. das Entzünden eines kalten, nicht vorgewärmten Gemisches.

Bei meinen Versuchen ging ich zunächst von der Darstellung des Chroms aus, wozu sich mir dadurch Veranlassung bot, daß ein großes Stahlwerk im Rheinlande an mich mit dem Verlangen herantrat, reines kohlenfreies Chrom sowie Mangan herzustellen. Nachdem nun zuerst festgestellt war, daß es möglich sei, Chromoxyd durch Aluminium zu reduzieren, wurde in einen Tiegel ein Gemisch von Aluminium und Chromoxyd hineingegeben, und ich versuchte nun verschiedene Möglichkeiten, an einer Stelle eine hohe Temperatur hervorzubringen. Ich benutzte eine Stichflamme, doch es mißglückte mir; aber ich versuchte weiter, denn ich erinnerte mich an meinen alten hochverehrten Lehrer Bunsen, der mich einmal fragte, als ich erklärte, ein Experiment ginge nicht: „Wie oft haben Sie es denn versucht?" Als ich antwortete: „Zweimal," sagte er in seiner liebenswürdigen ruhigen Weise: „Ehe Sie einen Versuch, der auch nur eine gewisse Wahrscheinlichkeit des Gelingens für sich hat, nicht fünfzigmal ins Werk gesetzt haben, und jedemal auf verschiedene Weise, können Sie keinesfalls behaupten, er gehe nicht. Und selbst dann ist es besser zu sagen, daß die Wahrscheinlichkeit vorliege, daß die betreffende Reaktion nicht auszuführen sei." So versuchte ich denn mit der Stichflamme weiter, unter verschiedener Abänderung der Versuchsbedingungen, indem ich mich bemühte, die Temperatur so hoch wie möglich zu bringen, und schließlich hatte ich nach mehrstündigem Erhitzen doch Erfolg; ich sah, wie sich das Gemisch an einer Stelle entzündete und die Reaktion sich weiter verbreitete. Mich hatte somit das Glück, ich darf mir das nicht verhehlen, ganz außerordentlich unterstützt, da ich nun feststellen konnte, daß die Mischung von einer Stelle aus zur Reaktion zu bringen war, und sogar ohne Vorwärmung.

Hiermit war der Thermochemie ein neues Gebiet erschlossen!

Die nächsten Fortschritte, die es ermöglichten, die Reaktion einfacher einzuleiten, waren schnell gemacht; es lag nichts näher, als daß man zur Einleitung der Umsetzung Gemische von Aluminium mit Oxyden wählte, die ihren Sauerstoff leichter abgaben als etwa Chromoxyd; es wurden Mischungen mit Superoxyden hergestellt und diese auf die eigentliche Reduktionsmischung aufgebracht. Die Erhitzung geschah zunächst mit der Stichflamme, worauf nach 1 bis 2 Minuten die Umsetzung eintrat. Schließlich kam ich dazu, die Stichflamme auch zu ersparen, indem ich einen Streifen Magnesium in die Zündmischung einsteckte und diesen mittels eines Streichholzes entzündete. Ich bediene mich nun fast stets zur Entzündung meiner Gemische der sogenannten Zündkirschen; es sind dies aus Aluminiumpulver und Bariumsuperoxyd bestehende durch ein Bindemittel zusammengehaltene Kugeln, in denen ein Stückchen Magnesiumband steckt.

Mit der Erkenntnis nun, daß ein kaltes Gemisch von Chromoxyd und Aluminium unter gewissen Bedingungen entzündbar ist, war auch weiter die Möglichkeit gegeben, die Reaktion zu regeln, und zwar lediglich durch Nachgeben von mehr oder weniger der Mischung zu der bereits in Umsetzung befindlichen Masse. So war es mir bald infolge einiger Übung ein leichtes, mehrere Kilo Chrom in einem Tiegel abzuscheiden. Bereits im Jahre 1894 konnte ich so einen Regulus von fast 25 kg Chrom herstellen.

Die weitere Untersuchung ergab, daß sich eine große Menge von Metallen, so vor allem Mangan und Eisen, ganz ähnlich verhält wie das Chrom. Auch kann man wohl bei diesen Reduktionsvorgängen einen Teil des Aluminiums durch Magnesium und Kalziumkarbid ersetzen. In letzterem Falle erhält man natürlich kohlenhaltige Metalle. Ferner sind auch an Stelle der Oxyde Sulfide oder sauerstoffhaltige Metallverbindungen insbesondere Sulfate anwendbar.

Ich möchte Ihnen nun das Verfahren zuerst an einigen kleinen Versuchen vorführen. Hier habe ich zunächst eine zementierte Masse, die im wesentlichen aus Aluminium mit Eisenoxyd und Sand besteht. Diese Masse ist durch Zusatz an der Reaktion sich nicht beteiligender Massen so weit, wie ich sagen möchte, abgedämpft, daß sie nicht einen Schmelzfluß bildet, sondern nur eine Sintermasse. In dieser zementierten Erwärmungsmasse steckt nun ein etwa vier Zoll langer Niet, der, während die Umsetzung vor sich geht, in wenigen Minuten glühend wird. Die Reaktion wird durch Entzündung der in die Masse eingebetteten Zündkirsche eingeleitet (Versuch). Sie sehen, wie die Reaktion mit hellster Weißglut einsetzt und sich allmählich über die ganze Fläche ausbreitet. Wenn ich die heiße Schlacke abschlage, zeigt sich nun ein glühender Bolzen. (Dies geschieht). Ich werde Ihnen nachher im Laboratorium einen größeren Versuch zeigen, wobei ein schwerer Niet von etwa 3 kg Gewicht inmitten eines Holzeimers zum Glühen gebracht wird. Der Eimer ist mit einer Sandschicht ausgekleidet, die die Wärme so gut zusammenhält, daß das Holz nicht einmal warm wird; die Entzündung findet ebenfalls mit einer Zündkirsche statt. Nachher wird der Eimer ausgestürzt, und Sie werden den gleichen Erfolg sehen. Es soll mit diesen Versuchen nur gezeigt werden, wie rasch sich auch verhältnismäßig große Eisenmassen nach diesem Verfahren erhitzen lassen; selbstverständlich wird es mir nicht einfallen, das Verfahren auch in der Praxis zur Erhitzung von Nieten vorzuschlagen.

Um zur praktischen Verwendung des neuen Verfahrens zu kommen, will ich Ihnen an einem Versuche zeigen, wie es sich zum Hartlöten verwenden läßt. Um nach gewöhnlicher Art selbst einen kleineren Flansch aufzulöten, ist immer ein größeres Holzkohlenfeuer nötig, wenn man sich nicht etwa des Wassergases bedienen kann. Nach meinem Verfahren dagegen ist eine Hartlötung sehr einfach. Hier ist zwischen ein einzölliges Eisenrohr und den aufzulötenden Flansch genau nach Art, wie es die Kupferschmiede machen, das Lot zusammen mit dem Borax aufgelegt und durch vorheriges

Anwärmen festgeklebt. Der so vorbereitete Flansch ist in eine Papierhülse gesteckt, die etwas weiter ist als der Durchmesser der Bordscheibe. Das Papier ist unten und seitlich mit einer Sandschicht umgeben, zu deren Aufnahme eine Blechbüchse von geeigneter Form dient. Man kann auch die Lötstelle in entsprechender Weise mit Hilfe von Formsand einbauen, so etwa, daß ein dünnes Blech um den Flansch gebogen wird, um das herum der Formsand zu drücken ist. Den Flansch bette ich nun so in das Erwärmungsgemisch ein, daß, wie Sie sehen, die Lötstelle überall etwa gleichmäßig damit umgeben ist. Ich leite nun die Entzündung ein und werfe danach trockenen Sand oben auf; unter dem Einflusse der erzeugten Hitze schmilzt das Lot zusammen und verbindet die beiden Eisenteile (Versuch). Natürlich ist die heiße Schlacke, die jetzt den Flansch umgibt, erst zu entfernen, nachdem sie ziemlich erkaltet ist (etwa nach einer halben Stunde), da sonst das noch flüssige Lot abfließen würde.

Aus einem reinen Eisenoxyd und Aluminium erhält man nach dem neuen Verfahren unmittelbar schmiedbares Eisen, und ich kann Ihnen hier ein derartig ausgeschmolzenes vierkantig geschmiedetes Stück vorzeigen. Ich will Ihnen nun diesen Vorgang vorführen und dabei zugleich mich zur Einleitung des Vorganges eines anderen Superoxydes bedienen, nämlich des seinen Sauerstoff wohl am leichtesten abgebenden Natriumsuperoxydes. Wenn man ein Gemisch von Aluminium oder auch von Kalziumkarbid (Magnesium, Zinkstaub, Schwefelantimon und viele organische Körper tun hier die gleichen Dienste) mit diesem herstellt, so erfolgt die Entzündung schon von selbst, zumal wenn etwas Feuchtigkeit hinzutritt; man braucht also bei Anwendung dieser Stoffe zur Erzielung so ungeheurer Hitzegrade nicht einmal ein Streichholz in Brand zu setzen! In diesen Tiegel schütte ich etwa 30 bis 50 g einer Mischung, die aus annähernd äquivalenten Teilen von reinem Eisenoxyd und Aluminium besteht; ich gebe nun aus diesem kleinen Fläschchen einige Gramm Kalziumkarbid hinzu und darauf in gleicher Weise etwas Natriumsuperoxyd. Wenn ich mit diesem angefeuchteten Papierstreifen, den ich zur Vorsicht in einen langen Stab eingeklemmt habe, die Reagentien vermische, erfolgt sogleich unter Flammenerscheinung die Entzündung. Es entsteht nun metallisches Eisen unter einer Decke von geschmolzenem Korund. Aus dieser Flasche werfe ich schnell noch etwas Eisenoxyd-Aluminium-Gemisch nach, das sofort zur Reaktion gelangt (Versuch). Trotz des hohen Hitzegrades, der jetzt in dem Tiegel herrscht, bleibt seine Außenwand vollständig kalt; ich kann ihn sogar in die Hand nehmen und, da die oberste Schicht des Korunds bereits erstarrt ist, mit ihm, wie mit einem Scheinwerfer, den Hörsaal erhellen. (Dies geschieht, während die elektrische Beleuchtung abgestellt wird). Ich gebe schnell noch einmal etwas Eisenoxyd-Aluminium-Mischung auf den heißen Korund auf; sie gerät sofort in Reaktion und taut auch die Korunddecke wieder auf. Die hierbei entwickelte Hitze mag mit 2900 bis 3000° C angegeben werden, eine Temperatur, die natürlich nur schätzungsweise hat ermittelt werden können, und zwar habe ich mich hierzu des Thermophons von Wyborgh bedient, dessen Angaben bei diesen Temperaturen natürlich lediglich auf Extrapolation beruhen, also nur als Vergleichswerte anzusehen sind.

Sehr bemerkenswert ist die Reaktion, die die Sulfate mit dem Aluminium geben. Aber während die Entzündungstemperatur bei dem Natriumsuperoxyd sehr niedrig liegt, wie Sie eben gesehen haben — sie mag bei etwa 200° C liegen — ist sie beispielsweise beim Gips (Kalziumsulfat) verhältnismäßig hoch. Einmal eingeleitet ist aber die Verbrennung auffallenderweise ganz außerordentlich heftig, und zwar heftiger, als sie mit den Nitraten zu erzielen ist. Um Ihnen dies zu veranschaulichen, habe ich hier ein Gemisch von Gips und Aluminium in eine Papierröhre gefüllt, die aufrecht in Sand gesteckt ist. Sie sehen, daß man das Papier ruhig entzünden kann, ohne daß sich das Gemisch mit entzündet. Die Temperatur, die das verbrennende Papier hat, kann wohl auf 700 bis 800° C geschätzt werden. Jetzt bringe ich etwas Bariumsuperoxyd und Aluminium (eine Zündkirsche) darauf, entzünde den Magnesiumstreifen, und nun brennt das Ganze mit blendender Flamme ab wie eine Rakete (geschieht).

Was ist nun mit diesem neuen Verfahren zu erzielen? Es ist eine dreifache Ausnutzung gegeben; nämlich zunächst zur Abscheidung von Metallen, dann zur Gewinnung des sich hierbei gleichzeitig bildenden Korunds und drittens zur Erwärmung in den mannigfaltigsten Formen.

Was zunächst die Abscheidung der Metalle und deren Legierungen anbetrifft, so ist es experimentell bewiesen, daß sich beim Arbeiten nach meinem Verfahren durch Verwendung von einem nur geringen Überschusse von Metalloxyd vollkommen von Aluminium freie, reine Metalle und Legierungen darstellen lassen. Diese Erscheinung ist allerdings um so merkwürdiger, als das Aluminium zu den legierungsfähigsten Metallen gehört, die wir kennen, und es insbesondere mit Kohle nicht gelingt, reine kohlenfreie Metalle herzustellen, hiermit vielmehr stets nur kohlen- oder karbidhaltige Erzeugnisse gewonnen werden.

Von den hier zu gewinnenden Metallen kommt in erster Linie das Chrom in Betracht, demnächst das Mangan, und es ist nun ein langjähriger dringender Wunsch der Metallurgen erfüllt, diese beiden Metalle in einem kohlefreien Zustande benutzen zu können.

Das Chrom, das ja für die Stahlindustrie von so hervorragender Wichtigkeit ist, wird heute fast noch ausschließlich als Ferrochrom, zumeist in der Tiegelreaktion, hergestellt, was bedeutend umständlicher ist als das neue Verfahren und auch durchaus kein so gutes und reines Erzeugnis liefert wie dieses. Ich stelle jetzt Chrom in Mengen von etwa 100 kg in einer Operation dar, und zwar in tiegelartigen Gefäßen, deren Wandungen natürlich, um dem Druck der Masse zu widerstehen, genügend stark sein müssen. Der Arbeiter hat dann nur das Gemisch von Chromoxyd und Aluminium nachzuwerfen, nachdem die Masse einmal zur Reaktion gebracht ist. Eine solche Abscheidung von 100 kg Chrom dauert etwa 25 Minuten. Richtet man die „Öfen" so ein, daß man sie mit Abstichlöchern für den Korund und event. auch für das Metall versieht, so kann man die Operation auch gleich ununterbrochen weiter fortführen. Sie sehen, daß sich auf diese Weise Kosten für Apparate und Arbeitslohn behufs Abscheidung des Metalls auf ein außerordentlich Geringes beschränken, was ein sehr bedeutender wirtschaftlicher Vorteil des Verfahrens ist.

Das so gewonnene kohlefreie Chrom hat aber nun außerdem noch den großen Vorteil, daß man mit seiner Hilfe Chromstahl mit einem ganz bedeutend höheren Gehalt an Chrom herstellen kann als bisher. Denn da das bis jetzt erzeugte und zumeist verwendete sogenannte hochprozentige, beste Ferrochrom kaum wesentlich mehr als 60 % Chrom enthält, neben ungefähr 8–12% Kohlenstoff, so konnte man immer nur wenige Prozent Chrom in den Stahl hineinbringen, weil man sonst einen zu hohen Gehalt an Kohlenstoff mit hineinzunehmen genötigt gewesen wäre. Versuche über die Verwendung chromreicheren Stahls sind mit nach meinem Verfahren dargestelltem Chrom auf großen Werken des In- und Auslandes im Gange und versprechen wichtige Ergebnisse zu liefern. Jedenfalls scheint das eine festzustehen, daß das nach diesem Verfahren dargestellte reine Chrom wohl berufen sein wird, das bisher im Handel befindliche Ferrochrom allmählich zu ersetzen, zumal das neue Erzeugnis ja auch in seinem Preise, seinem hohen Chromgehalte entsprechend, mit jenem in Wettbewerb treten kann.

Erwähnen will ich auch noch eine Legierung von Kupfer mit 10% Chrom, die fast ganz die Farbe des Kupfers besitzt und sich zum Weiterlegieren mit Kupfer eignet.

Das reine metallische Chrom, wie ich es hier in großen Stücken ausgelegt habe, hat insofern die Eigenschaften eines edlen Metalles, als es sich selbst in der Atmosphäre eines chemischen Laboratoriums dauernd blank erhält! Hierbei möchte ich nicht versäumen, auf die interessante Arbeit von Geheimrat Hittorf hinzuweisen, die dieser mit meinem Chrom angestellt und die ergeben hat, daß dieses Metall auch in wissenschaftlicher bzw. elektromotorischer Beziehung zu den interessantesten gehört, die bisher erforscht sind*.

Ähnlich wie mit dem kohlefreien Chrom verhält es sich auch mit dem Mangan, das in entsprechender Weise auch in größerem Maßstabe dargestellt wird; obschon nun das bis jetzt in den Handel kommende Ferromangan nicht so viel Kohle enthält wie das Ferrochrom und für die meisten Zwecke der Stahlerzeugung genügt, so ist doch die Verwendung des hier gebotenen reinen Mangans für die Erzeugung besonders hochprozentiger Mangan-Eisenlegierungen, wie sie ja neuerdings vielfach angestrebt werden, von großer Wichtigkeit.

Ferner wird dies Mangan, das auch mit einem sehr geringen Gehalt an Eisen dargestellt wird, mit Vorteil auf Mangan-Kupfer verarbeitet; auch Legierungen von Mangan mit Zinn und Zink finden Anwendung.

Außerdem eignet sich dieses Mangan ganz vorzüglich als Desoxydationsmittel an Stelle von Phosphor, Aluminium oder Magnesium beim Gießen von Bronzen und anderen Legierungen. Es hat sich herausgestellt, daß das Mangan mit um so größerem Erfolge gerade hierzu verwendet werden kann, als ein gewisser Überschuß davon nichts schadet, während ein Überschuß der anderen genannten Stoffe den Legierungen leicht schädliche Eigenschaften erteilt.

Eine ganz besonders schätzenswerte Eigenschaft des reinen Mangans ist aber die, daß sich das Metall an der Luft durchaus hält, während das

* Über das elektromotorische Verhalten des Chroms, Berliner Akademie, 71 (1898) 193—212.

bisher im Handel befindliche stark kohlenhaltige Mangan zwar im Anfang metallische Stücke bildet, aber bald zu einem schwarzen, unansehnlichen Pulver zerfällt.

Vielleicht liefert das reine Chrom und Mangan auch Gelegenheit, ähnlich interessante Legierungen herzustellen, wie die sich in der Wärme verkürzende Eisennickellegierung, über die Geheimrat Wedding vor kurzem in diesem Verein Bericht erstattet hat*.

Neben Chrom und Mangan läßt sich insbesondere auch Titan nach dem neuen Verfahren herstellen, zwar nicht sowohl in Form des reinen Metalls, dessen Schmelzpunkt zu hoch liegt, als vielmehr in Legierung mit Eisen. Zuerst stellte ich 40 prozentiges Ferrotitan dar, das aber wegen seiner außerordentlichen Schwerschmelzbarkeit zum Weiterlegieren nicht zu verwenden war. Ich ging deshalb zur Darstellung von 25 prozentigem Ferrotitan über, das zur Darstellung von Titaneisenlegierungen zweckmäßig Anwendung findet. Durch dieses reine Ferrotitan wird es ermöglicht, in ausgedehnterem Maße die Eigenschaften der Eisentitanlegierungen zu studieren, und es dürfte sich vielleicht auch hier manches Interessante bieten.

Ebenfalls habe ich Ferrobor nach meinem Verfahren dargestellt, und Sie sehen hier neben kohlefreiem Chrom und Mangan sowie 25 prozentigem Ferrotitan auch ein Stück Ferrobor mit etwa 25% Bor.

Bariumoxyd und Kalk lassen sich ebenso mit Aluminium reduzieren; jedoch dürfte dies zurzeit noch mehr wissenschaftliches als praktisches Interesse haben.

Um mich von der Allgemeinheit der Reaktion zu überzeugen, habe ich die Mehrzahl der Metalloxyde mit Aluminium reduziert, ohne jedoch in allen Fällen eine einheitliche regulinische Abscheidung zu erhalten. Die Darstellung jedes einzelnen Metalles will natürlich besonders und ganz genau studiert sein.

Interessant ist es, daß sich das Vanadium bis jetzt noch nicht nach diesem Verfahren hat abscheiden lassen; Vanadinsäure wird nur bis zum Oxydul reduziert, das ich allerdings wegen seines völlig metallischen Aussehens zuerst für das Metall selbst gehalten habe, bis mich Geheimrat Hittorf in Münster, der das vermeintliche Metall untersuchte, über die wahre Natur der von mir dargestellten Verbindung aufklärte.

Als zweites Produkt des neuen Verfahrens kommt in Betracht die gleichzeitig entstehende Schlacke, das Aluminiumoxyd oder der sogenannte künstliche Korund. Bei den damit angestellten Versuchen wegen seiner Verwendung zu Schleifzwecken hat sich ergeben, daß dieser künstliche Korund vor dem natürlichen eine ganz bedeutend größere Härte voraus hat. Er ritzt den natürlichen Schmirgel mit Leichtigkeit; ich habe auch gefunden, daß dieser Korund nicht einmal von zu Bohrzwecken dienenden Diamanten deutlich geritzt werden konnte. Für diese auffallende Tatsache ist nach einem Grunde zu suchen, und ich glaube, daß der Unterschied in dieser Beziehung zwischen dem natürlichen und dem künstlichen Korund wohl hauptsächlich auf dem Umstande beruht, daß jener stets etwas Wasser in Form von Hydrat und ziemliche Mengen Eisen enthält,

* **Sitzungsberichte 1898 Nr. 6 und 7, 167; Nr. 9, 213.**

während dieser von Wasser durchaus und auch von Eisen so gut wie ganz frei ist, dagegen geringe Mengen von Chrom- und Manganoxyd enthält, und daß gerade diese Oxyde seine Härte noch zu vergrößern scheinen.

Wie Sie an den ausgestellten Stücken sehen können, ist das neue Material von kristallinischem Gefüge; zum Teil sind die einzelnen Kristalle schwach durchschimmernd. Ein Hauptvorzug des Materials ist aber seine große Festigkeit, und hierauf beruht mit der enorm hohe Widerstand der aus dem Material hergestellten Schleifscheiben; trotz hoher Schleifwirkung ist die Abnutzung auffallend gering. Die erforderliche Zerkleinerung macht keine besonderen Schwierigkeiten; man kann das Material brechen und auf geeigneten Maschinen mahlen. Hier sehen Sie auch aus solchem gepulverten Material hergestellte Scheiben sowie Körnungen in allen gebräuchlichen Größen. Für diesen künstlichen Korund ist der Name Corubin gesetzlich geschützt worden.

Gerade durch diese gleichzeitige Gewinnung von Korund erweist sich das beschriebene Verfahren der Metalldarstellung ganz besonders lohnend. Es liegt natürlich auch die Möglichkeit vor, den Korund zu elektrolysieren und so das Aluminium wieder zu gewinnen. Da aber die Schlacke sich erheblich nutzbringender als Schleifmittel verwenden läßt, so ist von dieser Verwendungsart abgesehen worden.

Interessant ist es, daß sich in dem von der Chrombereitung herrührenden Korund kleine Hohlräume gebildet haben, in denen sich Rubinen befinden. In der Vakuumröhre leuchten sie unter Kathodenstrahlen gerade so wie die natürlichen Rubinen. Doch sind sie wegen ihrer Kleinheit ohne Handelswert und besitzen also nur wissenschaftliches Interesse.

Die dritte Ausbeutungsmöglichkeit ist die zur Erzeugung hoher Hitzegrade, wie man solche bisher nur mit Elektrizität hervorbringen konnte. Vorhin habe ich Ihnen einen Versuch vorgeführt, mit Hilfe dieses Verfahrens hart zu löten. Wenn ich Ihnen sage, daß man zu diesem Versuche nur etwa 100 g Aluminium gebraucht und, wenn man an Stelle des Eisenflansches einen Kupferflansch anzulöten hätte, nur etwa die Hälfte davon brauchte, so werden Sie einsehen, daß das Verfahren für die Praxis einen hohen Wert hat und auch durchaus nicht teuer genannt werden kann. Allerdings werden weniger so kleine Lötungen wie die zölliger Flanschen nach diesem Verfahren auszuführen sein, als vielmehr gerade größere Arbeiten bei schwierigen Stücken, wo oft selbst das so elegante, aber ja auch nicht überall zu Gebote stehende Wassergas versagt. Bei solchen wird man sich der hier behandelten Erwärmungsmasse mit Vorteil bedienen können. Es ist Ihnen bekannt, daß da, wo große Kupfergefäße zu löten sind, oft eine umständliche Hantierung nötig ist, die viel Zeit und Arbeitslohn kostet, während man bei meinem Verfahren nur einfach die Masse auf die vorbereitete Lötstelle zu bringen und in Brand zu setzen hat.

Notwendig ist, daß bestimmt wird, wieviel Gemisch man anzuwenden hat, um das Lot zum Fließen zu bringen. Das aber richtet sich nach der Blechstärke und der Länge der zu lötenden Strecke, wobei noch ein Unterschied zu machen ist, ob Kupfer oder Eisen hart zu löten ist. Da meistens immer wieder dieselben Blechstärken vorkommen, so hat der, der das neue

Verfahren ausüben will, nur die entsprechend feststehende Menge zu wählen. wobei es auf eine besonders große Genauigkeit gar nicht einmal ankommt. Nur bei komplizierten Stücken wird man gezwungen sein, eine oder zwei Vorproben anzustellen; dann aber dürften sich diese auch lohnen.

Der Vorteil des neuen Verfahrens liegt eben auch darin, daß die Wärme sozusagen zugemessen werden kann und ein Verbrennen oder Durchschmelzen der Kupferbleche leicht vermieden wird.

Man kann nach diesem neuen Verfahren auch schweißen, und zwar einmal in der Weise, daß man aus einem Gemisch von Aluminium und Eisenoxyd reines Schmiedeeisen ausschmilzt, also auf die Schweißstelle einen Buckel aus reinem Eisen aufschmilzt. Diese Arbeit ist allerdings in allen Fällen nicht sehr einfach und bedarf besonderer Vorsicht.

Es ist dabei besonders darauf zu achten, daß die betreffende Stelle, auf die das flüssige Eisen aufzuziehen ist, vorher genügend angewärmt wird, da das flüssige Eisen bekanntlich auf einer kalten oder auch nicht genügend heißen Fläche nicht haftet. Sie sehen hier auf dieser etwa 12 mm dicken Stahlplatte einen Buckel aus schmiedbarem Eisen aufgegossen. Die Platte ist nachher durchgeschnitten, und an der Schnittfläche nimmt man wahr, daß eine völlig innige Verbindung stattgefunden hat.

Die zweite Anwendungsform des Verfahrens ist dagegen sehr einfach auszuführen. Sie wird in der Art bewirkt, daß man die zu schweißenden Metallstücke stumpf aneinander preßt und währenddessen die zur Reaktion gebrachte feuerflüssige Masse aus einem Tiegel herumgießt. Eine derartige Schweißung ist unten im Lichthof in der Weise vorbereitet, daß zwei Stücke Phönixrillenschienen von 180 mm Höhe gegeneinander eingespannt sind. Unter der Einwirkung der Hitze und durch den hierdurch verursachten Druck (indem eine Verlängerung der Schienen, wie eben gesagt, durch eine geeignete Presse oder Klemmvorrichtung verhindert wird) tritt dann von selbst die Schweißung ein. Die Schweißung der Eisenstücke findet hierbei vollständig durch das ganze Profil hindurch statt, wie dies auch Bruchproben konstatiert haben. Diese Proben sind mit Hilfe einer sehr kräftigen hydraulischen Presse vorgenommen worden in der Art, daß die Schienen in der Lage, die sie auf der Strecke haben, hohl gelegt wurden, so daß die Unterstützungspunkte 70 cm voneinander entfernt waren, während die Schweißstelle, auf die der ganze Druck ausgeübt wurde, genau in der Mitte lag. Bei einem Druck von 40 000 kg bogen sich die Schienen etwa um 2 cm durch, ohne zu brechen. Dies gelang erst, nachdem der hydraulische Stempel mit einer lebendigen Kraft auf die Schienen niedergelassen wurde. Die Versuche, die bisher also ein durchaus günstiges Resultat ergeben haben, werden eifrig fortgesetzt und sollen auch veröffentlicht werden.

Ein derartiges Schweißverfahren ist augenscheinlich von ganz besonderer Wichtigkeit für elektrische Bahnen, wo es zunächst auf eine gute Leitung des Rückstromes ankommt, und wo durch eine völlig sichere metallische Verbindung der Schienen auch die sich sonst so leicht ergebenden Erdströme vermieden werden, die ja auch für die Telephon- und Telegraphenleitungen so schädlich sind. Außerdem bietet sich noch auf einer so geschweißten Schienenstrecke der Vorteil eines völlig stoßfreien Fahrens. Früher glaubte man, zusammengeschweißte oder an den Stoßenden starr verbundene Schienen dehnten sich unter dem Einflusse der Sonnenwärme zu stark aus und würden sich verbiegen, eine Erscheinung, die sich aber besonders für die im Straßenpflaster liegenden Schienen der elektrischen Bahnen längst als nicht in schädlichem Maße vorhanden erwiesen hat.

Gerade für den besprochenen Zweck bietet das in Rede stehende Verfahren außerordentlich große Vorzüge. Zunächst hat es vor dem elektrischen Schweißverfahren das voraus, daß die Schweißstelle rund herum gleichmäßig erhitzt wird, während sie bei jenem an den Berührungspunkten die größte Hitze auszuhalten hat und hier leicht „verbrennt". Ferner bietet es den Vorteil, daß man bei ihm die Menge der aufzuwendenden Hitze vorher ganz genau abmessen kann, indem man eben gerade nur so viel von dem Gemenge zugibt, als nötig ist.

Zu diesem Zwecke wird um das Profil eine genau abgemessene Form etwa aus dünnem Blech gelegt, die von außen mit Sand gestützt ist. Die Zubereitung des Erhitzungsgemisches geschieht, wie Sie nachher sehen werden, in einem hessischen Tiegel, der mit Hilfe einer großen Zange ausgekippt werden kann. Im vorliegenden Falle werde ich ein Gemisch von gewöhnlichem Eisenerz mit Aluminium nehmen, von dem ich vorher etwas in den Tiegel einfüllen werde. Das Gemisch wird entzündet, und nun wird auch nach und nach mehr davon zugegeben, bis der Tiegel bis zum Rande gefüllt ist; dies ist in wenigen Minuten geschehen. Ich gebrauche für die Schweißung eines so kräftigen Profils wie des vorliegenden von 180 mm Höhe etwas weniger als 4 kg Aluminium. Es wird immer soviel nachgegeben, daß die Glut völlig bedeckt ist. Erst zum Schlusse zeigt sich dann eine Decke von flüssigem Korund, die eine außerordentliche Hitze und ein sehr intensives Licht ausstrahlt; am Boden des Tiegels aber befindet sich ein Regulus von flüssigem Metall. Da die oberste Korundschicht sehr schnell erstarrt, so ist, kurz bevor der ganze Tiegelinhalt in die Form ausgegossen wird, jene mit einem Eisenstab aufzupicken. Es fließt dann zuerst der flüssige Korund auf die Schweißstelle und überzieht diese sofort mit einer dünnen und festen Decke. Der Korund erstarrt übrigens schon bei einer Temperatur, die weit über der Schweißtemperatur des Eisens liegt. Wenn nun das flüssige Metall, das sich am Boden des Tiegels gesammelt hat, nachfließt, so kann es nicht unmittelbar die Schiene berühren und so diese nicht beschädigen. Das nachfließende Metall verdrängt, da es spezifisch schwerer ist als der Korund, diesen und sammelt sich am Boden der Form. Da auch die Form in gleicher Weise von dem schnell erstarrenden Korund geschützt wird, so ist es möglich, die dünne Blechform wieder zu benutzen. Die ganze Masse ist nach dem Erkalten leicht abzuschlagen.

Man kann auch hierbei das Metall und die Schlacke erforderlichenfalls sondern und so beides gewinnen. Es wäre also sogar denkbar, eine Metall- und Korunddarstellung mit der Schweißung zu verbinden und so das Verfahren nach drei Seiten hin zugleich nutzbringend zu machen. Selbstverständlich wird sich diese Vielseitigkeit nicht immer praktisch erreichen lassen, und ich will auch hier nur auf die Möglichkeit einer solchen hinweisen.

Die ganze Arbeit des Schienenschweißens auf der Strecke geht sehr schnell und einfach vor sich. Drei Mann genügen zur Ausführung vollständig. Ein Transport irgendwelcher Apparate oder gar Maschinen fällt völlig fort. Außer der Mischung von Metalloxyd und Aluminium, die in Fässern verpackt wird, einer Anzahl Tiegel und einigen Klemmvorrichtungen zum Zusammenpressen der Schienen, nebst kleinen Utensilien ist nichts nötig, so daß also auch die Kosten zum Heranschaffen der Materialien außerordentlich gering sind.

Zu bemerken ist noch, daß selbst der Tiegelverschleiß hierbei gering ist, da die Tiegel, nachdem sie entleert sind, zu einer gleichen Operation sehr oft wieder benutzt werden können. Sie überziehen sich inwendig mit einer Korundschicht, die sie sogar haltbarer macht. Natürlich ist mit einer allzugroßen Haltbarkeit nicht zu rechnen, da es eben Tontiegel sind.

Wie man mit dem Verfahren löten und schweißen kann, so kann man es auch benutzen, um Metallstücke an einzelnen Stellen zu erhitzen, ohne daß die danebenliegenden Stellen mit erwärmt werden. Es ist z. B. ferner da anwendbar, wo man an einem fertigen, oder schon fertig montierten Arbeitsstück noch an einer bestimmten Stelle eine Arbeit ausführen will, die deren Erwärmung verlangt.

Auch zur lokalen Enthärtung sowohl wie Härtung wird das neue Verfahren angewendet. Man trägt dann die Erwärmungsmasse so an der betreffenden Stelle auf, daß jene z. B. durch herumgelegte Ziegelsteine und Formsand eingeschlossen ist.

Wieviel Erwärmungsmasse man nötig hat, um ein Metallstück in allen diesen Fällen zu dem gewünschten Grade zu erwärmen, das hat man durch einige Versuche bald festgestellt, ebenso auch, wie lange man warten muß, bis die verlangte Erhitzung des Metalls eingetreten ist. Bei sehr vielen Operationen, wie z. B. beim Löten und Schweißen, spielt die Erkenntnis der Zeit, in der gerade der Höhepunkt der Erwärmung erreicht und die Schlacke abzuschlagen ist, keine Rolle. Bei dünnem Blech findet die Durchwärmung fast augenblicklich statt, während man bei zölligen oder noch stärkeren eisernen Platten einige Minuten warten muß. Es ist hervorzuheben, daß die Schlacke und das sich stets ausscheidende Metall sich ohne besondere Mühe durch einige leichte Hammerschläge entfernen lassen. Dies zu erreichen, hat zwar anfänglich einige Schwierigkeiten gemacht, ist aber dann vollständig gelungen. Die erwärmten Flächen zeigen keine Unebenheiten oder gar eingeschmolzene Metallteilchen und sind nach dem Abschlagen der Masse für die weitere Verarbeitung vollständig rein.

Aus dem Mitgeteilten erhellt wohl deutlich, daß das beschriebene Verfahren nicht dazu bestimmt ist, die elektrische Erhitzung oder das Wassergas oder gar das Kohlenfeuer zu verdrängen; jede dieser Erwärmungsarten hat natürlich ihre ganz besonderen Vorzüge, die sie an ihrem Platze unentbehrlich machen. So soll auch das neue Verfahren nur dort Anwendung finden, wo es wegen seiner ihm innewohnenden Eigenschaften ganz besonders am Platze zu sein scheint.

Die erwähnten Anwendungen des neuen Verfahrens zeigen bereits ein reiches Arbeitsfeld, das aber entschieden noch nach vielen Seiten weiter ausdehnungsfähig erscheint, besonders im Hinblick auf die vielen so verschiedenartigen Ansprüche unserer Technik, die es auch immer wieder versteht, sich neue Hilfskräfte in ihrer eigenen Art und Weise dienstbar zu machen. In dieser Beziehung sind mir manche sehr interessante und zum Teil sehr bedeutsame Anwendungsarten entgegengebracht worden; doch da man mich ausdrücklich ersucht hat, Stillschweigen zu bewahren, so bin ich leider nicht imstande, etwas darüber verlauten zu lassen.

Schließlich will ich noch bemerken, daß es bei all den Anwendungsarten des neuen Verfahrens, wo es nicht auf die Darstellung reiner Metalle, sondern auf Erwärmung, wie also z. B. beim Löten und Schweißen, ankommt, durchaus nicht nötig ist, sich des reinen Aluminiums zu bedienen. Es genügt hierfür vollständig ein direkt aus Bauxit gewonnenes Rohaluminium, das also mehrere Prozent Eisen und Silizium enthält. Der Preis eines solchen unreinen Aluminiums stellt sich natürlich ganz erheblich billiger als derjenige des reinen Metalles, da das reine Aluminium bekanntlich aus der reinen Tonerde hergestellt werden muß, deren Fabrikation aus dem Bauxit trotz mancher Verbesserungen immer noch umständlich und mithin teuer ist.

Ich möchte nicht schließen, ohne noch meinen Mitarbeitern, den Herren Dr. Erlenbach, Dr. Weil und Wilm auch öffentlich für ihre treue und erfolgreiche Mitarbeit zu danken; sie sind mir in anerkennenswerter Weise bei den vielen umständlichen Arbeiten, die nötig waren, um das Verfahren auszuarbeiten, zur Hand gegangen.

Und nun möchte ich Sie bitten, mit mir hinunter in den Lichthof des Laboratoriums zu gehen, um Ihnen dort noch weitere Versuche vorzuführen.

Die Versammlung folgte nun dem Vortragenden in den großen, zum Laboratorium von Geheimrat Slaby gehörigen Lichthof, den dieser hierzu zur Verfügung gestellt hatte. Hier führte der Vortragende noch folgende Versuche aus:

Zunächst wurde, wie schon vom Vortragenden angedeutet, ein etwa 3 kg schwerer Niet in einem Holzeimer zur Weißglut erhitzt.

Sodann wurden etwa 8 kg Chrom in einem Tiegel dargestellt, indem auf dem Boden des Tiegels zunächst etwas von dem Gemisch entzündet und dann in dem Maße, wie die Umsetzung fortschritt, immer mehr von der Mischung nachgegeben wurde. Auch hier blieb die Außenwand des Tiegels während des Versuches, der nur einige Minuten dauerte, völlig kalt.

Ferner wurde die Anwendung des Verfahrens zur Metallerhitzung gezeigt, indem auf einer ungefähr 10 mm dicken Eisenplatte durch umgelegte Steine ein etwa 1 qdm großer viereckiger Raum abgegrenzt wurde, in den etwa 1 kg Erwärmungsmasse gebracht wurde. Die Umsetzung wurde eingeleitet, und das Gemisch nachgestreut. Nach etwa 2 Minuten wurden die Steine und die entstandene glühende Sintermasse durch Neigen der Platte beseitigt, und es zeigte sich von der Eisenplatte ein scharf abgegrenztes viereckiges Stück glühend, während die nur einige Zentimeter von dieser Stelle liegenden Teile der Platte noch mit der Hand berührt werden konnten.

Schließlich wurde noch die Aneinanderschweißung zweier Schienenenden vorgeführt, genau wie es im Vortrage beschrieben worden war.

Es sei noch bemerkt, daß zur Ausbeutung der in diesem Vortrage dargelegten Verfahren, die durch Patente in allen Kulturstaaten geschützt sind, sich im Anschlusse an die Chemische Fabrik von Th. Goldschmidt, Essen a. d. Ruhr, am gleichen Orte eine Gesellschaft m. b. H., die Chemische Thermo-Industrie, gebildet hat. Sie hat sich in der kurzen Zeit ihres Bestehens bereits genötigt gesehen, ihre Räume durch Neubauten bedeutend zu erweitern, die mit dem Beginne des Jahres 1899 bezogen worden sind, und stellt jetzt darin besonders Chrom und Mangan sowie Gemische für alle Arten von Erwärmungszwecken im großen dar. Die Gesellschaft ist gern bereit, allen Interessenten auf Anfrage genaue Auskunft über die Anwendung der einzelnen Verfahren zu erteilen sowie auch Lizenzen abzugeben.

Infolge zahlreicher Erkundigungen über Ausführung der hier erwähnten Versuche hat sie sich auch entschlossen, fertige Gemische, die hauptsächlich zu Versuchszwecken dienen sollen, aber insbesondere für Vorlesungsversuche sehr geeignet sind, in kleineren Packungen zu liefern und jeder Sendung eine genaue Beschreibung beizufügen, wie die Versuche am besten auszuführen sind.

Über die Erzielung hoher Temperaturen durch Verbrennung von Aluminium.

(Vortrag in der 61. Versammlung der Elektrotechnischen Gesellschaft zu Köln, am 3. Mai 1899, Sitzungsbericht.)

In der Einleitung seines Vortrages geht der Redner von den beim Anfeuern der Kohlen sich abspielenden Vorgängen aus. Um Kohlen auf einem Rost in Brand zu setzen, müssen sie erst auf ihre Entzündungstemperatur erhitzt werden. Es geschieht dies durch ein Entzündungsmaterial, welches eine niedrigere Entzündungstemperatur besitzt und dort beim Verbrennen einen derartig hohen Wärmegrad entwickelt, daß die Entzündungstemperatur der Steinkohle erreicht wird.

Als Entzündungsmaterial verwendet man hier bekanntlich Papier, Holz, Petroleum. Die an einem Punkt eingeleitete Verbrennung pflanzt sich durch Sauerstoff- bzw. Luftzufuhr auf die ganze Masse fort und wird durch Zugabe neuen Brennmaterials erhalten. An Stelle der Kohlen benutzt der Vortragende bei seinem neuen Verfahren das metallische Aluminium. Es war bislang noch unbekannt, daß man das Aluminium anzünden und zum Weiterbrennen bringen kann. Diese wichtige und interessante Eigenschaft war vom Redner auf Grund sorgfältiger, umfassender Experimente entdeckt worden. Um die Entzündungstemperatur des Aluminiums zu erreichen, findet vorzugsweise ein leicht entzündbares Gemisch aus Aluminium und Baryumsuperoxyd, welches mit einem Klebstoff zu kleinen Kugeln, sogenannten „Zündkirschen", geknetet wird, Verwendung. In diese ist ein Stück Magnesium gesteckt, welches leicht mit einem Streichholz angebrannt werden kann. Die Vorführung des Abbrennens einer solchen Zündkirsche lieferte durch die lebhafte, mit blendendem Lichte verlaufende Verbrennung den Beweis, daß sich eine hohe Verbrennungswärme dabei entwickelt.

Wie schon erwähnt, ist zur Unterhaltung der Verbrennung von Kohle Sauerstoff nötig, der in Form von Luft dem Brennmaterial zugeführt wird. Redner verwendet zum Verbrennen des Aluminiums „festen" Sauerstoff, und zwar besonders in Form von Metalloxyden. Während beim Abbrennen der Kohle gasförmige Produkte, wie Kohlenoxyd und Kohlensäure entweichen, bleibt hier als Verbrennungsprodukt ein fester Körper, nämlich Aluminiumoxyd oder Korund rückständig. Hierdurch wird ein Verlust an Kalorien vermieden und der hohe Effekt bei der Verbrennung des Aluminiums erzielt. Um die an einem Punkte eingeleitete Verbrennung, die sich von hier aus fortpflanzende Weißglühhitze und die dabei entwickelte Wärme experimental vorzuführen, wurde ein aus Aluminiumpulver, Sand und Eisenoxyd bestehender zementierter Konus, in dessen Inneres ein gewöhnlicher Kesselniet eingepackt war, mit Hilfe einer Zündkirsche entzündet. Unter lebhafter Lichtentwicklung wurde die Reaktion eingeleitet, die Masse des Konus geriet ins Weißglühen und in wenigen Augenblicken war die ganze Masse abgebrannt. Nach dem Abschlagen der Schlacke erschien der weißglühende Niet.

An Stelle der zur Entzündung der Verbrennungsmasse dienenden Zündkirsche läßt sich auch ein Gemisch von Natriumsuperoxyd und Aluminium benutzen, und zwar läßt sich dieses Gemisch mit Hilfe eines Wassertropfens entzünden. Das Natriumsuperoxyd erhitzt sich beim Durchfeuchten mit Wasser derartig hoch, daß es mit dem Aluminium explosionsartig verbrennt; die dabei entwickelte hohe Verbrennungstemperatur entzündet ihrerseits die Verbrennungsmasse. Das Experiment wurde vorgeführt. Ein auf dem Experimentiertisch stehender kleiner hessischer Tiegel, mit einem Gemisch von Eisenoxyd und Aluminium zu etwa $^1/_3$ gefüllt, wurde mit Natriumsuperoxyd und Aluminiumpulver bedeckt und mit einer in Wasser eingetauchten Feder angefeuchtet. Sofort erhob sich aus dem Tiegel eine hellleuchtende Flamme, die Verbrennung war eingeleitet. Das Innere des Tiegels wurde weißglühend; ein in die schmelzende Masse eingetauchter Eisenstab erschien nach wenigen Sekunden weißglühend und war nach einigen weiteren Sekunden abgeschmolzen. Die Verbrennung im Tiegel wurde durch Zufügen weiterer Verbrennungsmasse unterhalten.

Die im Tiegel herrschende Temperatur besitzt nach den Bestimmungen des Vortragenden die enorme Höhe von ungefähr 3000 Grad. Trotzdem konnte der Experimentator den die weißglühende flüssige Lohe enthaltenden Tiegel mit bloßen Händen vom Tische heben und den Zuhörern zureichen, da infolge der schlechten Wärmeleitung die Außenseite des Tiegels völlig kalt blieb.

Die Ermittlung der Temperatur von 3000 Grad erfolgt mit Hilfe des Wyborghschen Thermophons, welches zwar nur rohe Werte liefert, aber immerhin doch verschiedene Temperaturen miteinander zu vergleichen gestattet. Die mit demselben erhaltenen Temperaturangaben in ihren höheren Werten beruhen auf Extrapolation und besitzen daher keine absolute Genauigkeit; die wiederholt ausgeführten Bestimmungen ergaben aber stets übereinstimmende Resultate.

Ein weiterer Versuch war in einem mit Sand gefüllten Holzeimer vorbereitet. In der Mitte des Eimers befand sich, von Erwärmungsmasse umgeben, ein großer, ca. 4 kg schwerer Nietbolzen. Die Entzündung der Erwärmungsmasse erfolgte wiederum mittels einer Zündkirsche. Der Eimer wurde nach Einleitung der Verbrennung mit Sand völlig bedeckt. Nach ungefähr 15 Minuten langem Stehen wurde der Eimer entleert, der glühende Kern zerschlagen und der weißglühende, stauchfertige Niet gezeigt. Trotz der im Innern des Eimers herrschenden überaus hohen Temperatur war die Holzwandung des Eimers vollkommen unversehrt geblieben.

Hierauf zeigte der Vortragende, mit welch heftiger Wirkung Aluminium auf Sulfate reagiert, wenn das Gemisch bis auf seine Verbrennungstemperatur gebracht wird.

Alle diese vorgeführten Versuche mit ihren überraschenden Effekten haben zunächst an sich für die Praxis keinen Wert; denn zum Erwärmen von Nieten wäre z. B. das Verfahren zu kostspielig.

Es läßt sich aber das Verfahren besonders nach drei Seiten vorteilhaft verwenden:

1. Zur Darstellung reiner, kohlefreier Metalle.

Es ist dem Vortragenden mit Hilfe seines neuen Verfahrens nämlich gelungen, Metalle, deren Reindarstellung bisher nicht möglich war, in großem Maßstab und in reinstem Zustande zu gewinnen. Es sind dies, abgesehen von einigen seltenen Metallen, besonders das Chrom und Mangan, welche in großen Stücken zur Ansicht vorlagen.

Diese Metalle werden jetzt in großen Mengen hergestellt, und zwar in sehr einfachen tiegelförmigen Öfen, die aus feuerfesten Steinen aufgebaut sind und einen Fassungsraum für einige hundert Kilo Metall haben. Bei der Schnelligkeit, mit der das Aluminium verbrennt, dauert selbst die Abscheidung größerer Mengen nur etwa eine halbe Stunde.

Chrom sowohl als auch Mangan werden wohl ausschließlich bisher für Legierungszwecke verwendet, das erstere Metall besonders für die Herstellung von Chromstahl, das letztere vorzugsweise zur Darstellung von reinen, eisenfreien Mangankupferlegierungen mit ca. 50, 30 und 20% Mangangehalt.

Mangan wird auch als Desoxydationsmittel verwendet, besonders bei Nickel- und Bronzegüssen, während das Chrom auch als Zusatz zum Kupfer gebraucht wird, und zwar in Form einer 10prozentigen Chromkupferlegierung. In gleicher Weise wird auch noch Ferrotitan und Ferrobor hergestellt mit 10 bis 25% Titan oder Bor.

Der Vortragende hebt noch ausdrücklich hervor, daß sich nach seinem Verfahren eine sehr große Anzahl von Metallen reduzieren lasse, daß es ihm aber an Zeit gefehlt habe, die Darstellung derselben weiter zu verfolgen, denn selbstverständlich verlange die Reinabscheidung eines jeden Metalls, so einfach die Methode ja im Prinzip auch sei, ein ganz besonderes Studium.

Einer Gruppe von Metallen hat sich der Redner noch besonders zugewandt, dem Vanadin, Niob und Tantal.

Es ist auffallend, wie leicht sich ein metallischer Regulus aus Vanadinsäure selbst in sehr kleinen Mengen abscheiden läßt. Ein Stückchen eines Regulus wurde vom Vortragenden unserm verehrten Altmeister Hittorf zugesandt.

Der Vortragende war sehr überrascht, als ihm in einem ausführlichen Schreiben in Form einer kleinen klassischen Abhandlung von dem Gelehrten mitgeteilt wurde, daß das übersendete, völlig metallisch aussehende Stückchen nicht Vanadin sei, sondern Vanadiumoxydul, der Formel V_2O entsprechend.

Es ist in sehr hohem Maße interessant und auffallend, daß das Aluminium nicht imstande ist, der Vanadinsäure allen Sauerstoff zu entziehen. Der Verfasser bemühte sich nun auch, Niob und Tantal abzuscheiden. Die Reduktion der Niobsäure mit Aluminium ging aber nicht so leicht vonstatten als die der Vanadinsäure; noch schwieriger gestaltet sich eine regulinische Abscheidung bei der Tantalsäure.

Die Abscheidung der Niobsäure ist nun genau untersucht worden, und es ergab sich hier entschieden fast ganz reines Metall; wenigstens ist das bei der Analyse Fehlende nicht genügend, um auf Nioboxydul schließen zu lassen. Ein völlig reines Metall war aber deswegen nicht zu erzielen, weil die Ausgangsprodukte nicht ganz rein zu erhalten waren.

Auch das Vanadiumoxydul enthält geringe Verunreinigungen von Eisen, Silizium, Wolfram und Kupfer.

Mit der Darstellung der Metalle ist:

2. Die Gewinnung eines äußerst harten Schleifmaterials, des künstlichen Korunds,

verbunden.

Der so gewonnene Korund übertrifft den natürlichen Schmirgel und Korund an Härte, da er weder Hydratwasser noch Eisen enthält; er findet zur Herstellung von Schleifscheiben und als Poliermittel Verwendung.

Ein weiterer Umstand, welcher dem Verfahren besonders hohen Wert verleiht, ist

3. Die Wärmeerzeugung für Metallbearbeitung.

Diese Anwendung ist sehr mannigfacher Art. Sie beruht im wesentlichen darauf, daß große Wärmemengen auf kleinem Raume außerordentlich schnell hervorgerufen werden können, und zwar so, daß die dicht daneben liegenden Teile anfänglich völlig kalt bleiben. Dabei wird im Gegensatz zu der elektrischen Erwärmung eine gleichmäßige Erhitzung einer einzelnen Stelle oder eines ganzen Stückes erreicht.

Als besonderer Vorzug aber muß hervorgehoben werden, daß man die jeweilig aufzuwendende Wärmemenge abwiegen kann, ein Vorteil, der wohl bei keinem anderen Erwärmungsverfahren in dieser Weise möglich gewesen ist. Diese Wärmemenge wird durch eine bestimmte Quantität eines Gemisches, das meistens aus Eisenoxyd und Aluminium besteht, repräsentiert, dessen Wärmewirkung experimental festgestellt ist.

Der Vortragende demonstriert die Erwärmung einer 10 mm starken, horizontal gelegten Eisenplatte an einer ca. 1 qdcm großen Stelle, auf welcher die Erwärmungsmasse entzündet und durch weiteren Zusatz neuer Masse in Brand gehalten wurde. Zu diesem Experiment wurde 1 kg Erwärmungsmasse verbraucht.

Nach Verlauf einer Minute konnte die Platte noch mit bloßen Händen in die Höhe gehalten werden; an der Unterseite der Platte erschien ein rotglühender viereckiger Fleck. Die Ränder der kleinen, etwa 5 dcm im Quadrat messenden Platte blieben anfänglich völlig kalt, so daß also ein Verziehen der Platte dabei ausgeschlossen ist. Bei Anwendung eines allmählich anwärmenden Kohlenfeuers wäre ein Verziehen unvermeidlich gewesen.

Dieses Experiment nun ist typisch für eine ganze Reihe von Anwendungen.

Überall da, wo beispielsweise noch Formveränderungen an fertigen oder schon fertig montierten Arbeitsstücken unter Anwendung von Wärme vorgenommen werden sollen, die mit Anwendung des Kohlenfeuers nicht oder nur sehr schwer möglich sind, wird man sich dieser Art der Erwärmung mit Vorteil bedienen können.

Wie schon erwähnt, entsteht beim Verbrennen der Erwärmungsmasse neben dem schlackenbildenden Aluminiumoxyd, dem sogenannten Korund, geschmolzenes Metall, und zwar bei Anwendung von Eisenoxyd metallisches Eisen. Um nun zu verhüten, daß durch dieses das Arbeitsstück angefressen wird, setzt man der Erwärmungsmasse Sand, Manganoxyd oder dergl. zu.

Man erzielt so die Bildung eines sehr unreinen Eisens, zum Teil auch Sintermasse, wodurch ein Verschmelzen mit dem Arbeitsstück, solange dasselbe nur rotglühend ist, verhindert wird.

In dieser Art ausgeführt, findet das Verfahren Verwendung zum Härten, Enthärten und vor allem zum Hartlöten.

Aber selbstverständlich handelt es sich bei diesen Anwendungsformen stets wieder um Arbeitsstücke, bei denen das billigere Kohlenfeuer sehr schwer anwendbar oder auch gar nicht erfolgreich anzuwenden ist. So können beim Enthärten ganz kleine Stellen von wenigen Quadratzentimetern enthärtet werden, z. B. die Enden gehärteter Stahlbolzen, da eben die dicht neben der erwärmten Stelle liegenden Teile frei von der Erwärmungsmasse bleiben und somit auch von der Hitze wenig beeinflußt werden.

Wiederum können beispielsweise Härtungen von langen Stahlmessern schnell und leicht vorgenommen werden, da eine partielle Anwärmung eines langen Metallstreifens mit Hilfe der Erwärmungsmasse in weniger als einer Minute erreicht wird.

Für Hartlötungen spielt so das neue Erwärmungsverfahren eine besonders wichtige Rolle.

Dasselbe erweist sich als zweckdienlich bei Lötungen großer Stücke, da man an Stelle eines großen Kohlenfeuers die sehr wenig Raum in Anspruch nehmende Erwärmungsmasse anwenden kann.

Als Beispiel soll angeführt werden, daß zum Übereinanderlöten zweier je 1 dcm langer Streifen Kupferblech von 3 mm Stärke etwa $1^1/_3$ kg Erwärmungsmasse nötig ist.

Die Kosten belaufen sich demnach für den Konsumenten hierfür auf etwa 35 Pfg.

Auch ist das Verfahren zum Löten außerhalb der Werkstatt, besonders im Freien, mit Vorteil anzuwenden, z. B. beim Löten von Leitungsdrähten aller Art. Ein Verbrennen der Lötstelle ist nicht zu befürchten, sobald einmal die für jede Lötung nötige Menge der Erwärmungsmasse festgestellt ist.

Zur Ausführung einer Lötung wird die zu erhitzende Stelle mit der Erwärmungsmasse umgeben, welcher oberflächlich etliche Gramm eines leicht zur Entzündung zu bringenden Entzündungsgemisches beigemengt sind; die Einleitung der Verbrennung geschieht wiederum mittels einer sogenannten Zündkirsche.

Die Masse selbst wird mit Hilfe von Ziegelsteinen und Formsand — es genügen auch Streifen von steifem Papier, die mit angefeuchtetem Formsand gestützt werden — an der zu erhitzenden Stelle zusammengehalten.

Soll Schweißglut resp. Schweißhitze einem Eisenstück erteilt werden, soll überhaupt eine größere und intensivere Erwärmung stattfinden, so ist auf folgende Weise zu verfahren. Man wiegt zu diesem Zwecke die erforderliche Menge Kalorien in Form eines Gemisches, das vornehmlich aus Aluminium und Eisenoxyd besteht, ab, bringt einen Teil desselben in einen entsprechend großen, für diesen Zweck besonders vorbereiteten Tiegel, entzündet hier die Masse und trägt das ganze Gemisch nach und nach in den Tiegel ein. Unter einer geschmolzenen Schicht von Aluminiumoxyd erhält man so flüssiges, metallisches Eisen.

Um die zusammenzuschweißenden Enden wird eine genau abgemessene Form aus dünnem Blech gelegt, die von außen mit Sand sorgfältig abgedämmt ist.

Nachdem der Tiegel mit der feurigflüssigen Masse vollkommen angefüllt ist, gießt man diese in die Form ein.

Das zuerst ausfließende Aluminiumoxyd (Korund) erstarrt an den Schweißstücken und schützt dieselben vor der Einwirkung des nachfließenden geschmolzenen Eisens.

Die Schweißung selbst wird in der Art bewirkt, daß man die zu schweißenden Metallstücke mit Hilfe eines geeigneten Apparates stumpf aneinanderpreßt. Unter dem Einfluß der Hitze entsteht so von selbst der nötige Gegendruck an der Schweißstelle.

Dieses Schweißverfahren hat nun besondere Bedeutung gewonnen für die Verbindung von Schienen der elektrischen Bahnen, bei denen es ja besonders auf eine gute Rückleitung des Stromes ankommt.

Außerdem aber bietet sich noch auf einer so geschweißten Schienenstrecke der Vorteil des stoßfreien Fahrens, wodurch eine nicht zu unterschätzende Ersparnis sowohl am Oberbau als auch am rollenden Material gewährleistet wird.

Man war früher allgemein der Ansicht, daß es von vornherein unmöglich sei, größere Schienenstrecken ohne den für den Temperaturausgleich nötigen Zwischenraum zu legen, ein Zusammenschweißen also gänzlich ausgeschlossen sei.

Die Erfahrung hat nun aber gelehrt, daß diese Annahme für die im Straßenpflaster liegenden Schienen der elektrischen Straßenbahnen nicht zutrifft.

Zwei Gründe mögen hierfür als ausschlaggebend bezeichnet werden.

Einmal liegen die Schienen der Straßenbahnen völlig im Pflaster oder in der Chaussee eingebettet, sie sind also von einem schlechten Wärmeleiter umgeben, der vor einem jähen Temperaturwechsel von vornherein schützt. Zweitens bietet auch das umgebende Erdreich beziehungsweise die Pflasterung eine außerordentlich feste Stütze für die Schienen.

Mit Hilfe genügend starker Spindeln gelingt es indessen, den Zwischenraum zweier Schienen um einige Millimeter zu vergrößern, ohne daß ein Aus- oder Hochbiegen im Planum wahrzunehmen ist.

Es ist also möglich, daß die Schienen — weil sie eben durch das Erdreich und auch durch die Traversen zusammengehalten werden — um eine Kleinigkeit zusammengestaucht werden können.

Dieses Stauchen muß auch bei Temperaturerhöhungen eintreten, da ein Ausbiegen der Schienen nicht eintritt.

Tatsächlich wird neuerdings ein großer Teil der Straßenbahnschienen starr miteinander verbunden, wobei man den für den Temperaturausgleich früher so nötig gehaltenen Zwischenraum ganz oder teilweise unberücksichtigt läßt.

Da bei weitem der größte Teil der elektrischen Bahnen auf Phönixrillenschienen verlegt wird, so wurde das Verfahren auch an einer solchen Schiene (Normalprofil 180 mm) vorgeführt und der Beweis erbracht, in wie einfacher und leichter Weise die Ausführung geschieht.

Hier ist noch hervorzuheben, daß die Schweißstelle derartig fest ist, daß sie einen Druck von über 40 000 Kilo bei einer Auflageentfernung von 70 cm aushält.

Was die Kosten einer solchen Schweißung anbelangt, so kann dieselbe, wie der Vortragende ausdrücklich bemerkt, sehr wohl mit einer guten, zuverlässigen Verlaschung konkurrieren.

Das Verfahren ist auch bereits in der Praxis eingeführt.

Auf der Strecke der elektrischen Straßenbahn Essen—Steele sind unlängst, und zwar unter besonders schwierigen Verhältnissen, Schweißungen von fertig verlegten Rillenschienen vorgenommen worden, wobei sich das Verfahren vorzüglich bewährt hat.

Die außerordentliche Bedeutung, die dieses Schweißverfahren für elektrische Bahnen hat, erstreckt sich aber auch auf Oberbauteile anderer Bahnen.

Mitteilungen hierüber sollen bei einer späteren Gelegenheit vom Vortragenden erfolgen.

Auch wird noch erwähnt, daß das Stumpfaneinanderschweißen nach dem beschriebenen Verfahren auch auf anderen Gebieten von Wichtigkeit ist.

Die Festigkeit der so verschweißten Stücke ist eine sehr große.

Eingehende Versuche, die auf der Kaiserlichen Werft in Wilhelmshaven nach dem Verfahren des Vortragenden mit Quadratstäben aus Siemens-Martin-Stahl von etwa 90×100 mm angestellt wurden, haben bewiesen, daß nur die Dehnung an der so geschweißten Stelle zurückgegangen, während die Festigkeit sogar noch um einige Prozent gestiegen ist.

Neuerdings ist es dem Vortragenden auch gelungen, unter Anwendung seines Verfahrens defekte Stellen an größeren Maschinenteilen, besonders Stahlgußstücken, auszubessern, was weder mit Hilfe von Kohlenfeuer noch durch elektrische Erhitzung ausführbar ist. Das Verfahren des Vortragenden setzt gerade da ein, wo die bisherigen elektrischen Schweißverfahren nicht ausreichten.

Um z. B. einen ausgebrochenen Zahn eines Zahnrades zu ersetzen, umgibt man den zu diesem Zwecke zu erhitzenden Teil des Radkranzes mit Formsand, gießt aus einem Tiegel die wie beim Schweißprozeß dargestellte Erhitzungsmasse in die Form, wobei die defekte Stelle durch eine zweckentsprechende Vorrichtung von der eingegossenen Schmelzmasse freigehalten wird.

Sobald das Arbeitsstück auf die nötig hohe Temperatur (helle Rotglut) erhitzt ist, wird geschmolzener Stahl von gleicher Zusammensetzung wie der des Arbeitsstückes in genügender Menge auf die freiliegende defekte Stelle gegossen. Nach dem Erkalten zeigt sich ein Stahlstück vollkommen fest und ohne sichtbare Ansatzstelle auf dem Arbeitsstück aufgeschmolzen, welches nur noch entsprechend zu bearbeiten ist.

Die Kosten einer solchen Reparatur belaufen sich je nach der Größe der auszubessernden Stelle auf etwa 10 bis 25 ℳ und dadurch können Stücke, die einen Wert von mehreren hundert Mark und darüber haben, dauernd betriebssicher wieder hergerichtet werden, während früher solche Teile zumeist in den Schrott wandern mußten.

Es sei noch bemerkt, daß sich zur Ausbeutung der in diesem Vortrage dargelegten Verfahren, die durch Patente in allen Kulturstaaten geschützt sind, im Anschlusse an die Chemische Fabrik von Th. Goldschmidt, Essen an der Ruhr, am gleichen Orte eine Gesellschaft m. b. H., die Chemische Thermo-Industrie, gebildet hat. Sie hat sich in der kurzen Zeit ihres Bestehens bereits genötigt gesehen, ihre Räume durch Neubauten bedeutend zu erweitern, die mit dem Beginn des Jahres 1899 bezogen worden sind, und stellt jetzt darin besonders Chrom und Mangan sowie Gemische für alle Arten von Erwärmungszwecken im großen dar. Die Gesellschaft ist gern bereit, allen Interessenten auf Anfrage genaue Auskunft über die Anwendung der einzelnen Verfahren zu erteilen sowie auch Lizenzen abzugeben. Für Frankreich ist bereits eine Lizenz an Herrn Gall, Direktor der „Electro-Chimie", erteilt worden.

Mit einem Dank an die Herren Dr. Weil und Wilm für ihre Mitarbeit bei der Ausarbeitung der verschiedenen Verfahren schloß Herr Dr. Hans Goldschmidt seinen Vortrag.

Verfahren zur Erzeugung hoher Temperaturen.

(Zeitschrift für Elektrochemie, 1899/1900, S. 53.)

Der Redner bezieht sich auf seinen vor über Jahresfrist auf der Hauptversammlung der Deutschen Elektrochemischen Gesellschaft in Leipzig gehaltenen Vortrag (siehe Zeitschrift für Elektrochemie 1897/98, S. 494.) *

Damals war es dem Vortragenden noch nicht möglich gewesen, über Anwendungen des Verfahrens in der Technik viel zu sagen, er mußte sich mehr darauf beschränken, gewisse Fingerzeige zu geben, wozu und wie etwa das Verfahren für diese nutzbar gemacht werden könnte.

Es ist nun seitdem emsig an der Ausnutzung des Verfahrens gearbeitet worden und gelungen, Bresche zu schießen durch die feste und hohe Mauer, die sich stets zwischen Laboratorium und Praxis auftürmt; es ist gelungen, nicht nur eine Reihe von Anwendungsarten zu finden, sondern diese auch zum Teil in die Technik einzuführen.

Bei der eigenartigen Neuheit des Verfahrens sind die damit verbundenen Schwierigkeiten nicht zu unterschätzen.

Praktisch läßt sich das Verfahren besonders nach drei Seiten verwenden.

1. Zur Darstellung reiner kohlefreier Metalle. Es ist dem Vortragenden mit Hilfe seines neuen Verfahrens gelungen, Metalle in großem Maßstabe und in reinstem Zustande zu gewinnen, deren Reindarstellung bisher nicht möglich war. Es sind dies, abgesehen von einigen seltenen Metallen, besonders Chrom und Mangan, welche in großen Regulis und Stücken zur Ansicht vorgelegt wurden.

Diese Metalle werden jetzt in großen Mengen hergestellt, und zwar in sehr einfachen tiegelförmigen Öfen, die aus feuerfesten Steinen aufgebaut sind und einen Fassungsraum für einige hundert Kilo Metall haben. Bei der Schnelligkeit, mit der das Aluminium verbrennt, dauert selbst die Abscheidung größerer Mengen nur etwa ½ Stunde.

Chrom sowohl als auch Mangan werden wohl ausschließlich für Legierungszwecke verwendet, das erstere Metall besonders für die Herstellung von Chromstahl, das letztere vorzugsweise zur Darstellung von reinen eisenfreien Mangankupferlegierungen mit ca. 50, 30 und 20% Mangangehalt.

Mangan wird auch als Desoxydationsmittel verwendet, besonders bei Nickel- und Bronzegüssen, während das Chrom auch als Zusatz zum Kupfer gebraucht wird, und zwar in Form einer zehnprozentigen Chromkupferlegierung. In gleicher Weise wird auch noch Ferrotitan und Ferrobor hergestellt mit 10 bis 25% Titan oder Bor.

Infolge der besonderen französischen Patentgesetzgebung, wonach die Produkte, die nach einem in diesem Lande geschützten Verfahren hergestellt werden, nicht dahin eingeführt werden dürfen, erweist es sich als notwendig, die Metalle in Frankreich selbst darzustellen.

---

* Siehe auch S. 5 dieser Sammlung.

Herr Gall, der Direktor der bekannten Société d'Electro-Chimie in Paris, hat kürzlich für seine Gesellschaft die Lizenz zur Metalldarstellung erworben.

Redner hebt noch ausdrücklich hervor, daß sich nach seinem Verfahren eine sehr große Anzahl Metallen reduzieren lasse, daß es ihm aber an Zeit gefehlt habe, die Darstellung derselben weiter zu verfolgen, denn selbstverständlich verlange die Reinabscheidung eines jeden Metalles, so einfach die Methode im Prinzip auch sei, ein ganz besonderes Studium.

Einer Gruppe von Metallen hat sich jedoch der Redner noch besonders zugewandt, dem Vanadin, Niob und Tantal.

Es ist auffallend, wie leicht sich ein metallischer Regulus aus Vanadinsäure selbst in sehr kleinen Mengen abscheiden läßt. Ein Stückchen eines Regulus wurde vom Vortragenden unserem verehrten Altmeister Herrn Hittorf zugesandt.

Der Vortragende war sehr überrascht, als ihm in einem ausführlichen Schreiben, in Form einer kleinen klassischen Abhandlung, von dem Gelehrten mitgeteilt wurde, daß das übersendete, völlig metallisch aussehende Stückchen nicht Vanadin sei, sondern Vanadiumoxydul, der Formel V_2O entsprechend.

Es ist in sehr hohem Maße interessant und auffallend, daß das Aluminium nicht imstande ist, der Vanadinsäure allen Sauerstoff zu entziehen. Der Verfasser bemühte sich nun, auch Niob und Tantal abzuscheiden. Die Reduktion der Niobsäure mit Aluminium geht nicht so leicht vonstatten als die der Vanadinsäure; noch schwieriger gestaltet sich eine regulinische Abscheidung bei der Tantalsäure.

Die Abscheidung der Niobsäure ist nun genau untersucht worden, und man hat es hier entschieden mit dem reinen Metall zu tun; wenigstens ist das bei der Analyse Fehlende nicht genügend, um auf ein Nioboxydul schließen zu können. Ein völlig reines Metall war deswegen nicht zu erzielen, weil die Ausgangsprodukte nicht ganz rein zu erhalten waren.

Auch das Vanadiumoxydul enthält geringe Verunreinigungen von Eisen, Silizium, Wolfram und Kupfer.

Mit der Darstellung der Metalle ist

2. die Gewinnung eines äußerst harten Schleifmaterials, des künstlichen Korunds, verbunden.

Der so gewonnene Korund übertrifft den natürlichen Schmirgel und Korund an Härte, da er weder Hydratwasser noch Eisen enthält, er findet zur Herstellung von Schleifscheiben und als Poliermittel Verwendung.

Einen weiteren Umstand, der dem Verfahren besonders hohen Wert verleiht, ist

3. die Wärmeerzeugung zur Metallbearbeitung.

Diese Anwendung ist sehr mannigfacher Art; sie beruht im wesentlichen darauf, daß große Wärmemengen auf kleinem Raum außerordentlich schnell hervorgerufen werden können, und zwar so, daß die dicht daneben liegenden Teile anfänglich völlig kalt bleiben. Dabei wird im Gegensatz zu der elektrischen Erwärmung eine gleichmäßige Erhitzung einer Stelle oder eines Stückes erreicht.

Als besonderer Vorzug aber muß hervorgehoben werden, daß man die jeweilig aufzuwendende Wärmemenge abwiegen kann, ein Vorteil, der wohl bei keinem anderen Erwärmungsverfahren in dieser Weise möglich gewesen ist. Diese Wärmemenge wird durch eine bestimmte Quantität eines Gemisches, das meistens aus Eisenoxyd und Aluminium besteht, repräsentiert, dessen Wärmewirkung experimentell festgestellt ist.

Der Vortragende demonstriert die Erwärmung einer 10 mm starken, horizontal gelegten Eisenplatte an einer ca. 1 qdm großen Stelle, auf welcher die Erwärmungsmasse entzündet und durch weiteren Zusatz neuer Masse in Brand gehalten wurde. Zu diesem Experiment wurde 1 kg Erwärmungsmasse verbraucht.

Nach Verlauf einer Minute konnte dann die Platte noch mit bloßen Händen in die Höhe gehalten werden; an der Unterseite der Platte erschien ein rotglühender viereckiger Fleck. Die Ränder der kleinen, etwa 5 dm im Quadrat messenden Platte blieben anfänglich völlig kalt, so daß also ein Verziehen der Platte dabei ausgeschlossen war; bei Anwendung eines allmählich anwärmenden Kohlenfeuers wäre ein Verziehen unvermeidlich gewesen.

Dieses Experiment ist aber für eine ganze Reihe von Anwendungen typisch.

Überall da, wo beispielsweise noch Formveränderungen an fertigen, oder schon fertig montierten Arbeitsstücken unter Anwendung von Wärme vorgenommen werden sollen, die mit Anwendung des Kohlenfeuers nicht oder nur sehr schwer möglich sind, wird man sich dieser Art der Erwärmung mit Vorteil bedienen können.

Wie schon erwähnt, entsteht beim Verbrennen der Erwärmungsmasse neben dem schlackenbildenden Aluminiumoxyd, dem sogenannten Korund, geschmolzenes Metall, und zwar bei Anwendung von Eisenoxyd metallisches Eisen.

Um nun zu verhüten, daß durch dieses das Arbeitsstück angefressen wird, setzt man der Erwärmungsmasse Sand, Manganoxyd oder dergl. zu.

Man erzielt so die Bildung eines sehr unreinen Eisens, zum Teil auch Sintermasse, wodurch ein Verschmelzen mit dem Arbeitsstück, solange dasselbe nur rotglühend ist, verhindert wird.

In dieser Art ausgeführt, findet das Verfahren Verwendung zum Härten, Enthärten und vor allem zum Hartlöten.

Aber selbstverständlich handelt es sich bei diesen Anwendungsformen stets wieder um Arbeitsstücke, bei denen das billigere Kohlenfeuer sehr schwer anwendbar oder auch gar nicht erfolgreich anzuwenden ist. So können beim Enthärten ganz kleine Stellen von wenigen Quadratzentimetern enthärtet werden, z. B. die Enden gehärteter Stahlbolzen, da eben die dicht neben der erwärmten Stelle liegenden Teile frei von der Erwärmungsmasse bleiben und somit auch von der Hitze wenig beeinflußt werden.

Wiederum können beispielsweise Härtungen von langen Stahlmessern schnell und leicht vorgenommen werden, da eine partielle Anwärmung eines langen Metallstreifens mit Hilfe der Erwärmungsmasse in weniger als einer Minute erreicht wird.

Für Hartlötungen spielt aber das neue Erwärmungsverfahren eine besonders wichtige Rolle.

Dasselbe erweist sich als zweckdienlich bei Lötungen großer Stücke, da man an Stelle eines großen Kohlenfeuers die sehr wenig Raum in Anspruch nehmende Erwärmungsmasse verwenden kann, welche einfach aufgestreut wird.

Als Beispiel soll angeführt werden, daß zum Übereinanderlöten zweier je 1 dm langer Streifen Kupferblech von 3 mm Stärke etwa $^1/_8$ kg Erwärmungsmasse nötig ist. Die Kosten belaufen sich demnach für den Konsumenten hierfür auf etwa 35 Pfennig.

Auch ist das Verfahren zum Löten außerhalb der Werkstatt, besonders im Freien mit Vorteil anzuwenden, z. B. beim Löten von Leitungsdrähten aller Art. Ein Verbrennen der Lötstelle ist nicht zu befürchten, sobald einmal die für jede Lötung nötige Menge der Erwärmungsmasse festgestellt ist. Zur Ausführung einer Lötung wird die zu erhitzende Stelle mit der Erwärmungsmasse umgeben, welcher oberflächlich etliche Gramm eines leicht zur Entzündung zu bringenden Entzündungsgemisches beigemengt sind; die Einleitung der Verbrennung geschieht wie gewöhnlich mittels einer sogenannten Zündkirsche.

Die Masse selbst wird mit Hilfe von Ziegelsteinen und Formsand — es genügen auch Streifen von steifem Papier, die mit angefeuchtetem Formsand gestützt werden — an der zu erhitzenden Stelle zusammengehalten.

Soll Schweißglut bezw. Schweißhitze einem Eisenstück erteilt werden, oder überhaupt eine größere und intensivere Erwärmung stattfinden, so ist folgendermaßen zu verfahren: Man wiegt zu diesem Zwecke die erforderliche Menge Kalorien in Form eines Gemisches, das vornehmlich aus Aluminium und Eisenoxyd besteht, ab, bringt einen Teil desselben in einen entsprechend großen — für diesen Zweck besonders vorbereiteten — Tiegel, entzündet hier die Masse und trägt das ganze Gemisch nach und nach in den Tiegel ein. Unter einer geschmolzenen Schicht von Aluminiumoxyd erhält man so flüssiges, metallisches Eisen.

Um die zusammenzuschweißenden Enden wird eine genau abgemessene Form aus dünnem Blech gelegt, die von außen mit Sand sorgfältig abgedämmt ist.

Nachdem der Tiegel mit der feurigflüssigen Masse vollkommen angefüllt ist, gießt man diese in die Form ein.

Das zuerst ausfließende Aluminiumoxyd (Korund) erstarrt an den Schweißstücken und schützt dieselben vor der Einwirkung des nachfließenden geschmolzenen Eisens.

Die Schweißung selbst wird in der Art bewirkt, daß man die zu schweißenden Metallstücke mit Hilfe eines geeigneten Apparates stumpf aneinanderpreßt. Unter dem Einfluß der Hitze entsteht so von selbst der nötige Gegendruck an der Schweißstelle.

Dieses Schweißverfahren hat nun besondere Bedeutung gewonnen für die Verbindung von Schienen der elektrischen Bahnen, da es hier besonders auf eine gute Rückleitung des Stromes ankommt. Außerdem aber bietet sich noch auf einer so geschweißten Schienenstrecke der Vorteil des stoßfreien Fahrens, wodurch eine nicht zu unterschätzende Ersparnis sowohl am Oberbau als auch am rollenden Material gewährleistet wird.

Man war früher allgemein der Ansicht, daß es von vornherein unmöglich sei, größere Schienenstrecken ohne den für den Temperaturausgleich nötigen Zwischenraum zu legen, ein Zusammenschweißen also gänzlich ausgeschlossen sei.

Die Erfahrung hat nun aber gelehrt, daß diese Annahme für die im Straßenpflaster liegenden Schienen der elektrischen Straßenbahnen nicht zutrifft.

Zwei Gründe mögen hierfür als ausschlaggebend bezeichnet werden.

Einmal liegen die Schienen der Straßenbahnen völlig im Pflaster oder in der Chaussee eingebettet, sie sind also von einem schlechten Wärmeleiter umgeben, der vor einem jähen Temperaturwechsel von vornherein schützt.

Zweitens bildet auch das umgebende Erdreich beziehungsweise die Pflasterung eine außerordentlich feste Stütze längs der Schienen.

Es ist tatsächlich möglich und mit Hilfe genügend starker Spindeln gelingt es, den Zwischenraum zweier Schienen um einige Millimeter zu vergrößern, ohne daß ein Aus- oder Hochbiegen im Planum wahrzunehmen ist. Es ist also möglich, daß die Schienen — weil sie eben durch das Erdreich und auch durch die Traversen zusammengehalten werden — um eine Kleinigkeit zusammengestaucht werden können.

Dieses Stauchen muß auch bei Temperaturerhöhungen eintreten, da ein Ausbiegen der Schienen nicht eintritt. Tatsächlich wird neuerdings ein großer Teil der Straßenbahnschienen starr miteinander verbunden, womit man eben auf den für den Temperaturausgleich früher so nötig gehaltenen Zwischenraum ganz oder teilweise verzichtet.

Da bei weitem der größte Teil der elektrischen Bahnen auf Phönixrillenschienen verlegt wird, so wurde das Verfahren auch an einer solchen Schiene (Normalprofil 180 mm) vorgeführt und der Beweis erbracht, in wie einfacher und leichter Weise die Ausführung geschieht.

Hier blieb noch hervorzuheben, daß die Schweißstelle derartig fest ist, daß sie einen Druck von über 40 000 kg bei einer Auflagerentfernung von 70 cm aushält.

Was die Kosten einer solchen Schweißung anbelangt, so kann dieselbe, wie der Vortragende ausdrücklich bemerkte, sehr wohl mit einer guten, zuverlässigen Verlaschung konkurrieren.

Das Verfahren ist auch bereits in der Praxis eingeführt.

Auf der Strecke der elektrischen Straßenbahn Essen—Steele sind unlängst — und zwar unter besonders schwierigen Verhältnissen — Schweißungen von fertig verlegten Rillenschienen vorgenommen worden, wobei sich das Verfahren vorzüglich bewährt hat.

Die außerordentliche Bedeutung, die dieses Schweißverfahren für elektrische Bahnen hat, erstreckt sich aber auch auf Oberbauteile anderer Bahnen.

Mitteilungen hierüber sollen bei einer spätern Gelegenheit vom Vortragenden erfolgen.

Ferner wurde noch erwähnt, daß das Stumpfaneinanderschweißen nach dem beschriebenen Verfahren auch auf anderen Gebieten von Wichtigkeit und daß die Festigkeit der so verschweißten Stücke eine sehr große ist.

Eingehende Versuche, die auf der Kaiserlichen Werft in Wilhelmshaven nach dem Verfahren des Vortragenden mit Quadratstäben aus Siemens-Martin-Stahl von etwa 90 × 100 mm angestellt wurden, haben bewiesen, daß nur die Dehnung an der so geschweißten Stelle zurückgegangen, während die Festigkeit sogar noch um einige Prozent gestiegen ist.

Neuerdings ist es dem Vortragenden auch gelungen, unter Anwendung seines Verfahrens defekte Stellen an größeren Maschinenteilen, besonders Stahlgußstücken, auszubessern, was weder mit Hilfe von Kohlenfeuer noch durch elektrische Erhitzung ausführbar ist.

Das neue Verfahren setzt gerade da ein, wo die bisherigen elektrischen Schweißverfahren nicht ausreichten.

Um zum Beispiel einen ausgebrochenen Zahn eines Zahnrades zu ersetzen, umgibt man den zu diesem Zwecke zu erhitzenden Teil des Radkranzes mit Formsand, gießt aus einem Tiegel die wie beim Schweißprozeß dargestellte Erhitzungsmasse in die Form, wobei die defekte Stelle durch eine zweckentsprechende Vorrichtung von der eingegossenen Schmelzmasse freigehalten wird. Sobald das Arbeitsstück auf die nötige hohe Temperatur (helle Rotglut) erhitzt ist, wird geschmolzener Stahl, von gleicher Zusammensetzung wie der des Arbeitsstückes, in genügender Menge auf die freiliegende defekte Stelle gegossen. Nach dem Erkalten zeigt sich ein Stahlstück, vollkommen fest und ohne sichtbare Ansatzstelle auf dem Arbeitsstück aufgeschmolzen, welches nur noch entsprechend zu bearbeiten ist. Die Kosten einer solchen Reparatur belaufen sich je nach der Größe der auszubessernden Stelle auf etwa 10 bis 25 Mk., und können dadurch Stücke, die einen Wert von mehreren hundert Mark und darüber haben, dauernd betriebssicher wiederhergerichtet werden, während früher solche Teile zumeist in den Schrott wandern mußten.

Mit einem Dank an die Herren Dr. Weil und Wilm für ihre Mitarbeit bei der Ausarbeitung der verschiedenen Verfahren schloß Herr Dr. Hans Goldschmidt seinen Vortrag.

Die Erzielung hoher Temperaturen durch Verbrennung von Aluminium.

(Experimental-Vortrag, gehalten auf der V. Hauptversammlung des Vereins Deutscher Straßenbahn- und Kleinbahn-Verwaltungen am 11. September 1899 zu Barmen-Elberfeld. Mitteilungen des Vereins Deutscher Straßenbahn- und Kleinbahn-Verwaltungen [Beilage zur Zeitschrift für Kleinbahnen], 1899, Heft 11.)

Um sehr hohe Temperaturen zu erzeugen, Temperaturen, die 2000° C. noch ein gut Teil überschreiten, gab es bisher nur ein Mittel: die Elektrizität.

Neuerdings ist es aber gelungen, derartige hohe Temperaturen auf eine viel bequemere Weise hervorzubringen und große Wärmemengen auf den kleinsten Raum zu konzentrieren, und zwar vorzugsweise mittels Verbrennens von Aluminium.

Der chemische Vorgang, der sich hierbei abspielt, ist so außerordentlich einfach, daß er auch dem Laien sofort verständlich sein wird.

Der zum Verbrennen des Aluminiums nötige Sauerstoff wird nicht der Atmosphäre entnommen, sondern vorzugsweise Metalloxyden, besonders dem Eisenoxyd.

Es wird also gepulvertes Aluminium mit gepulvertem Eisenoxyd gemischt und dieses Gemisch entzündet. Dann findet die einfache Umsetzung statt, und zwar, wie Sie nachher sehen werden, unter außerordentlich starker Wärmeentwicklung.

Der Sauerstoff des Eisenoxyds verbindet sich mit dem Aluminium; es bildet sich also neben metallischem Eisen gleichzeitig Aluminiumoxyd. (Das in der Natur vorkommende Aluminiumoxyd führt den Namen Korund). Obgleich das Aluminium zu den feuerbeständigsten Körpern gehört, die wir kennen, wird es bei der beschriebenen Reaktion so flüssig wie Wasser.

Diese Umsetzung zwischen Aluminium und Metalloxyden ist nun eine sehr allgemeine und hat, wie ich hier nur beiläufig bemerken will, ein neues sehr schätzbares Mittel an die Hand gegeben, einige hüttenmännisch sehr wertvolle Metalle auszuscheiden, die man vordem in derartig reinem Zustande nicht kannte.

Zu diesen gehört in erster Linie das reine kohlefreie Chrom und ferner das reine kohlefreie Mangan.

Sie sehen hier diese in Stücken von 30 bis 50 kg, die aus größeren Regulis herausgeschlagen sind.

Wie schon erwähnt, entsteht bei dieser Metalldarstellung gleichzeitig Korund, der durch seine große Härte bekannt ist. Dieser künstlich gewonnene Korund, von dem Sie hier gleichfalls einige Stücke sehen, zeichnet sich durch eine ganz besondere Härte und Schleiffähigkeit aus.

Ohne näher auf die vielseitigen Anwendungen meines Verfahrens einzugehen, möchte ich doch nicht unterlassen, diese wenigstens zu erwähnen.

Die Seite des Verfahrens, die hier von besonderem Interesse ist, besteht, wie einleitend bemerkt, in der Erzeugung hoher Temperaturen. Im folgenden will ich nun dartun, wie diese zum Schweißen verwandt werden können, im besonderen zum Stumpfaneinanderschweißen von Straßenbahnschienen.

Es ist die Anwendung hoher Temperaturen natürlich nicht hierauf allein beschränkt. So sehen Sie an den ausgestellten Stücken, daß das Verfahren auch beispielsweise zum Ausbessern, dem sogenannten Flicken oder Verschweißen fehlerhafter Gußstücke, Verwendung findet; allein ich will hierauf nicht näher eingehen, sondern Ihnen lediglich das Verschweißen von Schienen vorführen.

Sie sehen hier die nötigen Vorkehrungen dazu getroffen. Das notwendige Hauptgerät ist ein feuerfester Tiegel, der in einer Kippzange steht. Die zu verschweißenden Schienenenden — ich habe zwei Phönixrillenschienen von 180 mm Höhe gewählt — sind durch einen kräftigen Klemmapparat starr miteinander verbunden, nachdem die Berührungsstellen blank gemacht worden sind.

Da das Schienenmaterial zumeist kein schweißbares ist, wird ein Blech eingelegt.

Gleichmäßig um die Schweißstelle herum ist eine kleine Form aus dünnem Blech gelegt, die nach außen mit Sand und Steinen abgestützt ist. Die Form dient dazu, die feurigflüssige Masse aufzunehmen.

Der Vorgang ist nun folgender.

In den Tiegel wird etwas von dem Eisenoxyd-Aluminiumgemisch eingeschüttet und zur Entzündung gebracht.

Wenngleich diese Entzündung, wie Sie nachher sehen, auf sehr schnelle und einfache Weise geschieht, so verursachte diese gerade anfänglich sehr große Schwierigkeiten.

Es wird Ihnen dies auch klar sein, wenn ich Ihnen sage, daß Sie mit einem glühenden Eisenstab die Mischung umrühren könnten, ohne daß diese sich entzündet. Es liegt dies daran, daß die Entzündungstemperatur des Gemisches sehr hoch liegt.

Mit Hilfe geeigneter Chemikalien — vor allem sogenannter Superoxyde — gelingt es aber leicht, an einer Stelle die nötige Temperatur hervorzubringen, und ist diese einmal erreicht, so brennt das Gemisch in sich ruhig weiter. Dann werden weitere Mengen zugegeben, die ebenso in Reaktion treten, bis der Tiegel mit der feurigflüssigen Masse gefüllt ist.

Wie zu Anfang gesagt, besteht der Inhalt des Tiegels dann aus feurigflüssigem Eisen und feurigflüssigem Aluminiumoxyd. Natürlich befindet sich das schwere Eisen am Boden des Tiegels. Wird nun der Inhalt ausgegossen, so fließt das Aluminiumoxyd zuerst aus, und daß dies geschieht, ist absolut notwendig! Denn das schnell erstarrende Aluminiumoxyd bedeckt die verschweißenden Eisenteile sofort mit einer schützenden dünnen feuerfesten Haut, da es unmittelbar an der kalten Fläche erstarrt und das später nachfließende Eisen ist dann nicht mehr imstande, die Schweißstelle zu treffen, kann sie also nicht mehr verletzen bzw. anfressen. Die Folge davon ist, daß das Profil nicht im mindesten leidet, und daß nach dem Erkalten die Schlacke mit dem Eisen leicht abgeschlagen werden kann.

Übrigens wird in gleicher Weise auch die dünne Blechform von dem Korund geschützt, so daß dieselbe öfter zu derselben Arbeit benutzt werden kann.

Sie sehen hier derartige Formen, die bereits gebraucht sind und denen man wahrlich nicht ansieht, daß sie in ihrem Innern Temperaturen, die auf 3000° C. geschätzt werden müssen, beherbergt haben.

Genaue Gradmessungen können übrigens bei diesen Hitzegraden nach dem heutigen Stande der Wissenschaft nicht vorgenommen werden.

Daß auch die Tiegel wiederholt benutzt werden können, versteht sich nach dem Gesagten von selbst, da diese sich im Innern mit einer hochfeuerfesten Glasur von Aluminiumoxyd überziehen, die sie sogar widerstandsfähiger macht.

Eine große Betriebssicherheit liegt darin, daß die Tiegel während der Operation außen völlig kalt bleiben.

Ich beginne jetzt damit, wie bereits angedeutet, ein leicht entzündbares Gemisch auf das Eisenoxyd-Aluminiumgemisch im Tiegel aufzutragen (Bariumsuperoxyd-Aluminium), und mit diesem Kügelchen, das aus gleichem Material geformt und in das ein Magnesiumstreifen eingeklebt ist — das Ganze wird eine Zündkirsche genannt —, bringe ich die Masse zur Reaktion, indem ich mit einem Streichholz das Magnesiumstreifchen entzünde und das weißglühende Kügelchen in den Tiegel werfe.

(Experiment: Ein jugendlicher Arbeiter füllt mit einer kleinen Schaufel Material nach, in etwa 2 Minuten ist der Tiegel gefüllt. Mit einem zweiten Gehilfen wird nun der Tiegel in die oben beschriebene Form entleert; dieser Vorgang, der sich unter lebhafter Lichtentfaltung abspielt, dauert nur einige Sekunden. Zum Beweise dafür, daß die Außenseite des Tiegels völlig kalt geblieben ist, wird derselbe mit bloßen Händen hochgehoben und so herumgezeigt!)

Nur kurz möchte ich noch erwähnen, daß auch ein Hauptvorteil des Verfahrens darin liegt, daß die Temperatur, die für jede Schweißung nötig ist, genau abgewogen werden kann, da dieselbe durch eine gewisse, für jedes Profil empirisch festgestellte Menge des Gemisches repräsentiert wird. Es kann dadurch genau die richtige, zum Schweißen nötige Temperatur eingehalten werden.

Meine Herren, ich habe Ihnen zu danken, daß Sie meinen Darlegungen so aufmerksam gefolgt sind, und vor allem habe ich Herrn Direktor von Pirch meinen wärmsten Dank abzustatten, der uns behufs Veranstaltung des Vortrages in zuvorkommendster Weise unterstützt hat.

Meine Herren, ich spreche von uns; denn wie Sie aus dem Programm wohl ersehen haben werden, habe ich nur den chemischen und experimentellen Teil des Vortrages übernommen. Es versteht sich ja von selbst, daß ich als völliger Laie in Oberbaufragen über die Vorteile zusammengeschweißter Schienen vor Fachleuten nicht sprechen kann; es hat diesen Hauptteil des Vortrages Herr Oberingenieur Beyer freundlichst übernommen, der infolge seiner langjährigen Erfahrungen im Eisenbahn- und Oberbauwesen Ihnen über diesen Punkt wichtige Aufklärungen geben wird.

Auch habe ich noch dankend hervorzuheben, daß Herr Beyer die praktische Durchführung des hier gezeigten Verfahrens wesentlich gefördert hat.

L'Aluminothermie, nouveau procédé de préparation du manganèse et du chrome et d'obtention de températures très élevées.

(Revue générale de chimie pure et appliquée. Paris. Janvier 1900, p. 49—58.)

Combustion du soufre et du fer. — L'aluminium comme réducteur. — Chaleur de combustion de l'aluminium. — Fusion de l'alumine. — Préparation du manganèse et du chrome. — Obtention de hautes températures; soudure autogène. — Fabrication du corindon cristallisé. Conclusions.

Dès la première leçon de chimie, on montre à l'élève la différence fondamentale qui existe entre un composé chimique et un mélange; on a soin pour cela de se servir par parties équivalentes d'un mélange de soufre et de fer, mélange dans lequel on distingue de prime abord les parcelles jaunes de soufre à côté des parcelles noires de fer. On peut préparer le mélange de manière à ce qu'en l'enflammant en un point, la combustion se propage, et qu'il se produise alors une combinaison chimique: le sulfure de fer.

Les expériences que je vais exposer aux lecteurs de la Revue générale de chimie pure et appliquée sont pour ainsi dire aussi élémentaires; à la place de fer, j'emploie l'aluminium qui est son prochain parent et je remplace le soufre par l'oxygène. Je prends également ce dernier à l'état solide tel qu'on le trouve en combinaison avec certains métaux dans les oxydes, comme par exemple dans les oxydes de fer, de manganèse, de chrome, etc.

Je renoncerais à exposer des expériences aussi simples, et à plus forte raison à les présenter comme nouvelles, si l'effet qu'elles permettent d'obtenir n'était demeuré jusqu'à ce jour complètement inconnu.

Comme je l'ai dit plus haut, j'utilise l'aluminium comme agent de réduction en le faisant agir sur les oxydes et en fondant le métal contenu dans ces derniers, chose qui en réalité n'est pas non plus absolument nouvelle.

En 1827, Wöhler le premier, a préparé l'aluminium sous forme de poudre grise, peu apparente; et ce n'est qu'en 1845 qu'il est parvenu à obtenir l'aluminium à l'état fondu, à l'aspect métallique. Mais c'est à Sainte-Claire Deville que revient le mérite d'avoir fabriqué pour la première fois en 1854 des quantités relativement grandes d'aluminium. Il sut exciter l'intérêt de Napoléon III, et fonda en 1855, grâce à son appui, une fabrique à Javelle qui livrait environ 10 kilogrammes d'aluminium par jour. Cette production suffit pendant de longues années à la consommation de l'univers entier. On fondait alors sur le léger métal de grandes espérances. Comme on le sait, Napoléon III voulut faire fabriquer avec ce métal des casques et des cuirasses. Mais on était dans l'erreur en considérant l'aluminium comme un métal précieux; et bien qu'on fabrique encore à l'heure actuelle des ornements en aluminium, la plus grande partie de la production de ce métal est employée principalement pour l'épuration des fontes brutes; c'est alors qu'on utilise précisément la propriété que possède l'aluminium de ne pas être un métal précieux, mais de s'oxyder au contraire très facilement.

Les premiers travaux sur l'aluminium remontent donc à Wöhler et à ses élèves, il en est de même des travaux sur les propriétés réductrices de ce métal.

Ces premiers essais ne furent faits que sur de petites quantités, en général quelques grammes. On mélangeait les oxydes, chlorures, et fluorures des métaux avec l'aluminium, on plaçait le mélange dans un petit creuset et on chauffait celui-ci fortement dans un fourneau à moufle. La réaction se produisait souvent avec une violence telle, surtout lorsqu'on se servait des oxydes, qu'une sorte d'explosion s'ensuivait et que creuset et moufle étaient la plupart du temps mis en pièces. Dans ces conditions, il ne restait des produits de la réaction qu'une quantité à peine suffisante pour permettre de se livrer à un examen chimique. Je n'ai rien pu trouver dans les publications sur le dégré de température même approximatif, que l'on obtenait dans ces réactions. Tous les chercheurs opérèrent avec des fondants et, même, de préférence avec des fluorures, avec l'intention bien arrêtée de permettre la fusion de l'alumine qui se forme et qui est très difficilement fusible. Toutefois, on ne savait pas alors que la température qui si produit dans la combustion de l'aluminium pour le convertir en oxyde est suffisamment élevée pour fondre l'oxyde d'aluminium qui se forme, même sans l'addition d'un fondant. La température est en réalité tellement élevée qu'elle opère la fusion même du chrome qui, ainsi qu'on le sait, appartient aux métaux les plus difficilement fusibles et qui n'a pu être fondu jusqu'à présent que dans l'arc électrique.

Ce développement de chaleur extraordinairement élevé provient de la grande chaleur de combustion de l'aluminium. A titre de comparaison, je citerai les chaleurs de combustion de quelques autres élements, telles qu'on les trouve dans les tableaux de Landolt et Börnstein, tandis que la chaleur de combustion de l'aluminium qui ne s'y trouve pas mentionnée m'a été indiquée par M. le Dr. Strauss, physicien de la grande maison Friedrich Krupp, d'Essen.

Cette chaleur de combustion comporte:

Pour l'hydrogène	34,200	calories.
„ le carbone	8,317	„
„ l'aluminium	7,140	„
„ le magnésium	6,077	„
„ le phosphore	5,964	„
„ le sodium	3,293	„
„ le calcium	3,284	„
„ le soufre	2,200	„
„ le zinc	1,314	„
„ le cuivre	321	„
„ l'argent	27	„

Il est évident qu'en opérant avec de grandes quantités, ce qui était mon but, il y avait deux difficultés à surmonter. Il fallait d'abord atténuer la violence de la réaction et trouver ensuite une matière offrant une résistance suffisante à l'oxyde d'aluminium liquide.

On sait que la préparation électrolytique de l'aluminium métallique au moyen de son oxyde, n'a pu faire des progrès que du jour ou l'on eut trouvé le moyen de développer la chaleur à l'intérieur du creuset. Tous les essais qui furent faits en vue d'effectuer cette réaction dans des creusets chauffés de l'extérieur, dans le but d'économiser l'énergie électrique, ont échoué; car c'est justement la petite couche d'alumine qui s'est figée sur la paroi intérieure du creuset, par suite du refroidissement extérieur, qui protège les parois du creuset contre l'attaque de la partie demeurée liquide.

Il était donc pour moi de toute nécessité de conduire la réaction de façon à ce que l'oxyde d'aluminium qui se produit dans la masse en fusion, se forme à l'intérieur du vase sans aucun chauffage de l'extérieur. Cette nécessité se présentait d'une façon d'autant plus inéluctable que la température, qui se produit dans la transformation par combustion de l'aluminium en son oxyde, est beaucoup plus élevée que celle employée pour préparer l'aluminium métallique au moyen de ses oxydes dans le four électrique de Héroult et Kiliani.

Comme au point de vue théorique, il était possible de faire réagir, par exemple, un mélange d'oxyde de chrome et d'aluminium, de manière à ce qu'une fois la combustion commencée, elle continue d'elle-même, j'ai entrepris des expériences dans cette direction.

Ce phénomène pouvait se produire de deux manières différentes; il fallait soit chauffer toute la masse jusqu'à une certaine température, avant qu'il fût qossible à la combustion de se propager, ou bien il fallait que le mélange en cuestion possédât cette propriété déjà à froid. Si le premier cas, que je donsidérais comme le plus vraisemblable venait à se produire, il fallait déterminer à quelle température il était nécessaire de chauffer préalablement le mélange avant de l'amener dans un creuset ou autre dispositif analogue, et de le faire entrer en réaction. On peut facilement se faire une idée des difficultés techniques que l'on devait rencontrer avec cette manière d'opérer, difficultés que l'on n'aurait peut-être jamais pu surmonter s'il avait été nécessaire de chauffer préalablement le mélange presque jusqu'au degré de la température d'inflammation.

Dans mes expériences, je suis parti tout d'abord de la préparation du chrome.

Après avoir établi en premier lieu qu'il était possible de réduire l'oxyde de chrome par l'aluminium, j'ai placé dans un creuset un mélange d'aluminium et d'oxyde de chrome et j'ai essayé par divers moyens d'obtenir en un point une température élevée. J'ai utilisé un jet de flamme, mais cela ne me réussit pas. Néanmoins, j'ai poursuivi mes essais en me souvenant de mon révéré et regretté maitre Bunsen qui me disait une fois que je lui déclarais qu'une expérience n'avait pas réussi: »Combien de fois avez-vous essayé?« Quand je lui répondis »deux fois«, il me dit de sa voix bienveillante et calme: »Avant d'avoir recommencé quinze fois, et chaque fois d'une façon différente, une expérience qui a quelque chance de réussir, vous ne pouvez nullement prétendre qu'elle ne réussit pas. Et même dans ce cas, il vaut mieux dire qu'il est probable que la réaction en question ne pourra s'effectuer.« J'ai donc continué avec le jet de flamme en variant les conditions de travail et en m'efforçant de porter la température à un dégré aussi élevé que possible; finalement, après plusieurs heures, je réussis mon expérience; je vis comment le mélange s'enflammait en un point et comment la réaction se propageait. Je dois avouer que la chance m'a beaucoup aidé car j'ai pu déterminer que le mélange pouvait être amené en réaction à partir d'un point et cela sans chauffage préalable.

Grâce à ces essais, une nouvelle voie était ouverte à la thermochimie, et les bases d'une nouvelle industrie que l'on peut désigner sous le nom d'aluminothermie étaient solidement fondées.

Les perfectionnements qui permirent de mettre d'une façon plus simple la réaction en train furent faits rapidement; il n'y avait rien de mieux que de choisir pour commencer, la réaction des mélanges d'aluminium avec des oxydes qui dégageaient plus facilement leur oxygène que l'oxyde de chrome, ou des mélanges avec des superoxydes versés sur le mélange de réduction proprement dit. Le chauffage fut opéré d'abord avec le jet de flamme, et la réaction commença à se produire au bout d'une minute ou deux. Enfin, je parvins à supprimer également ce jet de flamme en introduisant dans le mélange une bande de magnésium et en l'enflammant au moyen d'une allumette. Je me sers presque toujours pour enflammer mes mélanges, de ce qu'on est convenu d'appeler des »cartouches d'allumage« ; ce sont de petites boules composées de poudre d'aluminium et de peroxyde de baryum auxquels on ajoute un agglutinant et dans lesquelles on introduit un petit morceau de ruban de magnésium.

Ceci établi et sachant qu'un mélange froid d'oxyde de chrome et d'aluminium était inflammable dans certaines conditions, il devenait possible pe régler la réaction, en ajoutant une quantité plus ou moins forte du mélange à la masse déjà en fusion. C'est ainsi qu'après quelques essais, je parvins à préparer dans un creuset, plusieurs kilogrammes de chrome et dès 1894, je fus à même de fabriquer près de 25 kilogrammes de chrome en une seule opération.

De nouvelles expériences m'ont démontré qu'une grande quantité de métaux, notamment le manganèse et le fer, se comportent d'une façon absolument analogue au chrome. De même dans ces opérations de réduction, on peut remplacer une partie de l'aluminium par du magnésium et du carbure de calcium. Dans ce dernier cas, on obtient bien entendu des métaux contenant du carbone. En outre, on peut employer à la place des oxydes, des sulfures ou des composés métalliques oxygénés, principalement des sulfates.

Je désire exposer d'abord mon procédé à l'aide de quelques petites expériences, pour arriver ensuite à son utilisation pratique:

Pour souder de la manière habituelle le plus petit bourrelet, il faut toujours un grand feu de charbon de bois, à moins qu'on ne se serve de gaz à l'eau. Grâce à mon procédé, au contraire, une brasure devient très simple. Supposons que l'on veuille souder un tube de fer d'un pouce et un bourrelet quelconque, voici comment on procède: on place entre le tube de fer et le bourrelet, tout comme en chaudronnerie, la soudure avec le borax que l'on fait adhérer par chauffage préalable; le bourrelet ainsi préparé est placé dans une enveloppe de papier un peu plus large que le diamètre du disque extérieur; puis le papier est entouré dessous et sur les côtés d'une couche de sable, que l'on place dans une boîte en tôle de forme appropriée.

On peut également fixer d'une manière analogue le lien de la soudure au moyen de sable à mouler de manière qu'une mince lame de tôle soit recourbée autour du bourrelet et que le sable passe dessus. On plonge alors le bourrelet dans le mélange de chauffage de manière que la soudure en soit uniformément entourée. On allume d'abord et ensuite, on verse par-dessus du sable sec; sous l'influence de la chaleur produite, la soudure fond et relie les deux parties du fer. Bien entendu, il ne faut enlever la scorie chaude qui entoure à ce moment le bourrelet, que lorsqu'elle est suffisamment refroidie (au bout d'une demi-heure environ) car autrement, la soudure encore liquide s'écoulerait.

Avec de l'oxyde de fer pur et de l'aluminium, on obtient directement, d'après mon nouveau procédé, du fer forgeable. Le meilleur procédé consiste à faire intervenir un autre superoxyde notamment du peroxyde de sodium qui se dépouille de son oxygène avec une extrême facilité. Si on prépare avec ce dernier un mélange avec de l'aluminium ou même avec du carbure de calcium (le magnésium, la poudre de zinc, le sulfure d'antimoine, et beaucoup d'autres corps organiques rendraient ici le même service), l'inflammation s'effectue d'elle-même, surtout s'il y a un peu d'humidité; dans l'emploi de ces matières pour l'obtention d'un degré considérable de chaleur, il n'est même pas utile d'enflammer une allumette: en effet, si l'on verse dans un creuset environ 30 à 50 grammes d'un mélange par parties à peu près équivalentes d'oxyde de fer pur et d'aluminium, qu'on ajoute quelques grammes de carbure de calcium et ensuite un peu de peroxyde de sodium, que l'on remue les agents de réaction avec une bande de papier fixée par précaution à une longue baguette, l'allumage se produit instantanément, avec production de flammes et il se forme du fer métallique sous une couche de corindon fondu.

Si l'on verse rapidement au moyen d'une bouteille un peu du mélange d'oxyde de fer et d'aluminium, ce dernier entre immédiatement en réaction. Malgré la température élevée qui règne dans le creuset, sa paroi extérieure demeure absolument froide; on peut même le prendre à la main, car la couche supérieure de corindon est déjà solidifiée; on ajoute vivement un peu d'oxyde de fer et d'aluminium sur le corindon brûlant; ce mélange entre immédiatement en réaction et la couche de corindon se liquéfie à nouveau. La chaleur développée ici peut être estimée à 2,900 ou 3,000°, température qui n'a pu bien entendu être évaluée que d'une façon approximative, en se servant du thermophone de Wyborgh dont les indications à ces températures ne peuvent reposer que sur une extrapolation et ne peuvent par conséquent être considérées que comme des valeurs comparatives.

La réaction que donnent les sulfates avec l'aluminium est digne d'attirer notre attention. Toutefois si la température d'inflammation est très basse avec le peroxyde de sodium, comme nous venons de le voir — elle peut s'élever environ à 200° — elle est relativement plus élevée avec le plâtre (sulfate de calcium) par exemple; cependant lorsque la combustion a commencé, elle devient d'une violence extrême, plus violente même qu'avec les nitrates. Pour en donner une idée, on place un mélange de plâtre et d'aluminium dans un tube en papier maintenu verticalement dans le sable. On peut tranquillement enflammer le papier, sans que le feu se communique au mélange, quoique la température du papier en combustion puisse être estimée à 700 ou 800°. Si l'on ajoute maintenant un peu de peroxyde de baryum et d'aluminium, ainsi qu'un fil de magnésium et que l'on enflamme ce dernier, le tout brûle alors avec une flamme éblouissante, comme une fusée.

Que peut-on obtenir maintenant avec ce nouveau procédé? Il peut être utilisé de trois manières:

1° D'abord pour la préparation des métaux;
2° Ensuite pour l'obtention du corindon;
3° Enfin pour le chauffage, sous les formes les plus variées.

Préparation du chrome et du manganèse purs.

En ce qui concerne d'abord la préparation des métaux et de leurs alliages, les expériences m'ont démontré qu'en opérant d'après mon procédé, et en n'employant qu'un très petit excès d'oxyde métallique, on pouvait obtenir des métaux purs et des alliages parfaitement exempts d'aluminium. Ce phénomène est d'autant plus remarquable que l'aluminium est classé parmi les métaux les plus alliables que nous connaissons et que surtout avec du charbon on ne parvient pas à fabriquer des métaux purs, exempts de carbone, on n'obtient au contraire que des produits contenant du carbone ou des carbures.

Parmi les métaux à obtenir, je citerai ici en première ligne le chrome et ensuite le manganèse, car ceci répond aux désirs pressants que formulent depuis des années les métallurgistes, d'obtenir ces deux métaux à l'état pur et exempt de carbone.

Le chrome, qui est d'une importance capitale pour l'industrie de l'acier, est pour ainsi dire obtenu exclusivement aujourd'hui à l'état de ferro-chrome, la plupart du temps au creuset, ce qui est beaucoup plus difficile qu'avec mon nouveau procédé et ne donne jamais un produit aussi bon et aussi pur que ce dernier*. J'obtiens déjà actuellement dans mon usine d'Essen en une seule opération du chrome en quantités de 100 kg environ, et cela dans des vases du genre des creusets, dont les parois doivent être bien entendu suffisamment fortes pour pouvoir résister à la pression de la masse en fusion. Une fois que la masse est entrée en réaction, l'ouvrier n'a plus qu'à ajouter le mélange d'oxyde de chrome et d'aluminium. La préparation de 100 kg de chrome dure environ 25 minutes. Si on construit des fours en ayant soin de les munir de trous de coulée pour la sortie du corindon et éventuellement du métal, l'opération peut se continuer sans interruption, ce qui réduit dans des proportions considérables les frais d'installation et de main-d'oeuvre; sous ce rapport mon procédé présente un sérieux avantage économique:

Le chrome ainsi obtenu est exempt de carbone et présente en outre un grand avantage; il permet d'obtenir un alliage de chrome et d'acier dont

* Nous tenons à rappeler que M. Moissan, l'éminent collaborateur de la Revue, a obtenu dès 1894, au four électrique le chrome par lingots de plusieurs kilogrammes et qu'il est le premier à l'avoir préparé à l'état malléable. Le chrome ainsi obtenu ne raie pas le verre, et se lime avec la plus grande facilité. (A. ch. (7), 8, 559) M. Moissan a indiqué de même dès 1895, dans une note à l'Académie (C. r. 122, 1302 Sur une nouvelle méthode de préparation des alliages d'aluminium) les propriétés réductrices de l'aluminium et leur application à la fabrication d'alliages très riches en chrome et autres métaux réfractaires. N. D. L. D.

la teneur en chrome est bien plus élevée que précédemment, car le meilleur ferro-chrome, qualifié de ferro-chrome à titre élevé que l'on a utilisé jusqu'à présent, ne contient en principe guère plus de 60% de chrome et 8 à 12% de carbone, c'est ce qui fait qu'on ne pouvait incorporer dans l'acier qu'une faible proportion de chrome, car l'addition d'une plus forte quantité aurait nécessairement entraîné l'addition d'une trop forte proportion de carbone.

Le chrome exempt de carbone est fabriqué actuellement en France d'après mon procédé, par la Société d'électrochimie de Saint-Michel-de-Maurienne. La consommation augmente journellement, et depuis quelques mois plusieurs centaines de tonnes d'acier chromé ont été fabriquées avec du chrome obtenu par ce procédé.

Je veux encore mentionner un alliage de cuivre à 10% de chrome, qui possède presque la couleur du cuivre et en même temps la propriété de s'allier plus facilement que le cuivre.

Le chrome métallique pur possède les propriétés d'un métal précieux, par ce fait qu'il conserve son brillant, même dans l'atmosphère d'un laboratoire de chimie.

Ce qui vient d'être dit relativement au chrome exempt de carbone, s'applique également au manganèse qui s'obtient aussi en grandes quantités d'une manière analogue, bien que le ferro-manganèse, actuellement dans le commerce, ne contienne pas autant de carbone que le ferro-chrome, et suffise pour la plupart du temps pour la fabrication de l'acier, l'emploi du manganèse pur que nous offrons ici, pour la production d'alliages de manganèse et de fer à titres particulièrement élevés tels qu'on cherche actuellement à les obtenir par tous les moyens, présente une grande importance.

En outre, ce manganèse que l'on peut obtenir avec une très faible teneur en fer, peut servir également avec avantage à la préparation d'un alliage de cuivre et de manganèse; de même les alliages de manganèse, d'étain et de zinc pourront être utilisés.

Ce manganèse est de plus, parfaitement approprié pour servir d'agent de desoxydation à la place du phosphore, de l'aluminium ou du magnésium dans la coulée des bronzes et autres alliages. On a reconnu que le manganèse peut être utilisé dans ce but avec d'autant plus de succès qu'un certain excès de ce métal ne nuit pas, tandis qu'un excès de ces autres matières communique facilement aux alliages des propriétés nuisibles.

Une propriété tout à fait remarquable du manganèse pur, c'est qu'il se conserve bien à l'air, tandis que le manganèse à forte teneur de carbone, celui que l'on rencontre actuellement dans l'industrie, forme au début des écailles métalliques qui tombent bientôt en poussière noire inconsistante.

Le chrome et le manganèse purs offriront peut-être l'occasion de préparer des alliages intéressants, comme par exemple l'alliage de nickel et de fer qui se rétrécit à la chaleur.

A côté du chrome et du manganèse, on peut préparer également du titane, d'après le nouveau procédé, non pas tant sous forme de métal pur, dont le dégré de fusion est trop élevé, que comme alliage avec le fer. J'ai obtenu tout d'abord du ferro-titane à 40% qui cependant en raison de la difficulté extraordinaire que présentait sa fusion, n'a pu être utilisé pour faire de nouveaux alliages. J'ai passé par conséquent à la préparation de ferro-titane à 25% qui a pu être employé avantageusement pour la préparation d'alliages de titane et de fer. Ce ferro-titane pur, permet d'étudier en détail les propriétés des alliages de fer et de titane, ce qui peut présenter également beaucoup d'intérêt. J'ai également fabriqué du ferro-bore d'après mon procédé, contenant environ 25% de bore.

L'oxyde de baryum et la chaux se laissant également réduire par l'aluminium, toutefois, à l'heure actuelle, ce fait est plus intéressant au point de vue scientifique qu'au point de vue pratique.

Pour me convaincre de la généralité de la réaction, j'ai réduit avec l'aluminium la plupart des oxydes métalliques, cependant sans obtenir dans tous les cas une séparation unique et régulière.

Il est intéressant de constater que jusqu'à présent le vanadium n'a pu être préparé par ce procédé; l'acide vanadique n'a pu être réduit qu'en oxydule, que j'ai pris pour le métal même, grâce à son aspect métallique, jusqu'au jour où M. Hittorf, de Münster, examinant ce soit-disant métal, m'a fourni une explication sur la nature réelle du composé que j'avais obtenu.

Préparation du corindon artificiel (corubis).

Comme seconde application de mon nouveau procédé, il convient d'envisager la scorie qui se produit simultanément avec la formation du métal, c'est-à-dire l'oxyde d'aluminium ou corindon artificiel. Dans les expériences qui ont été faites au sujet de son utilisation pour la taille ou le polissage, il a été démontré que ce corindon artificiel se distinguait du corindon naturel par une plus grande dureté. Il raie avec facileté l'émeri naturel, et j'ai même constaté que ce corindon ne pouvait pas être entamé visiblement par les diamants employés pour la perforation. Un fait aussi frappant doit avoir un motif, et je crois que, sous ce rapport, la différence entre le corindon naturel et le corindon artificiel repose sur ce que celui-ci contient toujours un peu d'eau sous forme d'hydrate et certaines quantités de fer, tandis que l'autre est, pour ainsi dire, complètement exempt d'eau et même de fer, mais renferme de faibles quantités d'oxyde de chrome et de manganèse, et que justement ces oxydes semblent augmenter encore sa dureté.

La nouvelle substance est cristallisée et les cristaux sont en partie légèrement luisants. Cette matière a un avantage capital: c'est sa grande solidité, et c'est de là que provient la résistance considérable des meules à aiguiser fabriquées avec cette nouvelle substance; malgré son grand pouvoir d'affilage, son usure est des plus minimes. Sa pulvération ne présente aucune difficulté particulière; on peut la moudre et la porphyriser avec des machines appropriées, de façon à pouvoir fabriquer avec cette matière pulvérisée des meules ainsi que des grains de toutes grosseurs. Le mot Corubis a été déposé, conformément à la loi, comme s'appliquant à ce corindon artificiel.

Cette obtention simultanée de corindon rend tout spécialement lucratif le procédé de production des métaux qui vient d'être décrit.

Il est possible également, d'électrolyser ce corindon et de récupérer ainsi l'aluminium, mais comme la scorie peut s'employer utilement pour la taille et l'aiguisage, il ne saurait être question actuellement de ce mode d'application.

Il est à remarquer qu'il se forme dans ce corindon provenant de la préparation du chrome de petites cavernes dans lesquelles se trouvent des rubis. Dans un tube de Hittorf ceux-ci brillent, absolument comme les rubis naturels, sous l'influence des rayons cathodiques. Cependant ils n'ont aucune valeur commerciale, en raison de leur dimension réduite et n'ont par conséquent qu'un intérêt scientifique.

Obtention de hautes températures et leur application à la soudure autogène.

La troisième application du procédé a trait à l'obtention d'un degré de chaleur très élevé, qui n'a pu être obtenu jusqu'à présent que par l'électricité. J'ai signalé plus haut comment on pouvait braser ou souder avec ce procédé et je rappellerai que pour cette expérience, il ne faut environ que 100 g. d'aluminium, et que si à la place d'un bourrelet en fer, on avait à souder un bourrelet en cuivre, il n'en faudrait qu'environ la moitié. Il est évident que ce procédé sera moins employé pour de petites brasures comme celles des bourrelets dont il a été question, que pour des travaux plus importants, ou pour des pièces plus difficiles où le gaz à l'eau, d'un emploi si commode, mais qu'on ne peut se procurer partout, vient à manquer. Dans l'exécution de ces travaux, on pourra se servir avec avantage de ce mode de chauffage. Comme chacun le sait, lorsqu'on veut souder de grosses pièces de cuivre, il est souvent nécessaire de recourir à une manipulation qui exige beaucoup de temps et de main-d'oeuvre, tandis qu'avec mon procédé, il suffit simplement de placer la masse sur la ligne de soudure préparée à l'avance et d'y mettre le feu.

Il est nécessaire de déterminer la quantité du mélange qu'on doit employer pour porter la soudure à son point de fusion. Cette quantité varie du reste suivant l'épaisseur de la tôle et la longueur de la soudure; ou bien encore si l'on veut braser du fer ou du cuivre.

L'avantage du nouveau procédé consiste également en ce que la chaleur peut être, pour ainsi dire, mesurée et qu'une combustion ou fusion du cuivre peut être évitée facilement.

A l'aide de ce même procédé, on peut également souder ou corroyer, et cela par ce fait que d'un mélange d'aluminium et d'oxyde de fer on extrait par fusion du fer pur forgeable, c'est-à-dire qu'on fond sur la soudure une bossette de fer pur, cependant ce travail n'est pas toujours facile et exige des précautions spéciales.

Il faut surtout avoir soin de chauffer au préalable la surface sur laquelle le fer liquide doit être versé, car, comme on le sait, le fer à l'état liquide n'adhère pas sur une surface froide ou chauffée insuffisamment.

Le second mode d'application du procédé est au contraire mis en pratique d'une façon fort simple. Pour cela, on opère en pressant l'une contre l'autre les pièces métalliques à souder pendant qu'on coule d'un creuset la masse liquide amenée en réaction. Une soudure de ce genre peut être facilement réalisée sur deux morceaux de rails à gorges „Phénix" d'une hauteur de 180 mm, qui sont placés l'un contre l'autre. Sous l'action de la chaleur et en vertu de la pression (toute extension des rails se trouvant empêchée par une presse appropriée ou un dispositif de serrage), la soudure s'effectue d'elle-même.

Les morceaux de fer sont alors soudés d'une manière absolue sur la totalité du profil, comme on peut le constater en réalisant une section à la scie.

Un tel procédé de soudure présente surtout une importance toute particulière pour les chemins de fer électriques dans lesquels il importe en premier lieu de bien conduire le courant de retour, et où la relation métallique absolue des rails, permet également d'éviter les courants à la terre qui se produisent si facilement et qui sont si nuisibles pour les lignes téléphoniques et télégraphiques. En outre, la voie composée de rails ainsi soudés, permet une marche absolument exempte de chocs et de secousses. On croyait précédemment que les rails soudés ensemble ou raccordés d'une manière rigide aux extrémités de rencontre, se dilataient par trop sous l'influence de la chaleur du soleil; ce phénomène a été reconnu depuis longtemps comme n'exerçant aucun effet nuisible, notamment pour ce qui concerne les rails de tramways électriques qui sont noyés dans le pavé des rues.

Le nouveau procédé en question offre encore d'autres avantages. Tout d'abord, il présente sur le procédé de soudure autogène par voie électrique, l'avantage de chauffer uniformément la soudure tout autour du profil, tandis qu'avec l'autre procédé, elle a à supporter aux points de contact une chaleur extraordinaire, et, dans ce cas, elle brûle facilement. En outre, avec le nouveau procédé, on peut régler exactement d'avance la chaleur à employer, en n'ajoutant exactement que la quantité nécessaire de mélange.

Dans ce but, le profil est enveloppé d'un moule en tôle mince qui s'adapte bien exactement et qui est soutenu extérieurement par du sable. La préparation du mélange s'effectue dans un creuset de Hesse que l'on peut vider à l'aide d'une grande pince. Dans le cas ordinaire, on prend un mélange de minerai de fer ordinaire et d'aluminium, dont on remplit au préalable le creuset. Le mélange est enflammé et on en ajoute petit à petit jusqu'à ce que le creuset soit rempli jusqu'au bord. Quelques minutes suffisent pour cette opération. On en ajoute alors une quantité suffisante pour recouvrir complètement la partie incandescente. Comme la couche supérieure de corindon se solidifie très rapidement, celle-ci doit-être soulevée avec une tige en fer un peu avant que tout le contenu du creuset n'ait été coulé dans le moule. Le corindon liquide coule alors en premier lieu sur la soudure et recouvre celle-ci instantanément d'une couche mince et ferme. Le corindon se solidifie du reste à une température bien supérieure à la température de fusion du fer. Lorsqu'on laisse couler ensuite le métal liquide amassé au fond du creuset, il ne peut plus venir directement en contact avec les rails et les détériorer. Comme la densité du métal en question est supérieure à celle du corindon, le métal refoule ce dernier et s'accumule au fond du moule. Mais ce moule étant également protégé par le corindon qui se solidifie rapidement, il est possible d'utiliser à nouveau le moule en tôle mince. L'ensemble de la masse peut être détaché facilement après refroidissement.

Suivant les cas, on peut obtenir soit le métal, soit la scorie, soit ces deux substances simultanément. On pourrait même songer à combiner la production du métal et du corindon avec la soudure, ce qui permettrait d'utiliser simultanément le procédé pour trois buts différents. Il est évident que cette application multiple ne sera pas toujours pratique et je ne la cite qu'à titre de possibilité.

La soudure des rails s'opère d'une façon simple et rapide. Trois ouvriers suffisent pour ce travail. Le transport d'appareils quelconques ou même de machines, se trouve complètement supprimé. En dehors du mélange d'oxyde métallique et d'aluminium, placé dans des tonneaux, d'un certain nombre de creusets et de dispositifs de serrage pour comprimer les rails, ainsi que de quelques outils, aucun appareil n'est nécessaire. Les frais de transport des matériaux se trouvent donc considérablement diminués.

Il est à remarquer encore que l'usure des creusets est peu importante, car une fois vidés, ces creusets peuvent resservir un grand nombre de fois pour la même opération. Ils se revêtent intérieurement d'une couche de corindon qui augmente encore leur solidité. Il ne faut pas, bien entendu, compter sur une trop grande solidité; car ce ne sont, en somme, que des creusets en terre.

Au point de vue du prix de revient, ce système de soudage des rails est absolument abordable et en tous cas infiniment moins cher qu'un raccord ordinaire bien exécuté.

Des essais ont été faits sur la voie du tramway électrique d'Essen-sur-Ruhr et depuis cinq mois ont donné entière satisfaction, aussi d'autres compagnies de tramways viennent-elles d'adopter ce mode de pose des rails.

Une autre application de l'aluminothermie est le soudage des tuyaux de fer pour conduites de vapeur, de gaz ou d'eau. Dans ce cas, la soudure est encore beaucoup plus facile que celle des rails, à cause de la section régulière des tubes et en outre, la quantité de mélange à employer est minime. C'est ainsi qu'un creuset de 20 cm de hauteur contenant 1,400 grammes de mélange suffit pour souder en quelques minutes un tube de 50 mm de diamètre intérieur et de 5 mm d'épaisseur. Des tubes soudés par cette méthode peuvent supporter jusqu'à 400 atmosphères, sans donner lieu à aucun suintement, à la place soudée, et cette dernière peut être soumise à une courbure à froid sans aucune difficulté. Les tubes de vapeur, soudés aluminothermiquement présentent un grand avantage sur les tubes réunis par des joints quand il s'agit de les recouvrir d'un revêtement calorifuge, de plus les joints ordinaires ne résistent pas à plus de 15 à 30 atmosphères et le soudage aluminothermique ne coûte guère la moitié et même quelquefois le tiers du prix du meilleur joint boulonné.

La soudure aluminothermique d'un tube de fer de 50 mm, coûte environ fr. 2,50 à fr. 3,75, tandis qu'il est difficile d'avoir un bon joint à moins de fr. 6,20 à fr. 8,75. C'est bien autre chose encore quand il s'agit de joints pouvant résister à 100 ou 200 atmosphères.

On peut également utiliser l'aluminothermie pour chauffer des morceaux de métal en certains endroits, sans chauffer les parties environnantes, par exemple, lorsqu'on veut encore effectuer un travail, nécessitant un chauffage, en un point déterminé d'un ouvrage monté et achevé. Le procédé en question peut être utilisé également pour la trempe locale ainsi que pour la détrempe, la place sur laquelle on veut appliquer la masse, pouvant être entourée, par exemple, de briques ou de sable. Quelques essais suffisent pour déterminer la quantité exacte de matière nécessaire à chauffer un morceau de métal au degré voulu, de même que pour savoir le temps qu'il faut pour que le métal soit suffisamment chaud. Dans de nombreuses opérations, comme par exemple dans la brasure et la soudure, la question du moment où le degré de chaleur voulu est atteint et où la scorie est détachée, ne joue aucun rôle. Lorsque le métal est mince, le chauffage complet s'effectue presque instantanément, tandis que s'il s'agit de plaques de fer d'un pouce ou plus, il faut attendre quelques minutes. Il est à remarquer que la scorie et le métal qui se séparent continuellement peuvent être éliminés sans beaucoup de peine. En outre, les surfaces chauffées ne présentent aucune irrégularité et même aucune parcelle de métal fondu ne reste adhérente; elles sont donc absolument propres à servir pour un nouveau traitement, après que la scorie a été enlevée.

Il ressort de ce qui précède que l'aluminothermie sans être destinée à supplanter le chauffage électrique, le gaz à l'eau ou même le simple foyer à charbon—chacun de ces modes de chauffage conservant ses avantages particuliers dont on ne saurait se dispenser — est appelée néanmoins à être utilisée dans les cas pour lesquels ses propriétés et avantages exclusifs paraissent être spécialement appropriés.

L'aluminothermie ouvre donc un vaste champ d'études qui ne pourra que prendre de l'extension de tous côtés, notamment en ce qui concerne les exigeances aussi nombreuses que variées de l'industrie métallurgique, qui cherche toujours à acquérir de nouveaux moyens d'action.

Pour terminer, j'ajouterai que dans toutes les applications du nouveau procédé, où il ne s'agit pas de la production de métaux purs, mais seulement du chauffage, comme, par exemple, pour la soudure et la brasure, il est parfaitement inutile de se servir d'aluminium pur. Il suffit, dans ce cas, de prendre de l'aluminium brut tiré directement de la bauxite, et contenant une certaine proportion de fer et de silicium. L'alumine brut de cette nature coûte bien moins cher que le métal pur, car chacun sait que l'aluminium pur doit être préparé au moyen de l'alumine pure, dont la fabrication à l'aide de la bauxite est encore — et en dépit de certains perfectionnements — toujours difficile et partant, coûteuse.

Das Zusammenschweißen von schmiedeeisernen Röhren

(Schilling's Journal für Gasbeleuchtung und Wasserversorgung 1900. S. 288)

Das neue Verfahren, Rohre aneinander zu schweißen, beruht auf einer Erfindung des Verfassers, durch die es ermöglicht wird, mittels einer Mischung gewisser Stoffe (im wesentlichen Metalloxyde mit Aluminium), „Thermit" genannt, einfach und schnell eine feurigflüssige Masse von besonders hoher Temperatur herzustellen. Die Ausführung geschieht in der Weise, daß die Rohre mit Hilfe eines Klemmapparates stumpf aneinander gepreßt werden, während aus einem Tiegel über die Berührungsstelle, um die eine Form gebaut ist, die feuerflüssige Erwärmungsmasse gegossen wird, die den aneinanderstoßenden Rohrenden anstatt des Schmiedefeuers die nötige Schweißhitze erteilt.

Der Hauptunterschied zwischen allen bisherigen Schweißmethoden und der neuen liegt darin, daß man bei dieser die nötige Wärmemenge vorher in Form eines bestimmten Quantums des genannten „Thermits" abwiegt, die in feuerflüssigem Zustande auf die zu schweißende Stelle aufgegossen wird, während die alten Verfahren, die mit Hilfe von Kohlenfeuer, Wassergas oder Elektrizität die nötige Erwärmung hervorriefen, darauf basierten, daß die dem Arbeitsstück zu erteilende Glut mit dem Auge erkannt werden muß, eine Arbeit, die naturgemäß nur von geübten nnd befähigten Handwerkern sicher ausgeführt werden kann.

Da zur Ausübung des Verfahrens außer dem „Thermit" im wesentlichen nur ein Tiegel und ein einfacher Apparat zum Festhalten und Aneinanderpressen der Rohre nötig ist, so kann dasselbe überall, in und außerhalb der Werkstatt, Anwendung finden, insbesondere aber auch direkt an schwer zugänglichen Stellen in der definitiven Lage der Rohre.

Die Festigkeit der so hergestellten Schweißungen ist eine ganz vorzügliche und entspricht den höchsten Anforderungen (Abb. 1, Zerreißstab). Die Rohre haben, wie wiederholt angestellte Versuche bewiesen haben, einen Druck von 400 Atm. ausgehalten.

Auch bei Versuchen, die Schweißstelle zu zerschlagen, hat sich herausgestellt, daß die Rohre eher in der Längsrichtung zerplatzen, als die nach diesem Verfahren hergestellte Querschweißung (Abb. 2). Derartig geschweißte Rohre lassen sich an der Schweißstelle in jedem gewünschten Radius in kaltem Zustande umbiegen (Abb. 3).

Die Kosten der Rohrschweißung stellen sich für den Konsumenten erheblich billiger als eine Flanschen- oder eine gute Muffenverbindung, wobei aber noch zu berücksichtigen ist, daß diese letzteren Verbindungen zumeist nur 15 bis 30 Atm. widerstehen. Um in dieser Hinsicht einen Anhaltspunkt zu geben, sei bemerkt, daß eine Verschweißung zweier Rohre von 50 mm innerem Durchmesser je nach ihrer von 2,5 bis 6 mm betragenden Wandstärke 2,50 bis 4 ℳ inkl. Tiegel, Formverschleiß und Arbeitslohn kostet. Bei diesen Preisen sind die mehr oder minder große Anzahl der vorzunehmenden Verschweißungen noch zu berücksichtigen, so daß diese Zahlen als Mittelwerte zu betrachten sind. Bekanntlich ist eine einigermaßen solide Flanschenverbindung für diese Rohrstärke nicht unter 5—7 ℳ zu beschaffen. Flanschenverbindungen, die 100 bis 200 Atm. Druck aushalten sollen — von 400 ganz abgesehen — stellen sich natürlich unverhältnismäßig höher ein.

Allen diesen Vorteilen gegenüber könnte wohl nur ein einziger Nachteil angeführt werden: Das schwierige Lösen der Verschweißung gegenüber dem leichten Auseinanderschrauben der Flanschenverbindung.

Es ist von vornherein als selbstverständlich zu betrachten, daß man Rohrleitungen, die man in kurzer Zeit wieder zu verlegen oder zu verändern gedenkt, nicht verschweißen wird. Die Anzahl derartiger Leitungen ist aber im Verhältnis zu denen, die in absehbarer Zeit einer Änderung nicht unterworfen werden sollen, recht gering.

Auf der anderen Seite wird man aber auch bei solchen Rohrleitungen, für welche eine Änderung nicht gleich bei Anlage in Aussicht genommen wird, nicht sämtliche Verbindungen verschweißen, sondern ab und zu eine leichter lösbare Verbindung einsetzen, damit man jederzeit mit Leichtigkeit neue Leitungen abzweigen kann.

Wie sich jeder Praktiker jedoch sagen wird, kann man mit dem Zwischensetzen von Flanschen recht sparsam sein, da das Durchsägen eines Rohres mit verhältnismäßig wenig Arbeit verbunden ist und kaum mehr Mühe verursacht als das Lösen einer alten verrosteten Muffenverbindung, die nur mit Hilfe von Meißel und Hammer vom Rohr getrennt werden kann.

Schließlich ist auch noch zu erwähnen, daß das Zwischensetzen eines T-Stückes nach dem neuen Verfahren an Ort und Stelle vorgenommen werden kann, ohne daß man gezwungen ist, das betreffende Rohr zu demontieren.

Daß man der Ausdehnung der aneinandergeschweißten Dampfrohre ebenso wie der mit Flanschen oder Muffen verbundenen Rechnung trägt durch Einsetzen von Kompensationsstücken, sog. Omega-(Ω)Röhren, oder solchen mit Stopfbüchsenführung, braucht wohl kaum besonders hervorgehoben zu werden.

Trotz der großen Neuheit dieses Verfahrens hat es bereits in vielen großen Betrieben Eingang gefunden, und es eröffnet sich ihm ein weites Feld.

Somit wird, um nur ein Beispiel herauszugreifen, den Installateuren für Zentralheizungen eine sehr willkommene Hilfe geboten gegen die in bewohnten Häusern doppelt unangenehm auftretenden Undichtigkeiten einer Verbindung.

Die Verschweißung hat sich auch zur Anfertigung von Rohrschlangen „aus einem Stück" bewährt. Es können hier die Schweißungen infolge ihres kleinen Raumbedarfs stattfinden, nachdem die einzelnen Enden gebogen sind. Doch ist dies nicht unbedingt nötig, da, wie schon erwähnt, die Biegung auch an der Schweißstelle selbst in kaltem Zustande erfolgen kann.

Um Rohre von großem Durchmesser aneinander zu schweißen, eignet sich das Verfahren selbst dann, wenn die Wandstärke nur einige Millimeter beträgt.

In gleicher Weise lassen sich Böden in Kesseln und Gefäßen stumpf einschweißen.

Das Verfahren bietet also nach den obigen Ausführungen folgende Vorteile gegenüber den bisher bekannten Methoden der Verbindung von schmiedeeisernen Rohren:

1. Es kann überall in allen beliebigen Lagen und an allen Rohrlängen ausgeführt werden.
2. Zur Ausführung sind weder Maschinen oder schwere Apparate noch eingeübte Handwerker erforderlich, sondern das Verfahren kann selbst von jugendlichen Arbeitern schnell erlernt werden.
3. Das Zusammenschweißen ist wesentlich billiger als eine Flanschen- oder gute Muffenverbindung.
4. Eine Unterhaltung ist nicht erforderlich, da die Leitung weder Packungen noch Dichtungen bedarf.

Am meisten machen sich diese Vorteile dort geltend, wo es sich um hohe Drucke handelt.

Das Verfahren ist in allen Kulturstaaten durch Patente geschützt. Wegen Abgabe von Lizenzen bezw. zum Bezuge der zur Ausführung notwendigen Materialien wende man sich an die Chemische Thermo-Industrie, G. m. b. H., Essen a. d. Ruhr. Diese Gesellschaft gibt auch jedem Interessenten gern die gewünschte weitere Auskunft über die Handhabung des Verfahrens.

Im folgenden soll eine genaue Anweisung für diese neue Rohrschweißung gegeben werden.

Zunächst sollen zwei schmiedeeiserne Rohre von 50 mm innerem und 58 mm äußerem Durchmesser aneinandergeschweißt werden, so daß die 4 mm dicken Rohrwandungen die Schweißflächen bilden.

Vor allem ist es nötig, diese Flächen gut aufeinander zu passen und mit Feile, Schmirgelpapier oder dergl. blankzumachen. Die Rohre werden sodann durch einen weiter unten beschriebenen Klemmapparat fest gegeneinandergepreßt und so unverrückbar in ihrer Lage gehalten. (Abb. 4.)

Es handelt sich nun darum, die so vorbereitete Stoßstelle auf Schweißhitze zu bringen, und sobald diese vorhanden, ein Zusammendrücken der Teile zu bewirken.

Zu dem Zweck wird an die Berührungsstelle der Rohrenden eine aus 1,5 mm starkem Eisenblech hergestellte Form angepaßt, welche bei wagerecht liegenden Rohren diese in ihrer unteren Hälfte umgibt, während die Form nach oben frei ausläuft und so eine Gießöffnung in voller Breite und Länge der Form gewährt. Die Form ist so um die Rohre zu legen, daß sich die Stoßstelle in der Mitte derselben befindet. Die Stirnseiten der Form sind gleichfalls aus Blechstücken hergestellt. Im vorliegenden Falle ist die im Querschnitt hufeisenartige Form 80 mm lang und steht 19 mm vom Rohr ab, während die obere Kante der Gießöffnung ca. 20 mm über den Rohrteil hinausragt. Da aber bei dem Verfahren die Hitze im untersten Teil der Form am größten ist, so muß die Form hier etwas verengt werden; man tut dies, indem man das Mantelblech um etwa ein Viertel des vorgeschriebenen Abstandes hebt, so daß dort zwischen Rohr und Blechwand, z. B. an Stelle von 19 mm nur ca. 14 bis 15 mm verbleiben. Zu dem Zwecke werden zuerst die zwei unteren passend geschnittenen Stirnbleche mit Bindedraht an dem Blechmantel befestigt (Abb. 5), so daß die einzuhaltenden Abstände gewahrt sind. Die so vorbereitete Form wird von unten gegen die zu verschweißenden Rohrenden angelegt. Die zwei oberen Hälften der Stirnbleche werden sodann entsprechend aufgesetzt. (Abb. 7.) Bei größeren Dimensionen von etwa 4 Zoll an muß zwecks gleichmäßiger Wärmeverteilung das Rohr mit einem vollständigen Mantel versehen werden, der eine seitliche Eingußtülle hat. (Abb. 6.)

Sind zwei Rohre in schräger oder senkrechter Lage zu verschweißen, so ist die Form entsprechend zu ändern, natürlich bleiben die Dimensionen dieselben. Steht das Rohr senkrecht, so hat die Blechform die Gestalt eines konzentrisch um das Rohr verlaufenden zweiteiligen Zylinders mit einem ebenfalls zweiteiligen Boden, und zwar sind die Maße des Zylinders bei einem Rohr von 58 mm äußerem Durchmesser und 4 mm Wandstärke $58 + (2 \times 19) =$ 96 mm Durchmesser und 80 mm Höhe. (Abb. 8.)

Auf den Umstand, daß die Hitze im untersten Teile der Formen am größten ist, muß auch hier entsprechend Rücksicht genommen werden. Es geschieht dies am einfachsten dadurch, daß der Boden der Form der zu verschweißenden Stelle näher gerückt wird, so daß diese also nicht in die Mitte zu liegen kommt. Es genügt, wenn der Boden der Form um 1 cm gehoben wird, so daß z. B. bei einer Höhe der Form von 80 mm der Abstand der zu verschweißenden Stelle vom Boden ca. 30 mm beträgt; bei größerer Höhe der Form muß der Abstand um etwa 2 cm verringert werden.

Die Form wird von außen mit angefeuchtetem Sand (Formsand, gut eignet sich auch Gartenerde) allseitig sorgfältig umkleidet. Es ist nicht nötig, daß die Bleche, die die Form bilden, besonders dicht schließen, nur ist es zu vermeiden, daß zu viel Sand beim Umgeben der Form in dieselbe hineindringt. Um dies nach Möglichkeit zu verhindern, legt man Papier (Zeitungspapier oder dünnes Packpapier in ein- oder zweifacher Lage) an die besonders klaffenden Fugen der Form von außen gegen.

Man kann dann auch eine Form verwenden, die stellenweise sogar etwa ½ Zentimeter — vielleicht infolge schlechten Schneidens der Bleche — vom Rohr absteht.

Beim Umkleiden der Form mit Formsand ist darauf zu achten, daß dieser überall, besonders am Boden, gut anliegt und daß sich die Form nicht verschiebt.

Als Unterlage und Halt für den Formsand benutzt man am besten einen Blechkasten. Soll die Schweißung an Rohren in freitragender Lage vorgenommen werden, was in der Praxis am häufigsten vorkommt, so ist dieser Blechkasten, der allseitig einen Abstand von etwa 20 bis 30 mm von der oben beschriebenen Eingußform hat, mittels Drahts an den Rohren bezw. Klemmapparat anzuhängen. (Abb. 9.)

Nachdem so die Rohre zur Schweißung vorbereitet sind, wird in einem Tiegel entsprechender Größe, im angenommenen Fall Normaltiegel Nr. 3 (20 cm äußere Höhe), eine Reaktion des „Thermits" vorgenommen. Für die Rohrschweißung wird „Thermit Marke P" verwendet.

Es werden in den Tiegel einige Löffel Thermit P eingefüllt und auf dieses wird sodann etwas sog. Entzündungsgemisch aufgestreut. Die Ent-

Innerer Durchmesser in Zoll	Wandstärke in mm	Länge „l" der Form (Abb. I) in mm für horizontal zu verschweißende Rohre. I 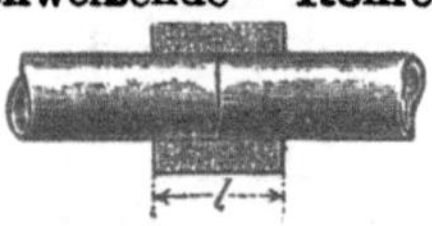 Grundriß II 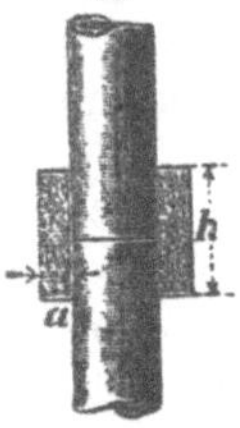 Schnitt oder Höhe „h" der Form (Abb. II) in mm für vertikal zu verschweißende Rohre	Länge „L" des aufgerollten Formmantels in mm bei einer Verschweißung in horizontaler Lage der Rohre („l" siehe Rubrik 3 Abb. I) III 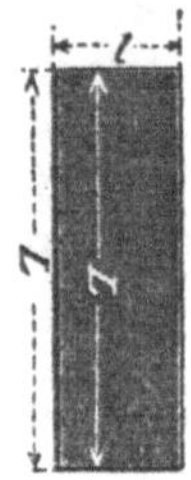
		„l" und „h"	„L"
$^1/_2$	2,5—3	50	157
	3,5—4,5	50	
	5 —6	50	
1	2,5—3	60	219
	3,5—4,5	60	
	5 —6	60	
$1^1/_2$	2,5—3	70	245
	3,5—4,5	70	
	5 —6	70	
2	2,5—3	80	289
	3,5—4,5	80	
	5 —6	80	
$2^1/_2$	3 —4,5	80	345
	5 —6	80	
3	3 —4,5	80	408
	5 —6	80	
$3^1/_2$	3 —4,5	80	471
	5 —6	80	
4	3 —4,5	80	540
	5 —6	80	
$4^1/_2$	3 —4,5	90	580
	5 —6	90	
5	3 —4,5	100	644
	5 —6	100	
$5^1/_2$	3 —4,5	100	684
	5 —6	100	
6	3 —4,5	100	750
	5 —6	100	

Länge „L1" in mm einer Hälfte des aufgerollten zweiteiligen Formmantels mit je 1 cm Übergriff für vertikal zu verschweißende Rohre („h" siehe Rubrik 3 Abb. II) 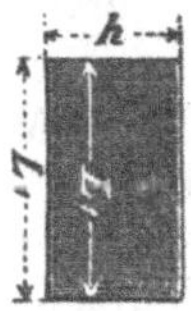 IV  Schnitt V	Abstand „a" der Form vom Rohr (Abb. VI) in mm Bemerkung: 1. bei horizontal zu verschweißenden Rohren ist der Abstand der Form von der Rohrunterkante ca. $^3/_4$ „a" (Abb. VI) 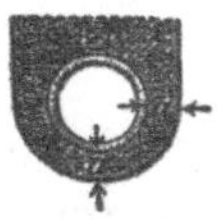 VI Schnitt 2. bei vertikal zu verschweißenden Rohren ist der Abstand des Formbodens von der Schweißstelle um etwa $^1/_6$ der ganzen Formlänge geringer als über der Schweißstelle zu nehmen.	Thermit P in kg	Stauchung nach n-Minuten nach vollendetem Einguß	Größe der Normaltiegel nach Nr.
„L1"	„a"		n=	
86	14	0,38	1	
102	16	0,45	1	
118	19	0,60	1	
118	16	0,70	1	
128	18	0,85	1	
137	22	1,00	$1^1/_4$	
139	16	1,00	1	3
149	18	1,20	$1^1/_4$	
168	22	1,40	$1^1/_2$	
161	17	1,30	1	
170	19	1,60	$1^1/_2$	
190	23	1,90	2	
195	20	2,40	$1^1/_2$	
215	24	2,90	2	4
221	22	3,20	$1^1/_2$	
245	28	3,80	2	
250	25	4,00	2	
279	32	4,60	$2^1/_2$	
281	29	4,20	2	5
296	36	4,80	3	
306	30	4,40	2	
340	38	5,30	3	
330	30	5,00	2	
362	40	6,00	3	
351	32	6,00	2	
392	43	6,80	3	6
381	33	7,00	2	
425	45	8,00	3	

zündung kann durch einen glühenden Stab erfolgen oder aber einfacher durch Aufwerfen eines angesteckten Sturmstreichholzes. Die Reaktion setzt dann ein; mit einem Löffel wird sogleich weiteres Thermit nachgegeben, das sofort weiter brennt. Man muß stets so viel Thermit nachschütten, daß die Glut bedeckt bleibt. Ist die letzte Menge des abgewogenen Thermits (für den vorliegenden Fall werden 1,6 kg gebraucht) aufgegeben, so ist der kleine Tiegel mit der feurigflüssigen Masse gefüllt. Es befindet sich nun unten am Boden desselben ein Regulus von geschmolzenem Eisen, während das flüssige Aluminiumoxyd, der sogenannte Korund, obenauf schwimmt und infolge der hohen Temperatur eine große Lichtemission besitzt. Der das Verfahren Ausübende muß daher unbedingt eine Brille mit dunklen Gläsern tragen.

Das Entzünden und Nachtragen des Thermits nimmt etwa 2 bis 3 Minuten in Anspruch. Größere Mengen, die auch in größeren Tiegeln entzündet werden, bedürfen unwesentlich mehr Zeit, da das Nachtragen schneller geschehen muß.

Die Operation verläuft in allen Fällen so schnell, daß die äußere Tiegelwandung während des Anfüllens kalt bleibt und sich nur allmählich durch Leitung erwärmt.

Mit Hilfe einer kräftigen Zange (Abb. 10) wird nun der feurigflüssige Tiegelinhalt in einem mäßigen Strahl in die Form eingegossen. Es ist beim Eingießen meist nicht zu vermeiden, daß der erste Strahl das Rohr trifft, doch muß man darauf bedacht sein, das nachfolgende flüssige Thermit zwischen Rohr und Form zu gießen, da das zuletzt ausfließende flüssige Eisen im Falle einer direkten Berührung des unbedeckten Rohres dieses sofort durchschmelzen würde.

Eine längere Einübung zur Ausführung des Verfahrens ist erfahrungsgemäß nicht erforderlich. Für denjenigen aber, der das Experiment zum erstenmal macht, ist es ratsam, mit dem leeren Tiegel vorher genau auszuprobieren, wie er am besten eingießen kann, damit er sich zu Tiegel und Form so bequem und unbehindert wie möglich aufzustellen vermag.

Nur für die ersten Versuche ist beim Eingießen die Hilfe eines Zweiten ratsam, der aber nichts anderes zu tun hat, als, kurz bevor der Tiegel ausgegossen wird, einen Eisenstab einige Zentimeter tief in die feurigflüssige Masse einzutauchen, so daß etwas von derselben daran haften bleibt. Die so entstehende kleine Fackel dient dazu, die Öffnung der Form zu beleuchten, muß also direkt über diese gehalten werden. Dies ist insofern nötig, da derjenige, der den Tiegel hält, infolge der Blendung die Form nicht gut erkennen kann und ohne diese Beleuchtung der Form leicht daneben gießen könnte. Derjenige, der die Form beleuchtet, muß sich ebenfalls mit einer dunklen Brille schützen. Bei einiger Übung ist diese Hilfe völlig entbehrlich, da der Gießende es bald erlernt, den Tiegel unmittelbar vor dem Auskippen so zu halten, daß der feurigflüssige Inhalt selbst die Form genügend beleuchtet.

Bei größeren Schweißungen mit Tiegeln, die einen Inhalt von ca. 5 kg fassen (Normaltiegel 5), ist das Eingießen der feurigflüssigen Masse in die Formen von zwei Leuten zu besorgen. Der Tiegel wird vor Beginn der Reaktion in einen Eisenring oder Schelle eingesetzt, welcher so ausgebildet ist, daß er den Tiegel in seinem oberen Drittel umfaßt. An diesen Ring sind zwei je etwa $3/4$ Meter lange Tragstangen befestigt bezw. angenietet, wovon das eine Ende gabelförmig ausgebildet ist, um bequem das Kippen des Tiegels bewirken zu können. (Abb. 11.)

Um das Herausfallen des Tiegels zu vermeiden, ist er mit Draht am Ringe befestigt. Es macht dies keine Schwierigkeiten, weil alle Tiegel, die für diese Zwecke benutzt werden, mit Draht umstrickt sind. Man kann auf diese Weise sicherer gießen als mit Tiegelzangen, die in den Gießereien in Gebrauch sind.

Nach dem Eingießen des Thermits erstarrt dieses sehr schnell, besonders auf der Oberfläche, die mit etwas Sand abzudecken ist.

Die heiße Masse teilt dem Rohrstück schnell die Schweißhitze mit, man kann dies bei kürzeren Stücken sehr deutlich beobachten, wenn man durch das Rohr hindurchsieht. Bei einer Wandstärke von ca. 4 mm und einem äußeren Rohrdurchmesser von 58 mm ist $1\frac{1}{2}$ Minute nach dem vollendeten Eingießen Schweißtemperatur eingetreten; es werden nun die Zugschrauben, die die Rohrstücke gegeneinanderpressen, um etwa einen Gewindegang, im vorliegenden Fall um etwa 2 mm, zusammengeschraubt, um den zur Schweißung nötigen Druck hervorzubringen. Hiermit ist die Schweißung vollzogen.

Bei senkrechter Lage des Rohres muß etwa 3 bis 4 Minuten nach dem Aufgießen die Masse sofort abgeschlagen werden, da der am Boden der Form entstandene Eisenring sonst ein Durchsägen erforderlich machen würde. Bei wagerechter Lage kann man mit dem Abschlagen der Masse bis nach dem Erkalten warten, da das ausgeschmolzene Eisen nur eine Ringhälfte bildet.

Ein sehr eigenartiger Vorgang spielt sich beim Eingießen des „Thermits“ ab. Zuerst fließt, wie gesagt, der leichtere Korund ab. Sobald dieser auf die kalten Teile des Rohres sowie der Form auftrifft, erstarren die ersten Teile desselben und haften mit einer dünnen schützenden Schicht darauf an.

Der nachfließende Teil des flüssigen Korunds und das nachfließende Eisen kann deswegen nicht mehr direkt die Eisenteile berühren. Das aus dem Tiegel ausgeflossene Eisen, das sich am Boden der Form sammelt, ist aus demselben Grunde allseitig von geschmolzenem Korund umgeben. Infolge dieses eigenartigen Verlaufes des Prozesses kann die erstarrte Masse von dem Schweißstück sowohl als auch von der Blechform leicht abgeschlagen werden.

Um aber dieses Loslösen bequem und glatt vornehmen zu können, ist die oben beschriebene Vorsicht beim Gießen unbedingt zu beachten. Aus dem Beschriebenen geht auch deutlich hervor, daß sich am Boden der Form die größte Hitze befinden muß, da sich dort das geschmolzene Eisen ansammelt, das seine Wärme viel stärker abgibt als die geschmolzene Tonerde.

Die Schweißstelle oder die danebenliegenden Teile bedürfen keiner Nacharbeit. Weder eine in Betracht kommende Verengung noch Ausbauchung des Rohres hat trotz der gegebenen Stauchung bei der Schweißung stattgefunden. Die Blechform findet sich, wie bereits erwähnt, nach der Schweißung in fast völlig intaktem Zustande vor, so daß sie sehr viele Male wieder benutzt werden kann. Eine besondere Schonung erhält die Form, wenn dieselbe erst nach ziemlicher Abkühlung der Masse entfernt wird. (Abb. 12 zeigt ein geschweißtes Rohr mit danebenliegender abgeschlagener Masse und gebrauchter Form.)

Wird ein neuer Tiegel zum erstenmal gebraucht, so bleibt in ihm eine dünne Korundschicht haften, was also einen kleinen Materialverlust bedeutet. Um diesen auszugleichen, nimmt man für die erste Schweißung aus einem neuen Tiegel 5 bis 10% mehr von dem Gemisch, damit die Form in gehöriger Weise gefüllt wird. Bei einem späteren Gebrauche des Tiegels ist die Masse, die in demselben erstarrt und zurückbleibt, sehr gering, wenn der Tiegel sofort nach vollendeter Füllung ausgegossen wird, man also mit der nötigen Schnelligkeit arbeitet.

Sollte trotzdem wider Erwarten die Form mit der Masse nicht gehörig angefüllt werden, vielleicht infolge eines Wiegefehlers, so ist von dem Thermit, wovon neben jeder auszuführenden Schweißung etwas bereitzuhalten ist, schnell so viel in den verwendeten Tiegel zu geben, um das Fehlende sofort nachgießen zu können.

Es ist durchaus nicht nötig, daß die bestimmte Menge Thermit stets abgewogen wird. Das Quantum kann auch mit völlig genügender Genauigkeit abgemessen werden. Natürlich hängt von der Art des mehr oder minder starken Einstampfens die Größe des zu wählenden Maßes ab. Man verfährt deshalb am besten so, daß man sich an eine ganz bestimmte Art des Einfüllens gewöhnt und so in Erfahrung bringt, wie viel Raum eine abgewogene Menge, beispielsweise 1 kg, einnimmt. Nach kurzer Gewöhnung wird man dann beim Abmessen im Vergleich zum Abwiegen nur sehr geringe Fehler machen, die nicht in Betracht kommen. Dabei ist zu bedenken, daß große Fehler beim Abmessen der Masse überhaupt nicht begangen werden können, weil die Form, die um die Schweißstelle gelegt wird, schon von vornherein die nötige Menge bestimmt. Zudem ist noch zu bemerken, daß es bei der Abmessung auch nicht auf 5—10% Genauigkeit ankommt. In der Tabelle auf Seite 84 u. 85 sind die betreffenden Mengen zwar genau angegeben, doch dürfte eine geringe Abweichung von den vorgeschriebenen Zahlen die Verschweißung wenig oder gar nicht beeinträchtigen.

Alle bisher als feuerfest bekannten Tiegel, z. B. die hessischen und Graphittiegel, eignen sich durchaus nicht für das besprochene Verfahren. Die bei der Reaktion entstehende flüssige Tonerde löst die Wandung dieser Tiegel auf, würde letztere also sogleich durchschmelzen. Es werden deswegen besondere Tiegel, deren Wand aus künstlichem Korund oder Magnesit besteht, in Verwendung gebracht, deren Anfertigung einen besonderen Fabrikationszweig der Chemischen Thermo-Industrie, G. m. b. H., in Essen a. d. Ruhr bildet. Diese Tiegel sind außerordentlich dauerhaft und immer wieder für neue Arbeiten zu verwenden. Die Innenseite überzieht sich beim Gebrauch mit einer Glasur von Tonerde, die geeignet ist, die Widerstandsfähigkeit noch zu erhöhen.

Die Klemmapparate, die benötigt werden, um die Rohre gegeneinander festzuhalten, sind in ihrer Konstruktion durch Gebrauchsmusterschutz gesetzlich geschützt und werden sowohl als Universalapparate für Rohre verschiedenen Durchmessers als auch für spezielle Größen von der Chemischen Thermo-Industrie geliefert. Sie bestehen aus je zwei geteilten kräftigen Ringen oder Rohrschellen, die sich fest um das Rohr verschrauben und sich auch wieder leicht abnehmen lassen. Zwei gegenüberliegende Zugstangen greifen in die beiden Ringe so ein, oder sind so an diesen befestigt, daß letztere parallel zu ihrer Lage mit Hilfe von Zugvorrichtungen genähert werden können. Die Klemmapparate können sehr kompendiös eingerichtet werden, so daß sie in der Querrichtung des Rohres nur unwesentlich mehr Platz in Anspruch nehmen als ein für das Rohr passender Flansch. Die Länge des Apparates beträgt 30 bis 40 cm. Ein Universalklemmapparat für zweizöllige Rohre paßt auch zum Verschweißen von Rohren bis zu 4 Zoll inneren Durchmessers. (Abb. 4, 7, 8 und 9.)

Das Thermit P stellt ein dunkelbraunes Pulver dar, das nicht im geringsten Maße ätzend ist, und das man infolge seiner Eigenschaften auch nicht als feuergefährlich, etwa wie Petroleum oder gar Spiritus, ansehen kann. In dieser Hinsicht verhält sich Thermit ganz ähnlich wie die Steinkohle. Es ist dies darin begründet, daß sich Thermit ebenso wie Steinkohle erst bei einer hohen Temperatur entzünden läßt. Durch Schlag und Stoß kann Thermit nicht entzündet werden.

Das Thermit wird in Blechbüchsen von ca. 60 und 90 kg Inhalt versendet, die sich sehr gut hierfür bewährt haben.

Fast ebenso harmloser Natur ist das Entzündungsgemisch, das ein weißes Pulver darstellt. Da aber dieses durch einen Funken zur Entzündung gebracht werden kann, so ist es immer sorgfältig verschlossen zu halten. Eine Selbstentzündung ist nie beobachtet worden, muß auch als ausgeschlossen betrachtet werden. Auch durch Schlag oder Stoß läßt sich diese Mischung nicht entzünden.

Das Entzündungsgemisch wird in 1- bis 2-, höchstens 5-kg-Packungen abgegeben. Es ist außerdem zu empfehlen, immer nur kleinere Mengen aus den Büchsen herauszunehmen. Größere Mengen des Entzündungsgemisches werden besser deswegen nicht gewählt, damit, falls doch wider Erwarten infolge einer Unvorsichtigkeit ein Funke oder ein brennendes Streichholz in eine offene Büchse hineinfallen sollte, der Materialverlust dann nur gering ist und ein weiterer Schaden kaum angerichtet werden kann. Bisher sind übrigens Klagen in dieser Beziehung nicht eingelaufen.

Das Thermit sowohl als auch das Entzündungsgemisch verlieren ihre Fähigkeit zu brennen ganz, sobald sie naß werden. Dagegen schadet eine gewisse, aus der Luft angezogene Feuchtigkeit wenig oder gar nicht. Die Produkte sind jedoch tunlichst vor Feuchtigkeit zu schützen, also in geschlossenen Gefäßen und ebenso die Tiegel an einem trockenen Orte aufzubewahren.

Verfahren zur Erzeugung hoher Temperaturen durch Verbrennen von Aluminium und einige Anwendungen desselben in der Technik.

(Polytechnisches Centralblatt vom 28. Mai 1900, S. 180—185.)

Die beiden Grundstoffe, welche auf unserer Erde am häufigsten vorkommen, sind der Sauerstoff und das Aluminium. Bringt man diese beiden Körper in geeigneter Weise zur chemischen Verbindung, so wird dadurch eine so hohe Temperatur erzeugt, wie wir solche sonst nur noch mit Hilfe des elektrischen Stromes hervorzubringen vermögen. Auffallenderweise war diese Tatsache bislang noch nicht bekannt.

Der ständig billiger werdende Preis des metallischen Aluminiums, der zurzeit etwa 2 ℳ für das Kilo beträgt, hat eine umfangreiche technische Verwertung dieser Reaktion sehr erleichtert. Der nötige Sauerstoff wird nicht der Luft entnommen, sondern in fester Form verwendet, indem vorzugsweise seine Verbindungen mit Metallen — die Metalloxyde — in Anwendung kommen.

Der chemische Vorgang ist außerordentlich einfach, da nur drei Grundstoffe in Wechselwirkung treten: ein Metall, Sauerstoff und Aluminium. Als Beispiel eines Metalloxydes sei das Eisenoxyd gewählt; es ist dies der als braunes Pulver bekannte Eisenrost, der vielfach als Eisenerz in der Natur vorkommt. Das Aluminium wird diesem Pulver in zerkleinertem Zustande untermischt.

Die Umsetzung dieses Gemisches aus Eisenoxyd und Aluminium geht in der Weise vor sich, daß sich bei Entzündung der Masse der Sauerstoff vom Eisenoxyd abtrennt und mit dem Aluminium verbindet, es bildet sich demnach Aluminiumoxyd und metallisches Eisen. *Bei dieser Umsetzung tritt nun die eingangs erwähnte sehr hohe Temperatur auf.*

Wohl hat man schon früher, vor fast fünfzig Jahren, Mischungen von Metallchloriden — seltener von Oxyden — mit Aluminium zur Reaktion gebracht; es seien hier besonders die Arbeiten von *Wöhler*, *St. Claire-Deville* und *Gebr. Tissier* genannt. Alle diese Forscher arbeiteten mit sehr kleinen Mengen und stets so, daß das Gemisch in einem kleinen Tiegel von außen, z. B. durch Einstellen in eine Muffel, erhitzt wurde. Oft trat dadurch eine so heftige Reaktion ein, daß der Verlauf der Reaktion nicht genau verfolgt werden konnte.

An eine Erhitzung der Mischung durch die Tiegelwand selbst war aber von vornherein bei einer technischen Verwendung des Verfahrens nicht zu

* Klemens Winkler, Zeitschrift für angewandte Chemie, Jahrgang 1899, Heft 4, Seite 98.

denken, da kein Tiegelmaterial bekannt ist, das in heißem Zustande dem geschmolzenen Aluminiumoxyd bzw. den Produkten der Reaktion Widerstand leisten kann.

Es war also zunächst die Aufgabe zu lösen, die Umsetzung im Gefäßinnern ohne äußere Wärmezufuhr durchzuführen. Hierbei kommt zugute, daß das an der inneren Tiegelwand infolge der äußeren Abkühlung entstehende erstarrte Aluminiumoxyd den eigentlichen Schutz gegen den feuerflüssigen Teil selbst bildet.

Ferner mußte die Reaktion zwischen dem Metalloxyd und Aluminium so geleitet werden, daß dieselbe ruhig verlief.

Wie wird nun vor allem nach dem neuen Verfahren die Umsetzung hervorgerufen?

Dieser Punkt bereitete anfänglich die allergrößten Schwierigkeiten; nachdem diese aber einmal in ihren Ursachen erkannt waren, gestaltete sich die Überwindung derselben außerordentlich einfach.

Die Entzündung vieler hier in Anwendung zu bringenden Gemische setzt nämlich erst bei hoher Temperatur ein; man könnte sie mit einem glühenden Stab umrühren, ohne daß eine Entzündung eintreten würde. Nach Versuchen mancherlei Art zeigte es sich, daß es eine große Reihe Sauerstoffverbindungen gibt, die, mit Aluminium vermischt, sich sehr leicht und bei niedriger Temperatur entzünden lassen, nach der Entzündung aber sofort eine sehr hohe Temperatur entwickeln. Man hat also nichts weiter zu tun, als diese leicht entzündbaren Gemische, z. B. Bariumsuperoxyd und Aluminium auf die schwerer zur Entzündung zu bringenden aufzustreuen, um dann mit einem glühenden Stab oder am besten und bequemsten durch Aufwerfen eines in Brand gesetzten sogenannten Sturmstreichholzes die Umsetzung einzuleiten. Die Ausführung ist also die denkbar einfachste!

Nun wurde ferner vom Verfasser die wichtige Beobachtung gemacht, daß Gemische von Metalloxyden bzw. Sauerstoff oder auch schwefelhaltigen Verbindungen mit Aluminium, welchen Metallen noch Magnesium oder Kalziumkarbid zugefügt werden kann, in sich ohne irgendwelche Wärmezufuhr von außen weiter brennen, und daß neues — auch nicht vorgewärmtes — Gemisch, das dem in Reaktion getretenen zugegeben wird, weiter brennt.

Damit war auch die zweite Aufgabe gelöst, nämlich die Umsetzung zu regeln, indem je nach Gang derselben mehr oder weniger von dem Gemisch nachgegeben wird. Auch hat sich gezeigt, daß ein derartiges Gemisch sehr viel ruhiger reagiert, wenn es nicht vorher erhitzt worden ist, sondern in ungewärmtem Zustande von einer Stelle aus abbrennen kann.

Mit diesen Reaktionen, die sehr einfach auszuführen sind, ist die Möglichkeit gegeben, überall große Wärmemengen ohne Zuhilfenahme von Maschinen und von umfangreichen Apparaten freizumachen. Es ist eine neue Industrie ins Leben gerufen, die in Frankreich, wo das Verfahren auch bereits in größerem Maßstabe nach den Patenten des Erfinders ausgeführt wird, mit dem sehr treffenden Namen „Aluminothermie" belegt worden ist.

Die bei der Reaktion entstehenden Temperaturen, die 2000° noch erheblich übersteigen, können nach unseren derzeitigen Methoden weder direkt noch indirekt gemessen, sondern nur geschätzt werden, somit liegt diesen Bestimmungen eine große Unsicherheit zugrunde. Das Wyborgh'sche Thermophon gibt die Temperatur auf 2900 bis 3000° C an, eine Zahl, die natürlich nur auf Extrapolation beruht und einen streng wissenschaftlichen Wert nicht beanspruchen kann.

Die praktische Anwendung des Verfahrens umfaßt bereits die weitesten Gebiete. Vor allem hat es sich gezeigt, daß nach obigem Beispiel nicht etwa nur Eisen, sondern eine große Menge andrer Metalle in reinem, geschmolzenem Zustande sich abscheiden läßt, wenn man die betreffenden Oxyde verwendet. Die Mischung mit Aluminium geschieht im Prinzip nach äquivalenten Verhältnissen, doch nimmt man lieber einen Überschuß von Oxyd, da es dadurch möglich wird, sämtliches Aluminium zu oxydieren, so daß trotz der großen Legierungsfähigkeit des Aluminiums die Metalle aluminiumfrei erhalten werden.

In Betracht kommen vor allem solche Metalle, deren Reindarstellung nach anderen Verfahren bisher nicht möglich war und die nun in reinem, kohlefreiem Zustande dem Hüttenmann besondere Vorteile bieten. In erster Linie ist hier das Chrom zu nennen.

In der Stahlindustrie ist früher fast ausschließlich das Chrom in Form von Ferrochrom mit einem Gehalte von etwa 40 bis 60% Chrom zur Verwendung gekommen. Dieses Produkt enthält zumeist etwa 12% Kohle in bezug auf den Chromgehalt. Das Chrom ist daher im Ferrochrom nicht als ein solches, sondern als ein Chromkarbid vorhanden. Alle Stahllegierungen also, die mit diesem Ferrochrom angefertigt werden, sind, streng genommen nicht als Chromstahle sondern als Chromkarbidstahle anzusehen. Mit dem reinen kohlefreien Chrom können also andere Legierungen angefertigt werden, die natürlich auch andere Eigenschaften haben, so vor allem eine geringere Sprödigkeit und Härte besitzen, als die mit kohlehaltigem Chrom hergestellten. Es ist mit dem reinen Chrom ferner möglich, Chromstahle mit höherem Chromgehalt anzufertigen als bisher, weil der hohe Gehalt an Kohle im Ferrochrom höher chromierte Legierungen infolge des gleichzeitig bedingten Kohlenstoffgehaltes unmöglich machte.

Es sind in den letzten Monaten seit Beginn der Fabrikation in Essen sowohl wie in St. Michel de Maurienne in Frankreich (Savoyen) durch die Société d'Electro-Chimie in Paris bereits einige Waggons Chrom abgeliefert worden, die zur Herstellung von mehreren Hundert Tonnen Chromstahl dienten.

Die Fabrikation des Metalles geschieht in großen tiegelartigen Gefäßen, die einen Fassungsraum für einige Zentner Metall besitzen. Die Herstellung einer derartigen Menge dauert etwa eine halbe Stunde.

In gleicher Weise wird reines Mangan fabrikmäßig hergestellt, das besonders für reine eisenfreie Manganbronzen sowie für spezielle Manganstahle umfangreiche Verwendung findet. Dieses reine Mangan hat die vorteilhafte Eigenschaft, daß es nicht wie das bisher bekannte kohle- bezw. karbidhaltige Produkt an der Luft zerfällt, es hält sich vielmehr beliebig lang und zeichnet sich vor allem dadurch aus, daß es sich sehr leicht mit geschmolzenem Kupfer, Zinn, Zink usw. legieren läßt, wobei es einen viel geringern

Abbrand ergibt als das kohle- bezw. karbidhaltige Produkt. Legierungen mit Kupfer, die etwa 20, 30, 50 und mehr Prozent Mangan enthalten, sind außerordentlich leicht mit diesem reinen Mangan herzustellen.

Die hochprozentigen Mangankupferlegierungen dienen zum Weiterlegieren mit reinem Kupfer. Es hat sich eine Legierung mit 5 % Mangan und 95 % Kuper als besonders widerstandsfähig und auch feuerbeständig gezeigt. Diese Kupferlegierung läßt sich ziehen und schmieden, sodaß daraus Stangen und Röhren gefertigt werden können.

Trotz des erheblich höheren Preises dieses reinen Mangans gegenüber dem hochprozentigen Ferromangan, mit dem sonst vielfach eisenhaltige Kupromangane hergestellt werden, wird ersteres für die Darstellung guter manganhaltiger Kupferschmelzen entschieden vorgezogen, weil es sich gezeigt hat, daß man zuverlässige, dichte, porenfreie Güsse nur mit diesem reinen leichtlegierbaren Mangan herzustellen vermag. Selbstverständlich wird für solche Mangankupferlegierungen auch nur bestes Elektrolytkupfer verschmolzen.

Das Mangan dient auch als Desoxydationsmittel an Stelle von Magnesium und Aluminium bei Nickelgüssen.

Von Wichtigkeit für die Stahlindustrie ist ferner das nach diesem Verfahren dargestellte kohlefreie Ferrotitan mit 10 und 20 bis 25 % Titan. Selbst geringe Zusätze dieser Legierung geben dem Stahl bezw. Eisen ein besonders festes und feinkörniges Gefüge. Nach demselben Verfahren wird auch Ferrobor mit 20 bis 25 % Bor dargestellt. Die Versuche über die mit Hilfe dieser Legierung dargestellten Bohrstahle, die verschiedene in- und ausländische Werke neuerdings angestellt haben, sind noch nicht abgeschlossen. Interessant, zurzeit allerdings mehr vom wissenschaftlichen Standpunkt, ist es auch, daß die Oxyde der Erdalkalimetalle durch Aluminium reduziert werden, am leichtesten in Legierungen. So ist ein Bleibarium mit 30 % Barium abgeschieden worden. Diese Legierung, die spröde kristallinische Stücke bildet, zersetzt das Wasser stürmisch und zerfällt bald an der Luft.

Dieser metallurgische Teil bildet einen für sich abgeschlossenen Fabrikationszweig.

Aufs engste mit dieser Fabrikation verbunden ist die Darstellung des geschmolzenen Aluminiumoxydes, das gleichzeitig mit der Metallabscheidung entsteht. Da der Korund bezw. Schmirgel, der in der Natur vorkommt, im wesentlichen aus Aluminiumoxyd besteht, so kann man dieses Produkt als künstlichen Korund oder Schmirgel bezeichnen. Für dasselbe ist der Name Corubin geschützt. Dieser „Corubin" zeichnet sich vor allem durch seine große Härte und Schleiffähigkeit aus und übertrifft hierin, wie Versuche ergeben haben, den natürlichen Korund oder den Schmirgel ganz erheblich.

Ferner bildet das Material ein hochfeuerfestes Produkt, aus dem neuerdings Steine, Formen und Tiegel für besondere Zwecke hergestellt werden.

Von umfangreicher und mannigfaltigster Art sind nun aber diejenigen Teile des Verfahrens, die sich mit der Wärmeausnutzung für die Metallbearbeitung befassen. Die Verfahren beruhen darauf, daß man die bei der Reaktion auftretende Wärme direkt auf das Arbeitsstück einwirken läßt, ferner auch darauf, daß das bei dieser Reaktion sich abscheidende hocherhitzte Metall zum Aufgießen bezw. Aufschweißen verwendet wird. Für diese unter Metallabscheidung Wärme liefernden Gemische ist der Name „Thermit" gesetzlich geschützt. Es wird vorzugsweise ein Gemisch, das im wesentlichen aus Eisenoxyd und Aluminium besteht, benutzt.

Das Verfahren ist in erster Linie als Schweißverfahren ausgebildet, das sich durch seine außerordentliche Einfachheit auszeichnet.

Die Ausführung geschieht derart, daß die Enden der zu verschweißenden Metallstücke mit vorher blank gemachten Flächen stumpf aneinandergedrückt werden. Um die Schweißstelle wird eine lose anschließende Form aus dünnem Eisenblech gelegt, die von außen mit Formsand oder dergleichen abgestützt ist. In einem Tiegel von entsprechender Größe wird sodann die feuerflüssige Mischung bereitet und die Form damit gefüllt. Dadurch, daß die Enden der Schweißstücke mit Hilfe eines Klemmapparates fest zusammengeschraubt sind, also der durch die Erwärmung bedingten Ausdehnung nicht folgen können, entsteht der zum Schweißen erforderliche Druck, der nötigenfalls durch Anziehen der Schrauben des Klemmapparates noch verstärkt werden kann.

Auf experimentellem Wege, an Hand zahlreicher Proben auf Festigkeit, Zerreißproben und dergl., ist sorgfältig bestimmt worden, wieviel Erwärmungsmasse erforderlich ist, um eine Schweißung bestimmter Größe auszuführen, und welchen Inhalt infolgedessen die Form haben muß, die um die Schweißstelle anzubringen ist. Somit ist es bei diesem Verfahren möglich, die jeweils erforderliche Wärmemenge vorher genau abzuwiegen. Dies ist ein Vorteil, den bisher kein anderes Schweißverfahren bot, da diese alle darauf basierten, die Schweißtemperatur mit dem Auge zu erkennen. Es können deswegen die Schweißungen nach den bisher bekannten Methoden mit Kohlenfeuer, Wassergas, Elektrizität nur von sehr geübten, zuverlässigen Handwerkern ausgeführt werden, während das neue Verfahren tatsächlich von gewöhnlichen Arbeitern, selbst jugendlichen, nach kurzer Übung gehandhabt werden kann. Hierin liegt ein weiterer bedeutender Vorteil, der sich noch, wie später angegeben wird, durch die Billigkeit des Verfahrens wesentlich erhöht.

Typisch für dieses Schweißverfahren ist ferner die Möglichkeit, die Wärme auf kleinstem Raume zu konzentrieren, so daß die dicht neben der Schweißstelle liegenden Teile, die nicht von der feurigen Masse bespült werden, kalt bleiben und erst allmählich durch Leitung des Metalles eine höhere Temperatur annehmen. Schließlich ist noch der eigenartig automatische Charakter dieser Schweißmethode bemerkenswert, wodurch ein sehr geringer Aufwand an Arbeitslohn bedingt ist.

Ein eigenartiger Vorgang spielt sich beim Aufgießen der flüssigen Masse ab. In dem Tiegel, in dem das zum Schweißen erforderliche Thermit bereitet wird, bilden sich zwei Schichten: unten das flüssige Eisen, oben das leichtere geschmolzene Aluminiumoxyd. Dieses fließt beim Aufgießen natürlich zuerst ab und erstarrt dann in ganz dünner Schicht, augenblicklich sowohl auf den kalten Flächen der Form wie des Schweißstückes, während der nachfließende Teil des Tiegelinhaltes, d. h. ein Teil des Aluminiumoxydes und das ganze Eisen, noch kurze Zeit flüssig bleiben. Die Folge davon ist, daß das aus dem Tiegel nachfließende hocherhitzte Eisen weder das Schweißstück noch die dünne Blechform direkt berühren kann, also auch nicht imstande ist, mit diesen Teilen zu verschmelzen. Aus diesem Grunde bleibt das Schweißstück vollständig unverändert, und auch die Form kann wiederholt gebraucht werden.

Nach erfolgter Schweißung kann die erstarrte Masse durch einige leichte Hammerschläge von dem Schweißstück und der Form abgeschlagen werden. Bei der Schweißung größerer massiver Stücke, beispielsweise bei Schienen, ist es zu empfehlen, etwas mit dem Abschlagen zu warten, um eine allmähliche Abkühlung der Schweißstelle zu bewirken, was im allgemeinen günstig auf das Material einwirkt.

Alle bisher als feuerfest bekannten Tiegel — z. B. die hessischen und Graphittiegel — eignen sich für das neue Verfahren durchaus nicht, denn die flüssige Tonerde löst die kieselsäurehaltige Wandung dieser Tiegel auf. Es werden deswegen besondere Tiegel, deren Wand aus Corubin, welcher, wie oben bereits erwähnt, bei der Fabrikation gewonnen wird, oder aus Magnesia besteht, in Verwendung gebracht. Die Anfertigung dieser Tiegel bildet einen besonderen Fabrikationszweig. Diese Tiegel haben sich durchaus bewährt, da sie dauerhaft und wiederholt für neue Operationen verwendbar sind. Die Innenseite überzieht sich bei Verwendung mit einer Glasur von Tonerde, welche die Widerstandsfähigkeit noch erhöht.

Zwei Anwendungsarten dieser vorerwähnten Schweißung sollen besonders hervorgehoben werden. In erster Linie ist das Verfahren zum Zusammenschweißen von Eisenbahnschienen der elektrischen Straßen- und der Eisenbahnen in Anwendung gebracht worden. (Abb. 13 u. 14.)

Der Preis der Schweißung stellt sich durchaus nicht höher als eine solide Laschenverbindung, so daß eine umfangreiche Anwendung dieser Schienenschweißung zu erwarten ist. Eine kleine Probestrecke solcher zusammengeschweißter Schienen liegt bereits seit fast Jahresfrist auf der elektrischen Bahn von Essen a. d. Ruhr nach Steele; dieselbe ist ständig im Betriebe, hat die Temperaturen eines heißen Sommers und eines kalten Winters ausgehalten und sich aufs beste bewährt. In Braunschweig sind neuerdings zwei größere Strecken der elektrischen Straßenbahnschienen zusammengeschweißt und dem Betriebe übergeben worden. Die Schweißungen haben sich laut ausgestelltem Zeugnis der dortigen Straßeneisenbahngesellschaft vorzüglich bewährt. Die Ausführung ist glatt und schnell verlaufen, die Stöße sind äußerlich kaum zu erkennen und beim Überfahren nicht wahrnehmbar.

Eine gute elektrische Verbindung der Schienen untereinander ist bekanntlich für den Betrieb von elektrischen Straßenbahnen, bei denen der Strom durch die Schienen zurückgeleitet wird, von außerordentlicher Wichtigkeit. Die bisher in Anwendung gekommenen fast allgemein gebräuchlichen Kupferverbinder lösen die Aufgabe sehr mangelhaft, da der Rückstrom sich oft an Stelle des Schienenweges einen anderen Weg wählt. Die Ströme gehen dabei in das Erdreich und zumeist dann in die Röhren der Gas- und Wasserleitungen, die sie oft in verhältnismäßig kurzer Zeit beschädigen und somit zu Brüchen Veranlassung geben. Besonders in den Vereinigten Staaten von Nord-Amerika, wo der Betrieb der elektrischen Straßenbahnen einige Jahre älter ist als bei uns, hat man in dieser Beziehung trübe Erfahrungen gemacht. Es sei hier auf den höchst beachtenswerten diesbezüglichen Bericht von Johannes Ohlshausen, Bauinspektor der Stadtwasserkunst in Hamburg* und einen in Schillings Journal für Gasbeleuchtung und Wasserversorgung erschienenen Aufsatz hingewiesen. Zur Einschränkung dieser Störungen, die durch die sog. vagabundierenden Ströme herbeigeführt werden, wird von den Fachmännern die Schienenschweißung in erster Linie vorgeschlagen.

Seitens einer Reihe von Bahnverwaltungen, z. B. der Straßenbahnen von Hamburg, Dresden, Brüssel sind bereits mehrere Kilometer Geleise behufs demnächstiger Verschweißung fest in Auftrag gegeben, von anderen in sichere Aussicht gestellt worden. Alle bisher in in- und ausländischen Fachkreisen über die neue Schienenverbindung abgegebenen Urteile lauten sehr günstig**.

Da die Schienen der elektrischen Bahnen fest im Erdboden oder Pflaster liegen, so übt die wechselnde Temperatur mit ihrem Zusammenziehen und Ausdehnen der Schienen nicht den Einfluß aus wie bei den freiliegenden Schienen der Hauptbahnen. Es ist deswegen auch beim Zusammenschweißen langer Strecken der Straßenbahnschienen ein Ausbiegen bei Sommerhitze oder ein Reißen bei Frost nicht zu befürchten, eine Tatsache, die sich nicht nur aus Berechnungen ergab, sondern sich auch auf einer Versuchsstrecke als richtig erwiesen hat. Diese Prüfungen wurden bereits im vergangenen Sommer auf einer verschweißten Linie derartig angestellt, daß eine Strecke von 100 m mehrere Stunden durch ein Gemisch von Eis und Salz abgekühlt wurde.

Für die Hauptbahnen hat das neue Verfahren besonders für das Verschweißen der Herzstücke an den Weichen Interesse. Ferner könnte man auch dazu übergehen, die Schienen in den Tunnels zu verschweißen, denn da in diesen die Temperatur eine beständige ist, sind die Schienen vor der sog. „Wanderung", wie das infolge erhöhter Temperatur entstehende Ausdehnen bezw. Ausbiegen derselben benannt wird, geschützt.

Da nun durch Verschweißen der Schienen und das dadurch erzielte — wenn auch nur teilweise — Fortfallen der Schienenstöße eine große Ersparnis am Oberbau sowohl wie am rollenden Material eintritt, so stehen auch die Hauptbahnen diesem Verfahren sympathisch gegenüber; es sind entsprechende Versuche in Ausführung.

Eine weitere Anwendung dieser Schweißungsart ist das Aneinanderschweißen schmiedeeiserner Rohre aller Art für Dampf-, Gas- und Wasserleitungen. Die Ausführung dieser Verschweißungen ist infolge der einfachen Querschnittsformen noch viel einfacher als bei einer Schiene, zudem sind die auf Schweißwärme zu erhitzenden Teile selbst bei Röhren von großem Querschnitt gering an Gewicht, so daß beispielsweise mit 1,6 kg „Thermit" und einem Tiegel von 20 cm äußerer Höhe (Spezialtiegel Nr. 3), ein Rohr von ca. 50 mm innerem Durchmesser bei einer Wandstärke von 4 mm in einigen Minuten verschweißt werden kann. (Abb. 4, 7, 9, 12 und 8.)

---

* Elektrolytische Zerstörung von Rohrleitungen durch Erdströme. Bericht in- und ausländischer Zeitschriften. Als Manuskript gedruckt, München 1899, Druck von R. Oldenburg. Zu beziehen von dem Verein deutscher Gas- und Wasserfachmänner, Berlin. Ferner Schilling's Journal für Gasbeleuchtung und Wasserversorgung Nr. 15, 16 und 17, 1900.

** Mitteilungen des Vereins deutscher Straßenbahn- und Kleinbahn-Verwaltungen (Beilage zur Zeitschrift für Kleinbahnen) 1899, Heft 11. Julius Springer, Berlin. Street Railway Journal, New York. Vol. XVI. Nr. 5, 3. 11. 1900, pag. 158 u. ff.

Derartig verschweißte Rohrsysteme haben den höchsten Anforderungen an Druck und Festigkeit entsprochen, die überhaupt erhoben werden. Wiederholt angestellte Proben haben ergeben, daß die Rohre über 400 Atm. Druck aushielten, ohne an der Schweißnaht undicht zu werden oder gar zu platzen. Beim Flachschlagen des Rohres an der Schweißstelle tritt eher ein Längsriß ein als ein Bersten der Schweißstelle (Abb. 2), auch kann das Rohr ohne Schaden zu nehmen an der Schweißstelle in kaltem Zustande gebogen werden. (Abb. 3.)

Die Schweißung kann in allen Lagen des Rohres — vertikal oder horizontal — selbst an schwer zugänglichen Stellen bewerkstelligt werden, da die Form, die um die Schweißstelle zu legen ist, samt der Formsandumkleidung und dem nötigen Klemmapparat nicht mehr Raum beansprucht, als zur Anbringung einer Flanschen- oder Muffenverbindung nötig ist. Deswegen wird die Schweißung besonders beim Verlegen des Rohres außerhalb der Werkstatt angewendet, und zwar in allen Lagen, welche die Rohre endgültig einnehmen.

Weitere Vorteile erwachsen dadurch, daß jedes Dichtungsmaterial, jede Verpackung fortfällt, daß Reparaturen an den Schweißstellen ausgeschlossen sind und daß sich die Dampfrohre, weil kein Flansch hervorragt, durchgehend glatt mit einer Wärmeschutzmasse bekleiden lassen.

Als wesentlichstes Moment ist aber hervorzuheben, daß die Kosten der Rohrschweißung sich für den Konsumenten erheblich billiger als eine Flanschen- oder eine gute Muffenverbindung stellen, wobei aber zu berücksichtigen ist, daß diese Verbindungen zumeist nur 15 bis 30 Atm. widerstehen. Es kostet die Verschweißung zweier Rohre von 50 mm innerem Durchmesser, wie oben angeführt, je nach ihrer von 2,5 bis 6 mm betragenden Wandstärke inkl. Arbeitslohn und Verschleiß an Tiegel und Form 2,50 bis 4 *M*. Bei diesen Preisen ist die mehr oder minder große Anzahl der herzustellenden Verschweißungen noch zu berücksichtigen, so daß diese Zahlen als Mittelwerte zu betrachten sind. Eine einigermaßen solide Flanschenverbindung für diese Rohrstärke ist bekanntlich nicht unter 5 bis 7 *M* herzustellen. Verschraubungen, die auch nur 100 bis 200 Atm. Druck aushalten sollen, von 400 Atm. ganz zu schweigen, stellen sich natürlich noch erheblich höher.

Allen diesen Vorteilen gegenüber könnte wohl nur ein einziger Nachteil angeführt werden: Das schwierige Lösen der Verschweißung gegenüber dem leichten Auseinanderschrauben einer Flanschenverbindung.

Es ist von vornherein als selbstverständlich zu betrachten, daß man Rohrleitungen — besonders provisorischer Art — oder solche, die man in kurzer Zeit wieder zu verlegen oder zu verändern gedenkt, nicht verschweißen wird; die Anzahl derartiger Leitungen ist aber im Verhältnis zu denen, die in absehbarer Zeit einer Änderung nicht unterworfen werden sollen, sehr gering.

Auf der anderen Seite wird man aber auch bei solchen Rohrleitungen, für welche eine Änderung nicht gleich bei Anlage in Aussicht genommen wird, nicht ausnahmslos sämtliche Verbindungen verschweißen, sondern ab und zu eine leichter lösbare Verbindung einsetzen, da man auf diese Weise jederzeit mit Leichtigkeit neue Leitungen abzweigen kann.

Wie sich jeder Praktiker aber sagen wird, kann man mit Zwischensetzen von Flanschen recht sparsam sein, da das Durchschneiden eines Rohres mit verhältnismäßig wenig Arbeit verbunden ist und kaum mehr Mühe verursacht als das Lösen einer alten verrosteten Muffenverbindung, die nur mit Hilfe von Meißel und Hammer vom Rohr getrennt werden kann. Schließlich ist aber noch zu erwähnen, daß das Zwischensetzen eines T-Stückes nach dem neuen Verfahren an Ort und Stelle vorgenommen werden kann, ohne daß man gezwungen ist, das betreffende Rohr zu demontieren!

Daß man der Ausdehnung der aneinander geschweißten Dampfrohre ebenso wie der mit Flanschen oder Muffen verbundenen gegebenenfalls Rechnung trägt durch Einsetzen von Kompensationsstücken, sog. Omega (Ω)-röhren oder Röhren mit Stopfbüchsenführung, braucht wohl kaum besonders hervorgehoben zu werden.

Trotz der großen Neuheit dieses Verfahrens hat sich dasselbe bereits mit Erfolg bei mehreren großen Werken eingeführt, und es eröffnet sich ihm ein weites Feld.

So bietet dasselbe, um nur ein Beispiel herauszugreifen, den Installateuren für Zentralheizungen eine sehr willkommene Hilfe gegen die gerade in bewohnten Häusern doppelt unangenehm auftretenden Undichtigkeiten einer anderen Verbindung.

Die Schweißung hat sich auch zur Anfertigung von Rohrschlangen „aus einem Stück" bewährt. Es können hier die Schweißungen infolge des kleinen Raumbedarfes, der für die ganze Schweißung nötig ist, stattfinden, nachdem die einzelnen Enden gebogen sind. Auch um Rohre von großem Durchmesser aneinander zu schweißen, eignet sich das Verfahren selbst dann, wenn die Wandstärke nur einige Millimeter beträgt.

In gleicher Weise lassen sich Böden in Kessel und Gefäße stumpf einschweißen.

Um Rohre der gebräuchlichen Weiten und Stärken aneinander zu schweißen, ist eine Tabelle ausgearbeitet, aus welcher Größe der Form, Menge des anzuwendenden Thermits usw. genau zu ersehen ist. Diese Tabelle nebst genauer Beschreibung des Rohrschweißverfahrens findet sich in Schillings Journal für Gasbeleuchtung und Wasserversorgung Nr. 16 vom 14. April 1900, Installateur Nr. 10 vom 9. März 1900, Licht und Wasser Nr. 13 vom 31. März 1900, Kraft und Licht Nr. 10 vom 10. März 1900, Zeitschrift für Lüftung und Heizung Nr. 6, 7 und 8 1900 usw.

Die Festigkeit der vorgenommenen Schweißungen ist eine sehr gute, wie zahlreiche Proben erwiesen haben. Sie hängt natürlich von dem zu verschweißenden Material ab. Bei gut schweißendem Siemens-Martin-Eisen hat die Schweißstelle dieselbe Festigkeit wie das Material selbst. (Abb. 1.)

Von Bedeutung ist ferner die Anwendung des Verfahrens zum Hartlöten; es kann sowohl mit Hartlot als mit Silber oder Silberlot, es kann Eisen und Kupfer, Bronze und Messing gelötet werden.

Im allgemeinen sind für diese Hartlötungen genau dieselben Vorschriften zu beobachten, die jedem Kupferschmied bekannt sind; es tritt nur an Stelle der umfangreichen Kohlen- oder Koksfeuer die Erwärmungsmasse, das „Thermit". Soll eine Stumpflötung von Stäben, Röhren oder das Aufsetzen von Stutzen auf vorhandene Röhren vorgenommen werden, so kann in gleicher Weise verfahren werden, wie dies beim Schweißen beschrieben ist, indem man dafür Sorge zu tragen hat, daß das Lot nicht abfließt. Da aber die Hartlötung schon bei Rotglut vor sich geht, so ist entsprechend weniger Erwärmungsmasse zu nehmen und demnach auch die Form enger zu wählen. Um zwei Kupferröhren von 50 mm äußerem Durchmesser und 4,5 mm Wandstärke stumpf gegeneinander mit Silberlot von 0,5 mm Stärke zu verlöten, genügt 1 kg Thermit. Das besonders Charakteristische aller dieser Verwendungsarten ist immer wieder die leichte Ausführbarkeit derselben außerhalb der Werkstatt. Alle diese Operationen des Schweißens sowohl wie des Lötens können beim Verlegen der Rohre selbst vorgenommen werden.

Eine ganz besondere Anwendung hat auch das Verfahren zum stellenweisen Enthärten von Panzerplatten gefunden. Bekanntlich werden die Panzerplatten an ihrer Oberfläche auf die Tiefe von wenigen Zentimetern durch ein eigenartiges Kohlungsverfahren gehärtet; will man nun diese so gehärteten Platten mit Bolzen verbinden, so ist man genötigt, die betreffende Stelle wieder zu enthärten, da kein Meißel, kein Bohrer fest genug ist, um in das harte Material einzudringen. Diese stellenweise Enthärtung hat bisher fast ausschließlich dadurch stattgefunden, daß die betreffende Stelle mit einer kleinen Flamme, die von einem Knallgasgebläse gespeist wird, erhitzt wurde. Mit dieser Erhitzung geht aber die Enthärtung sehr langsam vorwärts, so daß immer wieder mit dem Bohren aufgehört und, um jedesmal einige Millimeter tiefer zu kommen, wieder erhitzt werden muß. Durch Aufgießen von Thermit auf die betreffende Stelle der Platte wird die Enthärtung bis auf den Grund (d. h. bis auf das weiche Material hin) sofort durchgeführt, so daß die Bohrung dann ohne Unterbrechung bewerkstelligt werden kann.

Die Ausführung geschieht derart, daß auf die weich zu machende Stelle eine Form — etwa mit zurechtgeschlagenen Ziegelsteinen oder besser aus Blech — gebaut wird, die mit Formsand in genügender Weise gedichtet wird. Aus dem Tiegel passender Größe wird dann das Thermit in die Form eingegossen. Will man eine Stelle weich machen behufs Einziehung nur eines Bolzens, so braucht man nur ein Quadrat von $0{,}5 \times 0{,}5$ dcm bei ca. 1 dcm Höhe abzugrenzen und verwendet etwa 1 bis 2 kg Thermit. Man kann aber auch eine ganze Kante der Platte auf einmal enthärten, indem man die Form längs der Kante entsprechend aufbaut und in jene Thermit eingießt. Nach dem Eingießen ist, um eine langsame Abkühlung der Stelle zu erzielen, etwa eine halbe Stunde zu warten, bevor man Form und Masse abnimmt. Das Thermit in die Form zu füllen und anzuzünden ist nicht angängig, weil dann das durch die Reaktion sich bildende Metall an die Platte zum Teil anschmelzen würde. Wird hingegen die feuerflüssige Masse aus dem Tiegel ausgegossen, so bildet sich, wie oben bei dem Schweißverfahren beschrieben, zwischen dem ausgeschiedenen Metall und der Panzerplatte eine ganz dünne schützende Schicht von Korund, wodurch das Abschlagen der aufgegossenen Masse ohne weiteres ermöglicht wird.

Es ist noch ein weiteres Gebiet zu erwähnen, auf dem das neue Verfahren bereits Anwendung gefunden hat, nämlich zur Ausbesserung fehlerhafter Gußstellen. Dabei wird der metallurgische Effekt mit dem thermischen gleichzeitig ausgenutzt. Das aus einem Gemisch von Metalloxyd und Aluminium ausgeschiedene sehr heiße Metall wird, wie oben bereits angedeutet, auf fehlerhafte Blasen oder dergl. enthaltende Gußstellen aufgegossen, um so das betreffende Stück gebrauchsfähig zu machen; es wird also das im Tiegel nach dem oben beschriebenen Verfahren dargestellte Metall dazu benutzt, um Aufschweißungen vorzunehmen. Die hohe Temperatur ermöglicht es, sofort eine innige Vereinigung zwischen dem aufgegossenen Metall und dem auszubessernden Stück herbeizuführen.

Von großer Wichtigkeit ist ferner die Möglichkeit, aus einem Gemisch von Eisenoxyd und Aluminium jedwedes Qualitätseisen oder jeden Stahl herzustellen, die dem auszubessernden Werkstück gleichkommen. Man kann nämlich der Reaktionsmasse alle möglichen Zusätze zumischen, sei es nun Silizium, Mangan, Nickel, Chrom oder Wolfram. Auch Kohlenstoff läßt sich dem Eisen zuführen, während alle schädlichen Beimischungen wie Schwefel, Phosphor, Kupfer, Arsen usw., die weder reines Eisenoxyd noch das reine Handelsaluminium kaum besitzen, in genügender Weise vermieden werden.

Allerdings sind bei der Ausübung des Verfahrens gewisse Vorsichtsmaßregeln zu beobachten und bedarf dasselbe auch etwas mehr Übung als das so außerordentlich einfache Stumpfschweißen.

Die Handhabung ist etwa folgende:

Die auszubessernde Stelle — beispielsweise ein Loch in einem Stahlfassonguß — wird vorerst gesäubert. Sodann wird um die Stelle aus dünnem Blech eine Form aufgesetzt, die nach außen mit Formsand verdichtet wird und die je nach der kleineren oder größeren Vertiefung einen halben bis zwei Zentimeter hervorragt. Bei etwas komplizierten Stellen, wo sich eine gut anschließende Blechform schwieriger herstellen läßt, ist es besser, eine entsprechende Form aus einem Gemisch von Chamotte und Ton anzufertigen. Die Mischung muß so viel Ton enthalten, daß sie plastisch ist. Diese Form wird mit einem heißen Eisen auf der auszubessernden Stelle etwas angetrocknet, sodann mit Draht umschnürt und vorsichtig abgenommen, um schließlich am Schmiedefeuer gebrannt zu werden. Diese Form sitzt dann sehr dicht auf der Umrandung der auszugießenden Stelle und ist nur noch mit etwas Lehm oder dergl. zu verschmieren.

In einem Tiegel von passender Größe ist eine Mischung von reinem Eisenoxyd und Aluminium, Thermit „R" wird hierzu verwandt, zur Reaktion gebracht. Der Tiegel steht wie bei der Schienenschweißung in einer Kippvorrichtung. (Abb. 11.) Nachdem die Reaktion wie bei den oben beschriebenen Schweißungen im Tiegel beendet und derselbe mit dem feuerflüssigen Gut angefüllt ist, wird der oben befindliche flüssige Korund abgegossen. Nach kurzer Übung gelingt es leicht, den Augenblick zu erkennen, in welchem der Tiegel zurückgelegt werden muß, damit das flüssige Metall im Tiegel verbleibt. Dieses außerordentlich heiße Metall dient dazu, die defekte Stelle auszugießen, wobei darauf zu sehen ist, daß das Eingießen schnell vonstatten geht.

Es ist sehr zu empfehlen, die Stücke etwa mit einem kleinen Koksfeuer vorher anzuwärmen. Man erzielt dadurch zuverlässiger einen dichten Guß. Es ist sogar empfehlenswert, das Anwärmen bis auf Dunkelrotglut vorzunehmen; doch ist eine so hohe Erhitzung besonders für große Ausbesserungen nicht nötig. Ein Hämmern des aufgegossenen Eisens in noch warmem Zustande kann nach Belieben erfolgen. (Abb. 15 u. 16.)

Nach dem Erkalten der aufgegossenen Stelle ist eine entsprechende Nacharbeit nötig.

In Abb. 16 ist ein Stück eines großen Zahnrades aus Stahlguß abgebildet, aus welchem — behufs Demonstrierung des Verfahrens — aus drei nebeneinander liegenden Zähnen drei etwa gleich große Stücke ausgeschlagen sind. Der in der Mitte befindliche Zahn zeigt die unausgebesserte Stelle, während links von diesem der durch Aufguß von hocherhitztem Eisen vervollständigte Zahn zu sehen ist. Rechts an der Fehlstelle ist der aufgegossene und fertig bearbeitete Zahn. Um zu zeigen, daß überhaupt eine Ausbesserung an der Stelle stattgefunden hat, ist beim Abfeilen ein Stück des über den Zahnkranz überstehenden Teiles stehen geblieben.

Es sei noch bemerkt, daß zur Ausbeutung der in diesem Aufsatze dargelegten Verfahren, die durch Patente in allen Kulturstaaten geschützt sind, sich im Anschluß an die Chemische Fabrik von Th. Goldschmidt, Essen a. d. Ruhr, am gleichen Orte eine Gesellschaft m. b. H., die Chemische Thermo-Industrie, gebildet hat.

Die Gesellschaft ist bereit, allen Interessenten auf Anfrage genaue Auskunft über die Anwendung der einzelnen Verfahren zu erteilen. Dieselbe gibt Lizenzen ab, fertigt auch die nötigen Erwärmungsgemische und Tiegel zum Verkauf an und führt durch ihre Ingenieure die Verfahren auf den Werken ein.

Auf der Pariser Weltausstellung wird die Chemische Thermo-Industrie nicht nur ihre Produkte und Arbeitsmethoden in größerem Maßstabe ausstellen, sondern auch Schweißverfahren experimentell vorführen.

Verfahren zum Ausbessern von Schmiede- und Stahlfassongußstücken nach Dr. Hans Goldschmidt, Essen a. d. Ruhr.

(Stahl und Eisen, 1900, S. 567.)

Schon früher ist in dieser Zeitschrift das Verfahren zur Erzeugung hoher Temperaturen mittels Verbrennens von Aluminium ausführlich beschrieben worden*.

Eine Anzahl umfangreicher Anwendungen dieses Verfahrens ist jetzt in der „Chemischen Thermo-Industrie", G. m. b. H. in Essen a. d. Ruhr, durchgearbeitet und mit bestem Erfolge in die Praxis eingeführt worden. In Frankreich (Lizenzträgerin daselbst ist die „Société d'Electro Chimie", Paris) wird dieser Zweig der Technik mit dem sehr treffenden Namen „Aluminothermie" bezeichnet.

Nicht nur die metallurgische Seite des Verfahrens, besonders die Darstellung von reinem, kohlestofffreiem Chrom und Mangan und deren Legierungen haben weitere Fortschritte gemacht, sondern vor allem haben auch die Schweißverfahren weitere Durcharbeitung und Verbreitung gefunden. Das Zusammenschweißen der Straßenbahnschienen hat sich auf einer ständig in Betrieb befindlichen Probestrecke bei Essen während der Dauer fast eines Jahres vorzüglich bewährt, so daß eine Reihe von in- und ausländischen Straßenbahnverwaltungen jetzt einen Teil ihrer Geleise nach dem neuen Verfahren verschweißen läßt. — Ferner hat sich das Zusammenschweißen schmiedeeiserner Rohre in freitragender Lage** mit Hilfe des aluminothermischen Verfahrens in die Praxis eingeführt. Da sich dieses zudem für den Konsumenten billiger stellt als die bisher zumeist angewandte Verbindung der Röhren mittels Flanschen, so verspricht diese solideste Rohrverbindung weitgehendste Anwendung bei Gas-, Wasser- und Dampfleitungen zu finden.

Im folgenden soll nun eine Verwendungsart beschrieben werden, bei der der thermische Effekt mit dem metallurgischen aufs innigste verbunden ist, und die vornehmlich dazu dient, fehlerhafte Stahlfassonguß- und Schmiedestücke auszubessern oder mit entsprechenden Verstärkungen zu versehen.

Das Verfahren gründet sich auf die vom Verfasser auf experimentellem Wege gefundene Tatsache, daß sich aus einem annähernd äquivalenten Gemisch von reinem Eisenoxyd und zerkleinertem Aluminium ein reines, völlig aluminiumfreies Eisen ausscheiden läßt. Es verläuft diese Reaktion fast quantitativ, entsprechend der Formel: $Fe_2O_3 + Al_2 = Al_2O_3 + Fe_2$. Unter einer Schicht von geschmolzenem Aluminiumoxyd (sogen. Korund) befindet sich das ausgeschiedene Eisen. Weiter ist festgestellt worden, daß durch entsprechende Zusätze es ferner möglich ist, dem Eisen alle die Beimischungen

* Vergl. „Stahl und Eisen" 1898 Nr. 10 und 21, und S. 5 und 30 dieser Sammlung.

** Vergl. „Schillings Journal für Gasbeleuchtung und Wasserversorgung" Nr. 16 vom 14. April 1900, und S. 80 dieser Sammlung.

hinzuzuführen, die man für nötig hält, beispielsweise 1% Mangan, 0,4% Silizium, 3,5% Nickel usw.; auch Kohlenstoff kann diesem Eisen gleichzeitig in gewünschter Menge zugefügt werden.

Da weder reines Eisenoxyd noch das Aluminium des Handels Bestandteile enthalten, die dem Eisen bzw. dem Stahl schädlich sind, wie Phosphor, Schwefel, Kupfer usw., so kann man jeden Qualitätsstahl im kleinsten Maßstabe mit großer Genauigkeit im Tiegel sofort erzeugen und zur beliebigen Verwendung bereithalten. Infolgedessen ist es möglich, Festigkeit, Struktur, selbst Farbe des aufzugießenden Materials mit dem des auszubessernden gleichzumachen. Das aluminothermisch geschmolzene Eisen besitzt etwa die Temperatur des elektrischen Lichtbogens — eine genaue Messung so hoher Temperaturen ist mit unseren derzeitigen Mitteln nicht möglich — schätzungsweise beträgt sie 3000° C. Infolge dieser hohen Temperatur erhält nun das Eisen die Eigenschaft, falls es in eine eiserne Form eingegossen wird, deren Wände so schnell bis auf Schweißtemperatur zu bringen, daß die Wärmeableitung wenig in Betracht kommt. Dadurch gelingt es außerordentlich leicht, ein inniges Verschmelzen dieses hocherhitzten Eisens mit Stahlfassongußstücken und dergl. zu erzielen, falls man die Menge des ausgeschmolzenen Eisens natürlich nicht zu gering wählt und einige andere Vorsichtsmaßregeln beobachtet, die im folgenden beschrieben werden.

Für das zur Verwendung kommende Gemisch, aus dem das Eisen ausgeschmolzen wird, ist der Name „Thermit“ gesetzlich geschützt worden, für den vorliegenden Fall wird Thermit „R“ verwendet. — Das Verfahren ist, wie auch die anderen obenerwähnten, in allen Kulturstaaten durch Haupt- und Nebenpatente geschützt. D. R.-P. 97 585 usw.

Die Darstellung und Verwendung dieses Eisens geschieht in folgender Weise:

Das in Blechbüchsen von etwa 60 und 90 kg Inhalt zum Versand gelangende Thermit ist vor dem Gebrauch in einen trockenen Eisenkasten zu schütten und gut umzuschaufeln, da durch den Transport eine Entmischung stattgefunden haben könnte. Einige Löffel des „Thermits“ (0,5 bis 1 kg) werden zunächst in einen Spezialtiegel von entsprechender Größe eingefüllt und (10 bis 20 g) sog. Entzündungsgemisch gleichmäßig aufgestreut. Die Entzündung wird sodann am besten durch Einwerfen eines brennenden Sturmstreichholzes bewirkt. In Ermangelung dessen kann man auch einen glühenden Eisenstab benutzen. Bei Entzündung des Gemisches sei man vorsichtig, da sie sehr momentan vor sich geht; man schütze die Augen wegen der starken Lichtausstrahlung mit einer blauen Brille. Vor der Entzündung ist das Gefäß mit dem Entzündungsgemisch geschlossen an einen sicheren Ort zu stellen, um es vor Entzündung durch einen Funken zu schützen. Nach eingetretener Entzündung wird das „Thermit“ löffelweise in dem Maße zugegeben, wie die Reaktion fortschreitet, dabei ist der Schmelzfluß stets mit „Thermit“ bedeckt zu halten; es ist aber aufzustreuen, nicht zu werfen. Sollte die Reaktionsmasse im Tiegel heftig aufwallen, so ist mit dem Zugeben einige Sekunden zu warten, damit die Masse wieder in etwas ruhigeren Fluß kommt; trotzdem ist aber darauf zu achten, daß, besonders, wenn nur wenige Kilo „Thermit“ zur Verwendung kommen, der Tiegel so schnell wie möglich gefüllt wird. Beim Schluß der Reaktion zeigt sich eine feuerflüssige Schlackenschicht von außerordentlicher Leuchtkraft. Das Eisen wird dann so schnell wie möglich von der Schlacke durch Abgießen befreit, wobei man zuerst stark, allmählich langsamer gießt, um kein Eisen zu verlieren, und den Rest der Schlacke schließlich mit einem kalten trockenen Eisenstabe abzieht. Man gießt die Schlacke am besten in einen alten trockenen Tiegel oder in warme Asche. Das flüssige Eisen ist sehr leicht durch seine spiegelnde Oberfläche von der Schlacke zu unterscheiden. Das Eisen wird nun ohne Verzug auf die bis zur dunkeln Rotglut angewärmte und mit einem sicher schließenden Damm aus gebrannter Formmasse umgebene Fehlstelle gegossen. Das Vorwärmen der Fehlstelle auf dunkle Rotglut bewirkt eine sichere Schweißung, einen dichten Guß und ein gutes Gefüge.

Nach dem Aufguß läßt man das ganze Stück möglichst langsam erkalten. Ein nochmaliges Ausglühen ist besonders dann zu empfehlen, wenn die Schweißstelle besonderer Beanspruchung ausgesetzt wird. Durch das Ausglühen mit langsamer Abkühlung werden schädliche Spannungen vermieden und das Gefüge wird besonders klein kristallinisch.

Das Vorwärmen geschieht am besten in einem Flammofen, man kann sich aber auch zu partieller Anwärmung eines Schmiedefeuers, Koksbeckens oder dergl. bedienen. Die auszubessernde Stelle rostfrei zu machen, ist nicht nötig, da die Verunreinigung bei Rotglut abzundert und mit ein paar Hammerschlägen und einem Blasebalg leicht zu entfernen ist. Die Form um die Fehlstelle kann jeder Former für Stahlfassonguß ohne Schwierigkeiten herstellen. Die Masse besteht im wesentlichen aus gleichen Teilen Ton, Schamotte und Kokspulver, andere setzen noch Sand und gemahlene Tiegelscherben zu; diese Masse wird mit Wasser gut plastisch gemacht. Die Form richtet sich nach der Größe und Gestalt des Loches, und zwar wählt man einen Abstand von 10 bis 15 mm vom Rande der Fehlstelle. Die Höhe der Form richtet sich gleichfalls nach Tiefe und Größe des Loches. In den meisten Fällen genügt es, wenn das Eisen 20 bis 25 mm über dem Loch oder der Fehlstelle steht. Bei einem tiefen Loche muß ein entsprechend höherer Gießkopf wegen des Nachlunkerns aufgesetzt werden. Die Form wird mit heißen Eisenstücken oder etwas Holzkohle angetrocknet, sodann abgehoben und im Schmiedefeuer oder bei großen Formen im Glühofen gebrannt.

In manchen Fällen, bei denen auf die Struktur des aufgegossenen Eisens und auf eine absolute Schweißung an allen Punkten kein so großer Wert gelegt wird, kann man das Eisen auch ohne Vorwärmung aufgießen. Wenn sich z. B. beim Vordrehen einer Walze in der Kalibrierung tiefgehende Löcher zeigen, so läßt man sie auf der Drehbank, die Löcher werden nach oben gedreht und so viel Eisen aus dem Tiegel hineingegossen, daß es überfließt. Nach dem Erstarren hämmert man das Eisen, welches außerordentlich weich ist, eventuell unter Zuhilfenahme eines Stempels fest in das Loch ein. — Aus 1 kg Thermit kann fast genau ½ kg Eisen ausgeschmolzen werden.

Das Ausgießen der Tiegel geschieht mit eisernen Zangen, welche nicht zu schwer, aber solide gearbeitet sein müssen. Kleinere Tiegel bis Spezialtiegel 4, der etwa 4 kg Thermit faßt, können von einem Mann gehandhabt werden. Bei größeren Tiegeln, die von zwei Mann zu bedienen sind, benutzt man eine Gabelzange mit geschlossenem Ring und bindet den Tiegel mit Draht darin fest, damit er beim Umkippen nicht herausfällt. Bei schonender

Behandlung halten die Tiegel eine größere Anzahl Güsse aus. Es ist besonders darauf zu achten, daß kein Eisen im Tiegel verbleibt, da beim nächsten Gebrauch durch das Schmelzen dieses Eisens die Temperatur des Schmelzflusses entsprechend herabgedrückt werden würde.

In Abb. 16 ist ein Stück eines großen Zahnrades abgebildet, aus welchem — zur Demonstrierung des Verfahrens — aus drei nebeneinanderliegenden Zähnen drei etwa gleich große Stücke ausgeschlagen waren. Der in der Mitte befindliche Zahn zeigt die unausgebesserte Stelle, während links von diesem der durch Aufguß von hocherhitztem Eisen vervollständigte Zahn zu sehen ist. Rechts an der Fehlstelle ist der aufgegossene und fertig bearbeitete Zahn. Um zu zeigen, daß überhaupt eine Ausbesserung an der Stelle stattgefunden hat, ist beim Abfeilen ein Stück des über den Zahnkranz überstehenden Teiles stehen geblieben. Abb. 15 zeigt ein ausgebessertes Gußstück.

Das Thermit „R" stellt ein schwarzgraues Pulver dar, welches nicht im geringsten Maße ätzend ist und infolge seiner Eigenschaften auch nicht als feuergefährlich, etwa wie Petroleum oder Spiritus, angesehen werden kann. In dieser Hinsicht verhält sich „Thermit" ganz ähnlich wie die Steinkohle, mit der es die Eigenschaft gemein hat, sich erst bei einer hohen Temperatur entzünden zu lassen. Durch Schlag und Stoß kann Thermit nicht entzündet werden.

Fast ebenso harmloser Natur ist das Entzündungsgemisch, welches ein weißes Pulver ist. Da dieses aber durch einen Funken zur Entzündung gebracht werden kann, so ist es immer verschlossen zu halten. Selbstentzündung ist auch hier nie beobachtet worden, muß auch als ausgeschlossen betrachtet werden, selbst durch Schlag oder Stoß kann es nicht entzündet werden. Das Entzündungsgemisch wird in Packungen von 1 bis 2, höchstens 5 kg abgegeben. Es ist zu empfehlen, immer nur kleinere Mengen aus den Büchsen herauszunehmen. In größeren Packungen wird es eben deswegen nicht versandt, damit, falls doch wider Erwarten infolge einer Unvorsichtigkeit ein Funke oder ein brennendes Streichholz in eine offene Büchse hineinfallen sollte, der Materialverlust nur gering wird und ein weiterer Schaden kaum angerichtet werden kann. Bisher sind übrigens Klagen in dieser Beziehung noch nirgends erhoben worden.

Das Thermit sowohl wie das Entzündungsgemisch verlieren ihre Fähigkeit zu brennen ganz, sobald sie naß werden. Dagegen schadet eine gewisse aus der Luft angezogene Feuchtigkeit wenig oder gar nicht. Die Materialien sind jedoch tunlichst in geschlossenen Gefäßen vor Feuchtigkeit zu schützen. Auch die Tiegel sind an einem trockenen Ort aufzubewahren.

Die Spezialtiegel sind entweder umstrickte hessische Tontiegel oder perforierte Blechtiegel, welche mit einem basischen Futter, Teer, Magnesitmörtel oder Korund ausgekleidet und gebrannt sind. Die hessischen oder Graphittiegel eignen sich für das Verfahren durchaus nicht, da die flüssige Tonerde das kieselsäurehaltige Material, aus dem diese Tiegel gefertigt sind, stark angreift bzw. auflöst.

Das Enthärten von Panzerplatten nach dem aluminothermischen Verfahren von Dr. Hans Goldschmidt, Essen (Ruhr).

(Stahl und Eisen 1900, S. 612.)

Ein stellenweises Weichmachen von Panzerplatten wird mit Erfolg nach dem aluminothermischen Verfahren ausgeführt, das in seiner allgemeinen Bedeutung in dieser Zeitschrift (Heft 10 und 21, Jahrg. 1898*) bereits besprochen worden ist (vergl. auch „Stahl und Eisen", 1900, Seite 567**).

Das Enthärten der Panzerplatten nach diesem Verfahren wird auf folgende Weise vorgenommen:

Wenn nur ein Panzerbolzen einzuziehen ist, also nur eine kleine Stelle enthärtet werden soll, so wird auf der Platte mit Hilfe von Ziegelsteinen oder besser mittels einer Blechform ein Quadrat von etwa 5×5 cm abgegrenzt. Diese Form wird durch Draht zusammen gehalten. Zum sorgfältigen Verstopfen der Fugen dient Formsand. Die Form selbst ist etwa 10 cm hoch zu wählen.

Soll eine ganze Kante der Platte auf einmal weich gemacht werden, so kann die Form niedriger gewählt werden und man kann entsprechend an Erwärmungsmasse sparen. Steht die Platte aufrecht und ist eine vertikal stehende Kante zu erwärmen, so muß die Form natürlich dementsprechend gebaut werden. Besondere Schwierigkeiten bietet dies nicht; es ist natürlich darauf zu achten, daß in dem Falle die Form solide gebaut und gut abgestützt ist, damit kein Durchbruch entsteht. In diese Form wird aus einem Spezialtiegel geeigneter Größe, die für alle diese Verfahren besonders angefertigt werden, die feuerflüssige Erwärmungsmasse (mit etwa 3000° C), sog. Thermit P eingegossen. Nach etwa einer halben Stunde ist die Form abzunehmen und die Masse abzuschlagen, die sich glatt, ohne daß die Platte im mindesten beschädigt ist, sehr leicht abtrennt. Die Platte ist dann so weich geworden, daß der Bohrer sofort in die Platte eindringt, ohne stumpf zu werden oder abzubrechen.

Das Thermit direkt in die oben beschriebene Form zu füllen und anzuzünden, ist nicht angängig, weil sich dann das durch die Reaktion gebildete Metall an der Platte festsetzen würde. Wird hingegen die feuerflüssige Masse aus dem Tiegel ausgegossen, so bildet sich zwischen dem ausgeschiedenen Metall und der Panzerplatte eine ganz dünne schützende Schicht von Aluminiumoxyd (Korund), wodurch auch ein Abschlagen der aufgegossenen Masse ohne weiteres gewährleistet wird. Gegenüber dem bisherigen Verfahren hat dieses den großen Vorteil der Bequemlichkeit, Sicherheit und Schnelligkeit voraus. Nur mit diesem Verfahren ist es möglich, eine ganze Kante auf einmal zu enthärten, während mit dem Knallgebläse jede einzelne Stelle nach und nach weich gemacht werden muß, zumeist unter immer wieder erneutem Ansetzen der Wärmequelle, so daß der Bohrer oft nur ein oder einige Millimeter jeweilig vorankommt. Nach dem Goldschmidtschen Verfahren wird die ganze Härtungsschicht auf einmal weich gemacht.

* Siehe auch S. 5 und 30 dieser Sammlung.
** Siehe auch S. 102 dieser Sammlung.

Einige technische Anwendungen des Verfahrens zur Erzeugung hoher Temperaturen durch Verbrennen von Aluminium (Aluminothermie).

(Vortrag auf der Hauptversammlung des Vereins deutscher Chemiker in Hannover am 8. Juni 1900; Zeitschrift für angewandte Chemie, 1900, S. 919.)

Meine Herren! Auf der Hauptversammlung in Darmstadt vor zwei Jahren hatte ich die Ehre, Ihnen ein neues Verfahren zur Erzeugung hoher Temperaturen an Hand einiger Experimente vorzuführen. In der Zwischenzeit ist an der technischen Verwertung eifrig gearbeitet worden, so daß ich heute imstande bin, Ihnen über einige Erfolge berichten zu können.

Die rein metallurgische Seite des Verfahrens, die Darstellung kohlefreier Metalle, in erster Linie des Chroms und Mangans, mußte in den Großbetrieb überführt und demselben angepaßt werden.

In Frankreich ist es die Société d'Electro-Chimie als Lizenzträgerin daselbst, die etwa seit Jahresfrist in St. Michel de Maurienne (Savoyen) sich mit der Darstellung der benannten Metalle befaßt, während der übrige Bedarf von Essen aus, von der Chemischen Thermo-Industrie, gedeckt wird. Die Darstellung geschieht in großen, tiegelartigen Gefäßen, in denen einige Zentner des Metalls in einer Operation abgeschieden werden; infolge der Schnelligkeit der Reaktion nimmt dies kaum eine halbe Stunde in Anspruch.

Während das kohlefreie Chrom besonders für Stahl gebraucht wird, dient das reine Mangan dazu, reine (auch eisenfreie) Kupromangane herzustellen. Es hat sich die alte Beobachtung gerade bei diesen beiden Metallen wieder bewahrheitet, daß reine oder fast reine Metalle andere Eigenschaften haben als die mit allerhand Verunreinigungen behafteten, und daß diese reinen Metalle auch in Legierungen einen anderen, und zwar in den vorliegenden Fällen speziell einen erheblich höheren Wert besitzen.

In der Stahlindustrie ist bisher das Chrom in Form von Ferrochrom mit einem Gehalte von etwa 40 bis höchstens 65% Chrom zur Verwendung gekommen; dies Produkt enthält zumeist etwa 12% Kohle berechnet auf den Chromgehalt. Das Chrom ist daher im Ferrochrom nicht als solches, sondern als ein Chromkarbid vorhanden. — Alle Stahle also, die mit Hilfe dieses kohlehaltigen Ferrochroms angefertigt werden, sind streng genommen nicht Chromstahle, sondern „Chromkarbidstahle".

Mit dem reinen kohlefreien Chrom können also andere Legierungen angefertigt werden, die auch andere Eigenschaften haben, so vor allem weicher sind.

Es ist mit dem reinen Chrom ferner möglich, Chromstahle mit höherem Chromgehalt anzufertigen als bisher, weil der hohe Gehalt an Kohle im Ferrochrom die Darstellung höher chromierter Legierungen infolge des gleichzeitig bedingten hohen Kohlenstoffgehaltes unmöglich machte.

Aus diesen Ausführungen ist zu ersehen, daß man a priori sagen konnte: Kohlefreies Chrom hat für die Stahlindustrie besonderes Interesse, weil nur dieses die Möglichkeit an Hand gibt, die Chromstahle genau studieren zu können. Welchen Vorteil bereits einer Anzahl von Werken das kohlefreie Chrom gewährt, beweist die seit etwa Jahresfrist notwendig gewordene Großdarstellung dieses Metalles in der oben angedeuteten Weise.

Was den Preis diescs reinen, etwa 98%igen Chroms (der Rest besteht vorwiegend aus Eisen und einigen Zehntel Prozent Silizium) betrifft, so steht er insofern durchaus im richtigen Verhältnis zum 60%igen, als er etwa doppelt so hoch ist wie das Chrom in 60%iger Ware, während das Chrom im 40%igen Ferrochrom bekanntlich etwa nur halb soviel kostet wie im 60%igen.

Durchaus anders liegt die derzeitige Hauptverwendung beim kohlefreien Mangan. Hier hat vorläufig die Eisen- bzw. Stahlindustrie weniger Nutzen gezogen. Es liegt dies wohl daran, daß die Manganstahle bisher nicht das Interesse in Anspruch nahmen wie gerade die Chromstahle. Vor allem aber ist es der bedeutend höhere Preis des aluminogenetischen Mangans dem sehr billigen, im Hochofen erschmolzenen Ferromangan gegenüber, der in erster Linie zurückhaltend wirken muß; der Preisunterschied ist etwa wie 10 zu 1.

Dagegen bedient sich seit einiger Zeit die Kupferindustrie des reinen Mangans in ausgedehnter Weise und mit großem Vorteil; und dieser Vorteil des reinen kohlefreien Mangans dem kohlehaltigen Produkt gegenüber war zunächst nicht vorherzusehen, da der Kohlegehalt des Mangans selbst auf das Kupfer keinen direkten Einfluß ausübt, indem dieser Kohlegehalt beim Legieren in die Schlacke oder den Abbrand geht; ein Kupferkarbid bildet sich bekanntlich nicht. Nimmt man, wie vielfach geschieht, ein hochprozentiges Ferromangan — mit etwa 80% Mangan, 8—9% Eisen, Rest Kohle und Verunreinigungen — so werden stets rund 10% Eisen von der Menge des zulegierten Mangans in das Kupfer eingehen. Demnach enthalten die gewöhnlichen Kupromangane mit 25—30% Mangan stets 2,5—3,5% Eisen.

Um eisenfreie Kupromangane zu erzeugen, mußte also auch ein eisenfreies Mangan gewählt werden. Eisenfreies mit Kohle auf bekannte Art im Tiegel reduziertes Mangan stellt gleichfalls ein Mangankarbid dar, das an der Luft nach kurzer Zeit zu Pulver zerfällt. Das aluminogenetische, kohlefreie Mangan hat die vorteilhafte Eigenschaft, daß es sich beliebig lange an der Luft hält, nur etwas — aber in geringerem Maße als Eisen — anläuft. (Selbst in der Laboratoriumsluft hält es sich ziemlich gut, bleibt allerdings nicht so blank wie das reine Chrom, das sich ja bekanntlich in dieser Hinsicht wie ein edles Metall verhält.)

Das kohlefreie Produkt zeichnet sich nun besonders durch seine verhältnismäßig große Legierungsfähigkeit aus; Stücke dieses Mangans in einen Tiegel geschmolzenen Kupfers eingeworfen, legieren sich mit Leichtigkeit diesem zu, fast ohne einen Abbrand zu geben, der bei dem kohlehaltigen Mangan bzw. Ferromangan ja stets entstehen muß und auch zu Verlusten

Veranlassung gibt. Es lassen sich auf diese Weise aufs einfachste Legierungen von Kupfer mit 30, 50 und mehr Prozent Mangan herstellen; die hochprozentigen Legierungen dienen zum Weiterlegieren mit reinem Kupfer. Eben so leicht lassen sich Zinn und Zink mit Mangan legieren.

Trotz des erheblich höheren Preises dieses reinen Mangans gegenüber dem Ferromangan wird ersteres für die Darstellung guter manganhaltiger Kupferschmelzen entschieden vorgezogen, weil es sich an Hand zahlreicher aufs sorgfältigste in großem Maßstabe angestellter vergleichender Versuche herausgestellt hat, daß man zuverlässige, dichte, porenfreie Güsse nur mit diesem reinen, leicht legierbaren Mangan herzustellen imstande ist. Selbstverständlich wird man für solche Mangankupferlegierungen auch nur bestes Elektrolytkupfer verschmelzen. Besonders gut hat sich eine Legierung mit 5% Mangan, das dem Kupfer kaum eine merkliche Färbung erteilt, eingeführt, da es sich als sehr widerstandsfähig, und zwar besonders gegen Feuerungsgase, gezeigt hat. Es werden aus diesem Material Stangen und Röhren gefertigt.

Neuerdings tritt auch von verschiedenen Seiten ein größeres Interesse für Ferrotitan auf; selbst geringe Zusatzmengen von Titan — wenige Zehntelprozent — geben dem Eisen bzw. Stahl ein besonders dichtes, sehniges Gefüge. Die Versuche mit Ferrobor haben aber bisher noch keine Fortschritte gemacht. Dagegen scheint die Anwendung von Vanadin sehr viel Aussicht zu haben, da die Vanadinstahle ganz besondere Vorzüge aufweisen, soweit die mir bis jetzt zur Verfügung stehenden Proben und Untersuchungen erkennen lassen.

In der Verarbeitung und Nutzbarmachung des Korunds, der als Nebenprodukt bei dem Prozeß entfällt, und der unter dem Namen „Corubin" in den Handel gebracht wird, sind auch weitere Fortschritte gemacht worden, besonders in der Verwendung desselben als Schleifmittel; auch als feuerfestes Produkt hat er Anwendung gefunden.

Von weitgehendster und auch mannigfaltigster Bedeutung sind diejenigen Verwendungsarten, welche darauf basieren, die bei der Reaktion auftretende Wärmemenge direkt als solche bei der Metallbearbeitung nutzbar zu machen. Die Möglichkeit, sie praktisch nach dieser Richtung hin auszunutzen, nachdem festgestellt war, daß so große Wärmemengen ohne jede äußere Wärmezufuhr freizumachen sind, mußte einleuchten, doch war ich vor zwei Jahren noch nicht in der Lage, Ihnen wirklich praktische Verfahren vorführen zu können. Eine ganze Reihe von Schwierigkeiten war erst zu überwinden, bevor es möglich war, Anwendungen dieser hohen Temperaturen nicht nur einzuführen, sondern vorerst überhaupt ausfindig zu machen. Mit der Überwindung dieser Schwierigkeiten ist es aber ebenso gegangen wie mit allem anderen: Einmal überwunden, sind sie schließlich kaum noch als bedeutend anzusehen.

Vor allem war es nötig, sich mit dem Feuerfluß im Tiegel vertraut zu machen, seine Eigenschaften, auch besonders seine Ungefährlichkeit und — so paradox es klingt — die außerordentlich geringe Feuergefährlichkeit kennen und schätzen zu lernen. Schon aus der Tatsache, daß ich hier im Hörsaal — selbst auf Holzboden — Ihnen die Experimente genau so, wie sie in der Praxis ausgeführt werden, vorführe, mögen Sie den Schluß der

Ungefährlichkeit ziehen; denn das schlimmste, was passieren könnte, wäre das Auslaufen eines Tiegels, dessen Schmelzfluß ja allerdings auf 3000 °C. zu schätzen ist. Aber, meine Herren, der den Tiegel verlassende Schmelzfluß erstarrt fast momentan an Ort und Stelle, da der Korund augenblicklich auf seinen Erstarrungspunkt abkühlt und den größten Teil des Metalls zudem einschließt; aber auch letzteres erstarrt schnell, so daß eine unverbrennliche Unterlage von kleiner Ausdehnung wie hier — sie besteht aus Ziegelsteinen und Sand — völlig ausreicht, um die Experimente überall ausführen zu können und jede Feuersgefahr auszuschließen. Das Herumsprühen von Funken ist außerordentlich gering und tritt fast nur beim Entzünden des Gemisches in geringer, unschädlicher Weise auf. Es ist ja selbstredend, daß man alles direkt Brennbare wie Tücher, Papier u. dgl. aus der nächsten Nachbarschaft sorgfältig beseitigt, vor allem auch darauf sieht, daß das kleine Büchschen mit „Entzündungsgemisch" beiseite gestellt wird, da ein einfallender Funke dieses leicht zur Entzündung bringt und dann einen kleinen Feuerregen hervorruft. Eine kleine Menge von brennendem Spiritus oder gar Äther ist weit feuergefährlicher als brennendes „Thermit", wie der gesetzlich geschützte Name für die Mischung von Metalloxyden usw. mit Aluminium lautet, weil diese Flüssigkeiten sich schnell verbreiten und man nie weiß, wohin und wie weit sie fließen können, sodaß Dinge in Brand geraten, die fernab von der Ausflußstelle liegen.

Zur weiteren Beruhigung möchte ich auch noch besonders hervorheben, daß mir bisher noch nirgends aus der Praxis irgendwelche Klagen, die auf Feuergefährlichkeit Bezug haben, bekanntgeworden sind. Eine Selbstentzündung der Gemische oder eine solche durch Schlag oder Stoß ist bisher nicht beobachtet worden, bezw. hervorzurufen nicht möglich gewesen, es muß dies auch als ausgeschlossen betrachtet werden. Sobald die Gemische naß werden, verlieren sie ihre Fähigkeit weiterzubrennen ganz; dagegen schadet eine gewisse, aus der Luft angezogene Feuchtigkeit wenig oder gar nicht. Man achte aber darauf, die Gemische in geschlossenen Gefäßen aufzubewahren.

Bei der Verwendung des feuerflüssigen Gutes für Schweißzwecke war vor allem die richtige Art der Wärmeübertragung auf das Arbeitsstück ausfindig zu machen. In den betreffenden Patenten waren in dieser Beziehung bereits die verschiedenartigen nötigen Hinweise gegeben worden. Das nächstliegendste war, den Tiegel mit dem Schmelzgut wie ein Kohlenfeuer zu behandeln, in welchem beispielsweise, die zu verschweißenden Enden von zu bearbeitenden Eisenstäben einzustecken wären. Diese Versuche, die schon am 2. April 1895 begannen, lehrten schnell die Unanwendbarkeit dieser Methode: Die Stäbe wurden von dem flüssigen Metall im Tiegel sofort an ihren Enden ganz oder zum Teil abgeschmolzen. Aus dieser Tatsache mußte der Schluß gezogen werden, daß das aus der Reaktion stammende, hoch über seinen Schmelzpunkt erhitzte Metall überhaupt für Erwärmungs- beziehungsweise Schweißzwecke nicht verwendbar sei, daß man vielmehr nur den heißen Korund dazu benutzen könnte — falls es nicht etwa gelang, die zu verschweißenden Eisenenden mit einer sehr dünnen, keine oder wenig Wärme absorbierenden schützenden Schicht gegen die Wirkung des flüssigen Metalls zu schützen. Einen derartigen Körper zu finden, lag wenig Aussicht vor. Beispielsweise war Asbest von vornherein ausgeschlossen, schon weil er als Silikat von der gleichzeitig in Wirkung tretenden flüssigen Tonerde sofort aufgelöst wird.

Wie stark die Wirkung einer aluminothermischen Metalls, beispielsweise Eisens, ist, mögen Sie aus dieser Photographie (Abb. 17) erkennen: ein Block Eisen, dessen Höhe etwa 25 cm ist, ist dadurch, daß man solches aluminothermisches Eisen (nach Abgießen des darüber stehenden Korunds) auf denselben hat fließen lassen, von der Kante aus bis auf etwa ein Drittel mit einer Furche von 20 mm ausgespült. Ferner sind die hier ausgestellten 40 mm starken Quadratstäbe aus gehärtetem Stahl, die dicht nebeneinander gelegt waren, innerhalb einiger Sekunden gleichfalls mit Hilfe nur weniger Kilo Thermit völlig durchgeschmolzen worden. In gleicher Weise wurden dicke Eisenplatten, Stahl und sog. Panzerplatten durchlöchert.

Aus den angeführten Tatsachen ersehen Sie also, wie schwierig anfänglich die Aufgabe war, sich dieses neue Schmiedefeuer nutzbar zu machen, damit es nicht mehr zerstörend als schaffend wirke.

Vor zwei Jahren zeigte ich Ihnen bereits, wie man einen Nietbolzen dadurch mit meinem Gemisch bis zur Weißglut erwärmen kann, daß man jenes um den zu erwärmenden Gegenstand schüttete und dann entzündete. So einfach dieses Verfahren auch ist, so hat es sich doch gezeigt, daß es in der Praxis nicht immer gut anwendbar war. Auch hier trat bereits der Übelstand ein, daß das sich während der Reaktion ausscheidende Metall das Werkstück lädierte. Es zeigten sich bei diesem Verfahren auch noch andere Nachteile, deren Erörterung hier zu weit führen würde. — Wie schon oben erwähnt, eignete sich der in einem Tiegel erzeugte flüssige Korund allein vortrefflich zum schnellen Schweißwarmmachen von Eisen; es war demnach beabsichtigt, diesen allein für Schweißzwecke zu benutzen, während das Metall und dessen Wärme für die Erwärmungs- bezw. Schweißzwecke nicht verwendet werden sollte.

Noch aber war immer die Frage zu lösen, wie die Hitze auf das Arbeitsstück am zweckmäßigsten zu übertragen sei. Es lag nahe, derartig zu verfahren, daß man nicht die Schweißstücke in den Tiegel einführte, sondern vielmehr umgekehrt, den Korund auf das Arbeitsstück aufgoß. Dazu mußte aber vor allem erst festgestellt werden, daß der Korund bezw. der ganze Inhalt des Tiegels sich leicht ausgießen ließ und daß diese ganze Handhabung wirklich einfach und ungefährlich sei. Hier konnte wieder lediglich das Experiment helfen. Es wurde nun die erfreuliche Tatsache konstatiert, daß ein Ausgießen fast der ganzen feuerflüssigen Masse möglich ist, sodaß nur wenig an den Wandungen des Tiegels haften bleibt und daß vor allem die Tiegel für neue Operationen wiederholt zu benutzen sind. Damit war ich schon einen guten Schritt vorangekommen, ohne natürlich etwas wirklich Praktisches bereits in Händen zu haben.

Nicht unerwähnt soll hierbei bleiben, daß die Herstellung von passenden haltbaren Tiegeln sehr viel Arbeit und Mühe verursacht hat; denn alle bisher bekannten Tiegel taugen durchaus nicht für das Verfahren, da die kieselsäurehaltige Wand derselben von der flüssigen Tonerde sofort aufgelöst wird. Es sind also nur Tiegel zu verwenden, deren Innenwand aus Magnesia oder

Tonerde besteht. Die Anfertigung dieses Spezialtiegels bildet jetzt einen besonderen Fabrikationszweig der Chemischen Thermo-Industrie in Essen a. d. Ruhr.

Eine sehr wichtige Anregung wurde mir nun dadurch zu Teil, daß ich erfuhr, daß man Schweißungen im Kohlenfeuer in der Weise bewirken könne, daß man die zu verschweißenden Enden mittels eines Klemmapparates stumpf aneinanderpreßt, die Schweißstelle in ein Schmiedefeuer legt, dabei aber dafür Sorge trägt, daß der Klemmapparat selbst kalt bleibt; es tritt dann eine Schweißung automatisch ein, indem die durch die entstehende Hitze hervorgebrachte aber verhinderte Verlängerung den zur Schweißung nötigen Druck hervorbringt, so daß sich also eine mechanische Einwirkung auf die Schweißstelle erübrigt. Es ist mir nicht bekanntgeworden, daß mit diesem Verfahren auf dem Schmiedefeuer größere Stücke mit Vorteil geschweißt worden sind. Es wird dies schwerlich der Fall sein, da sich das Verfahren wohl nur für kleinere Stücke eignet; denn müßte ein größeres Schmiedefeuer angewendet werden, so müßte auch der Klemmapparat sehr groß gestaltet werden, damit er in genügender Weise vorm Feuer geschützt ist. Soviel ich weiß, hat das Verfahren nur sehr vereinzelt — mehr als Versuch und besonders für gewisse Aushilfefälle — in der einen oder anderen Werkstatt Anwendung gefunden. Dagegen schien mir dasselbe ganz und gar geeignet für meinen Zweck zu sein. Da ich die Hitze sehr viel schneller hervorrufen und auf sehr viel kleineren Raum beschränken kann, als es im Schmiedefeuer möglich ist, so war von vornherein die Möglichkeit gegeben, den Apparat auch beim Schweißen schwererer Stücke verhältnismäßig klein und gedrungen zu gestalten.

Die ersten Schweißversuche also wurden mit einem derartigen Apparat vorgenommen. Um die Schweißstelle wurde eine kleine Form gebaut aus Blech, mit Formsand äußerlich abgestützt und in diese Form wurde der heiße Korund abgegossen. Die Schweißung von Quadrat- und Rundstäben war eine vollkommene, wie angestellte Biegeproben ergaben; jedoch war diese Ausführung für die Praxis zu teuer.

Es begann nun das Suchen nach besonderen Verwendungsarten, bei denen der höhere Preis einer Verschweißung gerechtfertigt ist, oder bei denen nach dem neuen Verfahren Verschweißungen hergestellt werden können, die mit dem bisher bekannten Schweißverfahren überhaupt nicht möglich waren. In erster Linie war immer wieder die Preisfrage zu berücksichtigen!

Während bei den bisherigen Schweißverfahren, die mit Kohlenfeuer, Wassergas oder Elektrizität arbeiteten, die verhältnismäßig große Apparatur hinderlich war, war hier ein Schweißverfahren gegeben, das mit äußerst geringer Apparatur lediglich mit Klemmapparat, Tiegel und „Thermit“ zu arbeiten imstande war. Diese Leichtigkeit und Beweglichkeit des Verfahrens befähigte es ohne weiteres, Schweißungen außerhalb der Werkstatt vorzunehmen, und zwar in jedweder Lage der zu verschweißenden Stücke.

So kam ich auf die Idee, mit meinem Verfahren ein Problem zu lösen, dem, wie mir bekannt war, schon seit 40 Jahren nachgestrebt wird, nämlich das Verschweißen von Eisenbahnschienen auf der Strecke.

Neuerdings sind diese Versuche mit Hilfe des elektrischen Stromes besonders in Amerika nach dem Verfahren von Thomson-Houston wieder aufgenommen worden. Der hierzu erforderliche Apparat ist ein sehr umfangreicher; einige Wagen für die ganze, sehr teure Apparatur, eine motorische Kraft von ca. 200 PS. sind nötig! Soweit ich erfahren konnte, hat man in Europa die Versuche mit dem elektrischen Schienenschweißen, nachdem sie auf mehreren Stellen probiert, weil zu umständlich, zu teuer, und vor allem auch nicht immer zuverlässig genug, wieder fallen lassen.

Das Verschweißen von Schienen wurde nun genau nach dem oben angedeuteten Verfahren im Laboratorium probiert. Zwei Schienenenden wurden aneinandergepreßt, der flüssige Korund über die Stoßstelle gegossen, um die eine passende Form gebaut war. (Abb. 13)

Nach wenigen Versuchen trat auch hier die gewünschte Schweißung ein, aber ein Hauptübelstand blieb noch ungelöst, denn nur ein Teil der feuerflüssigen Masse kam zur thermischen Ausnützung, und sogar der entschieden schlechtere; denn das die Wärme schneller abgebende Metall ließ ich aus den oben angeführten Gründen im Tiegel zurück!

Nun machte ich beim Eingießen des Korunds die Beobachtung, daß ein Teil desselben, sobald er die kalten Stellen der Schiene traf, augenblicklich erstarrte und daß derselbe vom nachfließenden Korund nicht wieder aufgetaut wurde. Ich stellte deswegen den Versuch an, auch auf diesen schnell erstarrten Korund das noch im Tiegel befindliche Metall, das je nach Anwendung des betreffenden Oxydes im wesentlichen aus Eisen, auch Mangan usw. bestand, aufzugießen und stellte fest, daß auch dieses nicht mehr durch den einmal erstarrten Korund hindurchdringen konnte. Die folgenden Schweißungen wurden deswegen derart angestellt, daß der ganze Tiegelinhalt — also mit dem Metall — auf die zu verschweißende Stelle ausgegossen wurde. Dabei erhielten wir folgendes Resultat: Rings um die kalte Stelle sowohl des Werkstückes wie der dünnen Blechform die von außen mit feinem, feuchtem Sand abgestützt war, hatte sich eine dünne Schicht von schnell erstarrtem Korund gelegt; das nachfließende Metall, das sich am Boden der Form befand, hatte nirgends die Schiene oder die Blechform direkt berührt, so daß nach dem Erkalten die ganze Masse leicht von der Schweißstelle und der Form abgeschlagen werden konnte.

Somit löste sich die notwendige Forderung, die das Verfahren erst zu einem brauchbaren machte, in einer überraschend einfachen Weise. Die dünne schützende Schicht, die das Werkstück gegen den Einfluß des nachfließenden überhitzten Metalls haben muß, bildet der zuerst aus dem Tiegel ausfließende Korund. Diese Schutzdecke erfüllt alle Anforderungen, die man an eine solche nur stellen könnte. Sie ist sogar durchaus kein schlechter Wärmeleiter, da der hocherhitzte Korund selbstredend die Hitze weit besser leitet, als kalter es tun würde! Denn ebenso wie die Leiter zweiter Klasse — die festen van 't Hoffschen Elektrolyte — bei hoher Temperatur bessere Leiter der Elektrizität werden, so sind dieselben auch sicherlich bei hoher Temperatur bessere Leiter der Wärme.

Durch das Aufgießverfahren ist aber noch eine Anzahl weiterer Vorteile von besonderer Tragweite und Bedeutung erzielt worden.

Erstens hat dadurch, daß man die kalorische Energie zuerst im Tiegel bereitet, d. h. aufspeichert — eine Operation, die infolge der Reaktionsgeschwindigkeit je nach der Menge in einigen Minuten vollzogen ist — und sodann auf die zu verschweißenden Stücke innerhalb einiger Sekunden überträgt, eine erhebliche, sagen wir sechzigfache Energiekonzentration stattgefunden, da, während die Reaktion im Tiegel ausgeführt wird, ein nennenswerter Wärmeverlust nicht stattfindet.

Zweitens ist dadurch, daß die zu benötigende Wärmemenge stets in Form einer empirisch festgestellten Menge Thermit abgewogen oder auch abgemessen werden kann, zum erstenmal ein Schweißverfahren ausgearbeitet worden, bei dem nicht das geübte Auge des Schweißers in erster Linie maßgebend ist für die dem Schweißstück zu erteilende Wärme. Die Folge davon ist, daß diese aluminothermischen Schweißungen leicht von Arbeitern, selbst jugendlichen, ausgeführt werden, so daß besonders geschulte Handwerker hierfür entbehrlich sind.

Drittens vollzieht sich, da infolge dieser Gießmethode ein sofortiges Einhüllen der Schweißstelle stattfindet, die Schweißung unter völligem Luftabschluß, so daß die Atmosphärilien — besonders der Luftsauerstoff — auf die Schweißstelle nicht einwirken können; es bleibt also die Oberfläche der Schweißstelle unter der Schutzdecke von Korund unverändert. Das ist von nicht zu unterschätzender Bedeutung und gibt mit eine Erklärung für die vorzüglichen Schweißungen, die mit diesem Verfahren erzielt werden.

Viertens wird bei dieser Methode stets eine vorteilhafte, langsame Abkühlung der Schweißstelle möglich, wenn man die um die Schweißstelle erstarrte Masse erst nach Verlauf einiger Zeit abschlägt.

Schließlich ist dadurch, daß der ganze Tiegelinhalt, d. h. Korund sowohl wie Metall, zur thermischen Ausnutzung gelangt, eine wesentliche Verbilligung des Verfahrens eingetreten, sodaß die Verschweißung in bezug auf Preis stets in Konkurrenz treten kann mit einer soliden Verlaschung, und zwar gilt dies nicht nur von Eisenbahnschienen, sondern, wie Kalkulationen ergeben haben, auch von Eisenträgern ganz allgemein.

Selbstverständlich ist beim Eingießen eine Vorsicht unter allen Umständen zu beobachten, eine Vorsicht, die aber sehr leicht einzuhalten ist. Da das heiße aluminogenetische Metall, direkt mit dem Werkstück in Berührung gebracht, sofort mit diesem verschmilzt, so darf beim Ausgießen des Tiegels nie das Metall auf eine noch nicht vom Korund umhüllte Stelle gegossen werden. Man gießt deswegen nur bei kleineren Schweißungen gleich den ganzen Tiegelinhalt an ein und derselben Stelle der ganzen Form aus, während man bei umfangreicheren Schweißungen besser zuerst einen größeren Teil der Oberfläche des Schweißstückes mit Korund überschüttet.

Um Ihnen jetzt, meine Herren, den eigenartigen Vorgang beim Gießverfahren zu demonstrieren, habe ich hier eine Aneinanderschweißung zweier schmiedeeiserner Rohrstücke in wagrechter sowohl wie in senkrechter Lage derselben vorbereitet. Die Einrichtung ist nach dem oben Gesagten wohl sofort verständlich: Mit Hilfe eines Klemmapparates sind die rechtwinklig abgeschnittenen und sauber gefeilten Enden stumpf zusammengepreßt (Abb. 4).

Eine kleine Blechform passender Größe (Abb. 7 u. 8), außen mit feuchtem Sand umstopft, der seinerseits wiederum durch einen darunterhängenden Kasten zusammengehalten wird, umgibt die Schweißstelle gleichmäßig (Abb. 9).

In einem Tiegel wird sodann das Thermit vorbereitet und sofort in die Form gegossen. Nachdem die Schweißtemperatur eingetreten, ist es nötig, die Schrauben des Klemmapparates um einen Gang anzuziehen, um den zum Schweißen nötigen Druck zu verstärken. Bei diesem dreizölligen Rohr von 4 mm Wandstärke werden 2,25 kg Thermit gebraucht; der Abstand der Blechform von der Rohrwand beträgt 18 mm und die Länge der Form 80 mm. Die Schweißtemperatur tritt 1,5 Minuten nach dem Eingießen ein (Abb. 12).

Für das Zusammenschweißen von Rohren der gebräuchlichen Weiten und Stärken ist eine Tabelle ausgearbeitet, aus welcher Größe der Form, Menge des anzuwendenden Thermits usw. genau zu ersehen sind. Diese Tabelle nebst genauer Beschreibung des Rohrschweißverfahrens findet sich in Schillings Journal für Gasbeleuchtung und Wasserversorgung, Nr. 16 vom 14. April 1900, Installateur Nr. 10 vom 9. März 1900, Licht und Wasser Nr. 13 vom 31. März 1900, Kraft und Licht Nr. 10 vom 10. März 1900, Zeitschrift für Lüftung und Heizung Nr. 6, 7 und 8, 1900 usw. Neuerdings hat das Schweißverfahren, da es gelungen ist, das Thermit wirkungsvoller herzustellen und auszunutzen, eine erhebliche Verbilligung erfahren: es wird jetzt etwa ein Drittel weniger Thermit verwendet als in der angeführten Tabelle angegeben ist! Dementsprechend ist eine neue Tabelle ausgearbeitet.

Diese Rohrschweißung bildet ein weiteres, und zwar sehr ausgedehntes Anwendungsgebiet der aluminothermischen Schweißverfahren, das erst neuerdings ausgebildet worden ist, aber bereits in einer Anzahl von kleineren und großen Werken, auch chemischen Fabriken, festen Fuß gefaßt hat.

Wie Sie sehen, kann diese Rohrschweißung in allen Lagen des Rohres vorgenommen werden, also auch beim Verlegen, und kann somit die Flanschenverbindung ersetzen. Die Vorteile, die diese Art der Schweißung vor einer Flanschenverbindung besitzt, sind so in die Augen fallend, daß sie kaum in diesem Zuhörerkreis noch besonders hervorgehoben zu werden brauchen.

Die Festigkeit der so hergestellten Schweißungen ist eine ganz vorzügliche und entspricht den höchsten Anforderungen (Abb. 1). Die Rohre haben, wie wiederholt angestellte Versuche bewiesen haben, einen Druck von 400 Atm. und darüber ausgehalten.

Auch bei Versuchen, die Schweißstelle zu zerschlagen, hat sich herausgestellt, daß die Rohre eher in der Längsrichtung zerplatzen als die nach diesem Verfahren hergestellte Querschweißung (Abb. 2).

Derartig geschweißte Rohre lassen sich an der Schweißstelle in jedem gewünschten Radius in kaltem Zustande umbiegen (Abb. 3).

Die Kosten der Rohrschweißung stellen sich für den Konsumenten erheblich billiger als eine Flanschen- oder eine gute Muffenverbindung, wobei aber noch zu berücksichtigen ist, daß diese letzteren Verbindungen zumeist nur 15 bis 30 Atm. widerstehen. Um in dieser Hinsicht einen Anhaltspunkt zu geben, sei bemerkt, daß eine Verschweißung zweier Rohre von 50 mm innerem Durchmesser je nach ihrer von 2,5 bis 6 mm betragenden Wandstärke 2,50 ℳ bis 4 ℳ inkl. Tiegel, Formverschleiß und Arbeitslohn kostet. Bei diesen Preisen ist die mehr oder minder große Anzahl der vorzunehmenden Verschweißungen noch zu berücksichtigen, so daß diese Zahlen als Mittelwerte zu betrachten sind. Bekanntlich ist eine einigermaßen solide Flanschenverbindung für diese Rohrstärke nicht unter 5 bis 7 ℳ zu beschaffen. Flanschenverbindungen, die 100 bis 200 Atm. Druck aushalten sollen — von 400 ganz abgesehen — stellen sich natürlich unverhältnismäßig höher ein.

Allen diesen Vorteilen gegenüber könnte wohl nur ein einziger Nachteil angeführt werden: Das schwierige Lösen der Verschweißung gegenüber dem leichten Auseinanderschrauben der Flanschenverbindung. Es ist von vornherein als selbstverständlich zu betrachten, daß man Rohrleitungen, die man in kurzer Zeit wieder zu verlegen oder zu verändern gedenkt, nicht verschweißen wird. Die Anzahl derartiger Leitungen ist aber im Verhältnis zu denen, die in absehbarer Zeit einer Änderung nicht unterworfen werden sollen, recht gering. Auf der anderen Seite wird man aber bei solchen Rohrleitungen, für welche eine Änderung nicht gleich bei Anlage in Aussicht genommen wird, nicht sämtliche Verbindungen verschweißen, sondern ab und zu eine leichter lösbare Verbindung einsetzen, damit man jederzeit mit Leichtigkeit neue Leitungen abzweigen kann.

Wie sich jeder Praktiker jedoch sagen wird, kann man mit dem Zwischensetzen von Flanschen recht sparsam sein, da das Durchsägen eines Rohres mit verhältnismäßig wenig Arbeit verbunden ist und kaum mehr Mühe verursacht als das Lösen einer alten verrosteten Muffenverbindung, die nur mit Hilfe von Meißel und Hammer vom Rohr getrennt werden kann.

Schließlich ist auch noch zu erwähnen, daß das Zwischensetzen eines T-Stückes nach dem neuen Verfahren an Ort und Stelle vorgenommen werden kann, ohne daß man gezwungen ist, das betreffende Rohr zu demontieren.

Daß man der Ausdehnung der aneinandergeschweißten Dampfrohre ebenso wie der mit Flanschen oder Muffen verbundenen Rechnung trägt durch Einsetzen von Kompensationsstücken, sog. Omega- (Ω) Röhren, oder solchen mit Stopfbüchsenführung, braucht wohl kaum besonders hervorgehoben zu werden.

Trotz der großen Neuheit dieses Verfahrens hat dasselbe, wie erwähnt, bereits in vielen Betrieben Eingang gefunden, und es eröffnet sich ihm ein weites Feld.

Das Verfahren bietet also nach den obigen Ausführungen folgende Vorteile gegenüber den bisher bekannten Methoden der Verbindung von schmiedeeisernen Rohren:

1. Es kann überall in allen beliebigen Lagen und an allen Rohrlängen ausgeführt werden.
2. Zur Ausführung sind weder Maschinen oder schwere Apparate noch eingeübte Handwerker erforderlich, sondern das Verfahren kann selbst von jugendlichen Arbeitern schnell erlernt werden.
3. Das Zusammenschweißen ist wesentlich billiger als eine Flanschen- oder gute Muffenverbindung.
4. Eine Unterhaltung ist nicht erforderlich, da die Leitung weder Packungen noch Dichtungen bedarf.

Am meisten machen sich diese Vorteile dort geltend, wo es sich um hohen Druck handelt.

Für die chemische Industrie hat dieses Rohrschweißverfahren zweifellos besonderes Interesse, wie ich nicht nur aus der eigenen Praxis erfahren habe, sondern es ist mir auch von Kollegen, die das Verfahren für ihre Betriebe eingeführt haben, durchaus bestätigt worden. Wie wertvoll sind verschweißte Rohrleitungen für Materialien, die alle bekannten Dichtungen mit der Zeit angreifen. Ich erwähne vor allem die Leitungen auf den Teerdestillationen. Gerade hier hat sich das Verschweißen der Rohre mit besonderem Vorteile eingeführt. Ein willkommenes Mittel gibt es auch den Besitzern von Petroleumleitungen, ihre Rohrsysteme mit Hilfe dieser Verschweißung ständig dicht zu halten. Nicht minder hat es die Aufmerksamkeit der Azetyleniker erregt, da auch diese jetzt ein Mittel an der Hand haben, die nicht unbedeutenden Gasverluste, die aus den nicht dicht zu haltenden Verpackungen der Verbindungsstellen der Rohre auftreten, sehr erheblich einzuschränken.

Weiter erwähne ich als besonders wichtig die Verschweißung der Leitungen für Kühlanlagen; die Rohre können dann auch glatt mit Isoliermasse versehen werden. Wie sehr gerade bei Kühlanlagen ein Bedürfnis vorliegt, glatte, durchgehend verschweißte Leitungen zu besitzen, mag aus dem Umstande ersehen werden, daß die Chemische Thermo-Industrie in Essen a. d. Ruhr, die das Verfahren im allgemeinen einfach durch Verkauf des Thermits lizenziert, kürzlich von einem südamerikanischen Hause, welches das Rohrschweißverfahren aus einer Broschüre, in der ich eine genaue Gebrauchsanweisung gegeben habe, kennen gelernt hatte, besonders für Eismaschinenleitungen eine Bestellung für rund tausend Schweißungen erhielt. Sie sehen daraus, daß das Verfahren bereits in weiteste Kreise eingedrungen und als praktisch erkannt worden ist.

Nicht vergessen möchte ich, auch noch die Wichtigkeit der Rohrschweißung — also möglichste Vermeidung von Dichtungen und Verschraubungen — bei der Darstellung von komprimierten Gasen aller Art besonders hervorzuheben.

Die Rohrschweißungen werden auch vielfach in den Fabriken zur Darstellung von Rohrschlangen angewendet. Es können hier die Schweißungen erfolgen, nachdem die Rohre entsprechend gebogen sind. Dies gibt wieder ein Mittel in die Hand, auch in Gefäße verschweißte Rohrschlangen einzulegen, deren einzelne Enden erst im Inneren des Gefäßes zusammengeschweißt werden können, nachdem Stück für Stück durch ein Mannloch eingeschoben worden ist. Derartige Schweißungen, die bisher natürlich mit einer anderen Methode gänzlich ausgeschlossen waren, sind schon vielfach auf den Werken, die mein Verfahren benutzen, mit Leichtigkeit ausgeführt worden.

Es sei mir gestattet, jetzt nochmals auf die Schienenschweißung zurückzukommen, die ja allerdings für den Chemiker speziell weniger direktes Interesse darbieten dürfte. Eine solche Schweißung möchte ich Ihnen aber doch vorführen, schon damit Sie sehen, daß auch eine Schweißung größerer Stücke genau so einfach und glatt verläuft wie eine Rohrschweißung (Abb. 14).

Bei dieser Gelegenheit will ich kurz die Vorteile anführen, die eine Schweißung gegenüber der Verlaschung der Schienen in sich trägt. Dieselben sind zuerst konstruktiver Natur denn dadurch, daß die Verschraubungen fortfallen, ist ein durchlaufendes, gleichförmiges Gestänge geschaffen. Dies bedingt einen gleichmäßig herzustellenden Anschluß der Schiene an das Straßenpflaster, der durch die vorstehenden Laschenverbindungen erschwert bezw. gestört wird. Ferner laufen die Wagen glatt über die Verbindung der Schiene fort, es tritt also eine große Schonung des Oberbaues sowohl wie des rollenden Materials ein, während die Laschenverbindungen, auch die kräftigsten, nicht imstande sind, die Schienenenden dauernd so fest miteinander zu verbinden, daß nicht mit der Zeit ein Lösen der Schrauben eintritt, wodurch ein Lockerwerden des ganzen Stoßes hervorgerufen wird, ein Übel, das sich, wie leicht begreiflich, während des Betriebes beständig vergrößert. Die Wagen beginnen am Schienenstoß zu schlagen und führen somit eine besonders starke Abnutzung dieser Stellen herbei, leiden auch selbst.

Um dem Lockerwerden der Laschen entgegenzuwirken, muß in gewissen Zeiträumen ein Anziehen der Schrauben stattfinden, ein Unterstopfen des Stoßes und schließlich eine teilweise Erneuerung der Laschen und des dazu gehörigen Kleineisenzeuges eintreten. Diese Kosten werden bei den Straßenbahnen noch wesentlich dadurch erhöht, daß ein Aufreißen des Pflasters bedingt wird.

Alle diese Übelstände werden gänzlich vermieden, sobald der Stoß verschweißt ist; ein Lockerwerden kann dann nicht mehr erfolgen. In Essen liegen zwei Probestrecken derartig verschweißter Schienen seit Jahresfrist in ständigem Betriebe. Es hat daraufhin eine Anzahl in- und ausländischer Verwaltungen beschlossen, einen Teil ihrer Geleise verschweißen zu lassen. Vor einigen Monaten sind in Braunschweig zwei größere Strecken der elektrischen Bahnen verschweißt worden. Ferner ist in Hannover eine Strecke im belebtesten Teile der Stadt, in der Nordmannstraße, verschweißt. In Hamburg, Berlin, Dresden, Plauen, Aachen usw. sind die Arbeiten im Gange oder beginnen in nächster Zeit. Einige der Bahnen haben bereits Nachbestellungen erfolgen lassen.

Die Schweißungen haben sich laut ausgestellten Zeugnissen der Straßenbahngesellschaften vorzüglich bewährt. Die Ausführung ist glatt und schnell verlaufen, die Schweißstellen sind fast nicht zu erkennen und beim Darüberfahren nicht wahrnehmbar.

Da die Schienen der elektrischen Bahnen fest im Erdboden oder Pflaster liegen, so übt die wechselnde Temperatur mit ihrem Zusammenziehen und Ausdehnen der Schienen nicht den Einfluß aus wie bei den freiliegenden Schienen der Hauptbahnen. Es ist deswegen auch beim Zusammenschweißen langer Strecken jener Straßenbahnschienen ein Ausbiegen bei Sommerhitze oder ein Reißen bei Frost nicht zu befürchten, wie nicht nur Berechnungen ergaben, sondern auch eine Versuchsstrecke erwiesen hat. Diese Prüfungen wurden bereits im vergangenen Sommer auf einer verschweißten Linie derart angestellt, daß eine Strecke von 100 m mehrere Stunden durch ein Gemisch von Eis und Salz abgekühlt wurde.

Auch die Hauptbahnen nehmen großes Interesse an diesem einfachen und billigen Schweißverfahren. Bei diesen wird man allerdings nicht ohne weiteres dazu übergehen können, sämtliche Stöße zu verschweißen, wie dies sicherlich bei den im Pflaster liegenden Schienen möglich ist. Verlegt doch eine große Anzahl von Straßenbahnen, z. B. die Große Berliner Straßenbahngesellschaft, ihre sämtlichen Geleise ohne jedwede Zwischenräume am Stoß; ja dieselbe hat sämtliche vorhandenen Fugen mit Hilfe von Stahlblechen auskeilen lassen.

Wieweit auch die freiliegenden Geleise verschweißt werden können, kann nicht ohne weiteres beantwortet werden, da noch zu wenige Erfahrungen vorliegen. Aber schon die Tatsache, daß man früher nur 6 m lange Schienen verlegte, während man jetzt vielfach solche von 18 m wählt, ohne dabei den Zwischenraum bei letzteren dreimal so groß nehmen zu müssen, gibt Veranlassung zu der Annahme, das Schienengestänge noch weiter einheitlich ausdehnen zu können, ohne gezwungen zu sein, die jeweiligen Zwischenräume, die Dilatationen, zu groß wählen zu müssen.

Vor allem dürften technisch kaum Bedenken vorliegen, die 6 und 9 m langen Schienen je drei und drei bzw. zwei und zwei zu verschweißen. Es würden dadurch an manchen Stellen gewiß große Betriebsvorteile zu erzielen sein. Die Verschweißung größerer Längen freiliegenden Geleises wird selbstverständlich von manchem abhängig sein, so von der Art der Befestigung der Schienen mit den Traversen oder Schwellen, von der Bodenbeschaffenheit und Lage der Trace, vom Klima, von Kurven u. dgl. mehr.

In Fachkreisen wird auch die Ansicht allgemein gehegt, daß man die Schienen in Tunnels sämtlich verschweißen könne, wodurch ein großer, nicht zu unterschätzender Vorteil entstünde, indem die unangenehmen Geleisarbeiten dann dort auf ein sehr geringes beschränkt werden würden. In den Tunnels ist die Temperatur eine sehr gleichmäßige und die Schienen sind daselbst, wie eingehende Versuche erwiesen haben, vor dem infolge erhöhter Temperatur entstehenden Ausdehnen bzw. Ausbiegen, der sog. Wanderung, geschützt.

Noch ein wichtiger Punkt spricht für die Verschweißung der Schienen, und dieser mag wieder mehr Interesse für den Chemiker bezw. Elektrotechniker bieten. Es ist nämlich eine gute elektrische Verbindung der Schienen untereinander für den Betrieb von elektrischen Straßenbahnen, bei denen der Strom durch die Schienen zurückgeleitet wird, von außerordentlicher Wichtigkeit. Die bisher hierfür fast allgemein in Verwendung genommenen Kupferverbinder, die jeden Schienenstoß überbrücken, lösen diese Aufgabe nur sehr mangelhaft, da bekanntlich Kupfer und Eisen im feuchten Erdboden einen galvanischen Strom liefern; es entsteht eine elektrolytische Zersetzung an der Kontaktstelle, wodurch dieselbe leidet und mit der Zeit ganz zerstört werden kann. Die Folge davon ist, daß sich der Rückstrom einen anderen Weg als durch die Schienen sucht. Er findet ihn zumeist in den Röhren der städtischen Gas- und Wasserleitungen und, da nun zwischen Schienen und diesen Leitungen eine Potentialdifferenz — oft von mehreren Volt — auftritt, so findet zwischen Röhren und Schienen eine Elektrolyse statt, die in vielen Städten — auch Deutschlands — besonders aber in den Vereinigten Staaten von Nordamerika, wo die Anlagen vielfach weniger sorgfältig installiert waren, eine geradezu verheerende Wirkung auf die Rohrnetze ausgeübt hat. Diese durch die sog. vagabundierenden

Ströme hervorgerufenen Zerstörungen werden in Amerika kurz mit dem Namen „Electrolysis“ bezeichnet; es ist bereits eine ziemlich umfangreiche Literatur darüber erschienen. Vor allem findet man in Schillings Journal (herausgegeben von Geheimrat Bunte) eine Abhandlung unter dem Titel: „Über elektrolytische Zerstörung von Rohrleitungen durch vagabundierende Ströme“ (cf. Nr. 15, 16 u. 17, Jahrgang XLIII). Als Anhang haben die Verfasser eine sehr ausführliche Quellenangabe — beginnend mit den Arbeiten von Dr. Rasch aus dem Jahre 1894 — zusammengestellt, zum Teil mit kurzer Inhaltsangabe. Besonders sind auch die zahlreichen amerikanischen Veröffentlichungen über dieses Thema berücksichtigt. Vorher erschien die in der vorigen Arbeit gewürdigte und verbreitete Broschüre vom Bauinspektor J. Olshausen in Hamburg: „Elektrolytische Zerstörung von Rohrleitungen durch Erdströme“. Als Manuskript gedruckt, München 1899. Schon im Jahre 1895 erschien im Schillingschen Journal S. 757 ein Aufsatz über „Elektrolytische Zerstörung von Gas- und Wasserleitungen durch vagabundierende Straßenbahn-Starkströme“, in dem als wirksamstes Mittel zur Bekämpfung dieser schädlichen Einflüsse bereits die Zusammenschweißung der Schienen — man dachte damals natürlich nur an die elektrische — an erster Stelle hervorgehoben wird.

Um diese vagabundierenden Ströme auf ein unschädliches Maß zu reduzieren, wird jetzt von den Fachmännern wohl allgemein eine zuverlässige Schienenschweißung ganz besonders als notwendig vorgeschlagen. Durch eine Schienenschweißung werden vor allem die teuren Rückleitungskabel gänzlich entbehrlich.

Aber selbst abgesehen von diesem Vorteil, den ein verschweißtes Bahnnetz darbietet, stellt sich dasselbe in der Unterhaltung — also in letzter Linie in den gesamten Anlagekosten — erheblich billiger als ein mit Hilfe von Laschen und Kupferverbindern hergestelltes. Die Berechnungen, die tatsächlichen Verschleißen am verlaschten Stoß entnommen sind, ergeben eine Ersparnis von rund 20% des Anlagekapitals mit kapitalisierten Unterhaltungskosten bei verschweißtem Bahnnetz gegenüber einem mit Laschen und Kupferverbindern hergestellten, wenn letztere nur mit 13,30 ℳ eingesetzt sind, während der verschweißte Stoß mit 20 ℳ bezahlt wird. Dabei ist die Berechnung in bezug auf den verschweißten Stoß noch besonders ungünstig gewählt. Auch wenn an Stelle der billigen erwähnten Laschen starke Fußlaschen genommen werden, die reichlich denselben Preis haben wie die angegebenen Verschweißungskosten, tritt eine erhebliche Ersparnis in den Unterhaltungskosten des verschweißbaren Geleises ein*.

Noch ein Gebiet möchte ich kurz beschreiben, auf dem sich das Verfahren bereits in mehreren Betrieben dauernd praktische Anwendung verschafft hat, weil dies besonders auch wieder für den Chemiker und Hüttenmann von Interesse sein wird.

Ich fand, daß man aus einem Gemisch eines Eisenoxydes mit Aluminium das Eisen fast quantitativ abscheiden kann und daß dieses Eisen frei ist von

* Vergleiche Mitteilungen des Vereins Deutscher Straßen- und Kleinbahnverwaltungen, Heft 11, Jahrg. 1899 (auch Seite 65 dieser Sammlung); ferner besonders die Aufsätze von Oberingenieur K. Beyer, Schweizerische Bauzeitung, Jahrg. 1900, Bd. XXXV Nr. 3 u. Bd. XXXV Nr. 7.

Aluminium, sobald man nur einen gewissen Überschuß von Eisenoxyd anwendet. Verwendet man genügend reine Materialien, so erhält man demnach ein sehr reines, weiches, schmiedbares Eisen, das also annährend in der Zusammensetzung dem weichen sogenannten schwedischen Holzkohleneisen gleichkommt. Man kann nun diesem aluminogenetischen Eisen, und zwar schon in statu nascendi, alle die Bestandteile hinzufügen, die man für nötig hält, und die diesem Eisen die Eigenschaften eines Stahles geben. Man kann nicht nur durch Hinzufügen von Kohle und kohlehaltigen Stoffen zum Thermit eine Kohlung bewirken, sondern ferner auch beispielsweise 1% Mangan, 4% Nickel usw. hinzulegieren. Zur richtigen Bereitung eines solchen Stahlthermits von bestimmter und gewünschter Zusammensetzung gehört allerdings Übung und Erfahrung, da eine ganze Reihe von Nebenumständen zu berücksichtigen ist, die zum Teil erst die Praxis gelehrt hat und deren genaue Beschreibung hier zu weit führen würde.

Diese Möglichkeit, Eisen oder Stahl verschiedenartigster Zusammensetzung mit einer Temperatur von etwa 3000° C in beliebiger Menge schnell und in so einfacher Weise herzustellen, hat ein Verfahren an die Hand gegeben, fehlerhafte, schadhafte und vor allem auch abgenutzte Stahlfassonguß- und Schmiedestücke mit diesem hocherhitzten Eisen auszubessern. Denn dieses weit über seinen Schmelzpunkt erhitzte Eisen hat die Eigenschaft, wenn es beispielsweise in eine Höhlung eines Eisenblocks eingegossen wird, die Wände derselben so schnell bis auf Schweißtemperatur zu bringen, daß sofort ein inniges Verschmelzen des eingegossenen Materials stattfindet. Das Verfahren setzt besonders da helfend ein, wo die bisherigen elektrischen Verfahren nicht mehr ausreichten, also beim Ausbessern größerer Fehlstellen, sog. Lunker (Abb. 15). Es hat sich aber auch für kleinere Ausbesserungen bestens bewährt. Natürlich kann man das so hergestellte Eisen auch dazu benutzen, Verstärkungen aufzugießen, ausgesprungene Zähne von Zahnrädern anzusetzen usw. (Abb. 16).

In allen Fällen hat es sich durch angestellte Festigkeitsproben aller Art gezeigt, daß die so hergestellten Stücke völlig den Ansprüchen des im Werkstück selbst verwendeten Materials entsprechen, falls die notwendigen Bedingungen — die aber durchaus einfacher Art sind — bei Ausführung dieser Anschweißungen eingehalten werden.

In „Stahl und Eisen“, 20. Jahrgang, vom 1. Juni 1900, im Heft 11, Seite 567—570*, ist eine genaue Beschreibung zur Ausführung dieses Verfahrens angegeben. In der gleichen Nummer findet sich auch auf Seite 612** eine kürzere Notiz über das Enthärten von Panzerplatten nach dem aluminothermischen Verfahren. Dieses beruht darauf, daß auf die betreffende Stelle eine gewisse Menge flüssigen Thermits aus einem Tiegel in oben beschriebener Weise aufgegossen wird. Unter dieser Hitzewirkung auf die eine Stelle und darauf folgender langsamer Abkühlung derselben, die einfach dadurch hervorgerufen wird, daß man die aufgegossene Masse erst nach einiger Zeit abhebt, wird ein durchgehendes Enthärten einer beliebig umgrenzten kleinen oder

---

* Siehe auch Seite 102 dieser Sammlung.
** Siehe auch Seite 106 dieser Sammlung.

großen Stelle hervorgerufen, die z. B. notwendig ist, falls man Löcher in die Platte einzubohren hat. Bisher bediente man sich für solches Enthärten eines kleinen Knallgasgebläses, womit die Arbeit aber nur außerordentlich langsam vonstatten ging.

Eine große Anzahl weiterer Anwendungen auf den verschiedensten Gebieten ist zum Teil in Ausarbeitung, zum Teil in Aussicht genommen, so daß ich die Hoffnung auszusprechen wage, daß die Aluminothermie in absehbarer Zeit ein wichtiges, vielleicht unentbehrliches Hilfsmittel für sehr viele Zweige der Technik werden wird.

Verfahren zur Erzeugung hoher Temperaturen mittels Verbrennens von Aluminium mit einigen technischen Anwendungen (Aluminothermie)*.

(Vortrag in der Sitzung des Deutschen Vereins von Gas- und Wasserfachmännern am 11. Juni 1900.
Verhandl. d. Deutsch. Vereins v. Gas- u. Wasserfachmännern 1900. S. 179–193.)

Meine Herren! Zur Hervorbringung sehr hoher Temperaturen, die 2000° C wesentlich übersteigen und mithin weit intensiver sind als diejenigen, die mit dem Knallgasgebläse zu erzielen sind, gab es bisher bekanntlich nur ein Mittel, den elektrischen Ofen.

Es ist mir nun vor einiger Zeit gelungen, ein Verfahren zu finden und auszubilden, mit welchem etwa gleich hohe Temperaturen zu erzielen sind, und von dem ich wohl sagen kann, daß es sich ungleich einfacher gestaltet als der Betrieb des elektrischen Ofens. Ich hoffe Ihnen dies nachher an der Hand einiger Experimente beweisen zu können.

Das auf einer chemischen Umsetzung beruhende Verfahren ist von fundamentalster Einfachheit; beruht es doch auf der Vereinigung derjenigen beiden Elemente, die auf unserem Planeten am häufigsten vorkommen, des Sauerstoffs und des Aluminiums. Diese Verbindung ist die Tonerde, deren kristallisierte Form der Mineraloge Korund nennt. Während die Vereinigung dieser beiden Elemente vor sich geht, tritt die eingangs erwähnte hohe Temperatur auf. Es muß auffallend erscheinen, daß diese Tatsache so lange unbekannt geblieben ist.

Den nötigen Sauerstoff entnehme ich nicht der Luft, sondern verwende ihn ausschließlich in fester Form, und zwar vorzugsweise seine Verbindungen mit den Metallen, die sogenannten Metalloxyde.

Es treten dann, wenn ich zum Beispiel das Eisenoxyd, den bekannten Eisenrost oder Eisenocker wähle, drei Grundstoffe in Wechselwirkung:

1. Aluminium,
2. Sauerstoff,
3. Eisen.

Das Aluminium wird in zerkleinertem Zustande als Pulver dem braunen Ocker beigemischt. Es ist also zuerst nur 2 und 3 miteinander chemisch verbunden. Dann tritt die Umsetzung ein: der Sauerstoff trennt sich vom Eisen ab und geht zum Aluminium; es ist dann 1 und 2 chemisch verbunden und 3 das Eisen „frei geworden", wie der Chemiker sagt. Der Vor-

---

* Ein Vortrag über dieses Thema wurde ferner vor dem Polytechnischen Verein zu St. Petersburg am 9. November 1900 gehalten.

gang ist so einfach, daß die erste Chemiestunde damit begonnen werden könnte, um die allereinfachsten chemischen Umsetzungen dem Schüler klarzulegen!

Wie wird aber die Umsetzung hervorgerufen?

Gerade diese Frage bereitete mir anfänglich die allergrößten Schwierigkeiten. Es ist nämlich möglich, diese Mischung mit einem glühenden Stabe umzurühren, ohne daß eine Umsetzung eintritt!

Ich beobachtete nun, daß diese Umsetzung erst bei einer sehr hohen Temperatur erfolgt. Weit wichtiger aber war die Wahrnehmung, daß man Gemische mannigfaltigster Zusammensetzung (nicht nur aus Metalloxyden mit Aluminium, sondern überhaupt aus sauerstoff- und schwefelhaltigen Verbindungen einerseits und Aluminium sowie Magnesium oder Kalziumkarbid anderseits) herstellen konnte, die so geartet waren, daß sie, sobald die Umsetzung an einem Punkte eingeleitet war, von selbst ohne jedwede Wärmezufuhr von außen sich im Gemisch weiter fortpflanzte und daß neues Gemenge, dem in Reaktion befindlichen nachgeworfen, sofort ebenso weiterbrannte.

Damit war die Möglichkeit gegeben, die große im Aluminium aufgespeicherte thermische Energie auf einfachste Weise, ohne Zuhilfenahme von Maschinen und umfangreichen Apparaten, auszulösen und, wie Sie später sehen werden, den verschiedenartigsten Zwecken dienstbar zu machen.

Nach Versuchen mancherlei Art zeigte es sich, daß es eine große Reihe von Sauerstoffverbindungen gibt, die, mit Aluminium vermischt, sich sehr leicht und bei niedriger Temperatur entzünden lassen, nach der Entzündung aber sofort eine sehr hohe Verbrennungstemperatur entwickeln. Ich hatte also nichts weiter zu tun, als diese leicht entzündbaren Gemische, z. B. Bariumsuperoxyd und Aluminium (Entzündungsgemisch) auf die schwerer zur Entzündung zu bringenden aufzustreuen, und erstere dann beispielsweise anfänglich mit einer Stichflamme, jetzt einfacher durch Aufwerfen eines in Brand gesetzten Sturmstreichholzes zu entzünden, um so die Umsetzung des Hauptmaterials einfach und schnell herbeizuführen.

Wohl hat man schon vor fast 50 Jahren begonnen, Mischungen zumeist von Metallchloriden, seltener von Oxyden mit Aluminium zur Reaktion zu bringen; wiederholt sind auch die Resultate, im Gegensatz zu den jetzt erhaltenen, negativ ausgefallen! Da die Versuchsbedingungen von den Forschern leider nicht genau genug angegeben wurden, ist nicht nachzukommen, welche Fehler gemacht worden sind.

Die damaligen Untersuchungen knüpfen sich besonders an die Namen Wöhler mit seinem Schüler Michel, Deville und dessen Schülern, den Brüdern Charles und Alex Tissier, ferner ist Beketoff noch hervorzuheben. Ich habe in Liebigs Annalen der Chemie, Band 301, vor zwei Jahren einen Aufsatz veröffentlicht, in dem ich alle diese Arbeiten nebst anderen mit den genauen Quellenangaben angeführt habe. Kürzlich ist eine sehr beachtenswerte Arbeit von Camille Matignon im Moniteur Scientifique, Quesneville, livraison 702, Juni 1900, erschienen, in der die oben angeführten Quellen nebst einigen weiteren als Einleitung zur Beschreibung meines Verfahrens näher beschrieben worden sind nebst einigen kalorimetrischen Zahlenangaben über die Verbrennung der Metalle mit Sauerstoff und Schwefel.

In letzterer Beziehung möchte ich hier noch der bereits vor etwa $1\frac{1}{2}$ Jahr veröffentlichten interessanten Arbeit von Professor Franz Kupelwieser, k. k. Oberbergrat und Professor an der Bergakademie in Leoben, besonderer Erwähnung tun, da hier zum erstenmal die kalorischen Effekte, die bei einigen aluminogenetischen Metallabscheidungen auftreten, soweit dies möglich, einer Berechnung unterzogen worden sind. (Vergl. Österreichische Zeitschrift für Berg- und Hüttenwesen XLVII. Jahrgang Nr. 12 vom 25. März 1899.)

Noch sei mir gestattet zu erwähnen, daß ich in der oben von mir angeführten Arbeit in den Annalen die nach dem Jahre 1895 erschienenen Arbeiten deswegen nicht berücksichtigt habe, weil meine ersten Arbeiten bereits aus dem Jahre 1894 stammen und meine ersten Patentanmeldungen zumeist aus dem Beginn des Jahres 1895 datieren. Ich habe deswegen die Arbeiten von M. Hélouis aus dem Jahre 1896 über Vanadin nicht und die Versuche von M. Moissan aus demselben Jahre nur beiläufig erwähnt. Dasjenige der Patente, in dem auch die Reduktion des Vanadiums aus seiner Sauerstoffverbindung ausdrücklich erwähnt ist, ist in Frankreich unter dem 8. März 1895 erteilt.

Alle die oben erwähnten Forscher arbeiteten ausnahmslos so, daß das Gemisch in einem kleinen Tiegel von außen erhitzt wurde. Oft trat dadurch eine so heftige Reaktion ein, daß ihr Verlauf nicht einmal genau verfolgt werden konnte. Schon aus dem Grunde waren die Experimentatoren gezwungen, nur mit sehr kleinen Mengen zu arbeiten; denn heftige, ja manchmal sogar geradezu gefährliche Explosionen traten ein, sobald eine größere Menge des Gemisches, das durch äußere Erhitzung zuerst fast durchgehend bis zur Entzündungstemperatur gebracht worden war, plötzlich zur Reaktion kam.

An eine Erhitzung der Mischung durch die Tiegelwand war außerdem von vornherein bei einer technischen Verwertung des Verfahrens deswegen schon nicht zu denken, weil es kein Tiegelmaterial gibt, das in heißem Zustande dem geschmolzenen Aluminiumoxyd bezw. den Produkten der Reaktion Widerstand leisten kann.

Wie die Aufgabe gelöst worden ist, die Umsetzung sich lediglich im Gefäßinnern abspielen zu lassen ohne jede äußere Wärmezufuhr, ist bereits eingangs auseinandergesetzt worden: Es genügte hierzu die Beobachtung, daß die Gemische, einmal entzündet, die Eigenart besaßen, von selbst weiterzubrennen!

Damit war aber auch die weitere notwendige Aufgabe gelöst, nämlich die Umsetzung in geregelte Bahnen zu leiten; denn es zeigte sich, daß ein derartiges Gemisch sehr viel ruhiger reagiert, wenn es nicht vorher erhitzt worden ist, sondern in ungewärmtem Zustande von einer Stelle aus abbrennt. Ferner war auch durch langsameres oder schnelleres Zugeben von Gemisch zu dem bereits in Reaktion befindlichen eine weitere natürliche Handhabe zur Regulierung gegeben.

Die praktische Anwendung des Verfahrens umfaßt bereits die weitesten Gebiete.

Vor allem hat es sich gezeigt, daß nach obigem Beispiel nicht etwa nur Eisen, sondern ein großer Teil der Metalle, und zwar in reinem, geschmolzenem

Zustande sich abscheiden läßt, wenn man die betreffenden Oxyde verwendet. Die Mischung mit Aluminium geschieht im Prinzip nach äquivalenten Verhältnissen, doch wählt man gern einen Überschuß von Oxyd, da es dadurch möglich ist, sämtliches Aluminium zu oxydieren, so daß — trotz der großen Legierungsfähigkeit des Aluminiums — die Metalle aluminiumfrei erhalten werden.

In Betracht kommen vor allem solche Metalle, deren Reindarstellung nach anderen Verfahren selbst im elektrischen Ofen bisher nicht möglich war, und die nun in reinem, auch kohlefreiem Zustande dem Hüttenmann besondere Vorteile bieten. In erster Linie ist hier das Chrom zu nennen.

Es sind in den letzten Monaten, seit Beginn der Fabrikation in Essen sowohl wie in St. Michel de Maurienne in Frankreich (Savoyen) durch die Société d'Electro-Chimie in Paris, der Lizenzträgerin für Frankreich, bereits einige Doppelwaggon Chrom abgeliefert worden, die zur Herstellung von mehreren hundert Tonnen Chromstahl dienten.

Die Fabrikation des Metalls geschieht in großen tiegelartigen Gefäßen, die einen Fassungsraum für einige Zentner Metall besitzen. Die Herstellung einer derartigen Menge dauert nur etwa eine halbe Stunde.

In gleicher Weise wird reines Mangan fabrikmäßig hergestellt, das besonders für reine eisenfreie Manganbronzen umfangreiche Verwendung findet, ferner auch für spezielle Manganstahle. Dieses reine Mangan hat die vorteilhafte Eigenschaft, daß es nicht wie das bisher bekannte kohle- bezw. karbidhaltige Produkt an der Luft zerfällt; es hält sich vielmehr beliebig lange und zeichnet sich vor allem dadurch aus, daß es sich sehr leicht mit geschmolzenem Kupfer, Zinn, Zink usw. legieren läßt, wobei es einen viel geringeren Abbrand ergibt als das kohle- bezw. karbidhaltige Produkt. Legierungen mit Kupfer, die 20, 30, 50 und mehr Prozent Mangan enthalten, sind außerordentlich leicht mit dem reinen Mangan herzustellen.

Die hochprozentigen Mangankupferlegierungen dienen zum Weiterlegieren mit reinem Kupfer. Es hat sich eine Legierung mit 5% Mangan und 95% Kupfer als besonders widerstandsfähig und auch feuerbeständig gezeigt. Diese viel verwendete Kupferlegierung läßt sich ziehen und schmieden, sodaß daraus Stangen und Röhren gefertigt werden.

Trotz des erheblich höheren Preises des reinen Mangans gegenüber dem hochprozentigen Ferromangan, mit dem sonst vielfach eisenhaltige Kupromangane hergestellt werden, wird ersteres für die Darstellung guter manganhaltiger Kupferschmelzen entschieden vorgezogen, weil es sich gezeigt hat, daß man zuverlässige, dichte, porenfreie Güsse nur mit diesem reinen, leicht legierbaren Mangan herzustellen vermag.

Selbstverständlich wird für solche Kupferlegierungen auch nur bestes Elektrolytkupfer verschmolzen.

Das Mangan dient auch als Desoxydationsmittel an Stelle von Magnesium und Aluminium, z. B. bei Nickelgüssen.

Von Wichtigkeit für die Stahlindustrie ist ferner das nach diesem Verfahren dargestellte kohlefreie Ferrotitan mit 20 bis 25% Titan. Selbst geringe Zusätze dieser Legierung geben dem Stahl bezw. Eisen ein besonders festes, feinkörniges Gefüge. Nach demselben Verfahren wird auch Ferrobor mit 20 bis 25% Bor dargestellt.

Diese metallurgischen Arbeiten bilden einen für sich abgeschlossenen Fabrikationszweig.

Aufs engste mit dieser Fabrikation verbunden ist die Darstellung des geschmolzenen Aluminiumoxydes, das gleichzeitig mit der Metallabscheidung entsteht. Da der Korund bezw. Schmirgel, der in der Natur vorkommt, im wesentlichen aus Aluminiumoxyd besteht, so kann man das bei unserm Verfahren gewonnene Produkt als künstlichen Korund (Schmirgel) bezeichnen. Für dasselbe ist der Name „Corubin" geschützt. „Corubin" zeichnet sich nun vor allem durch seine große Härte und Schleiffähigkeit aus und übertrifft hierin, wie Versuche ergeben haben, den natürlichen Korund ganz erheblich.

Ferner bildet das Material ein hochfeuerfestes Produkt, aus dem neuerdings Steine, Formen und Tiegel für besondere Zwecke hergestellt werden.

Von weitgehendster und auch mannigfaltigster Bedeutung sind diejenigen Verwendungsarten, die darauf basieren, die bei der Reaktion auftretende Wärmemenge direkt als solche bei der Metallbearbeitung nutzbar zu machen.

Die Möglichkeit, diese Wärme praktisch nach dieser Richtung hin auszunutzen, lag auf der Hand, nachdem festgestellt war, daß so große Wärmemengen ohne jede äußere Wärmezufuhr freizumachen sind.

Eine ganze Reihe von Schwierigkeiten war aber erst zu überwinden, bevor es möglich war, Anwendungen dieser hohen Temperaturen nicht nur einzuführen, sondern vorerst einmal überhaupt ausfindig zu machen. Mit diesen Schwierigkeiten ist es aber ebenso gegangen wie mit allen anderen: Einmal überwunden, sind sie schließlich schwer noch als solche zu erkennen!

Vor allem war es nötig, sich mit dem Feuerfluß im Tiegel vertraut zu machen, die Eigenschaften desselben, auch besonders dessen Ungefährlichkeit und — so paradox es klingt — dessen außerordentlich geringe Feuergefährlichkeit kennen und schätzen zu lernen. Schon aus der Tatsache, daß ich hier im Saal, auf einem Holzpodium, Ihnen die Experimente genau so, wie sie in der Praxis ausgeführt werden, vorführe, mögen Sie den Schluß der Ungefährlichkeit ziehen; denn das Schlimmste, was passieren könnte, wäre das Auslaufen eines Tiegels, dessen Schmelzfluß ja allerdings auf 3000° C zu schätzen ist. Aber, meine Herren, der den Tiegel verlassende Schmelzfluß erstarrt fast momentan an Ort und Stelle, da der Korund augenblicklich auf seinem Erstarrungspunkt abkühlt und den größten Teil des Metalls zudem einschließt; aber auch letzteres erstarrt schnell, so daß eine unverbrennliche Unterlage von kleiner Ausdehnung, aus Ziegelsteinen und Sand bestehend, völlig ausreicht, um die Experimente überall ausführen zu können und jede Feuersgefahr auszuschließen. Das Herumsprühen von Funken ist außerordentlich gering, tritt fast nur beim Entzünden des Gemisches in geringer, unschädlicher Weise auf. Es ist ja selbstredend, daß man alles direkt Brennbare wie Tücher, Papier und dergleichen aus der nächsten Nachbarschaft sorgfältig verbannt, vor allem auch darauf sieht, daß das kleine Büchschen mit „Entzündungsgemisch" bei Seite gestellt wird, da ein einfallender Funke dieses leicht zur Entzündung bringt und dann einen kleinen Feuerregen hervorruft. Eine kleine Menge von brennendem Spiritus oder gar Äther ist weit feuergefährlicher als brennendes Thermit, wie der gesetzlich geschützte Name für die Mischung von

Metalloxyden mit Aluminium lautet, weil sich diese Flüssigkeiten schnell verbreiten, und man nie weiß, wohin und wie weit sie fließen können, so daß Dinge in Brand geraten, die fern ab von der Ausflußstelle liegen.

Zur weiteren Beruhigung möchte ich auch noch besonders hervorheben, daß mir bisher noch nirgends aus der Praxis irgendwelche Klagen über die Feuergefährlichkeit des hier vorgeführten Verfahrens bekanntgeworden sind. Eine Selbstentzündung der Gemische oder eine solche durch Schlag oder Stoß ist bisher nicht beobachtet worden, auch nicht hervorzurufen möglich gewesen und muß als ausgeschlossen betrachtet werden. Sobald die Gemische naß werden, verlieren sie ihre Fähigkeit weiterzubrennen ganz; dagegen schadet eine gewisse aus der Luft angezogene Feuchtigkeit wenig oder gar nicht. Man achte aber darauf, die Gemische in geschlossenen Gefäßen aufzubewahren.

Bei der Verwendung des feuerflüssigen Gutes für Schweißzwecke war vor allem die richtige Art der Wärmeübertragung auf das Arbeitsstück ausfindig zu machen. In den betreffenden Patenten waren in dieser Beziehung bereits die verschiedenartigen nötigen Hinweise gegeben worden. Das Nächstliegende war wohl, den Tiegel mit dem Schmelzgut wie ein Kohlenfeuer zu behandeln, in welches die Enden zu verschweißender Metallstücke, z. B. von Eisenstäben, einzustecken wären. Diese Versuche, die, wie ich aus den Aufzeichnungen meines Experimentierbuches entnehme, schon am 3. April 1895 begannen, lehrten schnell die Unanwendbarkeit dieser Methode: Die Stäbe wurden von dem flüssigen Metall im Tiegel sofort an ihren Enden ganz oder zum Teil abgeschmolzen. Aus dieser Tatsache mußte der Schluß gezogen werden, daß das aus der Reaktion stammende hoch über seinen Schmelzpunkt erhitzte Metall überhaupt für Erwärmungs- bezw. Schweißzwecke nicht verwendbar sei, daß man vielmehr nur den heißen Korund dazu verwenden könnte — falls es nicht etwa gelang, die zu verschweißenden Eisenenden mit einer sehr dünnen, keine oder wenig Wärme absorbierenden, Schicht gegen die Wirkung des flüssigen Metalls zu schützen. Einen derartigen Körper zu finden, lag wenig Aussicht vor. Beispielsweise war Asbest von vornherein ausgeschlossen, schon weil er als Silikat von der gleichzeitig in Wirkung tretenden flüssigen Tonerde sofort aufgelöst wird.

Wie stark die Wirkung des aluminothermischen Metalls, beispielsweise des Eisens ist, mögen Sie aus dieser Photographie erkennen. Ein Block Eisen, dessen Höhe etwa 25 cm beträgt, ist dadurch, daß man solches aluminothermisches Eisen (nach Abgießen des darüber stehenden Korunds) auf denselben hat fließen lassen — an der Kante beginnend — bis auf etwa ein Drittel mit einer Furche von 20 mm ausgespült (Abb. 17).

Ferner sind die hier ausgestellten 40 mm starken Quadratstäbe aus gehärtetem Stahl, die dicht nebeneinander gelegt waren, innerhalb einiger Sekunden gleichfalls mit Hilfe nur weniger Kilo Thermit, völlig durchgeschmolzen worden. In gleicher Weise wurden dicke Eisenplatten, Stahl- und Panzerplatten durchlöchert!

Aus den angeführten Tatsachen ersehen Sie also, wie schwierig anfänglich die Aufgabe war, dieses neue Schmiedefeuer nutzbar zu machen, damit es nicht mehr zerstörend als schaffend wirke!

Man kann allerdings ein Eisenstück einfach dadurch bis zur Weißglut erwärmen, daß man dasselbe in Thermit einbettet und letzteres zur Entzündung bringt.

So einfach dieses Verfahren auch ist, so hat es sich doch gezeigt, daß es in der Praxis nicht immer gut anwendbar war. Auch hier trat bereits der Übelstand ein, daß das während der Reaktion sich ausscheidende Metall das Werkstück verletzte. Es zeigten sich bei diesem Verfahren auch noch andere Nachteile, deren Erörterung hier zu weit führen würde. — Wie schon oben erwähnt, eignet sich der in einem Tiegel erzeugte flüssige Korund allein vortrefflich zum schnellen Schweißwarmmachen von Eisen; es war demnach beabsichtigt, diesen allein für Schweißzwecke zu benutzen, während das Metall und dessen Wärme für die Erwärmungs- bezw. Schweißzwecke nicht verwendet werden sollte.

Noch aber war immer nicht die Frage gelöst, wie die Hitze auf das Arbeitsstück am zweckmäßigsten zu übertragen sei.

Es lag nahe, derartig zu verfahren, daß man nicht die Schweißstücke in den Tiegel einführte, sondern vielmehr umgekehrt den Korund auf das Arbeitsstück aufgoß. Dazu mußte aber vor allem erst festgestellt werden, daß sich der Korund bezw. der ganze Inhalt des Tiegels leicht ausgießen ließ und daß diese ganze Handhabung wirklich einfach und ungefährlich ist. Hier konnte wieder lediglich das Experiment helfen.

Dabei wurde die erfreuliche Tatsache konstatiert, daß ein Ausgießen der feuerflüssigen Masse fast quantitativ vorzunehmen ist, sodaß nur wenig an den Wandungen des Tiegels haften bleibt, und daß vor allem diese Tiegel für neue Operationen wiederholt zu benutzen sind.

Damit war ich schon einen guten Schritt vorangekommen, ohne natürlich etwas wirklich Praktisches in den Händen zu haben.

Nicht unerwähnt soll hierbei bleiben, daß die Herstellung von passenden haltbaren Tiegeln sehr viel Arbeit und Mühe verursacht hat; denn alle bisher bekannten Tiegel taugen durchaus nicht für das Verfahren denn; die kieselsäurehaltige Wand derselben wird von der flüssigen Tonerde sofort aufgelöst. Es sind also nur Tiegel zu verwenden, deren Innenwand aus hoch feuerfestem basischem Material besteht.

Die Anfertigung dieser Spezialtiegel bildet jetzt einen besonderen Fabrikationszweig der Chemischen Thermo-Industrie in Essen a. d. Ruhr.

Eine sehr wichtige Anregung wurde mir dadurch zuteil, daß ich erfuhr, daß man Schweißungen im Kohlenfeuer dadurch bewirken könne, daß man die zu verschweißenden Enden mittels eines Klemmapparates stumpf aneinanderpreßt, die Schweißstelle in ein Schmiedefeuer legt und dafür Sorge trägt, daß der Klemmapparat selbst kalt bleibt; es tritt dann eine Schweißung automatisch ein, indem die durch die entstehende Hitze hervorgebrachte aber verhinderte Verlängerung den zur Schweißung nötigen Druck hervorbringt, so daß also die mechanische Bearbeitung der Schweißstelle sich erübrigt. Es ist mir nicht bekanntgeworden, daß mit diesem Verfahren auf dem Schmiedefeuer größere Stücke mit Vorteil geschweißt worden sind. Es wird dies schwerlich der Fall sein, da sich das Verfahren wohl nur für kleinere Stücke eignet; denn müßte ein größeres Schmiedefeuer angewendet werden, so müßte auch der Klemmapparat sehr groß gestaltet werden, damit er in genügender Weise vor dem Feuer geschützt ist. Soviel ich weiß, hat das Verfahren nur sehr vereinzelt — mehr als Versuch und besonders für gewisse Aushilfsfälle — in der einen oder anderen Werkstatt Anwendung gefunden.

Dagegen schien mir dasselbe ganz und gar geeignet für meinen Zweck zu sein. Da ich die Hitze sehr viel schneller hervorrufe und auf sehr viel kleineren Raum beschränken kann, als es im Schmiedefeuer möglich ist, so war von vornherein die Möglichkeit gegeben, den Apparat auch beim Schweißen schwererer Stücke verhältnismäßig klein und gedrungen zu gestalten.

Die ersten Schweißversuche also wurden mit einem derartigen Apparat vorgenommen. Um die Schweißstelle wurde eine kleine Form aus Blech gebaut, mit Formsand äußerlich abgestützt und in diese Form der heiße Korund abgegossen. Die Schweißung von Quadrat- und Rundstäben war eine vollkommene, wie angestellte Biegeproben ergaben, aber für die Praxis viel zu teuer.

Es begann nun das Suchen nach besonderen Verwendungsarten, bei denen der höhere Preis einer Verschweißung gerechtfertigt ist, oder bei denen nach dem neuen Verfahren Verschweißungen hergestellt werden können, die mit den bisher bekannten Schweißverfahren überhaupt nicht möglich waren. In erster Linie war immer wieder die Preisfrage zu berücksichtigen.

Während bei den bisherigen Schweißverfahren, die mit Kohlenfeuer, Wassergas oder Elektrizität arbeiteten, die verhältnismäßig große Apparatur hinderlich war, war hier ein Schweißverfahren gegeben, das mit äußerst geringer Apparatur, lediglich mit Klemmapparat, Tiegel und „Thermit" zu arbeiten imstande war. Diese Leichtigkeit und Beweglichkeit des Verfahrens befähigt es ohne weiteres, Schweißungen außerhalb der Werkstatt vorzunehmen, und zwar in jedweder Lage der zu verschweißenden Stücke.

So kam ich auf die Idee, mit meinem Verfahren ein Problem zu lösen, dem, wie mir bekannt war, schon seit etwa 40 Jahren nachgestrebt wird: Das Verschweißen von Eisenbahnschienen auf der Strecke.

Neuerdings sind diese Versuche mit Hilfe des elektrischen Stromes besonders in Amerika nach dem Verfahren von Thomson-Houston wieder aufgenommen worden. Der hierzu erforderliche Apparat ist ein sehr umfangreicher; einige Wagen für die ganze, sehr teure Apparatur sowie eine motorische Kraft für ca. 200 PS sind nötig! Soweit ich erfahren konnte, hat man in Europa die Versuche mit dem elektrischen Schienenschweißen, nachdem sie auf mehreren Stellen probiert, weil zu umständlich, zu teuer und vor allem auch nicht immer zuverlässig genug, wieder fallen lassen.

Das Verschweißen von Schienen wurde nun von mir genau nach dem oben angedeuteten Verfahren im Laboratorium probiert. Zwei Schienenenden wurden aneinandergepreßt und der flüssige Korund über die Stoßstelle, um die eine passende Form gebaut war, ausgegossen. (Abb. 13.)

Nach wenigen Versuchen gelang so die gewünschte Schweißung, aber ein Hauptübelstand blieb noch ungelöst; denn nur ein Teil der feuerflüssigen Masse kam zur thermischen Ausnutzung, und zwar der entschieden schlechtere, da das die Wärme schneller abgebende Metall aus den oben angeführten Gründen im Tiegel zurückbehalten wurde.

Nun machte ich beim Eingießen des Korunds die Beobachtung, daß ein Teil desselben, sobald er die kalten Stellen der Schiene traf, augenblicklich erstarrte und daß derselbe von dem nachfließenden Korund nicht wieder aufgetaut wurde. Ich stellte deswegen den Versuch an, auch auf diesen schnell erstarrten Korund das noch im Tiegel befindliche Metall, das je nach der Anwendung des betreffenden Oxydes im wesentlichen aus Eisen oder Mangan usw., bestand, aufzugießen, und stellte fest, daß auch dieses nicht mehr durch den einmal erstarrten Korund hindurchdringen konnte. Die folgenden Schweißungen wurden deswegen derart angestellt, daß der ganze Tiegelinhalt — also mit dem Metall — auf die zu verschweißende Stelle ausgegossen wurde. Dabei wurde folgendes konstatiert: Rings um die kalte Stelle sowohl des Werkstückes wie der dünnen Blechform (die, wie oben bereits gesagt, von außen mit feinem, feuchten Sand abgestützt wird) hat sich eine dünne Schicht von schnell erstarrtem Korund gelegt, und das nachfließende Metall, das sich am Boden der Form befand, hat nirgends die Schiene oder die Blechform direkt berührt, so daß nach dem Erkalten die ganze Masse leicht von der Schweißstelle und der Form abgeschlagen werden konnte.

Somit löste sich die notwendige Forderung, die das Verfahren erst zu einem brauchbaren machte, in einer überraschend einfachen Weise wie von selbst. Die dünne schützende Schicht, die das Werkstück gegen den Einfluß des nachfließenden, überhitzten Metalls haben muß, bildet der zuerst aus dem Tiegel ausfließende Korund. Diese Schutzdecke erfüllt alle Anforderungen, die man an eine solche nur stellen kann: Sie ist auch kein schlechter Wärmeleiter, da der hocherhitzte Korund selbstredend die Hitze weit besser leitet, als kalter es tun würde! Denn ebenso wie die Leiter zweiter Klasse, die festen van't Hoffschen Elektrolyte, bei hoher Temperatur bessere Leiter der Elektrizität werden, so sind dieselben auch sicherlich bei hoher Temperatur bessere Leiter der Wärme.

Durch das Ausgießverfahren ist aber noch eine Anzahl weiterer Vorteile von besonderer Tragweite und Bedeutung erzielt worden.

Erstens hat dadurch, daß man die kalorische Energie zuerst im Tiegel bereitet, d. h. aufgespeichert — eine Operation, die infolge der Reaktionsgeschwindigkeit je nach der angewendeten Menge in einigen Minuten vollzogen ist, — und sodann auf die zu verschweißenden Stücke innerhalb einiger Sekunden überträgt, eine erhebliche, sagen wir sechzigfache Energiekonzentration stattgefunden, da, während die Reaktion im Tiegel ausgeführt wird, ein nennenswerter Wärmeverlust nicht stattfindet.

Zweitens ist dadurch, daß die zu benötigende Wärmemenge stets in Form einer empirisch festgestellten Menge Thermit abgewogen oder auch abgemessen werden kann, zum erstenmal ein Schweißverfahren ausgearbeitet worden, bei dem nicht das geübte Auge des Schweißers in erster Linie maßgebend ist für die dem Schweißstück zu erteilende Wärme. Die Folge davon ist, daß diese aluminothermischen Schweißungen leicht von Arbeitern, selbst jugendlichen, ausgeführt werden, so daß besonders geschulte Handwerker hierfür entbehrlich sind.

Drittens vollzieht sich, da infolge dieser Gießmethode ein sofortiges Einhüllen der Schweißstellen stattfindet, die Schweißung unter völligem Luftabschluß, so daß die Atmosphärilien — besonders der Luftsauerstoff — auf die Schweißstelle nicht einwirken können; es bleibt also die Oberfläche der Schweißstelle unverändert unter der Schutzdecke von Korund. Das ist von nicht zu unterschätzender Bedeutung und gibt mit eine Erklärung für die vorzüglichen Schweißungen, die mit diesem Verfahren erzielt werden.

Viertens wird durch diese Methode eine stets vorteilhafte, langsame Abkühlung der Schweißstelle dadurch möglich, daß man es in der Hand hat, die um die Schweißstelle erstarrte Masse nach beliebiger Zeit abzuschlagen.

Schließlich ist dadurch, daß der ganze Tiegelinhalt, d. h. Korund sowohl wie Metall, zur thermischen Ausnutzung gelangt, eine wesentliche Verbilligung des Verfahrens eingetreten, so daß die Verschweißung in bezug auf Preis stets in Konkurrenz treten kann mit einer soliden Verlaschung, und zwar gilt dies nicht nur von Eisenbahnschienen, sondern wie Kalkulationen ergeben haben, auch von Eisenträgern ganz allgemein.

Selbstverständlich ist beim Eingießen eine Vorsicht, die aber sehr leicht einzuhalten ist, unter allen Umständen zu beobachten. Da nämlich das heiße aluminogenetische Metall, direkt mit dem Werkstück in Berührung gebracht, sofort mit diesem verschmilzt, so darf beim Ausgießen des Tiegels nie das Metall auf eine noch nicht vom Korund umhüllte Stelle gegossen werden. Man gießt deswegen nur bei kleineren Schweißungen den ganzen Tiegelinhalt gleich an ein und derselben Stelle der ganzen Form aus, während man bei umfangreicheren Schweißungen besser zuerst einen größeren Teil der Oberfläche des Schweißstückes mit Korund übergießt.

Um Ihnen jetzt, meine Herren, den eigenartigen Vorgang beim Gießverfahren zu demonstrieren, habe ich hier eine Aneinanderschweißung zweier schmiedeeiserner Rohrstücke in wagerechter sowohl wie in senkrechter Lage derselben vorbereitet. Die Einrichtung ist nach dem oben Gesagten wohl sofort verständlich: Mit Hilfe eines Klemmapparates sind die rechtwinklig abgeschnittenen und sauber gefeilten Enden stumpf zusammengepreßt.

Eine kleine Blechform passender Größe, außen mit feuchtem Sand umstopft, der seinerseits wiederum durch einen darunterhängenden Kasten zusammengehalten wird, umgibt die Schweißstelle gleichmäßig.

In einem Tiegel wird sodann das Thermit bereitet und sofort in die Form gegossen. Nachdem die Schweißtemperatur eingetreten, ist es nötig, die Schrauben des Klemmapparates um einen Gang anzuziehen, um den zum Schweißen nötigen Druck zu verstärken. Bei diesem dreizölligen Rohr von 4 mm Wandstärke werden 2,25 kg Thermit gebraucht; der Abstand der Blechform von der Rohrwand beträgt 18 mm und die Länge der Form 80 mm. Die Schweißtemperatur tritt 1½ Minute nach dem Eingießen ein.

Ich vermeide es, auf diese Rohrschweißung hier näher einzugehen; eine ausführliche Abhandlung gerade über diese Art der aluminothermischen

Anwendung ist in Nr. 16* von Schillings Journal für Gasbeleuchtung und Wasserversorgung vom 14. April 1900 erschienen.

Nur erwähnen will ich, daß sich das Verfahren in der Zwischenzeit weiter ausgebreitet und sich in vielen Werken und Betrieben eingeführt hat. Infolge Herstellung eines wirkungsvolleren Thermits werden jetzt nur etwa $^2/_3$ von dem in genannter Abhandlung angegebenen Mengen zur Schweißung benötigt. Dadurch ist eine erhebliche Verbilligung eingetreten!

Es sei mir gestattet, jetzt nochmals auf die Schienenschweißung zurückzukommen, da ich annehmen muß, daß gerade diese für die hier versammelten Herren von besonderem Interesse sein wird. Eine solche Schweißung möchte ich Ihnen jetzt vorführen, schon damit Sie sehen, daß auch eine Schweißung größerer Stücke genau so einfach und glatt verläuft wie eine Rohrschweißung (Abb. 14).

Kurz will ich vor allem die Vorteile anführen, die eine Schweißung gegenüber der Verlaschung der Schienen in sich trägt. Diese sind zuerst konstruktiver Natur. Dadurch, daß die Verschraubungen fortfallen, ist ein durchlaufendes, gleichförmiges Gestänge geschaffen. Dies bedingt einen gleichmäßig herzustellenden Anschluß der Schiene an das Straßenpflaster, der durch die vorstehenden Laschenverbindungen erschwert bezw. gestört wird. Ferner laufen die Wagen glatt über die Verbindungen der Schiene fort, es tritt also eine große Schonung des Oberbaues sowohl wie des rollenden Materials ein, während die Laschenverbindungen, auch die kräftigsten, nicht imstande sind, die Schienenenden dauernd so fest miteinander zu verbinden, daß nicht mit der Zeit ein Lösen der Schrauben eintritt, wodurch ein Lockerwerden des ganzen Stoßes hervorgerufen wird, ein Übel, das sich, wie leicht begreiflich, während des Betriebes beständig vergrößert. Die Wagen beginnen am Schienenstoß zu schlagen und führen somit eine besonders starke Abnutzung dieser Stellen herbei.

Um dem Lockerwerden der Laschen entgegenzuwirken, muß in gewissen Zeiträumen ein Anziehen der Schrauben stattfinden, ein Unterstopfen des Stoßes und schließlich eine teilweise Erneuerung der Laschen und des dazu gehörigen Kleineisenzeuges eintreten. Diese Kosten werden bei den Straßenbahnen noch wesentlich dadurch erhöht, daß ein Aufreißen des Pflasters bedingt wird.

Alle diese Übelstände werden gänzlich vermieden, sobald der Stoß verschweißt ist, da ein Lockerwerden dann nicht mehr erfolgen kann. In Essen liegen zwei Probestrecken derartig verschweißter Schienen seit Jahresfrist in ständigem Betriebe. Es hat daraufhin eine Anzahl in- und ausländischer Firmen beschlossen, einen Teil ihrer Gleise verschweißen zu lassen. Vor einigen Monaten sind in Braunschweig zwei größere Strecken der elektrischen Bahn verschweißt worden. Ferner ist in Hannover eine Strecke im belebtesten Teile der Stadt, in der Nordmannstraße, verschweißt. In Dresden, Berlin, Plauen, Aachen usw. sind die Arbeiten im Gange oder beginnen in nächster Zeit. Einige Bahnen haben auch bereits Nachbestellungen erfolgen lassen.

Die Schweißungen haben sich laut ausgestellten Zeugnissen der Straßenbahngesellschaften vorzüglich bewährt. Die Ausführung ist glatt und schnell

* Siehe auch Seite 80 dieser Sammlung.

verlaufen; die Schweißstellen sind fast nicht zu erkennen und beim Überfahren nicht wahrnehmbar.

Noch ein wichtiger Punkt spricht aber für die Verschweißung der Schienen, und dieser ist es gerade, der in diesem Vereine hohes, ich möchte fast sagen vitales Interesse hervorzurufen imstande ist.

Es ist nämlich eine gute elektrische Verbindung der Schienen untereinander für den Betrieb von elektrischen Straßenbahnen, bei denen der Strom durch die Schienen zurückgeleitet wird, von außerordentlicher Wichtigkeit. Die bisher hierfür fast allgemein in Verwendung gekommenen Kupferverbinder, die jeden Schienenstoß überbrücken, lösen diese Aufgabe nur sehr mangelhaft, da bekanntlich Kupfer und Eisen im feuchten Erdboden einen galvanischen Strom liefern; es entsteht eine elektrolytische Zersetzung an der Kontaktstelle, wodurch dieselbe leidet und mit der Zeit ganz zerstört werden kann.

Die Folge davon ist, daß sich der Rückstrom einen andern Weg als durch die Schienen suchen muß. Er findet ihn zumeist in den Röhren der städtischen Gas- und Wasserleitungen, und, da nun zwischen Schienen und diesen Leitungen eine Potentialdifferenz — oft von mehreren Volt — auftritt, so findet zwischen Röhren und Schienen eine Elektrolyse statt, die in vielen Städten Deutschlands, besonders aber in den Vereinigten Staaten von Nordamerika, wo die Anlagen vielfach weniger sorgfältig installiert waren, geradezu eine verheerende Wirkung auf die Rohrnetze ausgeübt hat.

Diese durch die sogenannten vagabundierenden Ströme hervorgerufenen Zerstörungen werden in Amerika kurz mit dem Namen „Electrolysis" bezeichnet; es ist bereits eine ziemlich umfangreiche Literatur darüber erschienen.

Vor allem findet man neuerdings in dem Journal für Gasbeleuchtung (cf. Nr. 15, 16 und 17, Jahrgang 1900) eine Arbeit unter dem Titel: „Über die elektrolytische Zerstörung von Rohrleitungen durch vagabundierende Ströme". Einleitend haben die Verfasser eine sehr ausführliche Quellenangabe — beginnend mit den Arbeiten von Dr. Rasch aus dem Jahre 1894 — zusammengestellt, z. T. mit kurzer Inhaltsangabe. Besonders sind auch die zahlreichen amerikanischen Veröffentlichungen über dieses Thema berücksichtigt.

Vorher kam heraus die in der vorigen Arbeit gewürdigte verbreitete Broschüre von Bauinspektor J. Ohlshausen in Hamburg: „Elektrolytische Zerstörungen von Rohrleitungen durch Erdströme". Als Manuskript gedruckt, München 1899.

Schon im Jahre 1895 erschien in Schillings Journal Seite 757 ein Aufsatz über „Elektrolytische Zerstörungen von Gas- und Wasserleitungen durch vagabundierende Straßenbahn-Starkströme", in dem als wirksamstes Mittel zur Bekämpfung dieser schädlichen Einflüsse bereits die Zusammenschweißung der Schienen — man dachte damals natürlich nur an die elektrische — an erster Stelle hervorgehoben wird.

Um diese vagabundierenden Ströme auf ein unschädliches Maß zu reduzieren, wird jetzt von den Fachmännern wohl allgemein eine zuverlässige Schienenschweißung ganz besonders als notwendig vorgeschlagen. Durch eine Schienenschweißung werden vor allem die teuren Rückleitungskabel gänzlich entbehrlich.

Aber selbst abgesehen von diesem Vorteil, den ein verschweißtes Bahnnetz darbietet, stellt es sich in der Unterhaltung — also in letzter Linie in den gesamten Anlagekosten — erheblich billiger als ein mit Hilfe von Laschen und Kupferverbindern hergestelltes. Wie Berechnungen, die tatsächlichen Verschleißen am verlaschten Stoß entnommen sind, ergeben, besteht eine Ersparnis von rund 20% des Anlagekapitals mit kapitalisierten Unterhaltungskosten bei verschweißtem Bahnnetz gegenüber einem mit Laschen und Kupferverbindungen hergestellten, wenn letztere nur mit 13,30 ℳ eingesetzt sind, der verschweißte Stoß mit 20 ℳ bezahlt wird. Dabei ist die Berechnung in bezug auf den verschweißten Stoß noch besonders ungünstig gewählt. Auch wenn an Stelle der billigen erwähnten Laschen starke Fußlaschen genommen werden, die reichlich denselben Preis haben wie die angegebenen Verschweißungskosten, tritt eine erhebliche Ersparnis in den Unterhaltungskosten des verschweißten Gleises ein*.

Noch ein Gebiet möchte ich kurz beschreiben, auf dem sich das Verfahren bereits in mehreren Betrieben dauernd praktische Anwendung verschafft hat.

Ich fand, daß man aus einem Gemisch eines Eisenoxydes mit Aluminium das Eisen fast quantitativ abscheiden kann, und daß dieses Eisen frei ist von Aluminium, sobald man nur einen gewissen Überschuß von Eisenoxyd anwendet. Verwendet man genügend reine Materialien, so erhält man demnach ein sehr reines, weiches, schmiedbares Eisen, das annähernd in der Zusammensetzung dem weichen sog. schwedischen Holzkohleneisen gleichkommt. Man kann nun diesem aluminogenetischen Eisen, und zwar schon in statu nascendi, alle die Bestandteile zufügen, die man für nötig hält und die diesem Eisen die Eigenschaft eines Stahles geben; man kann nicht nur durch Hinzufügen von Kohle und kohlehaltigen Stoffen zum Thermit eine Kohlung bewirken, sondern ferner auch beispielsweise 1% Mangan, 4% Nickel usw. hinzulegieren. Zur richtigen Bereitung eines solchen Stahlthermits von bestimmter und gewünschter Zusammensetzung gehört allerdings Übung und Erfahrung, da eine ganze Reihe von Nebenumständen zu berücksichtigen ist, die zum Teil erst die Praxis gelehrt hat und deren genaue Beschreibung hier zu weit führen würde.

Diese Möglichkeit nun, Eisen oder Stahl verschiedenartigster Zusammensetzung mit einer Temperatur von etwa 3000° C in beliebiger Menge schnell und in so einfacher Weise herzustellen, hat ein Verfahren an die Hand gegeben, fehlerhafte, schadhafte und vor allem auch abgenutzte Stahlfassonguß- und Schmiedestücke mit diesem hocherhitzten Eisen auszubessern. Denn dieses weit über seinen Schmelzpunkt erhitzte Eisen hat die Eigenschaft, wenn es beispielsweise in eine Höhlung eines Eisenblockes eingegossen wird, die Wände derselben so schnell bis auf Schweißtemperatur zu bringen, daß sofort ein inniges Verschmelzen des eingegossenen Materials stattfindet. Das Verfahren setzt besonders da helfend ein, wo die bisherigen elektrischen Verfahren nicht mehr ausreichen, also beim Ausbessern größerer Fehlstellen, sog. Lunker. (Abb. 15.)

*** Eine genaue rechnerisch kritische Darlegung über die Ökonomie des verschweißten Stoßes erschien in der Schweizerischen Bauzeitung Jahrgang 1900, Bd. XXXV Nr. 3 und Bd. XXXVI Nr. 7 von Oberingenieur K. Beyer.**

Es hat sich aber auch für kleinere Ausbesserungen bestens bewährt und ist auf einer ganzen Anzahl von Werken mit bestem Erfolge eingeführt. Natürlich kann man das so hergestellte Eisen auch dazu benutzen, Verstärkungen aufzugießen, ausgesprungene Zähne von Zahnrädern anzusetzen usw. (Abb. 16)

In allen Fällen hat es sich durch angestellte Festigkeitsproben aller Art gezeigt, daß die so hergestellten Stücke völlig den Ansprüchen des im Werkstücke selbst verwendeten Materials entsprechen, falls die notwendigen Bedingungen — die aber durchaus einfacher Art sind — bei Ausführung dieser Anschweißungen eingehalten werden.

In „Stahl und Eisen", 20. Jahrgang, vom 1. Juni 1900, in Heft Nr. 11, Seite 567 bis 570*, ist eine genaue Beschreibung zur Ausführung dieses Verfahrens angegeben.

In der gleichen Nummer findet sich auch auf Seite 612** eine kürzere Notiz über das stellenweise Enthärten von Panzerplatten nach dem aluminothermischen Verfahren.

Eine große Anzahl weiterer Anwendungen auf den verschiedensten Gebieten ist zum Teil in Ausarbeitung, zum Teil in Aussicht genommen, so daß ich die Hoffnung auszusprechen wage, daß die Aluminothermie in absehbarer Zeit ein wichtiges, vielleicht unentbehrliches Hilfsmittel für sehr viele Zweige der Technik werden wird.

---

* Siehe auch Seite 102 dieser Sammlung.
** Siehe auch Seite 106 dieser Sammlung.

Practical Applications of the Process for the Production of High Temperatures by the Combustion of Aluminium.*

(A paper read before the Institution of Mining Engineers. Excerpt from the Transactions of the Institution of Mining Engineers Vol. 19. 1899/00 p. 411.)

Two years ago, the writer introduced a new process for the production of high temperatures. Meanwhile, the practical applications thereof have been energetically worked out, so that he is now in a position to give fuller information respecting a few of the results obtained.

The purely metallurgical side of the process, namely, the production of metals free from carbon, and more particulary of chrominum and manganese, had in the first place to be introduced and adapted for operations on a large scale. The Société d'Electro-Chimie of Paris, which has acquired a license to use this process, has been producing the above-named metals for about a year, whilst the remaining industrial demand is supplied by the Allgemeine Thermit-Gesellschaft of Essen. The production takes place in large, crucible-like vessels, in which a few hundredweights of metal are separated in each operation. On account of the rapidity of the reaction, this occupies barely ½ hour.

While carbon-free chromium is especially used in the manufacture of steel, pure manganese finds an application in the production of pure (iron-free) cupro-manganese. The old observation has again been repeated in the case of these two metals, that pure or practically pure metals have different properties from those which they possess when combined with various kinds of impurities; further, that such pure metals present certain advantages, and in the special cases before us, have a considerably higher technical value also when employed in the form of alloys.

In steel-making, chromium has hitherto been used in the form of ferro-chrome, containing from 40 to 65 per cent. of chromium. This product generally contains some 12 per cent. of carbon, calculated upon the chromium contents. The chromium is not, therefore, present as such, but merely as a carbide. Steels produced with the aid of this carboniferous ferro-chrome are, strictly speaking, not chromium-steels, but chromium-carbide steels. With pure chromium, fee from carbon, different alloys can be produced, which have also different properties, and above all are softer and less brittle. It is, moreover, possible to produce with the pure chromium, mild steels containing

* "Einige technische Anwendungen des Verfahrens zur Erzeugung hoher Temperaturen durch Verbrennen von Aluminium (Aluminothermie)," *Zeitschrift für angewandte Chemie*, 1900, S. 919. Translated by Prof. Henry Louis, M. A.

a higher percentage of chromium than has hitherto been attainable, because the high carbon contents of the ferro-chrome made it impossible to produce alloys high in chromium on account of the high percentage of carbon that would be simultaneously introduced. Chromium free from carbon has therefore special interest for the steel manufacturer, because it alone makes feasible the accurate study of true chrome steels.

The advantages gained by the introduction of carbon-free chromium is rendered evident by the commercial production of this metal in the manner above explained on a large scale, which has been necessitated by the numbers of works employing it.

As regards the price of this pure chromium containing about 98 per cent. of metal (the remainder being chiefly iron and a few per cent. of silicon), it is in correct proportion to the 60 per cent. metal, the chromium in it costing about twice as much as the chromium in the 60 per cent. alloy. It is well known that the chromium in the 40 per cent. ferro-chrome costs about half as much as it does in the 60 per cent. alloy.

The main applications of manganese free from carbon are at present of an entirely different nature, the iron and steel manufacturer having made but little use of this substance. The chief reason is that manganese produced by means of aluminium is considerably higher in price than the ordinary ferro-manganese which is smelted at small cost in the blast-furnace, the proportion of cost being about 10 to 1.

On the other hand, copper-smelters have employed, for some time past, pure manganese on a large scale and with great advantage. The benefits obtained by the use of carbon-free manganese, as compared with the product containing carbon could not be predicted, seeing that the carbon-contents of the manganese have no direct effect upon the copper. The carbon is either slagged off or burnt off, no carbide of copper being formed.

If, as is usually the case, a ferro-manganese is used containing some 80 per cent. of manganese and 8 to 9 per cent. of iron, the remainder being carbon and impurities, an amount of iron equal to about 10 per cent. of the quantity of manganese added is always introduced into the copper. Accordingly, an ordinary cupro-manganese containing about 25 to 30 per cent. of manganese always contains from $2\frac{1}{2}$ to $3\frac{1}{2}$ per cent. of iron. In order to obtain cupro-manganese free from iron, it is necessary to employ manganese free from iron. Manganese free from iron can be produced by the wellknown method of reduction in a crucible, by means of carbon; the product is, however, a carbide of manganese, which, when exposed to the air, rapidly crumbles to powder. The manganese free from carbon produced by the aid of aluminium has the advantage that it may be kept exposed to the air as long as may be required; it only oxidizes a little superficially, but less even than iron. This carbon-free manganese is distinguished by the avidity with which it forms alloys. Fragments of such manganese projected into a crucible of copper, alloy with it with the greatest facility, almost without the formation of any scale, although this is always produced when ordinary ferro-manganese is used. In this very simple way alloys of copper containing 30, 50 and even higher percentages of manganese can be produced. These alloys, rich in manganese, are then used for again alloying with pure copper. Alloys of zinc and tin with manganese can be produced in the same simple manner.

In spite of the considerably higher price of this pure manganese compared with ferro-manganese, the former is preferred for the production of high class manganiferous copper castings, because it has been proved by means of comparative experiments carefully made on a large scale that sound castings, free from porosity, can only be produced by the aid of this metal. An alloy of copper with 5 per cent. of manganese (which scarcely alters the colour of the former) has particularly come to the front, because it has been found to possess high resistance to change of structure, especially when exposed to hot furnace gases. Rods and tubes are made from this alloy.

Recently great interest has been shown in various quarters in the production of ferro-titanium; even small additions of titanium—a few tenths per cent.—communicate a particularly dense and fibrous structure to iron or steel. Experiments with ferro-boron, on the other hand, have for the present made no advance. The application of vanadium, on the contrary, seems likely to yield very good results, as vanadium steels appear to possess quite exceptionally good qualities so far as the experiments hitherto carried out are able to show.

Considerable advance has been made in the treatment and utilization of the corundum, which is produced as a bye-product in the process, and which has been introduced as a commercial article under the name of "corubin." It is especially adapted for use as an abrasive, and has also been employed as a fireproof material.

The most important, and the most varied applications of the process are those which depend upon the utilization, in the heat treatment of metals, of the heat developed by the reaction. The possibility of employing this heat in various ways was sufficiently obvious, so soon as experiment had proved that such large quantities of heat could be evolved without employing any external source of heat; but two years ago it was not possible to quote any really practical applications. A whole series of difficulties had to be overcome, before it was possible not only to introduce, but in the first place to discover suitable applications of these high temperatures. In the first place, it was necessary to study thoroughly the action of the metal in the crucible, and especially to obtain the conviction that its use was attended with a complete absence of danger from fire. It was soon found that the worst that could happen would be the cracking of the crucible containing the melt at a temperature of 3,000° Cent., but, the molten mass sets almost at the very instant that it leaves the crucible; and as the corundum is immediately cooled below its freezing-point, it at the same time encloses the greater portion of the metal. Very few sparks are thrown out, and even these only appear when the mixture is being ignited, and are then free from danger. It is worth noting that the mixture is not liable to spontaneous combustion, nor can it be ignited by percussion. As soon as any of these mixtures becomes wet, they entirely lose their property of burning; at the same time a small amount of moisture absorbed from the air does little or no harm, though it is proper to keep these mixtures in closed vessels.

Various experiments have shown how energetic is the effect of metal molten by means of aluminium. For example, Fig. 17 represents a block of iron about 10 inches in height which has been cut through to about one-third of its depth by a groove 1 inch wide, by allowing such aluminothermic iron (after the layer of corundum above it has been poured off) to run over the edge of the block. Bars of hard steel, 1·6 inches square, laid side by side, were melted through by means of a few pounds of thermit within a few seconds. In the same way, thick iron and steel plates, and even armour-plates, have been perforated.

The great difficulty was to find a means of suitably conveying the heat generated to the metal to be worked. It was fairly obvious that the best way of conducting the process was, not to introduce the pieces of iron into the crucible, but on the contrary to pour the molten corundum upon the metal. In the first place, it had to be proved that the corundum, together with the other contents of the crucible, could be easily poured out and that its handling was safe and free from danger. This had, of course, to be proved experimentally: it was thus shown that the molten mass could be poured out almost in its entirety, that but little of it was left clinging to the sides of the crucible, and that above all the same crucibles can be used repeatedly.

The production of suitable crucibles proved a source of much labour and difficulty, as none of the crucibles hitherto in use were suitable for this purpose, their siliceous walls being immediately dissolved by the fluid alumina. The only crucibles that can be employed are lined with magnesia or alumina, and manufactured by the Allgemeine Thermit-Gesellschaft.

It was found practicable to weld iron bars by clamping these firmly together, strongly heating the point to be welded, and taking care at the same time that the clamps remain cold. The elongation of the iron bars due to the heat produces sufficient pressure to effect a weld. The first experiments on welding were performed in an apparatus of this kind; a little mould of sheet-iron was built round about the part to be welded, lined with moulding sand, and the molten corundum was poured into the cavity thus produced. Square and round iron bars could thus be welded perfectly, as was shown by bending-tests of the welded bar, but the method was far too expensive for practical purposes.

The facility of the process and the portability of the apparatus suggested the possibility of welding not only outside the smithy, but moreover quite irrespective of the position occupied by the pieces to be welded. This suggested the solution of a problem which has been sought for during the past 40 years, namely, the welding of rails in position on the track. Recently, these experiments have been taken up again, especially in America, with the aid of the electric current, using the Thomson-Houston process. The apparatus required is, however, very cumbersome and, moreover, very expensive, no less than some 200 horsepower being necessary. It seems that experiments in welding rails electrically, after having been tried in many places, have always been dropped because the process was too cumbersome, too expensive, and above all not always quite reliable.

Attempts were next made to weld rails in the method indicated above. The ends of two rails were pressed into close contact and fluid corundum poured over the junction, the latter having first been surrounded by a suitable mould (Fig. 13). After a few experiments, the welding was found to be successful, but there was still one main objection; only a portion of the molten mass was employed as a source of heat, and that portion the worst, for the metal which gives up its heat more rapidly than the remainder of the melt was always left behind in the crucible. It was soon, however, seen that on pouring in the molten corundum, the portion which touched the cold rails immediately set and was not again liquefied by the molten corundum subsequently running over it. Experiments were then tried by pouring upon this rapidly-set corundum the metal in the crucible, which consisted chiefly of iron together with some manganese, and it was thus found that even this molten metal was incapable of perforating the crust of corundum after the latter had once set. Welds were, therefore, afterwards made by pouring the entire contents of the crucible, that is to say, both slag and metal, on the place to be welded. It was found that the metal settled down in the lowest portion of the mould, never coming into direct contact either with the rail or the sheet-iron forming the mould-case, so that, once cold, the iron mass could easily be removed from the welded part and from the inside of the mould.

By this process of pouring on the whole melt, a number of further advantages of very far-reaching importance have been obtained. Firstly, owing to the fact that the heat generated during a period of some minutes is generated in the crucible, where it is conserved (owing to the rapidity of the reaction), and is then transferred to the pieces to be welded within a few seconds, a great—say a 60 fold—concentration of energy is obtained, as no loss of heat to speak of takes place during the reaction in the crucible. Secondly, since the necessary quantity of heat can be weighed up in the form of an empirically determinable quantity of thermit, a method of welding has for the first time been devised in which the practised eye of the welder is not the measure of the heat to be given to the metal to be welded. The consequence is that such aluminothermic welding can easily be executed by workmen, even inexperienced men, and that specially trained men are not required for it. Thirdly, as this method of pouring involves the immediate covering of the spot to be welded, welding takes place with complete exclusion of air, so that atmospheric oxygen can have no action upon the parts which are being welded. The surfaces remain therefore unaltered beneath their protecting cover of corundum. This is of capital importance, and is an explanation of the excellent results that have been obtained by this method. Fourthly, slow cooling of the welded part can be obtained, inasmuch as the melt, after it has set, need only be removed whenever desired from the spot that has been welded. Finally, since the entire contents of the crucible, that is to say corundum as well as metal, are employed as a source of heat, welding by this process can compete as regards cost with any substantially made form of joint; and this is true, not only of rails, but, as has been shown by calculation, of iron beams in general.

The following examples show the application of this process to the welding of wrought-iron pipes, in both vertical and horizontal positions. The arrangement will be quite intelligible from what has been said. By means of suitable clamps, the clean-cut and squared ends of the pipes are firmly drawn together

(Fig. 4). A small sheet-iron casing of suitable size (Fig. 7a, 8), jacketed externally with moist sand, which again is kept in place by a box surrounding it, is used for enclosing uniformly the place to be welded (Fig. 9). The thermit is prepared in a crucible, and immediately poured into the mould. As soon as the welding temperature has been reached, it is necessary to tighten up the screws by one turn, in order to obtain the requisite pressure for welding. A 3 inches pipe, 0·16 inch in thickness, can be welded with 5 pounds of thermit. The distance of the sheet-iron mould from the outside of the pipe is 0·72 inch, and the length of the mould is 3·20 inches. A welding temperature is reached $1\frac{1}{2}$ minutes after the melt is poured in (Fig. 12). A table has been drawn up which shows the dimensions of the mould and the quantity of thermit, etc., to be employed to weld tubes of the more usual dimensions.* As may be seen, this method of welding tubes may be employed in all positions of the tube, and whilst the tube is being laid, and can therefore replace flanged joints.

The advantages of welds as compared with flanged joints are so obvious as scarcely to need mention. The strength of these welds is exceedingly high, and equal to the greatest demands that can be made upon them (Fig. 1). Repeated experiments have shown that such welded tubes can resist a pressure of 400 atmospheres, and even more. On attempting to break the welded tube, it has been shown that the latter splits lengthways before it breaks across the weld (Fig. 2); and such welded tubes can be bent at the weld to any desired radius (Fig. 3).

The cost of welding tubes is considerably less than that of a flanged joint or a good coupling, while it must not be forgotten that flanged joints can only resist a pressure of 15 to 30 atmospheres. It may be mentioned that the welding of two tubes of 2 inches inside diameter costs from 2s. to 4s., according as the thickness ranges from 0·10 to 0·24 inch, the above prices including crucible, mould and labour. An ordinary substantial flanged joint for this size of pipe could not be obtained for less than 5s. or 7s., while flanged joints that can resist a pressure of 100 to 200 atmospheres are much more costly. As against all these advantages, there is only one disadvantage that must be noticed, namely, the difficulty of cutting a welded joint, compared with the ease with which a flanged joint can be taken apart. It is therefore evident at the outset that pipelines which are again shortly to be removed or altered should not be welded. The number of such pipe-lines is, however, very small compared with those which it is not intended to alter within a reasonable period. On the other hand, such pipe-lines which it is not intended to alter when they are laid down, need not necessarily have all their joints welded, but here and there a more easily broken joint could be put in, so that it is esay to arrange for branch lines at any time. It will, however, occur to every practical man that the use of flanges need only be a very limited one, as the sawing through of a tube is not a laborious operation, and causes little more difficulty than the loosening of an old and rusted joint, which can only be performed by means of hammer and chisel.

---

* It has recently been found possible to manufacture thermit possessing greater calorific power than that possessed by the material formerly produced. As about 30 per cent. less of this material is required, and the price remains the same, there is a great reduction in the cost of welding.

Finally, it may be noticed that a T piece may be inserted by this new process at any required spot, without the necessity of taking apart the pipe in question.

The advantages of this new process over those hitherto known for uniting wrought-iron pipes may be summarized as follows:—(1) It can be applied to pipes in all positions and to all lengths. (2) Its application requires neither machinery, nor cumbersome apparatus, nor skilled workmen. (3) A weld is essentially cheaper than a flanged joint or coupling. (4) There are no maintenance-expenses, as the joint requires no packing of any kind. These advantages are most marked where high pressures are employed.

As regards iron or steel rails, the advantages presented by welding as against joining by fishplates are various. In the first place, there are advantages of construction. As no bolts are employed, the rails form a continut ous and uniform bar. This enables the rail to be set close up to the pavemens in the case of street-railways, which is a difficult matter where fish-plate- are employed. Further, carriages travel more smoothly over the junction. There is consequently a great saving in the rolling stock; even the strongest joints are unable to couple the ends of the rails so firmly together that in time the bolts do not work loose, thus producing a loosening of the entire system, which obviously becomes continuously worse in the course of use. The wheels commence to strike against the ends of the rails, and thus these spots wear away with undue rapidity. In order to prevent this loosening of the fish-plates, the bolts must be tightened from time to time, the rails must be packed, and the fish-plates, bolts, etc., require renewing. These costs are still greater in the case of street-railways, because they are combined with the necessity of lifting the pavement. These disadvantages disappear entirely when the rails are welded, as such a joint is no longer liable to work loose. In Essen, two sections of such welded rails have been in constant use throughout a period of 1 year, and a number of municipal corporations at home and abroad have decided to have a portion of their rails welded. A few months ago, two long sections of the electric railway were welded in Brunswick (Fig. 14); and in Berlin, Dresden, Plauen, etc., the rails of the electric tramways have been welded together by this process. According to the statements of tramway companies, such welds as those herein described have rendered excellent service. The welding has been done rapidly and without a hitch, the welded parts can scarcely be recognized, and are not perceptible in travelling over them. As the rails of electric railways are buried in the earth or in the pavement, change of temperature (involving extension and contraction of the rails) does not affect them as it does rails of ordinary railways. The former can therefore be welded together in long sections, without giving rise to any bending in the summer or tearing in the winter, and this statement does not depend only on calculation, but has been proved by direct experiment. This proof was obtained in the summer of 1899 by cooling a length of 328 feet of a welded line during several hours by means of a mixture of ice and salt. This simple and cheap process of welding greatly interests also the great railway companies. In the case of these latter, it will indeed not be possible immediately to weld up the entire length of rails, as will undoubtedly be done in the case of rails embedded in street pavements. It is known that a great number of street tramway companies, for instance, the Große Berliner Straßenbahnen, lay all their rails without leaving any space at the joints. This latter company has even had all spaces that may exist filled with steel wedges.

How far rails lying on the surface of the ground may be welded cannot be answered without further experiments. The fact that rails are now often laid in 60 feet lengths, while formerly the maximum length was 20 feet, without there being any need for making the spaces between the rails three times as great as it formerly was, suggests the assumption that the lengths of rails may be carried even further without there being any need to make the spaces inconveniently great. Above all, there is scarcely any technical reason for hesitating to weld together 20 or 30 feet lengths of rails in twos or threes, and great advantages will be obtained by doing so. The welding of greater lengths of such rails must necessarily depend upon the way in which the rails are secured to the sleepers, on the nature of the ground, the character of the trains, of the climate, of the curves, etc. The opinion is also generally held by technical men that all rails laid in tunnels can be welded, thus producing a very considerable advantage, as the objectionable permanent-way works in tunnels could thus be reduced to a minimum. In such tunnels, the temperature is very uniform, and experiments have shown that rails in tunnels are practically protected from alterations of length due to change of temperature.

Another important point speaks in favour of the welding of tram-lines. Because, in the case of electrical street railways a good electric contact of the rails is of especial importance. The copper connectors that have been almost universally adopted up to the present for bridging each junction solve the difficulty but imperfectly, as it is well known that copper and iron buried in moist earth produce galvanic currents. Considerable damage is done by the wandering currents due to such action, and in order to reduce this to a minimum the welding together of the rails is recommended as the most effective method. Apart, however, from these advantages, a welded tram-line is much cheaper in maintenance, as also in first cost, than a line joined with fishplates and copper conductors. It is calculated that the economy would amount to about 20 per cent. of the capital, if the cost of maintenance be capitalized, in the case of a welded rail as against fish-plates and copper conductors: even though the latter are only put down as costing 13s. 4d. and the welds at 20s.

A further application of this process, of special importance to the metallurgist, may be mentioned. It has been found that iron separates out almost completely from a mixture of oxide of iron with aluminium, and that such iron is free from aluminium, provided that a certain excess of iron oxide is employed. If sufficiently pure materials are employed, a very pure soft malleable iron is produced which approximates in composition to the soft socalled Swedish charcoal iron. To this iron reduced by aluminium, all the constituents may be added that are considered necessary, and it may thus receive all the properties of a steel. For example, carbon or carbonaceous material may be added to the thermit in order to carburize the metal, while for example 1 per cent. of manganese, 4 per cent. of nickel, etc., may also be alloyed with it. The production of such thermit steel of definite and desired composition requires practical experience, as a large number of circumstances have to be taken into account which can only be learned by practice.

The possibility of preparing iron and steel of the most varying composition in any desired quantity rapidly and simply at a temperature of about 3,000° Cent. has suggested a process for the repair of defective or worn-out steel castings or iron forgings. For that purpose, iron, heated far above its melting-point, has the property, when poured for example into a hollow in an iron block, of raising the walls of the cavity so rapidly to the welding point that the metal poured in is intimately united to it.

The process has special advantages where the hitherto used electrical methods are no longer available—that is to say especially in repairing large faulty places (Fig. 15). Excellent results have also been obtained with smaller repairs. Naturally such iron may also be employed to strengthen up a casting, to repair broken teeth of spur-wheels (Fig. 16), etc.

In all cases, tests of every kind have shown that the castings thus produced are equal to all the demands that may be made upon the metal, provided only that the necessary conditions, which are, however, thoroughly simple, are always properly fulfilled.

The softening of armour-plates is performed by pouring upon the spot to be softened a certain quantity of fluid thermit from a crucible. Under the action of this intense heat upon one spot, and the slow cooling following upon it, which is simply produced by allowing the molten mass to remain for some time after its solidification, the desired large or small spot is sufficiently softened, this being of importance when it is required to bore holes into the plate. Up to the present, such softening has always been done by means of a small oxy-hydrogen blow-pipe, with which method, however, the operation was very slow.

A large number of further applications in widely differing branches of industry are now being introduced, and others are under consideration, so that the hope is justifiable that alumino-thermit may in a brief period become an important and perhaps indispensable auxiliary in many branches of technology.

Anschweißen schadhafter oder abgenutzter Werkstücke wie Walzenzapfen und dergleichen mit Hilfe des aluminothermischen Verfahrens.

(Stahl und Eisen 1901 Seite 23.)

Das Prinzip des Verfahrens ist dem bisher üblichen ähnlich. Anstatt aber die Schweißfläche nach vorhergegangener Vorwärmung auf Rotglut und Einbauung mit entsprechender Form durch längeres Überspülen mit Grauguß aufzuweichen, geschieht das Aufweichen durch Aufgießen einer dünnen Schicht von Thermitstahl, und danach wird die Form wie üblich mit Siemens-Martin-Flußeisen, gegebenenfalls auch Tiegelgußstahl, gefüllt. Während man nach dem alten Verfahren Grauguß zur Hand haben und dafür Sorge tragen muß, daß die erhebliche Menge Grauguß, die zum Verschweißen notwendig ist, in geeignete Behälter abfließen kann, fallen bei diesem Verfahren alle diese umständlichen Vorbereitungen weg.

Vor allem aber wird bei dem aluminothermischen Verfahren eine völlig gleichmäßige, sehr hohe Anwärmung der Schweißfläche sicher erzielt, wodurch ein Gelingen der Anschweißungen bzw. Aufgießungen völlig gewährleistet wird.

Beispiel. Bei einer Walze aus Siemens-Martin-Flußeisen ist ein Teil des Kuppelzapfens (Kleeblatts) abgebrochen. Der Zapfen wird bis in den Lagerzapfen abgeschnitten (s. Abb. 18), dann wird die Walze senkrecht in die Grube gesetzt, so daß die Schweißfläche genau horizontal liegt. In gewohnter Weise wird der Zapfen in abnehmbaren Ringen frisch eingeformt und ein genügend großer Gießtrichter vorgesehen. Bei der Einformung des Zapfens gibt man etwa 10 bis 15 mm an lichtem Maß zu, um den Zapfen nach dem Guß sauber bearbeiten zu können, desgleichen ist es ratsam, die Form nicht in gleicher Höhe der Schweißfläche anzusetzen, sondern etwa 10 bis 15 mm tiefer (s. Abb. 18). Der aufgegossene Thermitstahl löst dann mit Sicherheit durch das Abfließen in die so entstandene Rinne alle Punkte der Peripherie des Zapfens auf, wodurch eine sichere Schweißung erzielt wird. Die Formringe müssen wie die Formen des Stahlfassongusses im Trockenofen gut getrocknet werden.

Nach diesen Vorbereitungen wird um den Walzenzapfen ein Kokskorb gesetzt und der Zapfen auf Rotglut angewärmt. Die hierzu erforderliche Zeit richtet sich nach dem Durchmesser des Zapfens. Bei einem Zapfen von 500 mm Durchmesser dauert z. B. das Vorwärmen etwa 10 Stunden. Etwa eine Viertelstunde vor dem Abstich der Martincharge wird der Kokskorb entfernt, die Koksstücke in der Grube mit Erde abgedeckt und die

Form angesetzt. Ein gutes Dichten des unteren Ringes wird durch trockenen Silbersand bewirkt. Die Ringe werden durch Klammern und Keile fest aufeinandergefügt. Da die Bereitung des Thermitstahles nur wenige Minuten in Anspruch nimmt, wartet man, bis der Abstich des Martinofens beendet ist.

Bei einem Zapfen von etwa 500 mm Durchmesser bedient man sich zur Herstellung des Thermitstahles dreier Spezialtiegel Nr. 5, in denen je 25 bis 30 kg Thermit zur Reaktion gebracht werden können, und sorgt dafür, daß von jedem Tiegel in einen besonderen trockenen Behälter die Schlacke (der Korund) abgegossen werden kann. Für das Anschweißen eines solchen Zapfens genügen 70 kg Thermit („Marke Schwarz") völlig. Die Bereitung des Thermitstahls ist in dieser Zeitschrift Jahrgang 1900 Seite 567 (Verfahren zum Ausbessern von Schmiede- und Stahlfassongußstücken) genau beschrieben. Es mag besonders hervorgehoben werden, daß das Abgießen der Schlacke (etwa 3/4 des Tiegelinhaltes) sorgfältig geschehen muß; die letzten Schlackenteile sind mit einem Eisenstabe bei schräggelegtem Tiegel abzuziehen; bei nur einiger Aufmerksamkeit ist dabei ein Fehler nicht zu machen.

Um ein ruhig fließendes Eisen zu erhalten, ist ein Manganzusatz sehr zu empfehlen. Zu dem Zwecke wird unmittelbar nachdem die letzten Schlackenteile aus dem Tiegel abgezogen sind auf das hocherhitzte Eisen etwas sog. Manganthermit aufgestreut. Es geschieht dies am besten mit Hilfe eines Löffels oder einer Schüppe, die an einem langen Stiel befestigt ist. Die sich dabei noch bildende Schlacke kann beim Aufgießen zurückgehalten werden. Auf das Kilogramm Thermit werden etwa 10 bis 20 g Manganthermit verwendet. Das Zugeben desselben muß möglichst ohne nennenswerten Zeitverlust geschehen, um einem Wärmeverlust vorzubeugen.

Während des Abgießens der Schlacke, wozu für jeden Tiegel 3 Mann, im ganzen also 9 Mann, während weniger Minuten zugegen sein müssen, steht die Kranpfanne mit Flußstahl in nächster Nähe zur Bereitschaft. Der Thermitstahl wird aus den drei Tiegeln auf den abgeschnittenen Walzenzapfen gegossen und gleich darauf die Form mit möglichst heißem Flußeisen gefüllt. Ein richtiges Anstellen der Arbeiter, so daß ein unnötiges Überhasten nicht eintreten kann, und die nötige Organisation bei den Vorbereitungen erleichtern die Arbeit sehr.

Das Verfahren hat sich in der Praxis gut bewährt; von einem Mißlingen ist nichts bekanntgeworden.

Aluminothermie.

Verfahren zur Erzeugung hoher Temperaturen mittels Verbrennens von Aluminium und dessen technische Anwendungsarten.

(Vortrag in der Versammlung des „Vereins deutscher Eisenhüttenleute" zu Düsseldorf am 24. März 1901; Stahl und Eisen, 1901, Seite 545.)

Schon vor etwa 3 Jahren hatte ich die Ehre, Ihnen hier ein neues Verfahren zur Erzeugung hoher Temperaturen an Hand einiger Experimente vorzuführen*. Damals aber war nur derjenige Teil des Verfahrens durchgearbeitet, der sich mit der Darstellung reiner, kohlenstofffreier Metalle befaßte. In der Zwischenzeit sind einige Aufsätze über das Verfahren, das mit dem nunmehr international gewordenen Namen Aluminothermie belegt worden ist, in „Stahl und Eisen" erschienen, die ich als bekannt voraussetzen darf**. Gerade aber über den Teil der Verfahren, die weitgehendere Anwendungen gefunden haben, nämlich über die Stumpfschweißungen mit Hilfe von Thermit, ist nur wenig oder gar nichts in dieser Zeitschrift erschienen, so daß hierüber Näheres mitgeteilt werden mag. Auch die metallurgische Seite hat manche Erweiterung erfahren. Es sei mir deswegen gestattet, über die neueren Anwendungen der Aluminothermie allgemein zu berichten.

Die Darstellung von Chrom und Mangan ist in den Großbetrieb übergeführt, da der Bedarf einiger Werke sehr erheblich geworden ist. In Frankreich ist es die Société d'Electro-Chimie, als Lizenzträgerin daselbst, die sich etwa seit zwei Jahren in St. Michel de Maurienne (Savoyen) mit der Darstellung der benannten Metalle befaßt, während der übrige Bedarf von Essen aus, von der Allgemeinen Thermit-Gesellschaft gedeckt wird. Die Darstellung geschieht in großen tiegelartigen Gefäßen, in denen einige Zentner des Metalls in einer Operation abgeschieden werden; infolge der Schnelligkeit der Reaktion nimmt dies kaum eine halbe Stunde in Anspruch. Während das kohlenstofffreie Chrom besonders für Stahl gebraucht wird, dient das reine Mangan dazu, reine (auch eisenfreie) Kupromangane herzustellen. Es hat sich die alte Beobachtung gerade bei diesen beiden Metallen wieder bewahrheitet, daß reine oder fast reine Metalle andere Eigenschaften haben als die mit allerhand Verunreinigungen behafteten, und daß diese reinen Metalle auch in Legierungen einen anderen, und zwar in den vorliegenden Fällen einen erheblich höheren Wert besitzen. In der Stahlindustrie ist bisher das Chrom in Form von Ferrochrom mit einem Gehalt von etwa 40 bis höchstens 65 % Chrom zur Verwendung gekommen. Dieses Produkt enthält zumeist 10 bis 12 % Kohle berechnet auf den Chromgehalt. Das Chrom ist daher im Ferrochrom nicht als solches, sondern als ein Chromkarbid vorhanden. — Alle Stahle also, die mit Hilfe dieses kohlenstoffhaltigen Ferrochroms an-

* Vergleiche „Stahl und Eisen" 1898 Nr. 21 und Seite 30 dieser Sammlung.

** Vergleiche „Stahl und Eisen" 1898, S. 468. 1900, S. 567 und 612. 1901, S. 23 und Seiten 5, 102, 106 und 146 dieser Sammlung.

gefertigt werden, sind, streng genommen nicht Chromstahle, sondern „Chromkarbidstahle“. Mit dem reinen kohlenstofffreien Chrom können also andere Legierungen angefertigt werden, die auch andere Eigenschaften haben, so vor allem weicher sind. Es ist mit dem reinen Chrom ferner möglich, Chromstahle mit höherem Chromgehalt anzufertigen als bisher, weil der hohe Gehalt an Kohlenstoff im Ferrochrom die Darstellung höher chromierter Legierungen infolge des gleichzeitig bedingten hohen Kohlenstoffgehaltes unmöglich machte.

Kohlenstofffreies Chrom hat also für die Stahlindustrie besonderes Interesse, weil nur dieses die Möglichkeit gibt, die Chromstahle genau studieren zu können. Welchen Vorteil bereits einer Anzahl von Werken das kohlenstofffreie Chrom gewährt, beweist die notwendig gewordene Großdarstellung dieses Metalls in der oben angedeuteten Weise. Je höher die Konzentration des Chroms ist, um so wertvoller ist es in vielen Fällen dem Stahlfabrikanten. Weil das Chrom im Martinofen erst am Ende der Operation der fertigen Charge zugesetzt wird, so muß vermieden werden, daß mit dem Chrom irgendwelche schädlichen Beimengungen hineingeraten. Je reiner also das Chrom ist, um so weniger Verunreinigungen in ihm vorhanden sind, um so sicherer lassen sich Chromlegierungen mit einem ganz bestimmten Gehalt an Chrom herstellen. Der Abbrand, der bei hochprozentigem Ferrochrom etwa 20 bis 25% beträgt, ist bei reinem Chrom erheblich geringer. Wenn es sich darum handelt, den Gehalt an Chrom im Verhältnis zum Kohlenstoff zu erhöhen, beispielsweise eine Charge herzustellen, die neben 2,5% Chrom nur 0,2 oder gar nur 0,15% Kohlenstoff enthalten soll, kann man dies ohne Zuhilfenahme eines kohlenstofffreien Chroms nicht bewirken, da bei Anwendung von Ferrochrom wenigstens 0,25 bis 0,3% Kohlenstoff zugeführt werden, der noch durch den in der Flußeisencharge vorhandenen Kohlenstoff auf mindestens 0,3 bis 0,35% heraufgedrückt werden würde. Das kohlenstofffreie Chrom findet auch Verwendung im Tiegelguß, selbst da, wo es sich nur um einen geringen Chromzusatz von 1 bis 2 % handelt, ein geringer Kohlenstoffgehalt also nicht in Betracht kommt. Auch zur Herstellung von hochchromiertem Werkzeugstahl mit 6 bis 10% Chrom — in einigen Werken wird dieser Gehalt an Chrom sogar noch zu steigern versucht — bedient man sich des kohlenstofffreien Chroms. Der Zusatz des Chroms kann auch in Form von Chromthermit erfolgen. Aus einem Kilo Chromthermit erhält man etwa 375 g metallisches reines Chrom. Die Art des Zusatzes als Thermit soll weiter unten beim Titan ausführlich besprochen werden. Das Chrom verhält sich in bezug auf die Einführung mit Hilfe des entsprechenden Thermits dem Titan analog.

Durchaus anders liegt die derzeitige Hauptverwendung beim kohlenstofffreien Mangan; hier hat vorläufig die Eisen- bzw. Stahlindustrie weniger Nutzen gezogen. Es liegt dies mit daran, daß die Manganstahle bisher nicht das Interesse in Anspruch nahmen wie gerade die Chromstahle. Vor allem aber ist es der bedeutend höhere Preis des aluminogenetischen Mangans dem sehr billigen im Hochofen erschmolzenen Ferromangan gegenüber, der in erster Linie zurückhaltend wirken muß. Der Preisunterschied ist etwa wie 10 zu 1. Neuerdings tritt trotzdem großes Interesse für hochprozentige Manganstahle hervor und nennenswerte Mengen von reinem Mangan werden für diese Zwecke verwendet.

Dagegen bedient sich seit etwa Jahresfrist die Kupferindustrie des reinen Mangans in ausgedehnter Weise. Dieser Vorteil des reinen, kohlenstofffreien Mangans dem kohlenstoffhaltigen Produkt gegenüber war nicht ohne weiteres vorherzusehen, da der Kohlenstoffgehalt des Mangans selbst auf das Kupfer keinen direkten Einfluß ausübt, indem dieser Kohlenstoffgehalt beim Legieren in die Schlacke oder den Abbrand geht; ein Kupferkarbid bildet sich bekanntlich nicht. Nimmt man, wie vielfach geschieht, ein hochprozentiges Ferromangan — mit etwa 80% Mangan, 8 bis 9% Eisen, Rest Kohlenstoff und Verunreinigungen — so werden stets rund 10% Eisen von der Menge des zulegierten Mangans in das Kupfer eingehen. Demnach enthalten diese gewöhnlichen Kupromangane mit 25 bis 30% Mangan stets 2,5 bis 4% Eisen. Um eisenfreie Kupromangane zu erzeugen, mußte also auch ein eisenfreies Mangan gewählt werden. Eisenfreies, mit Kohlenstoff auf bekannte Art im Tiegel reduziertes Mangan stellt gleichfalls ein Mangankarbid dar, das an der Luft nach kurzer Zeit zu Pulver zerfällt. Das aluminogenetische, kohlenstofffreie Mangan hat die vorteilhafte Eigenschaft, daß es sich beliebig lange an der Luft hält, nur etwas — aber in geringerem Maße als Eisen — anläuft. (Selbst in der Laboratoriumsluft hält es sich ziemlich gut, bleibt allerdings nicht so blank wie das reine Chrom, das sich ja bekanntlich in dieser Hinsicht wie ein edles Metall verhält.) Das kohlenstofffreie Produkt zeichnet sich besonders durch seine verhältnismäßig große Legierungsfähigkeit aus; Stücke dieses Mangans in einen Tiegel geschmolzenen Kupfers eingeworfen, legieren sich mit Leichtigkeit diesem zu, fast ohne einen Abbrand zu geben, der bei dem kohlenstoffhaltigen Mangan bzw. Ferromangan ja stets entstehen muß und auch zu Verlusten Veranlassung gibt. Es werden auf diese Weise Legierungen von Kupfer mit 20, 30, 50 und mehr Prozent Mangan hergestellt; diese hochprozentigen Legierungen dienen zum Weiterlegieren mit reinem Kupfer.

Trotz des erheblich höheren Preises dieses reinen Mangans gegenüber dem Ferromangan wird ersteres für die Darstellung guter manganhaltiger Kupferschmelzen entschieden vorgezogen, weil es sich — an Hand zahlreicher, aufs sorgfältigste in großem Maßstabe angestellter vergleichender Versuche — gezeigt hat, daß man porenfreie Güsse nur mit diesem reinen, leicht legierbaren Mangan herzustellen imstande ist, und daß die Qualität der Legierung durch einen Eisengehalt erheblich verschlechtert wird. Selbstverständlich wird für solche Mangankupferlegierungen auch nur bestes Elektrolytkupfer verschmolzen. Besonders hat sich eine Legierung mit 5% Mangan — das dem Kupfer kaum eine merkliche Färbung erteilt — eingeführt, da es sich als sehr widerstandsfähig gezeigt hat, und zwar besonders gegen Feuergase. Es werden aus diesem Material Stangen und Röhren gefertigt. In Paris waren von der bekannten Société Française d'Electro-Metallurgie Paris (Procédé Elmore & Secretan) (Usine à Dives) Röhren und Stäbe, die mit diesem kohlenstofffreien Mangan angefertigt waren, ausgestellt.

Mangan wird auch als Desoxydationsmittel dem Nickel zugesetzt, zumeist in Mengen von 1 bis 2%. Ferner dient es als Zusatz bei Bronze, Rotguß und Messing; es werden diesen Legierungen ¾ bis 3% zugegeben. Mangan legiert sich auch leicht mit Zink und Zinn. Besonders eine Legierung von 20%

Mangan und 80% bleifreiem Zink findet vielfach Anwendung, während Manganzinn mit 50% Mangan und 50% bleifreiem Zinn in den Handel gebracht wird. Schließlich wird noch eine Legierung von 70% Mangan und 30% Chrom in Chrommangan fabriziert, das verschiedentlich Anwendung gefunden hat, und zwar für Kupferlegierungen zur Herstellung von sog. Chrommanganin. Das Chrom legiert sich nur sehr schwer mit dem Kupfer direkt, es seigert vor allem leicht aus, so daß das auf aluminothermischem Wege hergestellte Chromkupfer mit 10% Chrom, das für die Herstellung von chromiertem Kupfer genommen wird, weniger gewählt wird als das Chrommangan, das sich ebenso leicht mit dem Kupfer legiert wie das reine Mangan selbst und gerade neuerdings häufiger in Anwendung gekommen ist. Das Chrom scheint im Gegensatz zum Eisen bei Kupferlegierungen die Elastizität zu erhöhen

Weiter unten wird auch noch einer Legierung von Mangan und Titan Erwähnung getan; diese dürfte sich auch wohl zum Legieren mit Kupfer und Bronzen eignen, da eine Legierung von Kupfer und Titan zwar leicht auf aluminothermischem Wege darstellbar ist, aber beim Weiterlegieren leicht ausseigert. An Resultaten über Einwirkung des Titans auf Kupfer oder Kupferlegierungen mit Hilfe von Mangantitan fehlt es zurzeit noch. Neuerdings tritt auch von verschiedenen Seiten ein größeres Interesse für Ferrotitan auf; selbst geringe Zusatzmengen von Titan — wenige Zehntelprozent — geben, wie mir auch von verschiedenen Seiten bestätigt wird, dem Eisen bzw. Stahl ein besonders dichtes, sehniges Gefüge. Eine Einführung von Titan ins Eisen ist infolge seiner schweren Legierbarkeit und großen Neigung zur Verschlackung nach den bisherigen Methoden durch Reduzierung von titanhaltigen Erzen im Hochofen außerordentlich schwierig gewesen, in den allermeisten Fällen sogar völlig mißglückt. Erst durch Anwendung des aluminothermischen Verfahrens wird es möglich, reine kohlenstofffreie Titanlegierungen herzustellen, die dem Hüttenmann nunmehr gestatten, Titan bequem einzuführen. Allein die hochprozentigen Legierungen mit 40% Titan haben sich infolge ihrer Schwerschmelzbarkeit nicht bewährt und deswegen werden Ferrotitane mit einem Gehalt von nur 20 bis 25% Titan in den Handel gebracht. Das Zufügen dieser Legierung muß auch bei hoher Temperatur erfolgen.

Neuerdings ist gefunden worden, daß sich das Titan leichter mit Mangan als mit Eisen legiert, es wird ein Mangantitan hergestellt, das 30 bis 35% Titan enthält. Wird diese Legierung angewendet, so erhält man stets etwa die doppelte Menge Mangan vom Gehalte des Titans. Da aber zumeist nur 1 bis 2 Zehntel Titan zulegiert werden, so übersteigt schließlich der Mangangehalt nicht die vielfach in Flußeisen enthaltene Menge dieses Metalls. Dieses Mangantitan wird vom Flußeisen leichter gelöst als Ferrotitan. Ein besseres und bequemeres Einführen des Titans erhält man dadurch, daß man dasselbe in statu nascendi auf das flüssige Metall einwirken läßt. Es geschieht dies in der Weise, daß man auf ein entsprechendes Gemisch der Sauerstoffverbindungen von Titan, Eisen oder besser Mangan mit Aluminium — sog. Mangantitan-Thermit — hocherhitzten Stahl auffließen läßt, welcher die Mischung sofort entzündet; die Titanlegierung scheidet sich aus und geht in das Metallbad ein, während die sich aus dem Thermit bildende Schlacke obenauf schwimmt. Wesentlich hierbei ist, daß eine beträchtliche Wärmemenge erzeugt wird, die dem Legierungsvorgange zugute kommt. Man fügt also das Titan erst in der Gießpfanne bei.

Da das Titan bekanntlich Stickstoff absorbiert, so ist es imstande, etwaige Mengen dieses Gases, die im Flußeisen vorhanden sind, aufzunehmen. Daß dies tatsächlich bei Zugabe von aluminogenetischem Ferrotitan eintritt, ist von verschiedenen Seiten erwiesen worden, indem bei derartigen Schmelzen die bekannten roten, eine Titanstickstoffverbindung enthaltenden Kristalle mit Hilfe des Mikroskops beobachtet worden sind. Das Titan ist also mit dazu berufen, blasenfreie Güsse herzustellen und reiht sich wohl in dieser Beziehung dem Mangan, Silizium und Aluminium an. Geringe Titanmengen geben dem Gußeisen auch eine erhöhte Festigkeit. Die ausgedehnten Versuche in dieser Beziehung haben wohl nur deshalb noch zu keinem sicheren Resultate geführt und eine allgemeinere Einführung hintangehalten, weil ein zuverlässiges und gleichmäßiges Hinzufügen des Titans bislang nicht gewährleistet werden konnte. Das Zulegieren des Titans bzw. Ferrotitans oder auch Mangantitans zum Gußeisen geschieht am sichersten, indem man das flüssige aus dem betreffenden Thermit ausgeschiedene, hoch über seinen Schmelzpunkt erhitzte Metall in die Pfanne einfließen läßt. Bei kleineren Probemengen kann man derart verfahren, daß man das betreffende Titanthermit in einem Tiegel in bekannter, eingangs erwähnter Weise zur Reaktion bringt, den Korund abzieht und erst danach die flüssige Titanlegierung dem Gußeisenbade hinzufügt. Besonders bei größeren Mengen wird man aber noch praktischer so verfahren, daß man am Boden des Gefäßes, in dem die Titanlegierung abgeschieden wird, einen Abstich vorsieht, so daß das Metall zuerst ablaufen kann. In dem Falle läßt man auch die Schlacke soweit wie möglich auf das Eisenbad mitfließen, um auch ihre Wärme mit auszunutzen. Natürlich kann man auch auf dem Boden der Pfanne selbst die aluminothermische Abscheidung vornehmen und sofort, nachdem diese beendet ist, Eisen nachfließen lassen und zwar unter ständigem Umrühren, um ein gutes Durchmischen der Metalle hervorzurufen und die bei der aluminothermischen Reaktion sich bildende Schlacke, den Korund, auf die Oberfläche zu treiben. Unter Umrühren erstarrt der Korund zu kleinen Stücken und wird schließlich abgeschöpft. Die Korunddecke erstarrt sehr schnell, schon nach wenigen Sekunden, während das Metall, besonders wenn man größere Mengen auf einmal in Anwendung bringt, längere Zeit flüssig bleibt, so daß man mit dem Abstechen des Metalls dann nicht besonders eilig zu sein braucht.

Ferrotitanthermit sowohl wie Mangantitanthermit reagieren ziemlich langsam. Wenn nur einige Kilo in einem Tiegel zur Reaktion gebracht werden, ist es ratsam, denselben etwas hin und her zu schwenken, um die Reaktion etwas zu beschleunigen. Aus einem Kilo Ferrotitanthermit werden etwa 350 g Ferrotitan mit 20 bis 25 % Titan und aus einem Kilo Mangantitanthermit etwa 280 g Mangantitan mit 30 bis 35 % Titan ausgeschieden*. Die Titanthermite geben eine ziemlich dickflüssige Korundschlacke, welche die kalten

* Erleichtert werden die Arbeiten mit Titan dadurch, daß seine Bestimmung durch Titration (Tüpfelmethode) schnell und sicher ausführbar ist. In Salzsäure löst sich das Titan unter Luftabschluß (Bunsenventil) zu $TiCl_3$, das mit Hilfe von $FeCl_3$ zu $TiCl_4$ oxydiert wird. Die Titration geschieht in der Kälte, während CO_2 übergeleitet wird. Als Indikator dient Rhodankaliumlösung. Wenn die Eisenchloridlösung 0,01 g Fe in 1 ccm enthält, so entspricht dieser 0,0091 g Ti. Auch die Titriermethode mit Wasserstoffsuperoxyd ist zu empfehlen. (Vergl. „Chemiker-Zeitung“ 1901, Nr. 24 vom 23. März 1901 und Journal Soc. Chem. Ind. 1901, 20, 23.)

Wände eines Tiegels — auch wenn sie kieselsäurehaltig sind — verhältnismäßig wenig angreift; es tritt, falls die Reaktion in kieselsäurehaltigen Gefäßen vorgenommen wird, eine Aufnahme von belanglos wenig Silizium in das Metall ein. Ähnlich verhält sich in dieser Beziehung auch der chromoxydhaltige Korund.

In fast quantitativer Weise lassen sich Nickel und Kobalt aus ihren Oxyden aluminogenetisch herstellen. Technisches Interesse bietet zurzeit nur das Nickel, da das metallische Kobalt schon infolge des hohen Preises kaum Verwendung findet. Man kann in einer Operation direkt aus dem Nickeloxyd mit Hilfe des aluminothermischen Prozesses Nickelgüsse herstellen, ohne erst Würfelnickel aus dem Nickeloxyd herstellen zu müssen, welch ersteres in Tiegelöfen nur bei hoher Temperatur eingeschmolzen werden kann. Dabei besitzt das auf aluminogenetischem Wege hergestellte Nickel eine erheblich höhere Temperatur als das im Tiegelofen verschmolzene und ergibt auch ein vorzüglich reines walzfähiges Produkt. Reduktions- und Tiegelöfen fallen bei dem Verfahren natürlich gänzlich fort; man braucht lediglich Tiegel, die aber für den vorliegenden Fall einer besonderen nicht kieselsäurehaltigen Auskleidung bedürfen. Um Nickelgüsse herzustellen, ist vorher der azurblaue Nickelkorund von dem Nickelregulus abzugießen. Es können dem flüssigen Nickel Zusätze, z. B. von Mangan, gegeben werden, am besten mit Hilfe von Manganthermit. Dieses kann gleich auf dem Boden des Tiegels zur Reaktion gebracht werden, so daß das aus dem Nickelthermit entstehende Nickel in das Mangan fließt und sich sogleich mit diesem vereint. Auch können, noch bevor die Schlacke abgegossen ist, Manganstücke in den Tiegel geworfen werden. Es erfolgt so ein quantitatives Eingehen des Mangans in den Nickelregulus. Diese Art der Nickelabscheidung eignet sich auch sehr dafür, dem Gußeisen, dem für Sonderzwecke Nickelzusätze von ½ bis ¾ % gegeben werden, einen gleichmäßigen und sicheren Zusatz zu erteilen. Man verfährt hierbei am besten so, wie dies oben beim Mangantitanzusatz für Gußeisen beschrieben ist. 1 kg Nickelthermit ergibt etwa 600 g Nickel. In Anregung seien hier auch Chromnickellegierungen gebracht, die mit Hilfe des aluminothermischen Verfahrens ohne weiteres herzustellen sind und wohl Interessantes bieten dürften. Der Zusatz wird infolge der Schwerschmelzbarkeit des Chroms am besten mit Hilfe von Chromthermit bewirkt. Chromthermit entzündet sich erst bei besonders hoher Temperatur, reagiert langsamer als die anderen Thermite und gibt gute Ausbeute nur bei Anwendung großer Mengen. Allgemein sei hervorgehoben, daß der Zusatz eines auf aluminothermischem Wege herstellbaren Metalls in vielen Fällen besser mit Hilfe des entsprechenden Thermits erfolgt, als daß die Einführung des Metalls im Ofen vorgenommen wird. Das Bequemste ist es, das Thermit als solches direkt auf den Boden der Pfanne zu geben, oder das Metall in unmittelbarer Nähe derselben zu bereiten, um es dann in die abzulassende Charge einfließen zu lassen. Da man aber beim Arbeiten im Martinofen die Zeit des Abstichs vorher genau anzugeben nicht imstande ist, wählt man in diesem Falle die Art des Zugebens des Thermits in die Gießpfanne. Selbst einige wenige Prozent Thermit einem Eisenbade zugeführt, erhöhen dessen Temperatur ganz wesentlich. Flüssiger Stahl entzündet die erwähnten Thermite, während flüssiges Gußeisen dieses nicht tut. Noch sei erwähnt, daß nach aluminothermischem Verfahren Ferrobor mit 20 bis 25 % metallischem Bor hergestellt wird. Die Versuche mit diesem Körper haben bisher noch zu keinem definitiven Resultat geführt. Dagegen scheint die Anwendung von Vanadin in Form von Ferrovanadin, das aluminogenetisch leicht darstellbar ist, Aussicht auf Verwendung für Spezialstahle zu haben, wenn der Preis der Vanadinerze noch weiter zurückgeht. Die besten Resultate scheinen mit Mengen von 0,5 % Vanadin erreicht worden zu sein. Interessant, allerdings zurzeit mehr vom wissenschaftlichen Standpunkt, ist es auch, daß die Oxyde der Erdalkalimetalle durch Aluminium reduziert werden, am leichtesten auch in Legierungen. So ist ein Bleibarium mit 30 % Barium abgeschieden worden. Diese Legierung, die spröde, kristallinische Stücke bildet und an der Luft zerfällt, zersetzt das Wasser stürmisch.

Der metallurgische Teil des aluminothermischen Verfahrens bildet einen Fabrikationszweig für sich. Aufs engste mit dieser Fabrikation verbunden ist die Darstellung des geschmolzenen Aluminiumoxydes, das bei der Metallabscheidung entsteht. Da der Korund bzw. Schmirgel, der in der Natur vorkommt, im wesentlichen aus Aluminiumoxyd besteht, so kann man dieses Produkt als künstlichen Korund oder Schmirgel bezeichnen. Für dasselbe ist der Name „Corubin" geschützt. Dieser „Corubin" zeichnet sich vor allem durch seine große Härte und Schleiffähigkeit aus und übertrifft hierin, wie die Praxis gezeigt hat, den natürlichen Korund oder den Schmirgel ganz erheblich. Infolge dieser Eigenschaften hat auch die Zerkleinerung dieses Materials nicht unerhebliche Schwierigkeiten verursacht, die nur mit Hilfe von sehr kräftig gebauten Spezialmaschinen überwunden werden konnten. Der „Corubin" wird seitens der Allgemeinen Thermit-Gesellschaft in den üblichen Körnungen in den Handel gebracht. Die erzielten Preise übertreffen die des besten Schmirgels sehr erheblich. Ferner bildet das Material ein hochfeuerfestes Produkt, aus dem Steine, Formen und Tiegel für besondere Zwecke hergestellt werden.

Von umfangreicher und mannigfaltigster Art sind diejenigen Anwendungsarten des Verfahrens, die sich mit der Wärmeausnutzung für die Metallbearbeitung befassen. Die Verfahren beruhen entweder darauf, daß man nur die bei der Reaktion auftretende Wärme auf das Arbeitsstück einwirken läßt, oder darauf, daß man das bei der Reaktion sich abscheidende hocherhitzte Metall zum Aufschweißen bzw. Aufgießen verwendet. Für die Anwärmung auf Schweißtemperatur wird Thermit, Marke Rot, für die Aufschweißungen auf Guß- und Schmiedeeisen Thermit, Marke Schwarz, verwendet. Die Fabrikation in großem Maßstabe hat neben der Metalldarstellung seit kurzem in Essen seitens der Allgemeinen Thermit-Gesellschaft begonnen. Trotz scheinbarer Einfachheit bedarf die Bereitung technisch brauchbaren Thermits allergrößter Vorsicht, Erfahrung und Kontrolle. Die Fabrikation kann nur mit Hilfe einer Anzahl größerer Spezialapparate und Maschinen erfolgen, die erst den neuen Zwecken entsprechend konstruiert werden mußten.

Bei der Verwendung des feuerflüssigen Gutes für Schweißzwecke war vor allem die richtige Art der Wärmeübertragung auf das Arbeitsstück ausfindig zu machen. Die Ausführung geschieht derart, daß die zu verschweißenden Enden mit vorher blank gemachten Flächen stumpf aneinander gedrückt werden. Um die Schweißstelle wird eine lose anschließende Form aus dünnem Eisenblech gelegt, die von außen mit Formsand oder dergl. abgestützt ist. In einem Spezialtiegel entsprechender Größe wird sodann die feuerflüssige Mischung bereitet und die Form damit gefüllt. Dadurch, daß die Enden der Schweißstücke mit Hilfe eines Klemmapparates fest zusammengepreßt sind, also der durch die Erwärmung bedingten Ausdehnung nicht folgen können, entsteht der zum Schweißen erforderliche Druck, der durch Anziehen der Schrauben des Klemmapparates noch verstärkt werden kann. Nach erfolgter Schweißung kann die erstarrte Masse leicht durch einige Hammerschläge von dem Schweißstück und der Form abgeschlagen werden.

Auf experimentellem Wege, an Hand zahlreicher Proben auf Festigkeit, Zerreiß-, Biegeproben und dergl., ist sorgfältig bestimmt worden, wieviel Thermit erforderlich ist, um eine Schweißung bestimmter Größe auszuführen, und welchen Inhalt infolgedessen die Form haben muß, die um die Schweißstelle anzubringen ist. Ein eigenartiger Vorgang spielt sich ab beim Aufgießen der flüssigen Masse aus dem Tiegel auf das Arbeitsstück. In dem Tiegel, in dem die zum Schweißen erforderliche feuerflüssige Masse bereitet wird, bilden sich zwei Schichten: unten das flüssige Eisen, oben das leichtere geschmolzene Aluminiumoxyd (Korund). Dieses fließt beim Aufgießen natürlich zuerst ab und erstarrt in ganz dünner Schicht augenblicklich sowohl auf den kalten Flächen der Form wie des Schweißstückes, während der nachfließende Teil des Tiegelinhaltes, d. h. ein Teil des Aluminiumoxyds und das ganze Eisen, kurze Zeit flüssig bleiben. Die Folge davon ist, daß das aus dem Tiegel nachfließende hocherhitzte Eisen weder das Schweißstück noch die dünne Blechform direkt berühren kann, also auch nicht imstande ist, mit diesen Teilen zu verschmelzen. Aus diesem Grunde bleibt das Schweißstück vollständig unverändert, und auch die Form kann wiederholt gebraucht werden. Eine direkte Berührung des aluminogenetischen Metalls mit dem Schweißstück muß vermieden werden, weil dies ein sofortiges Einschmelzen oder auch Durchschmelzen des Arbeitsstückes herbeiführen würde. Abb. 17 zeigt einen Stahlblock von etwa ¼ m Höhe, der mit Hilfe von einigen Kilo aluminogenetischen Eisens bis reichlich auf ein Drittel seiner Dicke mit einer scharfkantigen Furche von etwa 20 mm Breite ausgespült ist, indem zuerst der obenaufschwimmende flüssige Korund beiseite gegossen wurde. Selbstverständlich ist beim Eingießen eine Vorsicht unter allen Umständen zu beobachten, die aber sehr leicht einzuhalten ist. Da, wie gesagt, das heiße aluminogenetische Metall, direkt mit dem Werkstücke in Berührung gebracht, sofort mit diesem verschmilzt, so darf beim Ausgießen des Tiegels nie das Metall auf eine noch nicht vom Korund umhüllte Stelle gegossen werden. Man gießt deswegen am besten den ganzen Tiegelinhalt an ein und derselben Stelle der Form aus, besonders bei kleineren Schweißungen, während man bei umfangreicheren Schweißungen zuerst einen größeren Teil der Oberfläche des Schweißstückes mit Korund übergießen kann.

Die äußerst geringe Apparatur — Klemmapparat, Spezialtiegel und „Thermit" —, die zur Ausführung des Verfahrens nötig ist, im Gegensatz zu den bisherigen Schweißverfahren mittels Kohlenfeuer, Wassergas und Elektrizität, läßt dasselbe für Schweißungen außerhalb der Werkstatt, und zwar bei jedweder Lage der zu verschweißenden Stücke, in erster Linie als geeignet erscheinen. Bezeichnend für dieses Schweißverfahren ist ferner die Möglichkeit, die Wärme auf kleinstem Raume zu konzentrieren, so daß die dicht neben der Schweißstelle liegenden Teile, die nicht von der Glut bespült werden, kalt bleiben und erst allmählich durch Leitung eine höhere Temperatur annehmen. Schließlich ist noch der eigenartig automatische Charakter dieser Schweißmethode bemerkenswert, wodurch ein sehr geringer Aufwand an Arbeitslohn bedingt ist.

Zwei Anwendungsarten dieser Schweißung seien besonders hervorgehoben: erstens das Zusammenschweißen von Eisenbahnschienen der elektrischen Straßen- und Eisenbahnen und zweitens das Aneinanderschweißen schmiedeeiserner Rohre.

Die Vorteile, welche ein Verschweißen der Schienen gegenüber einer Verlaschung bietet, sind zunächst konstruktiver Natur. Dadurch, daß die Verschraubungen fortfallen, ist ein durchlaufendes, gleichförmiges Gestänge geschaffen. Dies bedingt einen gleichmäßig herzustellenden Anschluß der Schiene an das Straßenpflaster, der durch die vorstehenden Laschenverbindungen erschwert bzw. gestört wird. Ferner laufen die Wagen glatt über die Schiene fort, es tritt also eine große Schonung des Oberbaues sowohl wie des rollenden Materials ein, während die Laschenverbindungen, auch die kräftigsten, nicht imstande sind, die Schienenenden dauernd so fest miteinander zu verbinden, daß nicht mit der Zeit ein Lösen der Schrauben eintritt, wodurch ein Lockerwerden des ganzen Stoßes hervorgerufen wird, ein Übel, das sich — wie leicht begreiflich — während des Betriebes ständig vergrößert. Die Wagen beginnen am Schienenstoß zu schlagen und führen somit eine besonders starke Abnutzung dieser Stellen herbei. Um dem Lockerwerden der Laschen entgegenzuwirken, muß in gewissen Zeiträumen ein Anziehen der Schrauben stattfinden, ein Unterstopfen des Stoßes und schließlich eine teilweise Erneuerung der Laschen und des dazugehörigen Kleineisenzeuges eintreten. Diese Kosten werden bei den Straßenbahnen noch wesentlich dadurch erhöht, daß ein Aufreißen des Pflasters bedingt wird. Alle diese Übelstände sind gänzlich vermieden, sobald der Stoß verschweißt ist. Aber noch ein wichtiger Punkt spricht für eine Verschweißung der Schienen! Eine gute elektrische Verbindung der Schienen untereinander ist für den Betrieb der elektrischen Straßenbahnen, bei denen der Strom durch die Schienen zurückgeleitet wird, von außerordentlicher Wichtigkeit. Die bisher hierfür fast allgemein verwendeten Kupferverbinder, die jeden Schienenstoß überbrücken, lösen diese Aufgabe nur sehr mangelhaft, da bekanntlich Kupfer und Eisen im feuchten Erdboden einen galvanischen Strom liefern; es entsteht also eine elektrolytische Zersetzung an der Kontaktstelle, wodurch dieselbe leidet und mit der Zeit ganz zerstört werden kann. Die Folge davon ist, daß sich der Rückstrom einen anderen Weg als durch die Schienen suchen muß. Er findet ihn zumeist in den Röhren der Gas- und Wasserleitungen und, da nun zwischen Schienen und diesen Leitungen eine Potentialdifferenz — oft von mehreren Volt — auftritt, so findet zwischen Röhren und Schienen eine Elektrolyse statt, die in vielen Städten, auch Deutschlands, besonders aber in den Vereinigten Staaten von Nordamerika, wo die Anlagen vielfach weniger sorgfältig installiert werden, eine geradezu verheerende Wirkung auf die Rohrnetze ausgeübt hat. Diese durch die sog. vagabundierenden Ströme hervorgerufenen Zerstörungen werden in Amerika kurz mit dem Namen „Electrolysis“ bezeichnet; es ist bereits eine ziemlich umfangreiche Literatur* darüber erschienen. Um diese vagabundierenden Ströme auf ein unschädliches Maß zu reduzieren, wird jetzt von den Fachmännern wohl allgemein eine zuverlässige Schienenschweißung als notwendig vorgeschlagen. Durch eine Schienenschweißung kann auch an den teuren Rückleitungskabeln sehr erheblich gespart werden. Aber selbst abgesehen von diesem Vorteil, den ein verschweißtes Bahnnetz darbietet, stellt sich dieses in der Unterhaltung — also in letzter Linie in den gesamten Anlagekosten — erheblich billiger als ein mit Hilfe von Laschen und Kupferverbindern hergestelltes. Wie Berechnungen, die tatsächlichen Verschleißen am verlaschten Stoß entnommen sind, ergeben, besteht eine Ersparnis von rund 20% des Anlagekapitals mit kapitalisierten Unterhaltungskosten bei verschweißtem Bahnnetz gegenüber einem mit Laschen und Kupferverbindungen hergestellten, wenn letztere nur mit 13,30 ℳ eingesetzt sind und der verschweißte Stoß mit 20 ℳ bezahlt wird. Dabei ist die Berechnung in bezug auf den verschweißten Stoß noch besonders ungünstig gewählt. Auch wenn an Stelle der billigen erwähnten Laschen starke Fußlaschen genommen werden, die reichlich denselben Preis haben wie die angegebenen Verschweißungskosten, tritt eine erhebliche Ersparnis in den Unterhaltungskosten des verschweißten Geleises ein**. Da die Schienen der elektrischen Bahnen fest im Erdboden oder Pflaster liegen, so übt die wechselnde Temperatur mit ihrem Zusammenziehen und Ausdehnen der Schienen nicht den Einfluß aus wie bei den freiliegenden Schienen der Hauptbahnen. Es ist deswegen auch beim Zusammenschweißen langer Strecken der Straßenbahnschienen ein Ausbiegen bei Sommerhitze oder ein Reißen bei Frost nicht zu befürchten. In dieser Hinsicht wurden Prüfungen bereits im Sommer 1899 auf einer verschweißten Linie angestellt, indem eine Strecke von 100 m mehrere Stunden durch ein Gemisch von Eis und Salz abgekühlt wurde.

Auch die Hauptbahnen nehmen großes Interesse an diesem einfachen und billigen Schweißverfahren. Bei diesen wird man allerdings nicht ohne weiteres dazu übergehen können, sämtliche Stöße zu verschweißen, wie es sicherlich bei den im Pflaster liegenden Schienen möglich ist. Verlegt doch eine große Anzahl von Straßenbahnen, z. B. die Große Berliner Straßenbahn-Gesellschaft, ihre sämtlichen Gleise ohne jedwede Zwischenräume am Stoß, sie hat sogar sämtliche vorhandenen Fugen mit Hilfe von Stahlblechen aus-

* Vor allem ist neuerdings in dem Journal für Gasbel. (vergleiche Nr. 15, 16 und 17, Jahrgang 1900) eine Arbeit erschienen unter dem Titel „Über elektrolytische Zerstörung von Rohrleitungen durch vagabundierende Ströme“. Als Anfang haben die Verfasser eine sehr ausführliche Quellenangabe, beginnend mit den Arbeiten von Dr. Rasch aus dem Jahre 1894, zusammengestellt, zum Teil mit kurzer Inhaltsangabe. Besonders sind auch die zahlreichen amerikanischen Veröffentlichungen über dieses Thema berücksichtigt. — Vorher erschien die in vorgenanntem Aufsatz gewürdigte und verbreitete Broschüre von Bauinspektor J. Olshausen in Hamburg: „Elektrolytische Zerstörung von Rohrleitungen durch Erdströme“. Als Manuskript gedruckt, München 1899. — Schon im Jahre 1895 erschien in Schillings Journal, S. 757, ein Aufsatz über „Elektrolytische Zerstörung von Gas- und Wasserleitungen durch vagabundierende Straßenbahn-Starkströme“, in dem bereits als wirksamstes Mittel zur Bekämpfung dieser Einflüsse die Zusammenschweißung der Schienen — man dachte damals natürlich nur an die elektrische — an erster Stelle hervorgehoben wird.

** Eine genaue rechnerische kritische Darlegung über die Ökonomie des verschweißten Stoßes erschien in der „Schweizerischen Bauzeitung“ Jahrgang 1900, Band XXXV Nr. 3 und Band XXXVI Nr. 7 von Oberingenieur K. Beyer.

keilen lassen. Wieweit auch die freiliegenden Gleise verschweißt werden können, kann nicht ohne weiteres beantwortet werden, da noch zu wenig Erfahrungen vorliegen. Aber schon die Tatsache, daß man früher nur 6 m lange Schienen verlegte, während man jetzt vielfach solche von 18 m Länge wählt, ohne dabei den Zwischenraum bei letzteren dreimal so groß nehmen zu müssen, gibt Veranlassung zu der Annahme, das Schienengestänge noch weiter einheitlich ausdehnen zu können, ohne gezwungen zu sein, die jeweiligen Zwischenräume, die Dilatationen, zu groß wählen zu müssen. Vor allem dürften technische Bedenken kaum vorliegen, die 6 und 9 m langen Schienen je drei und drei bzw. zwei und zwei zu verschweißen. Es würden dadurch an manchen Stellen gewiß große Betriebsvorteile zu erzielen sein. Die Verschweißung größerer Längen freiliegenden Gleises wird selbstverständlich abhängig sein beispielsweise von der Art der Befestigung der Schienen mit den Traversen oder Schwellen, von der Bodenbeschaffenheit und Lage der Trace, vom Klima, von Kurven und dergl. mehr. In Fachkreisen wird allgemein die Ansicht gehegt, daß man auch die Schienen in Tunnels sämtlich verschweißen könne, wodurch ein großer nicht zu unterschätzender Vorteil entstände, indem dann die unangenehmen Gleisearbeiten auf ein sehr geringes dort beschränkt werden würden. In den Tunnels ist die Temperatur eine sehr gleichmäßige und die Schienen sind daselbst, wie eingehende Versuche ergeben haben, vor dem infolge erhöhter Temperatur entstehenden Ausdehnen bzw. Ausbiegen, der sog. Wanderung, geschützt. Für die elektrischen Schnellverkehrsbahnen, die eines besonders sorgfältig konstruierten Oberbaues bedürfen, ist bekanntlich von berufener Seite gleichfalls eine Schienenschweißung ins Auge gefaßt worden. Eine Reihe von Bahnverwaltungen, z. B. die Straßenbahnen von Berlin, Dresden, Plauen, haben im vergangenen Jahre mehrere Kilometer Gleise verschweißen lassen. Diese Strecken, bei denen neue Rillenschienen verwendet worden sind, haben sich sehr gut bewährt; trotz des besonders kalten Winters von 1900 auf 1901, der Temperaturen von unter 20° R brachte, sind nur 1 bis 2% Brüche konstatiert worden. Alle bisher in in- und ausländischen Fachkreisen über die neue Schienenverbindung abgegebenen Urteile lauten sehr günstig*. Die erwähnten Schweißungen (siehe Abb. 14) haben sich bei sachgemäßer Ausführung laut ausgestellten Zeugnissen der Bahnverwaltungen gut bewährt. Die Ausführung selbst geht glatt und schnell vonstatten.

Da beim Schweißen eine kleine Stauchung stattfindet, so ist ein nachheriges Abfeilen derselben nötig, um jeden „Stoß" aus der Verbindung zu beseitigen. Mit Hilfe eines kräftigen Schienenhobels ist die Arbeit in kurzer Zeit beendet, so daß eine maschinelle Ausarbeitung kaum besonders lohnend erscheint. Die Schweißstellen sind dann überhaupt nicht mehr zu erkennen und beim Überfahren nicht wahrnehmbar. Ausgedehnte Untersuchungen sind angestellt worden, um über die Festigkeit und Haltbarkeit der geschweißten Stelle aufs genaueste unterrichtet zu sein. Lediglich auf Grund eingehender Experimente mußte festgestellt werden, wieviel Thermit für die Schweißung eines bestimmten Profils notwendig ist. Nicht nur die Menge,

* Mitteilungen des Vereins deutscher Straßenbahn- und Kleinbahn-Verwaltungen (Beilage zur Zeitschrift für Kleinbahnen) 1899, Heft 11, Jul. Springer, Berlin. Siehe auch Seite 65 dieser Sammlung. — „Street Railway Journal", New York, Vol. XVI, Nr. 5, 3. 11. 1900, pag. 158 u. ff. — Illustrierte Zeitschrift für Klein- und Straßenbahnen Nr. 4, 16. 2. 1901, pag. 188.

sondern auch die Gestalt der Form, die um die Schweißstelle gelegt wird, ist maßgebend für die Güte der Schweißung, so daß mit derselben Menge Thermit sowohl eine gute als auch eine schlechte Schweißung erzielt werden kann. Für jedes Profil ist also eine besonders bestimmte Form anzufertigen; ist diese aber einmal festgestellt, so müssen sämtliche Schweißungen gleichmäßig gut ausfallen. In neuester Zeit sind diese Formen an Hand weiterer Erfahrungen insofern noch zweckmäßiger gestaltet worden, als sie gegen früher länger aber weniger breit angefertigt worden sind. Dadurch tritt nicht nur eine bessere Wärmeausnutzung des Thermits, sondern auch eine gleichmäßigere Erwärmung der Schiene ein.

Bekanntlich gehört das Schienenmaterial infolge seines höheren Kohlenstoffgehaltes und der Härte, die man bei dem Material beansprucht, nicht zu dem leicht schweißbaren. Trotzdem ist ein solches Eisen oder wohl besser gesagt ein solcher Stahl gut zu schweißen, wie auch schon ältere Untersuchungen* bestätigt haben. Nun gehört zum Schweißen von Stahl eine besondere Kunstfertigkeit, die in verhältnismäßig wenigen Werkstätten ein Heim hat finden können, weil es weit schwieriger ist, die dem Stahl nötige niedrigere Schweißhitze zu erteilen, diese richtig mit dem Auge abzuschätzen als das zur hellen Weißglut Bringen eines schweißeisernen Werkstückes. Während ersteres leicht bei zu hoher Temperatur „verbrennt", d. h. ein zu grobes Kristallgefüge erhält und unschweißbar wird, tritt dieser Übelstand kaum bei weichem, kohlenstoffarmem Schweißeisen ein. Bei dem aluminothermischen Schweißverfahren kann aber diese Schwierigkeit von vornherein leicht vermieden werden, da die Größe und Gestalt der Form und die Menge Thermit, die auf die Schweißstelle gegeben wird, genau die richtige Temperatur hervorrufen. Auf diese Weise ist es tatsächlich möglich, der Schweißstelle dieselbe Festigkeit zu geben, wie das gesunde Material sie besitzt. Die Dehnung geht mehr oder minder zurück, was vom praktischen Standpunkte aus bei Straßenschienen belanglos und bei freiliegenden Schienen (soweit bei diesen eine Schweißung in Betracht kommt) ebenfalls bei sachgemäßer Verlegung derselben in vielen Fällen ohne Bedeutung ist. Zerreißstäbe, die aus Kopf, Hals und Fuß von geschweißten Schienen genommen sind, weisen Festigkeiten von 55,6 bis 67,5 kg auf das qmm auf, während die Dehnung 6 bis 9, in selteneren Fällen bis zu 20% beträgt. Der Kohlenstoffgehalt der so untersuchten Schienen schwankte zwischen 0,29 und 0,5%, der Mangangehalt von 0,15 bis 0,65%, und zwar in den meisten Fällen über 0,6%; der Gehalt an Silizium schwankte zwischen 0,12 und 0,25%. Auch die Beimengungen von Schwefel, Phosphor und Kupfer waren bei den angestellten Versuchen die in dem Bessemereisen gewöhnlich vorhandenen.

Die Ausführung des Verfahrens ist die denkbar einfachste: Die rechtwinklig abgeschnittenen Schienen werden befeilt, so daß die Stoßflächen blank sind und gut aufeinander passen. Der Spannapparat, eine besondere und bewährte Konstruktion der Allgemeinen Thermit-Gesellschaft, wird angelegt, und die Schienen werden zusammengeschraubt. Die Blechform wird nunmehr um die Stoßstelle gelegt, sorgfältig von außen mit angefeuchtetem Sand abgestützt und dann das Thermit eingegossen. Nach 3 bis 4 Minuten werden

* „Stahl und Eisen" 1884, S. 271. Untersuchungen über die Schweißbarkeit von Bessemereisen.

die Traversen des Klemmapparates noch etwas angezogen. Damit ist die Schweißung vollzogen. Es erübrigt lediglich noch eine Nacharbeit des Stoßes, wie sie bereits oben angedeutet ist. Die Ausführung ist so einfach, daß besonders intelligente Handwerker hierzu keineswegs nötig sind. Ja, die Erfahrung hat sogar gelehrt, daß für diese spezifisch neue Arbeit gewöhnliche — natürlich zuverlässige — Streckenarbeiter weit besser zu verwenden sind als gelernte Schlosser oder Monteure. Die erste Anleitung, die mit Vorführung einiger Schweißungen geschehen ist, muß von einigen in der aluminothermischen Schweißung Erfahrenen gegeben werden; gute Aufsicht darüber, daß die Anlage vorschriftsmäßig ausgeführt wird, muß auch hier wie bei allen anderen Streckenarbeiten dauernd vorhanden sein. In der Einfachheit der Arbeitsweise und in der Möglichkeit, eine einzelne Schweißung verhältnismäßig ebenso billig ausführen zu können wie eine größere Anzahl, liegt ein besonderer Vorteil des Verfahrens. Dabei ist vorausgesetzt, daß auch tatsächlich die jeweiligen Streckenarbeiter zu der Arbeit herangezogen werden, die, falls etwa nicht genügend Gleise behufs Verschweißung vorgestreckt ist, sofort zu anderen Arbeiten bestellt werden können. Die eigentliche Arbeit des Verschweißens ist eine verhältnismäßig geringe, so daß Mannschaften, die ausschließlich hierfür engagiert wären, oft einen großen Teil der Zeit ohne Beschäftigung bleiben müßten, wodurch also der Arbeitslohn für die Schweißung unnötig steigen würde. Deswegen werden die Verschweißungen am billigsten von den Bahnen oder betreffenden Unternehmern selbst ausgeführt, die von der Allgemeinen Thermit-Gesellschaft nur das Thermit zu beziehen haben nebst den wenigen Utensilien, wozu die Klemmapparate, die Spezialtiegel, eventuell noch die Formen gehören. Die Verschweißung der Schiene geschieht am vorteilhaftesten beim Verlegen neuer Schienen. Es empfiehlt sich nicht, alte Schienen, die am Stoß schon abgefahren sind, zu verschweißen. Soll dies doch geschehen, so ist es ratsam, falls der Verschleiß sonst noch nicht zu weit vorgeschritten ist, die verschlissenen Enden der Schienen sorgfältig mit der Schienensäge abzuschneiden und erst dann eine Verschweißung vorzunehmen. Eine derartige Arbeit muß aber von Fall zu Fall erörtert werden. Sind die Schienen am Stoß noch nicht abgefahren, schon fertig verlegt, und soll dann noch eine Verschweißung erfolgen, so muß durch genügende Freilegung der Schienen und Traversen für ihre Beweglichkeit gesorgt werden, um ein Anziehen der Schienen bei der Schweißung zu ermöglichen. Die dadurch eintretende Verkürzung des Geleises — an jedem Stoß einige Millimeter — kann leicht durch Anschweißen entsprechender Paß- oder Zusatzstücke aufgehoben werden.

Noch einer Verwendungsart des Thermits bei einer besonderen Laschenkonstruktion sei Erwähnung getan. Herr Regierungsbaumeister Schaar ist auf die beachtenswerte Idee gekommen, eine Fußlasche zu konstruieren, deren Laschenflügel erst an den Schienen selbst umzubiegen sind, damit ein genaues Anlegen erzielt werde. Die Erwärmung der umzukneifenden Laschen auf Rotglut muß einfach und schnell geschehen und vor allem so, daß die benachbarten Teile dabei nicht mit erwärmt werden. Hierzu dient das Thermit, das (wie oben beschrieben) schnell erwärmt und schnell von der erwärmten Stelle zu beseitigen ist*.

* „Illustrierte Zeitschrift für Klein- und Straßenbahnen" Nr. 4, 1901.

Eine weitere Anwendung dieses Verfahrens bildet das Aneinanderschweißen schmiedeeiserner bzw. flußeiserner Rohre aller Art für Dampf-, Gas- und Wasserleitungen. Die Ausführung dieser Verschweißung geschieht, wie schon angedeutet, derart, daß zunächst die rechtwinklig abgeschnittenen und sauber gefeilten Enden mit Hilfe eines Klemmapparates (Abb. 19) stumpf zusammengepreßt werden. Eine kleine Blechform passender Größe (Abb. 20), außen mit feuchtem Sand sorgfältig umstopft, der seinerseits wiederum durch einen darunterhängenden Kasten zusammengehalten wird, umgibt die Schweißstelle gleichmäßig. (Abb. 21.) In einem Spezialtiegel wird sodann das Thermit bereitet, und zwar wird hierfür, wie überhaupt zum Stumpfschweißen, Thermit „Rot" verwendet. Das Anfüllen des Tiegels mit dem feuerflüssigen Thermit geschieht in bekannter Weise. Abb. 22 zeigt ein fertig verschweißtes Rohr mit zugehörigem Tiegel, abgeschlagener Form und abgeschlagener Masse.

Infolge des einfacheren Querschnittes ist die Ausführung der Verschweißung bei Rohren noch einfacher als bei Schienen, zudem sind die auf Schweißwärme zu erhitzenden Teile, selbst bei Röhren von großem Querschnitt, gering an Gewicht, so daß beispielsweise mit 1,1 kg Thermit und einem Tiegel von 15 cm äußerer Höhe (Spezialtiegel Nr. 2) ein Rohr von 50 mm innerem Durchmesser bei einer Wandstärke von 4 mm verschweißt werden kann. Derartig verschweißte Rohrsysteme haben den höchsten Anforderungen an Druck und Festigkeit entsprochen, die überhaupt erhoben werden. Wiederholt angestellte Proben haben ergeben, daß solche Rohre über 400 Atm. Druck aushielten, ohne an der Schweißnaht undicht zu werden oder zu platzen. Beim Flachschlagen des Rohres an der Schweißstelle tritt eher ein Längsriß ein als ein Bersten der Schweißstelle (Abb. 2), auch kann das Rohr unbeschadet an der Schweißstelle gebogen werden (Abb. 3). Die Schweißung kann in allen Lagen des Rohres — vertikal (Abb. 23) oder horizontal — selbst an schwer zugänglichen Stellen bewerkstelligt werden, da die Form, die um die Schweißstelle zu legen ist, samt der Formumkleidung und dem nötigen Klemmapparat nicht mehr Raum beansprucht, als zur Anbringung einer Flanschen- oder Muffenverbindung nötig ist. Deswegen wird die Schweißung besonders beim Verlegen der Rohre außerhalb der Werkstatt angewendet, und zwar in den definitiven Lagen der Rohre.

Weitere Vorteile erwachsen dadurch, daß jedes Dichtungsmaterial, jede Packung fortfällt, daß Reparaturen an den Schweißstellen ausgeschlossen sind, und daß sich die Dampfrohre, weil kein Flansch hervorragt, durchgehend glatt mit der Wärmeschutzmasse bekleiden lassen. Als wesentlichstes Moment ist aber hervorzuheben, daß sich die Kosten der Rohrschweißung für den Konsumenten erheblich billiger als eine Flanschen- oder eine gute Muffenverbindung stellen, wobei noch zu berücksichtigen ist, daß diese Verbindungen zumeist nur 16 bis 30 Atm. widerstehen. Es kostet die Verschweißung zweier Rohre von 50 mm innerem Durchmesser, wie oben angeführt, je nach ihrer von 2,5 bis 6 mm betragenden Wandstärke, einschließlich Arbeitslöhne und Verschleiß an Tiegel und Form 2 bis 4 *M*. Bei diesen Preisen ist die mehr oder minder große Anzahl der herzustellenden Verschweißungen noch zu berücksichtigen, so daß diese Zahlen als Mittelwerte zu betrachten sind. Eine einigermaßen solide Flanschenverbindung ist bekanntlich nicht unter 5 bis 7 ℳ herzustellen. Verschraubungen, die auch nur 100 bis 200 Atm. Druck aushalten sollen, von 400 Atm. ganz abgesehen, stellen sich natürlich noch erheblich höher.

Allen diesen Vorteilen gegenüber könnte wohl nur ein einziger Nachteil angeführt werden: das schwierige Lösen der Verschweißung gegenüber dem leichten Auseinanderschrauben einer Flanschenverbindung. Es ist von vornherein als selbstverständlich zu betrachten, daß man Rohrleitungen, die man nach kurzer Zeit wieder zu verlegen oder zu verändern gedenkt, nicht verschweißen wird. Die Anzahl derartiger Leitungen ist aber im Verhältnis zu denen, die in absehbarer Zeit einer Änderung nicht unterworfen werden sollen, sehr gering. Auf der anderen Seite wird man aber auch bei solchen Rohrleitungen, für die eine Änderung nicht gleich bei Anlage in Aussicht genommen wird, nicht sämtliche Verbindungen verschweißen, sondern ab und zu eine leichter lösbare Verbindung einsetzen, damit man auf diese Weise jederzeit mit Leichtigkeit neue Leitungen abzweigen kann. Schließlich ist noch zu erwähnen, daß das Zwischensetzen eines T-Stückes nach dem neuen Verfahren an Ort und Stelle vorgenommen wird, ohne daß man gezwungen ist, das betreffende Rohr zu demontieren. Daß man der Ausdehnung der aneinandergeschweißten Dampfrohre, ebenso wie der mit Flanschen oder Muffen verbundenen, Rechnung tragen muß durch Einsetzen von Kompensationsstücken, sog. Omega (Ω) -Röhren oder Röhren mit Stopfbüchsenführung, braucht wohl kaum besonders hervorgehoben zu werden.

Trotz der großen Neuheit dieses Verfahrens hat dasselbe bereits in vielen großen Betrieben des In- und Auslandes Eingang gefunden, und es eröffnet sich ihm ein weites Feld. Als Beispiele, bei denen die neue Rohrschweißung mit besonderem Vorteil angewendet wird gegenüber den bisher üblichen Rohrverbindungen mit Flanschen oder Muffen, seien folgende herausgegriffen: 1. Für Dampfleitungen jeder Art. 2. Für Zentralheizungen. Hier bietet eine Schweißung jede Gewähr für absolute Dichtigkeit des Rohrsystems und hat sich als willkommene Hilfe erwiesen gegen die gerade in bewohnten Häusern doppelt unangenehm auftretenden Undichtigkeiten einer Verbindung. In erster Linie werden die Hauptleitungen in den Kellern verschweißt. 3. Für komprimierte Gase, besonders für Preßluftleitungen, wo ein Undichtwerden der Flanschen nie völlig zu vermeiden und auch eine Kontrolle derselben gar nicht durchführbar ist. Hervorragend wichtig und lohnend ist eine Verschweißung für höheren Druck, wie solcher bei Kraftübertragungen angewendet wird. Da die Verbindungen häufig unzugänglich sind, wie z. B. in Bergwerken, so bietet nur eine Schweißung wirkliche Gewähr für dauerndes Dichthalten. 4. Für Erzaufbereitungsanlagen mit ihren langen Rohrleitungen und -verzweigungen, die stets zu einer großen Zahl von Maschinen führen. 5. Zur Vermeidung von Verpackungen, die von den betreffenden Gasen oder Flüssigkeiten angegriffen werden: Petroleum-, Azetylen-, Laugen- (Alkalien-) Leitungen usw. 6. Für Eismaschinenleitungen bzw. Kühlanlagen bietet der Fortfall der schwer zu bekleidenden Flanschen besonderen Vorteil. 7. Für Tiefbohrungen; es steigt die Betriebssicherheit erheblich dadurch, daß an Stelle der unsicheren Rohrverschraubungen eine Verschweißung tritt. 8. Zum Aneinanderschweißen von schmiedeeisernen Rippenrohren (Siederohren), deren Enden mit Hilfe eines anderen Verfahrens bislang überhaupt nicht aneinanderzuschweißen waren (siehe Abb. 24).

Die Schweißung hat sich auch zur Anfertigung von Rohrschlangen „aus einem Stück" bewährt. Es können hier die Schweißungen infolge des kleinen Raumbedarfs, der für die ganze Schweißung nötig ist, stattfinden, nachdem die einzelnen Enden gebogen sind. Dies gibt wieder den Fabrikanten ein willkommenes Mittel an die Hand, defekte Schlangenspiralen dadurch völlig gebrauchsfähig zu machen, daß die schadhafte Stelle herausgesägt und ein neues Stück eingeschweißt wird. Ferner können auch in Gefäße verschweißte Rohrschlangen eingelegt werden, deren einzelne Enden erst im Innern des Gefäßes zusammengeschweißt werden können, nachdem Stück für Stück durch ein Mannloch eingeschoben worden ist. Derartige Schweißungen, die bisher mit einer anderen Methode so gut wie ausgeschlossen waren, sind schon vielfach auf Werken mit bestem Erfolge ausgeführt worden.

Das Verfahren eignet sich am besten für Rohre bis zu einem Durchmesser von 200 mm. (Abb. 25.)

Da es möglich ist, auch sehr dünnwandige Rohre aneinanderzuschweißen, so kann man eine weitere große Ersparnis bei der Anlage von Leitungen dadurch erzielen, daß man stets möglichst dünnwandige Rohre wählt, denn starkwandige Rohre werden vielfach nur deswegen genommen, um bei höherem Druck die Flanschen genügend zuverlässig befestigen oder die Gewinde gut einschneiden zu können. Dieser Umstand fällt weiter in bezug auf die größere Wirtschaftlichkeit des Verfahrens sehr ins Gewicht. Um Rohre der gebräuchlichen Weiten und Stärken aneinanderzuschweißen, ist eine Tabelle ausgearbeitet, aus welcher die Größe der Form, Menge des anzuwendenden Thermits usw. genau zu ersehen sind. Da die Allgemeine Thermit-Gesellschaft auch die Formen mitliefert, so wird dadurch die Ausführung der Schweißungen sehr erleichtert. Die früher veröffentlichten Tabellen sind, da neuerdings seitens der Gesellschaft ein um etwa 40 % in bezug auf seinen kalorischen Effekt besseres Thermit dargestellt wird, durch neue ersetzt worden*. Durch dies neue Thermit „Rot" ist eine weitere nicht unwesentliche Verbilligung des Rohrschweißverfahrens erzielt worden. Die Festigkeit der vorgenommenen Schweißungen ist, wie erwähnt, eine sehr gute, wie zahlreiche Proben erwiesen haben. Sie hängt natürlich von dem zu verschweißenden Material ab. Bei gut schweißendem Eisen hat die Schweißstelle dieselbe Festigkeit, oft sogar dieselbe Dehnung wie das Material selbst.

Ausführlich ist bereits in der Zeitschrift „Stahl und Eisen" das Verfahren zur Ausbesserung fehlerhafter Stahlfassongußstücke geschildert worden und ebenso das Ausbessern abgebrochener Walzen**. Es mag noch hervorgehoben werden, daß dem Thermiteisen zur Erlangung eines ruhigen dichten Gusses neuerdings gern Mangan oder Mangantitan zugegeben wird, vielfach in Form von den entsprechenden Thermiten. Der Zusatz kann entweder auf dem flüssigen Eisen erfolgen, nachdem die Schlacke abgegossen ist, oder auch in der Form selbst. Schließlich wird auch derartig verfahren, daß das gepulverte Mangan oder Mangantitan in das aus dem Tiegel ausfließende Eisen eingestreut wird.

* Die Tabelle nebst genauer Beschreibung des Rohrschweißverfahrens wird Interessenten auf Wunsch von der allgemeinen Thermit-Gesellschaft m. b. H., Essen-Ruhr, übersandt.

** „Stahl und Eisen" 1900 S, 567, 1901 S. 23. Siehe auch S. 102 u. S. 146 dieser Sammlung.

Auf ein Kilo Thermit nimmt man 3 bis 6 g Mangan oder Mangantitan oder 15 bis 25 g Manganthermit oder Mangantitanthermit. Eine wesentliche Erweiterung hat das Verfahren dadurch gefunden, daß es möglich ist, auch Gußeisen mit Hilfe des Thermits aufzuschweißen. Das Thermiteisen dient hier lediglich dazu, die Schweißfläche aufzuweichen, genau wie dies beim Ausbessern von Walzenzapfen beschrieben ist. Man verfährt folgendermaßen: Die auszubessernde Stelle wird angewärmt und eine etwa 10 bis 20 mm hohe Schicht von Thermiteisen aufgegossen. Unmittelbar darauf wird Gußeisen (oder wenn es sich um Ausbesserungen von Stahlfassonguß handelt, flüssiger Stahl) nachgegossen, und zwar gießt man zuerst nur wenig Eisen zu und fügt erst nach und nach größere Mengen zu, bis die Form gefüllt ist. Zur innigen Vereinigung des Thermiteisens mit dem Gußeisen oder Stahl ist während des Zugebens, besonders zu Anfang, tüchtig mit Eisenstäben, die zum Teil abschmelzen, umzurühren. Zum Schluß ist das Eisen in dünnem, hohem Strahl in die Form zu geben und diese so lange wie möglich offen zu halten, um Blasenbildung auszuschließen und einen dichten Guß zu erhalten. Bei genügendem Rühren tritt an der Übergangsstelle des aufgeschweißten Gußeisenstückes keine harte Stelle auf, die durch Stahlbildung infolge Mischens von weichem Thermiteisen mit Gußeisen wohl entstehen könnte. Dieser vermutete Übelstand hat sich in der Praxis nicht geltend gemacht. Es fällt demnach das bisher allgemein übliche lästige Anwärmen der Stelle auf Schweißhitze durch Überspülen mit flüssigem Eisen ganz fort; das Aufweichen der Schweißfläche besorgt in billiger, zuverlässiger Weise und vor allem auch in kürzerer Zeit das Thermit.

Nach dem Verfahren werden selbst die größten Walzenzapfen (Abb. 18) wieder zuverlässig angeschweißt, stählerne sowohl wie gußeiserne, indem auf die Schweißfläche eine 10 bis 20 mm hohe Schicht von Thermiteisen zuerst aufgegossen wird. Mit Hilfe von Thermiteisen kann man auch hohle Stellen, Löcher, ausschweißen, die man früher durch Überlaufenlassen von Eisen überhaupt nicht ausschweißen konnte. Die Oberfläche der Höhlung wird mit Thermiteisen weich gemacht und dann, wie beschrieben, Eisen nachgegeben; man hat einen hohen Gießkopf vorzusehen und die Ränder der Form auch 20 bis 25 mm über die Ränder des Loches überstehen zu lassen. Ein Reißen des eingeschmolzenen Stückes ist bei vorsichtigem Arbeiten und Nachglühen des Gegenstandes nach den bisherigen Resultaten nicht zu befürchten, auch bei Gußeisen nicht. — Eine Vereinfachung und auch Verbilligung des Aufweichens von Gußeisen- und Stahlflächen kann dadurch erzielt werden, daß man das Thermit direkt auf diesen zur Entzündung bringt. Hierbei hat man nur dafür zu sorgen, daß sich kein Korund auf diesen Flächen ansetzt. Zu diesem Zwecke werden die betreffenden Werkstücke, die vorher nur „handwarm" gemacht zu werden brauchen, mit einer 5 bis 10 mm hohen Schicht feingesiebten Holzkohlenpulvers überstreut. Auf dieses wird die ganze Menge Thermit auf einmal aufgegeben. Auf ein Quadratdezimeter Schweißfläche wählt man bei Gußeisen etwa 1½ Kilo Thermit. Vielfach kommt man auch mit einer noch geringeren Menge aus. Bei Stahlfassonguß bzw. Schmiedeeisen nimmt man aber 10 bis 20 % mehr. Das Thermit wird in bekannter Weise zur Reaktion gebracht. Bei Anwendung größerer Mengen Thermits, schon bei einigen Kilo, überdecke man füglich die Form lose mit einem starken, auf der Unterseite mit Lehm bestrichenen eisernen Deckel, um die beim Verbrennen des Thermits und des Holzkohlenpulvers entstehende Feuergarbe etwas einzudämmen. Selbstredend ist ein Zurücktreten um einige Schritte gleich nach erfolgter Entzündung notwendig. Nachdem die Reaktion, die auch bei großen Mengen nur einige Sekunden dauert, zu Ende ist, wird der Deckel sogleich abgehoben und flüssiges Gußeisen oder Stahl, zuerst einige Kilo, nach und nach immer mehr, nachgegeben. Unbedingt erforderlich für ein gutes Gelingen ist, daß besonders beim Zugeben der ersten Mengen flüssigen Eisens ununterbrochen und kräftig umgerührt wird sowohl auf der Schweißfläche selbst wie an den Seiten der Form, um etwa sich ansetzenden Korund in die Höhe zu treiben. Der Korund erstarrt dabei schnell zu kleinen Stücken, die schließlich, nachdem die Form gefüllt ist, abgeschöpft werden. Mit dieser Arbeitsweise wird auch noch die im Korund aufgespeicherte Wärme zum Teil nutzbar gemacht. Der auf der Oberfläche schwimmende Korund, bildet zudem einen guten Wärmeschutz gegen Ausstrahlung. Wesentlich ist ferner für die Methode die völlige Entbehrlichkeit der Tiegel und schließlich die Wärmeentfaltung, die eine fast momentan gleichmäßige Anwärmung der Schweißfläche hervorruft.

An Stelle der Holzkohle kann auch eine dünne Schicht flüssigen Eisens verwendet werden, auf der das Thermit unmittelbar zu entzünden ist. Diese Art der Ausführung ist besonders bei Beseitigung von Lunkern anzuwenden. Der das Umrühren in der Form Besorgende muß sich wegen der enormen Wärmeausstrahlung die Hände mit Tüchern oder dergleichen schützen; bei größeren Schweißungen ist es sogar nötig, eine Maske, wie solche die Arbeiter bei den Tiegelöfen tragen, aufzusetzen. Das Verfahren hat sich besonders gut bewährt beim Aufschweißen neuer Walzenzapfen. Diese Arbeitsweise ist besonders ökonomisch, erfordert wenig Arbeitslohn, geht schnell und vor allem sehr sicher vonstatten. Sie ist zuerst in der Gießerei der Gutehoffnungshütte in Sterkrade erfolgreich durchgeführt worden. Das Werk hat an zahlreichen kleinen und großen Proben, die nach erfolgter Schweißung durchgeführt wurden, festgestellt, daß eine tadellose Aufschweißung nach dieser Methode erzielt wird. Ich erlaube mir, auch an dieser Stelle meinen aufrichtigen Dank auszusprechen für die Unterstützung, die mir von seiten des genannten Werkes zuteil geworden ist.

Wie oben erwähnt, kann dem Thermiteisen auch Kohlenstoff zur Erreichung einer größeren Härte und Festigkeit zugeführt werden. Es geschieht dies am besten durch Zugabe von möglichst reinem Gußeisen. Dasselbe wird in nußgroßen Stücken, gleich nachdem die Reaktion eingeleitet ist, zugegeben, wodurch ein Aufwallen der Masse eintritt. Die Gußeisenstücke können im Schmiedefeuer erwärmt und es kann auch, was am besten ist, Gußeisen in flüssigem Zustande dem feuerflüssigen Thermit zugegeben werden. 20 bis 30 g Gußeisen auf das Kilo Thermit härten das ausgeschmolzene Eisen zumeist hinreichend. Mit 70 bis 90 g Gußeisen auf das Kilo Thermit erhält man einen vorzüglichen, sehr feinkörnigen Werkzeugstahl. Trotz der durch Zugabe des Eisens hervorgerufenen Abkühlung eignet sich dieser Stahl dennoch gut zu Aufschweißungen, zumal wenn das Werkstück gut angewärmt ist. Man kann also auf diese Weise Stahl mit weichem Eisen direkt verschweißen. In Abb. 26 ist ein Stück aus Stahlguß dargestellt, das an der ausgebohrten

Stelle einen durchgehenden Riß hatte. Die Dimensionen der Stelle sind: 1020 mm Länge, 300 mm Breite und 120 mm Dicke. In Abb. 27 ist die Ausbesserung abgebildet.

Abb. 28 zeigt einen auf einer etwa zollstarken Gußeisenplatte aufgegossenen Buckel, der nach der Aufschweißung in der Mitte durchbohrt und dann gesprengt ist. Die Durchbohrung hat erwiesen, daß an der Schweißzone keine harte Stelle vorhanden ist. Schließlich ist beim versuchten Abschlagen des Aufgusses ein Stück abseits der Schweißstelle abgebrochen. Abb. 29 ist die Wiedergabe eines aufgeschweißten gußeisernen Buckels auf einer Stahlplatte. Das Stück ist durchgesägt, poliert und angeätzt. Abb. 30 zeigt Aufgüsse von Thermiteisen auf 20 mm starken Kesselblechen. Die Stücke sind in der Mitte eingeschnitten, dann gesprengt und behufs Markierung der Schweißung angeätzt.

Das Verfahren hat die allermannigfaltigsten Anwendungsweisen gefunden, besonders in Gießereien, Reparaturwerkstätten und im Schiffbau, so daß es hier nur möglich ist, darüber Andeutungen und Hinweise zu geben.

Aluminothermie.
Die Erzeugung hoher Temperaturen mittels Verbrennens von Aluminium und deren technische Anwendungen.

(Mitteilungen des Vereins für die Förderung des Lokal- und Straßenbahnwesens. IX. Jahrgang, Mai-Heft.)

Die Verfahren beruhen auf der vom Verfasser festgestellten Tatsache, daß durch eine an einer Stelle erfolgte Entzündung eines Gemisches, das im wesentlichen aus einer Metall-Sauerstoffverbindung und zerkleinertem Aluminium besteht, dieses ohne äußere Wärmezufuhr von selbst weiterbrennt, wobei Temperaturen von schätzungsweise 3000° C entwickelt werden.

Es tritt hierbei eine chemische Umsetzung von fundamentalster Einfachheit ein, nämlich die Vereinigung derjenigen beiden Elemente, die auf unserem Planeten am häufigsten vorkommen, des Sauerstoffs und des Aluminiums. Die Verbindung beider Elemente ist das Aluminiumoxyd oder die Tonerde, deren kristallisierte Form von Mineralogen Korund genannt wird. Während die Vereinigung dieser beiden Elemente vor sich geht, tritt die eingangs erwähnte hohe Temperatur auf.

Der zur Verbrennung des Aluminiums nötige Sauerstoff wird aber nicht der Luft entnommen, sondern vorzugsweise den Metalloxyden, d. h. den Verbindungen der Metalle mit Sauerstoff.

Wählt man, um ein Beispiel zu geben, als Metalloxyd das Eisenoxyd, den bekannten Eisenrost oder Eisenocker, so treten bei dem chemischen Vorgange drei Grundstoffe in Wechselwirkung:

1. Aluminium,
2. Sauerstoff,
3. Eisen.

Das Aluminium ist in zerkleinertem Zustande als Pulver dem braunen Ocker beigemischt. Es sind also zuerst nur 2 und 3 miteinander verbunden. Dann tritt die Umsetzung ein; der Sauerstoff trennt sich vom Eisen und geht zum Aluminium; nun sind 1 und 2 chemisch verbunden und 3, das Eisen, wie der Chemiker sagt, „frei geworden". Der Vorgang ist so einfach, daß der Lehrer die erste Chemiestunde damit beginnen könnte, um dem Schüler die allereinfachsten chemischen Umsetzungen klarzulegen.

Wie wird die Umsetzung hervorgerufen? Die Lösung dieser Frage bereitete dem Verfasser anfänglich die allergrößten Schwierigkeiten.

Die Mehrzahl dieser Mischungen kann mit einem glühenden Eisenstabe umgerührt werden, ohne daß eine Umsetzung erfolgt. Diese tritt vielmehr erst bei sehr hoher Temperatur ein. Allein die wichtigste Beobachtung war die: man konnte Gemische mannigfachster Zusammensetzung (nicht nur aus Metalloxyden mit Aluminium, sondern überhaupt sauerstoff-, schwefel-, auch halogenhaltige Verbindungen einerseits und Aluminium sowie Magnesium, eventuell auch Kalziumkarbid anderseits) herstellen, die so geartet waren, daß, sobald die Umsetzung an einem Punkte eingeleitet war, diese sich von selbst ohne jedwede Wärmezufuhr von außen im Gemisch weiter fortpflanzte, und daß neues Gemenge, dem in Reaktion befindlichen nachgeworfen, sofort ebenso weiterbrannte.

Nach Versuchen mancherlei Art zeigte es sich ferner, daß es eine ganze Reihe von Sauerstoffverbindungen gibt, die, mit Aluminium vermischt, sich sehr leicht bei verhältnismäßig niedriger Temperatur entzünden lassen, dann sofort nach der Entzündung aber eine sehr hohe Verbrennungstemperatur entwickeln. Man hatte also nichts weiter zu tun, als diese leicht entzündbaren Gemische, z. B. Bariumsuperoxyd und Aluminium (sog. Entzündungsgemisch) auf die schwerer zur Entzündung zu bringenden aufzustreuen und erstere dann, beispielsweise mit einer Stichflamme, einem glühenden Stabe oder dergleichen, zu entzünden, um so die Umsetzung des Hauptmaterials sofort hervorzurufen. Jetzt wird die Entzündung in der Praxis zumeist durch Aufwerfen eines in Brand gesetzten Streichholzes auf das Entzündungsgemisch bewirkt, und zwar bedient man sich hierbei der sogenannten Sturmstreichhölzer.

Mit der Ausführung dieser Umsetzung ist das Problem gelöst, die große im Aluminium aufgespeicherte Energie auf einfachste Weise — ohne Zuhilfenahme von Maschinen und Apparaten — freizumachen, um sie zu den verschiedensten Zwecken zu verwenden.

Es ist eine neue Industrie ins Leben gerufen, die mit dem bereits international gewordenen Namen „Aluminothermie" bezeichnet wird.

Inhaberin der in allen Kulturstaaten durch Haupt- und Nebenpatente geschützten Verfahren ist die „Allgemeine Thermit-Gesellschaft m. b. H., Essen a. d. Ruhr".

Diese hat sich für diese Wärme liefernden Gemische die Wortschutzmarke „Thermit" eintragen lassen, ein Wort, das sich auch bereits allerwärts eingeführt hat.

Frühere Untersuchungen, die zum großen Teil schon etwa fünfzig Jahre zurückliegen, das Aluminium als Reduktionsmittel zu verwenden, knüpften sich besonders an die Namen Wöhler mit seinem Schüler Michel, Deville und dessen Schüler, den Brüdern Tissiers, und weiter an Beketoff. Ferner sind die Arbeiten von Cl. Winkler über die reduzierenden Eigenschaften des Magnesiums besonders zu erwähnen. Verfasser hat in Liebigs Annalen der Chemie, Band 301*, vor drei Jahren einen Aufsatz veröffentlicht, in dem diese Arbeiten spezielle Beachtung gefunden haben.

Alle früheren Forscher arbeiteten ausnahmslos so, daß das Gemisch in einem kleinen Tiegel von außen erhitzt wurde. Oft trat dadurch eine so heftige Reaktion ein, daß ihr Verlauf nicht einmal genau verfolgt werden konnte. Sobald eine größere Menge des Gemisches, das durch äußere Erhitzung zuerst fast durchgehend bis zur Entzündungstemperatur gebracht worden war, plötzlich zur Reaktion kam, traten heftige, ja manchmal sogar gefährliche Explosionen ein.

* Siehe auch Seite 12 dieser Sammlung.

Bei einer technischen Verwertung des Verfahrens war an eine Erhitzung der Mischung durch die Tiegelwand deswegen schon nicht zu denken, weil es kein Tiegelmaterial gibt, das in heißem Zustande dem geschmolzenen Aluminiumoxyd bzw. den Produkten der Reaktion Widerstand leisten kann.

Wie die Aufgabe gelöst worden ist, die Umsetzung sich lediglich im Gefäßinnern abspielen zu lassen ohne jede äußere Wärmezufuhr, ist bereits eingangs auseinandergesetzt worden; in erster Linie war hierzu die Beobachtung nötig, daß die Gemische die Eigenart besaßen, von selbst weiterzubrennen.

Damit war aber auch die weitere notwendige Aufgabe gelöst, die Umsetzung in geregelte Bahnen zu leiten. Es zeigte sich nämlich, daß ein derartiges Gemisch sehr viel ruhiger reagiert, wenn es nicht vorher erhitzt worden ist, sondern in ungewärmtem Zustande von einer Stelle aus abbrennt. Ferner war auch durch langsameres oder schnelleres Zugeben von Gemisch zu dem bereits in Reaktion befindlichen eine weitere einfache Handhabe zur Regulierung gegeben.

Die praktische Anwendung des Verfahrens erstreckt sich bereits auf die weitesten Gebiete.

Vor allem hat es sich gezeigt, daß, wenn man nach obigem Beispiel die betreffenden Oxyde verwendet, nicht etwa nur Eisen, sondern ein großer Teil anderer Metalle in reinem geschmolzenen Zustande sich abscheiden läßt. Die Mischung mit Aluminium geschieht im Prinzip nach äquivalenten Verhältnissen, doch wählt man im allgemeinen einen Überschuß von Oxyd, da es dadurch möglich ist, sämtliches Aluminium zu oxydieren, so daß — trotz der großen Legierungsfähigkeit des Aluminiums — die Metalle aluminiumfrei erhalten werden.

In Betracht kommen vor allem solche Metalle, deren Reindarstellung nach anderen Verfahren selbst im elektrischen Ofen bisher nicht möglich war, und die nun in reinem, auch kohlefreiem Zustande dem Hüttenmann besondere Vorteile bieten.

Chrom und Mangan sind in erster Linie zu nennen.

Die Darstellung dieser Metalle ist in den Großbetrieb übergeführt, da der Bedarf einiger Werke sehr erheblich geworden ist.

In Frankreich ist es die Société d'Electro-Chimie als Lizenzträgerin daselbst, die seit etwa zwei Jahren in St. Michel de Maurienne (Savoyen) sich mit der Darstellung der benannten Metalle befaßt, während der übrige Bedarf von Essen aus von der Allgemeinen Thermit-Gesellschaft gedeckt wird. Die Darstellung geschieht in großen, tiegelartigen Gefäßen, in denen einige Zentner des Metalls in einer Operation abgeschieden werden. Infolge der Schnelligkeit der Reaktion nimmt dies kaum eine halbe Stunde in Anspruch.

Während das kohlefreie Chrom speziell für Stahl gebraucht wird, dient das reine Mangan besonders dazu, reine (auch eisenfreie) Kupromangane herzustellen. Es hat sich die alte Beobachtung gerade bei diesen beiden Metallen wieder bewahrheitet, daß reine oder fast reine Metalle andere Eigenschaften haben als die mit allerhand Verunreinigungen behafteten, und daß diese reinen Metalle auch in Legierungen einen anderen, und zwar in den vorliegenden Fällen einen erheblich höheren Wert besitzen.

In der Stahlindustrie ist bisher das Chrom in Form von Ferrochrom mit einem Gehalte von etwa 40 bis höchstens 65% Chrom zur Verwendung gekommen; dieses Produkt enthält zumeist 10 bis 12% Kohle, berechnet auf den Chromgehalt. Das Chrom ist daher in Ferrochrom nicht als solches, sondern als Chromkarbid vorhanden. Alle Stahle also, die mit Hilfe dieses kohlehaltigen Ferrochroms angefertigt werden, sind streng genommen nicht Chromstahle, sondern „Chromkarbidstahle".

Mit dem reinen kohlefreien Chrom können also andere Legierungen angefertigt werden, die auch andere Eigenschaften haben, so vor allem weicher sind.

Es ist mit dem reinen Chrom ferner möglich, Chromstahle mit höherem Chromgehalt anzufertigen als bisher, weil der hohe Gehalt an Kohle im Ferrochrom die Darstellung höher chromierter Legierungen infolge des gleichzeitig bedingten hohen Kohlenstoffgehaltes unmöglich macht.

Kohlefreies Chrom hat also für die Stahlindustrie besonders Interesse, weil nur dieses die Möglichkeit an Hand gibt, die Chromstahle genau studieren zu können. Welchen Vorteil bereits einer Anzahl von Werken das kohlefreie Chrom gewährt, beweist die notwendig gewordene Großdarstellung dieses Metalls in der oben angedeuteten Weise.

Je höher die Konzentration des Chroms ist, um so wertvoller ist das in vielen Fällen dem Stahlfabrikanten. Weil das Chrom im Martinofen erst am Ende der Operation der fertigen Charge zugesetzt wird, so muß vermieden werden, daß mit dem Chrom irgendwelche schädlichen Beimengungen hineingeraten. Je reiner also das Chrom ist, je weniger Verunreinigungen in ihm vorhanden sind, um so sicherer lassen sich Chromlegierungen mit einem ganz bestimmten Gehalt an Chrom herstellen. Der Abbrand, der bei hochprozentigem Ferrochrom etwa 20 bis 25% beträgt, ist bei reinem Chrom erheblich geringer. Wenn es sich darum handelt, den Gehalt an Chrom im Verhältnis zur Kohle zu erhöhen, beispielsweise eine Charge herzustellen, die neben 2,5% Chrom nur 0,2 oder gar nur 0,15% Kohlenstoff enthalten soll, kann man dies ohne Zuhilfenahme eines kohlefreien Chroms nicht bewirken, da bei Anwendung von Ferrochrom wenigstens 0,25 bis 0,3% Kohlenstoff zugeführt werden, der noch durch den in der Flußeisencharge vorhandenen Kohlenstoff auf mindestens 0,3 bis 0,35% heraufgedrückt werden würde.

Das kohlefreie Chrom findet auch Verwendung im Tiegelguß, selbst da, wo es sich nur um einen geringen Chromzusatz von 1 bis 2% handelt, wo also ein besonders geringer Kohlenstoffgehalt nicht in Betracht kommt.

Auch zur Herstellung von hochchromiertem Werkzeugstahl mit 6 bis 10% Chrom — in einigen Werken wird dieser Gehalt an Chrom sogar noch zu steigern versucht — bedient man sich des kohlefreien Chroms.

Der Zusatz des Chroms kann auch in Form von Chromthermit erfolgen. Aus einem Kilo Chromthermit erhält man ca. 375 g metallisches, reines Chrom. Die Art des Zusatzes als Thermit soll weiter unten beim Titan ausführlich besprochen werden; das Chrom verhält sich in bezug auf die Einführung mit Hilfe des entsprechenden Thermits dem Titan analog.

Durchaus anders liegt die derzeitige Hauptverwendung beim kohlefreien Mangan; hier hat vorläufig die Eisen- bzw. Stahlindustrie weniger

Nutzen gezogen. Es liegt dies mit daran, daß die Manganstahle bisher nicht das Interesse in Anspruch nahmen wie gerade die Chromstahle. Vor allem aber ist es der bedeutend höhere Preis des aluminogenetischen Mangans dem sehr billigen, im Hochofen erschmolzenen Ferromangan gegenüber, der in erster Linie zurückhaltend wirken muß. Der Preisunterschied ist etwa wie 10 zu 1! Neuerdings tritt trotzdem großes Interesse für hochprozentige Manganstahle hervor, so daß nennenswerte Mengen von reinem Mangan für diese Zwecke verwendet werden.

Weiterhin bedient sich seit etwa Jahresfrist die Kupferindustrie des reinen Mangans in ausgedehnter Weise. Der Vorteil, den reines, kohlefreies Mangan dem kohlehaltigen Produkt gegenüber bietet, war nicht ohne weiteres vorherzusehen, da der Kohlegehalt des Mangans selbst auf das Kupfer keinen direkten Einfluß ausübt, indem dieser Kohlegehalt beim Legieren in die Schlacke oder den Abbrand geht; ein Kupferkarbid bildet sich bekanntlich nicht. Nimmt man, wie vielfach geschieht, ein hochprozentiges Ferromangan — mit etwa 80% Mangan, 8 bis 9% Eisen, Rest Kohle und Verunreinigungen — so werden stets rund 10% Eisen von der Menge des zulegierten Mangans in das Kupfer eingehen. Demnach enthalten die gewöhnlichen Kupromangane mit 25 bis 30% Mangan stets 2,5 bis 4% Eisen.

Um eisenfreie Kupromangane zu erzeugen, mußte also ein eisenfreies Mangan gewählt werden. Eisenfreies, mit Kohle auf bekannte Art im Tiegel reduziertes Mangan stellt gleichfalls ein Mangankarbid dar, das an der Luft nach kurzer Zeit zu Pulver zerfällt. Das aluminogenetische, kohlefreie Mangan hat die vorteilhafte Eigenschaft, daß es sich beliebig lange an der Luft hält und nur etwas, aber in geringerem Maße als Eisen, anläuft. (Selbst in der Laboratoriumsluft hält es sich ziemlich gut, bleibt allerdings nicht so blank wie das reine Chrom, das sich bekanntlich in dieser Hinsicht wie ein edles Metall verhält.)

Das kohlefreie Produkt zeichnet sich besonders durch seine verhältnismäßig große Legierungsfähigkeit aus. Stücke dieses Mangans, in einen Tiegel geschmolzenen Kupfers eingeworfen, legieren sich mit Leichtigkeit diesem zu, fast ohne einen Abbrand zu geben, der bei dem kohlehaltigen Mangan bzw. Ferromangan stets entstehen muß und auch zu Verlusten Veranlassung gibt. Es werden Legierungen von Kupfer mit 20, 30, 50 und mehr Prozent Mangan hergestellt; diese hochprozentigen Legierungen dienen zum Weiterlegieren mit reinem Kupfer.

Trotz des erheblich höheren Preises dieses reinen Mangans gegenüber dem Ferromangan wird ersteres für die Darstellung guter manganhaltiger Kupferschmelzen entschieden vorgezogen, weil es sich — an Hand zahlreicher aufs sorgfältigste in großem Maßstabe angestellter vergleichender Versuche — gezeigt hat, daß man porenfreie Güsse nur mit diesem reinen, leicht legierbaren Mangan herzustellen imstande ist, und daß die Qualität der Legierung durch einen Eisengehalt erheblich verschlechtert wird. Selbstverständlich wird für solche Mangankupferlegierungen auch nur bestes Elektrolytkupfer verschmolzen. Besonders hat sich eine Legierung mit 5% Mangan — das dem Kupfer kaum eine merkliche Färbung erteilt — eingeführt, da sie sich als sehr widerstandsfähig, und zwar besonders gegen Feuergase gezeigt hat. Es werden aus diesem Material Stangen und Röhren gefertigt.

In Paris waren von der bekannten Société française d'Electro-Métallurgie, Paris (procédés Elmore et Sécretan Usines à Dives) Röhren und Stäbe, die mit diesem kohlefreien Mangan angefertigt waren, ausgestellt.

Mangan wird auch als Desoxydationsmittel dem Nickel zugesetzt, zumeist in Mengen von 1 bis 2%. Ferner dient es als Zusatz bei Bronze, Rotguß und Messing; es werden diesen Legierungen $^3/_4$ bis 3% zugegeben. Mangan legiert sich auch leicht mit Zink und Zinn. Besonders eine Legierung von 20% Mangan und 80% bleifreiem Zink findet vielfach Anwendung, während Manganzinn mit 50% Mangan und 50% bleifreiem Zinn in den Handel gebracht wird. Schließlich wird noch eine Legierung von 70% Mangan und 30% Chrom, ein Chrommangan, fabriziert, das verschiedentlich Anwendung gefunden hat, und zwar für Kupferlegierungen zur Herstellung von sog. Chrommanganin. Das Chrom legiert sich nur sehr schwer mit dem Kupfer direkt; es seigert vor allem leicht aus, so daß das auf aluminothermischem Wege hergestellte Chromkupfer mit 10% Chrom, das für die Herstellung von chromiertem Kupfer genommen wird, weniger gewählt wird, während sich das Chrommangan leicht mit dem Kupfer legiert, wie das reine Mangan selbst und gerade neuerdings häufiger in Anwendung gekommen ist. Das Chrom scheint im Gegensatz zum Eisen bei Kupferlegierungen die Elastizität zu erhöhen.

Weiter unten wird noch einer Legierung von Mangan und Titan Erwähnung getan; dieselbe dürfte sich zum Legieren mit Kupfer und Bronzen eignen, da eine Legierung von Kupfer und Titan zwar leicht auf aluminothermischem Wege darstellbar ist, aber beim Weiterlegieren leicht ausseigert. An Resultaten über Einwirkung des Titans auf Kupfer oder Kupferlegierungen mit Hilfe von Mangantitan fehlt es zurzeit noch.

Neuerdings tritt auch von verschiedenen Seiten ein größeres Interesse für Ferrotitan auf; selbst geringe Zusatzmengen von Titan — wenige Zehntelprozent — geben, wie dem Verfasser von verschiedenen Seiten bestätigt wurde, dem Eisen bezw. Stahl ein besonders dichtes sehniges Gefüge.

Eine Einführung von Titan ins Eisen ist infolge seiner schweren Legierbarkeit und großen Neigung zur Verschlackung nach den bisherigen Methoden durch Reduzierung von titanhaltigen Erzen im Hochofen außerordentlich schwierig gewesen; in den allermeisten Fällen sogar völlig mißglückt.

Erst durch Anwendung des aluminothermischen Verfahrens wird es möglich, reine, auch kohlefreie Titanlegierungen herzustellen, die dem Hüttenmann nunmehr gestatten, Titan bequem einzuführen. Allein die hochprozentigen Legierungen mit 40% Titan haben sich infolge ihrer Schwerschmelzbarkeit nicht bewährt und deswegen werden Ferrotitane mit einem Gehalt von nur 20 bis 25% Titan in den Handel gebracht.

Das Zufügen dieser Legierung muß auch bei hoher Temperatur erfolgen.

Neuerdings ist gefunden worden, daß das Titan sich leichter mit Mangan als mit Eisen legiert, es wird ein Mangantitan hergestellt, das 30 bis 35% Titan enthält. Wird diese Legierung angewendet, so erhält man stets etwa die doppelte Menge Mangan vom Gehalt des Titans. Da aber zumeist nur 1 bis 2 Zehntel Prozent Titan zulegiert werden, so übersteigt schließlich der Mangangehalt nicht die vielfach im Flußeisen enthaltene Menge dieses Metalls.

Dieses Mangantitan wird vom Flußeisen leichter gelöst als Ferrotitan.

Ein besseres und bequemeres Einführen des Titans erhält man dadurch, daß man es in statu nascendi auf das flüssige Metall einwirken läßt. Es geschieht dies in der Weise, daß man auf ein entsprechendes Gemisch der Sauerstoffverbindungen von Titan, Eisen oder besser Mangan mit Aluminium — sog. Mangantitanthermit — hocherhitzten Stahl auffließen läßt, der die Mischung sofort entzündet; die Titanlegierung scheidet sich aus und geht in das Metallbad ein, während die aus dem Thermit sich bildende Schlacke obenauf schwimmt. Wesentlich ist hierbei, daß eine beträchtliche Wärmemenge erzeugt wird, die dem Legierungsvorgange zugute kommt. Man fügt also das Titan erst in der Gießpfanne bei.

Da das Titan bekanntlich Stickstoff absorbiert, so ist es imstande, etwaige Mengen dieses Gases, die im Flußeisen vorhanden sind, aufzunehmen. Daß dies tatsächlich bei Zugabe von aluminogenetischem Ferrotitan eintritt, ist von verschiedenen Seiten erwiesen worden, indem bei derartigen Schmelzen die bekannten roten, eine Titanstickstoffverbindung enthaltenden Kristalle mit Hilfe des Mikroskops beobachtet worden sind.

Das Titan ist also mit dazu berufen, blasenfreie Güsse herzustellen und reiht sich in dieser Beziehung dem Mangan, Silizium und Aluminium an.

G e r i n g e T i t a n m e n g e n geben auch dem G u ß e i s e n eine erhöhte Festigkeit. Ausgedehnte Versuche haben hier wohl nur deshalb noch zu keinem völlig sicheren Resultat geführt und eine allgemeine Einführung hintangehalten, weil ein zuverlässiges und gleichmäßiges Hinzufügen des Titans bislang nicht gewährleistet werden konnte.

Das Zulegieren des Titans bzw. Ferrotitans oder auch Mangantitans zum Gußeisen geschieht am sichersten, indem man das flüssige, aus dem betreffenden Thermit ausgeschiedene, hoch über seinen Schmelzpunkt erhitzte Metall in die Pfanne einfließen läßt. Bei kleineren Probemengen kann man derart verfahren, daß man das betreffende Titanthermit in einem Tiegel in der eingangs erwähnten Weise zur Reaktion bringt, den Korund abzieht und erst danach die flüssige Titanlegierung dem Gußeisenbade hinzufügt. Besonders bei größeren Mengen wird man aber noch praktischer so verfahren, daß man am Boden des Gefäßes, in dem die Titanlegierung abgeschieden wird, einen Abstich vorsieht, so daß das Metall zuerst ablaufen kann. In dem Falle läßt man auch die Schlacke soweit wie möglich auf das Eisenbad mitfließen, um auch die Wärme jener mit auszunützen. Natürlich kann man auch auf dem Boden der Pfanne selbst die aluminothermische Abscheidung vornehmen und s o f o r t, nachdem diese beendet, Eisen nachfließen lassen, jedoch unter ständigem Umrühren, um ein gutes Durchmischen der Metalle hervorzurufen und die bei der aluminothermischen Reaktion sich bildende Schlacke, den Korund, auf die Oberfläche zu treiben. Unter dem Umrühren erstarrt der Korund zu kleinen Stücken, die leicht abzuschöpfen sind. Die Korunddecke erstarrt sehr schnell, schon nach wenigen Sekunden, während das Metall — besonders wenn man größere Mengen auf einmal in Anwendung bringt — längere Zeit flüssig bleibt, so daß man mit dem Abstechen des Metalls nicht besonders eilig zu sein braucht.

F e r r o t i t a n t h e r m i t sowohl wie M a n g a n t i t a n t h e r m i t reagieren sehr langsam. Wenn nur einige Kilo in einem Tiegel zur Reaktion gebracht werden, ist es ratsam, denselben etwas hin und her zu schwenken, um die Reaktion etwas zu beschleunigen.

Aus einem Kilo Ferrotitanthermit werden ca. 350 g Ferrotitan mit 20 bis 25% Titan, und aus einem Kilo Mangantitanthermit ca. 280 g Mangantitan mit 30 bis 35% Titan ausgeschieden*.

Die Titanthermite geben eine ziemlich dickflüssige Korundschlacke, die verhältnismäßig wenig die kalten Wände eines Tiegels — auch wenn sie kieselsäurehaltig sind — angreift; es tritt, falls die Reaktion in kieselsäurehaltigen Gefäßen vorgenommen wird, eine Aufnahme von belanglos wenig Silizium in das Metall ein. Ähnlich verhält sich in dieser Beziehung auch der chromoxydhaltige Korund.

In fast quantitativer Weise lassen sich Nickel und Kobalt aus ihren Oxyden aluminogenetisch herstellen. Technisches Interesse bietet zurzeit nur das Nickel, da das metallische Kobalt schon infolge des hohen Preises kaum Verwendung findet.

Man kann in einer Operation direkt aus dem Nickeloxyd mit Hilfe des aluminothermischen Prozesses Nickelgüsse herstellen, ohne erst Würfelnickel aus dem Nickeloxyd herstellen zu müssen, welch ersteres in Tiegelöfen nur bei hoher Temperatur eingeschmolzen werden kann. Dabei besitzt das auf aluminogenetischem Wege hergestellte Nickel eine erheblich höhere Temperatur als das im Tiegelofen verschmolzene und ergibt auch ein vorzüglich reines walzfähiges Produkt. Reduktions- und Tiegelöfen fallen bei dem Verfahren natürlich gänzlich fort; man braucht lediglich Tiegel, die aber für den vorliegenden Fall einer besonderen, nicht kieselsäurehaltigen Auskleidung bedürfen. Um Nickelgüsse herzustellen, ist vorher der azurblaue Nickelkorund von dem Nickelregulus abzugießen. Es können dem Nickel Zusätze, z. B. von Mangan gegeben werden, am besten mit Hilfe von Manganthermit. Dieses kann gleich auf dem Boden des Tiegels zur Reaktion gebracht werden, so daß das aus dem Nickelthermit entstehende Nickel in das Mangan fließt und sich sogleich mit diesem vereint. Auch können, noch bevor die Schlacke abgegossen ist, Manganstücke in den Tiegel geworfen werden, es erfolgt so ein quantitatives Eingehen des Mangans in den Nickelregulus.

Diese Art der Nickelabscheidung eignet sich auch sehr dafür, dem Gußeisen, dem für Spezialzwecke Nickelzusätze von ½ bis ¾% gegeben werden, einen gleichmäßigen und sicheren Zusatz zu erteilen. Man verfährt hierbei am besten so, wie dies oben beim Mangantitanzusatz für Gußeisen beschrieben ist.

Ein Kilo Nickelthermit ergibt ca. 600 g Nickel.

In Anregung seien hier auch Chromnickellegierungen gebracht, die mit Hilfe des aluminothermischen Verfahrens ohne weiteres herzustellen sind und wohl Interessantes bieten dürften. Der Zusatz wird infolge der Schwerschmelzbarkeit des Chroms am besten mit Hilfe von Chromthermit bewirkt.

---

* Erleichtert werden die Arbeiten mit Titan dadurch, daß dessen Bestimmung durch Titration (Tüpfelmethode) schnell und sicher ausführbar ist. In Salzsäure löst sich das Titan unter Luftabschluß (Bunsenventil) zu $TiCl_3$, das mit Hilfe von $FeCl_3$ zu $TiCl_4$ oxydiert wird. Die Titration geschieht in der Kälte, während CO_2 übergeleitet wird. Als Indikator dient Rhodankaliumlösung. Wenn die Eisenchloridlösung 0,01 g Fe in 1 ccm enthält, so entspricht dieser 0,0091 g Ti. Auch die Titriermethode mit Wasserstoffsuperoxyd ist zu empfehlen. (Vgl. Chemikerzeitung 1901 Nr. 24 vom 23. März 1901 und Journal Soc. Chem. Ind. 1901 20—23.)

Chromthermit entzündet sich erst bei besonders hoher Temperatur, reagiert langsamer als die anderen Thermite, gibt aber nur bei Anwendung großer Mengen gute Ausbeute.

Allgemein sei hervorgehoben, daß der Zusatz eines auf aluminothermischem Wege herzustellenden Metalles in vielen Fällen besser mit Hilfe des entsprechenden Thermits erfolgt, als daß die Einführung des Metalles im regulinischen Zustande im Ofen vorgenommen wird.

Am bequemsten ist es, direkt das Thermit als solches auf den Boden der Pfanne zu geben, oder man bereitet das Metall in unmittelbarer Nähe derselben, um es dann in die abzulassende Charge einfließen zu lassen. Da man aber beim Arbeiten im Martinofen nicht vorher genau die Zeit des Abstiches anzugeben imstande ist, ist in diesem Falle die Art des Zugebens des Thermits in der Gießpfanne zu wählen. Selbst einige wenige Prozent Thermit einem Eisenbade zugeführt, erhöhen dessen Temperatur ganz wesentlich!

Flüssiger Stahl entzündet die erwähnten Thermite, während flüssiges Gußeisen dazu nicht imstande ist.

Noch sei erwähnt, daß nach aluminothermischem Verfahren Ferrobor mit 20 bis 25% metallischem Bor hergestellt wird. Die Versuche mit diesem Körper haben bisher noch zu keinem definitiven Resultat geführt.

Dagegen scheint die Anwendung von Vanadin in Form von Ferrovanadin, das aluminogenetisch leicht darstellbar, Aussicht auf Verwendung für Spezialstahle zu haben, wenn der Preis der Vanadinerze weiter zurückgeht. Die besten Resultate scheinen mit Mengen von 0,5% Vanadin erreicht worden zu sein.

Interessant, allerdings zurzeit mehr vom wissenschaftlichen Standpunkt aus, ist es auch, daß die Oxyde der Erdalkalimetalle durch Aluminium reduziert werden, am leichtesten auch in Legierungen. So ist ein Bleibarium mit 30% Barium abgeschieden worden. Diese Legierung, die spröde, kristallinische Stücke bildet, an der Luft zerfällt, zersetzt das Wasser stürmisch.

Der metallurgische Teil des aluminothermischen Verfahrens bildet einen Fabrikationszweig für sich.

Aufs engste mit dieser Fabrikation verbunden ist die Darstellung des geschmolzenen Aluminiumoxydes, das bei der Metallabscheidung entsteht. Da der Korund bezw. Schmirgel, der in der Natur vorkommt, im wesentlichen aus Aluminiumoxyd besteht, so kann man dieses Produkt als künstlichen Korund oder Schmirgel bezeichnen. Für dasselbe ist der Name „Corubin" geschützt. „Corubin" zeichnet sich vor allem durch seine große Härte und Schleiffähigkeit aus und übertrifft hierin, wie die Praxis gezeigt hat, den natürlichen Korund oder den Schmirgel ganz erheblich. Infolge dieser Eigenschaften hat auch die Zerkleinerung dieses Materials nicht unerhebliche Schwierigkeiten verursacht, die nur mit Hilfe von sehr kräftig gebauten Spezialmaschinen überwunden werden konnten. Der „Corubin" wird seitens der Allgemeinen Thermit-Gesellschaft in den üblichen Körnungen in den Handel gebracht. Die erzielten Preise übertreffen die des besten Schmirgels sehr erheblich.

Ferner bildet das Material ein hochfeuerfestes Produkt, aus dem Steine, Formen und Tiegel für besondere Zwecke hergestellt werden.

Von umfangreicher und mannigfaltigster Art sind diejenigen Anwendungsarten des Verfahrens, die sich mit der Wärmeausnutzung für die Metallbearbeitung befassen.

Eine ganze Reihe von Schwierigkeiten war vorerst zu überwinden, ehe es möglich war, Anwendungen dieser auf solche Weise hervorgebrachten Temperaturen in die Praxis einzuführen; ja es mußten vor allem Anwendungsmöglichkeiten ersonnen werden!

Zuerst war es nötig, sich mit dem Feuerfluß im Tiegel vertraut zu machen, dessen Eigenschaften, auch besonders seine Ungefährlichkeit und — so paradox es klingt — seine außerordentlich geringe Feuergefährlichkeit kennen und schätzen zu lernen. — Schon aus der Tatsache, daß der Verfasser wiederholt die Experimente in einem Saal auf einem Holzpodium, genau so wie sie in der Praxis ausgeführt werden, vorführte, muß der Schluß der Ungefährlichkeit gezogen werden. Das schlimmste, was passieren könnte, wäre das Auslaufen eines Tiegels. Freilich ist dessen Schmelzfluß auf 3000° C zu schätzen. Aber der den Tiegel verlassende Schmelzfluß erstarrt fast momentan an Ort und Stelle, da der Korund augenblicklich auf seinen Erstarrungspunkt abkühlt und den größten Teil des Metalls zudem einschließt; doch auch letzteres erstarrt schnell, so daß eine unverbrennliche Unterlage von kleiner Ausdehnung — bestehend aus Ziegelsteinen und Sand — völlig ausreicht, um die Experimente überall ausführen zu können, ohne daß Feuersgefahr zu befürchten ist. Das Herumsprühen von Funken ist außerordentlich gering, tritt fast nur beim Entzünden des Gemisches in geringer unschädlicher Weise auf. Es ist ja selbstredend, daß man alles direkt Brennbare wie Tücher, Papier und dergleichen aus der nächsten Nachbarschaft sorgfältig verbannt, vor allem auch darauf sieht, daß das kleine Büchschen mit „Entzündungsgemisch" beiseite gestellt wird, da ein einfallender Funken dieses leicht zur Entzündung bringt und dann einen kleinen Feuerregen hervorruft. Eine kleine Menge von brennendem Spiritus oder gar Äther ist weit feuergefährlicher als brennendes Thermit, weil sich diese Flüssigkeiten schnell verbreiten, und man nie weiß, wohin und wie weit sie fließen können, so daß Dinge in Brand geraten, die fernab von der Ausflußstelle liegen.

Zur weiteren „Beruhigung" soll ferner hervorgehoben werden, daß bisher noch nirgends aus der Praxis Klagen über Feuergefährlichkeit lautgeworden sind. Eine Selbstentzündung der Gemische ist bisher noch nicht beobachtet worden. Selbst eine solche durch Schlag oder Stoß absichtlich hervorzurufen, ist bisher nicht möglich gewesen, muß auch als ausgeschlossen betrachtet werden. Sobald die Gemische naß werden, verlieren sie ihre Fähigkeit weiterzubrennen ganz; dagegen schadet eine gewisse aus der Luft angezogene Feuchtigkeit wenig oder gar nicht. Zu empfehlen ist es aber, die Gemische in geschlossenen Gefäßen aufzubewahren.

Die Verfahren beruhen nun entweder darauf, daß man nur die bei der Reaktion auftretende Wärme auf das Arbeitsstück einwirken läßt, oder daß man das sich bei der Reaktion abscheidende Metall zum Aufschweißen bezw. Aufgießen verwendet.

Für die Anwärmung auf Schweißtemperatur wird Thermit Marke „Rot", für die Aufschweißungen auf Guß- und Schmiedeeisen Thermit Marke „Schwarz" verwendet.

Die Fabrikation dieser Thermite in großem Maßstabe hat neben der Metalldarstellung seit kurzem in Essen seitens der Allgemeinen Thermit-Gesellschaft begonnen. Trotz scheinbarer Einfachheit bedarf die Bereitung technisch brauchbaren Thermits allergrößter Vorsicht, Erfahrung und Kontrolle. Die Fabrikation kann nur mit Hilfe einer Anzahl größerer Spezialapparate und Maschinen erfolgen, welche erst den neuen Zwecken entsprechend konstruiert werden mußten.

Bei der Verwendung des feuerflüssigen Gutes für Schweißzwecke war ferner vor allem die richtige Art der Wärmeübertragung auf das Arbeitsstück ausfindig zu machen.

Die Ausführung geschieht derart, daß die zu verschweißenden Enden mit vorher blank gemachten Flächen stumpf aneinandergedrückt werden. Um die Schweißfläche wird eine lose anschließende Form aus dünnem Eisenblech gelegt, die von außen mit Formsand oder dergleichen abgestützt ist. In einem Spezialtiegel von entsprechender Größe wird sodann die feuerflüssige Mischung bereitet und die Form damit gefüllt. Dadurch, daß die Enden der Schweißstücke mit Hilfe eines Klemmapparates fest zusammengepreßt sind, also der durch die Erwärmung bedingten Ausdehnung nicht folgen können, entsteht der zum Schweißen erforderliche Druck, der durch Anziehen der Schrauben des Klemmapparates noch verstärkt werden kann. Nach erfolgter Schweißung kann die erstarrte Masse leicht durch einige Hammerschläge von dem Schweißstück und der Form abgeschlagen werden.

Auf experimentellem Wege, an Hand zahlreicher Versuche auf Festigkeit, Zerreiß-, Biegeproben und dergleichen ist sorgfältig bestimmt worden, wieviel Thermit erforderlich ist, um eine Schweißung bestimmter Größe auszuführen, und welchen Inhalt infolgedessen die Form haben muß, die um die Schweißstelle anzubringen ist.

Ein eigenartiger Vorgang spielt sich ab beim Aufgießen der flüssigen Masse aus dem Tiegel auf das Arbeitsstück. In dem Tiegel, in dem die zum Schweißen erforderliche feuerflüssige Masse bereitet wird, bilden sich zwei Schichten, unten das flüssige Eisen, oben das leichtere geschmolzene Aluminiumoxyd (Korund). Dieses fließt beim Ausgießen natürlich zuerst ab und erstarrt dann in ganz dünner Schicht augenblicklich, sowohl auf den kalten Flächen der Form wie des Schweißstückes, während der nachfließende Teil des Tiegelinhalts, d. h. ein Teil des Aluminiumoxyds und das ganze Eisen kurze Zeit flüssig bleiben. Die Folge davon ist, daß das aus dem Tiegel nachfließende, hocherhitzte Eisen weder das Schweißstück, noch die dünne Blechform direkt berühren kann, also auch nicht imstande ist, mit diesen Teilen zu verschmelzen. Aus diesem Grunde bleibt das Schweißstück vollständig unverändert, und auch die Form kann wiederholt gebraucht werden. Eine direkte Berührung des aluminogenetischen Metalls mit dem Schweißstück muß vermieden werden, weil dies ein sofortiges Einschmelzen oder auch Durchschmelzen des Arbeitsstückes herbeiführen würde. Die Abbildung 17 zeigt einen Stahlblock von etwa 1/4 Meter Höhe, der mit Hilfe von einigen Kilo aluminogenetischen

Eisens bis reichlich auf ein Drittel seiner Dicke mit einer scharfkantigen Furche von etwa 20 mm Breite ausgespült ist, indem zuerst der obenauf schwimmende flüssige Korund beiseite gegossen ist.

Dadurch, daß es möglich ist, den gesamten Tiegelinhalt auszugießen, sind Vorteile von besonderer Tragweite und Bedeutung erzielt worden.

Erstens hat dadurch, daß man die kalorische Energie zunächst im Tiegel bereitet, d. h. aufspeichert — eine Operation, die infolge der Reaktionsgeschwindigkeit je nach der angewendeten Menge in einigen Minuten vollzogen ist —, und sodann auf die zu verschweißenden Stücke innerhalb einiger Sekunden überträgt, eine erhebliche, sagen wir sechzigfache Energiekonzentration stattgefunden, da, während die Reaktion im Tiegel ausgeführt wird, ein nennenswerter Wärmeverlust nicht stattfindet.

Zweitens ist dadurch, daß die erforderliche Wärmemenge stets in Form einer empirisch festgestellten Menge Thermit abgewogen oder auch abgemessen werden kann, zum erstenmal ein Schweißverfahren ausgearbeitet worden, bei dem nicht das geübte Auge des Schweißers maßgebend ist für die dem Schweißstücke zu erteilende Wärme. Die Folge davon ist, daß diese aluminothermischen Schweißungen leicht von Arbeitern, selbst jugendlichen, ausgeführt werden können, besonders hierfür geschulte Handwerker also entbehrlich sind.

Drittens vollzieht sich, da infolge dieser Gießmethode ein sofortiges Einhüllen der Schweißstelle stattfindet, die Schweißung unter völligem Luftabschluß, so daß die Atmosphärilien, besonders der Luftsauerstoff, auf die Schweißstelle nicht einwirken können. Es bleibt also die Oberfläche der Schweißstelle unverändert unter der Schutzdecke von Korund. Das ist von nicht zu unterschätzender Bedeutung und gibt mit eine Erklärung für die vorzüglichen Schweißungen, die mit diesem Verfahren erzielt werden.

Viertens wird durch diese Methode eine stets vorteilhafte, langsame Abkühlung der Schweißstelle lediglich dadurch hervorgerufen, daß die um die Schweißstelle erstarrte Masse erst nach beliebiger Zeit abgeschlagen zu werden braucht.

Selbstverständlich ist beim Eingießen eine Vorsicht unter allen Umständen zu beobachten, die aber sehr leicht einzuhalten ist. Da, wie gesagt, das heiße aluminogenetische Metall, direkt mit dem Werkstück in Berührung gebracht, sofort mit diesem verschmilzt, so darf beim Ausgießen des Tiegels nie das Metall auf eine noch nicht vom Korund umhüllte Stelle gegossen werden. Man gießt deswegen am besten den ganzen Tiegelinhalt an ein und derselben Stelle der Form aus, besonders bei kleineren Schweißungen, während man bei umfangreicheren Schweißungen besser zuerst einen größeren Teil der Oberfläche des Schweißstückes mit Korund übergießt.

Die äußerst geringe Apparatur — Klemmapparat, Spezialtiegel und „Thermit" —, die zur Ausführung des Verfahrens nötig ist, im Gegensatz zu den bisherigen Schweißverfahren mittels Kohlenfeuers, Wassergases und Elektrizität, läßt dasselbe für Schweißungen außerhalb der Werkstatt, und zwar bei jeder Lage der zu verschweißenden Stücke, in erster Linie als geeignet erscheinen.

Typisch für dies Schweißverfahren ist ferner die Möglichkeit, die Wärme auf kleinstem Raume zu konzentrieren, so daß die dicht neben der

Schweißstelle liegenden Teile, die nicht von der Glut bespült werden, kalt bleiben und erst allmählich durch Leitung eine höhere Temperatur annehmen. Schließlich ist noch der eigenartig automatische Charakter dieser Schweißmethode bemerkenswert, wodurch ein sehr geringer Aufwand an Arbeitslohn bedingt ist.

Zwei Anwendungsarten dieser vorerwähnten Schweißung sollen besonders hervorgehoben werden. Erstens das Zusammenschweißen von Eisenbahnschienen der elektrischen Straßen- und Eisenbahnen und zweitens das Aneinanderschweißen schmiedeeiserner Rohre.

Die Vorteile, welche ein Verschweißen der Schienen gegen eine Verlaschung bietet, sind zunächst konstruktiver Natur. Dadurch, daß die Verschraubungen fortfallen, ist ein durchlaufendes, gleichförmiges Gestänge geschaffen. Dies bedingt einen gleichmäßig herzustellenden Anschluß der Schiene an das Straßenpflaster, der durch die vorstehenden Laschenverbindungen erschwert bezw. gestört wird. Ferner laufen die Wagen glatt über die Schiene fort; es tritt also eine große Schonung des Oberbaues sowohl wie des rollenden Materials ein, während die Laschenverbindungen, auch die kräftigsten, nicht imstande sind, die Schienenenden dauernd so fest miteinander zu verbinden, daß nicht mit der Zeit ein Lösen der Schrauben eintritt, wodurch ein Lockerwerden des ganzen Stoßes hervorgerufen wird, ein Übel, das sich — wie leicht begreiflich — während des Betriebes ständig vergrößert. Die Wagen beginnen am Schienenstoß zu schlagen und führen somit eine besonders starke Abnützung dieser Stelle herbei.

Um dem Lockerwerden der Laschen entgegenzuwirken, muß in gewissen Zeiträumen ein Anziehen der Schrauben stattfinden, ein Unterstopfen des Stoßes und schließlich eine teilweise Erneuerung der Laschen und des dazu gehörigen Kleineisenzeuges eintreten. Diese Kosten werden bei den Straßenbahnen noch wesentlich dadurch erhöht, daß ein Aufreißen des Pflasters notwendig wird.

Alle diese Übelstände sind gänzlich vermieden, sobald der Stoß verschweißt ist.

Noch ein wichtiger Punkt spricht für die Verschweißung der Schienen! Es ist nämlich eine gute elektrische Verbindung für Schienen untereinander für den Betrieb der elektrischen Straßenbahnen, bei denen der Strom durch die Schienen zurückgeleitet wird, von außerordentlicher Wichtigkeit. Die bisher hierfür fast allgemein verwendeten Kupferverbinder, die jeden Schienenstoß überbrücken, lösen diese Aufgabe nur sehr mangelhaft, da bekanntlich Kupfer und Eisen im feuchten Erdboden einen galvanischen Strom liefern. Es entsteht so eine elektrolytische Zersetzung an der Kontaktstelle, wodurch dieselbe leidet und mit der Zeit ganz zerstört werden kann.

Die Folge davon ist, daß sich der Rückstrom einen anderen Weg als durch die Schienen suchen muß. Er findet denselben zumeist in den Röhren der Gas- und Wasserleitungen und, da nun zwischen Schienen und diesen Leitungen eine Potentialdifferenz — oft von mehreren Volt — auftritt, so findet zwischen Röhren und Schienen eine Elektrolyse statt, die in vielen Städten, auch Deutschlands, besonders aber in den Vereinigten Staaten von Nordamerika, wo die Anlagen vielfach weniger sorgfältig installiert werden, eine geradezu verheerende Wirkung auf die Rohrnetze ausgeübt hat.

Diese durch die sog. vagabundierenden Ströme hervorgerufenen Zerstörungen werden in Amerika kurz mit dem Namen „Electrolysis“ bezeichnet; es ist bereits eine ziemlich umfangreiche Literatur darüber erschienen.

Vor allem ist neuerdings in dem „Journal für Gasbeleuchtung“ (cf. Nr. 15, 16 und 17, Jahrgang 1900) eine Arbeit erschienen unter dem Titel „Über elektrolytische Zerstörung von Rohrleitungen durch vagabundierende Ströme“. Einleitend haben die Verfasser eine sehr ausführliche Quellenangabe — beginnend mit den Arbeiten von Dr. Rasch aus dem Jahre 1894 — zusammengestellt, zum Teil mit kurzer Inhaltsangabe. Besonders sind auch die zahlreichen amerikanischen Veröffentlichungen über dieses Thema berücksichtigt.

Vorher erschien die in der vorigen Arbeit gewürdigte und verbreitete Broschüre von Bauinspektor J. Ohlshausen in Hamburg: „Elektrolytische Zerstörung von Rohrleitungen durch Erdströme“. Als Manuskript gedruckt, München 1899.

Schon im Jahre 1895 erschien in Schillings Journal, Seite 757, ein Aufsatz über: „Elektrolytische Zerstörung von Gas- und Wasserleitungen durch vagabundierende Straßenbahn-Starkströme“, in dem bereits als wirksamstes Mittel zur Bekämpfung dieser Einflüsse die Zusammenschweißung der Schienen — man dachte damals natürlich nur an die elektrische — an erster Stelle hervorgehoben wird.

Um diese vagabundierenden Ströme auf ein unschädliches Maß zu reduzieren, wird jetzt von den Fachmännern wohl allgemein eine zuverlässige Schienenschweißung als notwendig vorgeschlagen. Durch eine Schienenschweißung kann auch an den teuern Rückleitungskabeln sehr erheblich gespart werden.

Aber selbst abgesehen von diesem Vorteil, den ein verschweißtes Bahnnetz darbietet, stellt sich dasselbe in der Unterhaltung — also in letzter Linie in den gesamten Anlagekosten — erheblich billiger als ein mit Hilfe von Laschen und Kupferverbindern hergestelltes. Wie Berechnungen, die tatsächlichen Verschleißen am verlaschten Stoß entnommen sind, ergeben, besteht eine Ersparnis von rund 20% des Anlagekapitals mit kapitalisierten Unterhaltungskosten bei verschweißtem Bahnnetz gegenüber einem mit Laschen- und Kupferverbindungen hergestellten, wenn letztere nur mit 13,30 ℳ eingesetzt sind, der verschweißte Stoß mit 20 ℳ bezahlt wird. Dabei ist die Berechnung in bezug auf den verschweißten Stoß noch besonders ungünstig gewählt. Auch wenn an Stelle der billigen erwähnten Laschen starke Fußlaschen genommen werden, die reichlich denselben Preis haben wie die angegebenen Verschweißkosten, tritt eine erhebliche Ersparnis in den Unterhaltungskosten des verschweißten Gleises ein*.

Da die Schienen der elektrischen Bahnen fest im Erdboden oder Pflaster liegen, so übt die wechselnde Temperatur mit ihrem Zusammenziehen und Ausdehnen der Schienen nicht den Einfluß aus wie bei den freiliegenden Schienen der Hauptbahnen. Es ist deswegen auch beim Zusammenschweißen langer Strecken jener Straßenbahnschienen ein Ausbiegen bei Sommerhitze

* Eine genaue rechnerische, kritische Darlegung über die Ökonomie des verschweißten Stoßes erschien in der „Schweizerischen Bauzeitung“, Jahrg. 1900, Bd. XXXV, Nr. 3 und Bd. XXXVI, Nr. 7. Siehe auch 2. Heft, 1901, Seite 69, der „Mitteilungen des Vereines für die Förderung des Lokal- und Straßenbahnwesens“.

oder ein Reißen bei Frost nicht zu befürchten. Derartige Prüfungen wurden bereits im Sommer 1899 auf einer verschweißten Linie angestellt, indem eine Strecke von 100 Metern mehrere Stunden durch ein Gemisch von Eis und Salz abgekühlt wurde.

Auch die Hauptbahnen nehmen großes Interesse an diesem einfachen und billigen Schweißverfahren. Bei diesen wird man allerdings nicht ohne weiteres dazu übergehen können, sämtliche Stöße zu verschweißen, wie dies sicherlich bei den im Pflaster liegenden Schienen möglich ist. Verlegt doch eine große Anzahl von Straßenbahnen, z. B. die Große Berliner Straßenbahn-Gesellschaft, ihre sämtlichen Geleise ohne jedwede Zwischenräume am Stoß; ja sie hat sämtliche vorhandenen Fugen mit Hilfe von Stahlblechen auskeilen lassen.

Wieweit auch die freiliegenden Geleise verschweißt werden können, kann nicht ohne weiteres beantwortet werden, da noch zu wenige Erfahrungen vorliegen. Aber schon die Tatsache, daß man früher nur 6 m lange Schienen verlegte, während man jetzt vielfach solche von 18 m Länge wählt, ohne dabei den Zwischenraum bei letzteren dreimal so groß nehmen zu müssen, gibt Veranlassung zu der Annahme, das Schienengestänge noch weiter einheitlich ausdehnen zu können, ohne gezwungen zu sein, die jeweiligen Zwischenräume, die Dilatationen, zu groß wählen zu müssen.

Vor allem dürften technisch kaum Bedenken vorliegen, die 6 und 9 m langen Schienen je drei und drei, bzw zwei und zwei zu verschweißen. Es würden dadurch an manchen Stellen gewiß große Betriebsvorteile zu erzielen sein. Die Verschweißung größerer Längen freiliegenden Geleises wird selbstverständlich abhängig sein von der Art der Befestigung der Schienen mit den Traversen oder Schwellen, von der Bodenbeschaffenheit und Lage der Trace, vom Klima, von Kurven und dergleichen mehr.

In Fachkreisen wird allgemein die Ansicht gehegt, daß man auch die Schienen in Tunnels sämtlich verschweißen könne, wodurch ein großer, nicht zu unterschätzender Vorteil entstünde, indem dann die unangenehmen Geleisarbeiten dort auf ein sehr geringes beschränkt würden. In den Tunnels ist die Temperatur eine sehr gleichmäßige, und die Schienen sind daselbst, wie eingehende Versuche erwiesen haben, vor dem infolge erhöhter Temperatur entstehenden Ausbiegen bzw. Ausdehnen, der sog. „Wanderung", geschützt.

Für die elektrischen Schnellverkehrsbahnen, die eines besonders sorgfältig konstruierten Oberbaues bedürfen, ist bekanntlich von berufener Seite eine Schienenschweißung gleichfalls ins Auge gefaßt worden.

Eine Reihe von Bahnverwaltungen, z. B. die Straßenbahnen von Berlin, Dresden, Plauen, haben im vergangenen Jahre mehrere Kilometer Geleise verschweißen lassen. Diese Strecken, bei denen neue Rillenschienen verwendet worden sind, haben sich sehr gut bewährt; trotz des besonders kalten Winters von 1900 auf 1901, der Temperaturen von unter — 20° R brachte, sind nur 1 bis 2% Brüche konstatiert worden. Alle bisher in- und ausländischen Fachkreisen über die neue Schienenverbindung abgegebenen Urteile lauten sehr günstig*. (Abb. 14.)

* Mitteilungen des Vereins deutscher Straßenbahn- und Kleinbahn-Verwaltungen (Beilage zur Zeitschrift für Kleinbahnen) 1899, Heft 11, Julius Springer, Berlin. (Siehe auch Seite 65 dieser Sammlung) „Street Railway Journal" New York Vol. XVI. Nr. 53, II. 1900, Seite 158 u. ff. „Illustr. Zeitschrift für Klein- und Straßenbahnen" Nr. 4, 16, II, 1901, Seite 138.

Die erwähnten Schweißungen haben sich bei sachgemäßer Handhabung laut ausgestellten Zeugnissen der Bahnverwaltungen gut bewährt. Die Ausführung geht glatt und schnell vonstatten.

Da beim Schweißen eine kleine Stauchung stattfindet, so ist ein nachheriges Abfeilen derselben nötig, um jeden „Stoß" aus der Verbindung zu beseitigen. Mit Hilfe eines kräftigen Schienenhobels ist die Arbeit in kurzer Zeit beendet, so daß eine maschinelle Abarbeitung kaum besonders lohnend erscheint. Die Schweißstellen sind dann überhaupt nicht mehr zu erkennen und beim Überfahren nicht wahrnehmbar.

Ausgedehnte Untersuchungen sind angestellt worden, um über die Festigkeit und Haltbarkeit der geschweißten Stelle aufs genaueste unterrichtet zu sein.

Lediglich auf Grund eingehender Experimente mußte festgestellt werden, wieviel Thermit für die Schweißung eines bestimmten Profiles notwendig ist. Nicht nur die Menge, sondern auch die Gestalt der Form, die um die Schweißstelle gelegt wird, ist maßgebend für die Güte der Schweißung, so daß mit derselben Menge Thermit sowohl eine gute als auch eine schlechte Schweißung erzielt werden kann. Für jedes Profil ist also eine besonders bestimmte Form anzufertigen. Ist diese aber einmal festgestellt, so müssen sämtliche Schweißungen gleichmäßig gut ausfallen.

In neuester Zeit sind diese Formen an Hand weiterer Erfahrungen insofern noch zweckmäßiger gestaltet worden, als sie gegen früher länger aber weniger breit angefertigt worden sind. Dadurch tritt nicht nur eine bessere Wärmeausnutzung des Thermits, sondern auch eine gleichmäßigere Erwärmung der Schiene ein.

Bekanntlich gehört das Schienenmaterial infolge seines höheren Kohlenstoffgehaltes und der Härte, die man bei dem Material beansprucht, nicht zu den leicht schweißbaren. Trotzdem ist ein solches Eisen, oder wohl besser gesagt, solcher Stahl, gut zu schweißen, wie auch ältere Untersuchungen bereits bestätigt haben (z. B. Stahl und Eisen, 1884, Seite 271: Untersuchungen über die Schweißbarkeit von Bessemereisen).

Nun gehört zum Schweißen von Stahl eine besondere Kunstfertigkeit, die in verhältnismäßig wenigen Werkstätten ein Heim hat finden können, weil es weit schwieriger ist, die dem Stahl nötige niedrige Schweißhitze zu erteilen und diese richtig mit dem Auge abzuschätzen als ein schweißeisernes Werkstück zur hellen Weißglut zu bringen. Während ersteres leicht bei zu hoher Temperatur „verbrennt", d. h. ein grobes Kristallgefüge erhält und unschweißbar wird, tritt dieser Übelstand kaum bei weichem, kohlenstoffarmem Schweißeisen ein.

Bei dem aluminothermischen Schweißverfahren kann aber diese Schwierigkeit von vornherein leicht vermieden werden, da die Größe und Gestalt der Form und die Menge Thermit, die auf die Schweißstelle gegeben wird, genau die richtige Temperatur hervorruft.

Auf diese Weise ist es tatsächlich möglich, der Schweißstelle dieselbe Festigkeit zu geben, wie sie das gesunde Material besitzt. Die Dehnung geht mehr oder minder zurück, was vom praktischen Standpunkte aus bei Straßenbahnschienen belanglos und bei freiliegenden Schienen (soweit bei diesen eine Schweißung in Betracht kommt) ebenfalls bei sachgemäßer Verlegung in vielen Fällen ohne Bedeutung ist.

Zerreißstäbe, die aus Kopf, Hals und Fuß von geschweißten Schienen genommen sind, weisen Festigkeiten von 55,6 bis 67,5 kg auf den Quadratmillimeter auf, während die Dehnung 6 bis 9, in selteneren Fällen bis zu 20% beträgt. Der Kohlenstoff der so untersuchten Schienen schwankte zwischen 0,29 und 0,5%, das Mangan von 0,15 und 0,65%, und zwar in den meisten Fällen über 0,6%. Der Gehalt an Silizium schwankte zwischen 0,12 und 0,25%. Auch die Beimengungen von Schwefel, Phosphor und Kupfer waren bei den angestellten Versuchen die in dem Bessemereisen gewöhnlich vorhandenen.

Die Ausführung des ganzen Verfahrens ist die denkbar einfachste: Die rechtwinklig abgeschnittenen Schienen werden befeilt, so daß die Stoßflächen blank sind und gut aufeinander passen. Der Spannapparat — eine besondere und bewährte Konstruktion der Allgemeinen Thermit-Gesellschaft — wird dann angelegt und die Schienen zusammengeschraubt. Nachdem die Blechform mehr um die Stoßstelle gelegt und sorgfältig von außen mit angefeuchtetem Sand gut abgestützt ist, wird das Thermit eingegossen. Nach 3 bis 4 Minuten werden die Traversen des Klemmapparates noch etwas angezogen. Damit ist die Schweißung vollzogen. Es erübrigt lediglich noch eine kleine Nacharbeit des Stoßes, wie bereits oben angedeutet.

Die Ausführung ist so einfach, daß besonders intelligente Handwerker hierzu keineswegs nötig sind. Ja, die Erfahrung hat sogar gelehrt, daß für diese spezifisch neue Arbeit gewöhnliche — natürlich zuverlässige — Streckenarbeiter weit besser zu verwenden sind, als gelernte Schlosser oder Monteure.

Die erste Anleitung muß von einigen in der aluminothermischen Schweißung Erfahrenen gegeben werden, die mit Vorführung einiger Schweißungen geschehen ist und gute Aufsicht, daß die Anlage vorschriftsmäßig ausgeführt wird, muß, wie bei anderen Streckenarbeiten, auch hier dauernd vorhanden sein.

In der Einfachheit der Arbeitsweise und in der Möglichkeit, eine einzelne Schweißung — mutatis mutandis — ebenso lukrativ ausführen zu können wie eine größere Anzahl, liegt ein besonderer Vorteil des Verfahrens. Dabei ist vorausgesetzt, daß auch tatsächlich die jeweiligen Streckenarbeiter zu der Arbeit herangezogen werden, die, falls etwa nicht genügend Geleise behufs Verschweißung vorgestreckt sind, sofort zu andern Arbeiten bestellt werden können. Die eigentliche Arbeit des Verschweißens ist eine verhältnismäßig geringe, so daß Mannschaften, die ausschließlich hierfür engagiert wären, oft einen großen Teil der Zeit ohne Beschäftigung bleiben müßten, wodurch also der Arbeitslohn für die Schweißung unnötig steigen würde.

Deswegen werden die Verschweißungen am billigsten von den Bahnen oder betreffenden Unternehmern selbst ausgeführt, die von der Allgemeinen Thermit-Gesellschaft nur das Thermit zu beziehen haben nebst den wenigen Utensilien, wozu die Klemmapparate, die Spezialtiegel, eventuell auch noch die Formen gehören.

Die Verschweißung der Schienen geschieht am vorteilhaftesten beim Verlegen neuer Schienen. Es empfiehlt sich nicht, alte Schienen, die am Stoß schon abgefahren sind, zu verschweißen. Im letzteren Falle ist es ratsam, falls der Verschleiß sonst noch nicht zu weit vorgeschritten ist, die verschlissenen Enden der Schienen sorgfältig mit der Schienensäge abzuschneiden und erst dann eine Verschweißung vorzunehmen. Eine derartige Arbeit muß aber von Fall zu Fall erörtert werden. Sind die Schienen am Stoß noch nicht abgefahren, schon fertig verlegt und soll dann noch eine Verschweißung erfolgen, so muß durch genügende Freilegung der Schienen und Traversen für ihre Beweglichkeit gesorgt werden, um ein Anziehen der Schienen bei der Schweißung zu ermöglichen; die dadurch eintretende Verkürzung des Geleises, an jedem Stoß einige Millimeter, kann leicht durch Anschweißen entsprechender Paß- oder Zusatzstücke aufgehoben werden.

Noch einer Verwendungsart des Thermits bei einer besonderen Laschenkonstruktion sei Erwähnung getan. Herr Regierungsbaumeister Rud. Schaar ist auf die beachtenswerte Idee gekommen, eine Fußlasche zu konstruieren, deren Laschenflügel erst an der Schiene selbst umzubiegen sind, damit ein genaues Anliegen erzielt werde. Die Erwärmung der umzukneifenden Laschen auf Rotglut muß einfach und schnell geschehen und vor allem so, daß die benachbarten Teile dabei nicht miterwärmt werden. Hierzu dient das Thermit, das, wie oben beschrieben, schnell erwärmt und schnell von der erwärmten Stelle zu beseitigen ist. (Illustrierte Zeitschrift für Klein- und Straßenbahnen, Nr. 4, 1901, und 10. Heft 1900, S. 444 der „Mitteilungen.")

Eine weitere Anwendung dieses Verfahrens bildet das Aneinanderschweißen schmiedeeiserner, bzw. flußeiserner Rohre aller Art für Dampf-, Gas- und Wasserleitungen.

Die Ausführung dieser Verschweißung geschieht, wie schon angedeutet, derart, daß zunächst die rechtwinklig abgeschnittenen und sauber gefeilten Enden mit Hilfe eines Klemmapparates stumpf zusammengepreßt werden. (Abb. 19.)

Eine kleine Blechform passender Größe (Abb. 20), außen mit feuchtem Sand sorgfältig umstopft, der seinerseits wiederum durch einen darunterhängenden Kasten zusammengehalten wird, umgibt die Schweißstelle gleichmäßig. (Abb. 21.) In einem Tiegel wird sodann das Thermit bereitet, und zwar wird hierfür, wie überhaupt zum Stumpfschweißen, Thermit „Rot" verwendet.

Das Anfüllen des Tiegels mit dem feuerflüssigen Thermit geschieht auf folgende Weise: In den Spezialtiegel werden einige Löffel Thermit gegeben und darauf ein kleines flaches Häufchen von sogenanntem Entzündungsgemisch (5—10 gr) in die Mitte aufgestreut.

Man gewöhne sich daran, das kleine Büchschen mit Entzündungsgemisch sofort verschlossen beiseite zu stellen. Die das Verfahren Ausübenden haben sich vor dem Entzünden der Mischung mit einer Brille mit dunkeln Gläsern zu versehen.

Die Entzündung geschieht, wie bereits eingangs gesagt, durch Aufwerfen eines in Brand gesetzten Sturmstreichholzes. Sofort wird dann Thermit mit Hilfe einer Schaufel nachgeschüttet, so daß die Glut möglichst stets bedeckt bleibt. Es kann der Tiegel gleich bis zum Rande gefüllt werden, und je nachdem die Masse in demselben zusammensinkt, wird Thermit nachgeschüttet. (Springt etwa ein Funke auf die Schaufel, so ist dieser sofort abzuschwenken, damit er nicht etwa das Thermit aus der Vorratsbüchse, aus der entnommen wird, in Brand setzt!) Ist alles nötige Thermit zugegeben, so befindet sich eine außerordentlich hell leuchtende, geschmolzene Masse in dem Tiegel, die an der Oberfläche schnell erstarrt. Sobald das letzte Partikelchen Thermit im Tiegel verbrannt ist, muß mit dem Ausgießen des Tiegels begonnen werden, um ein Einfrieren des Feuerflusses zu vermeiden. Es muß das Eintragen und ebenso das Ausgießen nach erfolgter Verbrennung so schnell wie irgend möglich geschehen, um keine unnötigen Wärmeverluste zu haben. (Abb. 22.)

Infolge des einfacheren Querschnittes ist die Ausführung der Verschweißung bei Rohren noch einfacher als bei Schienen, zudem sind die auf Schweißwärme zu erhitzenden Teile, selbst bei Röhren von großem Querschnitt, gering an Gewicht, so daß beispielsweise mit 1,1 kg Thermit und einem Tiegel von 15 cm äußerer Höhe (Spezialtiegel Nr. 2) ein Rohr von 50 mm innerem Durchmesser bei einer Wandstärke von 4 mm verschweißt werden kann.

Derartig verschweißte Rohrsysteme haben den höchsten Anforderungen an Druck und Festigkeit entsprochen, die überhaupt erhoben werden. (Abb. 31.) Wiederholt angestellte Proben haben ergeben, daß solche Rohre über 400 Atm. Druck aushielten, ohne an der Schweißnaht undicht zu werden oder gar zu platzen. Beim Flachschlagen des Rohres an der Schweißstelle tritt eher ein Längsriß ein (Abb. 2) als ein Bersten der Schweißstelle, auch kann das Rohr, ohne Schaden zu nehmen, an der Schweißstelle gebogen werden. (Abb. 3.)

Die Schweißung kann in allen Lagen des Rohres — vertikal (Abb. 23) oder horizontal — selbst an schwer zugänglichen Stellen bewerkstelligt werden, da die Form, die um die Schweißstelle zu legen ist, samt der Formumkleidung und dem nötigen Klemmapparate nicht mehr Raum beansprucht, als zur Anbringung einer Flanschen- oder Muffenverbindung nötig ist. Deswegen wird die Schweißung besonders beim Verlegen des Rohres außerhalb der Werkstatt angewendet, und zwar in den endgültigen Lagen der Rohre.

Weitere Vorteile erwachsen dadurch, daß jedes Dichtungsmaterial, jede Packung fortfällt, daß Reparaturen an den Schweißstellen ausgeschlossen sind und daß sich die Dampfrohre, weil kein Flansch hervorragt, durchgehend glatt mit einer Wärmeschutzmasse bekleiden lassen.

Als wesentlichstes Moment ist aber hervorzuheben, daß die Kosten der Rohrschweißung sich für den Konsumenten erheblich billiger als eine Flanschen- oder eine gute Muffenverbindung stellen, wobei aber noch zu berücksichtigen ist, daß diese Verbindungen zumeist nur 16 bis 30 Atm. widerstehen. Es kostet die Verschweißung zweier Rohre von 50 mm innerem Durchmesser, wie oben angeführt, je nach ihrer von 2,5 bis 6 mm betragenden Wandstärke inklusive Arbeitslohn und Verschleiß an Tiegel und Form 2 bis 4 *M*. Bei diesen Preisen ist die mehr oder minder große Anzahl der herzustellenden Verschweißungen noch zu berücksichtigen, so daß diese

Zahlen als Mittelwerte zu betrachten sind. Eine einigermaßen solide Flanschenverbindung ist bekanntlich nicht unter 5 bis 7 ℳ herzustellen. Verschraubungen, die auch nur 100 bis 200 Atm. aushalten sollen, von 400 Atm. ganz abgesehen, stellen sich natürlich noch erheblich höher.

Allen diesen Vorteilen gegenüber könnte wohl nur ein einziger Nachteil angeführt werden: Das schwierige Lösen der Verschweißung gegenüber dem leichten Auseinanderschrauben einer Flanschenverbindung!

Es ist von vornherein als selbstverständlich zu betrachten, daß man Rohrleitungen, die man in kurzer Zeit wieder zu verlegen oder zu verändern gedenkt, nicht verschweißen wird. Die Anzahl derartiger Leitungen ist aber im Verhältnis zu denen, die in absehbarer Zeit einer Änderung nicht unterworfen werden sollen, sehr gering!

Auf der anderen Seite wird man aber auch bei solchen Rohrleitungen, für welche eine Änderung nicht gleich bei der Anlage in Aussicht genommen wird, nicht sämtliche Verbindungen verschweißen, sondern ab und zu eine leichter lösbare Verbindung einsetzen, damit man auf diese Weise jederzeit mit Leichtigkeit neue Leitungen abzweigen kann.

Schließlich ist noch zu erwähnen, daß das Zwischensetzen eines T-Stückes nach dem neuen Verfahren an Ort und Stelle vorgenommen wird, ohne daß man gezwungen ist, das betreffende Rohr zu demontieren!

Daß man der Ausdehnung der aneinandergeschweißten Dampfrohre ebenso wie der mit Flanschen oder Muffen verbundenen Rechnung tragen muß durch Einsetzen von Kompensationsstücken, sog. Omega(Ω)-Röhren oder Röhren mit Stopfbüchsenführung, braucht wohl kaum besonders hervorgehoben zu werden.

Unser Verfahren hat trotz seiner Neuheit bereits in vielen großen Betrieben des In- und Auslandes Eingang gefunden und es eröffnet sich ihm ein weites Feld. Die neue Rohrschweißung kann gegenüber den bisher üblichen Rohrverbindungen mit Flanschen oder Muffen mit besonderem Vorteil angewendet werden:

1. Bei Dampfleitungen jeder Art.

2. Bei Zentralheizungen. Hier bietet eine Verschweißung jede Gewähr für absolute Dichtigkeit des Rohrsystems und hat sich als willkommene Hilfe erwiesen gegen die gerade in bewohnten Häusern doppelt unangenehm auftretenden Undichtigkeiten einer Verbindung. In erster Linie werden die Hauptleitungen in den Kellern verschweißt.

3. Für komprimierte Gase, besonders für Preßluftleitungen, bei denen ein Undichtwerden der Flanschen nie völlig zu vermeiden und auch eine Kontrolle derselben gar nicht durchführbar ist. Hervorragend wichtig und lohnend ist eine Verschweißung für höheren Druck, wie solcher bei Kraftübertragungen angewendet wird. Da die Verbindungen häufig unzulänglich sind, wie z. B. in Bergwerken, so bietet nur eine Schweißung wirkliche Gewähr für dauerndes Dichthalten.

4. Für Erzaufbereitungsanlagen mit ihren langen Rohrleitungen und Verzweigungen, die stets zu einer großen Zahl von Maschinen führen.

5. Zur Vermeidung von Verpackungen, die von den betreffenden Gasen oder Flüssigkeiten angegriffen werden: Petroleum-, Azetylen-, Laugen- (Alkalien-) Leitungen usw.

6. Für Eismaschinenleitungen bezw. Kühlanlagen bildet der Fortfall der schwer zu bekleidenden Flanschen besonderen Vorteil.

7. Für Tiefbohrungen. Es steigt die Betriebssicherheit erheblich dadurch, daß an Stelle der unsicheren Rohrverschraubungen eine Verschweißung tritt.

8. Zum Aneinanderschweißen von schmiedeeisernen Rippenrohren (Siederohren), deren Enden mit Hilfe eines andern Verfahrens bislang überhaupt nicht aneinander zu schweißen waren. (Abb. 24.)

Die Schweißung hat sich auch zur Anfertigung von Rohrschlangen „aus einem Stück" bewährt. Es können hier die Schweißungen infolge des kleinen Raumbedarfes, der für die ganze Schweißung nötig ist, stattfinden, nachdem die einzelnen Enden gebogen sind.

Dies gibt wieder den Fabrikanten ein willkommenes Mittel in die Hand, defekte Schlangenspiralen dadurch völlig gebrauchsfähig zu machen, daß die schadhafte Stelle herausgesägt und ein neues Stück eingeschweißt wird. Ferner können auch in Gefäße verschweißte Rohrschlangen eingelegt werden, deren einzelne Enden erst im Innern des Gefäßes zusammengeschweißt werden können, nachdem Stück für Stück durch ein Mannloch eingeschoben worden ist. Derartige Schweißungen, die bisher mit einer anderen Methode so gut wie ausgeschlossen waren, sind schon vielfach auf Werken mit bestem Erfolge ausgeführt worden.

Das Verfahren eignet sich am besten für Rohre bis zu einem Durchmesser von 200 mm. (Abb. 25.)

Da es möglich ist, auch sehr dünnwandige Rohre aneinanderzuschweißen, so kann man eine weitere große Ersparnis bei der Anlage von Leitungen dadurch erzielen, daß man stets möglichst dünnwandige Rohre wählt; denn starkwandige Rohre werden vielfach nur deswegen genommen, um bei höherem Druck die Flanschen genügend zuverlässig befestigen oder die Gewinde gut einschneiden zu können.

Dieser Umstand fällt weiter in bezug auf die größere Wirtschaftlichkeit des Verfahrens sehr ins Gewicht.

Um Rohre der gebräuchlichen Weiten und Stärken aneinanderzuschweißen, ist eine Tabelle ausgearbeitet worden, aus welcher Größe der Form, Menge des anzuwendenden Thermits usw. genau zu ersehen sind. Da die Allgemeine Thermit-Gesellschaft auch die Formen mitliefert, so wird dadurch die Ausführung der Schweißung sehr erleichtert.

Die früher veröffentlichten Tabellen sind, da neuerdings seitens der Gesellschaft ein um etwa 40% in bezug auf seinen kalorischen Effekt besseres Thermit dargestellt wird, durch neue ersetzt worden*.

Durch dies neue Thermit „Rot" ist eine weitere, nicht unwesentliche Verbilligung des Rohrschweißverfahrens erzielt worden.

Die Festigkeit der vorgenommenen Schweißungen ist, wie erwähnt, eine sehr gute, wie zahlreiche Proben erwiesen haben. Sie hängt natürlich von dem zu verschweißenden Material ab. Bei gut schweißendem Eisen hat die Schweißstelle dieselbe Festigkeit, sogar oft dieselbe Dehnung wie das Material selbst.

---

* Die Tabelle nebst genauer Beschreibung des Rohrschweißverfahrens wird Interessenten auf Wunsch von der Allgemeinen Thermit-Gesellschaft m. b. H., Essen a. d. Ruhr, übersandt.

Von Bedeutung ist ferner die Anwendung des Verfahrens zum Hartlöten; es kann auch sowohl mit Hartlot als mit Silber oder Silberlot, es kann Eisen und Kupfer, Bronze und Messing hart gelötet werden.

Im allgemeinen sind für diese Hartlötungen genau dieselben Vorschriften zu beobachten, die jedem Kupferschmied bekannt sind; es tritt nur an Stelle der umfangreichen Kohlen- oder Koksfeuer die Erwärmungsmasse, das „Thermit". Soll eine Stumpflötung von Stäben, Röhren oder das Aufsetzen von Stutzen auf vorhandene Röhren vorgenommen werden, so kann in gleicher Weise verfahren werden, wie dies beim Schweißen beschrieben ist, wobei man nur dafür Sorge zu tragen hat, daß das Lot nicht abfließt. Da aber die Hartlötung schon bei Rotglut vor sich geht, so ist entsprechend weniger Thermit zu nehmen und demnach auch die Form enger zu wählen. Das besonders Charakteristische aller dieser Verwendungsarten ist immer wieder die leichte Ausführbarkeit derselben außerhalb der Werkstatt. Alle diese Operationen des Schweißens sowohl wie des Lötens können beim Verlegen der Rohre selbst vorgenommen werden.

Eine ganz besondere Anwendung hat ferner das Verfahren zum stellenweisen Enthärten von Panzerplatten sowie sog. Tresorplatten gefunden, um diese bearbeitungsfähig zu machen. Bekanntlich werden diese Platten an ihrer Oberfläche, bei starken Panzerplatten für die Marine auf die Tiefe von einigen Zentimetern, durch ein eigenartiges Kohlungsverfahren gehärtet. Will man nun durch diese gehärteten Platten ein Loch bohren, so ist man genötigt, die betreffende Stelle wieder zu enthärten, da kein Meißel, kein Bohrer fest genug ist, um in das gehärtete Metall einzudringen. Diese stellenweise Enthärtung hat bisher fast ausschließlich dadurch stattgefunden, daß die betreffende Stelle mit einer kleinen Flamme, die von einem Knallgasgebläse gespeist wird, erhitzt wurde. Mit dieser Erhitzung geht aber die Enthärtung sehr langsam vorwärts, so daß immer wieder mit dem Bohren aufgehört und, um jedesmal nur etwas tiefer zu kommen, die Wärmequelle immer wieder von neuem angesetzt werden muß.

Eine völlig durchgehende Enthärtung der harten Schicht wird lediglich dadurch erzielt, daß aus einem Spezialtiegel auf die betreffende Stelle feuerflüssiges Thermit (Marke „Weiß") in einer Schicht von 25 bis 30 mm Höhe gegossen wird, das man behufs langsamer Abkühlung einige Zeit (wenigstens 3 bis 4 Stunden) auf der Stelle beläßt, um sodann die erkaltete Masse (Korund nebst Metall) abzuheben.

Auf diese Weise werden auch kleine Stellen in Tresorplatten weichgemacht, um in diese ein Schlüsselloch oder dergl. einbohren zu können. Für einen derartigen Zweck ist der Bedarf an Thermit außerordentlich gering, bei den verhältnismäßig dünnen Platten kommt man mit wenigen hundert Gramm Thermit und mit dem kleinsten Spezialtiegel (Nr. 1) aus.

Um den Rauminhalt einer mit geschmolzenem Thermit angefüllten Form berechnen zu können, sei bemerkt, daß in 1 Liter 4,5 kg Thermit eingegossen werden können. Es ist untunlich, das Thermit direkt auf die Platte zu streuen und zur Entzündung zu bringen, da in dem Falle ein Teil des aus dem Thermit ausschmelzenden Metalles an der Platte anhaften und sie lädieren würde.

Die Enthärtung ist eine sehr exakte; außerhalb der abgegrenzten Stelle bleibt das Material hart.

Für das Enthärtungsverfahren wird am besten Thermit „Weiß" verwendet, das eine etwas dickflüssigere Schlacke als Thermit Marke „Rot" oder „Schwarz" bildet, wodurch selbst bei etwas unvorsichtigerem Ausgießen Anschmelzungen noch eher vermieden werden.

Um harte, schwer zu bearbeitende Stellen eines Werkstückes weich zu machen, wird das Thermit in gleicher Weise verwendet.

Zu beachten ist, daß zum Enthärten den betreffenden Stellen eine nicht zu hohe Temperatur gegeben wird, keinesfalls Rotglut; mit einer Temperatur von wenigen hundert Graden wird in diesen Fällen die Enthärtung hervorgerufen.

Es ist noch ein weiteres Gebiet zu erwähnen, auf dem das neue Verfahren bereits Anwendung gefunden hat.

Sie gründet sich auf die durch den Verfasser festgestellte Tatsache, daß es möglich ist, aus einem Gemisch, das im wesentlichen aus reinem Eisenoxyd und zerkleinertem Aluminium besteht, ein reines aluminiumfreies Eisen auszuscheiden, und zwar ohne Wärmezufuhr von außen.

Weiter ist festgestellt worden, daß man durch entsprechende Zusätze dem Eisen alle die Beimischungen hinzufügen kann, die man für nötig hält, wie z. B. 1% Mangan, 0,2% Silizium, 3,5% Nickel usw.; auch Kohlenstoff kann diesem Eisen zugefügt werden.

Da weder reines Eisenoxyd noch das Aluminium des Handels Bestandteile enthalten, die dem Eisen oder dem Stahl schädlich sind, wie Phosphor, Schwefel, Kupfer usw., so kann man jeden Qualitätsstahl im kleinsten Maßstabe im Tiegel erzeugen. Infolgedessen ist es möglich, Festigkeit, Struktur, selbst Farbe des aufzugießenden Materials mit dem auszubessernden gleichzumachen. Das so hergestellte Eisen besitzt etwa die Temperatur des elektrischen Lichtbogens (schätzungsweise 3000° C). Infolge dieser Temperatur besitzt das Eisen die Eigenschaft, falls es in eine eiserne Form eingegossen wird, die Wände derselben so schnell bis auf Schweißtemperatur zu bringen — da die Wärmezufuhr eine so schnelle und große ist —, daß die Wärmeableitung wenig in Betracht kommt. Dadurch gelingt es, ein inniges Verschmelzen dieses Eisens mit Werkstücken zu erzielen, falls man die Menge des ausgeschmolzenen Eisens nicht zu gering wählt und die im folgenden beschriebenen Vorsichtsmaßregeln beobachtet:

Für den vorliegenden Fall wird Thermit Marke „Schwarz" verwendet.

Das Anfüllen des Tiegels mit dem feuerflüssigen Gut geschieht ganz wie oben beschrieben.

Ist alles Thermit im Tiegel verbrannt, so wird die Schlacke so schnell wie möglich vom Eisen durch Abgießen getrennt, wobei man zuerst stark, am Schlusse etwas langsamer gießt, um kein Eisen zu verlieren. Das flüssige Eisen ist mit Hilfe dunkler Gläser oder Brillen, ohne welche die Arbeiten keinesfalls ausgeführt werden dürfen, sehr leicht durch seine spiegelnde Oberfläche von der Schlacke zu unterscheiden. Das Eisen wird nun so, daß möglichst die ganze Schweißfläche mit dem Strahl bespült wird, ohne Verzug auf die wenn möglich bis zur dunkeln Rotglut angewärmte und mit einem sicher schließenden Damme aus gebrannter Formmasse umgebene Fehlstelle gegossen. Das Vorwärmen der Fehlstelle auf dunkle Rotglut bewirkt eine sichere Aufschweißung.

Das vollständige Abgießen der Schlacke ist das wesentlichste für ein gutes Gelingen der Aufschweißungen. Es sei deshalb darüber noch folgendes mitgeteilt:

Unmittelbar nachdem die letzten Teile des Thermits auf der hellstrahlenden Oberfläche verbrannt sind, hat man mit dem Abgießen zu beginnen. Man verwendet hierzu am besten Tiegelzangen mit Haltern für zwei Mann. (Abb. 11.)

Stets aber muß während des Ausgießens der Schlacke ein Dritter vor oder seitlich vom Tiegel stehen, der den Abgießenden das schnellere oder langsamere Abgießen zu kommandieren hat und der schließlich mit einem etwa 1½ m langen, zirka 15 mm dicken trockenen Eisenstabe die letzten Teile der Schlacke abzieht.

Etwa drei Viertel-Raumteile des Tiegelinhalts bildet der zu entfernende Korund (Schlacke). Aus einem Kilo Thermit sind etwa 450 g Eisen auszuschmelzen, bei kleineren Mengen sind die Ausbeuten geringer.

Um ein ruhig fließendes Eisen zu erhalten, ist ein in geeigneter Weise zugeführter Manganzusatz zu empfehlen, der aber nicht von vornherein dem Thermit zugemischt werden darf.

Neuerdings wird auch gern gleichzeitig ein geringer Titanzusatz (0,1 bis 0,2%), gegeben, der zwar nicht die Härte, wohl aber die Dehnbarkeit und Feinkörnigkeit des Materials zu erhöhen scheint.

Der betreffende Zusatz kann entweder auf dem flüssigen Eisen erfolgen, nachdem die Schlacke abgegossen ist, oder auch in der Form selbst, die auszufüllen ist. Man wählt kohlefreies, metallisches, zerkleinertes Mangan oder Mangantitan oder Manganthermit bezw. Mangantitanthermit, d. h. Gemische, die Mangan oder Mangantitan unter Wärmeentwicklung abscheiden. Auf ein Kilo Thermit nimmt man 3 bis 6 g Mangan oder Mangantitan, oder 15 bis 25 g Manganthermit oder Mangantitanthermit. Unmittelbar nach geschehenem Aufguß wird häufig noch etwas Manganthermit über die Schweißstelle gestreut, um ein etwaiges Sprühen des Eisens zu vermeiden. Ein Zuviel schadet, da das Eisen infolge zu reichlicher Manganaufnahme zu hart werden kann.

Nach dem Aufgusse läßt man das ganze Stück möglichst erkalten. Ein nochmaliges Ausglühen ist besonders dann zu empfehlen, wenn die Schweißstelle besonderer Beanspruchung ausgesetzt wird. Durch das Ausglühen mit langsamer Abkühlung werden schädliche Spannungen vermieden, und das Gefüge wird kleinkristallinischer.

Das Vorwärmen geschieht am besten in einem Flammofen, man kann sich aber zu partieller Anwärmung auch eines Schmiedefeuers, Koksbeckens und in vielen Fällen des Thermits bedienen. Die Stelle vorher rostfrei zu machen, ist bei Vorwärmung auf Rotglut nicht nötig, da bei dieser Temperatur die Verunreinigungen abzundern und mit Hammerschlägen und einer Drahtbürste, gegebenenfalls einem Blasebalge, leicht zu entfernen sind. Die Form um die Fehlstelle kann jeder Former ohne Schwierigkeiten herstellen. Die hierzu brauchbare Masse besteht im wesentlichen aus gleichen

Teilen Ton, Schamotte und Kokspulver; andere setzen noch Sand und gemahlene Tiegelscherben zu. Das Ganze wird mit Wasser gut plastisch gemacht. Die Form richtet sich nach der Größe und Gestalt des Loches, und zwar wählt man einen Abstand von 20 bis 25 mm vom Rande der Fehlstelle. Die Höhe der Form richtet sich gleichfalls nach Tiefe und Größe des Loches. In den meisten Fällen genügt es, wenn das Eisen 20 bis 25 mm über dem Loch oder der Fehlstelle steht. Bei einem tiefen Loche muß ein entsprechend höherer Gießkopf wegen des Nachlunkerns aufgesetzt werden. Die Form wird mit heißen Eisenstücken oder etwas Holzkohle angetrocknet, sodann abgehoben und im Schmiedefeuer, oder bei großen Formen im Glühofen, gebrannt. Von größter Wichtigkeit ist das gute Abdichten der Form, da das Thermiteisen infolge seiner hohen Temperatur außerordentlich dünnflüssig ist und demnach sehr zu Durchbrüchen neigt.

In sehr vielen Fällen wird aber das Thermiteisen nicht allein zum Ausgießen der Fehlstellen verwendet, sondern dient vielmehr lediglich dazu, vorher die Schweißfläche aufzuweichen, damit der Rest dann mit flüssigem Eisen nachgefüllt wird. Man sorgt dann dafür, daß ein hoher Gießkopf entsteht. Auf diese Weise ist es dann auch neuerdings gelungen, jedwedes Gußeisen, Grauguß, auch reinstes Hämatiteisen mit Hilfe von Thermiteisen zu verschweißen, und eine Reihe von Werken macht von diesem vorteilhaften Verfahren bereits ausgiebigen Gebrauch. Man kann mit Hilfe von aufgegossenem Thermiteisen auch Gußeisen mit Stahlfassonguß verschweißen.

Das Verfahren ist sehr einfach: Die auszubessernde Stelle wird angewärmt und eine etwa 20 mm hohe Schicht von Thermiteisen aufgegossen. Ein Zusatz von Mangan oder Mangantitan ist nicht nötig, vor allem nicht bei Verwendung von Gußeisen.

Unmittelbar darauf wird Gußeisen oder, wenn es sich um Stahlfassonguß handelt, Martinstahl nachgegossen.

Am besten verfährt man so, daß man zuerst wenig Eisen zufließen läßt und allmählich immer größere Mengen zugibt, bis die Form angefüllt ist. Behufs inniger Vereinigung des Thermiteisens mit dem Gußeisen oder Stahl ist während des Zugebens, besonders zu Anfang, tüchtig mit Eisenstäben — die zum Teil abschmelzen — umzurühren. Zum Schluß ist das Eisen in dünnem hohem Strahl in die Form zu geben, damit diese so lange wie möglich offengehalten wird, um Blasenbildung auszuschließen und einen dichten Guß zu erhalten. Bei genügendem Rühren tritt an der Übergangsstelle des aufgeschweißten Gußeisenstückes keine harte Stelle auf, die durch Stahlbildung infolge Mischens von weichem Thermiteisen mit Gußeisen wohl entstehen könnte. Dieser vermutete Übelstand hat sich in der Praxis nicht geltendgemacht.

Es fällt demnach das bisher allgemein übliche lästige Anwärmen der Stelle auf Schweißhitze durch Überspülen mit flüssigem Eisen ganz fort: Das Aufweichen der Schweißfläche besorgt in billiger, zuverlässiger Weise und vor allem auch in kürzerer Zeit das Thermit.

Nach dem Verfahren werden selbst die größten Walzenzapfen, stählerne sowohl wie gußeiserne, wieder zuverlässig angeschweißt, indem auf die Schweißfläche eine 10 bis 20 mm hohe Schicht von Thermiteisen zuerst aufgegossen wird. (Abb. 18.)

Mit Hilfe von Thermiteisen kann man auch hohle Stellen, Löcher ausschweißen, die man früher durch Überlaufenlassen von Eisen überhaupt nicht ausschweißen konnte. Die Oberfläche der Höhlung wird mit Thermiteisen weich gemacht und dann, wie beschrieben, Eisen nachgegeben; man hat einen hohen Gießkopf vorzusehen und die Ränder der Form auch 20 bis 25 mm über die Ränder des Loches überstehen zu lassen. Ein Reißen des eingeschmolzenen Stückes ist bei vorsichtigem Arbeiten und Nachglühen des Gegenstandes nach den bisherigen Resultaten nicht zu befürchten, auch bei Gußeisen nicht.

Eine Vereinfachung und Verbilligung des Aufweichens von Gußeisen und Stahlflächen kann dadurch erzielt werden, daß man das Thermit direkt auf diesen zur Entzündung bringt. Hierbei hat man nur dafür zu sorgen, daß sich kein Korund auf diesen Flächen ansetzt. Zu diesem Zwecke werden die betreffenden Werkstücke, die vorher nur „handwarm" gemacht zu werden brauchten, mit einer 5 bis 10 mm hohen Schicht feingesiebten Holzkohlenpulvers überstreut. Auf dieses wird die ganze Menge Thermit mit einmal aufgegeben. Auf 1 dm^2 Schweißfläche wählt man bei Gußeisen etwa $1\frac{1}{2}$ kg Thermit. Vielfach kommt man auch mit einer noch geringeren Menge aus. Bei Stahlfassonguß bzw. Schmiedeeisen nimmt man 10 bis 20% mehr.

Das Thermit wird dann in bekannter Weise zur Reaktion gebracht.

Bei Anwendung größerer Mengen Thermits — schon bei einigen Kilo — überdecke man füglich die Form lose mit einem starken, auf der Unterseite mit Lehm bestrichenen eisernen Deckel, um die beim Verbrennen des Thermits und des Holzkohlenpulvers entstehende Feuergarbe etwas einzudämmen. Selbstredend ist ein Zurücktreten um einige Schritte gleich nach erfolgter Entzündung notwendig!

Nachdem die Reaktion zu Ende, die auch bei großen Mengen nur einige Sekunden dauert, ist der Deckel sogleich abzuheben und flüssiges Gußeisen oder Stahl — zuerst einige Kilo, nach und nach immer mehr — nachzugeben.

Unbedingt erforderlich für ein gutes Gelingen ist, daß besonders beim Zugeben der ersten Mengen flüssigen Eisens ununterbrochen und kräftig umgerührt wird sowohl auf der Schweißfläche selbst wie an den Seiten der Form, um etwa sich ansetzenden Korund in die Höhe zu treiben. Der Korund erstarrt dabei schnell zu kleinen Stücken, die schließlich, wenn die Form gefüllt ist, abgeschöpft werden.

Bei dieser Arbeitsweise wird auch noch die im Korund aufgespeicherte Wärme zum Teil nutzbar gemacht, der zudem, auf der Oberfläche schwimmend, einen guten Wärmeschutz gegen Ausstrahlung liefert. Wesentlich ist ferner für die Methode die völlige Entbehrlichkeit der Tiegel und schließlich die schnelle Wärmeentfaltung, die fast eine momentan gleichmäßige Anwärmung der Schweißfläche hervorruft*.

Derjenige, der das Umrühren in der Form besorgt, muß sich, infolge der enormen Wärmeausstrahlung, die Hände mit Tüchern oder dergl. schützen;

---

* An Stelle der Holzkohle kann auch eine dünne Schicht flüssigen Eisens verwendet werden, auf welcher sogleich das Thermit zu entzünden ist. Diese Art der Ausführung ist auch besonders bei Beseitigung von Lunkern anzuwenden.

bei größeren Stücken ist es sogar nötig, eine Maske, wie solche die Arbeiter bei den Tiegelöfen tragen, aufzusetzen.

Das Verfahren hat sich besonders gut bewährt beim Aufschweißen neuer Walzenzapfen.

Diese Arbeitsweise ist sehr einfach, erfordert wenig Arbeitslohn, geht schnell und vor allem sehr sicher vonstatten.

Sie ist zuerst in der Gießerei der „Gutehoffnungshütte" in Sterkrade erfolgreich durchgeführt worden. Das Werk hat an zahlreichen kleinen und großen Proben, die nach erfolgter Schweißung durchgesägt wurden, festgestellt, daß eine tadellose Aufschweißung nach dieser Methode erzielt wird. Der Verfasser erlaubt sich, an dieser Stelle seinen aufrichtigsten Dank auszusprechen für die Unterstützung, die ihm von Seiten des genannten Werkes zuteil geworden ist.

Wie oben erwähnt, kann dem Thermiteisen auch Kohlenstoff zur Erreichung einer größeren Härte und Festigkeit zuerteilt werden. Es geschieht dies am besten durch Zugabe von möglichst reinem Gußeisen. Dieses wird, gleich nachdem die Reaktion eingeleitet ist, in nußgroßen Stücken zugegeben, wodurch ein Aufwallen der Masse eintritt. Die Gußeisenstücke können auch im Schmiedefeuer erwärmt werden, auch kann — was am besten ist — Gußeisen in flüssigem Zustande dem feuerflüssigen Thermit zugegeben werden.

20 bis 30 g Gußeisen auf das Kilo Thermit härten das ausgeschmolzene Eisen zumeist hinreichend.

Mit 70 bis 90 g Gußeisen auf das Kilo Thermit erhält man einen vorzüglichen, sehr feinkörnigen Werkzeugstahl. Trotz der durch Zugabe des Eisens hervorgerufenen Abkühlung eignet sich dieser Stahl dennoch gut zu Aufschweißungen, zumal wenn das Werkstück gut angewärmt ist. Man kann also auf diese Weise Stahl mit weichem Eisen direkt verschweißen.

Das Verfahren hat die allermannigfaltigsten Anwendungsweisen gefunden, besonders in Gießereien, Reparaturwerkstätten und im Schiffbau, so daß es hier nur möglich ist, darüber Andeutungen und Hinweise zu geben.

In Abbildung 16 ist ein Stück eines großen Zahnrades aus Stahlguß abgebildet, von welchem zur Demonstrierung des Verfahrens aus drei nebeneinanderliegenden Zähnen drei etwa gleich große Stücke ausgeschlagen sind. Der in der Mitte befindliche Zahn zeigt die ausgebesserte Stelle, während links von diesem der durch Aufguß von hocherhitztem Eisen vervollständigte Zahn zu sehen ist. Rechts an der Fehlstelle ist der aufgegossene und fertig bearbeitete Zahn. Um zu zeigen, daß überhaupt eine Ausbesserung an der Stelle stattgefunden hat, ist beim Abfeilen ein Stück des über den Zahnkranz überstehenden Teiles stehen geblieben.

Abbildung 26 stellt ein Stück aus Stahlguß dar, das an der ausgebohrten Stelle einen durchgehenden Riß hatte.

Die Dimensionen des Stückes sind: 1020 mm Länge, 300 mm Breite und 120 mm Dicke.

In Abbildung 27 ist die Ausbesserung abgebildet.

Abbildung 28 zeigt einen auf einer etwa zollstarken Gußeisenplatte aufgegossenen Buckel, der nach der Aufschweißung in der Mitte durchbohrt und dann gesprengt ist. Die Durchbohrung hat erwiesen, daß an der Schweißzone keine harte Stelle vorhanden ist. Schließlich ist beim versuchten Abschlagen des Aufgusses ein Stück abseits der Schweißstelle abgebrochen.

Abbildung 29 ist die Wiedergabe eines aufgeschweißten gußeisernen Buckels auf einer Stahlplatte. Das Stück ist durchgesägt, poliert und angeätzt.

Abbildung 30 zeigt Aufgüsse von Thermiteisen auf 20 mm starken Kesselblechen. Die Stücke sind in der Mitte eingeschnitten, dann gesprengt und behufs Markierung der Schweißung angeätzt.

Wie bereits eingangs bemerkt, hat sich zur Ausbeutung der in diesem Aufsatze dargelegten Verfahren, die durch Patente in allen Kulturstaaten geschützt sind, im Anschluß an die Chemische Fabrik von Th. Goldschmidt, Essen a. d. Ruhr, am gleichen Orte eine Gesellschaft m. b. H., die Allgemeine Thermit-Gesellschaft, gebildet.

Die Gesellschaft ist bereit, allen Interessenten auf Anfrage weitere Auskunft über die Anwendung der einzelnen Verfahren zu erteilen; sie gibt Lizenzen ab, fertigt die Thermite, Tiegel und Formen zum Verkauf an und führt auch durch ihre Ingenieure die Verfahren auf den Werken ein.

Auf der Pariser Weltausstellung stellte die Allgemeine Thermit-Gesellschaft nicht nur ihre Produkte und Arbeitsmethoden in größerem Maßstabe aus, sondern führte auch die Schweißverfahren experimentell vor.

In der Abteilung „Mines et Métallurgie" erhielt sie die goldene Medaille.

Automatisches Schienenschweißverfahren.

(Illustrierte Zeitschrift für Klein- und Straßenbahnen [früher die Schmalspurbahn] Jahrgang VII, Nr. 20.)

Das neu ausgearbeitete Verfahren beruht darauf, daß die ganze erforderliche Menge Thermit in einen trichterförmigen Tiegel eingeschüttet wird, der am Boden eine, mit einem Eisenplättchen verschlossene, kleine Öffnung besitzt. Wird nun das Thermit in bekannter Weise auf der Oberfläche entzündet, so brennt der gesamte Tiegelinhalt in einigen Sekunden ab, am Boden desselben sammelt sich das Metall, das die Eisenscheibe durchschmilzt und so ein Entleeren des feuerflüssigen Gutes bewirkt. Es fließt auf diese Weise zuerst das Metall aus dem Tiegel und dann folgt die Schlacke, der Korund. Die Reihenfolge beim Entleeren der beiden den Tiegel fassenden Produkte ist also nach diesem Verfahren umgekehrt worden, denn beim gewöhnlichen Ausgießen des Tiegels fließt naturgemäß zuerst der Korund aus und dann folgt erst das Metall.

Wie bekannt, hat das aus dem Thermit hergestellte sog. aluminogenetische Eisen eine Temperatur von schätzungsweise 3000° C und die Zusammensetzung eines weichen Flußeisens mit unter $^1/_{10}$% Kohlenstoff; es besteht also aus bestem schweißbaren Eisen.

Die Tiegel, die für besondere Zwecke für einen Fassungsraum bis zu 100 kg Thermit und mehr hergestellt werden, bestehen aus einem trichterförmigen Blechmantel, der mit einer hochfeuerfesten Masse ausgekleidet ist. Diese Tiegel werden mit einem Deckel, der in der Mitte ein Handloch hat, bedeckt, durch welches die Entzündung mit Hilfe einiger Gramm „Entzündungsgemisch" und Einwerfen eines in Brand gesetzten Sturmstreichholzes erfolgt. Die Dauerhaftigkeit und Haltbarkeit dieser automatisch wirkenden Tiegel ist eine größere als die der bisher für das Thermit verwendeten Spezialtiegel, da das feuerflüssige Thermit nur wenige Sekunden in den trichterförmigen Tiegeln verbleibt und sogleich nach der Reaktion von selbst ausfließt. Nachdem 4 bis 6 Abstiche aus dem Tiegel erfolgt sind, ist es nötig, das Abflußloch wieder auf die nötige Weite von 8 bis 10 mm zu bringen. Es geschieht dies in einfacher und billiger Weise durch Ausfüllen mit einer vornehmlich aus künstlichem Korund bestehenden „Spezialauskleidungsmasse". Der Tiegel wird in seinem ganzen oberen Teil nur sehr wenig angegriffen, so daß dort seltener eine Erneuerung der Auskleidung nötig ist.

Besonders vorteilhaft gestaltet sich das automatische Verfahren für das Zusammenschweißen von Eisenbahnschienen.

Die aluminothermischen Schienenschweißungen wurden bisher derartig ausgeführt, daß der Tiegelinhalt über den Rand ausgegossen wurde, wodurch sich sowohl das Schienenprofil als auch die den Stoß umgebende dünne Blechform innen rings mit einer dünnen Korundschicht überzog. Das aus dem Thermit ausgeschmolzene Eisen sammelte sich am Boden der Form an und umgab fußlaschenartig die Schweißstelle. Allein diese Fußlasche war nicht mit der Schiene direkt verbunden, vielmehr durch eine Korundschicht von dieser getrennt und konnte deshalb leicht abgeschlagen werden.

Bei dem automatischen Verfahren fällt die dünne Korundschicht fort, und ein festverschweißter, aus Schmiedeeisen bestehender Schienenfuß umgibt die Schweißstelle, diese sehr wesentlich verstärkend.

Die um den zu verschweißenden Stoß zu legende Form, welche mit Lehm abgedichtet wird, besteht nicht mehr aus Blech, sondern aus einem feuerfesten Material, und hat an der Seite einen kleinen Einlaufkanal.

Der 37 cm hohe und oben 33 cm weite Tiegel wird mit Hilfe eines Gestelles direkt über die Form gesetzt, mit Thermit angefüllt und letzteres dann entzündet. Durch die nun eintretende Reaktion und den dann nach unten erfolgenden Ausfluß des feuerflüssigen Eisens und Korunds vollzieht sich von selbst gleichzeitig eine Profilschweißung, und wird der Schienenfuß mit einem festverschweißten Umguß von Schmiedeeisen umgeben. Man braucht nur noch die Schrauben des Maschinenklemmapparates, der um den zu verschweißenden Schienenstoß angelegt ist, um wenige Millimeter anzuziehen, und die Schweißung ist vollendet. (Abb. 32 und 33.)

Die außerordentliche Einfachheit des Verfahrens ist leicht erkennbar. Ein ganz besonderer Vorteil liegt mit darin, daß die Schienenschweißung auch von Arbeitern ausgeübt werden kann, die noch keine besondere Übung im aluminothermischen Schweißverfahren haben!

Die Haltbarkeit und die Vorzüge der aluminothermischen Schweißungen sind bereits an mehreren Strecken durch Verschweißung einiger Kilometer hinlänglich bewiesen (Berlin, Braunschweig, Dresden, Plauen usw., vergl. Stahl und Eisen Jahrgang 1901, Nr. 11, S. 552*, und Mitteilungen des Vereins für die Förderung des Lokal- und Straßenbahnwesens Wien, Jahrgang IX, Seite 229)**, so daß das neue automatische Verfahren, das gleichzeitig einen verschweißten Fuß mitliefert, noch eine größere Gewähr bietet. Bei diesen Strecken, bei denen neue Schienen verwendet worden sind und eine ordnungsgemäße Ausführung stattgefunden hat, haben sich trotz eines besonders kalten Winters, der Temperaturen unter 20° R brachte, nur 1 bis 2% Brüche gezeigt, und ist ferner erwiesen, daß bei den über Jahresfrist in Betrieb befindlichen Strecken die Schweißstelle selbst oder die danebenliegenden Teile durch die Schweißung nicht gelitten haben, und die Schienen an keiner Stelle weicher geworden sind. Nur zum Teil konnte ein geringes, praktisch aber belangloses Härterwerden beobachtet werden. Es erklärt sich dies Verhalten wohl daraus, daß die Erhitzung unter Luftabschluß stattgefunden hat.

Die Dresdner Straßenbahn-Gesellschaft schreibt unter dem 17. August 1901:

* Siehe Seite 158 dieser Sammlung.

** Siehe Seite 181 dieser Sammlung.

„Wir bestätigen Ihnen gern, daß auf der Hechtstraße hierselbst etwa 1 Kilometer Gleis nach dem Goldschmidtschen Verfahren geschweißt worden ist. Die Schweißung erfolgte im August vorigen Jahres. Bei den außerordentlich niedrigen Temperaturen des vergangenen Winters wurden 4 Stöße gefunden, welche angebrochen bzw. gerissen waren. Drei derselben wurden unentgeltlich wieder zusammengeschweißt und haben seither gehalten. Der erste Stoß wurde freigelassen, um als Temperaturdifferenz zu dienen. Geschweißt wurde Profil Phönix 14c, und zwar neue Schienen, welche jedoch bereits einige Jahre in unbefahrenem Zustande im Straßenpflaster gelegen hatten. Der Bruch betrug somit im Verhältnis zu der Gesamtzahl der geschweißten Stöße etwa 1%. Wir können auch bestätigen, daß das Schienenmaterial an den Schweißstellen nicht weicher, sondern eher härter geworden ist. Der Oberbau befährt sich gut, und Schläge sind an den Schweißstellen nicht zu beobachten.

Die Schienenschweißung hält bei ordnungsmäßiger Baudisposition nicht länger auf als eine entsprechende Verlaschung des Oberbaues."

Um die Eigenschaften der mit Thermit in Berührung gekommenen Stelle zu prüfen, sind Schienenstücke mit so viel Thermit, als zu einer Schweißung nötig ist, umgossen worden. Aus diesen Stücken wurden dann Zerreißstäbe angefertigt, wie in gleicher Weise aus dem gesunden (nicht erwärmten) Material. Die Zerreißproben ergaben, daß das erhitzte Material weder an Festigkeit noch an Dehnung eingebüßt hatte.

Hier die Resultate: Die Festigkeiten an 6 Rillenschienen schwankten zwischen 68,9 und 84,7 kg auf den Quadratmillimeter, während die Dehnung sich zwischen 8 und 16,5% hielt; bei den 6 mit Thermit umgossenen Stücken wurden Festigkeiten zwischen 66,2 und 80,8 kg festgestellt, während die Dehnung zwischen 9,5 und 12,5% blieb. Der Durchschnitt stellte sich fast gleich. Eine größere Anzahl Zerreißproben sind aus Kopf, Fuß und Hals profilgeschweißter Schienen entnommen (vergl. Stahl und Eisen Jahrgang 1901, Nr. 11, S. 553)*. Die Festigkeiten schwankten hier zwischen 55,6 und 67,8 kg, der Durchschnitt beträgt über 62 kg. Daraus ergibt sich, daß nur die ganz kurze Schweißstelle selbst — ein Stück von etwa 1 bis 2 mm Länge — eine geringe Einbuße an Festigkeit durch die Schweißung erfahren hat. Das Schienenmaterial erleidet also neben der Schweißstelle keine Veränderung! Durch den gleichzeitig erfolgten angeschweißten Umguß wird aber schließlich die Schweißstelle stärker als die Schiene selbst!

Die Menge des zur Verwendung nötigen Thermits richtet sich nach Höhe, Stärke und Gewicht des zur Verwendung kommenden Profils. Bei den Straßenbahnschienen (Rillenschienen) schwankt diese Menge zwischen 8 und 10 kg Thermit (Marke „Schwarz"). Letztere Menge wird für ein Profil von etwa 52 kg Gewicht auf den laufenden Meter benötigt.

Die Temperatur des automatisch ausfließenden Eisens ist so hoch, daß zu den 10 kg Thermit noch etwa 1 kg kleine Eisenteile, die dem Thermit untermischt werden, eingeschmolzen werden können, ohne daß durch die dadurch herbeigeführte Temperaturerniedrigung das ausfließende Thermiteisen die Fähigkeit verliert, sich mit dem Fuß der Schiene ringsum zu verschmelzen. Von der innigen Vereinigung, die das Thermiteisen mit dem Fuß der Schiene

* Siehe Seite 159 dieser Sammlung.

eingegangen ist, kann man sich leicht durch angeätzte Schnitte überzeugen. (Abb. 34 und 35.) Selbstredend ist es nicht möglich, diesen fest mit der Schiene zusammengeschmolzenen Fuß abzuschlagen, ohne Stücke aus dem Profil der Schiene auszubrechen.

Nach diesem automatischen Verfahren kann auch ein Zusammenschweißen der Schienen erfolgen, ohne daß eine Profilschweißung gleichzeitig mit erfolgen muß. Das Verfahren ist in der Ausführung genau dem oben geschilderten gleich, auch in bezug auf die anzuwendende Thermitmenge, nur werden die Schienen nicht nach erfolgtem Umguß zusammengepreßt, wodurch eine Verkürzung der Schiene vermieden wird. Eventuell kann sogar eine kleine Lücke am Stoß verbleiben, wenn man nicht vorzieht, diese mit Blechen auszukeilen. Die gute Verbindung der Schienen ist durch einen derartigen Umguß durchaus gewährleistet, da, wie bereits hervorgehoben, eine völlige Verschmelzung des Schienenfußes mit dem aus dem Tiegel ausfließenden Schmiedeeisen eintritt.

Eine derartige Schienenverbindung wird man vor allem dort vornehmen, wo es sich um Verschweißung bereits verlegten und eingebetteten Gleises handelt. Sind die Schienen aber schon am Stoß stärker abgefahren, so ist eine Verschweißung kaum anzuraten, da naturgemäß eine derartige nachträgliche Verschweißung den Schlag aus den Verbindungen unmöglich beseitigen kann.

Wesentlich ist, daß bei Verschweißungen, bei denen auf eine Profilschweißung nicht gerechnet wird, der Korund mit über den Kopf der Schiene fließt und diesen somit anwärmt. Auf diese Weise wird das sonst unvermeidliche Hochgehen der Schienenenden verhindert.

Den Verkauf des Thermits, der Tiegel, Klemmapparate usw. sowie die Anlernung des Arbeiterpersonals, das die Schweißungen ausführen soll, übernimmt die Allgemeine Thermit-Gesellschaft m. b. H. in Essen a. d. Ruhr

Aluminothermisches Schweißverfahren mit Hilfe eines automatisch wirkenden Abstiches.

(Stahl und Eisen, 1901, Seite 1155 und Zeitschrift für Elektrochemie, VII. Jahrgang 1900/01 S. 935.)

Diese neue Ausführungsart des aluminothermischen Verfahrens, das in seiner Allgemeinheit den interessierten Kreisen bereits hinlänglich bekannt sein dürfte und in der Praxis weitgehende Verbreitung gefunden hat, beruht darauf, daß die ganze erforderliche Menge Thermit auf einmal in einen trichterförmigen Tiegel eingefüllt wird, der am Boden eine mit einem Eisenplättchen verschlossene kleine Öffnung besitzt. Wird nun das Thermit in bekannter Weise auf der Oberfläche entzündet, so brennt der ganze Tiegelinhalt in einigen Sekunden ab, wobei sich am Boden das Metall sammelt, welches die Eisenscheibe durchschmilzt und so ein Entleeren des feuerflüssigen Gutes bewirkt. Es fließt auf diese Weise zuerst das Metall aus dem Tiegel und dann folgt die Schlacke, der Korund. Die Reihenfolge beim Entleeren der beiden den Tiegel füllenden Produkte ist also nach dieser Methode umgekehrt als bei der bisher gebräuchlichen, denn beim Ausgießen des Tiegels über den Rand fließt naturgemäß zunächst der Korund aus und dann folgt erst das Metall.

Wie bekannt, hat das aus dem Thermit hergestellte aluminogenetische Eisen eine Temperatur von schätzungsweise 3000° C und die Zusammensetzung eines weichen Flußeisens mit unter $^1/_{10}$% Kohlenstoff, besitzt also die Eigenschaft eines guten Schweißeisens. Es ist leicht ersichtlich, daß das neue Verfahren eine andere Anwendungsweise ermöglicht als das bisher übliche Gießverfahren. Ohne weiteres ist es klar, daß es zum Rohrschweißen nicht verwendet werden kann, da das zuerst den Tiegel verlassende Metall die dünne Rohrwandung sofort durchschmelzen würde. Dahingegen leistet das neue Verfahren in den Fällen gute Dienste, wo das aus dem Thermit hergestellte Eisen zu Anschmelzungen Verwendung finden soll.

Bevor einige besondere Anwendungsarten des automatischen Verfahrens mitgeteilt werden, will ich eine eingehende Beschreibung der Ausführung geben.

Die Tiegel, die für einen Fassungsraum bis 100 kg Thermit und darüber hergestellt werden, bestehen aus einem trichterförmigen Blechmantel, der mit einer hochfeuerfesten basischen Masse ausgekleidet ist. Nach der Füllung mit Thermit werden diese Tiegel mit einer Blechhaube bedeckt, die in der Mitte ein Handloch hat. Durch diese Öffnung hindurch wird die Entzündung bewirkt. Die ganze erforderliche Menge Thermit wird, wie bereits eingangs angedeutet, auf einmal in den Tiegel gegeben. Um ein gleichmäßiges An- und Abbrennen des Thermits zu erzielen, ist es ratsam, den größten Teil der Oberfläche mit „Entzündungsgemisch" zu bestreuen. Hierzu genügen etwa 20 g. Die Entzündung geschieht dann entweder durch Aufwerfen eines in Brand gesetzten Sturmstreichholzes oder mit Hilfe eines glühenden Eisenstabes.

Wesentlich zur Erreichung eines guten und ruhigen Ausfließens ist neben der richtigen Form der Tiegel die Größe und Gestalt des Ausflußloches. Es ist nach oben etwas erweitert, hat eine Länge von 30 bis 60 mm und ist in seinem engsten untersten Teile 8 bis 12 mm weit; selbst bei Verwendung großer Mengen Thermit ist diese Weite annähernd beizubehalten. Die Dicke der Verschlußbleche hängt von dem Thermitquantum ab, das zur Verwendung kommt. Werden nur einige Kilogramm Thermit zur Entzündung gebracht, so gebraucht man Bleche von 2 bis 3 mm, bei 10 bis 15 kg 4 bis 6 mm Dicke; bei größeren Mengen sind 2 Bleche von 4 bis 5 mm Dicke übereinander zu legen. Der Durchmesser der Plättchen, welche mit Hilfe eines kleinen Hammers in die Abstichöffnung eingeschlagen werden, beträgt 20 bis 30 mm. Durch das Einschlagen der Bleche kann leicht etwas von der Tiegelwandung abbröckeln und eine dünne Schicht dieser feuerfesten Masse bleibt — wenn nicht sorgfältig entfernt — auf dem Verschlußblech liegen. Eine derartige Schicht ist imstande, das selbsttätige Durchschmelzen der Blechscheibe zu verhindern. Man kann in solchem Falle mit einem trockenen, etwa 1,5 m langen und 10 bis 15 mm dicken Eisenstab, sobald die Reaktion im Tiegel zu Ende ist, durch die feuerflüssige Masse schnell hindurchstoßen, um das Abflußloch auf diese Weise zu öffnen; dies ist aber nur bei Anwendung kleinerer Mengen ratsam. Weit empfehlenswerter ist es, das Abfließen des Tiegels dadurch zu bewirken, daß das Eisenplättchen mit Hilfe eines passenden Eisenstiftes von unten hochgestoßen wird.

Die Abbildung 36 veranschaulicht die hierzu verwendete Vorrichtung. Das kleine, 5 mm dicke Eisenstäbchen muß etwa 1 cm von dem Verschlußplättchen abstehen, so daß es also einige Zentimeter in das Ausflußloch des Tiegels hineinragt. Vor dem Einsetzen des Stäbchens und Einlegen der Plättchen in den Tiegel wird dieser genau ausgerichtet, d. h. das Ausflußloch des Tiegels muß genau über dem Einflußkanal der Form stehen. Das Plättchen wird dann in den Tiegel eingedrückt und — um ein vorzeitiges Durchbrennen desselben zu vermeiden — mit einer etwa 1 cm hohen Schicht von trockenem feinen Sand bedeckt. Das Hochstoßen des Stiftes wird mit Hilfe eines Hebels bewirkt. An ein $^3/_4$zölliges Gasrohr von etwa $1^1/_2$ m Länge ist eine 10 mm dicke Platte von etwa 20 mm Breite und 60 mm Länge angenietet. Diese Platte wird auf das Einflußloch der Form aufgelegt und verhindert so, daß der kleine Bolzen, der in das Abflußloch des Tiegels von oben eingesetzt wird, in die Form fällt. Nach dieser Aufstellung ergibt sich die nötige Länge des Stiftes von selbst. In dem Augenblick nun, wo die Reaktion im Tiegel beendet und der Feuerfluß ruhig geworden ist, was bereits, selbst bei Anwendung größerer Mengen, einige Sekunden nach erfolgter Entzündung eintritt, wird der Hebelarm nach unten gestoßen, um das Verschlußplättchen im Tiegel zu heben und so den

Abstich zu bewirken. Unmittelbar darauf wird der Hebel beiseite gedreht, wodurch leicht vermieden werden kann, daß die am Hebel befestigte Platte von dem den Tiegel verlassenden Feuerfluß durchgeschmolzen wird.

Bei dem völlig selbsttätigen Ausfließen des Tiegelinhaltes kann es leicht vorkommen, daß die Plättchen, wenn sie nicht richtig eingesetzt worden sind, zu früh durchschmelzen und der Rest des Thermits erst in der Form zur Reaktion kommt, wobei dann vielfach ein nicht so gleichmäßiges dichtes Eisen ausgeschieden wird, als wenn der ganze Tiegelinhalt nach eben vollendeter Reaktion zum Abfluß gelangt. Durch das bereits angedeutete Überdecken des Verschlußplättchens mit einer kleinen Sandschicht im Zusammenwirken mit der beschriebenen Hebelvorrichtung wird dem vorzeitigen Ausfließen des Tiegelinhaltes vorgebeugt und ein ganz ruhiger, gleichmäßiger Ausfluß erzielt. Die Erfahrung hat gelehrt, daß es viel leichter ist, den Abfluß auf die beschriebene Weise zu bewirken, als die Übung zu erlangen, die Verschlußplättchen gerade so einzupassen, daß auf alle Fälle ein rechtzeitiges Durchschmelzen ganz von selbst erfolgt.

Nachdem einige Abstiche (5 bis 10) aus dem Tiegel erfolgt sind, hat sich der Ausflußkanal derartig erweitert, daß es unbedingt nötig ist, diesen wieder mit Hilfe der feuerfesten Spezialauskleidungsmasse auf das vorschriftsmäßige Maß zu bringen. Zu dem Zwecke wird zuerst etwa anhaftender Korund, aus den früheren Schmelzungen herstammend, herausgenommen; derselbe löst sich sehr leicht von der Tiegelauskleidung ab. Da die Tiegelwandung infolge des schnellen Ausfließens des Tiegelinhaltes nach dem Entzünden des Thermits im oberen Teile sehr wenig angegriffen wird, so ist zumeist nur der untere Teil der Auskleidung zu erneuern, wozu ganz wenig Material — einige hundert Gramm — gebraucht werden. Die mit einem teerartigen Bindemittel versehene basische Masse wird fest in den Boden des Tiegels eingehämmert. Man trockene darauf die eingestampfte Auskleidung im Tiegel, zuerst bei niedrigerer Temperatur und sodann bei etwas höherer, entweder durch Einstellen in einen Ofen oder auf einem kleinen offenen Rost, der mit Holzkohlen oder Koks beschickt wird. Nachdem so die Auskleidung völlig erhärtet ist, wird mit Hilfe eines Bohrers von entsprechender Dicke das Loch durch den Boden des Tiegels gebohrt; der obere Rand des Loches wird etwas erweitert, um die Eisenscheiben besser eindrücken zu können. Hat sich nach dem Austrocknen etwa die erneute Auskleidung nicht genügend mit der alten verbunden und sind Risse entstanden, so ist es nötig, daß diese noch mit der Spezialauskleidungsmasse ausgeschmiert werden. Darauf hat ein erneutes gelindes Erhitzen auf dem Kohlenbecken (oder Ofen) zu erfolgen. Ist die gesamte Auskleidung schadhaft, so muß zunächst die alte völlig entfernt werden. Es ist dann ein den Abmessungen des Tiegelinnern entsprechender Konus, der am besten aus Holz gedreht und mit Blech beschlagen wird, herzustellen. Dieser wird so in die Blechhülle eingehängt und befestigt, daß in dem Raume zwischen Konus und Tiegelmantel die Masse fest eingestampft werden kann. Neuerdings wird in den Boden der Tiegel ein passend durchbohrter harter Magnesiastein eingesetzt, der besonders widerstandsfähig ist und zumeist mehr als zwölf Abstiche aushält, so daß die Haltbarkeit dieser Tiegel dadurch weiter erhöht ist.

Nach dem vorbeschriebenen Verfahren mit automatisch wirkendem Abstich kann selbst der Ungeübte in schneller und einfachster Weise kleine sowohl wie große Mengen aluminothermischen Eisens zur mannigfachsten Verwendung herstellen. Will man diesem Eisen einen Zusatz von Mangan oder auch Titan geben, so geschieht dies in Form von metallischem Mangan oder Manganthermit (oder auch Mangantitanthermit) auf den Boden des Tiegels, nur mit wenigem Thermit untermischt*. Auch kann zerkleinertes Mangan in die Form gegeben werden, in welche das Eisen ausfließt. Sehr bemerkenswert ist der höhere thermische Effekt des automatisch ausfließenden Metalles im Gegensatz zu dem durch Abgießen des Korunds aus dem Tiegel gewonnenen. Es erklärt sich dieser leicht dadurch, daß besonders während des Abgießens des Korunds** eine gewisse Wärmemenge durch Ausstrahlung verloren geht. Bei Benutzung der automatisch wirkenden Spitztiegel wird nicht nur diese große Ausstrahlung vermieden, sondern es wird sogar ein weiterer Teil Wärme nutzbar gemacht dadurch, daß die ganze Thermitmenge innerhalb weniger Sekunden niederbrennt und die Tiegelwandungen somit noch weniger erwärmt werden als bei der früheren Methode, des Ausgießens, bei welcher bekanntlich das Thermit nicht auf einmal, sondern nach und nach zur Reaktion gebracht wird.

Um sich von der Wirkung des automatisch abfließenden Eisens ein Bild zu machen, ist folgendes Experiment leicht anzustellen: Über eine hohlliegende oder schrägstehende 20 bis 25 mm starke schmiedeeiserne Platte wird ein kleiner Spitztiegel aufgestellt und in ihm die Reaktion wie vorstehend beschrieben eingeleitet. Es genügen schon $2\frac{1}{2}$ kg Thermit, um sofort durch die Platte ein scharfkantiges, fingerdickes Loch durchzuschmelzen. (Die Entfernung des Ausflußloches von der Platte ist hierbei etwa 10 bis 20 cm zu wählen.) Selbst wenn zu diesem Quantum Thermit noch 200 g kleine Stückchen Schmiedeeisen (siehe weiter unten) zugemischt werden, tritt gleichfalls ein Durchschmelzen der Platte ein. Die Wirkung des automatisch abfließenden Eisens, das dicke Eisenplatten sofort durchschmilzt, ist bei An- und Aufgüssen, die auf diese Art hergestellt werden, wohl zu beachten. Die betreffenden Stücke müssen sorgfältig unterbaut werden, und zwar nicht etwa mit feuchtem Sand, sondern mit einer trockenen, dicht schließenden Form, die bei einem Durchschmelzen des Stückes das Fortfließen des Eisens verhindert.

Da der nachfließende Korund das Eisen unmittelbar bedeckt, so bleibt dasselbe unter dieser heißen Hülle noch längere Zeit flüssig; es wird somit auch die im Korund aufgespeicherte Wärmemenge mitbenutzt. Infolge der hohen Temperatur des ausfließenden Eisens können auf 1 kg Thermit noch etwa 100 g Eisen zugesetzt werden; es tritt auch dann noch ein sicheres Anschmelzen selbst auf vorher kalten Eisenflächen ein, vorausgesetzt, daß wenigstens einige Kilogramm Thermit auf einmal entzündet werden. Durch diesen Zusatz von Eisen wird, um bei Aufschweißungen das erforderliche Quantum flüssigen Eisens zu erzielen, also eine Ersparnis an Thermit erreicht.

Das einzuschmelzende Eisen muß eine große Oberfläche darbieten und wird dem Thermit untermischt. Am besten haben sich kleine eiserne Sieb-

* Vergl. „Stahl und Eisen“ 1901, S. 558, und S. 163 dieser Sammlung.

** Vergl. „Stahl und Eisen“ 1900, S. 567, und S. 102 dieser Sammlung: Verfahren zum Ausbessern von Schmiede- und Stahlfassongußstücken.

ausstanzungen bewährt, die leicht erhältlich sind, aber natürlich nicht durch fremde Metalle verunreinigt sein dürfen; diesen Plättchen etwa anhaftendes Öl muß durch Ausglühen entfernt werden. Nägel eignen sich nicht gut, auch sind kleine Schrauben und dergl. nicht gut verwendbar. Dagegen kann dünnes, 0,2 bis 0,3 mm dickes Eisen- oder Stahlblech, welches zusammengestampft wird, so daß es völlig von dem Thermit umgeben ist, gleichfalls verwendet werden. Die gut gebrannte, am besten aus hochfeuerfestem Material bestehende Form ist, wo dies angängig, mit einem seitlich angebrachten senkrecht verlaufenden Einlaufkanal zu versehen, damit das Thermiteisen in der Form von unten aufsteigen kann. Dieser Einlauf kann nach oben sich etwas erweitern und im untersten, engsten Teil etwa 20 mm lichte Weite haben. In dem oberen Teil des Einlaufkanals bringt man eine horizontale Verbindung von etwa 40 mm Weite mit dem Forminnern an, durch welche die Schlacke abfließen kann. Auf der betreffenden Skizze (Abb. 37) ist eine solche Form im Schnitt gezeichnet.

Es sollen beispielsweise Enden zweier Vierkantstäbe von 100×100 mm aneinandergeschweißt und gleichzeitig eine Lasche aus Thermiteisen angegossen bzw. angeschweißt werden. Der Korund dient dazu, den oberen Teil der Stäbe auf Schweißhitze zu bringen, während dies bei dem unteren Teil das Thermiteisen bewirkt. welches dabei gleichzeitig die Lasche herstellt. Nötig ist es auch, daß die beiden Enden der Stäbe mit Hilfe eines passenden Klemmapparates einige Minuten nach erfolgtem Umguß um wenige Millimeter zusammengepreßt werden, um Stumpfschweißung zu erzielen. Genau zu berechnen ist die Größe der Form und der anzuwendenden Thermitmenge. In einem derartigen, wie in der Abbildung 37 veranschaulichten Falle ist zuerst die Stärke und Länge der anzugießenden Laschen zu bestimmen und daraus das Gewicht zu berechnen. Als Richtschnur dient, daß aus einem Kilogramm Thermit etwa 450 g Eisen abgeschieden werden; für die gleichzeitig entstehende Schlacke, den flüssigen Korund, ist ein reichlich dreimal so großer als für das Eisen nötiger Raum vorzusehen. Danach sind also die Abmessungen der Form leicht anzugeben. Man kann in den Fällen, in denen der Korund nicht oder nur teilweise benutzt wird, diesen in ein neben der Form befindliches Sandbett übertreten lassen, um die Form nicht unnütz hoch herstellen zu müssen. Im vorliegenden Falle sind, wenn die Lasche rings um die Stäbe 30 mm stark sein und eine Länge von 120 mm haben soll, 9 kg Eisen nötig, sofern man etwa ½ kg als Verlust im Eingußtrichter rechnet. Man braucht demnach 16,5 kg Thermit, die 7,5 kg Eisen ergeben, und 1,5 kg — rund 10% — kleine Ausstanzungen, Will man von einer Stumpfschweißung absehen, so braucht man keinen Klemmapparat; für viele Fälle werden die angeschweißten Laschen allein eine völlig genügende Verbindung herstellen und es tritt dann keine Verkürzung der Stäbe durch die Stauchung ein.

Besonders vorteilhaft gestaltet sich das beschriebene Verfahren für das Zusammenschweißen von Eisenbahnschienen. Die aluminothermischen Schweißungen wurden bisher bekanntlich derart ausgeführt, daß der Tiegelinhalt über den Rand ausgegossen wurde, wodurch sowohl das Schienenprofil als auch die den Stoß umgebende dünne Blechform sich innen rings mit einer dünnen Korundschicht überzog. Das aus dem Thermit ausgeschmolzene Eisen sammelte sich am Boden der Form an und umgab fußlaschenartig die Schweißstelle. Allein diese Fußlasche war nicht direkt mit der Schiene verbunden, vielmehr durch eine Korundschicht von dieser getrennt und konnte deshalb leicht abgeschlagen werden. Nach dem automatischen Verfahren fällt die dünne Korundschicht fort und ein festverschweißter Schienenfuß, aus Schmiedeeisen bestehend, umgibt die Schweißstelle, diese sehr wesentlich verstärkend.

Die zur Verschweißung verwendete zweiteilige Form besteht nicht mehr aus Blech, sondern aus feuerfestem Material; sie hat an der Seite einen kleinen Einlaufkanal und wird mit einer Schraubenzwinge festgeklemmt, mit Lehm sorgfältig abgedichtet und noch mit Sand unterstopft. Die zur Verschweißung gelangenden Schienenenden müssen natürlich genau ausgerichtet werden, wozu ein besonders konstruierter Klemmapparat dient, der sich in der Praxis gut bewährt hat. Auch hat ein Blankfeilen der Profile stattzufinden, eine Arbeit, die nur einige Minuten Zeit in Anspruch nimmt. Dagegen erübrigt sich ein Blankmachen der Schienenenden selbst völlig, da die Temperatur des Thermiteisens so hoch ist, daß sie den ansitzenden Rost zum Schmelzen bringt, der sich mit der Schlacke aus dem Thermit verbindet. Man hat natürlich dafür zu sorgen, daß die zu verschweißenden Schienenenden innerhalb der Form, wie diese selbst, trocken sind.

Der etwa 37 cm hohe und oben 33 cm weite Tiegel wird nun mit Hilfe eines Gestelles direkt über die Form gesetzt, mit Thermit angefüllt und letzteres dann entzündet. Durch die nun eintretende Reaktion und den nach unten erfolgenden Ausfluß des feuerflüssigen Eisens und Korunds entsteht von selbst gleichzeitig erstens eine Profilschweißung und zweitens eine mit der Schiene festverschweißte Fußlasche. Man braucht nur noch die Schrauben des Schienenklemmapparates um wenige Millimeter anzuziehen und die Schweißung ist vollendet (s. Abb. 32 und 33).

Nach dem Abschlagen der Form und der Schlacke ist eine entsprechende Nacharbeit der Schweißstelle auf der Lauffläche nötig, um die Stoßstelle ganz eben zu machen. Nachdem diese befahren, ist sie kaum oder gar nicht zu erkennen.

Man erkennt leicht die außerordentliche Einfachheit des Verfahrens. Ein ganz besonderer Vorteil desselben liegt darin, daß die Schienenschweißung auch von Arbeitern ausgeübt werden kann, die keine besondere Übung im aluminothermischen Schweißverfahren haben. Die Haltbarkeit und die Vorzüge der aluminothermischen Schweißungen sind bereits an mehreren Strecken durch Verschweißung einiger Kilometer hinlänglich bewiesen (Berlin, Dresden, Braunschweig, Plauen usw.)*, so daß das neue automatische Verfahren, das, wie gesagt, gleichzeitig einen festverschweißten Fuß mitliefert, noch eine größere Gewähr bietet. Bei diesen Strecken, bei denen neue Schienen verwendet worden sind, haben sich trotz des besonders kalten Winters 1900/1901, der Temperaturen unter — 20° R brachte, nur 1 bis 2% Brüche gezeigt, und es ist ferner erwiesen, daß bei den über Jahresfrist in Betrieb befindlichen Strecken die Schweißstelle selbst oder die daneben-

* Vergl. „Stahl und Eisen", Jahrgang 1901, S. 553 und „Mitteilungen des Vereins für das Lokal- und Straßenbahnwesen", Wien, Jahrgang IX, S. 229, siehe auch S. 158 und S. 181 dieser Sammlung.

liegenden Teile durch die Schweißung nicht gelitten haben; die Schiene ist an keiner Stelle weicher geworden. Zum Teil konnte ein geringes, praktisch aber belangloses Härterwerden beobachtet werden. Es erklärt sich dies Verhalten wohl daraus, daß die Erhitzung unter Luftabschluß stattgefunden hat.

Die Dresdener Straßenbahn schreibt dem Verfasser unter dem 17. August 1901; „Wir bestätigen Ihnen gern, daß auf der Hechtstraße hierselbst etwa 1 km Gleis nach dem Goldschmidtschen Verfahren geschweißt worden ist. Die Schweißung erfolgte im August v. J. Bei den außerordentlich niedrigen Temperaturen des vergangenen Winters wurden vier Stöße gefunden, welche angebrochen bzw. gerissen waren. Drei derselben wurden unentgeltlich wieder zusammengeschweißt und haben seitdem gehalten. Der erste Stoß wurde freigelassen, um als Temperaturdifferenz zu dienen. Geschweißt wurde Profil Phönix 14c, und zwar neue Schienen, welche jedoch bereits einige Jahre in unbefahrenem Zustande im Straßenpflaster gelegen hatten. Der Bruch betrug somit im Verhältnis zu der Gesamtzahl der geschweißten Stöße etwa 1%. Wir können auch bestätigen, daß das Schienenmaterial an den Schweißstellen nicht weicher, sondern eher härter geworden ist. Der Oberbau befährt sich sehr gut und sind Schläge an den Schweißstellen nicht zu beobachten. Die Schienenschweißung hält bei ordnungsmäßiger Baudisposition nicht länger auf als eine entsprechende Verlaschung des Oberbaues."

Um die Eigenschaften der mit Thermit in Berührung gekommenen Stelle zu prüfen, sind Schienenstücke mit so viel Thermit als zu einer Schweißung nötig ist, umgossen worden. Aus diesen Stücken werden dann Zerreißstäbe angefertigt, wie in gleicher Weise aus dem gesunden (nicht erwärmten) Material. Die Zerreißproben ergaben, daß das Material weder an Festigkeit noch an Dehnung eingebüßt hatte. Hier die Resultate:

Die Festigkeit an sechs Rillenschienen schwankte zwischen 68,9 und 84,7 kg auf das Quadratmillimeter, während sich die Dehnung zwischen 8 und 16,5% hielt; bei den sechs mit Thermit umgossenen Stücken wurden Festigkeiten zwischen 66,2 und 80,8 kg festgestellt, während die Dehnung zwischen 9,5 und 12,5% blieb. Der Durchschnitt der je sechs Proben stellte sich fast gleich. Eine größere Anzahl Zerreißproben ist aus Kopf, Fuß und Hals profilgeschweißter Schienen entnommen*. Die Festigkeiten schwanken hier zwischen 55,6 und 67,8 kg, der Durchschnitt beträgt über 62 kg. Daraus ergibt sich, daß nur die ganz kurze Schweißstelle selbst — ein Stück von etwa 1 bis 2 mm Länge — eine geringe Einbuße an Festigkeit durch die Schweißung erfahren hat. Das Schienenmaterial erleidet also neben der Schweißstelle keine Veränderung. Durch den gleichzeitig erfolgten angeschweißten Umguß wird aber schließlich die Schweißstelle stärker als die Schiene selbst. Die Menge des erforderlichen Thermits richtet sich nach Höhe, Stärke und Gewicht des zur Verwendung kommenden Profils. Bei den Straßenbahnschienen (Rillenschienen) schwankt diese Menge zwischen 8 und 10 kg Thermit (Marke „Schwarz"). Letzteres Quantum wird für ein Profil von etwa 50 kg Gewicht auf das laufende Meter benötigt. Wie oben bereits erörtert, werden zu diesen 10 kg Thermit 1 kg kleine Eisen-

* Vergl. „Stahl und Eisen" 1901, S. 553, und S. 158 dieser Sammlung.

teile zugefügt. Von der innigen Vereinigung, die das Thermiteisen mit dem Fuß der Schiene eingegangen ist, kann man sich leicht durch angeätzte Schnitte überzeugen. (Abb. 34 und 35.) Natürlich ist es nicht möglich, diesen fest mit der Schiene zusammengeschmolzenen Fuß abzuschlagen, ohne Stücke aus dem Profil der Schiene auszubrechen.

Nach diesem automatischen Verfahren kann auch ein Zusammenschweißen der Schienen erfolgen, ohne daß eine Profilschweißung gleichzeitig einzutreten braucht. Das Verfahren ist in der Ausführung genau dem oben geschilderten gleich, auch in bezug auf die anzuwendende Thermitmenge, nur werden die Schienen nicht nach erfolgtem Umguß zusammengepreßt. Eventuell kann sogar eine kleine Lücke am Stoß verbleiben, wenn man nicht vorzieht, sie mit Blechen auszukeilen. Die gute Verbindung der Schienen ist durch einen derartigen Umguß durchaus gewährleistet, da, wie bereits hervorgehoben, eine völlige Verschmelzung des Schienenfußes mit dem aus dem Tiegel ausfließenden Schmiedeeisen eintritt. Eine derartige Schienenverbindung wird man vor allem dort vornehmen, wo es sich um Verschweißung bereits verlegten und eingebetteten Geleises handelt. Sind die Schienen aber schon am Stoß stärker abgefahren, so ist eine Verschweißung kaum anzuraten, da naturgemäß eine derartige nachträgliche Verschweißung den Schlag aus den Verbindungen unmöglich beseitigen kann. Wesentlich ist, daß bei Verschweißungen, bei denen auf eine Profilschweißung nicht gerechnet wird, der Korund mit über den Kopf der Schiene fließt und diesen somit anwärmt. Auf diese Weise wird das sonst unvermeidliche Hochgehen der Schienenenden verhindert. Bei der aluminothermischen Schienenschweißung fällt auch der sog. Kupferverbinder für die Rückleitung des Stromes fort.

Die vielseitigen Vorteile, die eine gute, zuverlässige Verschweißung einer Laschenverbindung gegenüber darbietet, mögen hier nur kurz angedeutet werden*: 1. Infolge der Herstellung einer stoßlosen Verbindung glattes Befahren der Strecke; 2. gleichmäßige Abnutzung der Schienen und dadurch bedingte längere Nutzungsdauer der Geleisanlage; 3. Schonung des rollenden Materials; 4. leicht herzustellender Pflasteranschluß an den Schienenverbindungen; 5. beste Rückleitung des elektrischen Stromes, und infolgedessen Vermeidung der schädlichen Wirkungen der vagabundierenden Ströme auf die Gas- und Wasserleitungen.

Besonders hervorzuheben ist noch, daß sich der Preis für die Schweißung selbst bei den stärksten zur Verwendung kommenden Profilen (die etwa 50 kg für das laufende Meter wiegen) billiger als eine gute Laschenverbindung stellt.

Zum Schluß sei noch eine weiter sehr wichtige Anwendungsweise des automatischen Verfahrens erwähnt. Es ermöglicht die schnelle und sichere Zusammenschweißung gebrochener Transmissions- und Schiffswellen jedweden Umfanges. Auch Schiffswellen, die vom Seewasser korrodiert sind, können durch Aufschweißen eines Ringes auf billige und schnelle Weise wieder gebrauchsfähig gemacht werden. Die Handhabung erhellt aus dem bereits Gesagten von selbst. Um die gebrochene

* Vergl. „Eisen und Stahl“ 1901, S. 545 und „Mitteilungen des Vereins für die Förderung des Lokal- und Straßenbahnwesens“, Wien 1901, Jahrgang IX; siehe auch S. 148 und S. 167 dieser Sammlung.

Welle wird eine sorgfältig gebrannte, gut abgedichtete Form gelegt. Für die überfließende Schlacke ist Platz in oder neben der Form zu schaffen. Abbildung 38 zeigt den Schnitt einer Form, die um eine zehnzöllige Welle gelegt ist. Die Breite des Ringes beträgt 80 mm, die Dicke 60 mm. Zu dem Umguß sind über 100 kg Thermit nötig. Die Höhe des Tiegels beträgt etwa 800 mm und seine obere lichte Weite etwa 560 mm. Eine Anschweißung von diesem Umfang ist kürzlich auf dem Royal Albert Dock in London ausgeführt worden und, nach dem Zeugnis der Inhaber, der Herren Lester & Perkins, glänzend gelungen. Derartig große Güsse fließen ebenso gleichmäßig aus dem Tiegel wie kleine. Der seitliche Einlaufkanal ist auf der betreffenden Zeichnung nicht bis unten durchgeführt infolge der Größe des Umgusses. — Trotzdem ist es anzuraten, den Einlaufkanal, wie in Abb. 37 gezeichnet, auszubilden, wenn auch etwas mehr Thermit verwendet wird, da so ein sicheres Gelingen und ein dichterer Guß eher gewährleistet wird. Schnitte, die durch solche mit einem Ring versehene Wellen geführt worden sind, haben gezeigt, daß ein vollständiges Verschweißen stattgefunden hat und daß beim Bearbeiten, beim Abdrehen oder Schmieden das aufgeschweißte Thermiteisen von dem Material der Stelle kaum oder gar nicht zu unterscheiden war. Solche Verschweißungen lassen sich selbst an Bord eines Schiffes ausführen, weil ein Hantieren mit Tiegeln vollständig fortfällt. Sobald die Form fertiggestellt, der gefüllte Tiegel über hängt, ist alle nötige Arbeit getan. Es ist wohl nicht zu viel behauptet, wenn man sagt, daß die Art** der schnellen Ausbesserung einer gebrochenen Welle für die gesamte Marine von allerhöchster Wichtigkeit ist.

** Der Verkauf des Thermits, der Tiegel und der nötigen Apparate geschieht seitens der Allgemeinen Thermit-Gesellschaft m. b. H., Essen a. d. Ruhr.

Aluminothermisches Schweiß- und Gießverfahren mit Hilfe eines automatisch wirkenden Abstichs. „Schienenschweißung".

(Deutsche Straßen- und Kleinbahn-Zeitung 1901, Nr. 44.)

Das neu ausgearbeitete Verfahren beruht darauf, daß die ganze erforderliche Menge Thermit in einen trichterförmigen Tiegel eingeschüttet wird, der am Boden eine mit einem Eisenplättchen verschlossene kleine Öffnung besitzt. Wird nun das Thermit in bekannter Weise auf der Oberfläche entzündet, so brennt der gesamte Tiegelinhalt in einigen Sekunden ab, wobei sich an seinem Boden das Metall sammelt, das die Eisenscheibe durchschmilzt und so ein Entleeren des feuerflüssigen Gutes bewirkt. Es fließt auf diese Weise zuerst das Metall aus dem Tiegel und dann folgt die Schlacke, der Korund. Die Reihenfolge beim Entleeren der beiden den Tiegel fassenden Produkte ist also nach diesem Verfahren umgekehrt worden, denn beim gewöhnlichen Ausgießen des Tiegels fließt naturgemäß zuerst der Korund aus und dann folgt erst das Metall.

Wie bekannt, hat das aus dem Thermit hergestellte sog. aluminogenetische Eisen eine Temperatur von schätzungsweise 3000° C. und die Zusammensetzung eines weichen Flußeisens mit unter $^1/_{10}$ % Kohlenstoff, es besteht also aus bestem schweißbaren Eisen.

Die Tiegel, die für besondere Zwecke für einen Fassungsraum bis zu 100 kg Thermit und mehr hergestellt werden, bestehen aus einem trichterförmigen Blechmantel, der mit einer hochfeuerfesten Masse ausgekleidet ist. Diese Tiegel werden mit einem Deckel, der in der Mitte ein Handloch hat, bedeckt, durch welches hindurch die Entzündung mit Hilfe einiger Gramm „Entzündungsgemisch" und Einwerfen eines in Brand gesetzten Sturmstreichholzes erfolgt. Die Dauerhaftigkeit und Haltbarkeit dieser automatisch wirkenden Tiegel ist eine größere als die der bisher für das Thermit verwendeten Spezialtiegel, da das feuerflüssige Thermit nur wenige Sekunden in den trichterförmigen Tiegeln verbleibt und sogleich nach der Reaktion von selbst ausfließt. Nachdem 4 bis 6 Abstiche aus dem Tiegel erfolgt sind, ist es nötig, das Abflußloch wieder auf die nötige Weite von 8 bis 10 mm zu bringen. Es geschieht dies in einfacher und billiger Weise durch Ausfüllen mit einer vornehmlich aus künstlichem Korund bestehenden „Spezial-Auskleidungsmasse". Der Tiegel wird in seinem ganzen oberen Teile nur sehr wenig angegriffen, so daß dort seltener eine Erneuerung nötig ist.

Besonders vorteilhaft gestaltet sich das automatische Verfahren für das Zusammenschweißen von Eisenbahnschienen.

Die aluminothermischen Schienenschweißungen wurden bisher derartig ausgeführt, daß der Tiegelinhalt über den Rand ausgegossen wurde, wodurch sich sowohl das Schienenprofil als auch die den Stoß umgebende dünne Blechform innen rings mit einer dünnen Korundschicht überzog. Das aus dem Thermit ausgeschmolzene Eisen sammelte sich am Boden der Form an und umgab fußlaschenartig die Schweißstelle. Allein diese Fußlasche war nicht mit der Schiene direkt verbunden, vielmehr durch eine Korundschicht von dieser getrennt und konnte leicht abgeschlagen werden.

Bei dem automatischen Verfahren fällt die dünne Korundschicht fort, und ein festverschweißter Schienenfuß, aus Schmiedeeisen bestehend, umgibt die Schweißstelle, diese sehr wesentlich verstärkend!

Die um den verschweißenden Stoß zu legende Form, die mit Lehm abgedichtet wird, besteht jetzt nicht mehr aus Blech, sondern aus einem feuerfesten Material und hat an der Seite einen kleinen Einlaufkanal.

Der 37 cm hohe und oben 33 cm weite Tiegel wird mit Hilfe eines Gestelles direkt über die Form gesetzt, mit Thermit angefüllt und letzteres dann entzündet. Durch die nun eintretende Reaktion und den dann nach unten erfolgenden Ausfluß des feuerflüssigen Eisens und Korunds vollzieht sich von selbst gleichzeitig eine Profilschweißung, und der Schienenfuß wird mit einem festverschweißten Umguß von Schmiedeeisen umgeben. Man braucht nur noch die Schrauben des Schienenklemmapparates, der um den zu verschweißenden Schienenstoß angelegt ist, um wenige Millimeter anzuziehen, und die Schweißung ist vollendet. (Abb. 32 u. 33.) Die außerordentliche Einfachheit des Verfahrens ist leicht erkennbar. Ein ganz besonderer Vorteil desselben liegt darin, daß die Schienenschweißung auch von Arbeitern ausgeübt werden kann, die keine besondere Übung im aluminothermischen Schweißverfahren haben!

Die Haltbarkeit und die Vorzüge der aluminothermischen Schweißungen sind bereits an mehreren Strecken durch Verschweißung einiger Kilometer hinlänglich bewiesen (Berlin, Braunschweig, Dresden, Plauen usw., vergl. „Stahl und Eisen", Jahrgang 1901, Nr. 11, Seite 552*, und Mitteilungen des Vereins für die Förderung des Lokal- und Straßenbahnwesens, Wien, Jahrgang IX, Seite 229)**, so daß das neue automatische Verfahren, das gleichzeitig einen verschweißten Fuß mitliefert, noch eine größere Gewähr bietet. Bei diesen Strecken, bei denen neue Schienen verwendet worden sind und eine ordnungsgemäße Ausführung stattgefunden hat, haben sich trotz des besonders kalten Winters, der Temperaturen unter 20° R brachte, nur 1 bis 2 ‰ Brüche gezeigt, und es ist ferner erwiesen, daß bei den über Jahresfrist in Betrieb befindlichen Strecken die Schweißstelle selbst oder die danebenliegenden Teile durch die Schweißung nicht gelitten haben: „die Schiene ist an keiner Stelle weicher geworden". Nur zum Teil konnte ein geringes, praktisch aber belangloses Härterwerden beobachtet werden. Es erklärt sich dies Verhalten wohl daraus, daß die Erhitzung unter Luftabschluß stattgefunden hat.

---

* Siehe auch Seite 158 dieser Sammlung.
** Siehe auch Seite 181 dieser Sammlung.

Die Dresdner Straßenbahn-Gesellschaft schreibt unter dem 17. August 1901:

„Wir bestätigen Ihnen gern, daß auf der Hechtstraße hierselbst etwa 1 Kilometer Gleis nach dem Goldschmidtschen Verfahren geschweißt worden ist. Die Schweißung erfolgte im August v. J. Bei den außerordentlich niedrigen Temperaturen des vergangenen Winters wurden 4 Stöße gefunden, welche angebrochen bzw. gerissen waren. Drei derselben wurden unentgeltlich wieder zusammengeschweißt und haben seither gehalten. Der erste Stoß wurde freigelassen, um als Temperaturdifferenz zu dienen. Geschweißt wurde Profil Phönix 14c, und zwar neue Schienen, welche jedoch bereits einige Jahre in unbefahrenem Zustande im Straßenpflaster gelegen hatten. Der Bruch betrug somit im Verhältnis zu der Gesamtzahl der geschweißten Stöße etwa 1%. Wir können auch bestätigen, daß das Schienenmaterial an den Schweißstellen nicht weicher, sondern eher härter geworden ist. Der Oberbau befährt sich gut, und Schläge sind an den Schweißstellen nicht zu beobachten.

Die Schienenschweißung hält bei ordnungsmäßiger Baudisposition nicht länger auf als eine entsprechende Verlaschung des Oberbaues."

Um die Eigenschaften der mit Thermit in Berührung gekommenen Stelle zu prüfen, sind Schienenstücke mit so viel Thermit umgossen worden, als zu einer Schweißung nötig ist. Aus diesen Stücken sind dann Zerreißstäbe angefertigt, und in gleicher Weise aus dem gesunden (nicht erwärmten) Material. Die Zerreißproben ergaben, daß das erhitzte Material weder an Dehnung noch an Festigkeit eingebüßt hatte.

Hier die Resultate: Die Festigkeiten an 6 Rillenschienen schwankten zwischen 68,9 und 84,7 Kilo auf den Quadratmillimeter, während die Dehnung sich zwischen 8 und 16,5% hielt; bei den 6 mit Thermit umgossenen Stücken wurden Festigkeiten zwischen 66,2 und 80,8 Kilo festgestellt, während die Dehnung zwischen 9,5 und 12,5% blieb. Der Durchschnitt stellte sich fast gleich. Eine größere Anzahl Zerreißproben sind aus Kopf, Fuß und Hals profilgeschweißter Schienen entnommen (vergl. „Stahl und Eisen", Jahrgang 1901, Nr. 11, Seite 553)*. Die Festigkeiten schwankten hier zwischen 55,6 und 67,8 Kilo, der Durchschnitt beträgt über 62 Kilo. Daraus ergibt sich, daß nur die ganz kurze Schweißstelle selbst, ein Stück von etwa 1 bis 2 mm Länge, eine geringe Einbuße an Festigkeit durch die Schweißung erfahren hat. Das Schienenmaterial erleidet also neben der Schweißstelle keine Veränderung! Durch den gleichzeitig erfolgten angeschweißten Umguß wird aber schließlich die Schweißstelle stärker als die Schiene selbst!

Die Menge des zu einer Verschweißung nötigen Thermits richtet sich nach Höhe, Stärke und Gewicht des zur Verwendung kommenden Profils. Bei den Straßenbahnschienen (Rillenschienen) schwankt diese Menge zwischen 8 und 10 Kilo Thermit (Marke schwarz). Letztere Menge wird für ein Profil von etwa 52 Kilo Gewicht auf den laufenden Meter benötigt.

---

* Siehe auch Seite 159 dieser Sammlung.

Die Temperatur des automatisch ausfließenden Eisens ist so hoch, daß zu den 10 Kilo Thermit noch etwa 1 Kilo kleine Eisenteile eingeschmolzen werden können, ohne daß durch diese damit erzielte Temperaturerniedrigung das ausfließende Thermiteisen die Fähigkeit verliert, sich mit dem Fuß der Schiene ringsum zu verschmelzen. Von der innigen Vereinigung, die das Thermiteisen mit dem Fuß der Schiene eingegangen ist, kann man sich leicht durch angeätzte Schnitte überzeugen. (Abb. 34 u. 35.) Selbstredend ist es nicht möglich, diesen fest mit der Schiene zusammengeschmolzenen Fuß abzuschlagen, ohne Stücke aus dem Profil der Schiene auszubrechen.

Nach diesem automatischen Verfahren kann auch ein Zusammenschweißen der Schienen erfolgen, ohne daß eine Profilschweißung gleichzeitig mit erfolgen muß. Das Verfahren ist in der Ausführung genau dem oben geschilderten gleich, auch in bezug auf die anzuwendende Thermitmenge, nur werden die Schienen nicht nach erfolgtem Umguß zusammengepreßt, es tritt also keine Verkürzung der Schiene ein; ev. kann sogar eine kleine Lücke am Stoß verbleiben, wenn man nicht vorzieht, dieselbe mit Blechen auszukeilen. Die gute Verbindung der Schienen ist durch einen derartigen Umguß durchaus gewährleistet, da, wie bereits hervorgehoben, eine völlige Verschmelzung des Schienenfußes mit dem aus dem Tiegel ausfließenden Schmiedeeisen eintritt.

Eine derartige Schienenverbindung wird man vor allem dort vornehmen, wo es sich um Verschweißung bereits verlegten und eingebetteten Gleises handelt. Sind die Schienen aber schon am Stoß stärker abgefahren, so ist eine Verschweißung kaum anzuraten, da naturgemäß eine derartige nachträgliche Verschweißung den Schlag aus den Verbindungen unmöglich beseitigen kann.

Wesentlich ist, daß bei Verschweißungen, bei denen auf eine Profilschweißung nicht gerechnet wird, der Korund mit über den Kopf der Schiene fließt und diesen somit anwärmt. Auf diese Weise wird das sonst unvermeidliche Hochgehen der Schienenenden verhindert.

Der Verkauf des Thermits, der Tiegel, Klemmapparate usw. sowie die Anlernung des Arbeiterpersonals, das die Schweißungen ausführen soll, übernimmt die Allgemeine Thermit-Gesellschaft m. b. H. in Essen a. d. Ruhr.

Aluminothermie, ein Verfahren zur Erzeugung hoher Temperaturen und deren technische Anwendungen.

(Auszug aus einem Vortrage, gehalten im Elektrotechnischen Verein in Wien am 31. Jänner 1902. Zeitschrift für Elektrotechnik 1902, S. 108.)

Der Vortragende erklärt in der Einleitung, daß durch die Verbindung der beiden am häufigsten vorkommenden Elemente — Sauerstoff und Aluminium — ein Wärmeeffekt entsteht, wie ein solcher bisher nicht einmal mit Hilfe der Elektrizität hervorgerufen werden konnte.

Zu diesem Behufe wird zerkleinertes Aluminium mit einer pulverisierten sauerstoffreichen Metallverbindung — z. B. Eisenoxyd — gemengt und verbrannt.

Um dieses Gemenge, vom Vortragenden als „Thermit" bezeichnet, in einem Tiegel zur Entzündung bringen zu können, muß an einer Stelle desselben eine sehr hohe Temperatur hervorgerufen werden. Dies geschieht dadurch, daß eine kleine Menge eines leichter zur Entzündung zu bringenden Gemisches, z. B. von Aluminium und einem Superoxyde, auf das Thermit gegeben und mit Hilfe eines Sturmstreichholzes entzündet wird. In praxi wird ein Gemisch von Bariumsuperoxyd und Aluminium genommen, das als „Entzündungsgemisch" bezeichnet wird.

Bei der stattfindenden Verbrennung des Thermits findet eine Umsetzung der einfachsten Art statt: Der Sauerstoff des Eisenoxydes verbindet sich mit dem Aluminium zu Aluminiumoxyd, kurzweg Korund genannt, und das Eisen wird frei. Es ist dies ausgedrückt durch die chemische Gleichung $Fe_2O_3 + Al_2 = Al_2O_3 + Fe_2$. Die Umsetzung beginnt aber erst, wenn die Temperatur des flüssigen Stahles erreicht ist. Das Thermit entzündet sich nicht nur, sondern es brennt ohne äußere Wärmezufuhr von selbst weiter.

Das schwere Eisen sammelt sich im unteren Teil des Tiegels an, während der leichtflüssige Korund als Schlacke darüber lagert.

Auf die Erklärung des thermischen Effektes übergehend, bringt der Vortragende zunächst die Verbrennungswärmen von Wasserstoff mit 34 600, Kohle mit 7295, Aluminium mit 7140, Schwefel mit 2600 und Kupfer mit 655 Kalorien in Erinnerung.

Wenn 1 kg Eisen aus Thermit ausgeschieden wird, dann werden etwa 926 Kalorien disponibel, während 1 kg Thermit ungefähr 450 Kalorien liefert. Ein Vergleich dieser mit den obigen Ziffern könnte leicht zu dem Schlusse führen, daß das Thermit für thermische Zwecke wertlos sei. Das ist aber keineswegs der Fall. Es ist die hohe Temperatur von beiläufig 3000°, die Schnelligkeit, mit welcher das Thermit verbrennt, und endlich der Umstand zu berücksichtigen, daß keine flüchtigen Verbrennungsstoffe, wie z. B. bei der Kohle, vorhanden sind, daß also die ganze Energie im Tiegel bleibt.

1 kg Thermit kann bequem in einer Sekunde oder während eines Bruchteiles dieser Zeiteinheit zur Verbrennung gebracht werden; es hängt

lediglich von der Größe der Heizoberfläche des Thermits ab, welches Quantum in einer gegebenen Zeit verbrannt werden kann.

Gesetzt den Fall, man erhält aus 1 kg Thermit, das in einer Sekunde verbrannt wird, nur 300 Kalorien, so entspricht dies, weil einer Kilogramm-Kalorie bekanntlich 423,5 Kilogrammeter mechanisch äquivalent sind, einem Effekte von 127 050 Kilogrammetern oder der Wirkung einer Bogenlampe mit etwa 30 000 A und 40 V.

Bei der Kohle gelangt nur ein geringer Teil der entwickelten Wärme zur Verwendung; hier setzt sich fast der volle Kalorienwert in sehr kurzer Zeit vollständig in Arbeit um.

Nach Besprechung dieses einfachen chemischen Vorganges geht der Vortragende auf die praktische Verwertung der Aluminothermie über und behandelt zunächst unter Hinweis darauf, daß der größte Teil der Metalloxyde bei diesem Verfahren von Aluminium reduziert werden kann, die Darstellung von reinem kohlefreien Chrom und Mangan. Dieser Darstellungsweise allein war es zu danken, daß beide Metalle, deren Herstellung früher sehr kostspielig war, technisch überhaupt zur Anwendung gelangen konnten, und dieses reine Chrom wird jetzt in Waggonladungen von der Stahlindustrie verarbeitet, während Mangan in der Kupfer- und Bronzeindustrie benutzt wird.

Der Vortragende zeigt zwei Stück solcher Metalle und ein auf demselben Wege gewonnenes Stück Ferrotitan, das in neuester Zeit ebenfalls in Stahlwerken eingeführt ist und dem er eine große Zukunft verspricht. Dieser interessante Legierungskörper hat die besondere Eigenschaft, Stickstoff zu absorbieren, und bietet mithin ein Mittel, denselben zu eliminieren. Es geschieht dies in der Weise, daß dem Stahl- oder Gußeisenbade direkt Ferrotitanthermit zugeführt wird.

Mit Hilfe des Thermits kann ferner reines, weiches, schmiedbares Eisen abgeschieden werden.

Es besitzt eine Festigkeit von 38,7 und eine Dehnung von 19%.

Die Möglichkeit, solches Eisen in beliebigen Quantitäten schnell abzuscheiden, hat eine außerordentlich große Ausnutzung in Stahlwerken gefunden. Fehlerhafte Gußstücke lassen sich sehr leicht und ohne besondere Übung ausbessern; das elektrische Verfahren ist dagegen großen Schwierigkeiten unterworfen und läßt sich nicht leicht ausführen, außer es handelt sich z. B. um das Auslöten kleiner Defekte.

Interessant ist, daß mit Thermit eine vollständige Qualitätsausbesserung erzielt werden kann. Der beste Beweis dafür ist, daß damit von der deutschen und französischen Marine Schiffssteven repariert wurden. Als Beispiel führt Redner an, daß in Danzig auf solche Weise ein Stück mit einer Höhlung von 7 l Inhalt mit 50 kg Thermit ausgegossen wurde.

Der Vortragende erklärt an der Hand verschiedener ausgestellter Werkstücke die Art und Weise, wie solche Ausbesserungen vorgenommen werden. In den Abb. 16, 20, 31, 32, 33, 35 und 36 mit den darunter gedruckten kurzen Erklärungen ist diese Bearbeitung veranschaulicht.

In neuerer Zeit wird das Thermit auch verwendet, um Stahlguß in eigener Weise zu erhitzen. Es handelt sich dabei nicht um Aufnahme von Aluminium zum Zwecke von Reduktionen, sondern es erfolgt eine eigenartige Erhitzung im Bade selbst. Unmittelbar nachdem eine kleine Menge Thermit (1 bis 6% des angewendeten Quantums Gußeisen oder Stahl) zur Reaktion gebracht wurde, läßt man Stahl oder Gußeisen nachfließen; dann hat der untere Teil eine Temperatur von 3000°, der obere jene des flüssigen Gusses (1200°). Infolgedessen findet eine außerordentlich starße Wallung und damit eine auffällige Reinigung des Gusses von Gasen und Schlackenteilchen statt. Wird Stahl gegossen, so kann auch das Thermit auf den flüssigen Stahl gegeben werden. An Stelle von reinem Thermit wird, wie oben angedeutet, vielfach auch Ferrotitanthermit gewählt.

Im weiteren Verlaufe des Vortrages kommt der Vortragende auf das Gebiet des Schweißverfahrens. Die hohe Temperatur, die man gewissermaßen ad hoc herstellen kann, läßt sich ohne besondere Einrichtungen für Schweißzwecke sehr gut ausnutzen.

Wie erwähnt, sammelt sich im unteren Teile des Tiegels flüssiges Eisen und darüber die Schlacke an. Ein solcher Tiegel kann auf zweierlei Weise entleert werden: entweder gießt man den Inhalt über den Rand aus, oder leert ihn durch eine Bodenöffnung; im ersten Falle fließt zuerst der flüssige Korund, im zweiten Falle das Eisen ab. Dadurch haben sich zwei verschiedene Schweißmethoden herausgebildet.

Gießt man die Masse über den Rand aus, so trifft der Korund das kalte Werkstück, um das eine kleine Form aus Blech gelegt ist und erstarrt momentan in dünner Schicht auf dem Werkstück und an der Innenseite der Form. Der nachfließende Korund und das Eisen haben nicht die Fähigkeit, diese dünne Korundschichte wieder aufzutauen; das nachfließende Eisen kann das Werkstück nicht direkt treffen, sonst würde dasselbe momentan zum Schmelzen gebracht werden. Das aluminogenetische Eisen ist also rings vom Korund umschlossen, sitzt demnach etwa wie das Eigelb im Eiweiß.

Man erreicht auf diese Weise eine Stumpfschweißung in der Art, daß das nachfließende Eisen rings von Korund umgeben ist, so daß die erstarrte Masse vom Werkstück leicht abgeschlagen werden kann.

Das Schweißen der Schienen — Redner denkt hiervor allem anderen an Straßenbahnschienen, die im Pflaster verlegt werden — kann auf zweifache Weise erfolgen: entweder genau so, wie z. B. eine Rohrschweißung — eine reine Stumpfschweißung — oder man läßt das Eisen aus einer Bodenöffnung des Tiegels abfließen. Im letzteren Falle trifft es direkt den Schienenfuß und bildet eine Lasche aus Thermiteisen, die mit dem Schienenfuße vollständig verschmilzt und das Profil verstärkt. Der Korund fließt nach und erwärmt den Kopf, so daß man außer der fest angeschweißten Lasche auch noch eine Stumpfschweißung erhält.

Nach diesen Auseinandersetzungen nimmt der Vortragende eine Rohrschweißung sowie die Schweißung zweier Schienen unter allgemeiner Anerkennung der Versammlung vor und geht hierauf zur Besprechung der Eigenschaften solcher Schweißstellen über. Er erklärt eingehend die Art und Weise der darüber nicht nur von ihm, sondern auch anderweitig vorgenommenen Untersuchungen, die ergaben, daß die Schweißstellen dieselbe Festigkeit und Dehnung aufweisen wie das Urmaterial.

Er zeigt einen auf solcher Weise erhitzten Schienenkopf mit 64 Festigkeit und 15% Dehnung; der Schienenhals hatte 72,3 Festigkeit und 11% Dehnung.

Dieses Resultat läßt sich, wie der Vortragende erläutert, damit erklären, daß die Erhitzung mit nachheriger langsamer Abkühlung unter vollständigem Luftabschlusse erfolgt.

Die Schweißung läßt sich ferner in der Weise ausführen, daß stets ganz bestimmte Wärmemengen zugeführt werden, wodurch immer die gleiche Festigkeit erreicht wird, was bei den bisher üblichen Methoden nicht der Fall sein konnte; jedes Schweißen war bisher gewissermaßen vom Auge des Schweißmeisters abhängig. Die empirisch festgestellte Menge Thermit, die auf eine Strecke aufgetragen wird, muß jedesmal dieselbe Erhitzung bewirken.

Unter den Vorteilen derart geschweißter Gestänge hebt der Vortragende namentlich auch die dadurch bedingte sichere Stromleitung hervor, die einzige, die eine Konstanz im Widerstande der Schienen ermöglicht. Die durch Kupferverbindungen auftretenden Übergangswiderstände sind vollständig vermieden; eine gute Stromleitung verhindert aber in hohem Grade die Bildung der mit Recht gefürchteten sog. vagabundierenden Ströme, deren zerstörender Einfluß bildlich an einer Eisenrohrleitung gezeigt wurde.

Um ein Urteil über die Haltbarkeit solcher Schweißstellen abzugeben, erwähnt der Vortragende, daß vor etwa anderthalb Jahren in deutschen Städten beiläufig 1200 Schienenstöße noch nach dem älteren Systeme der Stumpfschweißung und unter dem Mangel jeglicher praktischer Erfahrung verschweißt wurden, daß aber trotzdem die Zahl der vorgekommenen Brüche bei den sorgfältig verlegten Strecken (z. B. in Dresden, Berlin, Plauen usw.) kaum mehr als 1 bis 2% betrug.

Die Brüche traten zumeist beim ersten Darüberrollen der Wagen auf — ein Zeichen schlechter Verschweißung — oder nach den ersten Frösten. Der Vortragende meint, daß eine zweijährige Erfahrung im Hinblick darauf, daß auch die schlechteste Laschenverbindung so lange aushalte, wohl nichtssagend sei, hebt aber hervor, daß eben nur zwei Möglichkeiten vorhanden sind: Entweder halte die Schweißstelle oder es trete der Bruch ein; anders bei der Laschenverbindung, welche viele Zwischenphasen aufweise

Es läßt sich daher mit großer Wahrscheinlichkeit sagen, daß eine Verschweißung, die zwei Winter aushält, als dauerhaft anzusehen ist.

Auf die Kostenfrage übergehend, teilt der Vortragende mit, daß sich die Verschweißungen mit Thermit billiger stellen als gut und solid ausgeführte Laschenverbindungen.

Zum Schlusse des interessanten Vortrages streift Redner noch in Kürze den verschweißten Stoß am freiliegenden Oberbau der Hauptbahnen und bemerkt, daß auch hier, wiewohl beide Systeme — Straßenbahn und Hauptbahn — in dieser Beziehung ganz verschiedene Grundbedingungen aufweisen, eine Stoßverschweißung die größte Bedeutung erlangen wird, wenn auch nicht mißzuverkennen ist, daß derart verschweißte Strecken mit der größten Vorsicht zu behandeln sein werden. Es würde sich vor allem empfehlen, die Schienen in Tunnels oder auf Untergrundbahnen, woselbst eine gleichmäßige Temperatur herrscht, zu verschweißen.

Die Aluminothermie.

(Vortrag in der Vollversammlung des Österr. Ingenieur- und Architekten-Vereins am 1. Februar 1902; Zeitschrift des Österr. Ingenieur- und Architekten-Vereins 1902, Nr. 31.)

Gelegentlich eines Examens, das ein Chemiker zu bestehen hatte, legte ihm der prüfende Professor, der weniger auf auswendig gelernten Formelkram als auf gute Auffassung und Schlagfertigkeit Wert legte, die Frage vor: „Sagen Sie einmal, Herr Kandidat, wann brennt es?" Kurz entschlossen antwortete der junge Mann: „Wenn es an einer Stelle genügend heiß geworden ist". Der Examinator war zufrieden mit der Antwort; und auch Sie, verehrte Herren, wissen alle, daß sie richtig war. Ein Streichholz, eine Zigarre muß an einer Stelle genügend heiß geworden sein, um in Brand zu geraten, und unter günstigen Umständen auch weiter zu brennen.

Es ist längst bekannt, daß Holz, Stroh, Kohle ein gutes Brennmaterial bilden. An der Steinkohle vorbei gingen Generationen und wußten nicht, daß sie etwas Brennbares sei, das einmal entzündet fortbrennt. Diese Eigenschaft des Weiterbrennens besitzen nun auch einige Metalle, zu denen, was bislang nicht bekannt war, auch das Aluminium gehört.

Ohne weiteres brennt dieses Metall allerdings nicht, wohl aber in Verbindung mit „festem Sauerstoff", den ich nun nicht etwa der Lindeschen Eismaschine entnehme, sondern den Metallsauerstoffverbindungen, den sog. Metalloxyden. Mischt man zerkleinertes Aluminium mit Oxyden, so kann man Aluminium zum An- und zum Weiterbrennen bringen. Drei Körper sind es dann, die bei der Verbrennung eines Gemisches aus Aluminium und Metalloxyd in Wechselwirkung treten: 1. Aluminium, 2. Sauerstoff, 3. Metall. Die beiden letzteren sind zunächst im Oxyd chemisch miteinander verbunden. In dem Augenblicke, wo das Gemisch zu brennen anfängt, wandert der Sauerstoff zum Aluminium, und das Metall wird frei. Es ist also ein außerordentlich einfacher chemischer Vorgang, der sich hier abspielt. Das Bemerkenswerteste ist aber, daß sich hierbei eine Temperatur entwickelt, wie man sie bisher nur mit Hilfe des elektrischen Lichtbogens herstellen konnte. Sie beträgt schätzungsweise, denn genaue Messungen lassen sich bei so hohen Temperaturen nicht vornehmen, etwa 3000°. Weswegen war es nun so schwierig, überhaupt zu erkennen, daß ein derartiges Gemisch brennt? Warum ist man so spät darauf gekommen, zumal man doch das Aluminium bereits seit 50 Jahren kannte? Der Grund hierfür ist darin zu suchen, daß Aluminium sehr schwer zu entzünden ist, und da haben wir einen Vergleich mit der Steinkohle. Man kann auf ein derartiges Gemisch von Aluminium, Eisen und Sauerstoff (Eisenoxyd), dem ich den Namen „Thermit" gegeben habe, flüssiges Gußeisen gießen, man kann das Gemisch in ein offenes Kohlenfeuer schütten, ohne daß es zu brennen anfängt. Die

Körper treten eben nicht in Wechselwirkung, wie ich vorhin angegeben habe. Erst wenn man diesem Gemisch eine sehr hohe Temperatur beibringt, tritt Entzündung ein, und dann brennt das Gemisch, das Thermit, von selbst weiter.

Wie wird nun die Entzündung bewirkt? Die Beantwortung dieser Frage bot anfänglich die größte Schwierigkeit. Ich will Sie aber nicht damit behelligen, daß ich alle die verschiedenen Wege schildere, die eingeschlagen wurden, um eine Entzündung herbeizuführen. Das Prinzip ist sehr einfach. Es gibt Körper, die ihren Sauerstoff an das Aluminium abgeben schon bei der Temperatur von einigen 100°. Sowie nun diese Körper ihren Sauerstoff an das Aluminium abgegeben haben, entwickeln sie eine sehr hohe Verbrennungstemperatur, die dann genügt, um das schwer entzündliche Thermit zu entzünden. Die Ausführung ist einfach und geht schnell vor sich. Es wird ein Superoxyd mit Aluminium gemischt, dieses Gemisch dann mit einem Zündhölzchen — am besten einem sog. Sturmstreichholz — entzündet. Von diesem Entzündungsgemisch braucht man nur ganz wenig, einen halben Fingerhut voll, also 2—3 Gramm, trotzdem überträgt es seine hohe Verbrennungstemperatur auf das Thermit, so daß sich dieses entzündet und dann von selbst weiterbrennt.

Ich werde hier auf dem Podium in einen Tiegel einige Kilogramm Thermit einfüllen und diese entzünden, damit Sie die Reaktion kennen lernen. Ich kann es nicht vermeiden, daß dabei ein Funkensprühen entsteht, das jedoch nur unbedeutend ist und in der Praxis nicht in Betracht kommt.

Der Boden des von mir zu benutzenden Spitztiegels ist mit einem Abflußloch versehen, das, nebenbei bemerkt, keinesfalls weiter als 10—12 mm sein darf. Ein kleines aufgelegtes Eisenplättchen, auf welches etwas trockner, feiner Sand gegeben wird, verschließt diese Öffnung. Nach Beendigung der Reaktion, die, wie Sie gleich sehen werden, nur wenige Sekunden dauert, wird mit Hilfe eines von oben angebrachten Stiftes, der in das Abflußloch hineinragt, das Verschlußplättchen hochgestoßen, wozu diese kleine, einfache, hebelartige Vorrichtung dient. (Abb. 39.) Es fließt dann zuerst das flüssige Eisen aus, nachher folgt die Schlacke, das Aluminiumoxyd, das auch den Namen Korund führt. (Versuch.)

Sie sehen, daß die Temperatur ganz momentan und lokal eingewirkt hat, denn die unter dem Tiegel angebrachte zolldicke Eisenplatte ist durch das ausfließende Thermiteisen scharfkantig durchgeschmolzen. (Abb. 40.) Eine Erwärmung der Platte hat infolge des schnellen Durchdringens des heißen Eisens durch dieselbe kaum stattgefunden, denn ich kann, wie Sie sehen, die Eisenplatte ruhig mit bloßen Händen hochheben. Die Verbrennungsprodukte des Thermits bestehen aus Eisen und Korund. Sie erstarren, wie Sie sehen, auf der Stelle und können nicht weiterfließen. Darin liegt die äußerst geringe Feuergefährlichkeit des Thermits und die Möglichkeit, daß ich die Experimente, die, wie Sie später sehen werden, ganz den Arbeiten der Praxis entsprechen, hier im Saale auf dem Holzpodium vornehmen kann. Zur Schaffung einer feuersicheren Unterlage ist auf demselben nur eine Lage von Ziegelsteinen ausgebreitet.

Ohne allzu tief auf die Theorie des Verfahrens einzugehen, möchte ich nur kurz über den thermischen Effekt etwas mitteilen. Sie sehen, meine

Herren, schon aus dem vorgeführten Experimente, daß, da man in einer so außerordentlich kurzen Zeit eine derartig große Wärme hervorbringen kann, wir es hier mit Energiemengen zu tun haben, die, ich will das hier gleich vorausschicken, ganz erheblich größer sind als diejenigen, die im elektrischen Ofen hervorgerufen werden können. Zum Vergleiche habe ich auf Tabelle I die Verbrennungswärmen

des Wasserstoffes	=	34 553 Kal.
der Kohle	=	7 859 „
des Aluminiums	=	7 140 „
des Schwefels	=	2 165,6 „

angegeben.

Wenn wir Thermit verbrennen, haben wir, wie bei jedem derartigen thermischen Vorgange, „Einnahme" und „Ausgabe" an Wärme. Dies ist auf Tabelle 2 übersichtlich zusammengestellt:

$$Fe_2O_3 + Al_2 = Al_2O_3 + Fe_2$$

Wärme verbraucht für		Wärme erzeugt durch Verbrennen von	
die Bildung von 1 kg Eisen	1768 Kal.	0,484 kg Al.	3455,76 Kal.
zum Schmelzen desselben	337 „		
zum Schmelzen der Schlacke	425,71 „		
i. S.	2530,71 Kal.	i. S.	3455,76 Kal.

Demnach beträgt die disponible Wärme 925,05 Kal. Da 1 kg Thermit etwa ½ kg Eisen liefert, gibt dieses etwa 450 Kal.

Das muß für den ersten Augenblick erschreckend wenig erscheinen, da beim Verbrennen der Steinkohle ja schon über 7000 Kal. erzeugt werden. Aber, meine Herren, Sie müssen bedenken, daß wir beim Verbrennen der Kohle nur gasige Produkte haben; verbrenne ich aber Thermit, so erhalte ich lediglich feste Stoffe. Ich habe also beim Thermit den ganzen Effekt beisammen im Tiegel, während er bei der Kohle zum größten Teile zum Schornstein hinauswandert, vor allem aber sich auf einen sehr großen Raum verbreitet. Es wird ferner neben einer außerordentlich hohen Temperatur eine große Reaktionsgeschwindigkeit erzielt, denn die etwa 3 kg Thermit sind, wie Sie sehen, in wenigen Sekunden verbrannt; hätte ich statt dieser 100 kg Thermit in einen entsprechend großen Tiegel eingefüllt und entzündet, so hätte die Verbrennung unbedeutend länger gedauert, weil dann eine entsprechend größere Heizfläche zur Wirkung gelangt wäre. Nun will ich sehr ungünstig annehmen, daß in 1½ Sekunden nur 1 kg Thermit abbrennt, so kann ich in einer Sekunde 300 Kal. hervorbringen. Ich bitte Sie nun, einen Blick auf die Zahlen der Tabelle 3 zu werfen:

Da einer Kalorie bekanntlich 425 m/kg mechanisch äquivalent sind, so entsprechen

300 Kal. in 1 Sekunde 127.500 m/kg
oder 1700 PS
oder 1149.5 Kilowatt
oder einer Bogenlampe von 30 000 Amp. und 40 Volt

während einer Sekunde! Das erscheint auf den ersten Blick fast undenkbar; aber daß diese Energie tatsächlich in Wirkung tritt, lehrt folgende Tatsache. Wenn Sie jemals dem Abstich eines Kalziumkarbidofens beigewohnt haben, so haben Sie beobachten können, daß einige Stunden lang mehrere hundert Pferdestärken aufgewendet werden müssen, um nur wenige Meterzentner eines Schmelzgutes abzuscheiden, das kaum die Temperatur des brennenden Thermits besitzt. Denselben Wärmeeffekt kann man aber mit Hilfe von Thermit in einigen Minuten, eventuell sogar Sekunden, erzielen. Vergleichen wir diese Verhältnisse, so haben wir den Beweis dafür, daß wir es hier mit einer Energiedichte zu tun haben, wie sie bisher auf unserem Planeten nicht bekannt war. Das ist für die Technik von hervorragender Bedeutung.

Und somit komme ich jetzt zu den praktischen Anwendungen des Verfahrens. Ich muß da zuvor erwähnen, daß diese Anwendungen außerordentlich mannigfacher Natur sind und es mir infolgedessen nicht möglich ist, alle diese Gebiete an einem Vortragsabende zu berühren, geschweige eingehend zu besprechen.

Zunächst möchte ich auf die einfache der Aluminothermie (wie dieser neue Wissenszweig benannt worden ist) zugrunde liegende Reaktion zurückgreifen. Wir haben gesehen, daß eine Wechselwirkung zwischen Aluminium, Sauerstoff und Metall, z. B. Eisen, eintritt. Es ist nun gefunden worden, daß nicht nur das Eisen auf diese Weise zu reduzieren ist, sondern auch viele andere Metalle. Praktische Verwendung haben besonders das Mangan und das Chrom gefunden. Ich kann wohl sagen, daß damit ein langgehegter Wunsch der Stahlchemiker in Erfüllung gegangen ist, endlich ein reines kohlefreies Chrom für Legierungszwecke zu erhalten.

Chrom wird schon seit langem in großen Mengen auf anderem Wege hergestellt, war dabei aber immer kohlehaltig, da, wenn Chrom mit Kohle reduziert wird, immer kohlehaltiges Chrom, d. h. Chromkarbid erzeugt wird. Wollte man aber den Chromstahl genau erforschen, so mußte man reines, kohlefreies Chrom zur Verfügung haben. Da hat sich die alte Erfahrung wieder bewährt, daß ein reines Metall, den Legierungen zugesetzt, diesen Legierungen andere Eigenschaften erteilt als das Unreinlichkeiten enthaltende Metall. Das durch mein Verfahren hergestellte reine Chrom wird auch von österreichischen Firmen viel verwendet und findet sehr erheblichen und steigenden Absatz. Zu den neuen naturharten Stählen, die fünf und mehr Prozent Chrom neben Wolfram enthalten, wird reines, kohlefreies Chrom benutzt, ferner findet es Verwendung in der Geschoß-, Kanonen- und Panzerplattenfabrikation.

Auch das Mangan hat man bisher in dieser Reinheit nicht gekannt. Es liegt hier ein größeres Stück aus, das auch wie das Chrom etwa 99% Reingehalt aufweist, der Rest ist fast ausschließlich Eisen und Silizium. Mangan wird viel für Kupfer-, Bronze- und Nickelgüsse verwendet, vielfach als Ersatz und auch gleichzeitig mit Phosphor, bzw. Phosphorkupfer, da letzteres, selbst im kleinsten Übermaß zugesetzt, schädlich wirkt, während das leicht legierbare kohlefreie Mangan in gewissem Überschuß vorteilhaft ist. Zumeist werden 2% Mangan zugegeben. Große Verwendung findet eine Legierung von 5% Mangan in 95% reinem Kupfer für Lokomotiv-Stehbolzen und -Röhren, besonders in Frankreich. Auch in der Stahlindustrie hat das kohlefreie Mangan trotz des höheren Preises gegenüber dem Ferromangan seinen Platz gefunden, und zwar für die hochprozentigen Manganstahle. Auf einen naturharten Stahl mit 12% Mangan mag besonders aufmerksam gemacht sein.

Ich erwähne schließlich noch ein drittes Metall, das auch in größerem Maßstabe verwendet wird, es ist das Titan. Man könnte über dieses interessante Metall allein einen Vortragsabend ausfüllen, denn gerade in letzter Zeit ist viel über Titan gearbeitet worden. Man hat nämlich jetzt durch das aluminothermische Verfahren ein zuverlässiges Mittel in der Hand, dieses Titan in Stahl und besonders Gußeisen einzuführen. Es geschieht dies einfach dadurch, daß sog. Titanthermit, also die Mischung, aus der sich das Titaneisen abscheidet, auf das geschmolzene Eisen geworfen wird. Das flüssige Gußeisen entzündet dieses Titanthermit, während es das gewöhnliche Thermit, das Eisenthermit, nicht entzündet, da dieses erst flüssiger Stahl zur Entzündung bringt. Wird also das Titanthermit auf das Metallbad gegeben, so scheidet sich sofort auf demselben unter Entwicklung hellster Weißglut eine Legierung von etwa 25prozentigem Titaneisen aus, die sich dann in statu nascendi dem Gußeisen zulegiert. Nach erfolgter Reaktion ist mit Eisenstäben kräftig umzurühren. Das Titan wirkt nun nicht nur desoxydierend, sondern verbindet sich auch mit dem Stickstoff, der sich mehr oder minder im Metallbade vorfindet. Der Titanzusatz bewirkt demnach ein dichtes Gefüge und porenfreien Guß. Ganz besonders auffallend ist die Verbesserung, die das Gußeisen durch das Titan erhält, wovon ich mich vielfach überzeugt habe. Es wird feinkörniger, weniger spröde, und der Guß läuft vollkommen aus. Es werden deswegen besonders beim Guß von Maschinenteilen Titanzusätze in der beschriebenen Weise verwendet. Der übliche Zusatz zum Gußeisen ist ½ bis 1% Titanthermit. Durch diesen Zusatz wird die Temperatur des Gußeisens etwas erhöht; es wird ferner eine sichtlich größere Dünnflüssigkeit erreicht, die ebenfalls die Qualität des Eisens verbessert. Ein Zusatz von Titan ist auch für Temperguß zu empfehlen. Beim Stahlguß genügen noch erheblich geringere Zusätze von Titan, um einen dichten Guß zu erreichen, was ich gleichfalls an Proben ersehen habe. Das Studium über die Titanzusätze zum Stahl und Eisen ist noch lange nicht abgeschlossen. Ich will nicht unerwähnt lassen, daß eine Reihe von Versuchen angestellt ist, die zu keinen günstigen Resultaten geführt haben. Dies geschah in den Fällen, wo größere Mengen Titan bei Herstellung von Titanstahl zur Anwendung kamen. Endgültiges läßt sich aber auch hier kaum sagen. So viel aber steht entschieden fest, daß das Titan, in den geringen angegebenen Mengen zugesetzt, hervorragend geeignet ist Güsse zu verbessern.

Meine Herren! Noch kann ich das metallurgische Gebiet nicht verlassen, denn das Metall, das am häufigsten bei diesen Ausscheidungen Verwendung findet, das Eisen, verdient besondere Erwähnung.

Dieses aluminogenetische Eisen hat die Eigenschaft, daß es auf etwa 3000° temperiert ist und die Zusammensetzung eines weichen, kohlenstoffarmen Flußeisens hat. Wird nun solch erhitztes Eisen auf ein Eisenstück aufgegossen, so weicht es sofort die Berührungsstelle auf und verschmilzt mit dem Stücke. Auf diese Eigenschaft des aluminogenetischen Eisens hat sich vor allem ein Verfahren gegründet, das man als „Ausbesserungsverfahren" bezeichnen kann. Es hat bereits die weiteste Verbreitung gefunden nicht nur in den Stahl- und Walzwerken zur Beseitigung der unliebsamen Lunker und porösen Stellen (Abb. 16), zur Verschweißung von Rissen, sondern auch in den Reparaturwerkstätten, Werften und Maschinenfabriken. Eine für alle Fälle passende Gebrauchsanweisung ist nicht zu geben, wäre auch unnötig, da das Verfahren sehr leicht ausführbar und sehr anpassungsfähig ist. Natürlich muß es von Leuten gehandhabt werden, die mit Stahlgießen Bescheid wissen. Um Ihnen einen Beweis von der großen Einfachheit des Verfahrens zu geben, will ich auf dieses Stück einer Kesselplatte einen Buckel von weichem Thermiteisen aufschmelzen. (Abb. 30.) Ich benutze hier wieder einen kleinen Spitztiegel wie beim ersten Experiment, in den ich einige Kilogramm Thermit einführe. Ich steche nach beendeter Reaktion wieder den Tiegel von unten ab. Das Eisen fließt zuerst aus, dann folgt die Schlacke. Ich lasse aber das Eisen nicht mehr direkt auf die Platte schlagen wie vorhin, sondern habe eine kleine, feuerfeste runde Form von etwa 1 dm^2 Grundfläche auf die erwähnte Platte gelegt und mit Sand abgedichtet. Diese Form hat einen seitlichen, auf dem Boden der Form mündenden Einlaufkanal, über welchen die Ausflußöffnung des Spitztiegels gestellt wird. Das Eisen tritt nun unten in die Form ein, und der nachfließende Korund fließt über dasselbe durch eine weiter oben angebrachte horizontale Verbindung, die zwischen dem Einlaufkanal und dem Forminnern angebracht ist. Es ist gut, die Platte vor dem Guß etwas anzuwärmen, damit alle Feuchtigkeit entfernt ist. (Versuch.)

Sie sehen wieder, meine Herren, aus dem starken Lichteffekt, daß wir es hier mit sehr hohen Temperaturen zu tun haben, die denen, die auf elektrischem Wege erzeugt werden können, mindestens gleichkommen. Ich will noch erwähnen, daß man mit Hilfe von Thermit Anschweißungen auch auf Gußeisen ausführen kann. Das Verfahren ist außerordentlich einfach, da die Benutzung eines Tiegels fortfällt. Besonders findet es Anwendung beim Anschweißen abgebrochener Walzenzapfen. Um das Ansetzen der Schlacke zu verhindern, wird zuerst eine dünne Schicht Gußeisen aufgegossen, darauf wird das Thermit geschüttet, ungefähr 1½ kg auf das dm^2 Schweißfläche. Durch das Abbrennen des Thermits wird eine so hohe Temperatur auf der Schweißfläche erzeugt, daß das darunter befindliche Metall in einer Tiefe von 3 bis 4 cm aufgeweicht wird. Dann läßt man Gußeisen oder Stahl nachfließen. Es fällt nach dieser Methode, die, wie ich zu bemerken nicht unterlassen möchte, von Herrn Lochner, dem Betriebschef der Gutehoffnungshütte in Sterkrade, herrührt, das lästige Überspülen von Gußeisen über die Schweißfläche weg. Man kann auf diese Weise auch Stahl auf Gußeisen, Gußeisen auf Stahl aufschweißen. Viele Werke haben dieses Verfahren eingeführt.

Es ist mir nun aufgefallen, daß das Gußeisen, das auf diese Weise mit Thermiteisen vermischt war, sehr viel dichter und feinkristallinischer war als das ursprünglich verwendete Eisen. Diese Versuche sind so oft vorgenommen worden, daß in dieser Beziehung eine Täuschung nicht vorliegen konnte. Der Grund hierfür ist der, daß das Gußeisen, welches auf das hocherhitzte Thermit gegossen wird, von unten nochmals erhitzt wird, daß also dadurch ein stärkeres Kochen und Abschäumen des Eisens, eine Art Raffination stattfindet. Da das Eisen bzw. der Stahl durch den Thermitzusatz höher erhitzt wird, so tritt eine größere Dünnflüssigkeit ein. Es werden auch erkaltete Güsse auf diese Weise wieder aufgefrischt und sog. Kippgüsse vermieden. Der Thermitzusatz zum Gußeisen geschieht nicht wie beim Titanthermit direkt auf das flüssige Eisen, weil letzteres das Thermit nicht, wie bereits erwähnt, entzündet. Es kann deshalb durch das Gußeisen eine Aluminiumaufnahme aus dem Thermit stattfinden, die auf die Festigkeit des Gußeisens schädlichen Einfluß hätte. Man bringt daher am besten das Thermit auf dem Boden der Gießpfanne zur Reaktion und läßt sofort unter kräftigem Rühren Gußeisen nachfließen. Die Menge des Thermits, die dem Gußeisen zugesetzt wird, ist sehr verschieden. Vielfach werden nur geringe Mengen, ½ bis 2% gewählt, während anderweitig 4 bis 6% gegeben werden. Die Festigkeit wird durch einen höheren Zusatz wesentlich erhöht, während beim Stahlguß besonders die Dehnung durch einen Zusatz von etwa 5% vergrößert wird. Jedenfalls muß beim Gußeisen unter 10% genommen werden, da sonst ein stahlharter, fast unbearbeitbarer Guß entsteht. Man setzt mit Vorliebe auch etwas Titan in Form von Titanthermit zu. Vergleichende Versuche haben in dieser Richtung sehr gute Resultate gezeitigt. Es ist jedoch unmöglich, ein „Rezept" hierfür zu geben. Ich kann in dieser Hinsicht lediglich Andeutungen und Anregungen bringen und über das mir Bekannte und anderweitig Geleistete — soweit mir darüber offenkundige Mitteilungen gemacht worden sind — berichten. Bemerken muß ich auch, daß der Erfolg dieser Thermitzusätze von den Einzelheiten, ja gewissen Gepflogenheiten der Betriebswerkstätten abhängt, vor allem aber von der Beschaffenheit des Gußeisenmaterials und den verschiedenen Verwendungsarten. Es bleibt also den einzelnen Werken immer die Arbeit übrig, hier ins Detail einzudringen und die besten Bedingungen für sich selbst ausfindig zu machen. Nach den bisher bekanntgewordenen Resultaten haben die betreffenden Versuche aber bei den Gießereien sehr leicht und schnell zu einem günstigen Resultate geführt und gestalteten sich für viele Zwecke sehr lohnend.

Gleichzeitig mit der Abscheidung der Metalle entsteht das Aluminiumoxyd, der Korund. Dieser hat den geschützten Namen Corubin erhalten und ist ein außerordentlich harter Körper; wie wissenschaftlich und praktisch nachgewiesen ist, ist er viel härter als der allgemein für Schmirgelscheiben und dergl. benutzte natürliche Korund. Dieser letztere ist auch erheblich stärker mit Eisen resp. Eisenoxydul und Kieselsäure verunreinigt als der auf aluminothermischem Wege entstandene. Ferner enthält der natürlich vorkommende Korund oder Schmirgel auch noch eine gewisse Menge Wasser, 1 bis 2%, selbstverständlich in gebundener Form, wodurch seine Härte wohl mit beeinträchtigt wird. Der „Corubin" ist völlig wasserfrei und enthält sehr wenig Verunreinigungen. Er hat sich bereits als Schleifmittel, wenn auch noch nicht in sehr großem Maßstabe, recht gut eingeführt. Die Einführung eines Schleifmittels ist nämlich außerordentlich schwierig. Die Schwierigkeit liegt zum Teil darin, daß zu wenig Exaktes über die Schleiftechnik gearbeitet worden ist, noch weniger aber darüber allgemein bekannt ist und ausgeübt wird. Die meisten Firmen, die auf diesem Gebiete arbeiten, besitzen keine zuverlässig einwandfreien Methoden, um ein Schleifmittel genügend prüfen zu können. Ich will damit keinen Tadel aussprechen, denn ich weiß, wie außerordentlich schwierig es ist, einen Schleifstoff in allen Einzelheiten auf seine technische Brauchbarkeit zu probieren und zur technischen Brauchbarkeit auszubilden. Die größte Schwierigkeit liegt wohl darin, daß für jedes neue Schleifmittel auch ein neues Bindemittel gefunden werden muß. Diese große Schwierigkeit war auch beim „Corubin" zu überwinden. Ich habe hier einen flachen Kristall ausgestellt, der von der Chromdarstellung herrührt, derselbe ist rosenrot gefärbt, etwa 10 mm hoch und 5 mm breit, und stellt einen künstlichen Rubin dar. In dieser Größe habe ich ihn bisher nur einmal erhalten. Der Wert dieses Kristalles ist ein rein wissenschaftlicher.

Meine Herren! Ich komme jetzt zu den Verfahren, die ich als *Schweißverfahren* zusammenfassen möchte.

Wie Sie wissen, befinden sich im Tiegel nach dem Abbrennen des Thermits zwei Schichten, unten ist die des Eisens, oben die der Korundschlacke. Den Tiegel kann ich nun auf zwei Arten entleeren. Man gießt den Inhalt entweder über den Rand oder entleert ihn dadurch, daß man den Inhalt durch ein am Boden des Tiegels befindliches Abflußloch ausfließen läßt. Diese beiden Methoden angewendet, ergeben zwei verschiedene Arten des Schweißens. Die letztere haben Sie bereits bei Ausführung der ersten beiden Experimente gesehen. Wenn ich nun den Tiegelinhalt über den Rand ausgieße, tritt etwas Eigenartiges, Unerwartetes ein. Fließt nämlich der *Korund* aus dem Tiegel auf ein kaltes Werkstück, so *erstarrt* der Korund momentan auf diesem *in dünner Schicht*, und der nachfließende Korund hat nicht die Fähigkeit, diesen erstarrten Korund wieder aufzutauen. Auch das nachfließende Eisen kann den einmal fest gewordenen Korund nicht wieder flüssig machen. Ich kann aus diesem Grunde das Thermit zu gewissen *Stumpfschweißungen* verwenden. Das Verfahren gestaltet sich so: Zwei Eisenstücke werden mit Hilfe eines passenden Klemmapparates stumpf aneinander gepreßt. (Abb. 20.) Um die Stoßstelle wird dann eine entsprechend große Form gelegt; es kann dies eine Blechform sein, die außen mit Sand abgestützt ist. Nun gieße ich in diese Form den Tiegelinhalt über den Rand aus. Was geschieht? Rings um die zu verschweißenden Werkstücke lagert sich sofort in einer etwa 1 mm dicken Schicht der Korund. Der andere Korund fließt nach, das Thermiteisen ebenfalls. *Nach dem Erkalten kann ich die ganze Masse ohne weiteres mit einem Hammer abschlagen*, denn das Thermiteisen ist ringsherum umgeben von Korund; er hat sich auch an der kalten Wand der Form in dünner Schicht angelegt. Es erscheint das Thermiteisen in der abgeschlagenen Schlacke etwa wie das Eigelb im Eiweiß.

Woran mag es liegen, daß man mit diesem Verfahren — wie zahllose Zerreiß- und Biegeproben ergeben haben — auffallenderweise eine so gute Stumpfschweißung erhält, die im Kohlenfeuer bekanntlich so wenig zuverlässig und deswegen mit Recht so unbeliebt ist? Die aluminothermische Schweißung findet nämlich unter *völligem Luftabschluß* statt, so daß die Atmosphärilien nicht an die Schweißstelle dringen können. Ferner wird zu jeder Schweißung ein ganz bestimmtes Quantum Thermit genommen, und so stets dieselbe Wärmemenge dem Schweißstücke gewissermaßen zugewogen! *Die völlige Gleichmäßigkeit* der Schweißungen ist damit gewährleistet. Das zu verwendende Thermitquantum ist empirisch festgestellt und aus aufgestellten Tabellen ersichtlich. Man ist daher bei diesen Thermitschweißungen nicht mehr abhängig von dem mehr oder minder geübten und dem mehr oder minder zuverlässigen Auge des Schweißmeisters, sondern es können Schweißungen ausgeführt werden, die unabhängig sind von der Kunstfertigkeit des Handwerkers. Das ist typisch und spezifisch neu, daß mit einer ganz bestimmten, abgewogenen Wärmemenge gearbeitet werden kann! Das geht mit den anderen bekannten Verfahren nicht, selbstverständlich auch nicht mit Hilfe von Elektrizität. Dieses Stumpfschweißverfahren wird nun in erheblichem Maße angewendet für Rohrschweißungen, und zwar bei schmiedeeisernen Rohren zum Ersatz der Flanschenverbindungen. Die Rohre können dabei in jeder Lage zusammengeschweißt werden, auch bei der Montage außerhalb der Werkstätte (Abb. 23), denn man braucht als Utensilien nur einen kleinen Klemmapparat und eine Blechform, die außen mit Sand abzustützen ist. Aus dem Tiegel wird das flüssige Thermit auf die Schweißstelle gegossen, wodurch die nötige Schweißtemperatur hervorgerufen wird. Die Rohre werden dann etwas aneinandergepreßt, womit die Schweißung vollendet ist. Der ganze Vorgang ist so einfach und sieht fast wie eine Spielerei aus. Alle nötigen Maße für die Form und Zahlen für die erforderlichen Thermitquanten können aus besonders dazu angefertigten Tabellen entnommen werden. Zu der hier vorbereiteten Schweißung zweier zweizölliger Rohre brauche ich nur 1 kg Thermit. Diese Rohrschweißung ist viel billiger als eine Flanschenverbindung und schneller sowie einfacher als diese herzustellen. Ein derartiges Stumpfaneinanderschweißen schmiedeeiserner Rohre ist für Rohrdurchmesser bis etwa 6 Zoll bequem anwendbar. Bei weiteren Rohren treten Schwierigkeiten auf. Diese Rohrschweißungen haben sich in etwa 150 bis 200 Betrieben eingeführt, vielfach auch im Auslande. Es sind, beiläufig erwähnt, allein in den letzten Monaten 10 bis 15 000 Schweißungen ausgeführt worden. (Versuch.) Auffallend ist es, daß diese aus $1\frac{1}{2}$ mm starkem Blech bestehende Eisenform, die nur etwa 10 mm von der Rohrwand allseitig absteht, und die eine so hohe Temperatur beherbergt hat, kaum angegriffen wird und meist 5 bis 6 mal gebraucht werden kann.

Sie sehen hier unter den ausgestellten Gegenständen eine größere Anzahl von geschweißten Rohren liegen, die an der Schweißstelle gebogen oder plattgeschlagen sind. Diese Stumpfschweißung hat also allen diesen Beanspruchungen getrotzt. Voraussetzung ist, daß wir es bei der Rohrschweißung mit einem schweißbaren Material zu tun haben, das auch aus Flußeisen hergestellt sein kann. Es ist aber nach dem aluminothermischen Verfahren möglich, selbst Stahl zu schweißen, und gerade hier tritt die Eigenart der aluminothermischen Schweißung besonders hervor, da sie die Möglichkeit bietet, unter Luftabschluß eine Schweißung zu bewerkstelligen und der Schweißstelle gerade so viel Wärme zuzuführen, als für eine gute Stahlschweißung nötig ist.

Man kann, das ist längst bekannt, auch ohne Thermit Stahl schweißen. Besonders in Schweden gibt es eine Anzahl tüchtiger Schmiedemeister, die selbst schwierige Stahlsorten aneinanderschweißen können, weil sie die Fertigkeit haben, zu erkennen, bei welcher Temperatur Stahl geschweißt werden kann. Die Schweißhitze des Stahls liegt nämlich nicht bei Weißglut, sondern bei heller Rotglut; es ist aber weit schwieriger, den richtigen Grad der hellen Rotglut zu erkennen als die Weißglut. Diese Fähigkeit ist nun bei meinem Verfahren nicht notwendig, weil die empirisch festgestellte Menge des Thermits die nötige Schweißtemperatur ohne weiteres erzeugt.

Hiermit komme ich auf die Schienenschweißung. Dabei möchte ich zuerst eine Frage aufwerfen, die mir vorgelegt werden könnte. Kann man überhaupt Schienenlängen aneinanderschweißen? Man muß doch zwischen den Schienen die Dilatationsfugen lassen! Das ist ohne Zweifel richtig bei freiliegenden Schienen, also für die Schienen der Hauptbahnen, jedoch für die im Pflaster liegenden, z. B. für die Straßenbahnschienen, ist es nicht notwendig. Zwar gegen das eherne Gesetz der molekularen Ausdehnung der höheren Temperaturen läßt sich nicht ankämpfen. Wir haben aber auch das ebenso mächtige Gesetz der Reibung: die Schienen liegen im Pflaster eingeklemmt. Dadurch, d. h. durch diese sog. Bettungswiderstände, sind sie in ihrer ganzen Länge einer sehr bedeutenden Reibung ausgesetzt, die der Verschiebung bzw. der Ausdehnung entgegenwirkt, denn beide Kräfte kompensieren sich. Das ist nicht etwa Theorie, das ist Erfahrung aus der Praxis. Denn es sind bereits vor 1½ Jahren nach meinem Verfahren rund 1200 Schienenstöße geschweißt worden, also immerhin einige Kilometer. Es hat sich bei den sorgfältig ausgeführten Strecken eine sehr kleine Anzahl von Brüchen gezeigt, z. B. auf Strecken in Berlin, Dresden, Plauen nur 1 bis 2%. Nur dort, wo bei den Verschweißungen nicht immer die richtige Sorgfalt geherrscht — man hat bekanntlich nicht immer zuverlässige Monteure zur Hand — ist eine größere Anzahl von Brüchen entstanden. Wann aber sind alle diese Brüche eingetreten? Die Rücksicht auf diese Frage ist sehr beachtenswert und wichtig. Nun, eine große Anzahl hat sich gezeigt, unmittelbar nachdem der erste Wagen darüber gefahren ist. Das ist ein Zeichen, daß schlecht verschweißt wurde, daß der Monteur eben seine Schuldigkeit nicht getan hat. Dann sind die weiteren Brüche nach dem ersten kalten Tage des sehr kalten Winters 1900 auf 1901 eingetreten. Aber seit der Zeit sind Brüche nicht mehr konstatiert worden. Es hatten sich also, nachdem eine Anzahl von Brüchen eingetreten, die vorhandenen Spannungen im Geleise ausgeglichen. Diese Erscheinung ist etwa mit einem gesprungenen Lampenzylinder zu vergleichen, der, einmal gerissen, in diesem Zustande sogar besonders lange seine Dienste tut, weil der entstandene Sprung der Spannung im Glase Luft gemacht hat. Aus diesem Verhalten der verschweißten Schienen ist zu entnehmen, daß tatsächlich beim eingebauten Gleis die Schienen aneinandergeschweißt werden können, ohne daß etwa dauernd Schienenbrüche zu gewärtigen wären. Dieselben treten nur im Anfang ein, können dann sofort nachgeschweißt werden, und das ganze Geleise bleibt hierauf in dauerhaft festem Zustande.

Ich will nun, bevor ich weitergehe, Ihnen das Experiment der Schienenschweißung vorführen. Die Apparatur ist, wie sie sehen, einfach und beansprucht vor allem wenig Raum. Ein kräftiger Klemmapparat hält die Schienenenden zusammen und gestattet mittels Schraubenspindeln ein Zusammenpressen. Um die Stoßstelle ist eine feuerfeste Form, die mit Lehm an die Schiene gedichtet ist, gelegt. Die Form hat auch einen seitlichen Einlaufkanal wie diejenige, mit der ich vorhin die Aufschweißung auf der

Platte vornahm. Aus diesem Kanal fließt unten direkt an und um den Schienenfuß das Thermiteisen. Dieses löst den Schienenfuß zum Teil auf, verschmilzt also aufs innigste mit ihm und bildet so eine vollständig verschweißte Fußlasche. (Abb. 33.) Der Korund tritt wiederum aus einem höher gelegenen Abflußloch des Einlaufkanals in die Form ein und erwärmt den Schienenkopf auf Schweißhitze, d. h. auf helle Rotglut. Ich führe gleichzeitig eine doppelte Schweißung aus; denn erstens werden die Schienenenden mit einer Fußlasche aus Thermiteisen verbunden, zweitens kann eine völlige Stumpfschweißung der Profile noch dadurch erzielt werden, daß nach eingetretener Schweißhitze durch den Klemmapparat die Schienen etwas zusammengezogen werden.

Zur Schweißung einer großen Trambahnschiene sind 10 kg Thermit nötig. Diesen werden noch etwa 10 bis 15% kleine Eisenteile, am besten kleine Siebausstanzungen, untermischt, die miteingeschmolzen die Fußlasche verstärken. Das Thermitquantum wird, wie in den beiden ersten Versuchen, auf einmal in den Tiegel gegeben, angezündet und von unten abgestochen. (Versuch.) Die Operation dauert, wie Sie sehen, nur einige Sekunden. Ich bemerke noch, daß die Schweißungen, die ich vor etwa 2 Jahren ausgeführt habe, nicht nach diesem Verfahren vorgenommen wurden, sondern nach demjenigen, bei welchem der Tiegel über den Rand ausgegossen wird. Hierdurch wurde lediglich eine Stumpfschweißung hervorgerufen. Das aus dem Tiegel nachfließende Eisen hatte auch hierbei wohl eine Lasche gebildet, die den Schienenfuß umgab, aber diese war, wie Sie dieses bei der Rohrschweißung gesehen haben, rings von einer dünnen Korundschicht umgeben, war nirgends mit den Schienen direkt verbunden und konnte leicht abgeschlagen werden. Das jetzige Verfahren bietet eine noch größere Gewähr, da ich einen vollständig verschweißten Schienenfußumguß erhalte.

Ich habe Schienendurchschnitte ausgelegt, die zum Teile angeätzt sind und an denen man sieht, daß eine völlige Verschmelzung stattgefunden hat. (Abb. 35.) Diese angeschweißte Fußlasche aus Thermiteisen genügt erfahrungsgemäß allein zur Herstellung einer dauerhaften Verbindung der Schienen. Liegen die Schienen bereits im Pflaster, so bedarf es des Klemmapparates nicht; es wird nur die zweiteilige Form angelegt und in diese läßt man das Thermit aus dem Spitztiegel einfließen. Die Arbeit wird dadurch ganz besonders einfach, und das Verschweißen geht schneller vonstatten als das Anlegen von Laschen.

Ich möchte noch ein Wort sagen über die Eigenschaften der Schweißstelle. Es ist selbstverständlich, daß man hier eine gewisse Anzahl von Befürchtungen hegte. Man meinte wohl, die Schweißstelle des Stahles würde härter geworden sein, andere, sie würde weicher oder spröder. Tatsächlich war es nicht vorauszusehen, daß sich der Schienenstahl durch diese Erhitzung nicht nachteilig verändert, daß dies aber der Fall ist, habe ich dadurch nachgewiesen, daß ich aus mit Thermit umgossenen Schienenstücken Zerreißstäbe anfertigen ließ, und daneben solche aus dem gesunden, nicht erhitzten Material. Dabei konnte konstatiert werden, daß weder die Festigkeit noch die Dehnung durch die Erhitzung beeinflußt werden. Die ganze Erhitzungszone liegt hierbei nämlich innerhalb der Zerreißstäbe. Letztere sind 200 mm lang, während die innere Länge der Form, die um die Schiene gelegt wird, nur etwa 150 mm beträgt. Ich habe hier einige von diesen Zerreißstäben mitgebracht. Es haben sich ergeben aus Schienenkopf eine Festigkeit von 64,2 und eine Dehnung von 15,4%; beim Schienenhals eine Festigkeit von 72,3, Dehnung 11%. Es sind dies die Festigkeiten und Dehnungen, die das ursprüngliche Material besitzt. Nach Ausspruch und Zeugnissen von Fachleuten befahren sich die verschweißten Schienen vollständig glatt; nirgends ist ein Hochbiegen aufgetreten. Einige Bahnverwaltungen haben mir darüber sehr zufriedenstellende Zeugnisse ausgestellt. Eine Reihe der Bahnen führt jetzt diese Schweißungen aus, andere Verwaltungen beabsichtigen die Einführung in nächster Zeit.

Einem etwaigen Einwande möchte ich noch begegnen. Man kann mir nämlich entgegenhalten: „Welcher Verlaß ist auf ein neues Schienenverbindungssystem, das nun glücklich etwa 2 Jahre Erfahrung hinter sich hat, die allergewöhnlichste Schienenverbindung bleibt solange intakt!" Der Übelstand zeigt sich bei der gewöhnlichen Verbindung eben erst nach einigen Jahren. Dann beginnen die Verschraubungen an der Lasche locker zu werden, die Geleise sind nicht mehr fest, die Wagen schlingern und außerordentlich kostspielige Auswechslungen sind nötig, nicht weil die Schienen selbst verschlissen sind, sondern lediglich, weil der Stoß so starke Abnutzungen zeigt, daß ein Befahren der Strecken nicht mehr angängig ist. Anders bei verschweißten Stößen. Hier gibt es logischerweise nur zwei Möglichkeiten Entweder die Schweißung hält, oder sie hält nicht, sie bricht. Ein Lockerwerden der Schweißung gibt es eben nicht. Da nun die bisherigen Schweißungen, die etwa zwei Jahre befahren werden, hielten, und sich während zweier Winter bewährten, so ist mit Sicherheit anzunehmen, daß sie nun auf lange Zeit den Betrieb aushalten werden. Tritt aber an einigen Stellen ein Reißen der Schienen ein, so ist schnelle Reparatur möglich. Man kann auf einem Handkarren alle nötigen Materialien zur Schweißstelle fahren und die Wiederverschweißung sehr schnell vornehmen. Es sind das ungeheure Vorteile gegen die Verbindung der Schienen mit Laschen und Schrauben. Auf die sonstigen Betriebsvorteile eines geschweißten Schienenstranges will ich nicht betreffs aller Einzelheiten eingehen. Zu beachten ist, daß sich der Preis der Schweißung billiger stellt als eine gute Verlaschung inklusive Kupferverbinder. Doch einen Punkt möchte ich noch hervorheben, weil das gerade für große Städte von größter Bedeutung ist. Sie werden wissen, daß die Schienen bei elektrischen Bahnen den Rückstrom aufnehmen; sie können ihn aber nur aufnehmen, wenn sie gut leitend miteinander verbunden sind. „Staut" sich der Strom infolge schlechter Verbindung der Schienen, so sucht er sich einen anderen, naturgemäß bequemsten Weg und geht auf die Wasser- und Gasleitungen über. Diese sog. vagabundierenden Ströme, auch als Irrströme bezeichnet, haben infolge Durchlöcherns der Rohre schon erhebliche Schädigungen hervorgerufen. Ein Mittel, diese vagabundierenden Ströme auf ein unschädliches Maß zurückzuführen, wird in erster Linie in einer guten Schienenverbindung gesucht, und die beste ist daher anerkanntermaßen die Schienenschweißung, da nur mit Hilfe dieser ein genügend geringer und konstanter Widerstand im Geleise zu erreichen ist. Ein konstanter Widerstand ist mit der Kupferverbindung nicht herzustellen. Es bildet sich da ein Übergangswiderstand zwischen Kupfer und Eisen, der beständig größer wird, und je nach der Beschaffenheit des Erdbodens wird die Kupferverbindung früher oder später zerstört, weil Kupfer und Eisen selbst ein Element bilden.

Ich habe hier eine ganz gewöhnliche Staatsbahnschiene (Vignol-Profil) ausgestellt, die mit einer sog. Thermitleiste, d. i, mit Hilfe von Thermiteisen verbunden ist. Da nur $1\frac{1}{2}$ kg Thermit hierzu verwendet worden sind, so ist die Verbindung natürlich nur eine partielle. Diese Verbindung ersetzt den Kupferverbinder. Er soll in erster Linie dazu dienen, die sog. dritte Stromzuleitungsschiene der elektrischen Vollbahnen gut leitend zu verbinden. Die starken Kupferverbindungen bei diesen Bahnen liegen wie diese Schiene frei und haben neben ungenügender Leitfähigkeit den Übelstand, daß sie häufig gestohlen werden! Das fest verschweißte Stück Eisen gibt also eine weit solidere und auch sehr viel billigere Verbindung als das bisher übliche Kupferseil.

Ich wende mich nun zur Frage: Kann man auch freiliegende Gleise, die Gleise der Hauptbahnen, die das Gros bilden, verschweißen? Diese Frage kurz zu bejahen, hieße die Sache über das Knie brechen. Maßgebende technische Kreise haben auch für die Verschweißung dieser Schienen das höchste Interesse, ja, es wird die Schienenschweißung auch hier als anzustrebendes Ideal betrachtet, wenn sie durchführbar ist. Ich habe Gelegenheit gehabt, mit ersten Autoritäten darüber zu sprechen und zu meiner Freude und Genugtuung gesehen, daß diese Herren der Angelegenheit sympatisch gegenüberstehen und den aluminothermischen Schienenschweißungen nähertreten wollen*. Es ist zunächst sicherlich möglich, einige Schienenlängen zu verschweißen, aber so durchgreifend vorzugehen wie bei Straßenbahnen wird nicht angehen. Die zusammenzuschweißenden Längen werden von mancherlei Umständen abhängen; hier kann nur das Experiment Belehrungen bringen, Erfahrungen liegen noch nicht vor.

Ich komme zum Schlusse. Ich habe selbstverständlich das Thema der Aluminothermie nicht vollständig behandelt, habe zum großen Teil sogar nur andeutungsweise auf die verschiedenen Anwendungen hinweisen können.

Meine Herren! Es ist bereits jetzt die Aluminothermie in einer ganzen Reihe von Betrieben eingeführt und hat, wie Sie aus den Darlegungen wohl entnommen haben werden, verbessernd und fördernd gewirkt. Da mag die Frage gerechtfertigt sein: ob die Aluminothermie dazu berufen ist, in einer Reihe von Betrieben tiefer eingreifende Umgestaltungen zu bewirken?

Gestatten wir unserer Phantasie einmal — zwar nicht die Zügel schießen zu lassen — aber einen verständigen Galopp zu reiten. Sehen wir an der Hand dessen, was bereits geleistet und durchgearbeitet ist, uns nach dem um, was in der Zukunft wohl erreichbar sein kann. Ich greife zur Metallurgie zurück und darf wohl mit Recht annehmen, daß nicht nur die aluminogenetischen Metalle, sondern auch das Thermit selbst sowohl in der Stahlindustrie als auch in den Gießereien noch eine sehr bedeutende Rolle spielen werden. Ich sehe weiter in der Durchführung von Schweißungen

* Vergl. „Zeitschrift für Elektrotechnik", Wien, Heft 8, 23. Februar 1902, S. 108, siehe auch Seite 212 dieser Sammlung.

nicht nur von Straßenbahnschienen ein Feld von kaum noch übersehbarer Weite und erblicke einen technischen und schließlich auch einen allgemeinen wirtschaftlichen Fortschritt von weittragendster Bedeutung. Denn es liegt entschieden die Möglichkeit vor, Schienenschweißungen auch auf den Hauptbahnen, wenn auch nur teilweise, einzuführen. Aber ich darf wohl noch einen Schritt weitergehen. Beim Konstruktions- und Brückenbau dürften kaum Bedenken vorliegen, in erster Linie die gedrückten Stäbe anstatt zu vernieten, zu verschweißen. Ich bin nicht etwa ein solcher Optimist, daß ich glaube, daß man das Nieten nun bald entbehren könne, weil man mit Thermit schneller und billiger schweißen kann. Sie werden sich vielleicht erinnern, daß, als vor mehreren Jahren die elektrische Schweißung aufkam, eine Anzahl von begeisterten Enthusiasten auftrat, die den Nietbolzen schon für unzeitgemäß hielt! Diese Hoffnungen sind gar schnell zu Grabe getragen worden, und wenn man auch jetzt mit Hilfe von Thermit sehr viel bessere und billigere Schweißungen ausführt, so wird die Nieterei darum nicht verschwinden. Aber trotzdem wird man eine große Anzahl von Thermitschweißungen dort einführen können, wo man jetzt nietet oder schraubt. Vor allem haben eingehende Berechnungen ergeben, daß in allen diesen Fällen eine Thermitschweißung sich erheblich billiger stellt als eine Vernietung. Dies ist sorgfältig durchkalkuliert worden. Wenn es aber tatsächlich möglich ist, für die verschiedenen Konstruktionsbauten, ferner auch zum Verschweißen von Längsnähten an Kesseln oder Reservoiren, ja, vielleicht sogar bei Schiffen, das Thermit in mehr oder minder großem Maßstab anzuwenden, so sehe ich auf der anderen Seite auch die eminente Arbeit, die zur Einführung nötig ist, denn es handelt sich um nichts Geringeres, als für alle diese mannigfaltigen Anwendungsarten neue Normalien aufzustellen und auszuarbeiten.

Meine Herren! Ich glaube aber, daß das über kurz oder lang geschehen muß, um eine Prüfung anzustellen, wo und wieweit in jedem Falle das bequemere, billigere und auch bessere Verfahren der Thermitschweißung anzuwenden ist. Doch ich will Ihnen nicht zuviel von der Zukunft vorschwärmen, vielmehr möchte ich auf das von mir Gezeigte hinweisen, was bereits als brauchbar und gut anerkannt ist. Was ich zeigte, ist in sehr vielen Betrieben eingeführt und wird hoffentlich bald in vielen anderen Werkstätten ein Heim finden!

Und wenn ich heute abend Ihnen, meine Herren, die eine oder andere Anregung gegeben haben sollte, auf diesem Gebiete weiter zu arbeiten, so ist der Zweck meines Vortrages erreicht.

Zusammenschweißen von schmiedeeisernen Röhren nach dem aluminothermischen Verfahren.

(Einige Neuerungen und Winke.)

(Journal für Gasbeleuchtung und Wasserversorgung, 1902, Seite 187/91).

In Schillings Journ., f. Gasbel. 1900, Nr. 16, beschrieb der Verfasser ein Verfahren zum Zusammenschweißen schmiedeeiserner Rohre, das in der Zwischenzeit einige Verbesserungen erfahren hat, über die im nachstehenden berichtet werden soll.

Wie bekannt, wird diese Zusammenschweißung der Rohrenden dadurch bewirkt, daß die Rohre mit Hilfe eines Klemmapparates stumpf aneinandergepreßt werden (Abb. 19), während aus einem Tiegel über die Berührungsstelle, um die eine kleine Blechform gelegt wird, eine bestimmte Menge des feuerflüssigen Thermits aus einem Spezialtiegel gegossen wird, die den Rohrenden schnell die nötige Schweißhitze erteilt (Abb. 20). Irgendeine weitere Apparatur ist hierzu überflüssig Die hohe Temperatur wird bekanntlich ohne äußere Wärmezufuhr lediglich durch Anzünden des Thermits in einem Tiegel hervorgerufen.

Die inzwischen gemachten Verbesserungen beziehen sich nun besonders

1. auf die Qualität des Thermits,
2. auf die Gestalt der kleinen Blechformen,
3. auf die Herstellung der Tiegel und
4. handlicherer Klemmapparate.

Hierdurch ist neben einer noch weiteren Vereinfachung vor allem eine nicht unwesentliche Verbilligung des Verfahrens eingetreten. Eine solche Verschweißung selbst kommt bekanntlich sehr viel billiger zu stehen als eine Verflanschung, was allein schon die Anwendung erstgenannter Verbindungsart beim Verlegen von Rohrleitungen befürworten würde; hinzu kommt aber noch der nicht zu unterschätzende Vorteil, daß beim Aneinanderschweißen all das lästige Zusammenpassen der Flanschen und Zubehörteile in Wegfall kommt; die Installation ist also erheblich vereinfacht. Auch dadurch, daß die Rohre zuerst zu größeren Längen zusammengeschweißt werden, um danach die Enden, beispielsweise bei Wegübergängen am Leitungsnetz, sei es durch Schweißung oder auch durch Verflanschung zu befestigen, wird an Montagekosten für Herstellung eines Gerüstes erheblich gespart. Gerade infolge der einfachen und billigen Installation ist das Verfahren in besonderem Maße für überseeische bzw. tropische Länder wertvoll; es ist auch dort bereits vielfach eingeführt.

Durch Verbesserungen in der Fabrikation des Thermits ist es gelungen, den Wärmeeffekt desselben um fast 40% zu erhöhen, wodurch anderseits bei den einzelnen Schweißungen wieder eine Ersparnis an Thermit gegenüber den früher erforderlichen Mengen ermöglicht wurde, wie aus einer Vergleichung der neuen Tabelle mit der seinerzeit veröffentlichten ersichtlich ist.

Eine weitere Ersparnis im Thermitverbrauch bei der Rohrschweißung ist, wie bereits erwähnt, dadurch erzielt worden, daß, wie aus der vorstehenden Tabelle zu entnehmen, der Abstand der Form vom Rohr gegen früher erheblich verkleinert, während ihre Länge derselben verhältnismäßig nur wenig vergrößert worden ist.

Während z. B. nach der ersten Tabelle zum Verschweißen dreizölliger Röhren von 4 mm Wandstärke 3,2 kg Thermit Marke „P" nötig waren, sind mit dem neuen Thermit Marke „rot" nur 2,35 kg nötig und beim Schweißen mit der längeren, aber engeren Form sogar nur 2 kg.

Eine dünnere längere Thermitschicht wärmt das Rohr gleichmäßiger an als eine dicke und kurze; durch erstere wird auch ferner eine Überhitzung leichter vermieden.

Weil die Thermitschicht, die um das Rohr gegossen wird, gegen früher dünner genommen wird, hat es sich auch als unnötig herausgestellt, die Form bei horizontal liegenden Röhren am Boden, wo sich das Metall sammelt, um etwa ¼ des Abstandes zu verengen. Da die Form jetzt ringsherum den gleichen Abstand vom Rohr; hierdurch ist eine Vereinfachung im Anfertigen der Form gegen früher eingetreten.

Zu bemerken ist auch, daß die längeren Blechformen noch öfter dem Feuerfluß widerstehen als die früheren kurzen Formen. Dies ist besonders bei Schweißungen größerer Rohre insofern beachtenswert, als eine Ersparnis an Formen hier mehr ins Gewicht fällt.

Das Herstellen der Blechformen erfordert naturgemäß am meisten Mühe und Zeit, und von der genauen Herstellung dieser hängt das sichere Gelingen in erster Linie ab.

Noch sei besonders hervorgehoben, daß die Tabelle nur gültig ist für die — zu allermeist verwendeten — Rohre aus gutem, weichem, schweißbarem Material. Handelt es sich um die Schweißung von Stahlrohren — wie solche nach dem Mannesmann-Verfahren dargestellt werden —, so ist die Tabelle nicht zu verwenden. Aber auch derartige Rohre lassen sich nach dem Verfahren gut und sicher verschweißen. In diesen Fällen, wo das Rohrmaterial nicht bekannt ist, oder wo etwa Rohrdimensionen vorliegen, die nicht in der Tabelle angegeben sind, ist es ratsam, mit zwei kurzen Rohrenden eine oder zwei Proben zu machen, um die nötige Menge Thermit selbst zu bestimmen. Es genügt auch völlig, um ein kurzes Rohrende eine Form zu legen und diese mit Thermit vollzugießen. An der dem Rohr erteilten Wärme ist dann beim Durchsehen durch dasselbe sofort an dem charakteristischen Funkensprühen zu erkennen, ob die richtige Schweißtemperatur erreicht wird. Man kann es also für diese Proben sehr wohl vermeiden, erst zwei Rohre mit Hilfe des Spannapparates einzupressen, um eine wirkliche Schweißung zu bewirken; das Schweißwarmmachen eines Rohrstückes genügt hierzu völlig. Die Anstellung dieser so einfachen Probe ist allgemein sehr zu empfehlen, bevor an die Ausführung der Arbeiten geschritten wird.

Ein Blick auf die beigegebene Tabelle zeigt, daß dazwischenliegende Größen durch Interpolation bestimmt werden können. Der Abstand des Formmantels von der Rohrwand richtet sich nämlich nach der Wandstärke

Innerer Durchmesser in Zoll	Innerer Durchmesser in mm	Wandstärke in mm	Länge *l* der Form (Abb. 1) in mm für horizontal zu verschweißende Rohre 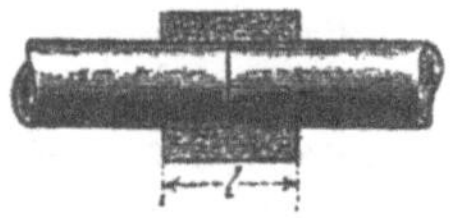 Schnitt, Abb. 1 oder Höhe *h* der Form (Abb. 2) in mm für vertikal zu verschweißende Rohre. 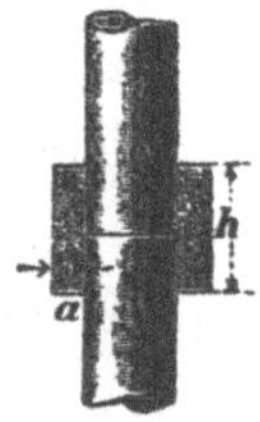 Schnitt, Abb. 2.	Länge *L* des aufgerollten Formmantels in mm bei einer Verschweißung der Rohre in horizontaler Lage (siehe Rubrik 4, Abb. 1).  Abb. 3.
engl."	mm	mm	*l* und *h*	*L*
3/4	19	2	45	115
		3	65	140
		4	75	150
1	26	2	50	140
		2,5	50	150
		3	70	160
		4	80	170
		5	80	190
		6	80	210
1 1/4	32	2	55	160
		2,5	55	170
		3	75	180
		4	85	190
		5	90	210
		6	90	230
1 1/2	38	2	60	175
		2,5	60	185
		3	80	200
		4	90	210
		5	95	225
		6	100	245

Tabelle.

Länge L_1 in mm einer Hälfte des aufgerollten zweiteiligen Formmantels mit je 1 cm Übergriff für vertikal zu verschweißende Rohre. (Siehe Rubrik 4, Abb. 2.)  Abb. 4.	Abstand a der Form vom Rohr (Abb. 5 und 6) in mm. Bemerkung. Bei vertikal zu verschweißenden Rohren ist der Abstand des Formbodens von der Schweißstelle um ein Zehntel der ganzen Formlänge geringer wie über der Schweißstelle zu nehmen. 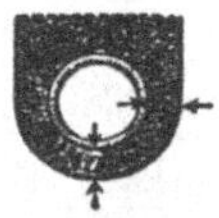 Abb. 5 wagerecht.  Abb. 6 senkrecht.	Thermit „Rot" in kg	Stauchung nach n Minuten nach vollendetem Einguß.	Größe der Spezialtiegel nach No.	Nummer der von der A. T. G. zu beziehenden Formen.
L_1	a	kg	n	Nr.	Nr.
68	7	0,20	½		1
80	10	0,31	½		2
85	10	0,45	¾		3
80	7	0,25	½		4
90	8	0,28	½		5
94	10	0,40	½		6
96	10	0,50	¾		7
105	12	0,68	¾		8
115	14	0,84	1¼		9
90	7	0,28	½		10
95	8	0,35	½	Nr. 1	11
105	10	0,50	½		12
105	10	0,65	1		13
115	12	0,90	1		14
125	14	1,10	1¼		15
100	7	0,35	½		16
105	8	0,42	½		17
110	10	0,63	½		18
115	10	0,72	1		19
125	12	1,00	1¼		20
135	14	1,30	1¼		21

(Fortsetzung).

engl."	mm	mm	*l* und *h*	*L*
1¾	44	2,5	65	205
		3	85	220
		4	95	230
		5	100	245
		6	110	265
		7	115	280
		8	120	295
2	51	2,5	70	225
		3	90	240
		4	100	250
		5	110	270
		6	120	280
		7	120	300
		8	130	315
2½	63	3	100	275
		4	120	285
		5	120	300
		6	130	320
		7	130	340
		8	140	355
3	76	3	110	320
		4	130	325
		5	130	345
		6	140	360
		7	140	380
		8	150	395
3½	89	3	120	360
		4	140	365
		5	140	385
		6	150	405
		7	150	425
		8	160	435
4	102	3	130	400
		4	150	405
		5	155	425
		6	160	445
		7	160	465
		8	170	475
4½	114	3	140	460
		4	160	470
		5	170	480
		6	170	500
		7	170	520
		8	175	530

L_1	a	kg	n	Nr.	Nr.
120	8	0,50	½		22
120	10	0,80	¾		23
125	10	0,90	1¼	Nr. 1	24
135	12	1,20	1¼		25
145	14	1,70	1¼		26
155	16	2,00	1¾	Nr. 2	27
160	17	2,40	1¾		28
125	8	0,66	½		29
132	10	0,90	¾		30
135	10	1,10	1¼	Nr. 1	31
145	12	1,44	1½		32
155	14	1,95	1½		33
165	16	2,50	1¾		34
170	17	3,00	1¾		35
150	10	1,30	1	Nr. 2	36
155	10	1,60	1¼		37
165	12	1,85	1½		38
175	14	2,45	1½		39
185	16	3,00	1¾		40
195	17	3,50	1¾	Nr. 3	41
172	10	1,70	1		42
175	10	2,00	1¼		43
185	12	2,50	1½	Nr. 2	44
195	14	3,00	1¾		45
205	16	3,80	1¾		46
210	17	4,20	2	Nr. 3	47
195	10	2,00	1		48
198	10	2,40	1½	Nr. 2	49
205	12	3,00	1¾		50
215	14	3,80	1¾		51
225	16	4,50	1¾	Nr. 3	52
230	17	5,10	2		53
215	10	2,60	1¼	Nr. 2	54
218	10	2,90	1½		55
226	12	3,60	1¾		56
235	14	4,40	1¾		57
245	16	5,30	2		58
252	17	5,50	2	Nr. 3	59
232	10	3,20	1¼		60
238	10	3,60	1¾		61
245	12	4,60	1¾		62
255	14	5,50	2		63
265	16	6,50	2	Nr. 4	64
272	17	7,00	2		65

(Fortsetzung).

engl.''	mm	mm	*l* und *h*	*L*
5	127	3	145	510
		4	170	520
		5	175	540
		6	180	560
		7	180	580
		8	180	590
5½	140	3	155	550
		4	180	560
		5	180	580
		6	190	600
		7	190	620
		8	190	630
6	152	3	165	590
		4	190	600
		5	190	620
		6	200	640
		7	200	660
		8	200	670
6½	165	5	200	670

der Rohre und ist — bis zu den fünfzölligen Rohren bei 3 und 4 Millimeter wandigem Rohr 10 mm groß; die Länge der Form ist aber bei den 3 mm wandigen Rohren dafür kürzer als bei den 4 mm starken. Bei 5, 6, 7 und 8 mm wandigen Rohren beträgt der Abstand des Formmantels vom Rohr bzw. 12, 14, 16 und 17 mm. Mit dem Durchmesser der Rohre wächst auch die Länge der Form.

Auf folgende Weise kann man leicht die Längen der Formen bestimmen, die innerhalb der bekannten Größen fallen.

Die inneren Durchmesser von Rohren gleicher Wandstärke werden auf einen Schenkel eines rechten Winkels vom Schnittpunkte aus aufgetragen; man zieht durch diese Punkte Parallele zum anderen Schenkel und trägt auf denselben die entsprechenden Längen der Formen ab. Verbindet man die auf den Parallelen erhaltenen Punkte durch eine Linie, so ergibt diese eine einer Parabel ähnliche Kurve.

Die Menge des anzuwendenden Thermits berechnet sich aus dem Inhalt der Form; 4,5 kg geschmolzenen Thermits nehmen 1 Liter Rauminhalt ein.

Es sei bemerkt, daß die in der Tabelle angegebenen Größen sämtlich in den Werkstätten der Allgemeinen Thermit-Gesellschaft verschweißt und auf Festigkeit untersucht worden sind, demnach die gegebenen Werte nicht nur als berechnet, sondern als sorgfältig ausprobiert zu gelten haben. (Abb. 31.)

An Stelle der früher verwendeten Tontiegel sind jetzt innen mit einer Spezialmasse ausgekleidete eiserne Blechtiegel in Gebrauch genommen (Abb. 10), deren Auskleidung mit geringen Kosten wieder erneuert werden kann, was bei den Tontiegeln nicht angängig war.

L_1	a	kg	n	Nr.	Nr.
260	12	4,20	$1\frac{1}{4}$	Nr. 3	66
265	12	5,00	$1\frac{3}{4}$		67
275	14	6,00	$1\frac{3}{4}$	Nr. 4	68
285	16	7,00	2		69
295	18	8,00	$2\frac{1}{4}$		70
300	19	8,60	$2\frac{1}{4}$		71
280	12	5,00	$1\frac{1}{2}$	Nr. 3	72
285	12	5,60	$1\frac{3}{4}$		73
295	14	6,60	$1\frac{3}{4}$	Nr. 4	74
305	16	8,00	2		75
315	18	9,00	$2\frac{1}{4}$		76
320	19	9,20	$2\frac{1}{4}$		77
300	12	5,60	$1\frac{1}{2}$		78
305	12	6,20	$1\frac{3}{4}$		79
315	14	7,50	$1\frac{3}{4}$		80
325	16	9,00	$2\frac{1}{4}$		81
335	18	10,20	$2\frac{1}{4}$		82
340	19	11,00	$2\frac{1}{4}$		83
340	16	9,50	2		84

Als ratsam hat sich erwiesen, die Tiegel kurz vor dem Gebrauch nochmals anzuwärmen, wenn möglich sogar schwach zu glühen. Eine unbedingte Notwendigkeit hierzu liegt aber nicht vor, sofern die Tiegel nicht etwa feucht geworden sind. Je trockener die Tiegel sind, um so ruhiger verläuft die Reaktion und um so sicherer fallen die Schweißungen aus.

Man vermeide, wie wohl häufig geschieht, die sich im Tiegel ansetzende Korundschicht herauszuschlagen, da dadurch die Auskleidung beschädigt wird. Auch benutze man, um die Haltbarkeit der Tiegel zu erhöhen, diese erst dann wieder, wenn sie wenigstens so weit erkaltet sind, daß sie mit der Hand berührt werden können.

Die Klemmapparate (Gebrauchsmusterschutz) sind — wie die Abbildungen zeigen — gegen früher in ihrer Konstruktion sehr vereinfacht. Sie befinden sich bereits in einigen hundert Stücken verbreitet, was gewiß am besten für ihre Zweckmäßigkeit spricht.

Am häufigsten verlangt werden Universalapparate, und zwar für Rohre von $\frac{1}{2}$ bis 2 Zoll, von $1\frac{3}{4}$ bis $2\frac{3}{4}$ Zoll und 2 bis 5 Zoll.

Für die Schweißung von zweizölligen Rohren ist auch noch ein billiger Spezialapparat in Gebrauch.

Den bereits früher angeführten Anwendungsmöglichkeiten für die Rohrschweißverfahren mag ferner noch folgendes hinzugefügt werden:

Das Aneinanderschweißen von gerippten, gewalzten Siederohren, das heißt solchen, die auf der Innenseite Rippen tragen, und ferner von Rohren, wie sie neuerdings angefertigt werden, die in der Längsrichtung durch

Wände eine Teilung gefunden haben, ist auf dem Kohlenfeuer überhaupt nicht möglich, während sie nach diesem neuen Verfahren ebenso einfach wie jedes andere schmiedeeiserne Rohr aneinander zu schweißen sind.

Abb. 24 zeigt Stücke solcher Rippenrohre, die zum Teil nach der Schweißung flachgeschlagen sind, um die gute Schweißung zu kennzeichnen. Diese Rohre, die eine Wandstärke von 2,5 mm haben und einen äußeren Durchmesser von 70 mm, gebrauchen zu ihrer Aneinanderschweißung 1,4 kg Thermit. Die Blechform hat eine Länge von 110 mm und ringsum einen Abstand von 10 mm vom Rohr.

Das Verfahren hat sich im übrigen, wie dies aus einer großen Anzahl von Zeugnissen hervorgeht, in einer großen Reihe der verschiedenartigsten Betriebe mit bestem Erfolge eingeführt, und es haben auch speziell die oben aufgezählten Neuerungen dazu beigetragen, daß in den letzten Monaten viele Tausende von Rohrschweißungen mittels Thermits vorgenommen wurden.

Einiger der Praxis entlehnten Handgriffe und Winke, die den Interessenten eine willkommene Unterstützung bei der Vornahme von Rohrschweißungen nach diesem Verfahren bieten werden, sei im nachstehenden noch kurz Erwähnung getan.

Sind zwei Rohre in schräger oder senkrechter Lage zu verschweißen, so ist bei der Lage der zylindrischen Form das Eingießen des Thermits etwas schwierig.

Sehr einfach gestaltet es sich aber dadurch, daß an die Form eine kleine etwa 1,5 dcm lange offene Blechrinne angelegt wird, die tangential zum Rohrumfang verläuft, so daß also beim Eingießen der Strahl das Rohr nicht direkt treffen kann. Diese Rinne ist natürlich ebenso wie die Form auch mit angefeuchtetem Sand gut zu unterstützen. (Abb. 23.)

Die größte Sorgfalt ist, wie schon hervorgehoben, auf die Anfertigung der kleinen Blechform und das Einhalten der Maße zu legen; man soll stets bis wenigstens auf 0,5 mm Genauigkeit die vorgeschriebenen Abstände einhalten.

Die Stirnbleche der Form können zwar, wie hier früher beschrieben, mit Bindedraht an den Mantel befestigt werden; besser ist es aber, jene mit dem Mantelblech fest durch Vernietung oder mit Hilfe kleiner passender Winkelbleche zu verbinden, damit ein späteres Verschieben der Formteile beim Umgeben mit Sand, wodurch selbstverständlich das Resultat der Schweißung beeinträchtigt würde, vermieden wird.

Noch praktischer ist es, die einzelnen Teile der Form mit Hilfe hervorstehender, nur wenige Millimeter breiter und etwa ebenso langer Blechstreifen, die beim Ausschneiden der Bleche stehengelassen und hernach in die entsprechenden Löcher der Stirnbleche eingesteckt werden, fest zu vereinen. Da das Blech 1,5 mm dick ist, so ist ein Umbiegen dieser Befestigungsstreifen nach dem Durchstecken nicht nötig.

Bei größeren Dimensionen der Rohre von 5 Zoll an muß zwecks gleichmäßiger Wärmeverteilung das Rohr mit einem vollständigen Mantel versehen werden, der eine seitliche Eingußtülle hat, die wiederum tangential zur Rohrwand einmündet. Ferner muß, damit beim Eingießen des Thermits die Luft schnell entweichen kann, auf der Oberseite der Form ein größeres Loch angebracht werden, am besten in Gestalt eines langen, etwa 30 bis 50 mm breiten hochgebördelten Schlitzes. (Abb. 25.)

Bei der Verschweißung von Rohren über 6 Zoll hat sich herausgestellt, daß diese nicht leicht ausführbar ist wie die bei geringeren Rohrweiten.

Das Einhalten der Vorschrift, das Thermit zwischen Rohr und Formmantel zu gießen, da das zuletzt aus dem Tiegel ausfließende Metall im Fall direkter Berührung des Rohres dieses sofort durchschmelzen würde, scheint manchmal — besonders dem Anfänger — Schwierigkeiten zu bereiten. Um nun dieses Durchschmelzen unter allen Umständen zu vermeiden, hat es sich als sehr praktisches Hilfsmittel erwiesen, die Form so weit mit einem flachen Ziegelstein, Tonscherben oder dergl. zu bedecken, daß nur eine schmale Eingußöffnung längs des Mantelbleches bleibt und demnach alles eingegossene Thermit längs der Rohrwandung vorbeifließen muß.

Zu dem Zweck werden die oberen Teile der beiden Stirnbleche mit je einem schrägen Ausschnitte versehen, in dem ein flacher Ziegelstein so eingelegt werden kann, daß die Unterkante desselben stets über der eingegossenen Thermitschicht liegt. (Abb. 41.) Beim Eingießen achte man darauf, daß möglichst wenig Thermit auf den Ziegelstein gegossen wird, da, wenn etwa alles Thermit erst auf diesen und nicht direkt in die Form gegeben würde, eine nicht unerhebliche Abkühlung des Feuerflusses hervorgerufen würde, die eine gute Schweißung beeinträchtigte. (Abb. 21.)

Unbedingt nötig ist es ferner, daß das Anfüllen des Tiegels mit dem feuerflüssigen Gut und das Eingießen in die Form so schnell wie möglich erfolgt, da sonst zu viel Wärme verloren geht.

Ist der Tiegel gut trocken, so kann man einige Kilo Thermit mit einmal einfüllen, event. also die ganze benötigte Menge. Man kann in diesem Falle den Tiegel fast bis zum Rande mit Thermit vollschütten, um dann die Reaktion vorzunehmen. Häufig wird unnötig viel Entzündungsgemisch verwendet, während 5 bis 10 Gramm — als flaches Häufchen in der Mitte aufgestreut — vollständig genügen. Man gewöhne sich daran, unverzüglich nach dem Gebrauch das Büchschen mit dem Entzündungsgemisch verschlossen beiseitezustellen.

Das Aufsetzen einer Brille mit dunklen Gläsern darf nie vergessen werden.

Ist die letzte Menge des benötigten Thermits im Tiegel verbrannt, wenn sich also keine schwarzen Teilchen auf der hellstrahlenden Oberfläche mehr befinden, so muß sogleich mit dem Ausgießen begonnen werden. Die Zange muß natürlich schon vorher in der richtigen Lage zum Fassen des Tiegels bereitliegen, damit möglichst wenig Wärme durch Ausstrahlung verloren geht. (Abb. 22.) Beim genauen Einhalten der Vorschriften ist ein Mißlingen nicht möglich. Die nötige Fertigkeit wird, wie aus der Erfahrung festgestellt, schnell erlernt*.

* Die Allgemeine Thermit-Gesellschaft m. b. H. in Essen a. d. Ruhr (früher Chemische Thermo-Industrie G. m. b. H. genannt) stellt eine genaue Beschreibung des Verfahrens mit übersichtlich angeordneter Gebrauchsanweisung und Tabelle Interessenten kostenlos zur Verfügung.

Anschweißen abgebrochener Walzenzapfen und ähnlicher schwerer Stücke mit Hilfe von Thermit.

(Centralblatt der Walzwerke, 1902, S. 283/284 und S. 306—310.)

Es kann bei der Reparatur abgebrochener Walzenzapfen oder bei ähnlichen Ausbesserungen ein homogenes Angießen, das wohl allgemein auch mit Anschweißen bezeichnet wird, mit Hilfe von Thermit in der Weise erfolgen, daß das Thermiteisen dazu dient, die Schweißfläche aufzuweichen, während der Anguß selbst mit Gußeisen oder Stahl ausgeführt wird.

Es fällt das bisher übliche starke Anwärmen des Zapfens auf Rotglut, mit Hilfe eines um diesen aufgebauten Koksfeuers, und das sich daran schließende Überspülen mit hocherhitztem Eisen oder Stahl gänzlich fort. Das Aufweichen der Schweißstelle besorgt in weit schnellerer Zeit billiger und zuverlässiger das Thermit.

Zu dem Zwecke wird eine 10—20 mm hohe Schicht von Thermiteisen aufgegossen, das entweder nach Abgießen der Korundschlacke aus dem Spezialtiegel auf die Schweißfläche gegeben wird, oder das man mit Hilfe des sogenannten automatischen Verfahrens samt der aus dem Tiegel nachfließenden Schlacke auffließen läßt. Im letzteren Falle ist dafür zu sorgen, daß die Schlacke (wie dies in Abb. 39 veranschaulicht ist) seitlich über das Thermiteisen fließt und nicht auf das zuerst ausgeflossene Eisen aufschlägt. Dieses Verfahren ist das erheblich einfachere, da zum schnellen Abgießen der Korundschlacke eine gewisse Übung der Arbeiter unbedingt erforderlich, das Abstechen dagegen außerordentlich einfach ist*.

Schließlich kann aber auch das Thermit — ohne Anwendung eines Tiegels — auf der Schweißfläche entzündet werden.

Das Verfahren beruht im wesentlichen darauf, daß auf die Schweißfläche Thermit gegeben wird, das, hier zur Entzündung gebracht, sofort gleichmäßig die Fläche so hoch erhitzt, daß ein tiefgehendes Aufweichen der Schweißstelle erfolgt. Darauf wird Gußeisen oder Stahl nachgegossen**.

Würde aber Thermit direkt auf einer kalten Fläche entzündet, so setzte sich ein Teil der sich bildenden Schlacke, des Korunds, an dieser fest. Um dies zu verhindern, wird auf die Schweißfläche, bevor das Thermit auf sie gegeben wird, eine dünne Schicht von Gußeisen oder Stahl gegossen. Um ferner das seitliche Anhaften des Korunds sicher zu vermeiden, wird ein konzentrischer Eisenring in die Form eingesetzt, der nach der Entzündung des Thermits herauszuheben ist.

Läßt man das Thermiteisen aus dem Tiegel nach der einen oder andern obenerwähnten Methode auf die Schweißfläche fließen, so fällt das vorherige Aufgießen einer Schutzschicht von Gußeisen oder Stahl fort, eben-

* Thermit und Spezialtiegel sind von der Allgemeinen Thermitgesellschaft in Essen a. d. Ruhr zu beziehen.

** Diese Methode des Anschweißens mit Thermit (ohne Zuhilfenahme eines Spezialtiegels) stammt von Herrn Lochner, Betriebschef auf der Gutehoffnungshütte in Sterkrade.

falls das Einsetzen des Ringes; denn der aus dem Spitztiegel nachfließende Korund erstarrt sofort an den Wänden der Form und kann dort, soweit er sich nicht bereits von selbst ablöst, leicht mit zugeschärften Eisenstäben abgestoßen werden.

Das Verfahren ist im einzelnen wie folgt auszuführen: Der anzuschweißende Zylinder wird derartig eingebaut, daß die Schweißfläche horizontal liegt. Nachdem der erste Formkasten aufgesetzt ist, der füglich einen um 6 cm größeren Durchmesser hat als derjenige des aufzuschweißenden Teiles der Walze, wird auf diesen ein gußeiserner, behufs leichteren Hochziehens mit zwei Ösen versehener Ring eingesetzt, dessen Wandung nur etwa 10 mm dick zu sein braucht und etwa 10 mm von der inneren Wandung des Formkastens absteht (Abb. 42). Dieser Ring ist außerdem so gegossen, daß er flanschenartig den oberen Teil des untersten Formkastens überdeckt, ohne auf dessen Rand aufzuliegen. Der Ring muß stark graphitiert werden, die Innenseite wird mit Lehm bestrichen, den man trocknen läßt. Der ringförmige Einsatz wird auf dem Zapfen so angebracht, daß er unten vollständig dicht abschließt. Muß dieser Ring direkt auf den Zapfen aufgesetzt werden, so muß die Abdichtung mit Hilfe von Lehm vorgenommen werden. Das an Lehm auf der Innenseite des Ringes Überquellende muß abgenommen werden, um keine Feuchtigkeit auf der Schweißfläche zu haben. Sehr einfach ist die Abdichtung in dem wohl zumeist vorliegenden Falle, daß der Ring in den neben dem Rand des Walzenkörpers sich befindenden festgestampften Formsand eingesetzt werden kann. Der flanschenartige Teil des Ringes überdeckt den Rand der Form dergestalt, daß die bei der Reaktion des Thermits und Eingießen des Eisens entstehenden Spritzer auf dem Eisenflansch liegen bleiben; wird dann nach der Entfernung des eingesetzten Ringes der nächste Formkasten aufgesetzt, so liegen diese Spritzer nicht auf dem Rand des Formkastens, die ein glattes Aufsetzen hindern würden.

Um einen Quadratdezimeter Schweißfläche eines gußeisernen Stückes mit Thermit aufzuweichen, sind erfahrungsgemäß etwa $1\frac{1}{2}$ kg nötig; mit dieser Menge erhält man bereits eine einige Zentimeter tief gehende Aufweichnug. Liegen Stahlwalzen vor, so nehme man 10 bis 20 Prozent mehr Thermit. Ein vorheriges starkes Anwärmen des Zapfens unterbleibt, wie schon erwähnt, es genügt, wenn mit einem in die Form gehängten Kokskorb die Fläche gut handwarm gemacht wird. Bequemer und schneller kann das Anwärmen dadurch geschehen, daß man in Sandmulden, die um den Zapfen in geeigneter Weise angebracht sind, Gußeisen einfließen läßt. Hierfür genügen selbst für sehr große Walzen wenige hundert Kilo.

Nachdem nun der Ring in den Formkasten eingesetzt und gehörig abgedichtet ist, gieße man zuerst eine dünne, etwa 5 bis 10 mm hohe Schicht von Gußeisen oder Stahl in diesen ein, um die Schweißfläche völlig damit zu bedecken*. Sodann schütte man die ganze berechnete Menge Thermit sofort nach; sehr heißer, flüssiger Stahl entzündet das Thermit, flüssiges Gußeisen dagegen nicht. — Es muß also zumeist ein Entzünden des Thermits in bekannter Weise erfolgen: man streue etwa einen

* An Stelle der flüssigen Metallschicht kann auch eine dünne Schicht pulverisierter Holzkohle verwendet werden, doch ist dies nicht so zweckmäßig, weil durch die Kohle ein lästiges starkes Sprühen verursacht wird.

Fingerhut voll sog. Entzündungsgemisch auf das Thermit und berühre ersteres mit einem hellglühenden Eisenstabe oder stecke ein in Brand gesetztes Sturmstreichholz in das kleine Häufchen Entzündungsgemisch ein. Unmittelbar nach der Entzündung überdecke man die Form lose mit einem eisernen oder auch hölzernen Deckel, der auf der Unterseite mit Lehm bestrichen sein mag. Das Holz kohlt zwar an, brennt aber nicht. Selbstredend ist ein Zurücktreten um mehrere Schritte gleich nach erfolgter Entzündung notwendig.

Nachdem die Reaktion beendet, die, auch wenn größere Mengen Thermit — beispielsweise 60 kg — auf einmal zur Verwendung kommen, nur etwa eine halbe Minute dauert, ist der Deckel zu entfernen. Sofort beginne man mit Eisenstangen das Thermit zu zerrühren, wodurch der Korund (die Schlacke) zerteilt wird. Da die aus der Form ausstrahlende Glut, schon wenn 10 bis 20 kg Thermit zur Reaktion gebracht werden, eine enorme ist, so müssen sich die Arbeiter — ähnlich wie bei den Tiegelöfen — Gesicht und Hände schützen. Es genügt im allgemeinen aber das Aufsetzen einer Brille mit dunklen Gläsern und das Schützen der Hände mit Tüchern. Nach einigen Minuten, nachdem man sich davon überzeugt, daß die Schweißfläche überall aufgeweicht, ist aus der bereithängenden Gießpfanne Gußeisen resp. Stahl in die Form zu gießen. Ganz besonders wenn Gußeisen auf das zur Reaktion gebrachte Thermit gegossen wird, ist es nötig, mit Stäben tüchtig umzurühren, um ein völliges Vermischen des Thermiteisens mit dem Gußeisen zu bewirken und um so Stahlbildung auf der Schweißfläche zu vermeiden. Tatsächlich tritt die Stahlbildung, wenn gerührt wird, niemals auf. Die Eisenstäbe schmelzen natürlich anfänglich, wenn noch kein Gußeisen zugegeben ist, sehr schnell ab; es muß deswegen eine größere Anzahl von Stäben bereitstehen. Das Umrühren muß, soweit dies der Platz erlaubt, gleichzeitig von 2 bis 3 Mann bewirkt werden. Das Gußeisen wird nach und nach in steigenden Mengen zugegossen, bis die Form etwa zu einem Drittel gefüllt ist.

Nachdem mehrere Minuten umgerührt ist, wird der Einsatz durch Einschieben einer Stange in die beiden Ösen herausgehoben. Sämtlicher Korund befindet sich jetzt an der Innenseite des eingesetzten Ringes und wird mit herausgezogen. Der Ring, der durch den sich ansetzenden Korund vor dem Abschmelzen völlig geschützt ist, kann öfters benutzt werden. Wäre dieser Ring nicht vorhanden, so hätte sich der Korund natürlich nicht an diesem, sondern direkt an der Form festgesetzt. Das Abstoßen von dieser gelingt aber, besonders wenn dies nicht gleich zu Anfang geschehen ist, nicht immer leicht. Wird aber der Korund von den Seiten der Form nicht ferngehalten, so befindet er sich nachher an der Außenwand des angegossenen Zapfens fest im Eisen verschmolzen und stört infolge seiner großen Härte das Abdrehen sehr erheblich. Durch das Einsetzen des Schutzringes ist dieser Übelstand gänzlich vermieden.

Nach Herausziehen des Ringes wird unter Rühren weiteres Eisen nachgegossen, bis der unterste Formkasten gefüllt ist. Sämtlicher Korund, der zu kleinen Stücken erstarrt ist, wird sorgfältig abgeschöpft, bevor der zweite Formkasten aufgesetzt wird, der event. das Kleeblatt enthält. (Abb. 43) Es wird dann wie üblich der Zapfen unter Vorsehung eines Gießkopfes vollgegossen, indem noch ein weiterer Ring unter genügender Beschwerung aufgesetzt wird. Von gewissem Vorteil ist es auch bei diesem Verfahren, daß man die hohen Gießköpfe, die man sonst notwendig hat, verkürzen kann. Das Nachlunkern geht infolge des Thermitzusatzes ganz gleichmäßig vor sich, tiefe Trichter sind mitten im Gießkopf fast nicht mehr zu beobachten, zumal wenn dafür gesorgt wird, daß nach vollendetem Einguß das Bad durch sog. „Pumpen" noch längere Zeit offen gehalten wird.

Auffallend ist es, daß das nachgegossene Gußeisen ein sehr schönes dichtes Gefüge erhält, das durch das Thermit hervorgerufen ist. Der Vorgang beim Anschweißen ist folgender: Auf dem Grunde der Form, in welcher sich der Prozeß abspielt, befinden sich nach erfolgtem Zuguß durch das Thermit hoch überhitzte Eisenteilchen, die das Bestreben haben, im Eisenbade in die Höhe zu steigen, während sich die oberen kalten Partien zu Boden senken. Dadurch wird ein besonders starkes „Spielen" des Eisens und ein stärker als gewöhnlich eintretendes Absondern der Verunreinigungen, besonders des Gußeisens, hervorgerufen. Es tritt demnach eine wesentliche Verbesserung des Gusses ein. Durch den Thermitzusatz wird das Gußeisen sichtlich dünnflüssiger, was schon bei einer Menge von $\frac{1}{2}$ bis 1 Prozent deutlich bemerkbar ist. Aber trotz dieses teilweise von selbst eintretenden Durchmischens des zugegossenen Eisens ist ein Durchrühren mit Stäben unerläßlich, da sonst das spezifisch schwerere Thermiteisen sich nicht genügend mit dem leichteren Gußeisen vereinen würde*.

Ist der Walzenzapfen kugelförmig ausgebrochen, so ist die Höhlung mit Gußeisen oder Stahl vollzugießen und darauf das Thermit zu entzünden. Um diese etwas größere Menge eingegossenen Eisens auch genügend zu erhitzen, nehme man etwas mehr Thermit, als oben angegeben. Nach dem alten Verfahren des Aufschweißens durch Überlaufenlassen von Eisen konnte eine derartig gebrochene Walze überhaupt nicht mehr angeschweißt werden. — Nur wenn der Bruch des Zapfens sehr schräg ist, muß ein teilweises Abschlagen erfolgen, um eine annähernd horizontale Schweißfläche zu erhalten; besonders eben braucht sie aber durchaus nicht zu sein.

Es können nicht nur gußeiserne und stählerne Walzen auf die beschriebene Weise repariert werden, sondern es kann auch, falls nötig, ein gußeiserner Zapfen auf eine Stahlwalze, ein Stahlzapfen auf eine gußeiserne Walze angeschweißt werden. Letzteres ist für die Walzwerke von besonderer Wichtigkeit, da diesen zumeist flüssiges Gußeisen nicht zur Verfügung steht. Diese können also, ohne gezwungen zu sein, ihre reparaturbedürftigen Walzen zu verschicken, auf dem eigenen Werke ihre Walzenzapfen mit flüssigem Stahl sofort wieder angießen und so eine längere Betriebsunterbrechung, die durch das Brechen einer Walze oft hervorgerufen wird, leicht vermeiden.

Das Aufschweißen abgebrochener Walzenzapfen nach der hier beschriebenen Methode stellt sich, wie von verschiedenen Werken, die das Verfahren adoptiert haben, übereinstimmend kalkuliert worden ist, auf knapp den halben Preis im Vergleich zu dem alten Verfahren, auch wenn — wie dies vielfach geschieht — das ablaufende Eisen für andere, geringwertigere

* Bekanntlich wird das Gußeisen noch wirkungsvoller verbessert durch einen Zusatz von $\frac{1}{2}$–1 pCt. Ferrotitanthermit, das in die Gießpfanne gegeben wird. Dieses Ferrotitanthermit hat die Eigenschaft, vom flüssigen Gußeisen entzündet zu werden; es wird von einer großen Reihe von Gießereien besonders für Maschinenguß verwendet.

Gußstücke Verwendung findet. Einige Werke haben sehr eingehende Versuche über die Festigkeit solcher mit Hilfe von Thermit angeschweißter Walzenzapfen angestellt. Schon die Schlagproben ergaben, daß der Bruch ausnahmslos neben der Schweißstelle erfolgt. Interessanter noch waren aus einer gußeisernen Walze geschnittene Zerreißstäbe, die sämtlich außerhalb, fernab von der Schweißstelle brachen.

Es erscheint selbstverständlich, daß nach diesem Verfahren nicht nur abgebrochene oder ausgelaufene Walzenzapfen zu erneuern sind: Alle ähnlichen Angüsse an kompakte Werkstücke werden in genau der gleichen Weise ausgeführt.

Schwieriger sind dagegen die Anschweißungen auf gußeisernen Gegenständen, die weniger massiver Art sind, da hier sehr leicht infolge der Spannungen, die sich in jedem Gußstück befinden, ein Reißen neben der Schweißstelle eintritt. Dies ist beispielsweise besonders der Fall, wenn man Risse in gußeisernen Kesseln, Röhren, Zylindern oder Riemenscheiben ausbessern will. Bei derartigen dünnwandigen Gegenständen oder zerteilten Stücken kann aber oft ein vorsichtiges Anwärmen möglichst des ganzen Werkstücks, verbunden mit nachherigem Ausglühen, wohl zum gewünschten Resultat führen*. In diesen Fällen hilft die Erfahrung des gelernten Gießers über die etwa vorkommenden Schwierigkeiten bald hinweg.

Werden kleinere Anschweißungen mit Gußeisen ausgeführt, so ist vor allem darauf zu achten, daß auch eine genügende Menge von diesem nachgegossen wird. Denn da ein Gemisch von etwa 10 Teilen Gußeisen und 1 Teil Thermit bzw. dem aus diesem erschmolzenen Thermiteisen vielfach schon einen harten, oft unbearbeitbaren Stahl ergibt, so muß man etwa 15 bis 20 mal soviel Gußeisen als Thermit verwenden. Es muß vor allem auf eine völlige Durchmischung des Gußeisens mit dem Thermiteisen geachtet werden. Man lasse zu dem Zweck das Gußeisen aus dem Gießlöffel in einem möglichst hohen Strahl zufließen und rühre, wie oben angegeben, tüchtig um. In vielen Fällen kann man hierbei auch derart verfahren, daß man eine gewisse Menge Gußeisen über die Form überlaufen läßt, um das Abarbeiten eines zu hohen Gießkopfes zu ersparen. Oder man läßt nach erfolgtem Aufguß einen entsprechenden Teil des Eisens aus der Form, in welcher man in passender Höhe ein Ablaufloch angebracht hat, ausfließen.

* Ein nach der Schweißung erfolgtes Einreißen derartiger schmiedeeiserner Stücke oder solcher aus Stahlfassonguß ist dagegen bei nur einigermaßen vorsichtigem Arbeiten nicht zu befürchten.

Über die Energiedichte des Thermits und einige neue technische Anwendungen der Aluminothermie.

(Vortrag auf der Hauptversammlung des Vereins deutscher Chemiker in Düsseldorf am 23. Mai 1902. Zeitschrift für angewandte Chemie. 1902. S. 699.)

Ostwald bezeichnete auf der Hauptversammlung der deutschen elektrochemischen Gesellschaft im Jahre 1898 in Leipzig das aluminothermische Verfahren, das ich dort zum erstenmale im Anfangsstadium, mit einigen Experimenten verbunden, vortrug, als „einen Hochofen und ein Schmiedefeuer in der Westentasche" und hat damit in witziger Weise sehr treffend das Wesentliche dieser Erfindung, d. h. die große Energiedichte, die damit in so einfacher Weise zu erreichen ist, gekennzeichnet.

Heute sei es mir gestattet, diesem Ausspruch eine zahlenmäßige Grundlage zu geben, die natürlich nur eine annähernde sein kann. Um einen Anhalt zu gewinnen, mögen zunächst die Verbrennungswärmen einer Anzahl von Elementen (für je 1 kg) mit Sauerstoff zum Vergleich mit der des Aluminiums hier aufgeführt werden.

Die Zahlen sind den Tabellen von Landolt und Börnstein (II. Auflage 1894) entnommen. Leider fehlt hier gerade die Angabe über Aluminium. Diese Zahl verdanke ich Herrn Dr. Strauß, Chef des physikalischen Laboratoriums der Firma Fried. Krupp in Essen.

H	zu	H_2O	34 553	(Joule)
C	„	CO_2	7 859	(Berth und Pet.)
Al	„	Al_2O_3	7 140	(Strauß)*
Mg	„	MgO	6 010	(Rogers)
P	„	P_2O_5	5 747	(Andrews)
Na	„	Na_2O	3 293	(Woods)
Ca	„	CaO	3 284	(Thomsen)
S	„	SO_2	2 165,6	(Berthelot)
As	„	As_2O_5	1 462,5	(Thomsen)
Fe	„	FeO	1 352,6	(Favre und Silbermann)
Zn	„	ZnO	1 291,3	(dieselben)
Cu	„	CuO	593,6	(Joule)
Sn	„	SnO	573,6	(Andrews)
Pb	„	PbO	243,0	(Thomsen)
Bi	„	Bi_2O_3	95,5	(Woods)
Ag	„	Ag_2O	27,31	(Thomsen).

Versuchen wir weiterhin, aus dem thermochemischen Verhalten der bei dem aluminothermischen Prozeß der Eisenabscheidung beteiligten Stoffe den thermischen Effekt dieses Prozesses zu erkennen, der nach der Gleichung $Al_2 + Fe_2O_3 = Fe_2 + Al_2O_3$ verläuft. Wir können daraus die thermischen Anteile, welche auf die Reduktion von Fe_2O_3 entfallen, und diejenigen, welche

* In Ferd. Fischer, Handbuch der chemischen Technologie 1900, 4. bzw. 15. Auflage, S. 343, ist die Bildungswärme von Al_2O_3 mit 3920 angegeben, dies entspricht für 1 kg Aluminium 7259.

aus der Verbrennung des Aluminiums resultieren, berechnen. Bei dem Vorgange spielen aber auch die Wärmeanteile eine Rolle, die zur Verflüssigung des Schmelzgutes dienen, also des Eisens und der Tonerde. Unberücksichtigt mögen die Wärmemengen bleiben, welche durch Leitung und Strahlung verloren gehen.

Zur Bildung von einem Kilogramm Eisen aus dem Oxyd bedarf es 0,484 kg Aluminium. Diese liefern bei der Verbrennung

$$0{,}484 \cdot 7140 = 3455{,}76 \text{ Kal.}$$

Für die Reduktion von 1 kg Eisen aus dem Oxyd werden (nach Fischers Handbuch der chemischen Technologie, 4. bzw. 15. Auflage, Seite 173) im Durchschnitt 1768 Kalorien benötigt. Das ist der Mittelwert zwischen 1648 und 1887 Wärmeeinheiten. Als Schmelzpunkt des kohlearmen, sehr reinen aluminogenetischen Eisens mag 1600° angenommen werden; er liegt tatsächlich wohl eher etwas niedriger. Die spezifische Wärme des Schmiedeeisens zwischen 4° und 27° wird in den Tabellen von Landolt und Börnstein (nach Petterson und Hedelius) mit 0,108079 angegeben, die latente Schmelzwärme von weißem Gußeisen beziffert sich nach Gruner auf 33, eine Zahl, die hier an Stelle der wohl bisher nicht bestimmten Schmelzwärme des Schmiedeeisens eingesetzt werden soll. Es würde somit die zum Schmelzen von 1 kg Eisen nötige Wärmemenge $1600 \cdot 0{,}108 + 33$ Kal. $= 205$ Kal. betragen. Richtiger jedoch ist es, die mittlere spezifische Wärme zwischen 0° und dem Schmelzpunkt von 1600° einzusetzen. Diese berechnet sich nach Pionchon für ca. 1600 auf 0,19. Danach ist zu setzen

$$1600 \cdot 0{,}19 + 33 = 337 \text{ Kal.}$$

Bei der Gewinnung von 1 kg Eisen werden 0,91 kg Tonerde erzeugt. Die Schmelztemperatur der Tonerde, anscheinend noch nicht genau bestimmt, wird bekanntlich nur im Knallgasgebläse erreicht, durch geringe Mengen aufgelöster Metalloxyde bzw. Metalloxydule aber herabgedrückt. Sie sei mit 1900° eingesetzt. (Hierbei sei bemerkt, daß chromoxydhaltiger Korund, der sich bei der Chromdarstellung bildet, entschieden schwerflüssiger ist als derjenige, welcher Sauerstoffverbindungen des Eisens, Mangans und Nickels aufgenommen hat.) Ferner ist die latente Schmelzwärme der Tonerde wohl noch nicht bekannt; sie mag mit 50 Kal. angenommen werden, der Zahl, die Gruner für Hochofenschlacke angibt. Die spezifische Wärme der Tonerde führt Ostwald (Lehrbuch der allgemeinen Chemie, 2. Auflage, Seite 281) mit 0,2173 an. Demnach berechnet sich die zum Schmelzen von 0,91 kg Tonerde nötige Wärmemenge wie folgt:

$$0{,}2173 \cdot 1900 \,.\, 0{,}91 + 50 = 425{,}71 \text{ Kal.}$$

Es ist also, übersichtlich zusammengestellt,

Wärme verbraucht:

Für die Reduzierung von 1 kg Fe aus Fe_2O_3 .	1 768	Kal.
Zum Schmelzen desselben	337	„
Zum Schmelzen der Schlacke	425,71	„
	2 530,71	Kal.

Wärme erzeugt:

Durch Verbrennen von 0,484 kg Al	3 455,76	Kal.

Es bleibt demnach bei der aluminothermischen Eisendarstellung eine Wärmemenge von 3455,76 — 2530,71 = 925,05 Kal. disponibel. Da 1 kg

Thermit praktisch etwa ½ kg Eisen gibt, so liefert 1 kg Thermit etwa 450 Kal*.

Angesichts dieser bei oberflächlicher Betrachtung außerordentlich niedrig erscheinenden Zahl möchte man es kaum für möglich halten, daß so überraschende thermische Effekte mit Hilfe des Thermits hervorzubringen sind. Allein man hat sich zu vergegenwärtigen, daß nicht nur die Reaktion, die sich bei sehr hoher Temperatur abspielt, außerordentlich schnell vor sich geht, sondern auch vor allem keine flüchtigen Verbrennungsprodukte auftreten und man deshalb imstande ist, diese Mengen von Kalorien in gewisser Hinsicht quantitativ auszunutzen.

Man kann sich diesen Vorgang auch an der Temperaturerhöhung flüssigen Gußeisens, die durch Zugabe von Thermit erzielt wird, klarmachen. Der Schmelzpunkt des weißen Roheisens wird von Ledebur zu 1075° angegeben. Die spezifische Wärme des Eisens zwischen 1000 und 1200° ist von Pionchon mit 0,19887** bezeichnet. Gesetzt den Fall, daß 100 kg flüssigen Gußeisens nur 2 kg Thermit — die etwa 1 kg Eisen ergeben — zugefügt werden, so würden wir damit eine Temperaturerhöhung von

$\frac{2 \cdot 450}{0{,}19887 \cdot 100} = 45{,}2^{0}$ C erhalten; bei einer Zugabe von 5% Thermit berechnet sich diese Temperaturerhöhung auf etwa 115° C.

Die spezifische Wärme des Eisens steigt erheblich mit seiner Temperatur; sie ist bei der Schmelztemperatur des Gußeisens etwa doppelt so hoch als bei gewöhnlicher Temperatur, d. h. wie oben in den Berechnungen angegeben, etwa 0,2 gegen 0,1. Die Wirkung des hocherhitzten Thermiteisens auf kaltes Eisen, dessen „Reaktion auf Wärmezufuhr" also doppelt so groß ist als die des heißen, ist sehr beachtenswert und gibt eine Erklärung dafür, daß es kaum einen Zweck hat, die mit dem Thermiteisen zu verschmelzenden Eisenstücke besonders stark anzuwärmen.

Folgende Erwägung klärt wohl den thermischen Effekt am besten auf. 1 kg Thermit brennt in etwa 1 bis 2 Sekunden ab, sobald etwas größere Mengen auf einmal im Tiegel entzündet werden, z. B. 10 kg. Gelangen größere Quantitäten, bei denen größere Entzündungsflächen in Wirkung treten können, zur Reaktion, so wird das Abbrennen eines Kilogramms Thermit noch erheblich beschleunigt.

Angenommen, daß in einer Sekunde beim Abbrennen von 10 kg Thermit nur 300 Kalorien entwickelt werden, so entsprechen diese, wenn wir das mechanische Wärmeäquivalent — 425 mkg — zugrunde legen, einer mechanischen Arbeitsleistung von 127 500 mkg oder 1700 Pferdekraftsekunden oder 1149,5 Kilowattsekunden. Das würde der einsekundlichen Wirkung einer Bogenlampe von etwa 30 000 Ampere bei 40 Volt gleichkommen. Werden aber 100 kg Thermit in einem Tiegel zur Entzündung gebracht, die ebenfalls in etwa 15 Sekunden niederbrennen, so werden 3000 Kalorien in einer Sekunde entwickelt, und diese entsprächen einer Bogenlampe von etwa 300 000 Ampere bei 40 Volt! Man ersieht hieraus bereits, daß die Wärmeentwicklung während des Abbrennens von Thermit weit intensiver resp. konzentrierter ist als in einem mit Hilfe des elektrischen Lichtbogens

* In Stühlers Ingenieurkalender ist die spezifische Wärme von flüssigem Bessemereisen mit 0,207 angegeben.

** Zu ähnlichen Resultaten kommt Oberbergrat Fr. Kupelwieser in Leoben. Vergl. Öster. Zeitschr. für Berg- und Hüttenwesen, Nr. 12, Jahrgang 47, 25. März 1899.

geheizten Ofen. Denn im elektrischen Ofen kann dem Schmelzgut in der Zeiteinheit ein so ungeheurer Strom bzw. Wärmemenge praktisch kaum zugeführt werden, vor allem aber nicht innerhalb eines Raumes von wenigen Kubikdecimetern Inhalt, wie das beim Abbrennen von Thermit der Fall ist. Daß aber das aus dem Thermit entstehende Schmelzgut sogar noch höhere Temperaturen besitzt als das den elektrischen Ofen verlassende, lehrt der Augenschein ohne weiteres. Jeder, der beispielsweise den Abstich eines großen Karbidofens beobachtet hat, wird, nachdem er die aluminothermische Reaktion damit verglichen, erkennen, daß die Temperatur der letzteren erheblich höher ist. In einer Arbeit „Über die Darstellung kristallisierter Tonerde im elektrischen Schmelzofen" schreibt Gintl*, daß die von ihm geschmolzene Tonerde, die einem Strome von 1000 Ampere und 100 Volt ausgesetzt wurde, „eine zähflüssige Schmelze" ergab. Diese enthielt nun zumeist noch erhebliche Mengen von Kieselsäure, war also entschieden unrein und deshalb leichter schmelzbar als die kieselsäurefreie, im wesentlichen nur etwas Eisenoxydul enthaltende Tonerde, die beim Abbrennen von Thermit entsteht. Die letztere wird aber selbst bei Anwendung kleinerer Mengen völlig dünnflüssig, so daß sie leicht und fast vollständig bei einigermaßen schnellem Arbeiten aus dem Tiegel ausgegossen werden kann.

Um einige hundert Kilo eines schwer schmelzbaren Gutes mit Hilfe des elektrischen Stromes in feuerflüssigen Zustand zu bringen, bedarf es im allgemeinen mehrere Stunden lang der Energie von Hunderten von Pferdekräften. Derselbe Effekt wird beim Abbrennen von Thermit in einigen Minuten, eventuell sogar Sekunden erzielt!

Zwecks Anstellung eines anderen zahlenmäßigen Vergleiches zwischen der Energiedichte im elektrischen Ofen und der des in Reaktion befindlichen Thermits, und zwar speziell des Eisenthermits, mag dieselbe bezogen werden auf Erg pro Kubikzentimeter.

Wie wir oben gesehen haben, werden beim Abbrennen von 1 kg Thermit etwa 450 Kal. disponibel; 10 kg Thermit nehmen nach beendigter Reaktion etwa einen Raum von 3500 ccm ein. Demnach befinden sich nach 15 Sekunden in 1 ccm

$$\frac{4500}{15 \cdot 3500} = 0{,}0857 \text{ Kal.},$$

entsprechend 36,42 mkg. Da 1 mkg = 98 100 000 Erg ist, so haben wir in 1 Sekunde in 1 ccm 3 572 802 000 Erg.

Die Energiedichte des elektrischen Ofens ist nicht leicht zu übersehen, schon weil die verschiedenartigsten Konstruktionen und Größenverhältnisse in Anwendung kommen.

Wird ein Ofentypus, wie beispielsweise der von Stassano zur Stahlbereitung benutzte, dessen Innenraum nur dadurch erhitzt wird, daß ein mächtiger Lichtbogen unterhalten wird, zum Vergleich herangezogen, so ist in diesem Ofen die herrschende Energiedichte verhältnismäßig gering, denn die Größe seines benutzbaren Raumes beträgt etwa 1 cbm bei einem Kraftverbrauch von etwa 500 HP.

Die hier herrschende Energiedichte berechnet sich demnach wie folgt:

* Z. f. angew. Chem. 1901, 19. Nov., Heft 47.

500 HP. = 37 500 mkg in 1 000 000 ccm pro Sekunde, also pro Sekunde pro ccm = 0,0375 mkg = 367 · 8750 Erg.

Das Verhältnis wäre also im Vergleich zum Thermit, wenn 10 kg abbrennen, etwa wie 1000 zu 1.

Schließlich sei die der Zeiteinheit entsprechende Wärmemenge des abbrennenden Thermits verglichen mit der Wärmemenge, die der Schmelzzone eines mit 500 HP. betriebenen Kalziumkarbidofens pro Sekunde zugeführt wird. Und zwar seien in diesem Falle nicht nur die disponiblen, sondern auch die Gesamtsumme der überhaupt erzeugten Kalorien des Thermits in Rechnung gesetzt. Die Größe der Schmelzzone ist zu 50 Liter angenommen. Diese Zahl beruht auf einem mir seitens der Société des Carbures in Paris freundlichst zugesandten ausführlichen Berichte, wonach die Schmelzzone eines solchen Ofens gemäß der dort angestellten Versuche 52,4 Liter Inhalt hat.

Das Resultat des Vergleiches ist aus folgender Tabelle zu ersehen:

Dauer der Reaktion	Angew. Menge Thermit	Volumen des Reaktionsproduktes	Es werden entwickelt: insgesamt Kal.	Es werden entwickelt: davon disponibel Kal.	Dichte der gesamten Energie pro $\frac{ccm}{Sek.}$	Dichte der disponiblen Energie pro $\frac{ccm}{Sek.}$	Verhältnis zwischen den Energie-Dichten a)	Verhältnis zwischen den Energie-Dichten b)
15 Sekunden	10 kg	3500 ccm	17278,8 = 7343490 mkg	4500 = 1912500 mkg	0,33 Kal. = 140,25 mkg = 13758525000 Erg.	0,0857 Kal. = 36,4 mkg = 3570840000 Erg.	a) Karbidofen zur gesamten Wärmemenge des Thermits 1 : 188	b) Karbidofen zur disponibl. Wärmemenge des Thermits 1 : 50
	im elektrischen Ofen von 500HP. erzeugte Menge Karbid	Volumen der Schmelzzone						
1 Sekunde	0,173 kg	50000 ccm	500 HP. = 37,500 mkg		0,75 mkg = 73575000 Erg.			

Um den Beweis zu geben, daß tatsächlich das Thermit in der oben beschriebenen Weise schnell abbrennt, habe ich in diesen Spitztiegel 10 kg Thermit eingefüllt, das ich in bekannter Weise durch Aufwerfen einer Messerspitze voll sog. Entzündungsgemisches (Bariumsuperoxyd und Aluminium) und Einstecken eines in Brand gesetzten Sturmstreichholzes zur Reaktion bringe. Wie Sie sehen, ist der Inhalt nur unter geringem Funkensprühen in wenigen Sekunden abgebrannt und der Abstich mit Hilfe eines hebelartigen Apparates aus einem am Boden des Tiegels befindlichen engen 10 bis 15 mm weiten Ausflußloches bewirkt worden. Ich habe das ausfließende aluminogenetische Eisen gleich zur Verbindung von zwei Schienenenden verwandt, um welche vorher eine gebrannte zweiteilige Tonform von entsprechender Abmessung gelegt war. Indem das Thermiteisen auf den Boden der Form fließt, bildet es eine Fußlasche um den Schienenfuß, ihn gleichzeitig zum Teil auflösend, so daß eine innige Vereinigung der Schienenenden stattfindet. Der nachfließende Korund hat die Schienenköpfe bedeckt und wärmt diese gleichzeitig an, wodurch einem Hochbiegen der Enden vorgebeugt wird.

Die Wirkung des ausfließenden aluminogenetischen Thermiteisens wird an dem scharfkantigen Durchschmelzen einer eisernen Platte besonders gut veranschaulicht.

Mit 2,5 bis 3 kg Thermit kann man in eine fast zolldicke Platte ein fingerdickes Loch schmelzen. (Auch dieses Experiment wurde vom Vortragenden noch nach der Vorlesung auf dem im kleinen Nebensaale stehenden Holzpodium, auf dem auch die Schienenschweißung kurz vorher gezeigt worden war, vorgeführt.)

Was die neueren Anwendungen der Aluminothermie anbelangt, so sei vor allem hervorgehoben, daß die metallurgische Seite, d. h. die Darstellung kohlefreier Metalle, insofern weitere Fortschritte gemacht hat, als ihre Verderselben gerade innerhalb des letzten Jahres ganz erheblich an Ausdehnung gewonnen hat.

Das kohlefreie Chrom dient jetzt einer ganzen Reihe von Stahlwerken als unentbehrliches Legierungsmittel, besonders zur Herstellung von naturharten Werkzeugstahlen, die vielfach einen Gehalt von 5 bis 7% Chrom, zumeist neben Wolfram, enthalten. Aber auch für Chromstahle mit geringerem Gehalt an Chrom, wie sie bei der Fabrikation von Kanonen Verwendung finden, wird das kohlefreie Chrom in ausgedehnter Weise benutzt.

Das kohlefreie Mangan dient besonders als Zusatz für Kupfer, Bronze, Nickel und Nickellegierungen und hat den Vorteil, daß es sich, im Gegensatz zu dem kohlehaltigen Ferromangan, sehr leicht legiert. Der übliche Zusatz ist im allgemeinen 2% Mangan. Der Schmelzpunkt des Mangans liegt, wie von Heraeus neuerdings bestimmt, etwa bei 1240° (vergl. Zeitschrift für Elektrochemie), ist also lange nicht so hoch, wie bisher in der Literatur, die Mangan zu den schwerst schmelzbaren Metallen rechnete, angegeben wurde.

Die Einführung des Titans hat ebenfalls weitere Fortschritte gemacht und besonders als Zusatz für Gußeisen Anwendung gefunden. In diesem Fall wird das Metall als Ferrotitanthermit in die Gießpfanne gegeben, so daß es vom hocherhitzten Gußeisen zur Entzündung gebracht wird und das Ferrotitan mit etwa 25% Titan in statu nascendi dem Gußeisen zufließt. Ich bemerke hierbei, daß das gewöhnliche Eisenthermit vom flüssigen Gußeisen nicht entzündet wird, sondern erst vom flüssigen Stahl. Durch den Zusatz von Ferrotitanthermit, ½ bis 1% genügt völlig, wird das Gußeisen dünnflüssiger, vor allem feinkörniger und verliert auch unter Beobachtung der sonst üblichen Gießregeln seine Neigung, an gewissen Stellen Poren zu bilden.

Auf der Düsseldorfer Ausstellung habe ich in meinem Pavillon eine Reihe von mit und ohne Zusatz von Titanthermit gegossenen Stücken, Zylinderdeckel, Kolbenringe und dergl. ausgestellt, an denen man die Verbesserung, die der Zusatz bewirkt, leicht erkennen kann. Die Stücke sind mir von der Königlichen Werkstätteninspektion in Nippes bei Cöln durch Vermittlung des Königlichen Regierungs- und Baurats Mayr, dem ich an dieser Stelle für seine Mühewaltung meinen verbindlichsten Dank sagen möchte, freundlichst zur Verfügung gestellt worden.

Die weiteren neuen Anwendungsformen der Aluminothermie beruhen hauptsächlich auf Verwendung des Thermiteisens als Lötmetall; denn infolge seiner hohen Temperatur besitzt es die Eigenschaft, bei Aufguß auf ein Werkstück dessen Oberfläche sofort aufzuweichen, also mit dem Stücke innig zu verschmelzen.

Mit Hilfe des Thermiteisens kann man demgemäß Eisen mit Eisen verlöten, etwa so, wie man Blei mit Blei verlötet. Auf diese Weise ist es möglich, nicht nur, wie Sie vorhin gesehen haben, Schienen miteinander mechanisch auf zuverlässigste Weise zu verbinden, sondern naturgemäß auch jede andere Art von Trägern, Stab-, Winkeleisen, Bleche, überhaupt jede Art von Schmied- und Walzeisen. Eine solche Verschmelzung mit Hilfe von Thermit ist sogar billiger herzustellen als eine solide Verlaschung oder Vernietung und wird in manchen Fällen schon aus diesem Grunde vorzuziehen sein.

Zur Verbindung massiver Stäbe ist am vorteilhaftesten das sog. Zwischengußverfahren anzuwenden. Die Stabenden werden etwa in einem Abstande von 10 bis 15 mm voneinander aufgestellt, um in den Zwischenraum Thermiteisen eingießen zu können. Nach dieser Methode ist beispielsweise von der Firma Rost & Co., Dresden, eine Anzahl von 140 mm dicken Quadratstäben für eine Schiebebühne zusammengeschweißt worden, die sich auf dem Chemnitzer Bahnhofe befindet und seitens der Königlich Sächsischen Staatsbahn in Auftrag gegeben war. Die Firma hat durch derartig hergestellte Schweißstellen mehrere Schnitte anfertigen lassen. Wie Sie sehen, zeigt die angeätzte Schnittfläche, daß eine vollständige Verschweißung mit Hilfe des zwischengegossenen Thermiteisens erreicht worden ist.

Man ist vielleicht zu der Annahme geneigt, daß durch dieses Zusammenschmelzen mit Hilfe von Thermiteisen die Schweißstelle deswegen nicht dieselben mechanischen Eigenschaften haben könne wie die miteinander verbundenen gewalzten Stücke, weil das angeschweißte Thermiteisen keinen Walzprozeß durchgemacht hätte. Dieser Einwand ist bei näherer Überlegung hinfällig, weil man bekanntlich sog. Stahl- oder Stahlfassongüsse, welche die gleichen chemischen Zusammensetzungen haben wie das Thermiteisen, mit etwa denselben mechanischen Eigenschaften gießen kann wie gewalzte oder geschmiedete Werkstücke. Ich erinnere nur an die Herstellung der Schiffssteven, die bei einer Festigkeit von 40 bis 45 Kilo eine Dehnung von über 20% aufweisen. In gleicher Weise werden auch direkt aus dem Martinofen ganz kleine Stücke, z. B. Gasfittings aus Weicheisen gegossen, die ebenfalls dieselben Eigenschaften wie gewalzte Stücke besitzen. Beim Gießen mit Thermiteisen hat man also dieselben Regeln zu beachten, die man beim Gießen von weichem Stahlguß zu berücksichtigen hat.

Wenngleich nach diesen Darlegungen die Verschweißung bzw. die Verbindung mit Thermiteisen außerordentlich einfach erscheint, so darf doch nicht unerwähnt bleiben, daß die Einführung dieser neuen Methode ganz naturgemäß große Schwierigkeiten zu überwinden hat, denn bekanntlich sind für alle Vernietungen und Verlaschungen besondere Normalien festgestellt. Es müßten also bei Verwendung von Thermit in jedem Falle neue Normalien ausgearbeitet und aufgestellt werden. Daß diese Arbeit eine eminent große und langwierige ist, liegt auf der Hand.

Eingeführt und bewährt hat sich das Verfahren bereits für die Schienenschweißung der elektrischen Bahnen, bei denen allerdings die Verhältnisse besonders günstig liegen, worauf ich hier nicht näher eingehen kann, um mich nicht zu sehr in oberbautechnische Details zu verlieren. (Vergl. Stahl und Eisen 1901, Seite 552, und Seite 158 dieser Sammlung.)

Es liegt mir gänzlich fern, mit der großen Ausdehnungsmöglichkeit, die der Thermitschweißung sicher noch bevorsteht, behaupten zu wollen, daß dadurch die bisher übliche Vernietung über den Haufen geworfen werden sollte. Derartige utopistische Ideen tauchten bekanntlich vor einer Reihe von Jahren auf, als die elektrische Schweißung aufkam. Es gab Optimisten, die glaubten, daß des Nietbolzens letztes Stündlein geschlagen habe. Diese Träume sind bald zerronnen. Wenngleich die Thermitschweißung auch anerkanntermaßen eine bessere und bequemer herzustellende Schweißung ermöglicht als die elektrische, so wird man selbstverständlich auf das Nieten und Verlaschen niemals ganz verzichten können.

Bisher habe ich das Stumpfschweißverfahren mit Thermit unerwähnt gelassen, weil ich es schon in Hannover vortrug. Es findet vorzugsweise Verwendung beim Aneinanderschweißen schmiedeeiserner Rohre, in erster Linie als Ersatz für die Flanschenverbindung.

Dieses Verfahren hat sich in der Zwischenzeit in einer großen Reihe von Betrieben des In- und Auslandes eingeführt, nachdem seitens der Allgemeinen Thermit-Gesellschaft die Normalien für die Schweißungen von Rohren bis zu 6 Zoll Durchmesser in Form einer Tabelle mit genauen Angaben über die entsprechenden Formengrößen sowie den Thermitverbrauch für die verschiedenen Rohrdimensionen ausgearbeitet waren.

Ich setze als bekannt voraus, daß bei diesem Stumpfschweißverfahren das Thermiteisen als solches keine Verwendung findet und beziehe mich auch hier wiederum auf meinen Vortrag in Hannover (vergl. Zeitschrift für angew. Chemie, Jahrg. 1900, Seite 919). Wie Sie sehen, habe ich mit der Beschreibung aller dieser Anwendungsarten des Thermits längst das Gebiet der angewandten Chemie verlassen und bin schließlich auf dem des konstruktiven Ingenieurs angelangt. Die Aluminothermie ist aber wiederum ein Beweis dafür, wie sehr die moderne Chemie infolge ihres fortschreitenden Ausbaues dazu berufen erscheint, die Grenzen ihrer Anwendbarkeit allmählich immer weiter auch auf Gebiete der Technik vorzuschieben, die ihr bisher noch fremd waren. Die Anwendung und weitere Ausbildung des Teiles dieses neuen Wissenszweiges, der sich auf die Schweißverfahren erstreckt, ist in erster Linie den Ingenieuren vorbehalten.

Eine neue automatische Schienenschweißung nach dem Goldschmidtschen Verfahren, unter praktischer Vorführung einer Stoßschweißung.

(Vortrag auf der VIII. Hauptversammlung des Vereins deutscher Straßenbahn- und Kleinbahn-Verwaltungen zu Düsseldorf am 4. September 1902. Mitteilungen des Vereins deutscher Straßenbahn- und Kleinbahn-Verwaltungen [Beilage zur „Zeitschrift für Kleinbahnen"] 1903 S. 19—22.)

Meine Herren! Eine Autortät auf dem Gebiet des Oberbaues sprach neulich im kleinen Kreise die entschieden richtige Behauptung aus: daß in keinem Lande der Welt die Konstruktionen für Schienenverbindungen theoretisch so gut durchgearbeitet seien, wie in Deutschland; in keinem Lande hat man so gute Konstruktionen ausgedacht und auch zur Ausführung gebracht wie in unserm Lande. Die Antwort, die diesem Herrn entgegenschallte, war eine etwas überraschende und — ich will das gleich hervorheben — eine stark übertriebene: nämlich die, daß man tatsächlich doch auf manchen Strecken unserer Hauptbahnen in Deutschland besonders hart fahre. Ein Körnchen Wahrheit mag darin liegen, wenn man bedenkt, wie glatt man große Strecken beispielsweise nicht nur in England, sondern auch in Rußland, in Österreich, in Schweden und Norwegen — ich komme gerade von dort — fährt, und es mag wohl der Wunsch berechtigt sein, daß manches bei uns auf gewissen Strecken der Hauptbahnen noch gebessert werden möchte.

Nun, meine Herren, nicht als ob ich dieses Thema hier so flüchtig erledigen wollte! Das wäre ganz unmöglich, denn es ist eins der schwierigsten Themata des Oberbaues überhaupt. Aber sicher ist, daß man tatsächlich bei dem freiliegenden Oberbau oft mit einer geringwertigen, billigen Laschenverbindung Erkleckliches leisten kann, falls dafür gesorgt wird, daß in einem regelmäßigen Turnus das Anziehen der Schrauben stattfindet.

Meine Herren! Ganz anders liegen die Verhältnisse beim eingebetteten Oberbau, bei der Straßenbahnschienen: Hier ist es nicht möglich, die Schrauben regelmäßig anzuziehen. Man wird also von vornherein zu einer Laschenkonstruktion oder zu einer Verbindung übergehen müssen, die außerordentlich stark ist, da es unmöglich ist, ständig das Pflaster aufzureißen, um die gelockerten Schrauben nachzuziehen. Nun verhält sich aber die Dilatation beim eingebetteten Oberbau ganz anders als beim freiliegenden; sie ist bei ersterem eine erheblich geringere. Ich betone ganz ausdrücklich, daß sie nicht etwa ohne weiteres gleich Null zu setzen ist. Es hängt das natürlich besonders von den Bettungswiderständen ab, die wieder verschieden sind. Die Dilatation — „das Wandern" der Schienen — ist aber so weit eingedämmt, daß man jetzt wohl ganz allgemein dazu übergegangen ist, die Schienen lückenlos, direkt Stoß an Stoß ohne Fuge einzubauen. Da lag nun allerdings die Idee sehr nahe, daß man an Stelle einer starken Verschraubung, die mit der Zeit doch locker wird, eine Verschweißung eintreten läßt.

Ich habe Ihnen bereits vor zwei Jahren, meine Herren, diese Schweißung nach meinem Thermitverfahren gezeigt und vorgeführt. Es lagen damals noch keine praktischen Erfahrungen vor, die nunmehr aber vorhanden sind. Meine Herren, die Hauptbefürchtung, die der Schweißung entgegengebracht wurde, war die, daß durch die Erhitzung das Material leiden würde; es würden, meinte man vielfach, weiche Stellen entstehen, und damit wäre von vornherein die Schweißung ad acta zu legen. Meine Herren, diese Befürchtung war durchaus gerechtfertigt, und wäre sie tatsächlich eingetreten, dann hätte man natürlich nie daran denken können, diesem Verfahren für die Praxis näher zu treten. Ich habe seinerzeit selbstverständlich erst eine ganze Reihe von Versuchen im Laboratorium gemacht, die gezeigt haben, daß ein Weichwerden der Schweißstelle nicht eintritt. An mit Thermit erhitzten Proben habe ich festgestellt, daß die Dehnung und Festigkeit durchaus dieselben geblieben sind wie bei nicht erhitztem Material. Außerdem hat auch die mehr als zweijährige Praxis ergeben, daß ein Weichwerden nirgends eintritt, allenfalls ein geringes Härterwerden. Aber dieses geringere Härterwerden am Stoß, woraus dem Verfahren nicht ein Vorwurf gemacht werden kann, ist so unerheblich, daß es praktisch nicht in Betracht kommt. Ich glaube, diese Materialprüfung Ihnen am markantesten hier aus der Praxis an diesem geschweißten und herausgesägten Kurvenstück, das mir freundlichst zur Verfügung gestellt ist und das etwa zwei Jahre dem Betriebe ausgesetzt gewesen ist, zeigen zu können. Sie werden sich von dem völlig gleichmäßigen sehr starken Verschleiß dieses Stückes überzeugen und dabei nirgends eine differenzierte Stelle beobachten! Dieses Stück ist so geschweißt worden, wie Sie das vor zwei Jahren gesehen haben; es ist der Tiegel über die Stoßstelle ausgegossen worden und eine reine Stumpfschweißung erfolgt.

Ich habe nun das Verfahren selbst nicht geändert. Es ist im Prinzip genau dasselbe geblieben, nur die Ausführung ist noch einfacher geworden. Sie ist jetzt so einfach, daß tatsächlich eine Reihe von Straßenbahnverwaltungen dazu übergegangen ist, das Verfahren selbst durch ihre eignen Leute ausführen zu lassen. Das ist — wie ich später noch auseinandersetzen werde — eine Notwendigkeit.

Ich lasse jetzt nicht mehr von zwei Leuten ausgießen, sondern gestalte die Operation so, daß ein Spitztiegel, der am Boden einen Auslauf hat, über die Stoßstelle — um die eine passende Form gelegt ist — gesetzt wird. Das notwendige Quantum Thermit wird mit einem Male in den Tiegel eingeschüttet und angezündet. Dann fließt nach erfolgtem Abstich nicht, wie beim früheren Ausgießen, die Schlacke, der Korund, zuerst aus, sondern das Thermiteisen, das gleichzeitig eine schmiedeeiserne Lasche um den Stoß legt, diesen also erheblich verstärkt. Hierdurch ist nicht nur die Handhabung vereinfacht, sondern es ist jetzt auch tatsächlich möglich, ohne eine besondere Stumpfschweißung des Kopfes — am Schienenfuß und Teil des Halses tritt sie selbstverständlich infolge Einfließens des flüssigen Thermiteisens ein — eine genügend starke Verbindung zu erzielen, also ohne daß die Schienen besonders zusammengestaucht werden. Mit anderen Worten: man kann jetzt auch Schienen zusammenschweißen, die bereits fertig eingebettet sind oder bei denen die Laschen abgenommen werden und eine Verschweißung vollzogen werden soll.

Es ist das auch gemacht worden, und es liegen ungefähr seit Jahresfrist annähernd 150 Stöße, die auf diese Weise zusammengeschweißt sind, ohne daß eine besondere Stumpfschweißung im Kopf erzielt worden ist, die man jedoch — ich komme darauf zurück — auch noch haben kann. Es tritt folgendes ein: die eingebettete Schiene, die im Kopf etwas stärker erwärmt wird als im Fuß, dilatiert sehr wenig und man hat dann häufig oben tatsächlich noch eine kleine Stoßfuge. Diese Stoßfuge ist selbstverständlich von anderer Natur als die, welche bei einer Verlaschung entsteht; denn sie geht nicht durch das ganze Profil, sondern nur etwa bis zur Hälfte.

Man kann nun diese Fuge auch vermeiden Dann muß aber man den Klemmapparat ansetzen, der dann nicht etwa dazu dient, die Schienen auszurichten — diese Arbeit kann auch ohne Klemmapparat vorgenommen werden — sondern die Möglichkeit gibt — beispielsweise bei Chaussierungen und Pflasterungen — die Schiene um einige, möglichst 7 bis 8 Millimeter auseinanderzudrücken; ein entsprechend dickes Profilblech wird dann hineingezwängt und nach erfolgter Schweißung werden die Schienen wieder in ihre alte Lage mit Hilfe der Schrauben des Klemmapparates gebracht, so daß also keine schädlichen Spannungen eingeschweißt werden. Das ist leicht dadurch zu erreichen, daß man außerhalb des Klemmapparates vor dem Auseinanderzerren auf die Schienenenden je einen Körner einschlägt, deren Entfernung voneinander mit Hilfe eines kräftigen Drahtbügels vorher bestimmt, nach vollendeter Schweißung die gleiche sein muß. Diese Arbeit ist vielfach gemacht worden; sie ist aber nicht in allen Fällen erforderlich. Man kann also — dies sei hervorgehoben — eine vollständige Profilschweißung erzielen, auch wenn die Schienen bereits eingebettet sind. Inwieweit man aber dazu wird übergehen müssen, einige Traversen freizulegen, um das Gestänge genügend beweglich für diese Arbeit zu machen, muß von Fall zu Fall bestimmt werden. Liegen die Schienen in Beton, so ist die Möglichkeit der Verschiebung zu gering.

Werden die Schienen neu verlegt, dann wird man den Klemmapparat füglich stets anwenden; man hat dann, wie schon erwähnt, eine Schweißstelle, die vollständig durchgeht und wobei die völlig lückenlose, nach der Einbettung nicht mehr sichtbare Verbindungsstelle stärker ist als die Schiene selbst; denn sie ist eben durch die angeschweißte Thermiteisenlasche, die aus einem sehr weichen Eisen besteht, verstärkt.

Durch diese neue Art der Ausführung ist die Einführung des Verfahrens weiter erleichtert. Denn es ist jetzt, wie schon erwähnt, die Möglichkeit vorhanden, die Schweißung mit eigenem Personal auszuführen. Das ist aber eine Forderung, die geradezu gestellt werden mußte, da es unmöglich ist, zur Ausführung dieser Schweißung eine Kolonne von Monteuren immer bereitzuhalten, die ja tatsächlich sehr wenig zu tun hätten, da die Schweißung selbst, wie Sie gleich sehen werden, schnell und einfach auszuführen ist. Zudem wäre es außerordentlich schwierig, ja ich kann wohl sagen unmöglich, einen Stamm von Monteuren — die so wenig und so einfache Arbeit zu leisten haben —, wenn sie nicht mehr unter der Zucht der heimischen Arbeitsstelle stehen, in Ordnung zu halten! Ich habe bei den ersten Installationen — bei einigen, nicht bei allen —, die ich durch meine eigenen Leute habe ausführen lassen, in dieser Beziehung die tollsten Erfahrungen gemacht! Ich bin jenen Verwaltungen zu außerordentlichem Dank verpflichtet, die die liebenswürdige Einsicht gehabt haben, eine Anzahl von Fehlschweißungen, die dabei vorgekommen sind, nicht dem Verfahren, sondern mit Recht der Unzuverlässigkeit der Leute zuzuschreiben. Ich komme dabei noch auf einen anderen Punkt. Es fährt sich nämlich auf einem geschweißten Gleise überhaupt nur glatt unter der Voraussetzung daß auch „glatt“ verschweißt ist. Natürlich hat auch mit Hilfe der Schienenhobel eine sorgfältige Bearbeitung, vor allem Glattfeilen der Stauchung — die etwa 8 mm in der Längsrichtung betragen soll — stattzufinden. Es ist vor zwei Jahren passiert, daß das Gleis manchmal nicht so genau ausgerichtet wurde, daß Fahrkante gegen Fahrkante lag. Dann natürlich ist es unmöglich, daß sich das Gleis stoßlos befährt, was bei sorgsamer Ausführung der Fall ist. Ich entsinne mich, daß in Braunschweig von einem meiner Monteure die Sache so schlecht gemacht war, die Schienen so schlecht ausgerichtet waren, daß sogar beim Überfahren einer Stelle fast regelmäßig die Verbindungsstange aus dem Draht herausflog! Es blieb nichts anderes übrig, als dort eine neue Verschweißung vorzunehmen. Den starken Stoß hat übrigens die Schweißstelle unbeschadet viele Monate ausgehalten! Sowie die Bahnverwaltungen die Verschweißungen in eigener Regie ausführen, fallen natürlich derartige Fehler vollständig weg.

Meine Herren, ich will nicht weiter auf das Verfahren eingehen. Ich habe nur die Bitte auszusprechen, an dasselbe mit so wenig Vorurteil wie möglich heanzutreten. Es ist ja außerordentlich schwierig, ein so spezifisch neues Verfahren einzuführen. Einer solchen neuen Sache gegenüber bestehen von vornherein viele auch ganz gerechtfertigte Befürchtungen, selbst wenn sie schließlich realiter nicht in dem Maße begründet sind. Es geht deswegen meine Bitte dahin, das Verfahren möglichst umfassend zu prüfen. Die Prüfung ist sehr einfach und durchaus nicht kostspielig; sie kann ebenso leicht erfolgen wie die irgendeiner neuen Laschenverbindung.

Selbstverständlich kommen ja auch, wenn ein neues Verfahren erscheint, widerstreitende Interessen in Frage. Ich vermeide es, von Konkurrenz, von den Laschenfabrikanten zu sprechen; das würde auch nicht hierher gehören. Aber es ist menschlich begreiflich, daß dadurch manches über das Verfahren herumschwirrt, manche Meinung ausgesprochen wird, die tatsächlich jeder Begründung entbehrt. Da appelliere ich an Ihr freies Urteil: Sie stehen ja über den Parteien in dieser Beziehung. Der Ruf eines neuen Verfahrens ist beinahe zu vergleichen mit dem Ruf eines jungen Mädchens, der auch leicht anzutasten ist. Wenn der eine etwas mit den Augen zwinkert, zuckt der Zweite schon bedenklich die Achseln, und was der Dritte dann sagt, möchte ich wirklich nicht Ihren keuschen Ohren preisgeben! (Heiterkeit!) Deswegen, meine Herren, bitte ich Sie: behandeln Sie das Verfahren „ritterlich“!

Meine Herren, ich danke Ihnen für Ihre Aufmerksamkeit. Jetzt möchte ich Ihnen schnell noch das Verfahren vorführen. (Folgt die praktische Vorführung einer Schienenschweißung im Saale selbst auf einem kleinen mit Ziegelsteinen belegten Holzpodium.)

Aluminothermie.

(Physikalische Zeitschrift. 4. Jahrgang. Seite 166—171 und 194—200.)

Ein im wesentlichen aus einer Metalloxydverbindung und zerkleinertem Aluminium bestehendes Gemisch brennt, wenn man es an einer Stelle entzündet, ohne äußere Wärmezufuhr von selbst nieder, wobei Temperaturen bis zu schätzungsweise 3000° C entwickelt werden und das betreffende Metall sich in flüssigem Zustande unter der gleichfalls geschmolzenen Schlacke (Aluminiumoxyd) ansammelt. Diese vom Verfasser bereits vor einigen Jahren festgestellte Tatsache bildet die Grundlage des aluminothermischen Verfahrens, das zu bedeutsamer industrieller Verwendung auszugestalten ihm seither gelungen ist. So einfach die chemische Umsetzung ist, vermöge deren die Reaktion zwischen einer Metallsauerstoffverbindung, z. B. Eisenoxyd und Aluminium, zustande kommt, so außerordentliche Schwierigkeiten bereitete dem Verfasser die Lösung der Frage, auf welche Weise die Umsetzung einzuleiten war, und das um so mehr, als die ersten Versuche ausschließlich mit einer Mischung von Chromoxyd und Aluminium angestellt wurden, die sich, wie weiter unten erwähnt wird, erst bei einer besonders hohen Temperatur entzünden läßt. Es war nämlich im Anfange nur die Darstellung von kohlenstofffreiem Chrom ins Auge gefaßt worden.

Die Mehrzahl dieser Metalloxyd-Aluminium-Mischungen, deren gesetzlich geschützte Bezeichnung „Thermit" in Wissenschaft und Technik jetzt wohl allgemein bekannt sein dürfte, können vermittels eines glühenden Eisenstabes durchgerührt werden, ohne daß ihre Umsetzung erfolgt. Letztere wird vielmehr erst durch eine sehr hohe Temperatur angeregt. Allein als wichtigstes Ergebnis war die Beobachtung anzusehen, daß die durch Entzündung an einem Punkte eingeleitete Umsetzung sich von selbst, ohne jede Wärmezufuhr von außen, in Gemischen mannigfachster Zusammensetzung (nicht nur aus Metalloxyden mit Aluminium, sondern überhaupt sauerstoff-, schwefel- auch halogenhaltigen Verbindungen einerseits und Aluminium sowie Magnesium, event. auch Kalziumkarbid anderseits) fortpflanzte, und auch auf neues, dem in Reaktion befindlichen nachgeworfenes Gemenge unverzüglich ausdehnte.

Verschiedenartige Versuche erwiesen ferner das Vorhandensein einer ganzen Reihe von Sauerstoffverbindungen, die mit Aluminium gemischt sich sehr leicht bei verhältnismäßig niedriger Temperatur entzünden lassen, nach der Entzündung aber sofort eine ganz bedeutende Verbrennungstemperatur entwickeln. Somit bedurfte es nur des Aufstreuens dieser leicht entzündlichen sogenannten Entzündungsgemische (z. B. Bariumsuperoxyd und Aluminium) auf die schwer entzündlichen Gemische sowie der darauf folgenden Entzündung jener vermittels einer Stichflamme eines kleinen

Magnesiumstreifens, eines glühenden Eisenstabes oder etwas Ähnlichem, um die Reaktion des Gesamtmaterials sofort hervorzurufen. Außer den Superoxyden besitzen noch eine ganze Anzahl anderer Oxyde mit fein gepulvertem Aluminium gemischt eine niedere Entzündungstemperatur, z. B. Blei- und Kupferoxyd, Wolfram- und Molybdänsäure usw. — Verfasser stellte anfänglich aus Bariumsuperoxyd-Aluminium-Mischung kleine, durch alkoholische Schellacklösung gebundene, mit eingeklebten Magnesiumbändchen versehene Kügelchen, sogenannte „Zündkirschen" her, die früher gebraucht wurden und zuverlässige Dienste leisteten. Wird an Stelle von Bariumsuperoxyd Natriumsuperoxyd verwandt, so bewirkt eine sehr niedrige Initialtemperatur bereits die Entzündung des beigemischten Aluminiums, weil die durch die Hydratisierung des Natriumsuperoxyds erzeugte Wärme — die durch Hinzufügen eines Wassertropfens hervorgerufen wird — schon genügt, die Abgabe des Sauerstoffes an das fein verteilte Aluminium zu veranlassen, eine Eigenschaft des Natriumsuperoxyds, die besonders organischen Körpern gegenüber hinlänglich bekannt ist.

Jetzt wird die Entzündung in der Praxis noch einfacher durch Aufwerfen eines in Brand gesetzten Sturmstreichholzes auf das Entzündungsgemisch bewirkt.

Mit der Ausführung dieser Umsetzung ist das Problem gelöst, die bedeutende im Aluminium aufgespeicherte Energie auf einfachste Weise in Freiheit zu setzen und den verschiedensten Zwecken dienstbar zu machen. Auf Grund dieser Entdeckung ist eine neue Industrie ins Leben gerufen worden, die mit dem eingangs erwähnten bereits internationalen Namen „Aluminothermie" bezeichnet wird.

Frühere zum Teil schon etwa 50 Jahre zurückliegende Versuche, das Aluminium als Reduktionsmittel zu verwenden, knüpfen sich besonders an die Namen Wöhler und Michel, Deville und die Brüder Tissiers sowie an Beketoff; zu erwähnen sind noch die Arbeiten von Klemens Winkler über die reduzierenden Eigenschaften des Magnesiums. Spezielle Beachtung haben diese Arbeiten in einem Aufsatze gefunden, den Verfasser in Lieb. Ann. der Chemie, Band 301, 1898* veröffentlichte.

Alle früheren Forscher arbeiteten ohne Ausnahme in der Weise, daß das Gemisch in einem kleinen Tiegel von außen erhitzt wurde, ein Verfahren, welches infolge der dabei sehr oft auftretenden äußerst heftigen Reaktion nicht einmal deren Verlauf genau zu verfolgen gestattete. Sobald aber eine etwas größere Menge des Gemisches, das sich zuerst durch äußere Erhitzung fast durchgehends seiner Entzündungstemperatur genähert hatte, plötzlich zur Reaktion gelangte, entstanden heftige, manchmal sogar gefährliche Explosionen.

Was nun die Frage nach der Höhe der aus der Aluminiumverbrennung resultierenden Temperatur anbetrifft, so ist es nicht möglich, sie auch nur annähernd exakt zu beantworten, da zurzeit keine Methode zur wissenschaftlich genauen Messung derartig hoher 2000° wesentlich überschreitender Temperaturen bekannt ist. Verfasser mußte sich daher auf ihre schätzungsweise Feststellung vermittels des Wyborghschen Thermophons beschränken,

---

* Siehe auch S. 12 dieser Sammlung.

das in einigen Fabriken zur Bestimmung der allerdings wohl 1000° niedriger liegenden Temperaturen im Martinofen Verwendung findet. Diese Thermophone sind aus feuerfestem Material gepreßte kleine Zylinder von genau gleicher Größe und Wandstärke, in deren Mitte sich ein Knallquecksilberzündhütchen befindet. Je nach der Höhe der zu messenden Temperatur verläuft eine kürzere oder längere Zeit, bis die Zersetzungstemperatur des Sprengstoffes im Innern des Körpers erreicht ist und eine schwache Explosion das Ende des Versuches anzeigt. Die der verstrichenen Zeit entsprechenden Temperaturwerte findet man in den für diese Probe ausgearbeiteten Tabellen. Verschiedene, vorschriftsmäßig bei der Chromoxydreduktion ausgeführte Messungen ergaben gut übereinstimmende Zahlen für Temperaturen von 2900 bis 3000 °C. Bemerkt sei noch, daß in keinem Falle der Schmelzfluß die kleinen Zylinder angegriffen hatte, tatsächlich also die Explosion des Knallquecksilbers allein durch Wärmeleitung verursacht worden war, daß aber die tabellarischen Temperaturangaben, in ihren höheren Werten lediglich auf Extrapolation beruhend, doch nur als Schätzungswerte anzusehen sind.

Auf der Hauptversammlung der Deutschen Elektrochemischen Gesellschaft in Leipzig (1898) bezeichnete Ostwald das aluminothermische Verfahren, welches Verfasser dort zum ersten Male im Anfangsstadium der Entwicklung vortrug, als „einen Hochofen und Schmiedefeuer in der Westentasche" und hat damit in witziger Weise sehr treffend das Wesentliche dieser Erfindung gekennzeichnet, nämlich die große Energiedichte, die durch sie in so einfacher Weise zu erreichen ist.

In folgendem sei es mir gestattet, diesem Ostwaldschen Ausspruche eine zahlenmäßige Unterlage zu geben, die natürlich auch nur eine annähernde sein kann.

Um einen Anhalt zu gewinnen, mögen zunächst die Verbrennungswärmen einer Anzahl von Elementen (für je ein kg) mit Sauerstoff zum Vergleiche mit der des Aluminiums hier aufgeführt werden.

Die Zahlen sind den Tabellen von Landolt und Börnstein (II. Auflage 1894) entnommen. Leider fehlt hier gerade die Angabe über Aluminium. Diese Zahl verdankt Verfasser Herrn Dr. Strauß, Chef des physikalischen Laboratoriums der Firma Fried. Krupp in Essen.

H	zu	H_2O	34 553	(Joule)
C	zu	CO_2	7 859	(Berth und Pet.)
Al	zu	Al_2O_3	7 140	(Strauß)*
Mg	zu	Mg O	6 010	(Rogers)
P	zu	P_2O_5	5 547	(Andrews)
Na	zu	Na_2O	3 293	(Woods)
Ca	zu	CaO	3 284	(Thomsen)
S	zu	SO_2	2 165,6	(Berthelot)
As	zu	As_2O_5	1 462,5	(Thomsen)
Fe	zu	Fe O	1 352,6	(Favre und Silbermann)
Zn	zu	Zn O	1 291,3	(dieselben)
Cu	zu	Cu O	593,6	(Joule)
Sn	zu	Sn O	573,6	(Andrews)

* In Ferd. Fischer, Handbuch der chemischen Technologie 1900 (4. resp. 15. Aufl.), S. 343 ist die Bildungswärme von Al_2O_3 mit 3920 angegeben; dies entspricht für 1 kg Aluminium 7259.

Pb	zu	PbO	243,0 (Thomsen)
Bi	zu	Bi_2O_3	95,5 (Woods)
Ag	zu	Ag_2O	27,31 (Thomsen)

Es sei weiterhin versucht, aus dem thermochemischen Verhalten der bei dem aluminothermischen Prozeß der Eisenabscheidung beteiligten Stoffe den Nutzeffekt dieses Prozesses zu bestimmen, der nach der Gleichung $Al_2 + Fe_2O_3 = Fe_2 + Al_2O_3$ verläuft. Man kann daraus die thermischen Anteile, welche auf die Reduktion von Fe_2O_3 entfallen, und diejenigen, welche aus der Verbrennung des Aluminiums resultieren, berechnen. Bei dem Vorgange spielen aber auch die Wärmeanteile eine Rolle, die zur Verflüssigung des Schmelzgutes dienen, also des Eisens und der Tonerde. Unberücksichtigt mögen die Wärmemengen bleiben, welche durch Leitung und Strahlung verloren gehen.

Zur Bildung von 1 kg Eisen aus dem Oxyd bedarf es 0,484 kg Aluminium. Diese liefern bei der Verbrennung

$$0{,}484 \cdot 7140 = 3455{,}76 \text{ Kal.}$$

Für die Reduktion von 1 kg Eisen aus dem Oxyd werden (nach Fischers Handbuch der chemischen Technologie 4. bzw. 15. Auflage Seite 173) im Durchschnitt 1768 Kalorien benötigt. Das ist der Mittelwert zwischen 1648 und 1887 Wärmeeinheiten. Als Schmelzpunkt des kohlenstoffarmen sehr reinen aluminogenetischen Eisens mag 1600° angenommen werden; er liegt tatsächlich wohl etwas niedriger. Die spezifische Wärme des Schmiedeeisens zwischen 4° und 27° wird in den Tabellen von Landolt und Börnstein (nach Petterson und Hedelius) mit 0,108079 angegeben, die latente Schmelzwärme von weißem Gußeisen beziffert sich nach Gruner auf 33, eine Zahl, welche hier in Ermangelung der wohl noch nicht bestimmten Schmelzwärme für Schmiedeeisen eingesetzt werden soll. Es würde somit die zum Schmelzen von 1 kg Eisen nötige Wärmemenge $1600 \cdot 0{,}108 + 33$ Kal $= 205$ Kal. betragen. Richtiger jedoch ist es, die mittlere spezifische Wärme zwischen 0° und dem Schmelzpunkt 1600° einzusetzen. Diese berechnet sich nach Pionchon für ca. 1600 auf 0,19.* Danach ist zu setzen:

$$1600 \cdot 0{,}19 + 33 = 337 \text{ Kal.}$$

Bei der Gewinnung von 1 kg Eisen werden 0,91 kg Tonerde erzeugt. Die Schmelztemperatur der Tonerde, anscheinend noch nicht genau bestimmt, wird bekanntlich im Knallgasgebläse erreicht, durch geringe Mengen aufgelöster Metalloxyde bzw. Metalloxydule aber herabgedrückt. Sie sei mit 1900° eingesetzt. (Hierbei sei bemerkt, daß chromoxydhaltiger Korund, der bei der Chromdarstellung sich bildet, entschieden schwerflüssiger ist, als derjenige, welcher Sauerstoffverbindungen des Eisens, Mangans und Nickels aufgenommen hat.) Ferner ist die latente Schmelzwärme der Tonerde wohl nicht bekannt; dieselbe mag zu 50 Kal. angenommen werden, der Zahl, die Gruner für Hochofenschlacke angibt. Die spezifische Wärme der Tonerde führt Ostwald (Lehrbuch der allgemeinen Chemie, 2. Auflage Seite 281) mit 0,2173 an. Demnach berechnet sich die zum Schmelzen von 0,91 kg Tonerde nötige Wärmemenge wie folgt:

$$0{,}2173 \,.\, 1900 \,.\, 0{,}91 + 50 = 425{,}71.$$

* In Stühlens Ingenieurkalender ist die spezifische Wärme von flüssigem Bessemereisen mit 0,207 angegeben.

Es wird also, übersichtlich zusammengestellt,

Wärme verbraucht:		Wärme erzeugt:	
Für die Bildung von 1 kg Eisen	1768 Kal.		
Zum Schmelzen desselben	337 „		
Zum Schmelzen der Schlacke	425,71 „	durch Verbrennen von 0,484 Al	3455,76 Kal.
	2530,71 Kal.		3455,76 Kal.

Es bleibt demnach bei der aluminothermischen Eisendarstellung eine Wärmemenge von 3455,76—2530,71 = 925,05 Kal. disponibel. Da 1 kg Thermit praktisch etwa $\frac{1}{2}$ kg Eisen ergibt, so liefert 1 kg Thermit etwa 450 Kal.*

Angesichts dieser Zahl, die bei oberflächlicher Betrachtung außerordentlich niedrig erscheint, möchte man es kaum für möglich halten, daß so überraschende thermische Effekte mit Hilfe des Thermits hervorzubringen sind. Allein man hat sich zu vergegenwärtigen, daß nicht nur die Reaktion, die sich bei sehr hoher Temperatur abspielt, außerordentlich schnell vor sich geht, sondern auch vor allem keine flüchtigen Verbrennungsprodukte austreten und man deshalb imstande ist, diese Mengen von Kalorien schnell und einfach zu übertragen und besonders gut auszunutzen.

Man kann sich diesen Vorgang auch an der Temperaturerhöhung flüssigen Gußeisens, die durch Zugabe von Thermit erzielt wird, klarmachen. Der Schmelzpunkt des weißen Roheisens wird von Ledebur zu 1075^0 angegeben. Die spezifische Wärme des Eisens zwischen 1000 und 1200^0 ist von Pionchon mit 0,19887 bezeichnet. Gesetzt den Fall, daß 100 kg flüssigen Gußeisens nur 2 kg Thermit — die etwa 1 kg Eisen ergeben — zugefügt werden, so würden wir damit eine Temperaturerhöhung von

$$\frac{2.450}{0,19887.100} = 45,2^0 \text{ C}$$

erhalten; bei einer Zugabe von 5% Thermit berechnet sich diese Temperaturerhöhung auf etwa 115^0 C.

Die spezifische Wärme des Eisens steigt erheblich mit seiner Temperatur; sie ist bei der Schmelztemperatur des Gußeisens etwa doppelt so hoch als bei gewöhnlicher Temperatur, d. h. wie oben in den Berechnungen angegeben, etwa 0,2 gegen 0,1. Die Wirkung des hocherhitzten Thermiteisens auf kaltes Eisen, dessen Reaktion auf Wärmezufuhr also doppelt so groß ist als die des heißen, ist sehr beachtenswert und gibt eine Erklärung dafür, daß es kaum einen Zweck hat, die mit dem Thermiteisen zu verschmelzenden Eisenstücke besonders stark anzuwärmen.

Folgende Erwägung klärt wohl den thermischen Effekt am besten auf.

Ein Kilogramm Thermit brennt in etwa 1 bis 2 Sekunden ab, sobald etwas größere Mengen auf einmal im Tiegel entzündet werden, z. B. 10 kg. Gelangen größere Quantitäten, bei denen größere Entzündungsflächen in Wirkung treten können, zur Reaktion, so wird das Abbrennen eines Kilogramms Thermit noch erheblich beschleunigt.

* Zu ähnlichen Resultaten kommt Oberbergrat Fr. Kupelwieser in Leoben. Vergl. Österr. Zeitschr. für Berg- und Hüttenwesen Nr. 12, Jahrgang 47, 25. März 1899.

Angenommen, daß in einer Sekunde beim Abbrennen von 10 kg Thermit nur 300 Kalorien entwickelt werden, so entsprechen diese, wenn wir das mechanische Wärmeäquivalent — 425 mkg — zugrunde legen, einer mechanischen Arbeitsleistung von 127 500 mkg oder 1700 Pferdekraftsekunden oder 1149,5 Kilowattsekunden. Das würde der einsekundlichen Wirkung einer Bogenlampe von etwa 30 000 Ampere bei 40 Volt gleichkommen. Werden aber 100 kg Thermit in einem Tiegel zur Entzündung gebracht, die ebenfalls in etwa 15 Sekunden niederbrennen, so werden in einer Sekunde 3000 Kalorien entwickelt, die einer Bogenlampe von etwa 300 000 Ampere bei 40 Volt entsprächen. Man sieht hieraus, daß die Wärmeentwicklung während des Abbrennens von Thermit weit intensiver bzw. konzentrierter ist, als in einem mit Hilfe des elektrischen Lichtbogens geheizten Ofen. Denn im elektrischen Ofen kann dem Schmelzgut in der Zeiteinheit ein so ungeheurer Strom bzw. Wärmemenge praktisch kaum zugeführt werden, vor allem aber nicht innerhalb eines Raumes von wenigen Kubikdezimetern Inhalt, wie es beim Abbrennen von Thermit bewirkt wird. Daß aber das aus dem Thermit entstehende Schmelzgut sogar noch höhere Temperaturen besitzt als das den elektrischen Ofen verlassende, lehrt der Augenschein ohne weiteres. Jeder, der beispielsweise den Abstich eines großen Karbidofens beobachtet hat, wird, nachdem er die aluminothermische Reaktion damit verglichen, erkennen, daß die Temperatur der letzteren erheblich höher ist. In einer Arbeit „Über die Darstellung kristallisierter Tonerde im elektrischen Schmelzofen" schreibt Gintl*, daß die von ihm geschmolzene Tonerde, die einem Strom von 1000 Ampere und 100 Volt ausgesetzt wurde, „eine zähflüssige Schmelze" ergab; diese enthielt nun zumeist noch erhebliche Mengen von Kieselsäure, war also entschieden unrein und deshalb leichter schmelzbar als die kieselsäurefreie, im wesentlichen nur etwas Eisenoxydul enthaltende Tonerde, die beim Abbrennen von Thermit entsteht. Die letztere wird aber selbst bei Anwendung kleinerer Mengen völlig dünnflüssig, so daß sie leicht und fast vollständig bei einigermaßen schnellem Arbeiten aus dem Tiegel ausgegossen werden kann.

Um einige hundert Kilogramm eines schwer schmelzbaren Gutes mit Hilfe des elektrischen Stromes in feuerflüssigen Zustand zu bringen, bedarf es im allgemeinen mehrerer Stunden lang der Energie von Hunderten von Pferdekräften. Derselbe Effekt wird beim Abbrennen von Thermit in einigen Minuten, eventuell sogar Sekunden erzielt.

Zwecks Anstellung eines andern zahlenmäßigen Vergleichs zwischen der Energiedichte im elektrischen Ofen und der des in Reaktion befindlichen Thermits, und zwar speziell des Eisenthermits, mag sie bezogen werden auf Erg pro Kubikzentimeter.

Wie wir oben gesehen haben, werden beim Abbrennen von 10 kg Thermit in einer Sekunde 300 Kal. disponibel; diese 10 kg Thermit nehmen nach beendigter Reaktion etwa einen Raum von 3500 ccm ein. Demnach befinden sich nach 15 Sekunden in 1 ccm

$$\frac{4500}{15 \cdot 3500} = 0{,}0857 \text{ Kal.}$$

* Zeitschr. für angew. Chemie 1901, 47, S. 1173/79.

entsprechend 36,42 mkg. Da 1 mkg = 98 100 000 Erg ist, so haben wir in einer Sekunde in 1 ccm 3 572 802 000 Erg.

Die Energiedichte des elektrischen Ofens ist nicht leicht zu übersehen, schon weil die verschiedenartigsten Konstruktionen und Größenverhältnisse in Frage kommen.

Wird ein Ofentypus, wie beispielsweise der von Stassano zur Stahlbereitung benutzte, dessen Innenraum nur durch Unterhaltung eines mächtigen Lichtbogens erhitzt wird, zum Vergleich herangezogen, so ist die in diesem Ofen herrschende Energiedichte verhältnismäßig gering, denn die Größe seines benutzbaren Raumes beträgt etwa 1 cbm bei einem Kraftverbrauch von etwa 500 HP.

Die hier herrschende Energiedichte berechnet sich demnach wie folgt:

500 HP. = 37 500 mkg in 1 000 000 ccm pro Sekunde, also pro Sekunde pro ccm = 0,0375 mkg = 367.8750 Erg.

Das Verhältnis wäre also im Vergleich zum Thermit, wenn 10 kg abbrennen, etwa 1000 zu 1.

Schließlich sei die der Zeiteinheit entsprechende Wärmemenge des abbrennenden Thermits verglichen mit der Wärmemenge, welche der Schmelzzone eines mit 500 HP. betriebenen Kalziumkarbidofens pro Sekunde zugeführt wird. Und zwar seien in diesem Falle nicht nur die disponiblen, sondern auch die Gesamtsumme der überhaupt erzeugten Kalorien des Thermits in Rechnung gesetzt. Die Größe der Schmelzzone ist zu 50 Liter angenommen. Diese Zahl beruht auf einem, dem Verfasser seitens der

Dauer der Reaktion	Angew. Menge Thermit	Volumen des Reaktionsproduktes	Es werden entwickelt: insgesamt Kal.	davon disponibel	Dichte der gesamten Energie pro $\frac{ccm}{Sek.}$	Dichte der disponiblen Energie pro $\frac{ccm}{Sek.}$	Verhältnis zwischen den Energie-Dichten a)	b)
15 Sekunden	10 kg	3500 ccm	17278,8 = 7343490 mkg	4500 = 1912500 mkg	0,33 Kal. = 140,25 mkg = 13758525000 Erg.	0,0857 Kal. = 36,4 mkg = 3570840000 Erg.	a) Karbidofen zur gesamten Wärmemenge des Thermits 1 : 188	b) Karbidofen zur disponibl. Wärmemenge des Thermits 1 : 50
	im elektrischen Ofen von 500 HP. erzeugte Menge Karbid	Volumen der Schmelzzone						
1 Sekunde	0,173 kg	50000 ccm	500 HP. = 37,500 mkg		0,75 mkg = 73575000 Erg.			

Société des Carbures in Paris freundlichst zugesandten ausführlichen Berichte, wonach die Schmelzzone eines solchen Ofens gemäß der dort angestellten Versuche 52,4 Liter Inhalt hat.

Das Resultat des Vergleiches ist aus der vorstehenden Tabelle zu ersehen.

Was nun die technische Nutzbarmachung der Aluminothermie anbelangt, so ist als deren Hauptzweig vor allem die Gewinnung reiner, kohlenstofffreier, im elektrischen Ofen bisher nicht darstellbarer Metalle und Legierungen hervorzuheben, die gerade wegen ihres reinen, kohlenstofffreien Zustandes dem Hüttenmann vorteilhafte Legierungsmittel bieten.

Die Darstellung der Metalle und Legierungen (besonders des Chroms und Mangans), seit einigen Jahren bereits in den Großbetrieb übergeführt, geschieht in geräumigen tiegelartigen Gefäßen, in denen einige hundert Kilogramm des Metalls in einer Operation abgeschieden werden, was bei der Schnelligkeit der Reaktion kaum eine halbe Stunde in Anspruch nimmt. Im Prinzip nach äquivalenten Verhältnissen bereitet, wird zur Mischung des Oxydes mit Aluminium rücksichtlich der großen Legierungsfähigkeit des letzteren doch stets ein Überschuß von ersterem verwandt, um alles Aluminium während der Reaktion zu oxydieren und die Metalle somit aluminiumfrei zu gewinnen. Die Möglichkeit, diesen Reaktionsverlauf allein durch geeignete Wahl des Mischungsverhältnisses zweckentsprechend zu regulieren, muß überraschen, wenn man einerseits bedenkt, wie groß die Legierungsfähigkeit des Aluminiums mit diesen Metallen ist, und anderseits die Unmöglichkeit in Betracht zieht, diese Metalle durch Kohle kohlenstofffrei abzuscheiden, wenn auch ein noch so großer Überschuß von Oxyd genommen wird. Kohlenstofffreies Chrom hat für die Stahlindustrie schon deshalb besonderes Interesse, weil es wegen seiner Reinheit allein die Möglichkeit gewährt, Chromstahle in ihren physikalischen Eigenschaften genau zu studieren. Es dient jetzt einer Reihe von Stahlwerken als unentbehrliches Legierungsmittel, insbesondere zur Herstellung von 5 bis 8% Chrom enthaltenden naturharten Werkzeug-, ferner Panzerplatten- und Kanonenstählen. — Das zu diesen Zwecken bisher verwandte Ferrochrom weist in seinem Kohlenstoffgehalte vielfach erhebliche Schwankungen auf, die in vielen Fällen einem genügend zuverlässigen Legieren fast unüberwindliche Schwierigkeiten entgegenstellen. Nur vermittels reinen, kohlenstofffreien Chroms ist es möglich, Chromstähle mit höherem Chromgehalt zu verschmelzen, weil ihre Darstellung unter Verwendung von Ferrochrom, das seinen hohen Kohlenstoffgehalt auf die Legierung überträgt, sich von selbst verbietet.

Findet das kohlenstofffreie Chrom vorzugsweise in der Stahlindustrie steigenden Absatz, so kommt das auf aluminothermischem Wege gewonnene Mangan und seine Legierungen hauptsächlich für die Kupfer-, Bronze- und Nickelindustrie in Betracht. Es zeichnet sich vor dem bisher gebräuchlichen karbidhaltigen Mangan des Handels außer durch größere Reinheit vor allen Dingen auch noch dadurch aus, daß es eisen- und kohlenstofffrei ist, an der Luft nicht zerfällt, sich außerordentlich leicht legiert und sehr geringen Abbrand aufweist. — Die Erfahrung hat bestätigt, daß man zuverlässig gute und porenfreie manganhaltige Güsse nur mit diesem reinen, leicht legierbaren Mangan zu erzielen vermag, und daß die Qualität der Legierung durch einen Eisengehalt, der bei Verwendung des karbidhaltigen Ferromangans unvermeidlich ist, erheblich verschlechtert wird. — Der neuerdings von Heraeus (vergl. Zeitschrift für Elektrochemie VIII, 1902, Heft 14, Seite 185) bestimmte Schmelzpunkt des Mangans liegt bei 1245°, ist also lange nicht so hoch, wie bisher in der Literatur, die Mangan zu den schwerst schmelzbaren Metallen rechnete, angegeben wurde.

Ferrotitan und Mangantitan, gleichfalls aluminogenetischen Ursprungs und demgemäß kohlenstofffrei, ermöglichen die bequeme und erfolgreiche Einführung des Titans in Eisen, die früher durch Reduktion titanhaltiger Erze im Hochofen außerordentlich schwierig gewesen und meistens mißglückt ist. Selbst geringe Titanzusätze verleihen dem Eisen ein besonders dichtes, sehniges Gefüge.

Die aluminogenetische Abscheidung der Metalle ist nicht immer in einheitlichem, regulinischem Zustande zu erreichen. Sie ist vom Verfasser bisher als möglich festgestellt für folgende Metalle: Eisen, Chrom, Mangan, Kupfer, Zinn, Blei, Nickel, Kobalt, Niob, Tantal; das Vanadin wird, wie Hittorf nachgewiesen, als VO_2 abgeschieden, das völlig metallisch aussieht. Auch aus Molybdän sind einheitliche Abscheidungen zu erlangen; schwieriger gestaltet sich die Reduktion von Wolfram- und Uran-Metallen, worüber die Versuche noch nicht abgeschlossen sind. Dem Verfasser ist vorläufig nicht gelungen, einheitliche Abscheidungen von Silizium, Bor, Titan, Cer, Thorium, Beryllium, Barium zu erhalten, obgleich es ihm möglich war, alle diese Oxyde — mit Ausnahme von $Si\,O_2$ — mit Aluminium derart zu reduzieren, daß sie, einmal entzündet, weiterbrennen bzw. weiterglimmen. Ähnlich den von Kl. Winkler durchgeführten Reduktionen mit Magnesium entsteht dabei eine Art von Sinterkörper, in dem sich die Metalle mehr oder minder fein verteilt ansammeln.

Ähnliche Sinterkörper sind auch bei der Reduktion der zuerst erwähnten Metallgruppe — Eisen, Chrom, Mangan usw. — zu erreichen, wenn gewisse sich an dem Reduktionsvorgange nicht direkt beteiligende Körper als Ballast zugegeben werden, also beispielsweise Magnesia, Tonerde oder der Überschuß des zur Reduktion zu bringenden Oxydes. Eine zu starke Zugabe indifferenter Stoffe verhindert natürlich das Weiterbrennen oder gar die Entzündung vollständig. Oft genügen schon sehr geringe Zusätze und kleine Veränderungen in den Versuchsbedingungen, um das Resultat wesentlich zu verändern; hierin aber liegt die Schwierigkeit der Durcharbeitung des glatt verlaufenden Prozesses und der Darstellung eines gleichmäßig abbrennenden Gemisches mit konstanter Ausbeute. Eine sehr wichtige Rolle spielt auch die physikalische Beschaffenheit der zur Verwendung kommenden Gemengteile, so daß man mit chemisch gleich zusammengesetzten Oxyden und Zuschlägen, je nach ihrer Provenienz, ganz verschiedene Resultate erhält.

Die genannten Metalle, die sich nicht einheitlich abscheiden lassen, werden mehr oder minder gut und leicht als regulinische Legierung dargestellt, wenn man zusammen mit ihnen eine Sauerstoffverbindung derjenigen Metalle reduziert, die sich leicht regulinisch abscheiden lassen, beispielsweise eine solche von Eisen, Mangan, Kupfer, Blei. Auf diese Weise sind vom Verfasser unter vielen anderen dargestellt worden: Titan- und Boreisen, Titan- und

Bormangan, Legierungen von Beryllium mit Kupfer, Bleibergzinn, Siliziumkupfer usw. Nicht gelungen ist die Reduktion von Magnesia mit Aluminium, Es soll hier auf die metallurgische Seite des Verfahrens nicht näher eingegangen werden, obgleich gerade diese besonders interessant und umfangreich ist. Das Verhalten der Sulfide, Sulfate und Nitrate soll anderweitig eingehender besprochen werden.

Aufs engste mit dem metallurgischen Teil dieses Verfahrens verbunden ist, wie bereits eingangs erwähnt, die Entstehung des geschmolzenen Aluminiumoxyds, das als künstlicher Korund oder Schmirgel angesprochen werden kann, weil seine Zusammensetzung mit der des natürlichen, gleichnamigen Minerals im wesentlichen übereinstimmt. Unter dem Namen „Corubin" in den üblichen Körnungen in den Handel gebracht, wird es wegen seiner viel größeren Härte und Schleiffähigkeit bereits erheblich höher bewertet, als natürlicher Korund.

Sehr umfangreich und mannigfaltig sind die Anwendungsarten des aluminothermischen Verfahrens, welche die Ausnutzung seiner Wärmeentwicklung für die Metallbearbeitung bezwecken.

Einige mit dem feuerflüssigen Schmelzgute angestellte Versuche ließen die Aussichtslosigkeit, sich seiner für Schweißzwecke nach Art eines Schmiedefeuers zu bedienen, alsbald erkennen. Die Enden zweier Eisenstäbe, die man, um sie auf Schweißtemperatur zu erhitzen, in die flüssigen Metalle eintauchte, wurden sofort ganz oder teilweise abgeschmolzen. Die eminente Schmelzkraft des flüssigen, vom geschmolzenen Korund durch Abgießen befreiten aluminogenetischen Eisens zeigt sich darin, daß man mit wenigen strahlförmig auftreffenden Kilogramm desselben aus einem 25 cm hohen Stahlblock eine Furche von der Tiefe eines Drittels seiner Höhe und in der Breite von ca. 20 mm scharfkantig ausspülen kann. (Siehe Abb. 17.)

Nicht weniger charakteristisch ist der dem vorhergehenden gleichartige, durch Anwendung des später zu beschreibenden sogenannten automatischen Verfahrens aber vereinfachte und exakte Versuch, welcher gestattet, Eisenplatten, Stahl- und sogenannte Panzerplatten von 20—25 mm Dicke mit Hilfe eines schräg auftreffenden Strahles von ebenfalls wenigen Kilogramm flüssigen Thermiteisens in fingerdicken Löchern scharfkantig zu durchschmelzen, unter Vermeidung einer nennenswerten Erwärmung der übrigen Plattenteile. (Siehe Abb. 40.)

Angesichts dieser außerordentlich agressiven Wirkung, welche die hoch über ihren Schmelzpunkt erhitzten Metalle auf die zu verschweißenden Eisenstücke äußerten, mußte, wollte man sich nicht auf die thermische Anwendung des geschmolzenen Korunds beschränken, zunächst ein Deckmittel ausfindig gemacht werden, das bei hinreichendem Wärmeleitungsvermögen die Schweißenden gegen die Schmelzwirkung der flüssigen aluminogenetischen Metalle zu schützen imstande war. Ein solches allen Anforderungen vortrefflich genügendes Material wurde schließlich in dem beim aluminothermischen Verfahren entstehenden geschmolzenen Korund gefunden, eine Entdeckung, welcher bald die erfreuliche Erfahrung folgte, daß der die feuerflüssige Schmelze enthaltende Reaktionstiegel durch einfaches Ausgießen fast quantitativ ohne Gefahr entleert und für neue Operationen wiederholt benutzt werden konnte.

Legt man zwei vermittels eines Klemmapparates stumpf aufeinandergepreßte Schweißenden in ein Schmiedefeuer derart, daß der Klemmapparat selbst kalt bleibt, so tritt eine automatische Schweißung ein, indem die durch die Erwärmung bedingte, durch den Klemmapparat aber verhinderte Verlängerung der Schweißenden den zu ihrer Schweißung nötigen Druck erzeugt, eine mechanische Bearbeitung der zu verschweißenden Stellen also entbehrlich macht. Dieses Verfahren „des Schweißens in ruhender Lage", das wohl nur eine mehr versuchsweise als regelmäßige Anwendung gefunden haben dürfte, schien für Verfassers Zwecke besonders geeignet zu sein, weil die aluminothermisch sehr plötzlich erzeugte Hitze, ungleich schneller und in denkbar enger räumlicher Begrenzung auf Schweißstücke übertragbar, von vornherein die Möglichkeit bot, auch beim Schweißen schwerer Stücke relativ kleine, gedrungene Klemmapparate zu verwenden.

Die ersten Schweißversuche waren so angeordnet, daß in eine um die Schweißstelle gebaute äußerlich mit Formsand abgestützte kleine Blechform der geschmolzene Korund abgegossen wurde, und führten, wie angestellte Biegungen ergaben, bei Quadrat- und Rundstäben zu einem vollen Erfolg. Hierdurch ermutigt, kam Verfasser auf den Gedanken, sein Verfahren, das rücksichtlich seiner Leichtigkeit und Beweglichkeit ohne weiteres zur Vornahme von Schweißungen außerhalb der Werkstatt und in jedweder Lage der zu verbindenden Stücke geeignet erschien, an einer Aufgabe zu erproben, deren Lösung schon seit etwa 40 Jahren erstrebt wird.

Gleich nach den ersten erfolgreichen Versuchen, zwei Schienenenden mit Hilfe seines bei der aluminothermischen Stumpfschweißung von Eisenstäben beschriebenen Verfahrens zu verschweißen, machte Verfasser die Beobachtung, daß der Teil des geschmolzenen Korunds, der zuerst die noch kalten Schweißenden traf, sofort erstarrte und weder von dem nachfließenden Korund, noch selbst dann wieder verflüssigt wurde, wenn man auch das im Reaktionstiegel verbliebene feuerflüssige Metall über der Schweißstelle ausgoß. Diese sowohl als auch die Innenfläche der sie umschließenden Blechform waren, wie die Untersuchung ergab, mit einer dünnen Schicht schnell erstarrten Korunds überzogen; das nachfließende, am Boden der Form angesammelte Metall war somit nirgends in direkte Berührung mit festen Metallteilen gekommen, so daß nach dem Erkalten die ganze Masse leicht von der Schweißstelle und der Blechform abgeschlagen werden konnte.

In überraschend einfacher Weise war mit diesen Beobachtungen die Brauchbarkeit des Verfahrens erwiesen. Die dünne Korundschicht erfüllte die Anforderungen, die in diesem Falle unerläßlich waren. Sie schützte einerseits Blechform und Schweißstelle vor dem zerstörenden Einfluß direkter Berührung mit dem nachfließenden hocherhitzten Metall, ließ aber andererseits vermöge ihrer hinreichend guten Wärmeleitung dessen kalorische Energie auf der Schweißstelle in wünschenswertem Maße zur Geltung kommen. Zweifellos leitet hocherhitzter Korund die Wärme viel besser als kalter, wie denn überhaupt anzunehmen ist, daß die als Leiter zweiter Klasse bekannten sogenannten festen Elektrolyte infolge ihrer bei hoher Temperatur eintretenden stärkeren Dissoziation nicht nur bessere Elektrizitätsleiter — das Wesen der Nernstlampe beruht auf diesem Phänomen — sind, sondern auch bessere Wärmeleiter sein müssen.

Es sei hier davon abgesehen, die großen Vorteile des aluminothermischen Verfahrens der Stumpfschweißung sowie seine guten Resultate, insbesondere bei Rohr- und Schienenschweißungen, an Hand des bisher Gesagten ausführlicher zu beleuchten und zu begründen. Nur folgendes möge noch hervorgehoben werden:

In dem aluminothermischen Verfahren wird zum ersten Male ein solches geboten, welches, unabhängig von dem geübten Auge des Schweißers gestattet, die jeweils erforderliche Schweißtemperatur mit Hilfe einer empirisch festgestellten abgewogenen Thermitmenge gewissermaßen automatisch innezuhalten.

Gerade die aluminothermische Stumpfschweißung von Rohren an Stelle der bisherigen Flanschenverbindungen hat in zahlreichen in- und ausländischen Werken mit bestem Erfolg Eingang gefunden. Thermitgeschweißte Rohre bieten für Hochdruckluft-, Dampf- usw. Leitungen gegenüber anderen Verbindungsarten die Vorzüge einfacher Montage, größter Widerstandsfähigkeit und Billigkeit.

Für den Betrieb der elektrischen Straßenbahnen, bei denen der Strom durch die Schienen zurückgeleitet wird, ist eine gute elektrische Verbindung der letzteren untereinander von großer Wichtigkeit, um die sogenannten vagabundierenden Ströme, deren zerstörende, elektrolytische Einwirkung auf Gas- und Wasserleitungsrohre in den letzten Jahren unliebsame Erscheinungen genug gezeitigt hat, auf ein unschädliches Maß herabzudrücken. Als in dieser Hinsicht wirksamstes Schienenverbindungsmittel ist aber eine zuverlässige Verschweißung längst anerkannt, die jetzt von Fachleuten wohl allgemein als notwendig empfohlen wird. Aluminothermisch verschweißte Bahnnetze stellen sich überdies nicht nur in der erstmaligen Anschaffung, sondern vor allem auch in der Unterhaltung erheblich billiger als solche, die mit Hilfe von Laschen und Kupferverbindern hergestellt sind.

Das trifft in erhöhtem Maße zu, seitdem man gelernt hat, bei der Schienenschweißung sich des gleichzeitig aus dem Thermit ausgeschiedenen hocherhitzten, sehr weichen, kohlenstoffarmen und schmiedbaren Eisens zur Verstärkung der Schweißstelle in Form einer mit ihr innig verschmolzenen Fußlasche zu bedienen. Diesen Zweck erreicht man am besten mit dem sogenannten automatischen Verfahren. (Siehe Abb. 32, 33, 35, 36, 44 u. 45.)

Dabei wird das Thermit in einem eigens hierfür konstruierten Spitztiegel zur Reaktion gebracht. Unter Zuhilfenahme einer kleinen Abstichvorrichtung fließt zuerst das hocherhitzte Eisen auf den Boden der Schweißform, dort den Schienenfuß unter inniger Verschmelzung mit ihm umhüllend, während der nachfließende geschmolzene Korund durch eine in der Schweißform vorgesehene passende Öffnung auf den Schienenkopf gelangt und die Stumpfschweißung der mit der Fußlasche nicht verschmolzenen Teile der Schienenenden alsbald bewirkt. Diese Art der Schienenschweißung wird in vielen Städten des In- und Auslandes bereits seit mehreren Jahren mit bestem Erfolge bei elektrischen Straßenbahnen angewendet.

Eine erst kürzlich seitens des Verfassers vorgeschlagene Anwendungsart des automatischen Verfahrens bezweckt die partielle Verschmelzung der Schienen durch eine angegossene Leiste aus Thermiteisen, lediglich behufs einer guten elektrischen Verbindung der Schienen untereinander. Diese

Thermiteisenleiste, mit Hilfe von nur $1\frac{1}{2}$ kg Thermit hergestellt, bildet ein fest an den Schienenfuß angeschmolzenes Eisenstück von etwa 40 mm Höhe, 60 mm Länge, 50 mm Breite und demgemäß 2400 qmm Querschnitt, der unter Berücksichtigung des Umstandes, daß Kupfer etwa siebenmal besser leitet als weiches Eisen, einem Kupferquerschnitt von etwa 340 qmm, entsprechen würde. Wesentlich ist aber noch, daß diese eine sehr solide Verbindung darstellende Thermitleiste, ohne Einbringung eines fremden Metalles mit den Schienenenden innig verschweißt bzw. verschmolzen, den bei Kupferverbindern auftretenden Übergangswiderstand völlig eliminiert. Zudem ist diese Verbindungsart im Preise billiger als die Kupferverbinder.

Bei elektrischen Straßenbahnschienen mit gewöhnlicher Fußlaschenverbindung ist die Thermiteisenleistenverbindung nicht ohne weiteres anwendbar, wohl aber bei elektrischen Vollbahnen für die sogenannte dritte oder Stromleitungsschiene sehr geeignet.

Für die Verlaschung dieser Schiene wird dann eine gewöhnliche Lasche an Stelle von zweien genügen, die erforderlich sind, wenn ein Kupferbügel die Schienen leitend verbindet. Erfahrungen über die Bewährung dieser elektrischen Schienenverbindung sind in nächster Zeit zu erwarten, da seitens einer großen Elektrizitätsfirma deren probeweise Einführung beschlossen ist.

Die automatische Modifikation des aluminothermischen Schweißverfahrens ist ferner zur Verschweißung von Transmissions-, Schiffs- usw. Wellen vorteilhaft zu gebrauchen, wobei die Schweißenden an Stelle der bisher üblichen kostspieligen, weniger betriebssicheren Verschraubungen oder Verkeilungen mit einem Ringe von Thermiteisen umgossen und innig verschmolzen werden. Auch wenn es sich in Fabriken, Werften oder auf in See befindlichen Schiffen um einen Wellenbruch handelt, kann einem solchen unter anderen Verhältnissen empfindlichen Schaden vermittels des automatischen Schweißverfahrens eben wegen seiner äußerst einfachen Apparatur und Handhabung ohne besonderen Zeitverlust abgeholfen werden. — In ähnlicher Weise erfolgt auch das Verschweißen von Quadrat- und Rundstäben usw., indem die Stabenden durch Zwischengießen von Thermiteisen miteinander verschmolzen werden.

Ein weiteres Feld der Anwendung eröffnet sich dem Verfahren bei der Ausbesserung fehlerhafter, gebrochener oder abgenutzter Stahlfassonguß-, Schmiede- und Graugußstücke, weil es eine absolut sichere Verbindung des Mutterstückes mit dem Aufguß ermöglicht. Oft ist die Entwicklung des Thermiteisens auf der auszubessernden Stelle selbst angängig, so z. B. beim Anschweißen abgebrochener Walzenzapfen, wo es in manchen Fällen lediglich zum Aufweichen der Bruchfläche und ihrer innigen Verschmelzung mit dem zwecks eigentlichen Ersatzes des Bruchstückes nachzugießenden flüssigen Stahl oder Gußeisen dient.

Man besitzt in dem Thermit auch ein Mittel, überall und jederzeit geschmolzenen, sehr hoch erhitzten Stahl herzustellen, der sich zum Neuguß plötzlich gebrochener Stücke, für die ein Ersatz nicht sogleich vorhanden, vorzüglich eignet. In diesem Falle können zur Vermehrung des zu vergießenden Eisens mit dem Thermit zusammen noch 20% seines Gewichtes an kleinen Eisenteilen (Blechschnitzeln, Siebausstanzungen und dergl.) eingeschmolzen werden. Die Bedeutung des Thermits in dieser Hinsicht für die Marine, entlegene industrielle Werke usw. braucht nicht noch besonders betont zu werden.

Das Thermit hat ferner noch Anwendung gefunden zum Verringern der Gießköpfe, Hartlöten usw.; auch möge seiner als handliches Mittel zum lokalen Enthärten von Panzer- und Tresorplatten, um sie leicht durchbohren zu können, hier noch Erwähnung getan werden.

Schließlich sei dem bei näherer Überlegung hinfälligen Einwande begegnet, daß eine Schweißstelle allein durch Zusammenschmelzen mit Hilfe von Thermiteisen nicht die mechanischen Eigenschaften beispielsweise von zwei in ihr miteinander verbundenen gewalzten Stücken erlangen könne, weil sie keinem Walzprozeß unterworfen wird. Bekanntlich hat man längst gelernt, sog. Stahl- und Stahlfassongüsse, die in ihren chemischen Zusammensetzungen mit Thermiteisen übereinstimmen, von etwa den nämlichen mechanischen Eigenschaften zu gießen, wie man sie Werkstücken durch Walzen oder Schmieden erteilen kann. Verfasser erinnert nur an die Herstellung der Schiffssteven, die bei einer Festigkeit von 40 bis 50 kg eine Dehnung von über 20% aufweisen. In gleicher Weise werden auch direkt aus dem Martinofen ganz kleine Stücke, z. B. Gasfittings, aus Weicheisen gegossen, die in ihren Eigenschaften gewalzten Stücken ebenfalls nicht nachstehen. Um gleiche Resultate beim Gießen mit Thermiteisen zu erzielen, hat man also lediglich die Vorschriften zu berücksichtigen, die für das Gießen von weichem Stahlguß gelten.

Obgleich die Zahl der Verwendungszwecke des aluminothermischen Verfahrens damit noch nicht erschöpft ist, dürfte doch das bisher Gesagte zur Orientierung über den augenblicklichen Entwicklungsstand dieses neuen Wissenzweiges hinreichen. Mußten sich, durch die Eigenart der behandelten Materie bedingt, die in Vorstehendem gegebenen Schilderungen notwendigerweise in manchen Teilen über den engeren Rahmen dieser Zeitschrift hinausbewegen, so glaubte Verfasser, sie nicht übergehen zu dürfen, um das Interesse der Leser für ein Verfahren zu gewinnen, das geeignet erscheint, der Technik auch fernerhin neue, noch ungekannte Hilfsmittel darzubieten.

Verwendung des Thermiteisens.

(Gedruckt als Broschüre der Allgemeinen Thermit-Gesellschaft m. b. H., Essen (Ruhr) 1902.)

Mittels keines anderen bisher bekannten Verfahrens kann man in so kurzer Zeit, sogar ohne besondere Apparate, reines flüssiges Eisen abscheiden wie mit Hilfe von Thermit.

Eigenschaften des Thermiteisens.

Aus dem Thermit schmilzt ein Eisen aus, das schätzungsweise eine Temperatur von 3000° C und die Zusammensetzung eines weichen Flußeisens besitzt.

Es ergab zum Beispiel die Analyse eines aus aluminogenetischem Eisen hergestellten Zerreißstabes, der eine Festigkeit von 38,7 und eine Dehnung von 19% aufwies, folgendes Resultat:

C	0,10%	S	0,03%
Mn	0,08%	P	0,04%
Si	0,09%	Cu	0,09%
	Al	0,07%.	

Diese Zusammensetzung kann mit unwesentlichen Abweichungen als die reguläre des Thermiteisens angesehen werden. Der Mangangehalt wird durch Zusatz zumeist etwas erhöht. Ein höherer Gehalt an Aluminium ist nur vorhanden bei Entmischung des Thermits, das daher vor Gebrauch sorgfältigst durchgemischt werden muß*.

Infolge seiner hohen Temperatur besitzt das Thermiteisen die Eigenschaft, bei Aufguß auf ein Werkstück dessen Oberfläche sofort aufzuweichen und mit dem Stücke innig zu verschmelzen.

Besondere Tiegel für Thermit.

Das Thermiteisen wird in besonderen Tiegeln ausgeschmolzen, die aus einem mit einer Magnesiaauskleidung versehenen Blechmantel bestehen**. Es sammelt sich auf dem Boden des Gefäßes, während die aus Aluminiumoxyd bestehende Schlacke, der sog. Korund, das Eisen bedeckt. Der Korund nimmt einen dreifach größeren Raum als das Eisen ein, während sein Gewicht etwa die Hälfte von dem des angewandten Thermits beträgt: Aus einem kg Thermit wird also etwa ½ kg Eisen abgeschieden.

---

* Es geschieht die Durchmischung zuverlässig nur dadurch, daß der ganze Inhalt des Gefäßes ausgeschüttet und umgeschaufelt wird.

** Solche Tiegel sind von der allgemeinen Thermitgesellschaft in Essen a. d. Ruhr zu beziehen. Alle anderen Tiegelsorten, deren Wand aus einem kieselsäurehaltigen Material besteht, können für aluminothermische Zwecke nicht verwendet werden, da die feuerflüssige Tonerde diese durchschmilzt.

Gewinnung des Thermiteisens.

Es gibt nun zwei Möglichkeiten, das geschmolzene Eisen aus dem Thermit zu gewinnen.

a) Durch Abgießen der Schlacke.

Die Korundschlacke kann entweder zuerst vom Eisen abgegossen werden, oder das Eisen wird, was viel einfacher ist, aus einem sogenannten automatischen Spitztiegel durch ein am Boden dieses Gefäßes befindliches Abflußloch abgestochen.

Aus der Beschreibung, mehr noch aus der Praxis selbst, wird leicht zu entnehmen sein, für welches Verfahren man sich vorkommendenfalls zu entscheiden hat.

Im ersten Falle verwendet man die sogenannten Spezialtiegel. Diese werden in verschiedenen Größen dargestellt, die zwischen 1 und 25 kg zur Reaktion gebrachtes Thermit aufnehmen können.

Das Anzünden des Thermits und das Anfüllen dieser Spezialtiegel mit dem feuerflüssigen Gut geschieht auf folgende Weise:

Entzünden des Thermits.

Der Tiegel ist — besonders wenn er an einem feuchten Orte gestanden haben sollte — zunächst zu trocknen bzw. anzuwärmen, was am besten mit Hilfe einiger glühender Kohlen- oder Koksstücke geschieht. In den Tiegel werden dann einige Löffel Thermit gegeben. In die größeren Tiegel können gleich einige Kilogramm Thermit eingefüllt werden. Mitten auf das Thermit wird eine kleine Messerspitze sog. „Entzündungsgemisch" (Bariumsuperoxyd mit Aluminium) aufgestreut. Die Büchse Entzündungsgemisch ist sofort gut verschlossen beiseite zu stellen. Der ausführende Arbeiter hat eine Brille mit dunklen Gläsern aufzusetzen. Durch Einstecken eines brennenden Sturmstreichholzes oder Berühren mit einem hellrotglühenden Eisenstabe wird nun das Entzündungsgemisch und hierdurch das Thermit zur Entzündung gebracht.

Sodann wird Thermit mit Hilfe einer Handschaufel nachgegeben, so daß innerhalb einer Minute der Tiegel gefüllt ist. Tritt beim Zugeben des Thermits ein Sprühen ein, so ist nur wenige Sekunden mit dem Nachgeben zu warten. Weitere Mengen Thermit müssen in dem Maße, als dies im Tiegel zusammensinkt, nachgeschüttet werden, so daß die Glut während des Niederbrennens bedeckt bleibt.

Es folgt nun das Abgießen der Schlacke, des Korunds, das einiger Übung bedarf.

Unmittelbar nachdem im Tiegel der letzte Rest Thermit verbrannt ist, was der Fall ist, wenn sich keine schwarzen Partikelchen mehr auf der hellstrahlenden Oberfläche befinden, wird der Tiegel schnell zur Seite gekippt, wobei man zuerst stark, allmählich etwas langsamer gießt, um kein Eisen zu verlieren. Das Abgießen der Schlacke kann bei Tiegeln bis zu einem Inhalt von 4 kg von einem Mann besorgt werden. Bei den größeren Tiegeln sind hierzu unbedingt zwei Arbeiter erforderlich. Stets muß während des Ausgießens des Korunds vor oder etwas seitlich vom Tiegel ein Mann Aufstellung nehmen, der den Abgießenden das schnellere oder langsamere Abgießen zu kommandieren hat, und der schließlich mit einem etwa 1,5 m langen ca. 13 bis 15 mm dicken kalten und trockenen Eisenstab den Rest der Schlacke abzieht, die leicht an dem Stabe anhaftet. Das flüssige, hoch über seinen Schmelzpunkt erhitzte Eisen ist mit Hilfe dunkler Gläser durch seine spiegelnde Oberfläche leicht von der Schlacke zu unterscheiden. Ein sorgfältiges Abgießen der Schlacke ist die Grundbedingung einer guten Aufschweißung.

Man gießt die Schlacke, um ein Spritzen zu vermeiden, in trockenen Sand oder in einen passenden trockenen Behälter, z. B. in einen alten Tiegel.

Nachdem die letzten Schlackenteile mit dem Eisenstabe abgezogen sind, wird auf Geheiß des Schlackenabziehers der Tiegel sofort zurückgekippt und das Thermiteisen ohne Verzug auf die betreffende, vorher angewärmte Stelle gegossen, die mit einem dicht schließenden Damm ausgebrannter Formmasse umgeben ist.

Stets ist darauf zu achten, daß kein Eisen mehr im Tiegel verbleibt, da beim nächsten Gebrauch durch das Schmelzen dieses Eisens die Temperatur des Schmelzflusses entsprechend herabgedrückt werden würde.

b) Mit Hilfe des sog. automatischen Verfahrens.

Bei der zweiten bereits angedeuteten Ausführungsart des Verfahrens wird die gesamte erforderliche Menge Thermit auf einmal in den Tiegel gegeben. Hierbei benutzt man die sogenannten automatischen Spitztiegel mit einem Fassungsraum von 1 bis 100 kg und darüber, die aus einem mit Magnesia ausgekleideten Blechtrichter bestehen. Diese Tiegel zeigen im Boden eine aus einem durchbohrten Magnesiastein gebildete Ausflußöffnung, die keinesfalls größer als 10 bis 15 mm sein darf. Sollte sich die Öffnung durch den nachfließenden Korund verstopft haben, so ist sie mit einem Bohrer entsprechender Dicke und Länge von oben aus wieder auf das ursprüngliche Maß zu bringen. Auch bei diesen Tiegeln ist eine vorherige Anwärmung ratsam.

Die Öffnung des erwähnten Tiegels ist mit einem Asbestscheibchen von etwa ½ mm Dicke und 50 mm Durchmesser, auf das ein rundes Eisenplättchen von 3 mm Dicke und 30 mm Durchmesser gelegt wird, zu verschließen; das Eisenplättchen ist mittels eines Hammers leicht einzuschlagen. Durch das Unterlegen des Asbestscheibchens unter die Eisenplatte wird der unbedingt notwendige sichere Verschluß bewirkt und vermieden, daß schon während der Reaktion Thermiteisen herauströpfelt und das Abflußloch zusetzt. Ein sicheres Abdichten des Plättchens wird auch durch Verschmieren mit einer geringen Menge nicht zu feuchten Lehms bewirkt. Auf das Plättchen wird eine etwa 5 bis 10 mm hohe Schicht von feinem trockenen Sand oder Magnesiapulver gegeben und mit den Fingern etwas festgedrückt.

Das Entzünden des Thermits geschieht genau wie oben beschrieben.

Sobald die Reaktion beendet ist — nach etwa 10 bis 20 Sekunden —, wird das Verschlußplättchen mit Hilfe eines Stiftes, der so in das Abflußloch eingesetzt wird, daß er das Plättchen nicht berührt, in die Höhe gestoßen. Dieses Hochstoßen geschieht mit einer hebelartigen Vorrichtung (s. Abb. 39). Es ist nötig, sich beim Abmessen des Eisenstiftes und nach dem Einschlagen des Verschlußplättchens davon zu überzeugen, daß der Stift leicht in die Höhe zu schlagen ist und nirgends festsitzt.

Das Ablaufen der feuerflüssigen Masse aus dem Tiegel kann auch ganz automatisch erfolgen, indem auf das Verschlußplättchen keine Sandschicht gebracht wird, so daß das Thermiteisen das Plättchen durchschmilzt. Allein zumeist tritt dann das Durchschmelzen schon ein, bevor sämtliches Thermit im Tiegel zur Reaktion gelangt ist; ein Teil des Thermits brennt dann erst außerhalb des Tiegels ab, was nicht vorteilhaft ist. Schließlich kann man den Tiegel auch dadurch entleeren, daß man mit einem 10 bis 15 mm dicken trockenen Eisenstabe schnell durch die feuerflüssige Glut hindurchsticht. Diese Art des Absticheses sollte aber füglich nur als Notbehelf dienen. Die Erfahrung hat bewiesen, daß die zuerst beschriebene und abgebildete Art des Tiegelabstiches am zweckmäßigsten und sichersten ist.

Wirkung des automatisch ausfließenden Thermiteisens auf eine Eisenplatte.

Die Wirkung des automatisch ausfließenden Thermiteisens wird an dem Durchschmelzen einer eisernen Platte besonders gut veranschaulicht.

Will man beispielsweise eine Eisenplatte von 20 bis 25 mm Dicke hierzu verwenden, so gebe man in einen sogenannten automatischen Tiegel Nr. 2 (von 25 cm Höhe) 2,5 bis 3 kg Thermit. Unter dem Tiegel stelle man, wie Abb. 40 zeigt, die Eisenplatte schräg auf, etwa an einen hochkantig aufgestellten Mauerstein. Zur Aufnahme des ausfließenden Reaktionsproduktes dient am besten ein aus etwa 20 Mauersteinen abgegrenzter Raum von 75×75 cm im Geviert, dessen Boden gleichfalls aus zusammengelegten Mauersteinen hergestellt und mit einer dünnen trockenen Sandschicht bestreut wird. Die durchzuschmelzende Stelle der Platte muß etwa 10 bis 20 cm vom Ausflußloch des Tiegels abstehen.

Durch das ausfließende Eisen entsteht sofort ein scharfkantiges fingerdickes Loch in der Platte, während diese selbst infolge des schnellen Durchschmelzens kaum erwärmt wird.

Selbst wenn den 2½ bis 3 kg Thermit noch 200 g kleine Eisenteile untermischt werden, tritt noch ein Durchschmelzen der etwa zollstarken Eisenplatte ein.

Form zur Aufnahme des Thermiteisens.

Soll das Thermiteisen für Schmelz- bzw. Schweißzwecke irgendwelcher Art verwendet werden, so läßt man es in eine Form fließen, die auf Grund der in den Gießereien allgemein beobachteten Regeln anzufertigen ist. In den allermeisten Fällen wird man sich des automatischen Verfahrens als des besseren und erheblich einfacheren bedienen.

Es ist in vielen Fällen ratsam, das Eisen durch einen seitlich in der Form angebrachten Kanal einfließen zu lassen, der am unteren Teil jener einmündet, so daß das Eisen von unten nach oben aufsteigen muß. Für die Schlacke ist ein horizontaler Überlaufkanal vorzusehen, der den Einlaufkanal mit dem Forminneren verbindet und wenigstens so hoch angelegt ist, daß er über dem Niveau des ausgeflossenen Thermiteisens einmündet. Die Schlacke fließt dann über das Eisen hinweg und hält dieses noch längere Zeit flüssig, so daß ein gutes Nachlunkern stattfinden kann. Man braucht nicht sämtliche Schlacke auf das Eisen nachfließen zu lassen; durch einen passend angebrachten Ablauf kann sie aus der Form oder über diese hinweg in ein trockenes Sandbett fließen.

Betreffs der Formen, die aus Lehm, Schamotte oder dergl. hergestellt sind und mit Blech, Draht, Formnägeln usw. zusammengehalten werden, sei noch erwähnt, daß sie sorgfältig getrocknet werden müssen. Eventuell kann dies auf der auszubessernden Stelle selbst unter gleichzeitiger Anwärmung geschehen. Wo dies nicht angängig, ist die Form auf dem Werkstück in geeigneter Weise vorzutrocknen, um darauf im Schmiedefeuer oder Glühofen gebrannt zu werden. Die Größe und Höhe der Form richtet sich ganz nach der Beschaffenheit der auszugießenden Stelle. Man grenze den inneren Rand der Form 10 bis 25 mm über die Stelle hinaus ab, die man zu verschweißen gedenkt, da naturgemäß die Ränder nicht immer so gleichmäßig mit verschweißt werden wie die Mitte. Besonders bei auszuschweißenden Rissen beobachte man diese Vorschrift, denn in vielen Fällen — namentlich wenn der Thermitaufguß nicht hoch ist — tritt an den Rändern eine innige Verschweißung nicht ein.

Die Form wird nach dem Brennen auf der auszugießenden Stelle mit Formsand gut abgedichtet. Da das hocherhitzte aluminothermische Eisen ein gut Teil dünnflüssiger ist als das sonst in den Gießereien verwandte, so sind die Fugen auch besonders sorgfältig zu verstopfen. Dabei ist zu beachten, daß kein Sand in die Form hineingerät, eventuell ist dieser mit einem Blasebalg auszublasen. Ferner ist jede Feuchtigkeit in der Form zu vermeiden. Die Fugen können auch mit trockenem Silbersand gedichtet werden.

Diese Vorschriften über das Anfertigen und Abdichten der Form sind zum größten Teil selbstverständlicher Natur, und der erfahrene Former bedarf dieser kaum.

Aufstreuen von Thermit auf das ausgegossene Thermiteisen.

Will man das aufgegossene Thermiteisen besonders lange flüssig halten und eine tiefer gehende Einschweißung erzielen, so kann man auf dasselbe sofort nach Eingießen noch etwas Thermit aufschütten, das sogleich zur Reaktion gelangt. Gerade bei flachen Aufgüssen wird man hiervon manchmal Gebrauch machen. Auf einen Quadratdezimeter Schweißfläche mögen dann noch etwa ½ bis 1 kg Thermit verwendet werden.

Beimischung kleiner Eisenteile zum Thermit.

Infolge der hohen Temperatur des Thermiteisens ist es möglich, noch eine bestimmte Menge kleiner Eisenteile zur Erhöhung des Eisenquantums mit einzuschmelzen, ohne daß dieses die Fähigkeit verliert, auf kalten Eisenflächen anzuschweißen.

Das dem Thermit untermischte Schmiedeeisen muß eine möglichst große Oberfläche haben, da sonst innerhalb der wenigen Sekunden, während welcher das Thermit niederbrennt, keine genügende Schmelzung stattfindet. Am besten eignen sich hierzu kleine Siebausstanzungen, die vor dem Gebrauch durch Glühen vom Öl zu befreien sind. Auch etwa ¼ bis ½ mm dünnes zerschnittenes und zusammengestampftes Schwarzblech kann verwendet werden; größere Nägel und Schrauben sind nicht zu gebrauchen, wohl aber feine schmiedeeiserne — möglichst noch zerkleinerte —, vom Öl befreite Drehspäne.

Die Menge des Eisenzusatzes richtet sich im allgemeinen nach dem jeweilig in Anwendung kommenden Thermitquantum. Wenn nur ein paar Kilogramm Thermit entzündet werden, sieht man zumeist von einem Eisenzusatz ganz ab; bei Quantitäten von 4 bis 10 kg können 5 bis 12 % und für größere Mengen sogar 15 % genommen werden.

Wo nur eine Aufschweißung an einer Seite des Werkstückes erzielt werden soll, muß man mit dem Eisenzusatz zurückhaltender sein als in den Fällen, in denen eine vollständige Umspülung des dünnwandigen Werkstückes durch das aluminogenetische Eisen stattfindet, wie dies beispielsweise bei Verbindung von Eisenbahnschienen durch eine Umgießung des Fußes mit einer Lasche aus Thermiteisen der Fall ist. (Abb. 35).

Das gleiche gilt für Träger, die an Stelle von Vernietung oder Verschraubung mit Hilfe von Thermiteisen zusammengelötet werden sollen.

Zusatz von Silizium, Mangan, Titan zum Thermiteisen.

Zur Verbesserung des Thermiteisens wird am besten etwas Silizium und auch Mangan zugegeben. Das Silizium nimmt man in Form von 10- bis 14prozentigem Ferrosilizium. Auf das angewandte Thermit berechnet, genügen hiervon schon 0,1 bis 0,3 %. Von Mangan setzt man 3 bis 6 g auf das Kilogramm Thermit zu; am besten verwendet man Ferromangansilizid, von dem schon die Hälfte des letztangegebenen Quantums ausreichend ist. Niemals dürfen diese Zusätze dem Thermit untermischt werden, sie werden am besten in kleinen Stücken in die Form geschüttet.

Vielfach wird auch gleichzeitig ein geringer Titanzusatz 0,1 bis 0,2 % beigegeben, der zwar nicht die Härte, wohl aber die Feinkörnigkeit und Dichte des Materials erhöht. Da sich Titan leichter mit Mangan als mit Eisen legiert, so geschieht der Zusatz besser als 30prozentiges Mangantitan; er kann aber auch mit 20- bis 25prozentigem Ferrotitan erfolgen. 2- bis 4 g auf 1 kg Thermit von der einen oder der anderen Titanlegierung genügen.

Säubern und Anwärmen der zu vergießenden Stelle.

Die zu verschweißende oder mit Thermiteisen zu verschmelzende Fläche muß natürlich von Schmutz und Rost befreit werden, wenn sie auch nicht besonders blank zu sein braucht.

Ein Anwärmen ist sehr ratsam, wenigstens sollte die Stelle gut handwarm gemacht werden, um jede Oberflächenfeuchtigkeit zu entfernen. Gut ist es, bis auf dunkle Rotglut anzuwärmen; dagegen ist, wie die Erfahrung gelehrt hat, eine Anwärmung auf helle Rotglut zu vermeiden.

Thermiteisen als Lötmetall für Eisenstücke.

Mit Hilfe des Thermiteisens kann, wie schon angedeutet, Eisen mit Eisen verlötet werden, etwa so wie man Blei mit Blei zusammenlötet. Auf diese Weise ist es möglich, nicht nur Schienen und Träger, sondern auch Stäbe, Winkeleisen, Bleche, überhaupt jede Art von Schmiede- und Walzeisen miteinander zu verbinden. Eine derartige Verschmelzung mit Hilfe von Thermit ist billiger als eine solide Verlaschung und wird in manchen Fällen schon aus diesem Grunde vorzuziehen sein.

Zwischengußverfahren.

Bei massiven Stäben ist vielfach das sogenannte Zwischengußverfahren am besten anzuwenden, die Stücke werden in einem Abstand von etwa 10 bis 15 mm voneinander aufgestellt. In den Zwischenraum läßt man das Thermiteisen einfließen. Die Form ist dabei so zu gestalten, daß das Eisen allseitig etwa 10 bis 20 mm über die Ränder der zu verschweißenden Stücke greift, um diese vollständig aufzuschmelzen. Auch kann eine Zuschärfung der zu vergießenden Stoßflächen vorgenommen werden, damit eine größere Menge Thermiteisen einfließen kann. Ein geringes Zusammendrücken der Stäbe nach erfolgtem Zwischenguß ist ratsam.

Die Abb. 44 zeigt angeätzte Schnitte durch zwei auf diese Weise verschweißte Quadratstäbe von 140 mm Stärke*.

Auch in diesen Fällen kann man füglich das Eisen seitlich von unten aufsteigend in die Form einfließen lassen, doch ist es auch angängig, den Einfluß direkt über dem auszufüllenden Zwischenraum zu bewirken. Es ist aber dann, wie im vorliegenden Falle geschehen, dafür zu sorgen, daß ein genügend großer Gießkopf mit langem Gießtrichterrohr über der auszugießenden Fuge angelegt wird, damit ein gutes Nachlunkern bewirkt und das Hineinziehen von Schlackenteilen sicher vermieden wird.

Kombiniertes Verfahren der Zusammenschmelzung und Stumpfschweißung.

Es können Schienen, Träger oder Stäbe nach dem aluminothermischen Verfahren auch derartig miteinander verbunden werden, daß sie durch eine Fußlasche von Thermiteisen miteinander verschmolzen werden, während der Korund über den oberen Teil der zu verschweißenden Stücke läuft und diese auf Schweißtemperatur bringt; wird dann ein Zusammenziehen der zu verschweißenden Enden bewirkt, so tritt gleichzeitig auch eine Stumpfschweißung der (vorher blank zu machenden) Profile ein (siehe Abb. 32 und 33). In den meisten Fällen wird man jedoch von einem Zusammenziehen — das mit Hilfe eines passenden Klemmapparates zu geschehen hat — Abstand nehmen können, weil die Lasche aus Thermiteisen an sich schon eine genügend solide Verbindung ergibt (siehe Abb. 37).

Auch wenn nicht gleichzeitig eine Stumpfschweißung ins Auge gefaßt ist, so muß doch der Korund über den oberen Teil des zu verschweißenden Gegenstandes fließen, da sonst ein Hochgehen der zu verbindenden Enden erfolgen würde. Denn würde der untere Teil allein erwärmt, so würde sich nur dieser ausdehnen, und da der Kopf der Profile dieser Ausdehnung dann nicht folgen kann, muß ein Hochbiegen ganz naturgemäß eintreten.

Zusammenschweißen von Wellen usw.

Eine weitere Anwendungsweise des sogenannten automatischen Verfahrens besteht in dem Anschweißen von Ringen aus Thermiteisen zum Verbinden von Transmissionswellen, event. auch gebrochener (siehe Abb. 38).

* Nach dieser Methode sind z. B. von der Firma Rost & Co. in Dresden eine Anzahl von 140 mm dicken Quadratstäben für eine Schiebebühne zusammengeschweißt worden, die sich auf dem Chemnitzer Bahnhof befindet und seitens der Kgl. Sächs. Staatsbahn in Auftrag gegeben war. Die gen. Firma hat durch derartig hergestellte Schweißstellen mehrere Schnitte anfertigen lassen und einige dem Verfasser freundl. zur Verfügung gestellt. Die Abb. 44 zeigt die Schnittfläche angeätzt und liefert den Beweis, daß eine vollständige Verschweißung mit Hilfe des zwischengegossenen Thermiteisens erreicht worden ist.

Die Umgüsse verschmelzen aufs innigste mit dem Material, um welches das Thermiteisen gegossen wird, und verstärken die Verbindungsstelle derartig, daß der normale Betrieb wieder aufgenommen werden kann.

Schnitte durch auf diese Weise verbundene Wellen haben gezeigt, daß ein vollständiges Verschweißen stattgefunden hat, und daß beim Bearbeiten, beim Abdrehen und Schmieden das aufgeschweißte Thermiteisen von dem Material der Welle kaum zu unterscheiden ist. Derartige Güsse können selbst an Bord eines Schiffes ausgeführt werden, weil ein Bewegen mit Tiegeln, die flüssiges Eisen enthalten, völlig fortfällt. Sobald die Form, die in vorstehend beschriebener Weise auszuführen ist, fertiggestellt und angebracht ist und der mit Thermit gefüllte Tiegel über ihr hängt, ist die wesentlichste Arbeit getan.

In der nachstehenden Tabelle sind die Maße für Wellenumgüsse angegeben. Die Formenlänge ist dabei gleichmäßig mit 100 mm angenommen, die für alle Fälle genügen dürfte.

Umgüsse für zu verschweißende Wellen.

Durchmesser der Welle in mm	Formlänge in mm	Dicke des Umgusses in mm	Kilogramm Thermit (10 bis 15% Eisenstanzen zuzufügen)
40	100	15	5
50		18	7
60		19	8
70		21	10
75		22	12
80		25	14
100		32	20
110		35	25
160		50	53
200		50	60
225		50	70—75
250		50	72—78
300		50	84—90

Verschweißung von Längsnähten.

Eine Verschweißung von Längsnähten mit Thermit ist ebenfalls in vielen Fällen angängig und stellt sich als wichtig und lohnend dar. Das Verfahren ist auch hier als ein Lötverfahren zu bezeichnen, indem mit Hilfe eines Spitztiegels über bzw. in die Fuge eine Leiste aus Thermiteisen aufgegossen wird, die dann je nach Bedürfnis bearbeitet werden kann. Die Höhe und Breite dieser Leiste richtet sich natürlich nach den zu verschweißenden Blechstärken: die Breite wird zwischen 20 und 40, die Höhe zwischen 10 und 30 mm variieren. Diese Schweißungen sind natürlich am einfachsten in horizontaler Lage auszuführen. Die Verschweißung dünner Bleche von nur wenigen Millimetern Dicke dürfte nach diesem Verfahren allerdings schwierig sein;

dagegen ist es leicht, auf 8 bis 20 mm starken Blechen eine derartige Leiste anzugießen. Unter der herzustellenden Schweißnaht muß ein gut anschließender, völlig trockener, feuerfester Boden oder Kern angebracht werden, um sicher zu verhindern, daß etwa infolge Durchschmelzens des Bleches das aufgegossene Thermiteisen fortfließt, wodurch natürlich ein Loch entstehen würde. Ein vorheriges Reinigen der zu verschweißenden Naht ist nötig, ein Anwärmen derselben sehr ratsam. Die Form kann etwa gemäß der Abbildung 39 hergestellt werden.

Da das Thermiteisen beim Entlanglaufen auf einer Eisenfläche natürlich sehr schnell abkühlt, so schweißt es nur dort zuverlässig und tief genug ein, wo es einen kurzen Weg unmittelbar nach Verlassen des Tiegels zurückgelegt hat. Man wird deswegen immer nur Längen von 1 bis 2 dcm aus einem kleinen Spitztiegel zu verschweißen vermögen. Es kann jedoch die Einrichtung so getroffen werden, daß eine entsprechend lange Form mit mehreren Einlaufkanälen angefertigt wird; über letztere werden die Tiegel gestellt, deren Inhalt dann gleichzeitig zu entzünden und abzustechen ist. So kann eine beliebig lange Schweißnaht auch auf einmal hergestellt werden. Eine solche Verschweißung ist billiger als eine solide Vernietung, so daß sie bei der Anfertigung von Kesseln und Reservoiren aller Art zu empfehlen ist.

Der Vorteil einer solchen Längsnahtschweißung mit Thermit besteht ferner darin, daß eine nur schmale Stelle zu beiden Seiten der Naht erhitzt wird; der übrige Teil des Bleches bleibt kalt. Ein weiterer wichtiger Punkt für manche Fälle ist der Fortfall von Nieten und Verstärkungen, wodurch eine wesentliche Gewichtsersparnis erzielt wird.

Ausbesserungsverfahren.

Eine der mannigfaltigsten Anwendungsarten des Thermits, besonders in Maschinenfabriken, Eisen- und Stahlwerken, Reparaturwerkstätten, Werften und dergl., das sog. „Ausbesserungsverfahren“, soll noch besprochen werden.

Es ist schwer oder fast unmöglich, für jeden einzelnen Fall geltende Regeln auszuarbeiten, weil die vorkommenden Arbeiten zu verschieden sind. Die Tatsache, daß sich das Thermit bereits in viele Werkstätten in ständig wachsendem Maße Eingang verschafft hat und es dort als ein unentbehrliches Hilfsmittel gilt, mag genügen, um jedem Betriebsleiter der Eisenbranche die Notwendigkeit nahezulegen, sich mit dem Thermitverfahren, besonders für Ausbesserungszwecke, vertraut zu machen. Es genügen hierzu einige Versuche an Hand der hier gegebenen Vorschriften völlig, um ein Einarbeiten der Meister und Arbeiter zu erreichen. Da eine Beschaffung von Apparaten nicht nötig, sondern nur einige Tiegel und eine Büchse Thermit vorerst in Frage kommen, so spielt die kleine Geldausgabe keine Rolle gegenüber dem Vorteil, der daraus erwächst, beschädigte wertvolle Stücke durch eine einfache und billige Reparatur gebrauchsfähig machen zu können.

Selbstverständlich wird man auch hierbei möglichst das automatische Verfahren als das einfachere und handlichere vorziehen.

Die Praxis hat gelehrt, daß eine sichere Ausbesserung mittels Thermits wohl ziemlich bei allen in der Maschinenfabrikation vorkommenden reparaturbedürftigen Stücken möglich ist, die bereits nach früheren Methoden

„geflickt“ werden konnten. Mit Hilfe von Thermit vermag man in diesen Fällen die Ausbesserung billiger, schneller und vor allem erheblich zuverlässiger vorzunehmen, da man jetzt wirklich imstande ist, eine „Qualitätsausbesserung“ auszuführen. Das angeschweißte Stück besitzt in sich und neben der Schweißstelle fast dieselben mechanischen und chemischen Eigenschaften wie das ursprüngliche. Dieses gilt besonders von Ausbesserungen großer Stahlfassongußstücke, da das eingeschweißte Thermiteisen etwa dieselbe Zusammensetzung hat wie Stahlfassonguß und event. durch Zusatz von Mangan oder Kohlenstoff noch beliebig verändert werden kann. Bekanntlich treten, um ein Beispiel herauszugreifen, sehr häufig größere Lunker in den schwierig zu gießenden Schiffssteven ein, die oft erst nach erfolgter Bearbeitung bemerkt werden. Eine große Anzahl gerade solcher Reparaturen an Schiffssteven, bei denen zum Teil 2 bis 3 Spezialtiegel mit je 20 bis 25 kg Thermit in Anwendung kommen mußten, sind verschiedentlich auf ausdrückliche Anordnung der betreffenden Behörden im In- und Auslande erfolgreich ausgeführt worden.

In Abb. 16 ist ein Stück eines großen Zahnrades abgebildet, von welchem — behufs Demonstrierung des Verfahrens — aus drei nebeneinanderliegenden Zähnen drei etwa gleich große Stücke ausgeschlagen waren. Der in der Mitte befindliche Zahn zeigt die auszubessernde Stelle, während links von diesem der durch Aufguß von hocherhitztem Eisen vervollständigte Zahn zu sehen ist. Rechts von der Fehlstelle ist der aufgegossene und fertig bearbeitete Zahn. Um zu zeigen, daß überhaupt eine Ausbesserung an der Stelle stattgefunden hat, ist beim Abfeilen ein Stück des über den Zahnkranz hinausragenden Teiles stehengeblieben.

Abb. 30 zeigt Aufgüsse von Thermiteisen auf 20 mm starke Kesselblechen. Die Stücke sind in der Mitte eingeschnitten, dann gesprengt und behufs Markierung der Schweißung angeätzt. Man erzielt mit Thermit zwar auch ein Anschweißen des Thermiteisens auf kaltem Stücke, besonders an der Stelle, wo der erste Strahl auftrifft, aber die Anschweißung ist dann zumeist nicht so gleichmäßig; deshalb sollte stets, wie schon angegeben, eine Anwärmung des Stückes geschehen. In der Praxis werden allerdings vielfach auch auf nicht angewärmte Stücke — besonders da, wo es sich um Ausbesserung sog. Schönheitsfehler handelt — mit Hilfe von Thermit Aufschweißungen gemacht.

Das Vorwärmen geschieht entweder in einem Flammofen odeı man bedient sich zu partieller Anwärmung eines Schmiedefeuers, Koksbeckens, einer Lötlampe oder dergl.

Anwärmen mit Hilfe von Thermit.

In vielen Fällen ist es aber besonders vorteilhaft, auch zum Anwärmen Thermit zu nehmen, indem man die Stelle mit dem feuerflüssigen Thermit übergießt, also für diesen Zweck sowohl Schlacke als auch Metall verwendet. Es ist schwer, hier eine allgemein gültige Regel zu geben, in welchem Falle es von besonderem Vorteile, ja sogar notwendig ist, die Anwärmung mit Thermit vorzunehmen; der Praktiker wird bald dabei richtig entscheiden lernen. Gerade bei sehr großen kompakten Stücken, die oft eine viele Stunden lange Anwärmung erfordern, ist Thermit schon deswegen vorgezogen worden, weil diese Anwärmung nur etwa ebensoviel Minuten als bei Zuhilfenahme eines Koksfeuers Stunden dauert. Da ferner die Anwärmung mit Thermit einen weit kleineren Raum in Anspruch nimmt als ein Koksfeuer, so ist jenes zumeist in allen den Fällen zu wählen, wo Platzmangel vorhanden ist. Auch bei gewissen Reparaturen, bei denen das Werkstück nicht zu demontieren ist, ist eine Anwärmung mittels Thermits oft unumgänglich.

Die behufs Anwärmung aufzugießende Thermitschicht wähle man im allgemeinen 25 bis 40 mm dick, je nach Stärke und Umfang des Stückes. Als Unterlage zur Berechnung der aufzugießenden Thermitschicht diene der Hinweis, daß das spezifische Gewicht des geschmolzenen Thermits praktisch nur zu 3,6 anzunehmen ist, da in der Schlacke sich Hohlräume bilden.

Zum Anwärmen benutzt man am besten Thermit Marke „Weiß“, weil dieses eine etwas zähflüssigere Schlacke liefert als Thermit „Schwarz“ und „Rot“ und deswegen selbst bei etwas unvorsichtigerem Aufgießen noch sicherer das Anschmelzen des Metalls auf dem Werkstück verhindert*.

Vergießen von Rissen mit Thermiteisen.

Handelt es sich um das Vergießen von Rissen, so sind diese je nach der Größe, Form und Stärke des Werkstückes mittels Meißels, Bohrers oder Hobels zu erweitern. Dies muß mindestens auf 10 mm Breite geschehen. Da man dafür Sorge zu tragen hat, daß eine genügende Menge Eisen in den betreffenden Riß eintreten kann, um mit den Rändern völlig zu verschmelzen, so muß bei Wandstärken von 50—60 mm der Sprung auf etwa 25 mm Weite vergrößert werden. Ist die Wandung dicker bzw. der Riß tiefer gehend, so erweitert man die Breite der Risse auf je 20 mm Tiefe noch etwa um weitere 6 mm. Ist z. B. ein aufgehauener Riß 10 mm breit, so wähle man die lichte Breite der Form möglichst 40 mm. Bei einem tiefen Loch muß ein entsprechend höherer Gießkopf des Nachlunkerns wegen aufgesetzt werden. Gerade in diesen Fällen ist das Nachstreuen von Thermit besonders anzuraten, um eine zuverlässige, tiefer eingehende Verschmelzung des Thermiteisens zu bewirken.

Ausbessern schmiedeeiserner Rohrkrümmer.

Derartige Ausbesserungen werden beispielsweise auch an großen schmiedeeisernen Röhren oder anderen Walzkörpern vorgenommen, die durch Biegen oder Bearbeiten Risse erhalten haben oder andere schadhafte Stellen aufweisen. Diese Aufschweißungen dürften sich in den meisten Fällen als besonders lohnend erweisen (s. Abb. 46).

* Für die Anwärmung auf Schweißtemperatur (aluminothermisches Stumpfschweißverfahren, besonders in Anwendung zum Aneinanderschweißen schmiedeeiserner Rohre) wird Thermit Marke „Rot“, für die Aufschweißungen auf Guß- und Schmiedeeisen Thermit Marke „Schwarz“ verwendet. Ferner wird noch ein Thermit Marke „Weiß“ dargestellt, das eine etwas dickflüssigere Schlacke ergibt als „Schwarz“ und „Rot“ und zum lokalen Anwärmen für niedrige Temperaturen, z. B. zum stellenweisen Enthärten von Panzer- und Tresorplatten, auch zum Hartlöten Verwendung findet. Der thermische Effekt von „Rot“ und „Schwarz“ ist gleich hoch, nur scheidet „Schwarz“ ein sehr reines Eisen aus, während für Herstellung von „Rot“ hierauf keine Rücksicht genommen ist, da das dabei ausgeschmolzene Eisen keine Verwendung als solches findet. Es kann also in allen Fällen Thermit „Schwarz“ für „Rot“ genommen werden, aber nicht umgekehrt „Rot“ für „Schwarz“. Thermit „Schwarz“ wird deswegen am häufigsten verwendet. Thermit „Weiß“ gibt eine etwas geringere thermische Ausbeute.

Ausbessern kleiner Löcher auch im Gußeisen.

Es lassen sich bei einiger Übung auch kleinere Löcher, Poren und dergl. mit Thermiteisen vorteilhaft ausgießen. Dies muß in vielen Fällen ohne Anwärmung geschehen. Man gießt die Löcher bis zum reichlichen Überlaufen voll; nach dem Erstarren des Eisens hämmert man dasselbe unter Zuhilfenahme eines Stempels oder dergl. fest ein. So ist es beispielsweise möglich, kleine Löcher einer Walze, die beim Abdrehen bemerkt werden, auszubessern, ohne daß die Walze von der Drehbank entfernt wird. Das Ausgießen von Löchern und Rissen mit Hilfe von Thermiteisen wird auch in einigen Werken erfolgreich bei Gußeisenstücken angewendet, wozu allerdings etwas größere Übung und Erfahrung gehört als bei Schmiede- und Stahlgußstücken.

Nachglühen des aufgeschmolzenen Thermiteisens.

Ein Nachglühen des aufgeschmolzenen Thermiteisens ist dann zu empfehlen, wenn die Schweißstelle besonderer Beanspruchung ausgesetzt ist. Durch das Ausglühen mit langsamer Abkühlung werden etwaige schädliche Spannungen vermieden und das Gefüge wird feiner.

Zuweilen ist das Nachglühen des ganzen Werkstückes sogar geboten, z. B. bei zerteilten Stücken, Rädern, Antriebscheiben und dergl.

Erhöhen der Festigkeit des Thermiteisens durch Zusatz von Mangan und Kohlenstoff.

Über die Zusammensetzung des Thermiteisens ist bereits zu Anfang Näheres gesagt. Durch mehr oder minder große Zusätze von Mangan usw. hat man es in der Hand, die Härte des Materials zu erhöhen.

Am zweckmäßigsten wird ein höherer Härtegrad des Thermiteisens durch Zusatz von Kohlenstoff, der durch einen Gußeisenzusatz herbeigeführt wird, erreicht. Man wählt füglich ein möglichst reines, weißstrahliges Gußeisen mit sehr geringem Gehalt an Phosphor und Schwefel sowie möglichst kleinen Mengen, z. B. 0,2 bis 0,5% Silizium, während ein oder einige Prozent Mangan im allgemeinen ohne Nachteil sind.

Das betreffende Gußeisen wird, wenn nötig, unter vorheriger Erwärmung und schneller Abschreckung zu etwa haselnuß- oder walnußgroßen Stücken zerklopft und in den Tiegel geworfen, nachdem die Reaktion mit einer geringen Menge Thermit eingeleitet ist und sich schon etwas Thermiteisen am Boden des Tiegels gebildet hat. Durch das Zugeben des Gußeisens entsteht zumeist ein heftiges Aufwallen im Tiegel.

Thermitstahl.

Ein Zusatz von etwa 100 bis 250 g Roheisen auf 1 kg Thermit ergibt einen harten Stahl von feinkörnigem Gefüge, der sich gut schmieden läßt. Die Gußeisenstücke, welche zugegeben werden sollen, können im Schmiedefeuer vorher angewärmt werden; noch besser aber ist es, das Gußeisen in flüssiger Form zuzufügen. In dem Falle kann man dem Thermiteisen noch weit größere Mengen Gußeisen zusetzen, so daß auf diese Weise ein besonders harter schmiedbarer Werkzeugstahl erzielt wird. Ein Umrühren der feuerflüssigen Mischung ist nötig.

Anschweißungen von Thermitstahl.

Wenngleich durch den Zusatz von Roheisen das Thermiteisen abgekühlt wird, so eignet sich doch dieser so hergestellte Stahl gut zum Aufschweißen, zumal wenn das Werkstück genügend vorgewärmt ist. Man kann also auf diese Weise Stahl mit weichem Eisen direkt verschweißen bzw. einen festanhaftenden Stahlaufguß auf weichem Eisen erzielen.

Geringe Mengen von Roheisen, 20 bis 25 g, genügen schon, um ein merklich härteres Thermiteisen zu bekommen. Die Güsse mit geringerem Zusatz von Gußeisen sind oft zu empfehlen, weil sie nicht so weich sind wie die aus reinem Thermiteisen.

Anwendung des Thermiteisens zum Aufweichen der Schweißflächen.

Es kann auch ein homogenes Angießen, das wohl allgemein mit „Anschweißen" bezeichnet wird, mit Hilfe von Thermit in der Weise erfolgen, daß das Thermiteisen in erster Linie dazu dient, die Schweißfläche aufzuweichen, während der Anguß selbst mit Gußeisen oder Stahl ausgeführt wird. Zu dem Zweck ist eine 10 bis 20 mm hohe Schicht von Thermiteisen erforderlich, das entweder nach Abgießen der Korundschlacke aus dem Tiegel auf die Schweißfläche gegeben wird, oder das man mit Hilfe des automatischen Verfahrens mitsamt der aus dem Tiegel nachfließenden Schlacke auffließen läßt. Im letzteren Falle ist dafür zu sorgen, daß die Schlacke (wie dies in Abb. 39 veranschaulicht ist) seitlich über das Thermiteisen fließt, sodaß es nicht direkt auf das zuerst ausgeflossene Eisen aufschlägt.

Aufweichen der Schweißfläche durch Thermit ohne Anwendung eines Tiegels (Methode Lochner).

Schließlich kann auch noch das Thermit — ohne Anwendung eines Tiegels — auf der Schweißfläche entzündet werden*. Um zu verhindern, daß sich hierbei Korund auf ihr festsetzt, wird zuvor eine Schicht Gußeisen oder Stahl von 5 bis 10 mm Höhe aufgegossen; die gesamte Menge Thermit — auf 1 qdcm etwa 1½ kg — wird mit einem Male aufgegeben und in beschriebener Weise zur Entzündung gebracht**.

Anschweißen abgebrochener Walzenzapfen.

Die Hauptanwendung des Thermits zum Aufweichen der Schweißfläche besteht im Anschweißen abgebrochener Walzenzapfen. Das früher übliche Überlaufenlassen großer Mengen flüssigen Eisens fällt fort, auch das starke Anwärmen mit großem Koksfeuer auf Rotglut, da im vorliegenden Falle ein ganz geringes Anwärmen völlig genügt. Schließlich läßt sich auch das Verfahren für hohl ausgebrochene Walzen verwenden; die Bruchfläche braucht nicht einmal gerade abgeschnitten zu werden. Die Unebenheiten werden mit Eisen ausgegossen und dann sogleich Thermit auf dieser so hergestellten Fläche zur Entzündung gebracht.

* Diese Methode stammt von Betriebschef Lochner der Gutehoffnungshütte in Sterkrade bei Oberhausen.

** Die Temperatur des flüssigen Gußeisens genügt nicht, um das Thermit zur Entzündung zu bringen.

Wird das Thermit auf der Schweißfläche in der Form selbst entzündet, so setzt sich auch an den Seiten der Form Korund an, der sofort mit zugeschärften Eisenstäben loszustoßen ist. Einfacher ist es, wie Abb. 42 zeigt, einen aus etwa 10 mm dickem Gußeisen bestehenden Schutzring, dessen Innenseite mit trockenem Lehm versehen ist, auf der Schweißfläche sorgfältig abgedichtet in den Formkasten einzusetzen und innerhalb dieses Ringes die Reaktion vorzunehmen. Dabei ist zu beachten, daß innerhalb des Ringes kein feuchter Lehm, der zum Abdichten verwendet wird, haften bleibt. Unmittelbar nach der Entzündung überdecke man die Form mit einem eisernen oder auch hölzernen Deckel. Das Holz kohlt zwar an, brennt aber nicht.

Selbstredend ist ein Zurücktreten um mehrere Schritte gleich nach erfolgter Entzündung notwendig.

Nachdem die Reaktion beendet ist, die, auch wenn größere Mengen Thermit — beispielsweise 60 kg — auf einmal zur Verwendung kommen, nur etwa eine halbe Minute dauert, ist der Deckel zu entfernen.

Nach Zugabe von flüssigem Eisen ist der Ring, an den sich nun der Korund angesetzt hat, mit Hilfe zweier angegossener Ösen herauszuziehen. Der Ring kann wiederholt benutzt werden.

Läßt man das Thermiteisen aus dem Tiegel nach der einen oder anderen der beschriebenen Methoden auf die Schweißfläche fließen, so fällt das vorherige Aufgießen einer Schutzschicht von Gußeisen oder Stahl fort, ebenfalls das Einsetzen des Ringes, denn der aus dem Spitztiegel nachfließende Korund erstarrt sofort an den Wänden der Form und kann dort, soweit er sich nicht bereits von selbst ablöst, leicht mit zugeschärften Eisenstäben abgestoßen werden.

In allen Fällen ist dafür zu sorgen, daß das nachgegossene Eisen sich innig mit dem Thermiteisen vermischt; es muß deswegen mit eisernen Stäben tüchtig gerührt werden; das flüssige Eisen muß nach und nach zugegeben werden, besonders im Anfang der Operation. Auch soll vorher mit Eisenstäben getastet oder gemessen werden, wie tief die Aufweichung der Schweißfläche stattgefunden hat; gegebenenfalls ist noch Thermit nachzuschütten. Im allgemeinen wird aber mit 1½ kg Thermit auf 1 qdcm schon ein Aufweichen von einigen Zentimetern Tiefe bewirkt.

Sehr wichtig ist es, daß man nach diesem Verfahren nicht nur Gußeisen mit Gußeisen sicher verschmelzen kann, sondern auch Gußeisen mit Stahl und umgekehrt (s. Abb. 28 und 29).

So kann beispielsweise ein Walzwerk, dem kein flüssiges Gußeisen zur Verfügung steht, mit Hilfe seines flüssigen Stahls die abgebrochenen Walzenzapfen selbst im eigenen Betriebe wieder anschweißen.

Besonders nach dem Abstichverfahren kann auch der Ungeübte in schneller und einfachster Weise sowohl kleine als auch große Mengen aluminothermischen Eisens herstellen.

Thermiteisen zum Gießen eiliger Ersatzteile.

Eine so bequeme Art der Erschmelzung schmiedbaren Eisens ist für Aushilfezwecke ganz besonders vorteilhaft, nämlich zum Gießen von Ersatzteilen aller Art, vornehmlich auch von solchen, die aus Stahlfassonguß hergestellt werden müssen und auf deren Anfertigung sonst lange zu warten ist. In dem Falle kann man dem Thermit reichlich 20% kleine schmiedeeiserne Abfälle untermischen. Man erhält dann aus 1 kg Thermit etwa 3/4 kg flüssiges Schmiedeeisen, zumal wenn man nicht weniger als 10 kg Thermit auf einmal verwendet. Diese Anwendung des Thermits ist für entlegene Werke besonders, Berg- und Hüttenwerke, auch an Bord von Schiffen, von nicht zu unterschätzender Bedeutung.

Verwendung gewöhnlicher Tiegel (mit Bodenabfluß) als Notbehelf.

Bei Anwendung des automatischen Verfahrens, besonders für den eben beschriebenen Fall, ist es nicht durchaus nötig, Tiegel mit der erwähnten basischen Auskleidungsmasse zu verwenden. Wenn nämlich nur eine, höchstens zwei Operationen vorzunehmen sind, kann man im Notfall einen gewöhnlichen hessischen Tiegel, selbst einen gebrauchten Graphittiegel verwenden, den man zum Schutz gegen Auseinanderbersten in eine passende Blechhülle einsetzt und den Zwischenraum mit trockenem feinen Sand anfüllt. Das Abbrennen und Ausfließen aus dem Gefäß geht so schnell vonstatten, daß die Innenwandung nur wenig angegriffen wird, besonders wenn diese glatt ist. Eine Aufnahme von Silizium durch das ausfließende Eisen ist hierbei natürlich nie ganz zu vermeiden; dieselbe kann gegebenenfalls über 1% sein; aber selbst dieser Gehalt ist für manche Fälle belanglos.

Wesentlich ist es, dafür zu sorgen, daß auch diese Tiegel mit einem kleinen Abflußloch, wie oben angegeben, versehen sind; noch besser ist ein durchlochter Magnesiastein in einen derartigen Tigel einzusetzen*.

*) Die durchlochten Magnesiasteine sind auch von der Allgemeinen Thermit-Gesellschaft, Essen-Ruhr, zu beziehen.

Über Aluminothermie.

(Vortrag am 28. März 1903 in der Monatsversammlung der „Österr. Gesellschaft zur Förderung der chemischen Industrie" in Prag, Öst. Chemiker-Zeitung, 1903, S. 265—269).

„Meine Damen und Herren! Gestatten Sie, daß ich vor allem Ihnen meinen verbindlichsten Dank sage für die freundliche Einladung, die mir zuteil wurde. Ich bin ihr außerordentlich willig, wenn auch wider meinen Willen verspätet, nachgekommen. Mein Dank gilt vor allem den Herren vom Vorstande. Auch Herrn Professor Tuma habe ich dafür zu danken, daß er mir seinen großen Hörsaal in so zuvorkommender Weise zur Verfügung gestellt hat.

Nun zum Thema! Wenngleich ich annehmen kann, daß Ihnen das Wesen der Aluminothermie bekannt ist, besonders meinen verehrten chemischen Kollegen, so glaube ich doch in erster Linie mit Rücksicht auf die Damen, die mich mit ihrer Anwesenheit beehrt haben, einige Worte darüber sagen zu dürfen, was Aluminothermie ist. Um hohe Temperaturen zu erzeugen, verbrannte man bisher Kohle oder kohlehaltige Körper. Aber diese sind nicht die einzigen Stoffe, die brennbar sind, sondern auch Metalle zeigen diese Fähigkeit, und zu diesen gehört auch, was bislang nicht bekannt war, das Aluminium. Dieses verbrennt unter gewissen Umständen mit Sauerstoff wie die kohlehaltigen Körper. Ich nehme nun den Sauerstoff nicht aus der Luft, sondern in fester Form, nämlich in Form von Metalloxyden, das sind Verbindungen der Metalle mit Sauerstoff, die feste Körper sind. Mische ich Aluminium mit diesen Oxyden oder Sauerstoffverbindungen zusammen, so habe ich bereits eine Mischung, die brennbar ist. Das Eigenartige dabei ist, daß, wenn diese Mischung an einer Stelle entzündet wird, wozu eine hohe Temperatur nötig ist, die Gemische von selbst weiterbrennen und nun Temperaturen ergeben, die bisher nur mit Hilfe von Elektrizität hervorzubringen waren, Temperaturen, die wohl um 1000° C höher sind, als die im Hochofen erzeugten. Genaue Messungen kann man nicht anstellen, da diese nur bis etwa 1800 ° C reichen. Es ist also die aluminothermische Reaktion eine außerordentlich einfache. Ich habe die beiden Körper Sauerstoff und Metall gemengt, und zwar Sauerstoff zum Beispiel in Form von Eisenoxyd und Aluminium als Pulver. Entzünde ich das Gemisch, so trennt sich das mit dem Sauerstoff verbundene Metall von diesem und man bekommt erstens die Verbindung des Sauerstoffes mit Aluminium, das Aluminiumoxyd, das auch Korund genannt wird, und zweitens metallisches Eisen. Ich werde Ihnen diese Reaktion hier zeigen, damit Sie sehen, wie rasch die Temperatur einsetzt.

Sie sehen, daß die Mischung nach dem Entzünden ruhig weiterbrennt. Der Tiegel bleibt dabei von außen kalt, so daß ich ihn ganz ruhig anfassen kann. Das Entzünden hat allerdings anfänglich große Schwierigkeiten verursacht. Mit Hilfe eines leichter entzündbaren Gemisches (Bariumsuperoxyd und Aluminium), sogenanntes Entzündungsgemisch, ist das Einleiten der Reaktion mit Hilfe eines Streichholzes möglich. Der ganze Vorgang ist außerordentlich einfach. Ich werde da an eine Frage erinnert, die mir neulich von einem der Chemie Fernstehenden gestellt wurde: ‚Eine chemische Erfindung zu machen, ist wohl sehr schwer?' Ich mußte offen antworten: ‚Nein, wirklich nicht.' Und es wird Ihnen dies einleuchten, wenn ich erkläre, die Reaktion, die wir jetzt gesehen haben, ist strenge genommen die einfachste, die wir Chemiker uns denken können; Aluminium und Sauerstoff, die sich verbinden, sind nämlich die Elemente auf unserem Planeten, die am häufigsten vorkommen! Allerdings, eine Beobachtung in die Praxis zu übersetzen und sie vor allem in die Technik einzuführen, das ist etwas schwieriger!

Die Anwendungen, die diese einfache Reaktion gefunden hat, sind sehr mannigfaltig, und dieser Abend würde nicht hinreichen, wollte ich ein eingehendes Bild geben von den vielgestaltigen Anwendungen, die sich auf Basis dieses eben gezeigten Experiments gründen. Ich kann deswegen nur über das Wichtigste und von diesem auch nur zum größten Teile andeutungsweise sprechen. Die praktische Verwendung dieser Reaktion umfaßt:

1. die Darstellung kohlefreier Metalle,
2. die Schweißverfahren und
3. die Anwendung von Thermit zum Veredeln von Eisen und Stahlgüssen.

Ich komme nun zum ersten und ältesten Teile, zur Metallurgie, zur Abscheidung kohlefreier Metalle. Ich hatte, als ich vor einigen Jahren mit diesen Arbeiten begann, mein Augenmerk besonders auf die Herstellung von reinem Chrom gerichtet, ein Metall, das in einem größeren Stücke hier vor Ihnen liegt. Das reine Chrom verhält sich wie ein edles Metall, es bleibt völlig blank; es ist bereits eine kleine Literatur über sein eigenartiges physikalisch-chemisches Verhalten vorhanden, die sich besonders an die Namen Hittorf und Ostwald knüpft. Auch Mangan kann man auf die gleiche Weise gewinnen, indem man ein Gemisch von Manganoxyd und Aluminium zum Abbrennen bringt.

Dieses reine Mangan wird besonders in der Kupferindustrie für die Herstellung von Mangankupfer gebraucht, und zwar wird gewöhnlich 3–5%iges Mangankupfer erzeugt, welches sehr feuerbeständig ist und für Lokomotivbolzen Verwendung findet. Das Mangan wird auch in der Stahlindustrie zur Erzeugung von sehr zähem Manganstahl verwendet, der besonders für Bolzen Verwendung findet; es werden 10—14% Mangan zugesetzt.

Auch Ferrotitan wird auf aluminothermischem Wege hergestellt, das zur Stahlerzeugung dient. Gleichzeitig mit der aluminothermischen Metalldarstellung entsteht, wie erwähnt, als zweites Produkt Aluminiumoxyd, sogenannter Korund, der eine außerordentlich große Schleiffähigkeit und Härte besitzt. Der natürlich vorkommende Korund ist nicht so hart, weil er nicht so rein ist; er enthält etwas gebundenes Wasser, Eisen und Silizium, die in diesem künstlichen nur in sehr geringer Menge, soweit Wasser in Frage kommt, überhaupt nicht vorhanden sind.

Die wichtigsten und wohl interessantesten Teile der Aluminothermie bilden die Schweißverfahren. Diese beruhen wieder auf dem Prinzip, welches Sie gesehen haben, nämlich darauf, daß in diesem Falle, und das ist auffallend, mit einem viel teuerern Metall ein recht unedles und billiges Metall ausgeschieden wird, nämlich das Eisen; ich stelle mit Aluminium Eisen dar!

Aber dieses Eisen ist mit einer außerordentlich hohen Temperatur, beiläufig 3000° C begabt, also einer Temperatur, mit der man Eisen bisher auf so einfache und schnelle Weise und dabei so rein nicht darstellen konnte. Ich habe den kalorischen Effekt dieser aluminothermischen Eisenabscheidung untersucht und hier auch auf einigen Wandtafeln angegeben. Ich möchte Sie aber nicht mit Zahlen belästigen. Nur auf die eine Tabelle möchte ich Sie aufmerksam machen, auf der Sie sehen, daß ich den kalorischen Effekt ins Verhältnis gesetzt habe mit dem eines elektrischen Ofens, und zwar mit einem sehr großen Ofen von 500 Pferdekräften. Dann ergibt sich das sehr überraschende Resultat, daß das Verhältnis der beiden Energiedichten, wenn ich die ganze Wärmemenge des Thermits berechne, 1: 182, die disponibele 1: 50 ist.

Das Thermit entwickelt also eine kalorische Dichte der Energie, wie sie überhaupt auf der Erde noch nicht bekannt war. Um Ihnen den Effekt zu zeigen, möchte ich Ihnen hier noch einmal eine solche Reaktion vorführen und das Thermiteisen auf eine etwa 1 Zoll starke Stahlplatte fließen lassen; es wird in diese Platte sofort ein scharfkantiges Loch eingeschmolzen. (Abb.17.)

Es sind dazu etwa 1—2 kg Thermit nötig. Es brennt, einmal entzündet, wie Sie sehen, in sich weiter. Gleich werden Sie die feuerflüssige Masse am Boden des Tiegels durchfließen sehen. Die durchschmolzene Platte bleibt dabei vollständig kalt; man kann sie mit ungeschützten Händen hochheben.

Ist nun das Thermit wirklich nichts weiter als Eisenoxyd und Aluminium? Ist nicht doch noch etwas „ganz Besonderes" dabei? Darauf muß ich antworten: Im wesentlichen und im Prinzip ist es tatsächlich nichts weiter, als eine äquivalente Mischung von Eisenoxyd mit Aluminium. Dies ist ja auch leicht nachzuprüfen, und man wird sich auch unschwer ein Gemenge herstellen können, das brennt. Ihnen ist bekannt, daß Präparate, die ebenfalls exothermisch wirken, wie Schießpulver und Dynamit, einfach darzustellen sind; Sie wissen, wie gefährlich gerade deswegen Dynamit ist, wie viele nihilistische Verbrechen gerade dadurch ermöglicht worden sind. Alle solche Mischungen, die von Laien dargestellt worden sind, brennen wohl, aber einen regelmäßigen gleichen thermischen Effekt, den die Technik verlangt geben diese roh angefertigten Präparate nicht. Als Junge hat man woh, versucht, Schießpulver herzustellen. Man mischt die Bestandteile Salpeter, Schwefel und Kohle zusammen, das Gemisch brennt auch, aber einen den modernen Anforderungen entsprechenden explosiven Wert besitzt solches Pulver nicht! Es kommt bekanntlich sehr viel auf die physikalische Art und Verteilung der Stoffe an. So wird das Dynamit sehr verschiedenartig zubereitet und gibt auch dementsprechend verschiedene Effekte. Die Hauptsache ist, daß dieser Effekt gleichmäßig ist. Und so hat es auch mir viel Arbeit verursacht, ein technisch verwendbares Thermit zu bekommen. Es waren besonders physikalische Einzelheiten, die studiert sein wollten, die in der Fabrikation zu beobachten waren und die mancherlei Spezialeinrichtungen und Maschinen erforderten.

Thermit gibt ein weiches, schmiedbares Eisen, und das ist von ganz besonderem Werte für die vielseitige technische Anwendung. Das Thermiteisen ist sehr hoch erhitzt, es dient deswegen geradezu als Lötmaterial oder, wenn ich mich genau ausdrücken will, als Lötmetall. Ich will auch einen solchen Versuch vorführen. Ich habe eine kleine Form, in die ich Thermiteisen aus einem Spitztiegel einfließen lasse, während die Schlacke über das Eisen fließt. Damit Sie den Effekt sehen, lasse ich auf eine schmiedeeiserne Platte das Thermiteisen auffließen, das so heiß ist, daß es die Oberfläche der Platte aufweicht und innig mit dem Stücke verschmilzt. Hier sind auch einige so hergestellte Proben vorhanden und einige Stücke sind auch durchgeschnitten und angeätzt, aus denen die innige Verschweißung bzw. Verschmelzung zu erkennen ist. (Abb. 30.) Gerade auf diese Tatsache baut sich eine ganze Reihe von Verfahren auf, in denen überall das Thermiteisen verwendet wird, sei es, um Höhlungen in Metallen, die unabsichtlich entstanden sind, auszufüllen, oder gebrochene Stücke zu verbinden, sei es, um Träger oder Schienen miteinander zusammenzuschmelzen. Es wird also dieses Verfahren sehr viel benutzt in Stahlwerken, um Stahlstücke (Abb. 16), die nicht ausgelaufen sind, sog. Lunkerstellen, aufzufüllen, und es ist gerade diese Anwendung des Verfahrens, die sich sehr verbreitet hat. Es wird wohl genügen, wenn ich sage, daß dieses Thermit für Ausbesserungen aller Art auf einzelnen Werken tonnenweise verbraucht wird.

Nunmehr gehe ich zu der Beschreibung der Anwendung des Verfahrens über, das zu den wichtigsten und bedeutendsten gehört, nämlich zur aluminothermischen Schienenschweißung. Die Ausführung des Verfahrens ist wiederum sehr einfach. Es wird um die Schiene eine passende Form gelegt, die mit Lehm abgedichtet wird; dann wird ein sogenannter Spitztiegel über diese gestellt, Thermit hineingegeben und angezündet. (Abb. 32.) Nach etwa 10 Sekunden wird der Tiegel am Bodon mit Hilfe einer hebelartigen Vorrichtung abgestochen (Abb. 36); es fließt dann zuerst reines Thermiteisen aus, welches sofort die Schienenenden verschmilzt. Es geht erfahrungsgemäß die Arbeit des Verschweißens schneller von statten, als die der Verlaschung. Es wird da aber wohl das Bedenken laut, ob man Schienen überhaupt verschweißen darf (Abb. 47); ob man nicht — um der Ausdehnung bei höherer Temperatur Rechnung zu tragen — einen genügenden Zwischenraum lassen muß, der durch geeignete Verschraubungen gewährleistet wird? Darauf ist zu antworten: Den Straßenbahnschienen — und um die Aneinanderschweißung dieser handelt es sich in erster Linie — ist die freie Ausdehnung deshalb größtenteils benommen, weil sie völlig im Pflaster liegen. Gegen die Geltendmachung des Ausdehnungskoeffizienten wirkt die Reibung; beide Kräfte heben sich also in der Praxis auf.

Daß dies wirklich der Fall ist, hat eine nunmehr dreijährige Erfahrung erwiesen, und auch angestellte Berechnungen ergeben es. Man kann tatsächlich Straßenbahnschienen kilometerweise verschweißen; dies ist, um nur ein Beispiel zu nennen, im vergangenen Jahre in Ludwigshafen geschehen, wo kein einziger Stoß gebrochen ist, obwohl der Winter dort Temperaturen von mehr als — 20° R brachte. Die Schienen liegen dort in gewöhnlicher Chaussierung.

Es ist übrigens bereits seit einer Reihe von Jahren gebräuchlich, daß die Straßenbahnschienen ohne jeden Zwischenraum verlegt werden. Anders liegen die Verhältnisse auf der Hauptbahn. Da können die Schrauben der Laschenverbindungen jederzeit nachgezogen werden, dagegen müßte bei den Schienen der Straßenbahnen zu diesem Zwecke das Pflaster stets aufgerissen werden! Um dies zu vermeiden, muß also eo ipso die Verbindung der Straßenbahnschienen so starr als möglich sein; die starrste, also beste Verbindung ist logischerweise eine Verschweißung. Es ist noch besonders hervorzuheben, daß ein Weichwerden der der Schweißung nächstliegenden Stellen oder der Schweißstelle selbst nicht erfolgt. Man kann nach sachgemäßer Ausführung die Schweißstellen nicht mehr erkennen. Wie schon angedeutet, liegt die Frage der Schienenschweißung auf Strecken der Hauptbahn, bei freiliegenden Schienen, sehr viel anders. Hier fehlen mir bisher praktische Erfahrungen, und ich kann mich da nur soweit aussprechen, als eine Reihe von Fachgelehrten auch hier eine Verschweißung für möglich und vielfach sehr wünschenswert hält, allerdings nicht für endlose Strecken, sondern man wird sich vorläufig mit Längen von 30—50 m begnügen. Hier liegen die Verhältnisse weit schwieriger und sie sind viel mannigfaltigerer Natur als bei den Straßenbahnschienen; trotzdem wird man nicht fehlgehen, wenn man sagt: Früher hatte man 9 m lange, später 12 m und jetzt 18 m lange Schienen, und so wird man auch bis 50 m lange Schienen durch Verschweißung herstellen können. Denn man ist ja imstande, die Reibung eventuell durch geeignete Befestigung — stärkere Einbettung — zu vergrößern und somit auch hier die Dilatation zu beschränken. Aufschluß werden darüber erst die nächsten Jahre geben können.

Ohne Bedenken kann man aber die Schweißung in Tunnels und bei Untergrundbahnen anwenden. So geschah dies auch schon in Paris, wo die Schienen auch freiliegen. Ich will Ihnen die Schienenschweißung hier vorführen. Ich erwähne, daß sich eine solche Verschweißung billiger stellt als eine gute Verlaschung. Diese Verschweißung ist in etwa 40 Städten in mehr oder minder großem Maßstabe eingeführt und hat sich aufs beste bewährt. Das Verfahren ist neuerdings eingehend geprüft worden, und zwar von einer englischen Kommission, der städtischen Straßenbahn-Gesellschaft in Leeds, die keine Mühe und Kosten gescheut hat, um über die beste jetzt existierende Schienenverbindung ein Urteil zu bekommen.

Es begab sich — nachdem eine kleine Anzahl von Schweißungen in Leeds ausgeführt war — im vergangenen Herbst eine Kommission von sechs Herren nach Dresden, um sich dieses Verfahren genau anzusehen, weil dort eine größere Strecke schon vor drei Jahren ausgeführt war und auch zu der Zeit weitere Schweißungen ausgeführt wurden. Die einzelnen Schweißungen wurden sehr eingehend studiert; man entschloß sich zuerst zur probeweisen Einführung des Systems. Man hat dann weiter in Leeds praktische Versuche mit einigen hundert Schweißungen den Winter über vorgenommen und hat sich jetzt entschlossen, einige tausend Schweißungen noch in diesem Jahre herzustellen, wie mir vor einigen Tagen gelegentlich meiner persönlichen Anwesenheit von der Direktion der Trambahn in Leeds offiziell mitgeteilt worden ist.

Die Schweißungen, die Sie bisher gesehen haben, wurden so ausgeführt, daß der Tiegel von unten abgelassen wurde. Es fließt dann zuerst das Metall aus und dann erst die Schlacke. Man kann aber auch den Tiegel über den Rand entleeren.

Dann kommt zuerst der Korund und hierauf das Metall. Ich will das zeigen, indem ich zwei Rohrstücke zusammenschweiße. Das Thermiteisen hat infolge seiner hohen Temperatur die wertvolle Eigenschaft, daß es, wenn es auf Eisenteile auffließt, diese sofort an der Ausflußstelle aufweicht, eventuell durchschmilzt. Fließt dagegen die Schlacke (der Korund) zuerst aus dem Tiegel, trifft diese zuerst das Werkstück, so erstarrt die Schlacke momentan auf diesem in dünner Schicht, die anhaftet, und das nachfließende Thermiteisen kann nun nicht mehr das Werkstück berühren; es liegt dann das Thermiteisen, ich möchte sagen wie das Eigelb im Eiweiß, vollständig eingebettet in Korund. Daher kann Thermit auch für sogenannte Stumpfschweißungen verwendet werden. Diese Anwendung gehört auch zu den bedeutenderen. Sie wird vor allem sehr ausgedehnt betrieben zum Aneinanderschweißen schmiedeeiserner Rohre. In den letzten Monaten wurden etwa 30 000 solcher Schweißungen ausgeführt, vielfach auch in chemischen Fabriken für Laugeleitungen. Es ist bekannt, daß besonders für alkalische Leitungen eine Dichtung sehr schwer zu bekommen ist. Dieses Rohrschweißverfahren sieht wie Spielerei aus! Ich führe Ihnen hier eine Rohrschweißung vor. Die 2″-Röhren werden mit einem kleinen Klemmapparat zusammengepreßt, dann eine passende Blechhülle um die Schweißstelle herumgegeben, die mit Sand umstopft wird. (Abb. 25.) In diese so gebildete Form wird zirka 1 kg Thermit aus dem Tiegel eingegossen. Dieses gibt die nötige Temperatur, die Röhren werden etwas zusammengepreßt und die Schweißung ist fertig. (Abb. 19.) Das Experiment kann sogar auf dem Vorlesungstisch leicht ausgeführt werden. Herr Alois Kreidl - Prag hat einen Apparat besonders für Vorlesungszwecke konstruiert; derselbe ist noch gedrungener als dieser, der für 2 bis 4″ verwendet wird. Herr Kreidl hat mir mit seinem Apparat kurz vor der Vorlesung zwei Stücke eines einzölligen Rohres mit 300 g Thermit zusammengeschweißt; die Schweißstelle hat, wie Sie sehen, kräftigsten Hammerschlägen widerstanden; während die Längswand dabei aufplatzte, ist die Thermitschweißung nicht lädiert worden! Dabei will ich noch erwähnen, daß Herr Kreidl - Prag auch weitere aluminothermische Experimente sehr hübsch und vor allem einfach — last, not least — billig als „Kathederexperimente“ an der Hand einer besonderen Broschüre zusammengestellt hat. Das Durchschmelzen einer 7 mm starken Stahlplatte bewirkt Herr Kreidl mit Hilfe eines besonderen kleinen Tiegels schon mit 200 g Thermit.

Die dritte Art der Anwendung des Thermits ist für Eisen- und Stahlgüsse geeignet. Ich kann dieses Gebiet nicht berühren, ohne den Namen meines Mitarbeiters, des Herrn Oberingenieurs Mathesius, zu nennen, der dieses Gebiet besonders bearbeitet hat. Dieses Verfahren beruht darauf, daß Thermit unterhalb der Oberfläche des Metallbades zur Reaktion gebracht wird; es wird also an einer Stelle innerhalb des Bades selbst eine hohe Temperatur erzeugt und das Thermiteisen im Augenblick des Entstehens zugeführt.

Hier ist die Anwendung derartig, daß eine Büchse, in der sich kein gewöhnliches Eisenthermit, sondern Titaneisenthermit befindet, in die Gußeisenpfanne hineingegeben wird. Ich habe früher dieses Thermit direkt auf die Oberfläche des flüssigen Eisens gebracht, es gibt dies auch ziemlich gute Resultate, aber diese neue Anwendung, es unterhalb der Badoberfläche zu bringen, ist in jeder Hinsicht besser und zuverlässiger. Daß das Thermit wirklich abbrennt, ohne daß die Teilchen nach oben kommen, läßt sich dadurch erklären, daß die Schlacke, die sich auch hier bildet, das Stück umgibt. Die Reaktion dauert 1 bis 2 Minuten, genügt aber, um eine vollständige Durchwühlung des ganzen Bades hervorzurufen. Es ist Ihnen wohl bekannt, daß es beim Gußeisen gar nicht so leicht ist, Gußeisensorten wirklich gut miteinander zu vermischen, aber dieses Verfahren ist geeignet, eine völlige Durchmischung hervorzubringen. Ja man kann noch Mangan oder Silizium zusetzen, um es härter oder weicher zu machen. So ist z. B. Ferromangan der Gießpfanne zugesetzt, die Durchmischung mit einer solchen Büchse gemacht und dann quantitativ nachgewiesen worden, daß das Mangan in allen Teilen des Eisens gleichmäßig vorhanden war. Eine zweite Anwendung des sogenannten „Büchsenverfahrens" ist wichtig für den Stahlguß. Beim Gießen von Stahlblöcken tritt bekanntlich stets ein mehr oder minder großes Nachlunkern ein. Dadurch entstehen im Kopfe des Blockes Hohlstellen, die 30 bis 40% Verlust verursachen. Man hat vieles versucht, um diesen Übelstand zu vermeiden; erst neuerdings ist ein Verfahren durchgearbeitet worden, wobei der ganze Block nach dem Gusse unter großen Druck versetzt wird. Das ist aber sehr teuer, zugleich auch ein Zeichen dafür, welch großen Wert man darauf legt, ganz dichte Blöcke zu bekommen. Das Thermitverfahren besteht nun darin, daß man eine Büchse von sog. Lunkerthermit in den Block mit Hilfe einer daran befestigten Eisenstange hineinsenkt. Die Reaktion verläuft in diesem Falle in einem Bruchteile einer Minute. Bereitgehaltener Stahl wird dann sofort nachgegossen. Ich habe zwei zirka 20-Tonnen-Blöcke, die nach diesem Verfahren behandelt waren, nach erfolgtem Durchschnitt gesehen. Der ganz kleine Lunker saß stets ganz in dem oberen Teile, so daß nur wenige Prozent Abfall abzuschneiden waren! Das Verfahren ist sehr einfach und billig; man braucht zu 10- bis 20-Tonnen-Blöcken nur zirka 5 kg Thermit. Weiter ist das Verfahren noch ausgebildet, um bei großen Stahlformgüssen mattem Stahle in den Trichtern zum besseren Lunkern zu verhelfen. Sie haben hier auf dieser Tafel einen Stahlformguß, ein großes Zahnrad, in welchem dieses Lunkerthermit am Boden der Lunkertrichter in konzentrisch durchlochter zirka 1-kg-Büchse eingesetzt ist. Es kann hierbei außerdem noch vorteilhaft so verfahren werden, daß am Trichter eine verstärkte Einschnürung eintritt, um das Absägen des Kopfes zu erleichtern. Es tritt der Effekt ein, daß sich diese Lunker nicht tief in das Werkstück selbst hereinziehen und das Stück fehlerhaft machen. Der Lunker bildet sich vielmehr ganz oben im Kopfe des Trichters. Besonders beim Gusse langer Steven, die bekanntlich nicht leicht zu gießen sind, wird an einigen Stellen eine solche kleine Büchse eingesetzt; diese wirkt gewissermaßen als Auffrischungsmittel, das den Stahl noch einmal antreibt und ihn dünnflüssiger macht. Es werden stets hierzu nur kleine Büchsen verwendet. Zum Schlusse möchte ich Ihnen noch einige Bilder von ausgeführten großen Schweißungen zeigen." (Abb. 48.)

Über Eisen- und Stahlerzeugung im elektrischen Ofen.

(Vortrag in Sektion X des V. Internationalen Kongresses für angewandte Chemie zu Berlin 1903, Kongreßbericht, Bd. 4, S. 510.)

Zola hat in seinem Roman „Le travail" die Herrlichkeit eines Zukunftsstaates beschrieben; eine Normalarbeitszeit ist eingeführt, fortgewischt ist jeder Klassenunterschied, ein die ganze Menschheit beglückender Friede durchzieht die Welt; überall herrscht Freude und Einigkeit! Und dieses Wunder hat — so dichtete Zola — der elektrische Stahlofen zuwege gebracht!

Doch nicht was die Phantasie eines Romanschriftstellers erträumt hat, kann uns hier ernsthaft beschäftigen; vielmehr habe ich mir die Aufgabe gestellt, das zusammenzustellen, was auf dem Gebiete der Eisen- und Stahlerzeugung mit Hilfe des elektrischen Stromes bisher geschaffen ist und auf Grund theoretischer Berechnungen als möglich erscheint. Sunt certi denique fines.

Verfahren von	Jahr	Ofentype	Zur Verarbeitung gelangendes Material	Kraftverbrauch pro t Stahl PS.-Stunden	Kosten pro t Stahl ℳ
Gin-Leleux	1897	Ofen mit Kohlenelektroden	Gußeisen und Blechabfälle	—	—
Stassano	1898	Ofen mit Kohlenelektroden 500 PS.	Hochprozentige italien. Eisenerze	3800—4000	75
Gysinge (Tiegelstahlqualität)	1900	Ofen ohne Kohlenelektroden 225 PS.	Gußeisen und Schmiedeeisen	1320	172
Froges-Héroult	1901	Ofen mit Kohlenelektroden 400 PS.	Gußeisen- und Blechabfälle	1200	—
Keller	1901	Ofen mit Kohlenelektroden 1200 PS.	Eisenerze und Gußeisen	3800	72—80
Harmet	1901	Ofen mit Kohlenelektroden	Eisenerze	3600	24 (nicht Gesamtpreis)
Schneider	1901	Ofen ohne Kohlenelektroden	—	—	—
Ruthenburg	1901	Ofen mit Kohlenelektroden	Eisenerze	—	—
Conley	1902	Ofen mit Kohlenelektroden	Eisenerze, Gußeisen u. Blechabfälle	1000 1042	48 114

In der vorstehenden Tabelle sind die hauptsächlichsten Verfahren mit den Namen der Erfinder, Ofentypen und einigen weiteren kurzen Angaben eingetragen. Die Jahreszahl bezieht sich auf eine diesbezügliche Veröffentlichung oder auf Patentschriften, ist aber für etwaige Fragen der Priorität, besonders in bezug auf vorliegende praktische Resultate, ohne Bedeutung. Gerade in dieser Beziehung muß ich hervorheben, daß der bekannte Dr. ing. h. c. Héroult wohl in erster Linie zu nennen wäre, der mir nämlich die exakte Angabe machte, daß er bereits am 28. Dezember 1900 den ersten Waggon Stahl, der in Froges auf elektrischem Wege erschmolzen war, im Gewicht von 8890 kg in Barren von 400 kg an Schneider & Co. nach Creusot sandte. Nähere Angaben über Ofenkonstruktionen finden sich besonders in seinen Patentschriften, aus denen aber verhältnismäßig viel Spezielles über Arbeitsweisen nicht zu entnehmen ist.

Dagegen kann ich über den Prozeß, der von dem italienischen Hauptmann Stassano aus Rom ausgearbeitet ist, sehr eingehende Daten geben, und dies ist der Grund, weswegen ich auf dieses Verfahren hier besonders ausführlich eingehe. Das deutsche Kaiserliche Patentamt erteilte mir vor zwei Jahren den Auftrag, die elektrische Eisen-, beziehungsweise Stahlgewinnung in dem Werke von Stassano in Darfo, unweit des Lago d'Iseo, zu besichtigen, um vor allem festzustellen, ob es dort gelungen sei, betriebsmäßig weiche Eisensorten direkt aus den Erzen (mit unter 0,2% Kohlenstoff) herzustellen. Dieser Anforderung ist, wie ich gleich vorannehmen will, Stassano voll und ganz gerecht geworden. Ich hatte mehrere Tage Gelegenheit, den Prozeß eingehend zu studieren und auch die theoretisch-rechnerische Seite mit Capitano Stassano durchzugehen.

Stassano nutzt die in Oberitalien vorkommenden sehr reinen, noch wenig ausgebeuteten Eisenerze aus, wozu ihm die billigen Wasserkräfte in dortiger Gegend zustatten kommen.

Chemische Zusammensetzung italienischer Erze:

Magnetit:		Roter Hämatit:	
Fe_3O_4	78,400%	Fe_2O_3	88,850%
MnO	0,700%	MnO	0,470%
SiO_2	8,650%	SiO_2	2,960%
Al_2O_3	7,330%	Al_2O_3	3,420%
CaO	2,100%	CaO	0,870%
MgO	1,030%	S	0,078%
S	0,055%	P	0,093%
P	0,008%	Glühverlust	2,561%

Limonit:		Limonit:	
Fe_2O_3	80,930%	Fe_2O_3	73,840%
MnO	0,567%	MnO	0,567%
SiO_2	1,970%	SiO_2	1,970%
Al_2O_3	2,152%	Al_2O_3	2,152%
CaO	0,590%	CaO	0,590%
P	0,124%	P	0,124%
S	0,070%	S	0,070%
Glühverlust	12,630%	Glühverlust	15,550%

Vergleicht man allgemein den Nutzeffekt der Steinkohle bei metallurgischen Prozessen mit dem Nutzeffekt des elektrischen Stromes für den gleichen Zweck, so sieht man, daß, wenn nicht noch andere besondere Vorteile für Anwendung der Elektrizität sprechen, diese nur dort gegen Steinkohle erfolgreich konkurrieren kann, wo letztere teuer erkauft werden muß. Dies ist aus folgender, für die Elektrizität sogar besonders günstig kalkulierter Tabelle zu ersehen:

Steinkohle	7 500	Kal.
mit 20% Nutzeffekt	1 500	„
1 PS.-Stunde entspricht $\frac{75 \cdot 3600}{425}$ =	635,3	„
mit 80% Nutzeffekt	508,24	„

Demnach:

Nutzeffekt von 1 kg Steinkohle = Nutzeffekt von 3 PS.-Stunden.

Kosten einer ausgebauten elektrischen Pferdekraft	240	*M*
Jährliche Kosten: 10% Zinsen und Abschreibungen	24	„
Jährliche Kosten: Unterhaltung	8	„
	32	*M*

1 PS.-Stunde kostet also $\frac{32}{7000}$ = 0,46 Pf.

Die Konstruktion des von Stassano zu der Zeit benutzten Ofens ist aus Abbildung 49 und 50 zu ersehen. Die Beheizung der Charge geschieht lediglich durch Bestrahlung des mächtigen Lichtbogens*. Dieser hat eine Spannung von etwa 170 Volt bei 2000 Ampere Wechselstrom. Die Länge des Lichtbogens — nachdem der Ofen genügend Zeit im Betrieb gestanden, also eine konstante Wärme angenommen hat — beträgt fast 1 m und verrät sich durch ein starkes knatterndes Geräusch. Wie sorgfältig Stassano seine Chargen zusammensetzt, um vollständige Reduktion und hohes Ausbringen zu erreichen, geht aus den Tabellen auf Seite 296 hervor.

Die Erze werden mit entsprechender Menge Holzkohle und Zuschlägen vermischt und mit Hilfe von Teer brikettiert, um keine Entmischungen zu haben. Doch erscheint es möglich, diese Brikettierung zu unterlassen.

Um eine leichtflüssige Schlacke zu erhalten, und um vor allem die Kieselsäure, die als Gangart in dem Erz vorhanden ist, zu verschlacken, sucht Stassano eine Schlacke zu gewinnen, die nach der Formel $SiO_2 + 4$ Basis zusammengesetzt ist. Dabei rechnet er die Basen, die im Erz bereits vorhanden sind, wie Magnesia, Kalk, Tonerde, Manganoxyd äquivalent um und fügt nur noch das Fehlende als kohlensauren Kalk hinzu. Deswegen legt Stassano auf sorgfältige Analysen aller Ausgangsmaterialien großen Wert. Die Ausbeuteziffern jeder einzelnen Verunreinigung, die in das Metall eingeht (Aufschließungskoeffizienten), sind von ihm aufs genaueste zusammengestellt, und er verfügt so über eine große Erfahrung, die entschieden nötig ist, um einem neuen Prozeß der Stahlbereitung zum Gelingen zu verhelfen.

* Hierin ist eine Neuheit bekanntlich nicht zu erblicken. Moissan hat dies bereits bei seinen Experimenten getan, und, wie mir Herr Grabau mitteilte, hat er sich eine derartige Konstruktion schon im Jahre 1885 patentieren lassen.

Zusammensetzung					
des verarbeiteten Erzes in %	der Zuschläge in %	der Kohle in %	der Charge in kg	der Charge pro 100 kg Erz	
Fe_2O_3 = 93,02	CaO = 51,21	C = 90,42	Erz = 100	Fe_2O_3 = 93,02 kg	Erz
MnO = 0,619	MgO = 3.11	Asche = 3,88	Kohle = 23	MnO = 0,619 „	
SiO_2 = 3.79	Al_2O_3, Fe_2O_3 = 0.5	H_2O = 5,70	Zuschläge = 12,5	SiO_2 = 3,79 „	
S = 0,058				S = 0,058 „	
P = 0,056	SiO_2 = 0,9			P = 0,056 „	
CaO, MgO = 0,5	CO_2 = 43,43			CaO, MgO = 0,5 „	
H_2O = 1,72				H_2O = 1,72 „	
	des Teers in %		des erhaltenen Eisens in %	C = 20,9 Asche = 0,892 H_2O = 1,21	Kohle
	C = 59,2 Kohlenwasserstoffe = 40,5 Asche = 0,27		Fe = 99,764 Mn = 0,092 Si = Spur S = 0,059 P = 0,009 C = 0,090	CaO = 6,401 MgO = 0,389 Al_2O_3, Fe_2O_3 = 0,062 SiO_2 = 1,125 CO_2 = 5.429	Zuschläge

Stassano hatte auch noch einen kleineren Ofen in Darfo — hauptsächlich für größere Versuche — in Betrieb für 1000 Amper und 80 Volt. (Abb. 51.) Die theoretische Berechnung der Charge ist in folgender Tabelle angegeben.

Zuerst seien die zur Berechnung nötigen, grundlegenden Zahlen angeführt.

Es werden verbraucht:

Zur Zerlegung von 1 Gramm Mol. Fe_2O_3	192,000	Kal.
Zur Verwandlung von 1 kg Wasser von 100° in Dampf von 100°	637,000	„
Zur Erwärmung von 1 kg Wasserdampf von 100° um 1°	0,480	„
Zum Kalzinieren von 1 kg Zuschlag	425,0	„
Zur Erwärmung von 1 Gramm Mol. CO_2 um 1° . . .	0,016	„
Zur Erwärmung von 1 Gramm Mol. CO um 1°. . . .	0,0068	„
Zum Schmelzen von 1 kg Eisen	350,000	„
Zum Schmelzen von 1 kg Schlacken	600,000	„
Durch Verbrennen von 1 kg C zu CO werden erzeugt	2 175,000	„

Es werden verbraucht:

Zur Zerlegung des Eisenoxyds $\frac{93{,}02 \cdot 192}{0{,}16}$ . . . . . 111 552,000 Kal.

Zur Verdampfung des Wassers aus Erz und Kohle (1,72+1,21) 637 . . . . 1 866,41 „

Zum Erhitzen des Wasserdampfes auf 500°,

$2{,}93 \cdot 0{,}048 \cdot 400$	562,56 Kal.
Zum Kalzinieren der Zuschläge $12{,}5 \cdot 425$	5 312,5 „
Zum Erhitzen der CO_2 auf 500° $\frac{5{,}429 \cdot 0{,}016 \cdot 500}{0{,}044}$.	987,09 „
Zum Erhitzen des entstehenden CO $\frac{20{,}9 \cdot 0{,}0068 \cdot 500}{0{,}012}$	5 921,667 „
Zum Schmelzen des erzeugten Eisens $65 \cdot 350$ . . .	22 775,2 „
Zum Schmelzen der Schlacke $13{,}89 \cdot 600$	8 334,0 „
in Summa . . .	157 311,427 Kal.
Durch Verbrennung von C zu CO werden erzeugt $20{,}9 \cdot 2127$	45 457,5 „
Rest. . . .	111 853,927 Kal.

111 853,927 Kal. entsprechen bei 80% Nutzeffekt $\frac{111\,853{,}927}{635{,}3 \cdot 0{,}8} =$ 219,08 PS.-Stunden oder, da 65,114 kg Eisen erzeugt werden, pro Kilogramm Eisen $\frac{219{,}08}{55{,}114} = 3{,}364$ PS.-Stunden. Es würde demnach kosten eine Tonne Eisen an elektrischer Kraft bei 0,00456 *M* pro PS.-Stunde = 15,34 *M*.

Der Gang einer Operation, und zwar im kleinen Ofen (1000 Ampere und 80 Volt), ist in nachstehendem angegeben.

Ladung 70,25 kg Erzgemisch folgender Zusammensetzung	Eisenerz	1000	Erzieltes Produkt 30,8 kg Schmiedeeisen.
	Kalk	125	
	Kohlenstoff	160	
	Beimengungen . . .	120	

Die Beschickung enthielt bei dieser Operation:

Durch Erze		D. Zuschläge			
46,51 kg Fe_2O_3		3,263 kg CaO		7,234 kg C	Durch Kohle
0,309 „ MnO		0,194 „ MgO		0,310 „ Asche	
1,895 „ SiO_2		0,056 „ SiO_2		0,456 „ H_2O	
0,25 „ CaO+MgO		0,031 „ $Al_2O_3+Fe_2O_3$		3,552 „ C	Beimeng.
0,86 „ H_2O		2,714 „ CO_2		2,43 „ Kohlenwasserstoffe	
				0,016 kg Asche	

Eigenschaft und Menge der Materialien:

Körper	Aufgegeben	Erhalten
Fe	32 557,28 g	30 727,312 g
Mn	239,745 g	28,336 g
Si	910,448 g	Spuren
S	29,000 g	15,172 g
P	28,000 g	2,772 g

Verlauf der Arbeiten:

Um 8 Uhr 15 Minuten beginnt die Ladung und wird Strom gegeben. Um 9 Uhr 15 Minuten wird die Ladung beendet und um 10 Uhr 15 Minuten wird gegossen. Der Strom wird derartig reguliert, daß nach 20 Minuten

80 Volt und 800 Ampere sind. Dann werden nach weiteren 20 Minuten 100 Volt und 1000 Ampere gegeben, und nach 30 Minuten geht man über zu 70 Volt und 600 Ampere. Nach weiteren 30 Minuten wird auf 50 Volt und 500 Ampere herabgemindert, und während der letzten 20 Minuten sind 100 Volt und 1000 Ampere. Im ganzen ist die gelieferte Energie 7 290,000 Volt-Ampere-Minuten, welche bei $\cos = 0{,}8$ gleich sind $\frac{7\,290{,}000 \cdot 0{,}8}{60} = 972{,}000$ Wattstunden $= \frac{972{,}000}{735}$ $= 132{,}24$ PS.-Stunden.

Thermisches Endergebnis:

Zur Reduktion des im Endprodukt enthaltenen Fe bedurfte man $\frac{30\,727{,}312 \cdot 192}{112}$	52 730,262 Kal.
Zur Reduktion des im Endprodukt enthaltenen Mn bedurfte man $\frac{28{,}336 \cdot 94{,}6}{55}$	48,719 „
Zum Schmelzen des Metalls bedurfte man $30{,}8 \cdot 350$	10 780,000 „
Zum Schmelzen der Schlacke bedurfte man $6{,}3 \cdot 600$	3 780,000 „
Zum Verdunsten des Wassers und zum Verwandeln desselben in Dampf von 100° bedurfte man $1{,}316 \cdot 637$	838,292 „
Zum Brennen des Kalkes bedurfte man $6{,}25 \cdot 475$ . .	2 968,75 „
Zum Überhitzen des Wasserdampfes auf 500° bedurfte man $1{,}316 \cdot 400 \cdot 0{,}48$	252,672 „
Zum Überhitzen der CO_2 auf 500° bedurfte man $2{,}714 \cdot 500 \cdot 0{,}016 : 0{,}044$	493,554 „
Zum Überhitzen der Kohlenwasserstoffe auf 500° bedurfte man $2{,}43 \cdot 500 \cdot 0{,}27$.	328,05 „
Zum Überhitzen des bei der Reduktion von Fe und Mn entstehenden CO bedurfte man $\left(\frac{3 \cdot 30\,727{,}312}{112} + \frac{28{,}336}{55}\right) 500 \cdot 0{,}0068$	2 800,131 „
in Summa . .	75 020,330 Kal.
Abzüglich durch die Verbrennung des eingefahrenen C in CO während der Reduktionen entwickelten $9{,}883 \cdot 2175$	21 495,525 „
Rest. .	53 524,805 Kal.

Mithin ist, da die gelieferte Wärme $= 132{,}24 \cdot 635{,}3 = 84\,012{,}072$ Kal. betrug, die thermische Leistung

$$\frac{53\,524{,}805 \cdot 100}{84\,012{,}072} = 61{,}33\%.$$

Die Wärmezufuhr ist, wie aus dem Beispiel zu ersehen, keine konstante während des ganzen Prozesses. Demnach will Stassano seine Öfen derartig einrichten, daß einige Kohlepaare, etwa drei, in die mehr länglich gehaltene Ofenkammer hineinragen, und während in dem einen Ofen ein Paar Kohlen stromlos gemacht werden muß, wird ein anderes Paar in einem andern Ofen mit Strom versorgt, so daß die ganze zur Verfügung stehende Kraft des Werkes konstant ausgenutzt werden kann. Zurzeit betreibt

Stassano — seitdem das Werk in Darfo schon längere Zeit still gesetzt worden ist — eine Fabrikation in Turin für die italienische Regierung.

Die Berechnung der Kosten für 1000 kg Eisen gestaltet sich nach Stassano wie folgt:

Berechnung der Kosten für 1000 kg Eisen bei Anlage von 5000 PS., 30 Tonnen Stahl in 24 Stunden produzierend (etwa $66^2/_3$% thermischen Nutzeffektes)

1600 kg Erz à 12 ℳ $^0/_{00}$	19,20 ℳ
Für Pulverisierung desselben à 2,4 ℳ $^0/_{00}$	3,84 „
200 kg Zuschlag à 4 ℳ $^0/_{00}$	0,80 „
250 kg Koks à 36 ℳ $^0/_{00}$	9,00 „
Für Pulverisierung derselben à 1,6 ℳ $^0/_{00}$	0,40 „
190 kg Beimengungen à 56 ℳ $^0/_{00}$	10,64 „
Für Herstellung der Mischungen à 2,4 ℳ $^0/_{00}$	5,40 „
Verbrauch der Elektroden 12 kg à 0,24 ℳ $^0/_{00}$	2,88 „
Unterhaltung des Ofens	9,60 „
Arbeitslohn	4,80 „
Utensilien	2,40 „
Elektrische Kraft 4000 PS.-Stunden à 0,00456 Pf.	18,24 „
Allgemeine Unkosten	2,40 „
in Summa	89,60 ℳ
Abzüglich der an flüchtigen und brennbaren Gasen erhaltenen 900 cbm à 1,6 Pf.	14,40 ℳ
Rest wirklicher Unkosten	75,20 ℳ

Hierbei erscheinen die allgemeinen Unkosten allerdings zu niedrig.

Schließlich seien noch Analysen von im Stassano-Ofen erzeugten Eisen- bzw. Stahlsorten gegeben, die in meinem Werkslaboratorium in Essen angefertigt sind.

C = 0,04%	C = 0,04%	C = 0,17 %
Mn = 0,05%	Mn = 0,12%	Mn = 0,07 %
		Si = Spur
		P = 0,029%
		S = 0,05 %
		Chromstahl:
C = 0,09%	C = 0,77%	C = 1,51 %
Mn = 0,18%	Mn = 0,65%	Mn = 0,26 %
Si = Spur	S = 0,04%	Cr = 1,22 %

Stassano nimmt vorzugsweise Erze, doch verwendet er auch Roheisen und Blechabfälle zur Herstellung von Stahlblöcken, die Chargen sind vielfach auch gemischter Natur und entsprechen ganz denen, die in Martin-Öfen eingesetzt werden. Selbstverständlich ist der Kraft- bzw. Wärmeverbrauch erheblich geringer, falls es sich nur darum handelt, Guß- und weiches Eisen zur Stahlbereitung zusammen zu schmelzen.

Die Proben aus dem Stassano-Ofen stellten bisher ein dem Martinstahl analoges Eisen dar; um Tiegelgußstahl-Qualität zu erhalten, bedürfte dieser Prozeß noch einer weiteren Vervollkommnung, die wohl möglich erscheint.

In der Literatur befindet sich weiter der Prozeß von Conley beschrieben, der natürlich auch, je nachdem er von Erzen oder Roheisen ausgeht, zu verschiedenen Einstandspreisen kommt. Hier seine Zahlen:

I. Tagesproduktion von 100 Tonnen Stahl, direkt aus Erzen gewonnen.

Elektrische Energie	1000 ℳ
30 Tonnen Koks à 8 ℳ	240 „
200 Tonnen 65proz. Erz à 14 ℳ	2800 „
Reparaturen und Unterhaltungskosten . .	200 „
Arbeitslöhne.	500 „
	4740 ℳ

für 100 Tonnen Stahl, oder 47,40 ℳ pro Tonne Stahl.

II. Tagesproduktion von 24 Tonnen Stahl, aus Roheisen und Eisenabfällen gewonnen.

Elektrische Energie	250 ℳ
12 Tonnen Eisenabfälle à 112 ℳ	1344 „
12 Tonnen Gußstücke à 64 ℳ	768 „
Reparaturen und Unterhaltungskosten . .	100 „
Arbeitslöhne.	260 „
	2722 ℳ

für 24 Tonnen Stahl, oder 113,50 ℳ pro Tonne Stahl.

Zur praktischen Bedeutung dürfte der Prozeß, der in den Vereinigten Staaten von Nordamerika ausgeführt werden soll, noch nicht gelangt sein.

Besonderer Erwähnung bedarf noch der Prozeß von Keller, der unlängst im „Iron-and-Steel-Institute" in London vom Erfinder selbst eingehend erörtert worden ist.

Keller zerlegt im Gegensatz zu Stassano seinen Prozeß in zwei Teile, falls er von Erzen ausgeht; er baut zwei Öfen übereinander. In dem ersten, oberen Ofen, einem sog. Widerstandsofen in Schachtform, in dem die Elektrodenkohlen in direkte Berührung mit dem Schmelzgut gelangen, wird das Roheisen erschmolzen, in dem zweiten, darunter befindlichen wird dieses Roheisen derartig raffiniert, entkohlt (ev. unter Zusatz von Erzen, Eisenabfällen und Zuschlägen), daß die Elektrodenkohlen nicht in direkte Berührung mit dem zu raffinierenden Metall gelangen. Ähnlich scheint auch das Vorgehen von Harmet zu sein, der aber als Vorgänger Héroult hat. Selbstverständlich kann auch das zu raffinierende Roheisen auf nichtelektrischem Wege hergestellt werden; es ist dies eine reine Preisfrage; dann wird nur die Raffination, die Stahlbereitung, auf elektrischem Wege vorgenommen, der Vorofen fällt ganz fort.

Der Raffinationsofen von Keller ist in Abb. 52 und 53 abgebildet. Ein oder auch mehrere Paare von Elektroden stehen oberhalb der Schmelze. Der Strom geht durch die Schlackenschicht und das Metall hindurch. Die Erwärmung findet natürlich auch hier nur durch die Strahlung der Lichtbögen statt, da der Stromdurchgang durch die Charge nur äußerst gering anwärmend wirken kann.

Das bei dem Prozeß der Reduktion entweichende Gas, hauptsächlich aus CO bestehend, soll in dem Prozeß in irgendeiner Weise, sei es zum

Trocknen oder Vorwärmen der Erze, sei es zur Unterstützung der Reduktion, je nach den Vorschlägen der Erfinder, verwendet werden.

Die Kalkulation Kellers stellt sich im ganzen der von Stassano ziemlich gleich, auch der Kraftbedarf bei Reduktion aus Erzen wird von beiden Erfindern fast gleich hoch beziffert.

Die gegebenen Zahlen basieren alle auf billiger Wasserkraft und billigen Erzen.

Für Deutschland kämen ganz andere Ziffern in Betracht: die elektrische Kraft müßte, selbst bei Verwendung von großen Gaskraftmaschinen, auf etwa das Dreifache angesetzt werden, Eisenerze auf das Doppelte, so daß sich die Gestehungskosten auf 150 bis 170 Mk. bezifferten. Da arbeiten wir also im Martinofen viel billiger.

Anders allerdings könnte man sich zu diesen Prozessen stellen, wenn der elektrisch gewonnene, bzw. raffinierte Stahl an Güte dem Tiegelstahl gleichkäme. Dieser stellt sich bekanntlich erheblich teurer infolge der nötigen Bereitung im Tiegel. Tiegelverschleiß, Brennmaterial und Ofenreparatur verteuern dieses Material erheblich, so daß man guten gewöhnlichen Tiegelgußstahl in Blöcken im allgemeinen wohl kaum unter 300 ℳ pro Tonne herzustellen imstande ist.

In dem Falle allerdings würden die elektrischen Verfahren zur Bereitung von Kanonenstahl, zur Herstellung von Achsen und Schiffswellen, die einer besonders starken Inanspruchnahme ausgesetzt sind, für Tiegelstahldraht, d. h. überall dort, wo Tiegelstahl bevorzugt werden muß, ausgedehntere Anwendung finden können, selbst an Orten, wo eine besonders billige Wasserkraft nicht zur Verfügung steht.

Einer persönlichen Mitteilung Héroults zufolge kann ich mitteilen*, daß dieser in seinem Ofen aus einem Gemenge von Gußeisen und Stahlschrot einen Werkzeugstahl bester Qualität erschmilzt, der bisher, besonders in England, guten Absatz findet. Die Konstruktion des Ofens ist aus den Abbildungen 54, 55 und 56 zu erkennen, welche Photographien entstammen, die Herr Héroult mir übergeben hat. Die beiden oberhalb des Bades sich befindenden Lichtbögen übertragen je etwa 60 Volt (Wechselstrom) bei 4000 Amp. Der Inhalt jeder Schmelzung beträgt etwa 3 Tonnen; es werden mehrere Chargen an einem Tage fertiggestellt. Die jeweiligen Reparaturen an dem Ofen sollen sehr gering sein, was auch anzunehmen ist. Nach persönlicher Angabe von Herrn Héroult hat der so hergestellte und raffinierte Stahl folgende Zusammensetzung:

$$S = 0{,}007\% \qquad Mn = 0{,}15\ \%$$
$$P = 0{,}003\% \qquad Si = 0{,}003\%$$
$$C = 0{,}60 - 1{,}80\%.$$

Die Öfen sind kürzlich photographiert worden, nachdem sie in regelmäßigem Betriebe über 100 Tonnen Stahl geliefert haben. Herr Héroult beabsichtigt, dieses gut durchgearbeitete Verfahren jetzt auch auf anderen Betrieben einzuführen und hauptsächlich Generatorgas als Kraftquelle zu verwenden. Derzeitig baut Herr Héroult einen Ofen in Schweden zwischen den Stationen Granbergsdal und Kortfors der Nova-Karlskoga-Eisenbahn.

* Dieselbe ging mir einen Tag nach dem Vortrage zu.

Ein Tiegelgußstahl bester Qualität wird auch nach dem genialen Verfahren des Schweden Kjellin erhalten. Der Ofen bildet einen Transformator, in dem der flüssige Stahl den niedrig gespannten Strom mit hoher Intensität aufnimmt, während der primären Wickelung ein hochgespannter Wechselstrom zugeführt wird. Die Konstruktion ist aus den Abbildungen 57, 58 und 59 ersichtlich. Das Verfahren vermeidet also Elektroden gänzlich; es ist lediglich ein Schmelzverfahren, in dem reines Holzkohlengußeisen, etwa 25%, und weiches Schmiedeeisen zusammengeschmolzen werden. Ersteres kann vorteilhaft in flüssiger Form dem ringförmigen Behälter zugeführt werden. Das Verfahren ist in den wesentlichsten Punkten bereits im Jahre 1900 in den Gysinge-Werken (Direktor Benediks) durchgearbeitet worden und scheint jetzt ebenso wie das Verfahren von Héroult völlig auf technischer Höhe zu sein, da in Gysinge ein ständiger Großbetrieb eingerichtet ist und weitere Vergrößerungen in Aussicht genommen sind. Das Werk hat die Liebenswürdigkeit gehabt, mir eine ganze Reihe von Einzelheiten über das hochinteressante Verfahren zu geben und mir vor allem auch Proben seines Erzeugnisses, die hier ausliegen, zu senden. Ich mache besonders auf die mitgeschickten Schmiedeproben aufmerksam.

In der folgenden Tabelle ist eine Kostenaufstellung zu geben versucht an der Hand der seitens des Werkes mir gemachten Mitteilungen, die der Praxis entnommen sind.

Kosten der Stahlerzeugung (Qualität Tiegelstahl);

4100 kg Stahl in 24 Std. bei	225 PS. (165 KW.)	
1000 kg Stahl in 24 Std. bei	1 320 PS.-Stunden	
Kraft (1 PS.-Stunde zu $1\frac{1}{2}$ Pfg. angenommen, Gaskraftmaschine) rund	20,—	ℳ
Einsatz (reines Holzkohlen-Gußeisen und Schmiedeeisen)	130,—	„
Gießform	1,—	„
Reparatur und Ummauerung	8,30	„
Abschreibung und Zinsen	2,25	„
Arbeitslöhne	10,—	„
Ohne Handlungsunkosten, Lizenz usw.	171,55	ℳ

Der Einsatz (reines Holzkohlen-Roheisen und weiches Eisen) ist zu 130 ℳ pro Tonne angenommen. Besonders reine Einsätze, ferner edlere Zusätze wie Chrom, Wolfram oder Molybdän würden natürlich eine nicht unbedeutende Erhöhung dieses Postens verursachen. Auffallend gering erscheint die Ausgabe für Reparatur und Ummauerung; es sollen sich diese Unkosten bei Verwendung von flüssigem Gußeisen und größeren Öfen sogar noch geringer stellen. Es erscheint dies insofern wohl begreiflich, weil eine Erwärmung von außen gar nicht stattfindet, ein Verschleiß wie beim Tiegelofen nicht eintreten kann, die Tiegel selbst aber ganz wegfallen. Daß der Stahl in diesem Ofen mindestens ebensogut „geläutert“ werden kann, der sog. Tiegelreaktion mindestens ebenso vorteilhaft unterworfen wird, wie dies im Tiegelofen geschieht, erhellt ohne weiteres. Ein besonders großer Vorteil scheint aber gerade darin zu liegen, daß Feuergase nirgends mit dem Stahl, auch nicht durch Diffusion, in Berührung kommen, daß man als Auskleidung Silica — oder Magnesiastein verwenden kann und schließlich große, einheitliche Chargen auf einmal zu schmelzen imstande ist. Die gewöhnlichen Stahltiegel fassen zumeist nur 30 bis höchstens 50 kg Metall, aus dem Ofen von Gysinge kann jedesmal etwa 1 Tonne entnommen werden. Die Anlagekosten eines Ofens von der in der Tabelle angegebenen Leistungsfähigkeit inklusive der elektrischen Anordnungen, aber ohne Kraftquelle, betragen nach Angabe des Werkes 15 000 Kr.

Schließlich seien hier einige Analysen von reinen Stahlsorten gegeben, die nach diesem Verfahren hergestellt sind. Die Analysen entstammen dem Werke in Gysinge.

	I %	II %	III %
Kohlenstoff	1,45	1,20	0,95
Silizium	0,47	0,74	0,35
Mangan	0,49	0,46	0,33
Phosphor	0,011	0,013	0,014
Schwefel	0,010	0,010	0,015

Fassen wir das auf diesem Gebiete bisher Erreichte zusammen, so läßt sich sagen, daß technisch bereits viel geschaffen, die praktische, kommerzielle Bedeutung aber bisher noch gering ist. Doch läßt sich vermuten, daß sich in einigen Jahren gerade in letzterer Beziehung viel zugunsten der elektrischen Stahlbereitung ändern wird, und das wollen wir zugunsten der jungen Industrie, zugunsten der unermüdlich schaffenden Erfinder und Unternehmer erhoffen.

Neue Anwendungen der Aluminothermie für Stahl und Eisen.

(Vortrag in Sektion III A des V. Internationalen Kongresses für angewandte Chemie zu Berlin 1903; Kongreßbericht, Bd. II, S. 188).

Vornehmlich auf zwei Gebieten hat sich die Aluminothermie bisher praktisch und mit Erfolg betätigt, erstens dient sie zur Darstellung kohlefreier Metalle, die für die Fabrikation gewisser Stahlsorten von Wichtigkeit geworden sind, und zweitens werden mit Hilfe von Thermit Schweißungen ausgeführt. Jetzt ist man noch auf ein drittes Gebiet gekommen, das sich auf die Verbesserung bzw. Veredelung von Eisen- und Stahlgüssen bezieht, auf das ich noch besonders zurückkommen werde.

Ursprünglich war die aluminothermische Reaktion nur das Mittel zur Darstellung reiner, schwer schmelzbarer Metalle und das Verfahren für die Abscheidung von Chrom, Mangan, Ferrotitan, Ferrobor usw. Den Fernerstehenden mag es vielleicht befremden, daß eine so einfache Reaktion wie die aluminothermische noch eine besondere praktische und sogar langdauernde Durcharbeitung erforderte! Ein so einfach zusammengesetztes Gemisch, das, an einer Stelle entzündet, von selbst weiterbrennt, kann, so sollte man auf den ersten Blick meinen, unmöglich besonders schwierig herzustellen sein! Und doch erfordert die gleichmäßige, mit hohem Ausbringen verbundene Reindarstellung eines jeden Metalles mit Hilfe von Aluminium stets eine nicht zu unterschätzende Arbeit, die bei näherer Überlegung der bei dieser Reaktion sich abspielenden Vorgänge allerdings leicht Erklärung findet. In Hinblick darauf bereitet es mir eine besondere Genugtuung, daß Herr Professor Moissan, als ich vor einigen Jahren Gelegenheit hatte, ihm die Darstellung von kohlefreiem Chrom und Mangan in etwas größerem Maßstabe vorzuführen, mir als erste die Frage vorlegte, wieviel Jahre Arbeit nötig gewesen seien, um die Reaktion zu einer so einfachen und glatten auszugestalten!

Alle Thermitmischungen bestehen bekanntlich im wesentlichen aus etwa äquivalenten Gemengen eines Metalloxydes mit Aluminium, und das kurz als Thermit bezeichnete Gemisch ist bekanntlich in der Hauptsache ein Eisenoxyd-Aluminium-Gemenge, wovon sich jeder, dem daran liegt, es selbst herzustellen, durch Nachprüfung leicht überzeugen kann.

Vergleiche mit anderen reagierenden Präparaten, die ebenfalls starke exothermische Reaktionen zeigen, wenn auch von anderem Effekt, liegen uns hier nahe. Schießpulver und Dynamit sind bekanntlich auch sehr einfach zusammengesetzt und — in gewisser Hinsicht — einfach darzustellen. Wie manches nihilistische Verbrechen gründet sich gerade auf die leichte Selbstdarstellung von Dynamit. Aber solche von Laien hergestellten Präparate explodieren wohl, doch einen regelmäßigen sicheren Effekt, wie man ihn von der Technik verlangt, gewährleisten sie bekanntlich nicht! Denn gerade die technische Bereitung des Dynamits ist bekanntlich eine sehr subtile!

Ganz ähnlich liegen die Verhältnisse beim Schießpulver. Als Knabe hat man wohl versucht „Pulver zu fabrizieren", als man die Bestandteile Salpeter, Schwefel und Kohle zusammenfügte und tatsächlich ein brennbares Gemisch erhielt! Aber einen den modernen Anforderungen entsprechenden explosiven Wert besitzt solches Pulver natürlich keineswegs. Bei allen diesen Gemengen kommt es bekanntlich vorwiegend auf die physikalische Natur und Verteilung der Stoffe an, und dementsprechend können selbst bei gleicher oder fast gleicher chemischer Zusammensetzung durchaus verschiedene Effekte hervorgerufen werden. Es mag hierbei nur an die verschiedenen Körnungen des Schießpulvers erinnert werden. Das Haupterfordernis, das gestellt werden muß, ist die Gleichmäßigkeit des Produktes, und so hat denn auch die Herstellung eines technisch verwendbaren Thermits mancherlei Arbeit gekostet. Besonders waren es physikalische Einzelheiten, die zu studieren waren und in der Fabrikation ständig beobachtet sein wollten und naturgemäß auch mancherlei Spezialmaschinen und besondere Einrichtungen erforderlich machten. Solche Einzelheiten lassen sich zumeist weder in Form von Rezepten noch kurzer Beschreibungen wiedergeben und können auch hier ein allgemeines Interesse nicht beanspruchen, da es sich in jedem einzelnen Falle um Fabrikationseinzelheiten handelt.

Außer den bisher dargestellten Reinmetallen und Legierungen ist es neuerdings gelungen, auch reines, geschmolzenes Molybdän abzuscheiden; dies ist ein stahlgraues Metall mit dichtem Gefüge; als Hauptverunreinigung enthält es etwa 2% Eisen, sehr geringe Mengen von Silizium neben etwa 98% Molybdän. Durch Wahl noch reinerer Rohmaterialien läßt sich natürlich ein noch reineres Metall erschmelzen. Das Molybdän wurde bisher als solches nur pulverförmig durch Reduktion der Säure mit Kohle (ebenso wie Wolfram) gewonnen und hat für die Herstellung einiger Spezialstähle Verwendung gefunden. Es mag hier noch eine hochprozentige Wolfram-Legierung vorgelegt werden vom spez. Gewicht 14,5, die sich ziemlich leicht bearbeiten läßt. Nähere Mitteilungen über die Zusammensetzung dieser Legierung behalte ich mir für später vor. Dieselbe soll ballistischen Zwecken dienen.

Da neuerdings metallisches, geschmolzenes Silizium mit einem Reingehalt von 98% billig angeboten wird, so lag es nahe, das Aluminium etwa ganz oder teilweise durch Silizium zu ersetzen. Sowohl die hohe Verbrennungswärme des Siliziums als auch die Möglichkeit, bei gleichzeitiger Verwendung von Silizium und Aluminium leichter flüssige Silikat-Schlacken zu erhalten, mußte zu diesem Versuch ermutigen. Das Resultat war wider Erwarten ein negatives! So sind beispielsweise äquivalente Gemische von Eisenoxyd mit Silizium oder NiO mit Silizium nicht zur Entzündung zu bringen.

Noch eigenartiger aber verhalten sich Gemische von Silizium und Aluminium mit Eisenoxyd. Schon 10% Zusatz einer äquivalenten Silizium-Eisenoxyd-Mischung zu gewöhnlichem Thermit wirken so verzögernd auf dessen Reaktionsverlauf, daß dieses Thermit (wie in der vorgeführten Reaktion sofort ersichtlich) für Schweißzwecke unbrauchbar wird. Die durch die Verbrennungswärme des Aluminiums mit dem Sauerstoff erzeugte Temperatur bringt auch das Silizium zur Reaktion. Die Geschwindigkeit aber, mit der sich das Silizium mit dem in dem Gemisch vorhandenen Sauerstoff verbindet, ist erheblich geringer als die Bildung von Al_2O_3. Die Schlacke ist zwar eine leichter flüssige, aber durch die verlangsamte Reaktion — und den damit Hand in Hand gehenden Wärmeverlust — ist (wie an der Reaktion ersichtlich) mehr verloren als gewonnen. Will man durch höhere Zusätze von Silizium die Bildung von SiO_2 begünstigen, so verläuft der Vorgang ähnlich; bei etwa 50% Zusatz versagt die Reaktion sogar ganz oder es entsteht eine Art Sinterkörper. Durch Erwärmung von außen kann — wenn auch nur unwesentlich — etwas nachgeholfen werden. Ein praktischer Erfolg ist aber damit nicht verknüpft.

Daß eine Erwärmung von außen bei den glatt verlaufenden aluminothermischen Reaktionen ein Unding ist, ergibt sich ohne weiteres daraus, daß eine nennenswerte äußere Wärmezufuhr im Vergleich zu der in den wenigen Sekunden von selbst entstehenden Wärmemenge sogar mit Hilfe elektrischer Energie kaum möglich ist. Es mag hier auch auf die Berechnung über die Energiedichte des Thermits hingewiesen werden (vergl. Zeitschrift für angewandte Chemie 1902, S. 699*), welche die Nutzlosigkeit äußerer Wärmezufuhr zahlenmäßig dartut. Auch ein besonderes Vorwärmen des zur Reaktion zu bringenden Gemisches — an das man wohl denken könnte — hat keinen Zweck, da dem in Reaktion befindlichen Gemisch stets neue Gemengteile zugegeben werden können, so daß die Glut bedeckt ist. Schon dadurch wird — erforderlichenfalls — nicht nur eine völlige Trocknung, sondern auch eine starke Vorwärmung des Gemenges erzielt werden, bevor es zur Reaktion kommt, ohne daß ein beschleunigter Reaktionsverlauf des so vorgewärmten Gemenges zu konstatieren wäre.

In das große Gebiet der Schweißverfahren mit Hilfe von Thermit, dem bedeutsamsten der ganzen Aluminothermie, will ich hier nicht tiefer als nötig eindringen, weil diese Anwendungen dem Hüttenmann und Chemiker etwas ferner liegen und auch besonders Neues nur insoweit zu berichten ist, als die Ausarbeitung und Anwendung der Methoden in letzter Zeit bedeutend vorangeschritten sind. Ganz besonders hat die Verschweißung von Trambahnschienen zugenommen, und bei den vielen Untersuchungen — die besonders englischerseits sehr eingehend vorgenommen worden sind — ist das System wiederholt als derzeitig bestes und dabei billigstes anerkannt und eingeführt worden. So hat die Stadt Leeds in England eine eigene Kommission für die Prüfung eingesetzt, die zu dem erwähnten Resultat gekommen ist. Es werden dort jetzt mehrere englische Meilen verschweißt. Mußte bislang erst das Schienenschweißverfahren durch Anwendung auf kleineren Probestrecken seine Brauchbarkeit dartun, so ist nach fast vierjähriger praktischer Prüfung jetzt seine allgemeine Verwendbarkeit erwiesen, so daß sich seiner manche Verwaltungen als ausschließlichen Schienenverbindungsmittels bedienen. So werden seitens einer großen englischen Gesellschaft Trambahnstrecken in Singapore in einer Länge von etwa 40 km zurzeit aluminothermisch verschweißt.

(Der Vortragende führt im Saale eine Schienenschweißung aus, die die einfache Ausführung beweist, und hebt hervor, daß erfahrungsgemäß das Verschweißen schneller vonstatten geht als das Anlegen von Laschen.)

Eine weitere Anwendung hat das Thermit bei den elektrischen Voll-

* Siehe auch Seite 245 dieser Sammlung.

bahnen gefunden zur Verbindung der Stromleitungsschiene, der sog. dritten Schiene. Der Kupferverbinder löst auch hier bekanntlich seine Aufgabe schlecht, da eine gute Verbindung mit diesem auf die Dauer nicht gewährleistet wird. Der Übergangswiderstand wächst mit der Zeit und verlangt dann häufige und kostspielige Reparaturen. Einfacher, zuverlässiger und zudem erheblich billiger ist eine Verschweißung der Schiene, die gegebenenfalls auch nur eine teilweise zu sein braucht. Bei der Vorortbahn von Berlin nach Großlichterfelde ist seitens der Union E. G. zurzeit eine derartige Schweißung auf einer Strecke von etwa 22 km ausgeführt worden; es ist lediglich mit Hilfe eines kleinen Buckels von aufgeschweißtem Thermiteisen eine elektrische Verbindung von je drei Schienenlängen (45 m) hergestellt worden. Eine gewöhnliche Lasche verstärkt die mechanische Verbindung der Schienen. (Eine derartige Schienenverbindung wird gezeigt und ausgeführt.)

Sehr bedeutsam ist neuerlich auch die Anwendung des Thermits für die Reparatur von gebrochenen Schiffssteven geworden. Gerade Stevenbrüche sind leider keine große Seltenheit bei der Marine. Die zumeist notwendige Auswechslung der gebrochenen Teile erfordert nicht nur erhebliche Kosten, sondern, was noch weit mehr ins Gewicht fällt, Opfer an Zeit während welcher das Schiff unbenutzt, aber „zinsfressend" im Dock liegt. Mit Hilfe einer Thermitreparatur kann die häufig zur Auswechslung nötige Zeit von Monaten auf einige Tage, ja unter Umständen auf noch kürzere Zeit, herabgedrückt werden. Die Reparatur, die manchmal Zehntausende von Mark verschlingt, kann mit einigen hundert Mark vorgenommen werden, und zwar von den Werftarbeitern selbst, da das Arbeiten mit Thermit sehr einfach und schnell zu erlernen ist.

(Zum Beweise des Gesagten führt der Vortragende einige Lichtbilder von größeren Reparaturen, unter anderen die der „Sevilla" von der H. A. P. A. G. vor, bei der etwa 300 kg Thermit verwendet wurden — die auf einmal im entsprechend großen Tiegel entzündet worden sind —, und wodurch eine Ersparnis von rund 80 000 ℳ erzielt wurde.)

Selbst diese großen Reparaturen sind, wie schon erwähnt, einfach auszuführen. Die Hauptsache ist, eine richtig angepaßte Form anzubringen, die aber nach gegebenen Vorbildern leicht anzufertigen ist, wie beispielsweise durch sehr wohlgelungene Schweißungen verschiedener Steven in Holland bewiesen ist, die an Ort und Stelle nur nach kurzer brieflicher Anleitung erfolgreich ausgeführt worden sind.

(Der Vortragende hatte auch von diesen Arbeiten einige Photographien zur Verfügung, die auf den Wandschirm projiziert wurden.)

Nur kurzer Erwähnung mag hier die bekannte Aneinderschweißung von schmiedeeisernen Rohren mit Hilfe von Thermit finden. Es sind schätzungsweise bisher 30 000 bis 40 000 solcher Rohrschweißungen ausgeführt. Diese Thermitschweißung stellt sich billiger als eine gute Flanschenverbindung und kann auch an sehr schwer zugänglicher Stelle ausgeführt werden. Die Anwendung findet besonderen Vorteil bei Rohrleitungen, die unter hohem Druck stehen oder für den Transport von Flüssigkeiten dienen, die fast jedes Verpackungsmaterial angreifen, wie Alkalien, Petroleum usw.

Die dritte eingangs erwähnte Anwendungsart der Aluminothermie kommt ganz besonders für Eisen- und Stahlgüsse in Betracht. Ich kann dieses Gebiet nicht berühren, ohne den Namen meines Mitarbeiters, Herrn Oberingenieurs Mathesius, zu nennen, der diese Methoden besonders durchgearbeitet hat.

Nach dem diesem Verfahren gemeinsamen Prinzipe wird das Thermit unter der Oberfläche des Metallbades zur Reaktion gebracht, an einer Stelle innerhalb des Bades selbst demnach eine hohe Temperatur erzeugt und das Thermiteisen im Augenblicke des Entstehens zugeführt. Zu diesem Zwecke wird das Thermit in eine Blechbüchse gefüllt, die an einer Eisenstange befestigt ist, und mit deren Hilfe die Büchse in das flüssige Metall untergetaucht gehalten wird. Aus den Abbildungen 60 bis 64 ist Näheres zu erkennen.

In erster Linie wird diese Reaktion in Pfannen mit geschmolzenem Gußeisen ausgeführt. (Abb. 60.) In diesen Fällen verwende ich nicht gewöhnliches Thermit, sondern ein solches, das eine Legierung von Eisen mit Titan ausscheidet, so daß also in das Gußeisen etwas Titan in statu nascendi eingeführt wird. Ich habe früher dieses Titanthermit (besser gesagt Ferrotitanthermit) direkt auf die Oberfläche des flüssigen Gußeisens gebracht. Es gibt dies auch gute Resultate, aber die neue Anwendung, es unterhalb der Badoberfläche zu bringen, ist zuverlässiger und auch ökonomischer, weil man mit geringeren Mengen auskommt. Daß das Thermit wirklich derartig abbrennt, ohne daß unverbrannte Teilchen auf die Oberfläche kommen, findet dadurch seine Erklärung, daß die Schlacke, die sich während der Reaktion bildet, die noch unverbrannten Teile einhüllt und so am Eisenstab gewissermaßen anklebt. Denn die Blechbüchse selbst wird fast momentan aufgelöst und dient lediglich als Mittel, das Thermit, bevor es zur Reaktion im Metallbad kommt, zusammenzuhalten; es ist also die einhüllende, sich ständig während des Abbrennens verringernde Schlackenhülle selbst, welche den Zusammenhalt vermittelt. Die Reaktion im Gußeisenbade dauert nur 1 bis 2 Minuten und bewirkt eine vollständige Durchwühlung des ganzen Bades. Hierdurch wird eine Art Polung des Gußeisens herbeigeführt, Gase und Schlackenteile in die Höhe getrieben, so daß das Eisen dünnflüssiger wird und somit höher erhitzt erscheint. Die tatsächliche Wärmezunahme ist natürlich nur gering, da je nach der Größe der Pfanne von 200 Kilo bis zu mehreren tausend Kilo Gewicht nur $\frac{1}{2}$ bis $\frac{1}{8}$% Titanthermit angewendet wird. Ein Einführen von Titan geschieht deswegen, um geringe Mengen Stickstoff zu binden, auch scheint ein geringer Zusatz von Titan zum Gußeisen — nach den bisher vorliegenden Resultaten — dessen Zähigkeit zu erhöhen und ein feineres Korn hervorzubringen.

Das Verfahren ist von einer ganzen Reihe von Gießereien mit bestem Erfolge probiert worden und findet besonders Verwendung in Fabriken, in denen auf porenfreien Guß besonders gesehen werden muß, also in solchen, wo Maschinenguß aller Art hergestellt wird.

Durch die beschriebene Reaktion kann aber nicht nur ein vollständig porenfreier Guß erzielt werden, es ist auch möglich, noch in der Gießpfanne Zusätze vorzunehmen, z. B. von Ferromangan; nach Durchmischung mit

Hilfe einer sog. Büchsenreaktion findet sich das Mangan — z. B. auf 1% berechnet — gleichmäßig im Guß verteilt. Dasgleiche wird mit einem Zusatz von Nickel ausgeführt für Pfannen zum Eindampfen von kaustischen Alkalien für die chemische Großindustrie. In diesem Falle wird das Nickel am praktischsten in Form von Nickelthermit, das vorher in einem Tiegel zur Entzündung gebracht ist, um dann — mitsamt der Schlacke — in die Gießpfanne gegossen zu werden, verwandt. Die gleichmäßige Einmischung des Nickels wird sodann mit einer „Büchse" bewirkt. Man verwendet etwa 1% Nickelthermit vom angewendeten Guß und kann in Kesseln mit solchem Nickelzusatz etwa 50% mehr Chargen ausbringen als in solchen ohne Nickel.

Eine zweite Anwendung des sog. Büchsenverfahrens ist wichtig für den Stahlguß, und zwar zuvörderst beim Gießen von großen Schmiedeblöcken. Bei diesen tritt bekanntlich stets ein mehr oder minder großes Nachlunkern ein. Dadurch entstehen im Kopf des Blockes Hohlstellen, die zumeist 30 bis 40% Verlust verursachen. (Abb. 61.) Man hat vielerlei versucht, um diesem Übelstande abzuhelfen. Erst neuerdings ist — wie Ihnen bekannt — ein Verfahren durchgearbeitet worden, das darauf beruht, daß der ganze Block nach dem Gusse unter starken Druck gesetzt wird. Infolge der kompendiösen Einrichtung stellt sich diese Methode sehr teuer, beweist aber, welch großen Wert man darauf legt, dichte, lunkerfreie Blöcke zu erhalten.

Das Thermitverfahren für den angedeuteten Zweck besteht nun darin, daß man eine Büchse von sog. Lunkerthermit in den Block mit Hilfe einer Eisenstange — genau wie oben beschrieben — hineinsenkt (Abb. 62), und zwar je nach der Größe des Schmiedeblocks etwa 1 m tief. Die Reaktion verläuft in diesem Falle in einigen Sekunden. Das Einsenken der Büchse geschieht selbstverständlich erst, nachdem sich der Lunker gebildet, also zumeist erst nach 15 bis 20 Minuten. Die erstarrte oberste Schicht ist vorher mit Brechstangen aufzuschlagen. Unmittelbar nach vollendeter Reaktion ist bereitgehaltener Stahl in den geöffneten Lunker nachzugießen. Das Verfahren ist tatsächlich sehr einfach, die nötige Beobachtung der rechtzeitigen Einführung der Büchse bald erlernt. Dazu kommt die außerordentliche Billigkeit des Verfahrens; es sind bei 10 bis 20 t schweren Blöcken nur etwa 5 kg Thermit nötig! Ich habe zwei etwa 20-t-Blöcke, die nach diesem speziell von Herrn Mathesius angegebenen Verfahren behandelt waren, nach erfolgtem Durchschnitt gesehen. Ein verhältnismäßig ganz kleiner Lunker befand sich nur in dem obersten Teile des Blockes — wie in der Abb. 63 zu sehen —, so daß nur wenige Prozent Abfall abzuschneiden waren.

Weiter ist das Verfahren noch ausgebildet, um bei großen Stahlformgüssen matt gewordenem Stahl in den Trichtern zum besseren Lunkern zu verhelfen. Es ist — um das Verfahren klarzulegen — in Abb. 64 ein Stahlformgußstück (ein großes Zahnrad) gezeichnet, in welches Lunkerthermit am Boden einiger Trichter, und zwar in konzentrisch durchlochter, etwa nur 1 kg Thermit enthaltender Büchse eingebaut ist. In diesem Falle braucht also das Thermit nicht erst mit Hilfe einer Eisenstange in den Stahl eingetaucht zu werden. Man kann zudem die Einschnürung am Trichter etwas enger gestalten als üblich, um das Absägen des Kopfes zu erleichtern. Der sich bildende Lunker geht nun nicht in das Werkstück hinein und macht es so fehlerhaft, sondern befindet sich ganz oben im Kopfe des Trichters. Auch beim Guß langer Schiffssteven, die bekanntlich nicht leicht zu gießen sind, wird an einigen Stellen eine derartige Büchse eingesetzt; diese wirkt dann gewissermaßen als Auffrischungsmittel, das den auf dem langen Wege matt gewordenen Stahl „antreibt", d. h. ihn höher erhitzt und somit dünnflüssiger macht. Auch hierzu werden stets nur kleinere Büchsen verwendet.

(Zum Schluß des Vortrages wird eine größere Reihe von Lichtbildern von Schienenschweißungen gezeigt, die in verschiedenen Städten photographisch aufgenommen sind, aus denen zu erkennen ist, daß die Schweißungen am Tage ausgeführt werden können, während auf dem Nebengeleise der volle Betrieb aufrechterhalten bleibt. Ferner werden mehrere Aufnahmen großer Schiffsreparaturen — besonders von Stevenbrüchen — vorgeführt und erläutert.)

Aluminothermie.

(Dinglers Polytechnisches Journal 1903, S. 737—740 und S. 753—759.)

Vor mehr als drei Jahren erschien in dieser Zeitschrift ein Aufsatz über das Goldschmidtsche aluminothermische Verfahren, das kurz zuvor begonnen hatte, sich einen Weg in die Praxis zu bahnen. Eine große Reihe industrieller Werke aller Art hat sich seitdem diesem Verfahren zugewandt und bedient sich seiner regelmäßig mit anerkannt gutem Erfolge. Nicht zum wenigsten durch den ständig noch zunehmenden praktischen Gebrauch ist es gelungen, die schon früher erwähnten Arbeitsmethoden weiter zu vereinfachen und zu verbessern, außerdem ist aber eine beträchtliche Zahl neuer Anwendungsarten hinzugekommen.

Über Neuerungen und den derzeitigen Stand der Aluminothermie sei nachstehend ausführlich berichtet.

Ursprünglich war die aluminothermische Reaktion nur das Mittel zur Darstellung reiner, schwer schmelzbarer Metalle, das Verfahren für Abscheidung von Chrom, Mangan, Ferrotitan, Ferrobor usw. Den Fernerstehenden mag es vielleicht befremden, daß eine so einfache Reaktion wie die aluminothermische noch eine besondere praktische und sogar langwierige Durcharbeitung erfordert hat! Ein so einfach zusammengesetztes Gemisch, das, an einer Stelle entzündet, von selbst weiterbrennt, kann, so sollte man auf den ersten Blick meinen, unmöglich schwierig herzustellen sein! Und doch erfordert die gleichmäßige, mit hohen Ausbeuten verbundene Reindarstellung eines jeden Metalles mit Hilfe der Aluminothermie stets eine nicht zu unterschätzende Arbeit, die bei näherer Überlegung der bei dieser Reaktion sich abspielenden Vorgänge allerdings leicht Erklärung findet. In Hinblick darauf bereitete es dem Verfasser eine besondere Genugtuung, von Herrn Professor Moissan, der vor einigen Jahren Gelegenheit hatte, die Darstellung von kohlefreiem Chrom und Mangan in etwas größerem Maßstabe zu sehen, als erstes die Frage vorgelegt zu erhalten, wieviel Jahre Arbeit nötig gewesen seien, um die Reaktion zu einer einfachen und glatten auszugestalten.

Alle Thermitmischungen bestehen bekanntlich aus etwa äquivalenten Gemengen eines Metalloxydes mit Aluminium, und das kurz als „Thermit" bezeichnete Gemisch ist in der Hauptsache ein Eisenoxyd-Aluminium-Gemenge, wovon sich jeder, dem daran liegt, es selbst herzustellen, durch Nachprüfung leicht überzeugen kann.

Vergleiche mit anderen reagierenden Präparaten, die ebenfalls exothermische Reaktionen zeigen, wenn auch von ganz anderem Effekt, liegen hier nahe. Schießpulver und Dynamit sind beispielsweise auch sehr einfach zusammengesetzt und in gewisser Hinsicht einfach herzustellen. Wie manches nihilistische Verbrechen gründet sich gerade auf die leichte Selbstdarstellung von Dynamit. Aber solche von Laien dargestellte Präparate explodieren wohl, doch einen regelmäßigen sicheren Effekt, wie man ihn von der Technik verlangt, gewährleisten sie bekanntlich nicht! Denn gerade die technische Bereitung des Dynamits zur Regulierung seiner Wirkung ist eine sehr subtile!

Ganz ähnlich liegen die Verhältnisse beim Schießpulver. Als Knabe hat man wohl versucht „Pulver zu fabrizieren", als man die Bestandteile Salpeter, Schwefel und Kohle zusammenfügte und tatsächlich ein brennbares Gemisch erhielt. Aber einen den modernen Anforderungen entsprechenden explosiven Wert besitzt solches Pulver natürlich keineswegs. Bei allen diesen Gemengen kommt es bekanntlich vorwiegend auf die physikalische Natur und Verteilung der Stoffe an, und dementsprechend können selbst bei gleicher oder fast gleicher chemischer Zusammensetzung durchaus verschiedene Effekte hervorgerufen werden. Es mag hierbei nur an die verschiedenen Körnungen des Schießpulvers erinnert werden. Das Hauptverfordernis, das gestellt werden muß, ist die Gleichmäßigkeit des Produktes, und so hat denn auch die Herstellung eines technisch verwendbaren Thermits mancherlei Arbeit gekostet. Besonders waren es physikalische Einzelheiten, die zu studieren waren und in der Fabrikation ständig beobachtet werden wollten und naturgemäß auch mancherlei Spezialmaschinen sowie besondere Einrichtungen erforderlich machten. Solche Einzelheiten lassen sich zumeist weder in Form von Rezepten noch kurzen Beschreibungen darlegen, auch können sie ein allgemeines Interesse nicht beanspruchen, da es sich stets um Fabrikationseinzelheiten handelt.

Außer den bisher dargestellten Reinmetallen und Legierungen ist es neuerdings gelungen, auch reines, geschmolzenes Molybdän abzuscheiden; dies ist ein stahlgraues Metall mit dichtem Gefüge; als Hauptverunreinigung enthält es etwa 1 bis 2% Eisen neben sehr geringen Mengen von Silizium, es hat also einen Reingehalt von 98 bis 99%. Das Molybdän wurde bisher als solches nur pulverförmig durch Reduktion der Säure mit Kohle (ebenso wie Wolfram) gewonnen und hat für die Herstellung einiger Spezialstahle Verwendung gefunden.

Der Verfasser stellt jetzt auch eine hochprozentige Wolframlegierung dar vom spez. Gewicht 14,5, die sich ziemlich leicht bearbeiten läßt und sehr fest ist.

Da neuerdings metallisches, geschmolzenes Silizium mit einem Reingehalt von 98% billig angeboten wird, so lag es nahe, das Aluminium etwa ganz oder teilweise durch Silizium zu ersetzen. Sowohl die hohe Verbrennungswärme des Siliziums als auch die Möglichkeit, bei gleichzeitiger Verwendung von Silizium und Aluminium leichter flüssige Silikatschlacken zu erhalten, mußte zu diesem Versuche ermutigen; das Ergebnis war wider Erwarten ein negatives. So sind beispielsweise äquivalente Gemische von Eisenoxyd mit Silizium oder Nickeloxyd mit Silizium nicht wie das Thermit zur Entzündung zu bringen.

Noch eigenartiger aber verhalten sich Gemische von Silizium und Aluminium mit Eisenoxyd. Schon 10% Zusatz einer äquivalenten Silizium-Eisenoxyd-Mischung zu gewöhnlichem Thermit wirken so verzögernd auf dessen Reaktionsverlauf, daß dieses Thermit für Schweißzwecke unbrauchbar wird. Die durch die Verbrennungswärme des Aluminiums mit dem Sauerstoff erzeugte Temperatur bringt zwar auch das Silizium zur Reaktion, die Geschwindigkeit aber, mit der sich das Silizium mit dem in dem Gemisch vorhandenen Sauerstoff verbindet, ist erheblich geringer als die Bildung von $Al_2 O_3$. Die Schlacke ist zwar eine etwas leichter flüssige, aber durch die verlangsamte Reaktion und den damit Hand in Hand gehenden Wärmeverlust ist mehr verloren als gewonnen. Will man durch höhere Zusätze von Silizium die Bildung von $Si O_2$ begünstigen, so verläuft der Vorgang ähnlich; bei etwa 50% Zusatz versagt die Reaktion sogar ganz oder es entsteht eine Art Sinterkörper. Durch Erwärmung von außen kann, wenn auch nur unwesentlich, etwas nachgeholfen werden. Ein praktischer Erfolg ist aber damit nicht verknüpft.

Daß eine Erwärmung von außen bei den glatt verlaufenden aluminothermischen Reaktionen ein Unding ist, erhellt ohne weiteres, weil eine nennenswerte äußere Wärmezufuhr bei der in den wenigen Sekunden selbst entstehenden Wärmemenge auch mit Hilfe elektrischer Energie kaum möglich ist. Es mag auch hier auf die Berechnung über die Energiedichte des Thermits hingewiesen werden (vgl. Zeitschrift für angewandte Chemie, 1902, Heft 28), welche die Nutzlosigkeit äußerer Wärmezufuhr zahlenmäßig dartut. Auch ein besonderes Vorwärmen des zur Reaktion zu bringenden Gemisches, an das man wohl denken könnte, hat keinen Zweck, da dem in Reaktion befindlichen Gemisch stets neue Gemengteile zugegeben werden können, so daß die Glut bedeckt ist. Schon dadurch wird erforderlichenfalls nicht nur eine völlige Trocknung, sondern auch eine starke Vorwärmung des Gemenges erzielt werden, bevor es zur Reaktion kommt, ohne daß ein beschleunigter Reaktionsverlauf des so vorgewärmten Gemenges zu konstatieren wäre.

Das große Gebiet der Schweißverfahren mit Hilfe von Thermit, das derzeitig bedeutsamste der ganzen Aluminothermie, hat sich in bezug auf Ausarbeitung und Anwendung der Methoden in letzter Zeit sehr bedeutend erweitert. Ganz besonders hat die Verschweißung von Trambahnschienen zugenommen, und bei den vielen Untersuchungen, die besonders englischerseits sehr eingehend vorgenommen worden sind, ist das System wiederholt als derzeitig bestes und billigstes anerkannt und eingeführt worden. So hat die Stadt Leeds vor Jahresfrist in England eine eigene Kommission zur Prüfung eingesetzt, die zu dem vorerwähnten Ergebnis gekommen ist. Sie hat nicht nur durch Festigkeitsproben die Güte der Schweißung, sondern auch durch Besichtigung mehrerer Strecken, die in Deutschland etwa drei Jahre lagen (Dresden, Berlin, Braunschweig) festgestellt, daß die Schweißungen von der Schiene selbst nicht zu unterscheiden waren. (Abb. 65 und 66.) Es sind in Leeds jetzt mehrere englische Meilen bereits verschweißt; eine große Reihe anderer Städte wie Glasgow, Nottingham usw. sind gefolgt. Mußte bislang das Schienenschweißverfahren durch Anwendung auf kleineren Probestrecken erst seine Brauchbarkeit dartun, so ist nach fast vierjähriger Prüfung jetzt seine allgemeine Verwendbarkeit erwiesen, so daß sich manche Verwaltungen seiner als ausschließlichen Schienenverbindungsmittels bedienen. So werden seitens einer großen englischen Gesellschaft Trambahnstrecken in Singapore in einer Länge von etwa 40 Kilometern zurzeit aluminothermisch verschweißt.

Die einfache Ausführung, das Fehlen jeder größeren Apparatur, die hier nur in einem Schienenklemmapparat, einem Tiegel mit 15 bis 20 Pfund Thermit besteht und schließlich einer kleinen Form, die um die Stoßstelle herumgelegt wird, ist das Charakteristische des ganzen Verfahrens. (Abb. 67.) Erfahrungsgemäß geht das Verschweißen schneller vonstatten als das Anlegen von Laschen mit Kupferverbinder, der bei der Verschweißung natürlich fortfällt.

Um sich ein genaues Bild machen zu können von der Art dieser Schienenschweißungen, sei hier eine Beschreibung eingefügt:

Für jedes Schienenprofil wird ein besonderes Modell angefertigt, das zur Herstellung der Form dient, die um den zu verschweißenden Schienenstoß anzulegen ist. Durch eine sehr große Zahl von Experimenten ist festgestellt worden, wie weit die kleinen Kanäle in der Form sein müssen, deren eine Wand die Schiene selbst, deren andere die Formmasse bildet; die Dimensionen dieser Kanäle schwanken je nach der Stärke des Profils, je nachdem das feuerflüssige Thermit den schmalen Fuß und Steg oder den stärkeren Kopf der Schiene umspült, schließlich je nachdem Thermiteisen oder Schlacke (der Korund) die Form füllt, etwa zwischen 10 bis 30 mm Dicke und 30 bis 100 mm Länge. (Abb. 68.) Fuß und Steg der Schienenenden werden von dem den Tiegel zuerst verlassenden Thermiteisen umspült und verschmelzen mit diesem; dies geschieht zweckmäßig in engeren Kanälen, während die feuerflüssige Schlacke den Schienenkopf umfließt und diesen auf Schweißtemperatur erwärmt. Das ganze Schienenprofil wird dadurch gleichmäßig auf Schweißhitze erwärmt, so daß ein Verbiegen der Schienenenden nicht eintreten kann. Werden schließlich wenige Minuten nach erfolgtem Einlauf der Reaktionsmasse in die Form mit Hilfe der Schraubenspindeln des Klemmapparates die Schienenenden um etwa 10 mm zusammengepreßt, so tritt eine völlig gleichmäßige Verschweißung ein. Die Schweißstelle ist sogar durch die angeschweißte Fußlasche aus schmiedbarem Thermiteisen gegen die Schiene selbst verstärkt. (Abb. 47.) Die kleine Stauchung, die sich am Kopf der Schiene zeigt, ist abzufeilen oder mit einem Schmirgelapparat zu entfernen, um so die Schweißstelle unsichtbar und beim Hinüberrollen des Wagens dauernd völlig unmerkbar zu machen.

Die Form ist mit Hilfe des Modells, das zumeist, damit es handlich ist, in Aluminium abgegossen wird, nach jedem Former bekannten Handgriffen herzustellen. Da es in vorliegendem Falle auf einen „Kunstguß" gar nicht ankommt, so kann das Abformen von jugendlichen Arbeitern gemacht werden. Als Formmasse ist jede zu benutzen, die für Stahlguß verwendet wird; es eignet sich dazu also ein Gemisch von 80 Teilen Sand mit 20 Teilen weißem Ton (china clay), auch Lehm mit Sand zu etwa gleichen Teilen. Das Trocknen dieser Formmasse ist in etwa 4 Stunden bewirkt, und zwar bei einer Temperatur von etwa 300 bis 400° C. Zweckmäßig wird diese Formmasse in einen Blechkasten eingestampft, der um das Aluminiummodell gesetzt wird. Dieser Kasten dient für eine sehr große Anzahl von Schweißungen; die Form, die nach Anlegen an die Schienenenden mit Lehm oder dergl. abgedichtet wird, kostet nur etwa 50 Pf.

Der Schienenstoß ist vor der Schweißung mittels einer Lötlampe, eines kleinen Holzfeuers oder dergl. handwarm zu machen, um Schmutz und Rost leichter entfernen zu können, was mit Hilfe einer Drahtbürste bewerkstelligt wird. Ein Abblasen mit Sand findet nicht statt, da es sich als unnötig herausgestellt hat. Nur ein Blankfeilen der aneinanderstoßenden Profile selbst hat stattzufinden. Man ersieht daraus, daß also auch alle Vorarbeiten gering sind und wenig Zeit erfordern.

Die Verschweißungen werden stets von den betreffenden Gesellschaften selbst ausgeführt, die auch das Verlegen der Schienen besorgen, da das Verschweißen von jedem Streckenarbeiter durch Vornahme einiger Schweißungen erlernt werden kann. Der wesentlichste Punkt bei dem Schweißverfahren ist das genaue vorherige Ausrichten der Schienen, damit keine Fehler eingeschweißt werden. Es hat dieser Punkt natürlich nichts mit dem Schweißen selbst zu tun. Daß eine gewisse Sorgfalt bei der Eigenart des ganzen Verfahrens zu beobachten ist, dürfte als selbstverständlich gelten. Daß diese aber leicht einzuhalten, beweist der Umstand, daß sich eine ganze Reihe von Verwaltungen schnell mit dem Verfahren vertraut gemacht hat.

Die zur Ausführung des Verfahrens verwendeten Tiegel bestehen aus einem Blechmantel, der mit Magnesia ausgekleidet ist. Durch Einsetzen eines gußeisernen Konus in den Blechmantel entsteht ein Raum, der mit angewärmtem Teermagnesit auszustampfen ist. Die Tiegel werden mit dem Konus etwa zwei Stunden in einen Ofen gesetzt, zum Schluß geglüht und sind zum Gebrauch fertig. Die großen Bahnverwaltungen fertigen sich auch die Tiegel selbst an, die etwa 25 Güsse aushalten, so daß für den Stoß die Kosten für Tiegelverschleiß kaum in Betracht kommen. Im Boden des Tiegels befindet sich ein durchbohrter konischer Magnesiastein, in dem ein zweiter gleichfalls durchbohrter als Ausflußstopfen sitzt, dieser ist nach einer Reihe von Güssen leicht auszuwechseln. Die Dichtung beider Stopfen geschieht lediglich durch eine faltenlose Lage von Zeitungspapier. Durch diesen Stopfen ist es erreicht worden, daß das Ausflußloch auf eine annähernd konstante Weite von 10 bis 18 mm zu halten ist, was für das gleichmäßige Ausfließen des Feuerflusses nötig ist.

Jedes Profil verlangt nach seiner Schwere und der Eigenart seiner Abmessungen eine ganz bestimmte Quantität Thermit, welche außerdem in der Zusammensetzung noch nach empirischen Regeln etwas variiert wird, um in allen Fällen eine gleichmäßige Verschweißung zu erhalten. Die für je eine Schienenverschweißung benötigte Thermitmenge wird in einem plombierten Sack, der mit der betreffenden Nummer des Schienenprofils versehen ist, unter der Bezeichnung „Schweißportion" an die Bahnverwaltungen geliefert. Da sich letztere die Formen und zumeist auch die Tiegel, wie erwähnt, selbst herstellen, so bilden die Schweißportionen neben einigen Klemmapparaten das einzige, was zur Verschweißung anzuschaffen ist.

In gewissen Fällen ist aber auch der Klemmapparat zu entbehren. Handelt es sich darum, alte bereits eingepflasterte Schienen nach Fortnahme der locker gewordenen Laschen zu verschweißen, so ist nur eine entsprechende Form an den Schienenstoß zu legen und in diese aus dem Tiegel die Reaktionsmasse einfließen zu lassen. In dem Falle tritt zwar keine oder nur eine teilweise Verschweißung des Kopfes ein, aber eine völlige Verschweißung bzw. Verschmelzung des Schienenfußes und Halses bis fast unter den Kopf der Schiene; außerdem wird aber, wie bereits hervorgehoben, die so verschweißte Stelle durch eine Steg und Fuß der Schiene umfassende angeschweißte Lasche von schmiedbarem Thermiteisen wesentlich verstärkt. Diese Verbindungsart gewährt also auch eine völlig zuverlässige Stoßverbindung; da das Anlegen des Klemmapparates und Abfeilen der Stauchung fortfällt, so geht diese Ausführungsart noch schneller vor sich. (Abb. 69.) Ein Erhitzen der Schienenköpfe durch die Schlacke auf Schweißtemperatur muß auch hier eintreten, um ein Aufbiegen der Schienen zu vermeiden. Eine vorhandene Lücke am Stoß ist bei solchen bereits verlegten Gleisen vor der Schweißung mit einem Blechstück von der Breite des Schienenkopfes ganz auszufüllen. Werden diese Paßstücke fest eingeklemmt, event. derartig, daß die Schienenenden am Stoß mit einer Winde etwas angehoben werden, um die Lücke am Kopf etwas zu erweitern, so gelingt es, vielfach auch eine Kopfverschweißung zu erzielen, die schon deswegen stets vorzuziehen ist, weil sich dadurch erst das Thermitverfahren als besonders elegantes erweist, indem nach eingetretener Schweißung im Kopf die genaue Stelle der Schweißung selbst nicht mehr auffindbar ist.

Deshalb bemüht man sich auch, bei alten, der Ausbesserung bedürftigen Strecken (natürlich nur bei solchen, bei denen der Verschleiß am Stoß noch nicht zu weit vorgeschritten ist) eine Stumpfschweißung des Kopfes mit zu erzielen und verfährt dabei folgendermaßen. Der Klemmapparat wird angesetzt und nun durch Rückwärtsdrehen der Spindelschrauben die Lücke im Stoß um 8 bis 10 mm vergrößert. Die Stärke des Paßstückes wird nun um 8 bis 10 mm größer gewählt als dem vorher vorhandenen Temperaturspalt entsprach. Die Schienen werden sodann wie gewöhnlich nach erfolgtem Einlaufen des abgebrannten Thermits zusammengestaucht, wobei streng darauf zu achten ist, daß keine Verkürzung des eingebetteten Gleises eintritt. Bei eingepflastertem Gleise muß hierbei das Pflaster vor und hinter dem zu verschweißenden Stoß genügend gelockert werden, bei sehr fest eingebetteten Schienen ist allerdings eine derartige Auseinanderzerrung nicht möglich, und man ist gezwungen, auf die Kopfschweißung zu verzichten. Die Verschweißung alter Gleise ist daher stets von Fall zu Fall zu erwägen. Sie ist sowohl mit als auch ohne Stumpfschweißung mit bestem Erfolge ausgeführt, z. B. ohne Klemmapparat in Braunschweig, mehrfach in Frankreich, Rouen, Havre usw.; mit Klemmapparat in Italien, z. B. in Genua, sogar bei ziemlich festliegendem Gleise.

Eine große Anzahl von Proben sind sowohl vom Schreiber dieser Zeilen als auch von Bahnverwaltungen angestellt worden, um die Festigkeit der Schweißstelle zu prüfen, als auch um zu sehen, in welcher Weise die durch das Thermit erhitzte Stelle beeinflußt wird. Die Festigkeit, die im Kopf der Schiene durch die Stumpfschweißung erzielt wird, ist etwa 80% der Festigkeit des Schienenmaterials auch bei sehr hartem Material. Eine Probe, die kürzlich seitens einer Firma genommen wurde, ergab eine Festigkeit von 87,2% des ursprünglichen Materials. Ferner sind Zerreißproben aus Schienenstücken geschnitten worden, die mit einem Thermiteisenumguß versehen waren in gleicher Weise, wie wenn eine Schweißung vorgenommen werden sollte, um dem Stück genau dieselbe Wärme zu erteilen, die bei einer Schweißung den Schienenenden gegeben wird. Da die ganze Schweißzone nur etwa 150 mm lang ist, der Zerreißstab aber 200 mm, so lag in diesem die ganze erhitzte Stelle. Die Zahlen nun, die aus einer nicht erhitzten Stelle der Schienen herrühren, und diejenigen, die aus der mit Thermit auf Schweißhitze gebrachten resultierten, stimmen fast ganz genau überein, ein Beweis dafür, daß ein irgendwie nennenswertes Weicher- oder Härterwerden des Schienenmaterials durch die Schweißung mit Thermit nicht eintritt, wie dies die Praxis auch hinlänglich bewiesen hat. Aus 6 Parallelversuchen wurden folgende Zahlen erhalten:

Die Festigkeiten an 6 Rillenschienen schwankten zwischen 68,9 und 84,7 kg/qmm, während sich die Dehnung zwischen 8 und 16,5% hielt; bei den 6 mit Thermit umgossenen Stücken wurden Festigkeiten zwischen 66,2 und 80,8 Kilo festgestellt, während die Dehnung zwischen 9,5 und 12,5% blieb. Der Durchschnitt stellte sich also fast gleich.

Eine größere Anzahl Zerreißproben sind aus Kopf, Fuß und Hals profilgeschweißter Schienen entnommen. Die Festigkeiten schwankten hier zwischen 55,6 und 67,8 Kilo, der Durchschnitt beträgt über 62 Kilo. Daraus ergibt sich, daß nur die ganz kurze Schweißstelle selbst (ein Stück von etwa 1 bis 2 mm Länge) eine geringe Einbuße an Festigkeit durch die Schweißung erfahren hat. Das Schienenmaterial erleidet also neben der Schweißstelle keine Veränderung! Durch den gleichzeitig erfolgten angeschweißten Umguß wird aber schließlich die Schweißstelle stärker als die Schiene selbst!

Werden die stumpfgeschweißten Schienen zerdrückt oder zerschlagen, so erfolgt der Bruch zumeist ganz außerhalb der Schweißzone. Eine Erklärung für die gute Schweißung, die mit dem Thermitverfahren erzielt wird, ist darin zu suchen, daß die Schweißung unter völligem Luftabschluß stattfindet und daß ferner eine stets gleichmäßige Wärmemenge unabhängig vom ausführenden Arbeiter der Schweißstelle durch die abgewogene „Schweißportion" zuerteilt wird.

Eine weitere Anwendung hat das Thermit bei den elektrischen Vollbahnen gefunden zur Verbindung der Stromleitungsschiene, der sog. dritten Schiene. Der Kupferverbinder löst auch hier bekanntlich seine Aufgabe schlecht, da eine gute Verbindung mit demselben auf die Dauer nicht gewährleistet wird; der Übergangswiderstand wächst mit der Zeit und verlangt dann häufige und kostspielige Reparaturen. Einfacher, zuverlässiger und zudem erheblich billiger ist eine Verschweißung der Schiene, die gegebenenfalls auch nur eine teilweise zu sein braucht. Bei der Vorortbahn von Berlin nach Großlichterfelde ist seitens der Union E. G. Berlin zurzeit eine derartige Schweißung auf einer Schienenstrecke von etwa 22 Kilometern ausgeführt worden; es ist lediglich mit Hilfe eines kleinen Buckels von aufgeschweißtem Thermiteisen eine elektrische Verbindung von je 3 Schienenlängen (45 m) hergestellt worden. Eine gewöhnliche Lasche verstärkt die mechanische Verbindung der Schienen. (Abb. 70.)

Sehr bedeutend ist neuerlich auch die Anwendung des Thermits für die Reparatur von gebrochenen Schiffssteven (besonders Stevenbrüchen) geworden. Gerade Stevenbrüche sind leider keine große Seltenheit in der Marine. Die zumeist notwendige Auswechslung der gebrochenen Teile erfordert nicht nur erhebliche Kosten, sondern, was noch mehr ins Gewicht fällt, Opfer an Zeit, während das Schiff unbenutzt, aber „zinsfressend"

Innerer Durchmesser in Zoll	Innerer Durchmesser in mm	Wandstärke in mm	Länge *l* der Form (**Abb.1**) in mm für wagerecht zu verschweißende Rohre. 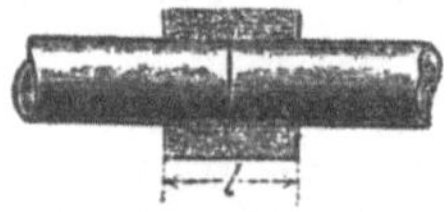 Schnitt, Abb. 1 oder Höhe *h* der Form (Abb.2) in mm für senkrecht zu verschweißende Rohre. 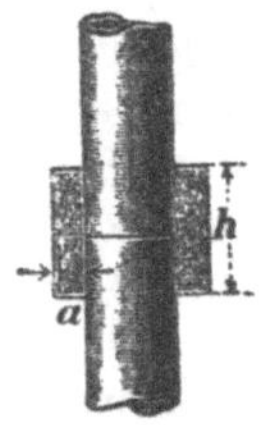 Schnitt, Abb. 2.	Länge *L* des aufgerollten Formmantels in mm bei einer Verschweißung der Rohre in wagerechter Lage (siehe Rubrik 4, Abb. 1). 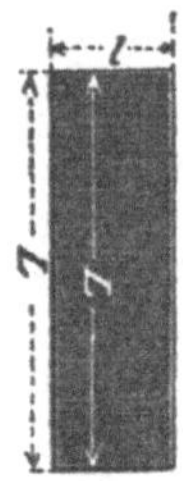 Abb. 3.
engl.“	mm	mm	*l* und *h*	*L*
¾	19	2	45	115
		3	65	140
		4	75	150
1	26	2	50	140
		2,5	50	150
		3	70	160
		4	80	170
		5	80	190
		6	80	210
1¼	32	2	55	160
		2,5	55	170
		3	75	180
		4	85	190
		5	90	210
		6	90	230
1½	38	2	60	175
		2,5	60	185
		3	80	200
		4	90	210
		5	95	225
		6	100	245

Tabelle.

Länge L_1 in mm einer Hälfte des aufgerollten, zweiteiligen Formmantels mit je 1 cm Übergriff für senkrecht zu verschweißende Rohre. (Siehe Rubrik 4, Abb. 2.) 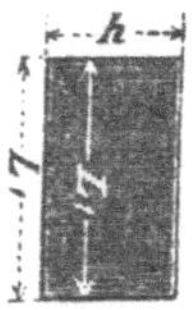 Abb. 4.	Abstand *a* der Form vom Rohr (Fig. 5 u. 6) in mm. Bemerkung. Bei senkrecht zu verschweißenden Rohren ist der Abstand des Formbodens von der Schweißstelle um $^1/_{10}$ der ganzen Formlänge geringer wie über der Schweißstelle zu nehmen. 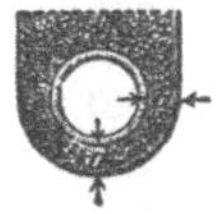 Abb. 5 wagerecht  Abb. 6 senkrecht.	Thermit „Rot“ in kg	Stauchung nach *n* Minuten nach vollendetem Einguß	Größe der Spezialtiegel nach Nr.	Nummer der von der Firma Th. G. zu beziehenden Formen
L_1	*a*	kg	*n*	Nr.	Nr.
68	7	0,20	½		1
80	10	0,31	½		2
85	10	0,45	¾		3
80	7	0,25	½		4
90	8	0,28	½		5
94	10	0,40	½		6
96	10	0,50	¾		7
105	12	0,68	¾		8
115	14	0,84	1¼		9
90	7	0,28	½		10
95	8	0,35	½	Nr. 1	11
105	10	0,50	½		12
105	10	0,65	1		13
115	12	0,90	1		14
125	14	1,10	1¼		15
100	7	0,35	½		16
105	8	0,42	½		17
110	10	0,63	½		18
115	10	0,72	1		19
125	12	1,00	1¼		20
135	14	1,30	1¼		21

Tabelle 1 (Fortsetzung).

engl.“	mm	mm	*l* und *h*	*L*
$1^3/_4$	44	2,5	65	205
		3	85	220
		4	95	230
		5	100	245
		6	110	265
		7	115	280
		8	120	295
2	51	2,5	70	225
		3	90	240
		4	100	250
		5	110	270
		6	120	280
		7	120	300
		8	130	315
$2^1/_2$	63	3	100	275
		4	120	285
		5	120	300
		6	130	320
		7	130	340
		8	140	355
3	76	3	110	320
		4	130	325
		5	130	345
		6	140	360
		7	140	380
		8	150	395
$3^1/_2$	89	3	120	360
		4	140	365
		5	140	385
		6	150	405
		7	150	425
		8	160	435
4	102	3	130	400
		4	150	405
		5	155	425
		6	160	445
		7	160	465
		8	170	475
$4^1/_2$	114	3	140	460
		4	160	470
		5	170	480
		6	170	500
		7	170	520
		8	175	530

L_1	a	kg	n	Nr.	Nr.
120	8	0,50	$\frac{1}{2}$		22
120	10	0,80	$\frac{3}{4}$		23
125	10	0,90	$1\frac{1}{4}$	Nr. 1	24
135	12	1,20	$1\frac{1}{4}$		25
145	14	1,70	$1\frac{1}{4}$		26
155	16	2,00	$1\frac{3}{4}$	Nr. 2	27
160	17	2,40	$1\frac{3}{4}$		28
125	8	0,66	$\frac{1}{2}$		29
132	10	0,90	$\frac{3}{4}$	Nr. 1	30
135	10	1,10	$1\frac{1}{4}$		31
145	12	1,44	$1\frac{1}{2}$		32
155	14	1,95	$1\frac{1}{2}$	Nr. 2	33
165	16	2,50	$1\frac{3}{4}$		34
170	17	3,00	$1\frac{3}{4}$	Nr. 3	35
150	10	1,30	1		36
155	10	1,60	$1\frac{1}{4}$	Nr. 2	37
165	12	1,85	$1\frac{1}{2}$		38
175	14	2,45	$1\frac{1}{2}$		39
185	16	3,00	$1\frac{3}{4}$		40
195	17	3,50	$1\frac{3}{4}$	Nr. 3	41
172	10	1,70	1		42
175	10	2,00	$1\frac{1}{4}$	Nr. 2	43
185	12	2,50	$1\frac{1}{2}$		44
195	14	3,00	$1\frac{3}{4}$		45
205	16	3,80	$1\frac{3}{4}$	Nr. 3	46
210	17	4,20	2		47
195	10	2,00	1	Nr. 2	48
198	10	2,40	$1\frac{1}{2}$		49
205	12	3,00	$1\frac{3}{4}$		50
215	14	3,80	$1\frac{3}{4}$	Nr. 3	51
225	16	4,50	$1\frac{3}{4}$		52
230	17	5,10	2		53
215	10	2,60	$1\frac{1}{4}$	Nr. 2	54
218	10	2,90	$1\frac{1}{2}$		55
226	12	3,60	$1\frac{3}{4}$	Nr. 3	56
235	14	4,40	$1\frac{3}{4}$		57
245	16	5,30	2		58
252	17	5,50	2	Nr. 4	59
232	10	3,20	$1\frac{1}{4}$		60
238	10	3,60	$1\frac{3}{4}$	Nr. 3	61
245	12	4,60	$1\frac{3}{4}$		62
255	14	5,50	2		63
265	16	6,50	2	Nr. 4	64
272	17	7,00	2		65

Tabelle 1 (Fortsetzung).

engl."	mm	mm	*l* und *h*	*L*
5	127	3	145	510
		4	170	520
		5	175	540
		6	180	560
		7	180	580
		8	180	590
5½	140	3	155	550
		4	180	560
		5	180	580
		6	190	600
		7	190	620
		8	190	630
6	152	3	165	590
		4	190	600
		5	190	620
		6	200	640
		7	200	660
		8	200	670
6½	165	5	200	670

Tabelle 2

Tabelle für

Quadratstäbe				
Querschnitt in qcm	Kilo Thermit f. d. cqm	Länge[1] der Form in cm	Abstand[2] der Form in cm (siehe Abb. 5 der Tabelle 1)	Stauchung nach Minuten
bis 10	0,200	7	1,8	2
von 10—20	0,250	bis 14	2,5	4
„ 20—30	0,260	„ 20	2,6	5—8
„ 30—40	0,270	„ 22	2,7	8—10
„ 40—50	0,280	„ 24	2,8	12
„ 50—60	0,290	„ 26	3,0	14
„ 60—70	0,300	„ 28	3,2	16
„ 70—80	0,310	„ 30	3,4	18
„ 80—90	0,320	„ 32	3,6	19
„ 90—100	0,330	„ 35	3,8	20

[1] Zwischenwerte sind zu berechnen.

[2] Bei Flacheisen vermindert sich der Abstand der Form von den zu verschweißenden Stäben an den Längsseiten derart, daß der Fassungsraum der Form demjenigen eines Quadratstabes von gleichem Querschnitt entspricht.

L_1	a	kg	n	Nr.	Nr.
260	12	4,20	1¼	Nr. 3	66
265	12	5,00	1¾		67
275	14	6,00	1¾	Nr. 4	68
285	16	7,00	2		69
295	18	8,00	2¼		70
300	19	8,60	2¼		71
280	12	5,00	1½	Nr. 3	72
285	12	5,60	1¾	Nr. 4	73
295	14	6,60	1¾		74
305	16	8,00	2		75
315	18	9,00	2¼		76
320	19	9,20	2¼		77
300	12	5,60	1½		78
305	12	6,20	1¾		79
315	14	7,50	1¾		80
325	16	9,00	2¼		81
335	18	10,20	2¼		82
340	19	11,00	2¼		83
340	16	9,50	2		84

Stumpfschweißungen.

Rundstäbe						
Durchmesser in Zoll	Durchmesser in mm	Querschnitt in qcm	Länge der Form in cm	Abstand der Form in cm	Kilo Thermit	Stauchung nach Minuten
1"	25	5	12	1,5	1	ca. 2
1¼	32	8	13	1,7	1,6	3
1½	40	12	14	2,5	3	4
2"	50	19	16	2,9	5	5
2½	66	34	20	3,3	9	7
3"	78	47	23	3,6	13	8—10
3½	90	63	27	4	19	10
4"	104	84	33	4,2	27	15
4½	116	104	38	4,2	34	15—20
5"	130	127	44	4,5	46	20—25

im Dock liegt. Mit Hilfe einer Thermitreparatur kann die häufig zur Auswechslung nötige Zeit von Monaten auf einige Tage, ja unter Umständen auf noch kürzere Zeit herabgedrückt werden. Die Reparatur, die manchmal Zehntausende von Mark verschlingt, kann mit einigen hundert Mark vorgenommen werden, und zwar von den Werftarbeitern selbst, da das Arbeiten mit Thermit sehr einfach und schnell zu erlernen ist. (Abb. 48 und 71.)

Selbst große Reparaturen, bei denen einige hundert Kilo Thermit mit einem Male angezündet werden, sind einfach auszuführen. Die Hauptsache ist, eine richtig dimensionierte Form anzubringen (Abb. 72), die aber nach gegebenen Vorbildern leicht anzufertigen ist, wie beispielsweise durch sehr wohlgelungene Schweißungen verschiedener Steven in Holland bewiesen ist, die an Ort und Stelle nur nach kurzer brieflicher Anleitung erfolgreich ausgeführt worden sind.

Erwähnung mag auch die bekannte Aneinanderschweißung von schmiedeeisernen Rohren mit Hilfe von Thermit finden. Es sind schätzungsweise bisher 30 000 bis 40 000 solcher Rohrschweißungen ausgeführt. Diese Thermitschweißung stellt sich billiger als eine gute Flanschenverbindung und kann auch an sehr schwer zugänglicher Stelle ausgeführt werden. Die Anwendung findet besonderen Vorteil bei Rohrleitungen, die unter hohem Druck stehen oder für den Transport von Flüssigkeiten dienen, die fast jedes Verpackungsmaterial angreifen, also Alkalien, Petroleum usw.

In diesen Fällen wird eine reine Stumpfverschweißung der Rohrenden erzielt und wird um diese zu dem Zwecke eine kleine Blechform gelegt, die von außen mit Sand abgestützt wird. (Abb. 21.) Aus einem Tiegel wird das feuerflüssige Thermit ausgegossen; der Korund fließt in diesem Falle zuerst aus und hat die Eigenart, das Rohr sofort mit einer dünnen, etwa 1 mm starken Schicht von Korund fest zu umschließen, so daß das nachfließende Thermiteisen das Rohr direkt nicht berühren und es somit nicht durchschmelzen kann. Es ist eine Tabelle ausgearbeitet, aus der für jede Rohrstärke bis zu etwa 6 Zoll die Größe der kleinen Form, ihr Abstand vom Rohr, die Menge des anzuwendenden Thermits usw. sofort zu ersehen ist. (Siehe Tabelle 1 auf S. 318 u. f.)

In gleicher Weise kann auch in speziellen Fällen eine Stumpfschweißung von massiven Stäben vorgenommen werden. Die hierzu nötigen Angaben finden sich in der Tabelle 2 auf Seite 322 und 323.

Als besonders bemerkenswert ist hervorzuheben, daß die aluminothermischen Stumpfschweißungen hervorragend gut ausfallen. Es ist bereits oben mitgeteilt, daß sich selbst hartes Schienenmaterial gut verschweißt. In Tabelle 3 befinden sich die Resultate von drei mit Hilfe von Thermit stumpf verschweißten 1½zölligen Vierkantstäben aus etwas weicherem Martinflußeisen. Der Bruch erfolgte in allen Fällen mit normaler Einschnürung außerhalb der Schweißzone.

In den meisten Fällen, in denen eine Verschweißung etwa gebrochener Stäbe oder Wellen mit Hilfe von Thermit vorgenommen werden soll, wird man sich nicht der reinen Stumpfschweißung bedienen, sondern des sog. automatischen Verfahrens, wie es bei der Schienenschweißung angewendet wird. (Abb. 73.)

Tabelle 3.

40 mm ☐ Stab	Analysen				Bruchgrenze kg/qmm	Dehnung in Prozent bezogen auf 200 mm ursprüngliche Länge
	C	*Si*	*Mn*	*S*		
I	0,10	0,05	0,27	0,06	44	20,5
II	0,11	0,04	0,37	0,06	41,7	20,5
III	0,08	0,03	0,33	0,07	44,4	22

Aus Tabelle 4 sind für diese Art der Verschweißung durch einen Thermiteisenumguß die nötigen Zahlen für die Größe der Form (die aus 80 Teilen Sand mit 20% Kaolin angefertigt werden kann oder aus Sand und Lehm zu gleichen Teilen) zu entnehmen; ferner ist das betreffende Thermitquantum angegeben.

Tabelle 4.

Umgüsse für zu verschweißende Wellen.

Durchmesser der Welle mm	Formlänge mm	Dicke des Umgusses mm	Anzuwendendes Thermit kg
40	100	15	6,500
50		18	8,750
60		19	10,000
70		21	12,500
75		22	14,750
80		25	17,250
100		32	24,750
110		35	30,750
160		50	65,250
200		50	74,000
225		50	86,250 – 92,250
250		50	88,500 – 96,000
300		50	103,500 – 121,000

Statt des einfachen Umgusses um Wellenlängen oder um Wellen, die gerissen sind, läßt sich in vielen Fällen auch der sog. Zwischen- und Umguß anwenden. Hierbei werden die Wellenenden mit einem Zwischenraum von 10 bis 20 mm festgelegt und hierauf eine entsprechende Form angebracht. Der Vorteil dieses Verfahrens besteht darin, daß die Verbindung eine innigere wird, da durch das durchströmende Thermiteisen ein Teil der Wellenenden aufgelöst wird und dadurch die Enden mit dem Zwischenguß verschmelzen. (Abb. 44.) In dem Falle braucht der Thermiteisenring nicht 100 mm lang zu sein, wie in Tabelle 4 angegeben, sondern es genügt eine Länge von 50 bis 60 mm gemäß Tabelle 5.

Tabelle 5.

Zwischen- und Umguß für zu verschweißende Wellen.

Durchmesser der Welle mm	Zwischenraum zwischen den Wellenenden mm	Formlänge mm	Dicke des Umgusses mm	Anzuwendendes Thermit kg
40	10	50	15	5,000
50	10	50	18	5,500
60	10	50	19	7,250
70	10	50	21	8,000
75	10	50	22	9,250
80	10	50	25	10,500
100	15	50	25	15,000
110	15	50	25	18,500
160	15	50	25	27,000
200	20	60	30	36,000
225	20	60	30	46,000
250	20	60	30	60,000
300	20	60	35	85,000

Des vorbeschriebenen Zwischen- und Umgußverfahrens bedient man sich auch zum Verschweißen von Gußeisenteilen beliebigen Querschnittes. (Abb. 74 u. 75.)

Eine weitere Anwendungsart der Aluminothermie kommt ganz besonders für Eisen- und Stahlgüsse in Betracht. Die Ausarbeitung dieses Gebietes stammt von meinem Mitarbeiter Herrn Oberingenieur Mathesius.

Nach dem diesem Verfahren eigentümlichen Prinzip wird das Thermit unter der Oberfläche des Metallbades zur Reaktion gebracht, an einer Stelle innerhalb des Bades selbst demnach eine hohe Temperatur erzeugt und das Thermiteisen im Augenblicke des Entstehens zugeführt. Zu diesem Zwecke wird das Thermit in eine Blechbüchse gefüllt, welche an einer Eisenstange befestigt ist; mit deren Hilfe wird die Büchse in das flüssige Metall untergetaucht gehalten. Aus den betreffenden Abbildungen ist Näheres zu erkennen. (Abb. 60.)

In erster Linie wird diese Reaktion in Pfannen mit geschmolzenem Gußeisen ausgeführt. In diesen Fällen wird nicht gewöhnliches Thermit verwendet, sondern ein solches, welches eine Legierung von Eisen mit Titan ausscheidet, so daß in das Gußeisen etwas Titan in statu nascendi eingeführt wird. Der Verfasser hat dieses Titanthermit (besser gesagt Ferrotitanthermit) früher direkt auf die Oberfläche des flüssigen Gußeisens gebracht; es gibt dies auch gute Ergebnisse, aber die neue Anwendung, es unter die Badoberfläche zu bringen, ist zuverlässiger und auch ökonomischer, weil man mit geringeren Mengen auskommt. Daß das Thermit wirklich derartig abbrennt, ohne daß unverbrannte Teilchen an die Oberfläche kommen, findet dadurch seine Erklärung, daß die Schlacke, die sich während der Reaktion bildet, die noch unverbrannten Teilchen einhüllt und so am Eisenstab gewissermaßen anklebt. Die Blechbüchse selbst wird fast unmittelbar aufgelöst und dient lediglich als Mittel, das Thermit, bevor es zur Reaktion im Metallbad kommt, zusammenzuhalten; danach ist es die einhüllende, während des Abbrennens sich ständig verringernde Schlackenhülle selbst, welche den Zusammenhang vermittelt. Die Reaktion im Gußeisenbade dauert nur 1 bis 2 Minuten und bewirkt eine vollständige Durchwühlung des ganzen Bades. Hierdurch wird eine Art Polung des Gußeisens herbeigeführt, Gase und Schlackenteile werden in die Höhe getrieben, so daß das Eisen dünnflüssiger wird und somit höher erhitzt erscheint. Die tatsächliche Wärmezunahme ist natürlich nur gering, da je nach der Größe der Pfanne von 200 Kilo bis zu mehreren tausend Kilo Gewicht nur $\frac{1}{4}$ bis $^1/_{16}$% Titanthermit angewendet wird. Das Einführen von Titan geschieht deswegen, um geringe Mengen Stickstoff zu binden, wobei sich die bekannten kleinen roten Kristalle von Zyantitan bilden; auch scheint ein geringer Zusatz von Titan zum Gußeisen — nach den bisher vorliegenden Ergebnissen — die Zähigkeit desselben zu erhöhen und ein feineres Korn hervorzubringen.

Das Verfahren ist seitens einer Reihe von Gießereien mit bestem Erfolge probiert worden und findet besonders Verwendung in Fabriken, in denen auf porenfreien Guß besonders geachtet werden muß, also in solchen, wo Maschinenguß aller Art hergestellt wird.

Durch die beschriebene Reaktion kann aber nicht nur ein vollständig porenfreier Guß erzielt werden, es ist auch möglich, noch in der Gießpfanne Zusätze vorzunehmen, z. B. von Ferromangan. Nach Durchmischung mit Hilfe einer sog. Büchsenreaktion findet sich das Mangan — z. B. auf 1% berechnet — gleichmäßig im Guß verteilt. Das gleiche wird mit einem Zusatz von Nickel ausgeführt für Pfannen zum Eindampfen von kaustischen Alkalien für die chemische Großindustrie. In diesem Falle wird das Nickel am praktischsten in Form von Nickelthermit, das vorher in einem Tiegel zur Entzündung gebracht ist, um dann — mitsamt der Schlacke — in die Gießpfanne gegossen zu werden, verwandt. Die gleichmäßige Durchmischung des Nickels wird sodann mit einer „Büchse" bewirkt. Man. verwendet etwa 1% Nickelthermit, das 60% metallisches Nickel ergibt, vom angewendeten Guß und kann in Kesseln mit solchem Nickelzusatz etwa 50% mehr Chargen ausbringen als in solchen ohne Nickel.

Eine zweite Anwendung des sog. Büchsenverfahrens ist wichtig für den Stahlguß, und zwar zuvörderst beim Gießen von großen Schmiedeblöcken. Bei diesen tritt bekanntlich stets ein mehr oder minder großes Nachlunkern ein. Dadurch entstehen im Kopf des Blockes Hohlstellen, die zumeist 30 bis 40% Verlust verursachen. (Abb. 61.) Man hat vielerlei versucht, um diesem Übelstande abzuhelfen. Erst neuerdings ist bekanntlich ein Verfahren durchgearbeitet worden, das darauf beruht, daß der ganze Block nach dem Gusse unter starken Druck versetzt wird. Infolge der kompendiösen Einrichtung stellt sich diese Methode sehr teuer, beweist aber, welch großen Wert man darauf legt, dichte, lunkerfreie Blöcke zu erhalten.

Das Thermitverfahren für den angedeuteten Zweck besteht darin, daß man eine Büchse von sog. Lunkerthermit in den Block mit Hilfe einer Eisenstange — genau wie oben beschrieben — hineinsenkt, und zwar je nach der Größe des Schmiedeblocks etwa 1 m tief. (Abb. 62.) Die Reaktion verläuft in diesem Falle in einigen Sekunden. Das Einsenken der Büchse geschieht selbstverständlich erst, nachdem sich der Lunker gebildet, also zumeit erst nach 15 bis 20 Minuten. Die erstarrte oberste Schicht ist vorher mit Hilfe mechanischer oder chemischer Mittel zu öffnen. Unmittelbar nach vollendeter Reaktion ist bereitgehaltener Stahl in den geöffneten Lunker nachzugießen. Das Verfahren ist tatsächlich sehr einfach, die nötige Beobachtung der rechtzeitigen Einführung der Büchse bald erlernt. Dazu kommt die außerordentliche Billigkeit des Verfahrens; es sind bei 10 tons schweren Blöcken nur etwa 5 Kilo Thermit nötig! Abb. 63 zeigt einen 10 tons schweren Block, der nach diesem speziell von Herrn Mathesius angegebenen Verfahren behandelt war, aufgenommen nach erfolgtem Durchschnitt. Ein verhältnismäßig ganz kleiner Lunker befand sich nur in dem obersten Teile des Blockes — wie in der Abbildung zu sehen —, so daß nur wenige Prozent Abfall abzuschneiden waren.

Weiter ist das Verfahren noch ausgebildet, um bei großen Stahlformgüssen matt gewordenem Stahl in den Trichtern zum besseren Lunkern zu verhelfen. Es ist in Abb. 64 ein Stahlformgußstück (ein großes Zahnrad) gezeichnet, in welches Lunkerthermit am Boden einiger Trichter, und zwar in konzentrisch durchlochter, etwa 1 Kilo Thermit enthaltender Büchse eingebaut ist. In diesem Falle braucht also das Thermit nicht erst mit Hilfe einer Eisenstange in den Stahl eingetaucht zu werden. Man kann zudem die Einschnürung am Trichter etwas enger gestalten wie üblich, um das Absägen des Kopfes zu erleichtern. Der sich bildende Lunker geht nun nicht in das Werkstück hinein und macht es so fehlerhaft, sondern befindet sich ganz oben im Kopf des Trichters. Auch beim Guß langer Schiffssteven, die bekanntlich nicht leicht zu gießen sind, werden in die Steigetrichter derartige Büchsen eingesetzt; diese wirken dann gewissermaßen als Auffrischungsmittel, das den auf dem langen Wege matt gewordenen Stahl „antreibt", d. h. ihn zu rascherem Aufsteigen in die Trichter veranlaßt und somit dünnflüssiger macht. Auch hierzu werden stets nur kleinere Büchsen verwendet.

Es steht außer Frage, daß mit Vorstehendem die Anwendungsmöglichkeiten des Verfahrens noch nicht erschöpft sind; wie bisher so werden sich auch weiter der Aluminothermie bei ihrer Mannigfaltigkeit neue Gebiete erschließen.

Aluminothermics, or Production of High Temperatures by Burning Aluminium and the Application of this to Engineering and Metallurgy.

(Lecture delivered at the Annual Meeting of the American Society of Mechanical Engineers at the Stevens Institute Hoboken, N. J., December 3d. 1903.)

The two elements of most frequent occurrence on our planet are oxygen and aluminum. By producing in a suitable manner the chemical combination of these two, a temperature is created, which is about equal to that of the electric arclight. On this discovery is based the new science called Aluminothermics. Which is the proper manner of combining aluminum with oxygen? By taking not the atmospheric oxygen but the solid oxygen contained in the oxides; these are mixed with finely granulated or pulverized aluminum. The resulting mixture is the heat producer and is called Thermit.

The next aim is to produce this great heat in the simplest and most efficacious manner and then to discover the fields on which it can be applied to most advantage.

The first important discovery in observing the properties of this mixture — Thermit — was that, when ignited in one spot, the combustion continued throughout the whole mass without any supply of heat from outside. The mass is placed in crucibles which are not in contact with any external source of heat, and the combustion, once started, embraces the whole mass in a very short time. This is the essence of Aluminothermics.

In the crucible after the reaction there are two layers. The bottom one is pure metal of equal weight to, but occupying only one third of the space of, the top layer which is now oxide of aluminum, so-called corundum.

These two layers whilst still liquid are poured rapidly over the rim of the crucible. It is not difficult to distinguish between the slag which flows first and the brightly glittering overheated metal.

To demonstrate the heat created by this chemical reaction I will now burn a hole through a one-inch wrought iron plate.

You will notice that in this case the crucible is tapped from the bottom so as to allow the pure iron, which has a temperature of about 3000 C (5,400 F.), to run out first. The hole is perfectly smoothedged; the heat is so concentrated that the plate is still cold after the reaction.

Nearly fifty years ago attemps were made to apply the reducing properties of aluminum. Without exception the experimentors heated their compounds externally. The reaction was always so violent that they could only operate with very small quantities. It will easily be seen that to arrive at aluminothermics on a commercial scale from such a starting point required patient study and assiduous work. Each of the mixtures, although made according to simple chemical rules, required studying out by itself. The formulas for gunpowder or dynamite sound fairly simple, but it requires more than a mere mixture of the ingredients to obtain any effect sufficient for industrial requirements. Not as if Thermit were an explosive — you can throw it into the kitchen fire and it wont burn.

In all exothermic processes the physical properties of the ingredients, in this case particularly those of the oxides, want considering. Then the methods of manufacture have to be worked out for each case.

In the following I am going to illustrate by practical demonstration a few of the applications of the Thermit process; to give an account of the entire field of its utility would go beyond the scope of a single lecture.

The applications may be roughly divided into two main divisions, the one concerning the metallurgist, the other the engineer. The latter application may be summarized in the word "Welding". The study of the metallurgical application preceded that of the other by a few years.

Amongst the *Pure Metals* produced by the alumino-genetic reaction I may mention in the first instance Chromium free of carbon, as having already found a market in this country. It is used in the manufacture of particular qualities of Chromium steel with a limited percentage of carbon. For instance, it is considerably used for self-hardening tool steel with five to six per cent. Chromium, about twice that quantity of tungsten and only 0,6-0,7 carbon.

Pure manganese also produced by this process finds employment in copper and nickel manufacture and, furthermore, in the production of particular sorts of manganese steel of great strength and great elasticity with twelve to fourteen per cent. Manganese, used particularly for bolts of machinery exposed to great strains, as for instance in dredgers.

Pure Molybdenum and Ferro Vanadium have also lately been put on the market. Ferro Titanium has been in use with a number of steel works for quite a considerable time. The pecular application of Titanium by means of its Thermit will be dealt with later on.

A number of metals or alloys are also produced, amongst which I will mention Ferro Boron, Manganese-Boron, Lead-Barium, although their value for practical purposes is limited at present. The experiments with Boron are not yet concluded.

I shall now show you one of these reactions; the one with Nickel Thermit. Its slag is distinguished by a beautiful blue color on account of its containing traces of cobalt. Although this demonstration is only on a very small scale, it will prove that the process is an extremely simple and expeditious one. In actual manufacturing several hundred weight are produced in one reaction. At the end of the lecture the mass will have cooled sufficiently to enable me to show the regulus of pure Nickel. The slag covering this regulus, particularly in making Chromium, is utilized as an artificial emery on account of its great hardness. It has been given the name of Corubin. It has also considerable refractory properties which have been utilized in various manners.

This first division appertaining to metallurgy I shall abandon for the present in order to acquaint you with the process which has received the widest attention and practical application. I mean the *Thermit Welding Process.*

Considering the innumerable details connected with the application of so new and practically unknown a force, it is not surprising that only since about a year ago the process has been introduced on a large and commercial scale.

The most important of these welding processes is the one by which *A Continuous Rail* (Fig. 69, 48 and 52), — a necessity of modern trolley road construction — is simply, cheaply and effectively obtained. Engineers in this country, in which no less than 25 000 miles of single track are in existence, are watching the good results obtained in Europe with this system. European authorities recognize its advantages over all its competitors, about 20 000 joints having been welded by this process since about a year ago in forty cities of the old world.

The City of Leeds, in England, after careful investigation by a committee of experts, is using this process over the whole of its track, and an American expert who had occasion to see it employed there, on his own initiative, recommended it for a very important contract at Singapore, where, in consequence, it is being used over a track of twenty-seven miles.

A marked advantage enjoyed by this system is the absence of any bulky equipment; all that is required is a crucible, a mould-box, and in some instances, where a complete butt-weld of the head of the rail is desired, a rail-clamp. All these materials, including the necessary quantity of Thermit can easily be moved on a hand truck. Each weld, according to section, requires from fifteen to twenty pounds of Thermit.

Even where a rail clamp is used the time employed is less than that necessary for fixing fishplates and copper bonds.

The mould is made according to a model designed specially for each section. Its two parts, one on each side, firmly enclose and exactly fit the rail. They are made on a large scale by manufacturers of refractory earthenware, or, according to the requirements of the trolley lines, in the repair shops, by tamping an ordinary mixture of china clay and loam into a sheet iron case placed over the model, which has afterwards to be dried during a couple of hours at a temperature of some 100° C. The cost is only a few cents. (Fig. 68.)

The Thermit iron running out of the crucible flows round the web and foot of the rail and, melting them, forms one mass with them. The liquid slag which follows the metal is diverted to the top of the rail and brings the latter to welding heat. The whole section is thus heated equally and the rail ends will not buckle.

The weld can be made with or without rail clamps. In the former case the rail ends are butted together by tightening the screw two or three minutes after the run. By using the rail clamps a perfect butt-weld, without even the smallest slit, is obtained; the slight and very short upset can be easily removed. The rigidity of the joint is particularly great. Under hydraulic pressure the break occurs outside the welded zone, as with the iron shoe welded on to the section the joint is really stronger than the rail.

The use of the rail clamps is, however, by no means obligatory. Without them the work is still further simplified, as the time necessary for adjusting the heavy clamps and for chiselling off the upset is saved. By practical experience it has been found that the weld without clamps is quite sufficient. Of late the clamps are being used less and less. (Fig. 69.)

The use of clamps is based chiefly on theoretical considerations. Even a butt-weld can be obtained without clamps, particularly with rails already embedded. At Barmen (Germany) such work was done very successfully about a year and a half ago. The old fishplates were taken off, the ends of the rails were raised slightly by means of a crowbar and a shim firmly wedged in between; in this case the shim is welded into the head of the rail.

When welding new rails not yet embedded the use of rail clamps can be obviated by firmly wedging up the rail from the next succeeding joint.

Working without clamps the time consumed per joint equals three-quarters of an hour for one man; trained squads of four men, including foreman, did not use nearly so much time. At $ 1,50. per day the wages item of cost is ten cents per joint. The use of the clamps doubles this amount. All other labour connected with welding remains the same whether clamps are used or not.

The mould, which must be dry and porous, is screwed on to the rail and the rims touching the rail are carefully smeared with clay. Before doing so, however, the rail ends are cleaned of dirt and rust with a wire brush and slightly warmed; a sand blast is superfluous.

In case the tops of the rails are to be butt welded the section has to be filed.

This is all that is required in the way of preparatory work. A true alignment of the rail is, of course, an indispensible precaution. The rails require no bolt holes as no provisional fishplates are necessary.

You will recognize that none of this work demands special training, and that as in Europe, the trolley companie's men in this country will be easily able to do it. A certain supervision to see that it is done carefully is a matter of course. The welding is done automatically and does not require the trained eye of an expert welder.

In case of wet weather the protection of a few planks is desirable to prevent the mould and Thermit getting wet.

The next and only remaining appliance necessary for Thermit welding is the crucible. (Fig. 76.) This consists of a sheet iron mantle lined with Magnesia. It is of simple construction, the lining being introduced by tamping it round a cone which is suspended in the middle of the mantle. The bottom is formed by a hard magnesia stone provided with an exchangeable outlet, which will stand nine to ten runs. The crucible, with the cone in it, is placed in the furnace for only two hours and finally brought to glow heat. It is then ready for use. Crucibles will stand about twenty-five reactions, and the wear and tear will, therefore, amount to only a few cents per joint. The Thermit is supplied in small bags containing the exact weight which is needed to effect the weld. These are called welding portions and are sold as such to the trolley companies. The companies who make their own crucibles and moulds will, therefore, have to pay freight only on the welding portions, which is considerably less than that on fishplates and bolts. The Essen Works have a plant to supply over 500 welding portions daily.

The strength of the weld is about eighty per cent. of the strength of the original material. The shoe welded on to the foot of the rail not only makes up for the remaining twenty per cent. but materially strengthens the rail at the joint. (Fig. 47.) The head does not get softer although it is brought to welding heat; the reason being that the operation takes place without the air having access to it. Test rods cut out of rails brought to welding heat with Thermit prove that tensile strength and elasticity have not suffered; a fact which is confirmed by three year's practical experience on the road.

Mr. Cole, the engineer in charge of the construction of the Singapore tramways, writes as follows under date of October 10th, 1903:

"We have not had one pull apart, a thing that would occur very quickly if the weld was not all that was required, for we have large sections exposed to the weather for days *without being covered up* and the contractive force of the changes of temperature would quickly pull the joints apart if they were not well done.

"The joints are nearly all done in the heat of the day, when the metal is expanded to its maximum limit. We have a difference of over 60 degrees between night and day."

Strength of Thermit Joint.

Tests made by Mr. F.S. McGregor, permanent way engineer, Leeds City Tramways.

June 23rd, 1903.

Rail supported five feet centre to centre, test made with ten-inch ram, two-inch bearing on head of rail.

Up to 28 tons, no deflection and no set, and then $\frac{1}{64}$ inch.

Up to 30 tons $\frac{1}{32}$-inch.

" " 40 " $\frac{1}{32}$-inch

" " 45 " $\frac{3}{64}$-inch.

" " 50 " $\frac{3}{32}$-inch.

" " 55 " $\frac{3}{32}$-inch.

" " 60 " $\frac{1}{8}$-inch.

Test was then stopped, and it was found that there was no permanent set whatever.

Pressure brought on again to sixty-five tons, still only one-eighth-inch deflection.

At 68 tons rail still sound.
,, 70 ,, ,, broke, not through the weld.

* * *

July 7th., 1903.

Hydraulic test. Dead load. Five feet bearings, ten-inch ram, two-inch bar on head of rail.

85 tons . . . . $\frac{3}{16}$-inch set.

90 ,, ... $\frac{1}{4}$-inch ,,

95 ,, ... $\frac{1}{2}$-inch and slight fracture.

* * *

Thermit-welded joint tested to dead load as above.
Up to 60 tons no permanent deflection.
Safe dead load at 68 tons.
70 tons fractured at side of the weld, the welded portion remaining intact.

* * *

Fish and sole Plate joint. Fish plates 62 lb. per pair, 2 feet long, six 1-inch bolts; sole plate 46-lb., 2 feet by 8 inch by $\frac{3}{4}$ inch, 12 $\frac{7}{8}$-inch bolts.

Permanent set at 85 tons $\frac{3}{4}$-inch.
,, ,, ,, 90 ,, $\frac{7}{8}$-inch.

Fractured at 102 tons.

J. S. McGregor, Permanent Way Engineer.

The so-called *Third Rail* is also welded by this means. The skin resistance of copper bonds increases with time and frequent repairs are necessitated thereby. Welding obviates these repairs. It can be done in two ways. The first is identical with the one described before (but without the use of clamps) and is now in operation on twenty miles of road at Paris, France, where a short track gave satisfaction after a year's trial. The second consists in welding a small bridge of Thermit iron between the feet on one side of the rail. Both are in use on a large scale. On the Suburban Road from Berlin to Grosslichterfelde, The Union Electricitäts-Gesellschaft of Berlin has welded thirteen and a half miles of track. The rails on this track are exposed, three lengths are welded to one of forty-five yards, which is connected to the next by a flexible bond. The other side of the joint, where there is no Thermitwelded "bridge" is mechanically strengthened by an ordinary light fishplate. Just as well as forty-five yards much greater lengths might be welded.

In this case the crucible is superfluous. The welding portion of about three pounds only is placed directly into the upper part of the mould, which is prolonged by a piece of gas pipe. (Fig. 70.)

The question of the continous rail with exposed T rails on railroads is not solved at present for want of sufficient tests. Of course, welding is the only means by which a continous rail properly speaking can be obtained with exposed rails. That it is practicable within certain limits and that it is desirable to have greater lenghts of exposed track welded together is admitted by permanent way engineers. The question is being investigated at present, but some time must elapse before a definite opinion can be arrived at. In any case exposed rails can undoubtedly be welded without any risk in tunnels and subways where differences of temperature are very slight and contraction and expansion therefore only minimal.

Steel girders for construction work can of course be welded in just the same way as rails. For really solid jointing equal to the strength of the girder itself welding is necessarily cheaper than rivetting. Some work of this kind has already been done in Germany, but in Europe there are none of the wonderful steel girder constructions which so greatly impress the European on his arrival in this country. There will be a wide field for this work in the United States as soon as the preparatory experiments and calculations have been made and officially sanctioned. After the experiments you have seen here you will acknowledge the immense saving of time in using the welding process as compared to rivetting.

The next field of application I shall now touch upon is an exceedingly wide one. I mean the *repair of solid iron and steel opjects*. Thermit, as I told you, gives fifty per cent of mild, very overheated steel with 0,1 carbon, which can be hardened if desired, for instance by an addition of manganese. *Whoever has a supply of Thermit has a supply of liquid steel.* Accordingly foundries can correct faulty castings, machinery shops can mend broken or worn out parts, and last but not least marine engineering works can repair large steel castings, such as crank shafts (Fig. 38) and particularly broken stern posts.

Wherever the distance from construction shops is the matter of consideration, and in all outlying districts, this Thermit is of particular value. Within the last few months regular ton orders have been received from South Africa, where damaged machinery of all kinds has been repaired by it in the mining districts. (Fig. 77.) In many cases cast iron has been welded.

Certain rules have to be observed in all repair work. First and foremost the slag should not be allowed to get mixed up in the plastic iron. An appropriate position of the runner and a little experience in the construction of the most effective shape of mould will prevent this. The mould must be made so as to allow the liquid iron which runs out of the crucible to flow freely round the flaw or fracture and to rise in the rising pipe. (Fig. 72.) The latter must be large enough to hold sufficient metal, that the walls of the flaw, etc., are fused. The weld can be either effected by running the Thermit iron round the ends of the piece in the shape of a ring, or by both running it between and around at the same time. (Fig. 44.) The size of moulds and quantity of Thermit necessary for welding shafts up to 300 mm diameter have been tabulated. A 12″ diameter takes 190 lbs. of Thermit, giving 95 lbs. of mild steel.

The most startling and at the same time most effective work done in the way of repairs by Thermit is in connection with Marine Engineering. To weld broken-stern-posts of big Trans-Atlantic liners or crank shafts or similar pieces, crucibles six feet in height with a capacity of 7 cwt. have been constructed. The reaction in these takes hardly longer than in a small crucible. The enormous advantage offered to steamship owners by such repairs will be apparent when it is remembered that a broken stern-post would otherwise have to be replaced by a new one. Besides this expense the one incurred through loss of time, the steamer being laid up in dry dock for weeks and weeks in order to have the new part fitted in, is very heavy indeed. (Fig. 48.)

I now come to an application of Thermit which differs materially from the ones I had the privilege of demonstrating to you up to now. That is *welding wrought iron pipes*. (Fig. 9.)

Of course, the heat of the iron if applied direct would destroy the thin walls of the pipe. Here, then, the corundum slag created on the top of the mass in the crucible comes into play. On being poured it has the properties of adhering instantaneously in a thin layer to any object that it comes in contact with, and of being impervious to liquid Thermit iron. The sequence of operation is therefore changed, and the slag is made to flow out before the iron. The reaction takes place in a crucible with a solid bottom from which the contents are poured over the rim.

To butt-weld the pipes the ends must be made to fit accurately on to each other and must be made bright with a file or emery paper. The two pipes are then firmly pressed together by the clamping apparatus, and the sheet-iron mould, well surrounded with moist sand, is attached. After pouring the liquid contents of the crucible, welding temperature will take place within a minute or two. The clamps then want tightening one turn of the screw and the weld is complete. The mould-box is removed almost at once and can be used several times. The surrounding mass, containing the iron between the layers of slag, like the yolk in the white of an egg, is easily removed with a hammer. Such welds will stand pressure of hundreds of atmospheres; as a matter of fact as much as the pipe itself. About 30 000 to 40 000 pipe joints have been welded by this method, the advantages of which are shortly, that the operation can take place anywhere "in situ", and that it is cheaper than a solid flange joint. The dimensions of the moulds have been carefully worked out and tabulated for every size of wrought iron pipe, up to six inches diameter. Any workman will be able to make such welds after very short practice by carefully observing the few rules and directions printed in the pamphlets.

The numerous other applications (Fig. 70 and 71) of Thermit for welding it would take too long to discuss in detail now. But apart from welding there is one large field for which aluminothermics may be of enormous importance. I am refering to *foundry practice*.

One of my associates, Mr. Mathesius, has especially devoted himself to studies concerning the improvement of iron and steel castings. These are obtained by introducing the Thermit below the surface of the bath, and so producing a high temperature in one place. A box containing the Thermit is fastened to an iron rod and held down on the bottom of the ladle. (Fig. 60.)

For cast iron and in some cases for steel a special Thermit is used which gives off an alloy of iron with titanium so that the titanium enters the liquid metal. The reaction takes place all through the contents of the ladle and thoroughly stirs them up in the space of a minute or two. Gases and particles of slag are driven upwards so that the fluidity of the iron is increased. An increase of the temperature does not in reality take place, as the proportion of added Thermit is only one quarter to one sixteenth per cent. of the total contents of the ladle. The effect of the titanium is to bind small quantities of nitrogen, to increase the fluidity of the cast iron, and to produce a finer grain.

Another application of the so-called "boxreaction" is important for steel castings, and especially for casting large steel ingots, to prevent the familiar phenomenon of piping. In the heads of such blocks hollow spaces are found which mostly cause thirty to forty per cent. of loss. (Fig. 61-63.)

The Thermit process as used for this purpose consists in introducing a box of so-called anti-piping Thermit into a block with the aid of an iron rod, in exactly the same way as described before. According to the size of the block the box is suspended about three feet. The reaction is completed in this case in a few seconds. The box is introduced, of course, only after the piping has been formed. The head layer, which has already become solid, is broken through for this purpose. Immedately after the reaction is completed, steel, which is held in readiness for this purpose, is poured into the open hole. The method is really very simple, and one learns very quickly at which time to introduce the box. Moreover, it is very cheap, only about ten pounds of Thermit being required for blocks of ten to twenty tons weight. After the treatment relatively very small flaws were found, and only in the upper part of the block, so that the loss is only a very few per cent.

The method has also been applied for very large steel castings to revive steel which had become plastic in the runners. In this the anti-piping Thermit is placed at the bottom of some risers, in an annular box with concentric walls, containing about two and one-half pounds of Thermit. There is, in this case, no need to thrust the box in by means of an iron rod. The piping will not protrude into the piece, but will be kept right at the head of the riser (Fig. 62).

The difficult operation of casting long stern posts of vessels can be facilitated by inserting in several places boxes of this Thermit. On account of the long way steel has to travel it has a tendency to grow plastic. But coming into contact with Thermit, its temperature and thereby its fluidity is revived.

Before concluding I will show you a few lantern slide pictures from photographs of actual work done in all parts of the Old World, and then the welds will be opened out for your inspection.

* * *

Nr. 1. Complete outfit for railweld.
„ 2. Railwelding at Graz (Austria). The traffic as you see is not interrupted.
„ 3. Railwelding at Berlin, Potsdamer Str.; traffic about five cars in a minute. Welds were made a year ago; no breaks have occurred.
„ 4. Railwelding at Ludwigshafen.
„ 5. Railwelding at Leeds.
„ 6. Railwelding at Leeds. The rod held by one of the men is used to keep open the tapping hole after the reaction.
„ 7. Diagram showing arrangement of welding third rail without crucibles.
„ 8. Tube welding on roof of works.
„ 9. Repairing spokes of wheel of railroad engine, executed by the Austrian State Railway.
„ 10. Ditto, ditto, weld completed.
„ 11. Repairing broken connecting rod; the runner and lost head will have to be knocked off.
„ 12. Welding cast iron frame of tool machinery in the Transvaal. The broken piece.
„ 13. The same welded.
„ 14. Rhine steamer. Repair of fractured crank shaft of ten inches diameter. Two and one-half cwt. of Thermit in one reaction. Steamer arrived five p.m. and left next morning at ten.
„ 15. Repair of broken arm of steering-gear on steamship "Assyria", Hamburg-American line. Preparing for the weld.
„ 16. Ditto, ditto, the moment of run.
„ 17. Repair of broken stern-post at Rotterdam. Showing mould-box and crucible.
„ 18. Welded stern-post partly machined.
„ 19. Welding of stern-post of steamer "Sebenico" at Trieste, half part of mould and crucible in position.
„ 20. The same, showing welded piece with half the mould still adhering.
„ 21. Mould completed, but head of riser still adhering. Lost head of runner removed.
„ 22. Broken stern-post of Hamburg-American liner "Sevilla", 9000 tons. The coke-basket is used for heating one spot so as to facilitate the post being bent back to its original position.
„ 23. Mould and crucible for 7 cwt. of Thermit in position.
„ 24. Moment of reaction.
„ 25. Completed weld.

The steamer has made the passage to and from Argentine and is registered at Lloyds full class.

The Production of Pure Metals Free from Carbon by the Aluminothermic Method.

(Electrochemical Industry Vol II (1904) P. 145/47.)

In the issue of November, 1903, of Electrochemical Industry, a complete review of the manifold industrial applications of aluminothermics was given by the author. The following notes are intended to give some supplementary information on the production of pure metals by the aluminothermic method, and on the uses of such metals in metallurgy. As noticed in our former article, it was for the purpose of preparing pure refractory metals, free from carbon, that the aluminothermic reaction was first made use of. While at first sight it might appear that no special extended practical development was required for a reaction of such apparent simplicity as the reduction of metallic oxides by aluminium, yet it is a fact that in the case of every metal much experimental work had to be done in order to obtain pure metals of uniform quality and with a high efficiency, so as to satisfy commercial requirements.

The aluminothermic preparation of the metals and alloys—especially chromium and manganese—as carried out now on a large commercial scale, takes place in a sort of crucible in which several hundred kilograms of metal are reduced in a single operation. On account of the great rapidity of reaction, this operation is completed in scarcely thirty minutes. The principle of the preparation of the mixture is, of course, to use equivalent quantities of the oxide and aluminium. In practice, however, the great facility with which aluminium alloys itself makes it advisable to use somewhat more of the oxide and less of the aluminium than would correspond to a mixture in equivalent proportions. The object is to oxidize all the aluminium during the reaction and to produce the metals free from aluminium. Solely by a suitable choice of the proportions of the mixture is it possible to regulate the reaction so as to get no aluminium in the reduced metal. This will surprise the experienced metallurgist in view of the great tendency of aluminium to alloy with the pure metals, and in view of the known fact that it is impossible to get metals free from carbon by means of reduction with carbon, even if a considerably larger amount of oxide is used than is equivalent to the carbon used for the reduction.

CHROMIUM.

Chromium, fused, free from carbon, with a purity of 98 to 99 per cent, can at present only be produced by the aluminothermic reaction. The metal, thus prepared, contains as impurities traces of iron and silicon. It is a brittle metal and remains bright indefinitely; its melting point is higher than that of platinum.

Pure chromium alloys with liquid steel. Its use allows the production of steels with a high content of chromium and with less carbon than is possible with the use of ferrochromium. The latter mostly contains carbon to the extent of 8 to 12 per cent of the chromium. The presence of this carbon makes it impossible to use ferrochromium for the production of steels with a high content of chromium and a comparatively low content of carbon. On the other hand, chromium free from carbon, as prepared by the aluminothermic method, is of great uniformity of composition. Faulty and unexpected fusions, which frequently occur in using ferrochromium on account of irregularities in the carbon content, will be avoided by employing pure chromium.

The addition of chromium to the charge in the Martin furnace can only be made at the end of the operation, and care must be taken to avoid the simultaneous introduction of injurious elements into the steel. Therefore, the less of the latter there are in the steel the better will be the quality of the steel. While with ferrochromium, even of a high grade, the loss through combustion reaches 20 to 25 per cent, the corresponding loss is much smaller if pure chromium is used.

Pure chromium is of the greatest practical value for the production of crucible steel. It is used for manufacturing guns, projectiles, and particularly for tool steels containing 5 to 10 per cent of chromium, 5 to 10 per cent tungsten, and not more than 0.6 to 0.7 per cent of carbon.

MANGANESE.

Manganese, made by the aluminothermic method, is free from carbon and practically free from iron. Its purity is about 99 per cent. It resists atmospheric influences for an unlimited period, while the manganese which is made in crucibles by reduction with carbon, crumbles when in contact with air. Pure manganese is very brittle, and can be easily crushed with the hammer. In the fracture it often shows beautiful rainbow colors. One of its special features is the ease with which it alloys with copper, nickel, zinc, tin, aluminium and also with chromium, titanium and boron. The fusing point of manganese is considerably below that of chromium; by the careful investigations of Heraeus it has been found to be at 1245 deg. C. (2241 deg. F.)

Pure manganese is used for the manufacture of very hard *steel* which contains 12 to 14 per cent of manganese, especially for making steel bolts which are exposed to very heavy strain, for instance, in dredges, &c. It is, however, in the *copper*, *brass* and *nickel* industries that the great advantages of the use of pure manganese and its alloys are most apparent. Pure manganese may be added in any percentage to *zinc-copper* alloys, the result being a very essential increase of strength and density and often, also, of elasticity. Such alloys can also be rolled more easily.

Manganese should not be added to alloys of *tin and copper*, containing more than about 2 or 3 per cent of tin, as the quality of the material is thereby deteriorated. But if the content of tin is held within certain limits, manganese may be added to good advantage.

For *nickel* castings manganese is used as a de-oxidizing agent, to produce a greater density. In this case 2 per cent of manganese is added to the molten nickel. This is more advantageous than an addition of magnesium, for the reason that magnesium, if added in excess, has a bad effect; there is no such danger with manganese. In mints manganese is added to the copper-nickel alloys (25 to 75), from which the nickel coins are made; the addition of manganese amounts in this case to about 2 per cent.

Manganese is also used with good results for making *German silver* and *nickel* alloys; when added to the former in small amounts, a bright color is produced, similar to that of silver. For *aluminium* alloys an addition of manganese-copper, *free from iron*, is preferable to nickel or zinc additions. If the manganese-copper is added to the amount of 3 per cent, the strength of the material is increased, denser castings are obtained, and the alloy can be more easily machined; moreover, the cost is lower than an addition of nickel.

Copper and *bronze* castings lose their brittleness if manganese is added instead of phosphorus; a material is thus obtained in which threads may be easily cut. Manganese-copper alloys are made to a large extent, containing from 2 to 12 per cent of manganese. Bronzes with 5 to 6 per cent of manganese have about the same color as copper, and are very fire-resisting; they are, therefore, used especially in the fire-boxes of locomotives. Sometimes about ½ per cent of nickel is added to such a copper-manganese alloy. For the preparation of manganese-copper alloys it is always preferable to first melt alloys *with a high content of manganese*—for instance, 70 per cent of copper and 30 per cent of manganese.

If ferromanganese is used, even of the best quality (about 80 per cent of manganese, 8 to 9 per cent of iron, the balance being carbon and traces of other elements), iron is always introduced into the copper. The elasticity of the alloy and its fire-resisting qualities are thereby diminished, as is shown by extensive comparative tests. The ordinary copper - manganese will, therefore, contain always 2.5 to 4 per cent of iron for 25 to 30 per cent of manganese.

Pure manganese easily alloys with the copper, with very small loss. This represents another advantage over ferromanganese. The higher price of pure manganese is counterbalanced by the uniformity and improved quality of the castings. These can only be obtained by the use of pure manganese. Such castings are, of course, made from the best electrolytic copper.

In these alloys manganese fulfills two purposes. First, it is a deoxidizing agent. In general, an addition of about ¼ per cent of manganese is sufficient. Compared with other deoxidizing agents, like phosphorus, manganese has the great advantage that if a surplus quantity is added, it improves the quality of the bath (the only exception being the case of bronze rich in tin). If too much phosphorus is added, it impairs the quality of the bath. In some cases, besides phosphorus, about 1 per cent of manganese is added.

Secondly, manganese is used to a large extent to improve the qualities of a great many metallic alloys. It combines easily with and has a great affinity to oxygen. Moreover, since manganous oxide slags are very fluid and have a low specific gravity, they easily and quickly separate out of the baths.

The practical applications of manganese are based on the principles just given. Manganese, either in the form of the pure metal, or, what is better, in the form of a high-percentage manganese alloy, is added in pieces of hazel-nut size to the molten metal bath in the crucible which is still in the furnace; after thorough stirring, the crucible is left for a certain time in the furnace at a steady temperature. The manganese slags then separate. Before adding the manganese, the copper slags must be carefully removed.

All castings with manganese alloys are to be made under exclusion of air as far as possible. It is, therefore, useful to sprinkle a small quantity of borax upon the surface of the metallic bath in the crucible. It then forms a thick plastic slag.

High-percentage *manganese-copper* alloys are made by first melting the copper in a graphite crucible. Manganese, in the size of hazel nuts, is then added gradually by portions of 10 to 20 pounds, and the bath is thoroughly stirred. Before adding the manganese, the copper slag has to be removed. The metal must be repeatedly stirred, and after 5 to 10 minutes' interval the next portion of manganese is added until the whole charge is complete. If the bath contains an alloy of only 20 per cent of manganese it must be heated for an hour; in the case of an alloy of 30 to 50 per cent, heating for an hour and a half is necessary. The bath must be stirred at intervals. It takes altogether 2 to 3 hours to complete a crucible charge of 20 to 30 per cent manganese-copper.

High-percentage manganese alloy is best cast in the form of thin flat rods which can then be cut into narrower strips. In this form they are more easily used for the preparation of other alloys. However, it is still better to pour the original alloy into water, so that it assumes a granulated form. The small pieces thus formed—often hollow globules—facilitate the preparation of new alloys. For a 100-lbs. charge of 30-per-cent manganese-copper 75 pounds of copper and 32 lbs. of manganese are required. The loss is therefore small. The waste of the preceding charge is placed in the crucible containing the fluid copper. Before adding the manganese, the resulting highly-fluid slag must be removed.

Manganese alloys with tin and zinc can also easily be prepared; generally the following proportions are used: Twenty parts of manganese to 80 of zinc, free from lead; 50 parts of manganese to 50 parts of tin, free from lead. The slag formed on the molten tin and zinc must, of course, be removed before adding the manganese, and the charge is kept heated for a couple of hours. With zinc it is important to take care that the temperature remains constant and does not increase. The loss in the preparation of 20-per-cent manganese-zinc is only 4 per cent.

An alloy of 30 per cent chromium and 70 per cent manganese is used, to prepare what is called *chromium-manganin*. It is used for the production of copper, containing chromium. Chromium-copper, containing 10 per cent of chromium, is also made by the aluminothermic method. Chromium-manganin alloys with copper as easily as pure manganese. Chromium seems to increase the elasticity of copper, while iron does not act in the same way.

Titanium may also be easily alloyed with manganese. This alloy is put on the market as ***manganese-titanium*** containing 30 to 35 per cent of titanium. It is also used for the manufacture of copper alloys. In the same way ***manganese-boron***, containing 20 per cent of boron, may be used.

OTHER METALS AND ALLOYS.

The aluminothermic reaction has also been applied in the preparation of ***ferro-titanium***, which is used as a means of introducing titanium into steel. Other pure metals, free from carbon, have also been prepared by the same method, especially ***iron***, ***copper***, ***tin***, ***lead***, ***nickel***, ***cobalt***, ***niobium***; while vanadium is produced, as Hittorf has shown, in form of V_2O, which looks entirely like a metal.

Like chromium, fused ***molybdenum*** is now produced in fused state by the aluminothermic reaction. It is a metal of gray color, like steel, and has a dense structure. It contains as chief impurity about 1 or 2 per cent of iron besides very small quantities of silicon, so that its purity is 98 to 99 per cent. Molybdenum is also applied in the first place for making toolsteel, and is often used as a substitute for tungsten. Molybdenum has the property of rendering the toolsteel specially hard. The percentage in which molybdenum is used for such purposes, is much smaller than that of tungsten. Moreover, it is much easier to harden molybdenum steel than tungsten steel.

In most cases, besides the addition of molybdenum, a high percentage of chromium, free from carbon, is also added.

The great disadvantage of the ordinary commercial molybdenum in powdered form is that this powdered metal is always somewhat oxidized, and that these oxides impair considerably the quality of molybdenum-steel, and in many cases even spoil it. The fused molybdenum which is made by the aluminothermic reaction is absolutely free from oxide, so that the disadvantages just mentioned are absent, if the pure metal is used.

Since, as already stated, molybdenum is mostly used in conjunction with chromium, an alloy of ***chromium and molybdenum*** has been prepared by the aluminothermic process, and the use of this alloy may be preferable in many cases. This alloy contains equal quantities of molybdenum and chromium. Like all other metals and alloys made by the aluminothermic process, molybdenum is free from carbon. The latest alloy produced in this line is an alloy of 75 per cent of ***molybdenum***, with 25 per cent ***nickel***.

Finally, for ballistic purposes, a ***nickel-tungsten*** alloy calls for special notice on account of its high specific gravity (which is 14.5) combined with great strength. It is easily machined, nevertheless.

Der Ruthenburg-Prozeß.

(Vortrag auf der Hauptversammlung der Deutschen Bunsen-Gesellschaft zu Bonn, 13. Mai 1904; Zeitschrift für Elektrochemie 1904, S. 529/32.)

Gegen Ende des vergangenen Jahres führte mich mein Weg zur Industrie der Niagarafälle, deren chemischen und elektrochemischen Teil ich während meines achttägigen Aufenthaltes daselbst teilweise besichtigen konnte. Da über diese Industrie Professor Haber schon eingehend berichtet hat, ist es mir kaum möglich, etwas Neues von dort zu erzählen. Nur den Ruthenburg-Prozeß, von dem mir bei meinem Aufenthalt in Amerika außerordentlich viel gesprochen wurde, hat meines Wissens Professor Haber nicht oder nur nebenbei erwähnt, und da dieser Prozeß mit der elektrischen Darstellung des Stahles bzw. Eisens zu tun hat, so widmete ich ihm ein akademisches Interesse.

Es gibt auf der Welt eine große Reihe von verhältnismäßig reinen Eisenerzen, die $Fe_3 O_4$ enthalten. Werden diese Erze gepulvert, so ist eine Aufbereitung außerordentlich einfach. Man erhält dann ein ziemlich reines, aber pulverförmiges $Fe_3 O_4$, sog. Concentrates. Die Reduktion dieses pulverförmigen Erzes im Hochofen ist kaum durchführbar, da sich der Ofen durch diesen Erzstaub schnell versetzt. Man hat deswegen versucht, diese pulverförmigen Erze zu brikettieren, doch ist man auch bei diesem Prozeß auf Schwierigkeiten gestoßen, da die Brikettierung durchaus nicht einfach und billig ist. Allerdings sind in neuester Zeit auch in der Brikettierung dieser Erze erhebliche Fortschritte gemacht worden, und zwar besonders in Schweden. Dort werden nach Gröndal die Erze mit Wasser angerührt, zu Briketts gepreßt, und in geeigneten Flammöfen, die mechanisch beschickt werden, hoch erhitzt. Die Briketts sind, wie ich mich an Hand mir vorgelegter Proben überzeugte, außerordentlich fest und porös. Die Kosten des Brikettverfahrens sollen für die 1000 kg Erz 2 Kronen betragen, bei Anwendung von Hochofengas sogar nur 1 Krone (1 Krone = 1,12 ℳ). Auch das Binden der Erze mit 5 bis 10% Zement ist vorgeschlagen worden. Schließlich verwendet Professor Mathesius zum Brikettieren sogar Hochofenschlacke, die er nach eigenartigem Verfahren aufschließt und in einen Zement umwandelt.

Ruthenburg ist nun auf die Idee gekommen, den elektrischen Strom zum Schmelzen dieser Concentrates zu verwenden und hat einen recht sinnreichen Apparat hierfür ausgegrübelt, einen Apparat, der aber, wie Sie sehen werden, vorläufig nur den Anspruch eines größeren Laboratoriumapparates machen kann, weil mit ihm nur kleinere Mengen Material geschmolzen werden können. Der Apparat müßte sehr erheblich vergrößert werden, um praktischen Zwecken zu dienen, was aber kaum nennenswerte Schwierigkeiten bereiten dürfte. Sie ersehen die Apparatur aus den Abbildungen 78 bis 80.

Ruthenburg läßt zwischen zwei hufeisenförmig angeordneten Elektromagneten, die in eigenartiger Weise umkleidet sind, das gepulverte Fe_3O_4 hindurchfallen. Die Magnete ziehen die kleineren Partikelchen an, wodurch der Raum zwischen den Polen überbrückt wird. Gleichzeitig wird durch diese Magnete ein genügend starker elektrischer Strom geleitet, der bei diesem Apparat mit 500 Amp. und 100 Volt arbeitet. Die Magnetpole sind demnach elektrisch voneinander isoliert, wie auf der Zeichnung angedeutet ist, und das auf denselben haftende Magneteisenerz wird durch den Strom geschmolzen und tropft dann herunter. Das erhaltene Produkt nennt Ruthenburg „beans"(Bohnen), weil das so geschmolzene Erz in etwa bohnengroßen Stücken resultiert. Große Schwierigkeiten hat es Ruthenburg bereitet, ein geeignetes Material zu finden, welches das Fe_3O_4 im Augenblick des Schmelzens nicht anbacken läßt, und er hat gefunden, daß Retortenkohle hierfür das geeignete Material ist. Damit umgibt er die beiden Walzen, die sich um die beiden Pole des Elektromagneten sehr langsam drehen. Die Retortenkohlen scheinen tatsächlich so gut wie nicht angegriffen zu werden. Die Magnete werden außerdem mit Wasser gekühlt. Proben von dem geschmolzenen Fe_3O_4 habe ich mitgebracht und liegen hier zur Ansicht.

Ruthenburg sagte mir, daß er mit 250 Kilowattstunden eine Tonne Erz schmelzen könne. Ich habe eine theoretische Berechnung versucht, und Sie finden die Zahlen in nachstehender Tabelle. Ich komme, wie Sie sehen, theoretisch zu einer nicht unerheblich höheren Zahl, doch liegt wohl die Möglichkeit vor, daß Ruthenburg nur einen Teil des Fe_3O_4 schmilzt und einen Teil des Produktes nur sintert, oder daß die geschmolzenen „beans" noch ungeschmolzenes Erz einhüllen, was für den Prozeß ja auch genügte:

Schmelzpunkt des Fe_3O_4	1500^0 (angenommen).
Spezifische Wärme	$0{,}156^0$ (Kopp).
Latente Schmelzwärme	50 Kal. (angenommen).
Wärmewert von 1 Watt	0,24 Kal.

Daher zum Schmelzen von 1 Tonne Fe_3O_4

$$1000\,\frac{1500\cdot 0{,}156+50}{0{,}24\cdot 3600}\;\ldots\ldots\ldots\ldots = 329 \text{ Kilowatt-Stunden}$$

Nach Angabe von Ruthenburg 250 Kilowatt-Stunden.

Ich selbst habe die Zahlen von Ruthenburg nicht nachgeprüft.

Gesetzt aber den Fall, daß Ruthenburg mit 250 Kilowatt eine Tonne schmilzt, so sind die Auslagen hierfür doch nicht ganz unerheblich. Immerhin ist es möglich, daß bei sehr billiger Wasserkraft und bei besonderen Transportverhältnissen der Erze das Verfahren konkurrenzfähig ist. Durch die Aufbereitung der Erze in dieser Art will Ruthenburg auch noch zwei Vorteile erreichen. Durch die magnetische Aufbereitung wird nämlich erstens bei den meisten Erzen der Phosphor in hohem Maße eliminiert, der bei der Gangart zurückbleibt, und zweitens wird bei dem Schmelzen des Fe_3O_4 der größte Teil des Schwefels abgeröstet. Fast das gleiche tritt bei dem oben erwähnten schwedischen Brikettierverfahren ein, bei dem beispielsweise Erze, die 0,4% S enthielten, nach dem Erhitzen bzw. fertigen Brikettieren nur noch 0,015% S aufwiesen. Sind die Erze aber von vornherein nicht allzu reich an Schwefel und Phosphor, so können auf diese Weise sehr reine „beans" erlangt werden, aus denen ein sehr reines Roheisen erschmolzen werden kann, das für Tiegelgußstahl zu verwerten ist. Allerdings geht Ruthenburg in seinen Ideen noch weiter; er will aus seinen zusammengeschmolzenen „beans" direkt eine Art Eisenschwamm, eventuell sogar mit geringem Kohlenstoffgehalt erhalten, indem er reduzierende Gase aus minderwertigem Brennstoff den von seiner Maschine geschmolzenen Magneteisenerzstücken entgegenführt. Er läßt deswegen sein Erz direkt in einen kleinen Schachtofen eintröpfeln. (Abb. 81.) Ruthenburg rechnet mit der Tatsache, daß Fe_3O_4 bei verhältnismäßig sehr niedriger Temperatur zu reduzieren ist. Über diese Reduktionsarbeit mit minderwertigen Gasen konnte mir Ruthenburg genaue Daten leider noch nicht angeben, und sie scheinen vorläufig einen praktischen Wert noch nicht erhalten zu haben. Ruthenburg sagte mir, daß er sowohl in Kanada als auch im Westen von Amerika zwei größere Versuchsanlagen mit mehreren hundert Pferdekräften errichten werde.

Der Prozeß an und für sich ist entschieden ein sehr eigenartiger und meines Wissens in deutschen Fachzeitschriften noch wenig besprochen. Man wird vorläufig aber auf Betriebsresultate noch warten müssen, bevor man ein endgültiges Urteil fällen kann. Es hat sich schon manches Verfahren, das im ersten Augenblick zu teuer oder zu kompliziert aussah, doch Bahn gebrochen. Mit dem Wunsche, daß es Ruthenburg gelingen möge, alle Schwierigkeiten, die ihm entgegentreten, zu überwinden, und mit dem Danke an den Herrn Ruthenburg, der mir bereitwilligst alle seine Apparate und Maschinen gezeigt hat, möchte ich diese kurze Mitteilung schließen.

Die Verwendung der Erwärmungsmasse Marke „Thermit" in der Industrie.

(Vortrag im Polytechnischen Verein in München; Bayer. Industrie- und Gewerbeblatt, Jahrgang 1904, No. 27 und 28.)

Es sollte an dieser Stelle eigentlich Herr Prof. W. Mathesius stehen, der als Professor der Metallurgie an der technischen Hochschule von Charlottenburg berufener gewesen wäre, Ihnen die Neuheiten des Thermitverfahrens darzulegen und dies mit beredteren Worten tun könnte als ich. Leider ist aber Herr Professor Mathesius noch in letzter Stunde durch Krankheit verhindert worden, den übernommenen Vortrag zu halten. Meine Herren! Wenngleich ich wohl annehmen darf, daß Ihnen das Verfahren im wesentlichen bekannt ist, so möchte ich doch kurz eine Einleitung über das geben, was dies Gemisch „Thermit" ist, worin recht eigentlich die Kraft und Eigenart desselben liegt.

Ein Professor, der bei der Prüfung mehr darauf sah, das zu erforschen, was man allgemeines Verständnis nennt und wenig auf Auswendiggelerntes Gewicht legte, fragte einen jungen Kandidaten: „Sagen Sie, Herr Kandidat, wann brennt es?" Und kurz entschlossen antwortete dieser: „Wenn es an einer Stelle heiß genug geworden ist." Ich glaube, der Professor erwartete eine andere Auskunft, er war aber damit zufrieden, und ich meine, es ist damit so ziemlich der Nagel auf den Kopf getroffen worden. Wir wissen alle, ein Streichholz, eine Zigarre brennen, wenn sie an einer Stelle heiß genug geworden sind; ein Heuschober brennt, wenn nur eine einzige Stelle in Brand gesetzt worden ist. Es ist uns bekannt, daß kohlehaltige Körper brennen, und doch ist man Jahrtausende lang an der Steinkohle vorbeigegangen ohne zu wissen, daß sie ein brennbarer Körper ist. Aber nicht nur Kohle, sondern auch Metalle brennen. Bekannt ist, daß ein Magnesiumfaden in der Luft nach Entzündung helleuchtend brennt. Das Aluminium brennt zwar nicht in gleicher Weise, ist jedoch auch mit Sauerstoff zum Brennen zu bringen, aber mit „festem" Sauerstoff. Ich nehme diesen aus den Oxyden verschiedener Erze, die gepulvert und mit dem Aluminium vermischt werden. Wird dieses Gemisch an einer Stelle genügend erhitzt, so brennt es weiter, und zwar mit großer Schnelligkeit und außerordentlich hoher Temperatur. Dadurch wird der Effekt der Erwärmungsmasse „Thermit" bewirkt, denn infolge der Schnelligkeit, mit der sie brennt, und der hohen Temperatur wird eine außerordentlich hohe „Energiedichte" erzielt. Ich will mich auf einzelne Zahlen nicht einlassen, sondern nur darauf hinweisen, daß in der Zeiteinheit in einem gewissen Raum, beispielsweise in einem Kubikzentimeter, durch die brennende Erwärmungsmasse „Thermit" annähernd 200mal mehr Kalorien entwickelt werden als in der Schmelzzone eines elektrischen Ofens von 500 Pferdekräften.

(Die Entzündung eines Quantums Erwärmungsmasse „Thermit" wird gezeigt.)

Die Erwärmungsmasse „Thermit" bildet, nachdem sie zur Reaktion gekommen ist, zwei Schichten, eine Schlackenschicht (Korund, Aluminiumoxyd) und eine Metallschicht. Entzündet wird die Masse durch ein sog. Entzündungsgemisch, das aus Bariumsuperoxyd und Aluminium besteht.

Wenn auch die Erwärmungsmasse „Thermit" im wesentlichen nur aus Eisenoxyd und Aluminium besteht, ihre Zusammensetzung also außerordentlich einfach ist, so bietet doch die technische Darstellung gewisse Schwierigkeiten; denn die Technik verlangt selbstverständlich ein ganz regelmäßig brennendes Produkt, das immer dieselbe Menge von Kalorien gibt. Ich möchte Sie da an ein Experiment erinnern, das wohl viele von Ihnen in der Jugendzeit gemacht haben, nämlich den Versuch, die Wege des Berthold Schwarz zu gehen und Schießpulver zu bereiten. Schwefel, Kohle und Salpeter waren schnell zusammengemischt; das Gemisch brannte wohl ab, aber das Produkt hätten weder die Russen noch die Japaner im Kriege gebrauchen können, es wäre für die Technik unverwendbar. Alle diese in sich brennenden sog. exothermischen Gemische verlangen eine außerordentlich sorgfältige Zusammensetzung, besonders in bezug auf physikalische Einzelheiten, und das ist besonders auch bei der Herstellung der Erwärmungsmasse „Thermit" der Fall. Es sind dabei gewisse Einzelheiten zu beachten und auch verschiedene Spezialmaschinen erforderlich.

Wie Sie sehen, habe ich aus der Erwärmungsmasse „Thermit" Eisen ausgeschmolzen. Dieselbe Reaktion tritt aber auch bei einer ganzen Anzahl anderer Oxyde ein, wenn sie mit Aluminium gemischt und entzündet werden, so bei Mangan, Chrom, Titan usw. Ich kann dieses Thema, das einen Vortragsabend mehr als reichlich füllen würde und für die Metallurgie von großer Wichtigkeit ist, hier nicht ausführlich behandeln, nur möchte ich noch einiges herausgreifen. Das nach dem aluminothermischen Verfahren hergestellte Chrom hat eine sehr ausgedehnte Verwendung für Spezialstähle gefunden, ebenso auch das geschmolzene Mangan und Molybdän. Mangan wird ferner besonders häufig in der Kupfer- und Bronzeindustrie gebraucht. Manche werden fragen: Ist das Aluminium das einzige Metall, das diese hohen Temperaturen gibt? Sind nicht noch andere vorhanden? Ich bin auch auf die Suche danach gegangen, und neuerdings sind eine Reihe von Metallen, die das Aluminium in dieser Beziehung sogar noch übertreffen, von Professor Muthmann in München abgeschieden worden. Es sind dies Metalle der sog. seltenen Erden, die uns bislang vollständig unzugänglich waren und mit denen Herr Professor Muthmann ganz neue Ausblicke in die Metallurgie geschaffen hat. Für die Technik besitzen diese Metalle vorläufig allerdings noch keinen direkten Wert, aber sie werden ihn vielleicht später haben.

Ich kehre nun zur Erwärmungsmasse „Thermit" zurück. Das Metall, das am häufigsten nach diesem Verfahren hergestellt wird, ist Eisen, das technisch „kohlenstofffrei" ist, d. h. sehr wenig Kohlenstoff enthält, wie alle auf diesem Wege gewonnenen Metalle. Dieses Eisen wird bei zirka 3000° C abgeschieden. Man kann diesen Hitzegrad nicht messen, denn bekanntlich hört die Messung bei Temperaturen über 1800° auf, man vermag da nur vergleichende Zahlen anzuwenden. Wie ich zu der Zahl 3000 gekommen bin, will ich hier nicht erörtern.

Sobald dieses hoch über seinen Schmelzpunkt erhitzte „Thermiteisen" mit einem Stück Eisen oder Stahl in Berührung kommt, löst es dieses sofort auf. Gegebenenfalls schmilzt es ein Loch selbst durch eine dicke Stahlplatte. Dies geht so schnell vor sich, daß man die mittels Thermiteisen durchlöcherte Stahlplatte gleich nach der Durchschmelzung ruhig anfassen kann. (Abb. 40.) Auf diesem Experiment beruht eine große Anzahl technischer Anwendungsarten des Verfahrens. Es ist gleich, ob der Tiegel 2 kg oder 200—400 kg Gemisch faßt, die Reaktion dauert auch bei großen Mengen nur etwa 15—30 Sekunden.

Wird nun dies Thermiteisen, das durch die Platte gelaufen ist, in einer unter der Platte angebrachten Form aufgehalten, so verschmilzt es mit der Platte und bildet mit ihr ein homogenes Ganzes. Das Thermiteisen wird also gewissermaßen als homogenes „Lötmetall" für Eisen verwendet. Es schmilzt die Eisenteile zusammen. Die Erwärmungsmasse „Thermit" ergibt, wie gesagt, in weniger als einer Minute weit über den Schmelzpunkt erhitzten weichen Stahl, sie ist also fast „gleichbedeutend" mit flüssigem Stahl! (Abb. 39.) Bei gewöhnlicher Rotglut entzündet sich die Erwärmungsmasse „Thermit" nicht, sondern erst bei Weißglut. Der Versand des Gemisches bietet daher zu Wasser wie zu Lande keinerlei Schwierigkeiten und Gefahren, denn es ist weniger feuergefährlich als Steinkohle, die leider nicht allzu selten beispielsweise auf Schiffen, in Brand gerät.

Ich will nun etwa 2½ Kilogramm Thermiteisen auf eine schmiedeeiserne Platte laufen lassen und es gleichzeitig in einer entsprechenden Form auffangen. Es ist notwendig, daß für alle derartigen Thermitaufschweißungen eine besondere Form gebaut wird. Solche Formen, besonders wie sie bei größeren Schiffsreparaturen angewendet werden, werden Sie später in Lichtbildern sehen. (Abb. 72.)

Das Thermiteisen darf füglich nicht direkt auf das Stück auffließen, sondern es muß ein seitlicher Einlauf vorgesehen werden; es sind schließlich hier die bekannten Regeln zu befolgen, die jeder Eisengießer in seiner Werkstätte anzuwenden hat.

Ich werde nachher an einer Reihe von Lichtbildern zeigen, was die Technik mit diesem Thermiteisen zu leisten imstande ist; ich darf aber jetzt schon hervorheben, daß diese Erwärmungsmasse „Thermit" in Gegenden, wo die maschinellen Hilfsmittel geringere sind, noch weit wichtiger ist als hierzulande. Es sind neuerdings große Mengen des Gemisches nach Südafrika gesandt worden und haben bei Bergwerken gute Dienste geleistet. Auch Südamerika, Australien usw. machen Gebrauch davon. Daß die russische und die japanische Marine jetzt mit Vorliebe das Produkt verwendet, ist selbstverständlich, und es war mir eine Befriedigung, als schon nach dem ersten Schlachttage von Port Arthur von der russischen Marine eine Bestellung auf mehrere Tonnen gemacht wurde, obwohl sie davon noch, wie ich wußte, auf Lager hatte. Sie werden an den Lichtbildern noch sehen, was für die Marine die Erwärmungsmasse „Thermit" unter Umständen bedeutet. Es sind natürlich dabei verschiedene Handgriffe nötig, die aber erfahrungsgemäß schnell gelernt werden.

Dieselbe Reaktion, die Sie vorhin schon gesehen haben, wird auch zum Schienenschweißen verwendet. Ich möchte bei dieser Anwendungsart als einer der wichtigsten des Verfahrens etwas verweilen. Sie werden mich vor allem fragen: „Wie ist es denn möglich, überhaupt Schienen zusammenzuschweißen? Das scheint ein Unding zu sein; die Schienen müssen doch so gelegt werden, daß sie sich ausdehnen können, und das ist nicht möglich, wenn man einen durchgehenden Strang herstellt." Meine Herren, wenn Sie so denken, so möchten Sie vielleicht glauben, ich wollte Sie in ein „Wolkenkuckucksheim" versetzen. Denn Sie haben insofern recht, als das Gesetz der Ausdehnung existiert. Aber es existiert noch ein anderes Naturgesetz, das Gesetz von der Reibung. Sie wissen, die Straßenbahnschienen sind bis zum Kopf eingebettet und setzen dem Ausdehnungsbestreben eine außerordentliche Reibung entgegen. Jetzt kämpfen die beiden Koeffizienten, der Reibungs- und der Ausdehnungs-Koeffizient, miteinander. In praxi gleichen sie sich in genügender Weise aus, und daher ist die Anwendung der Schienenschweißung möglich. Die Theorie hinkt selbstverständlich nach; erst kommt die Praxis, und dann erklärt man sich die Tatsache. Ganz anders ist es allerdings bei den Hauptbahnen; da liegen die Schienen frei, sodaß man an die Laschenverbindung herankommen kann. Ich möchte mich heute auf das Thema der Schweißung freiliegender Schienen, von der zwar eine Reihe von Fachleuten der Meinung ist, daß auch sie möglich sei, selbstverständlich unter gewissen Kautelen, nicht einlassen. Erwähnen möchte ich nur noch, daß in nächster Zeit auf einer ungarischen Staatsbahnstrecke derartige Versuche angestellt werden, wobei je 2, 3, 4 und 5 Schienenlängen aneinandergeschweißt, und die Schienen dabei ganz besonders gegen das Planum abgestützt werden sollen. Bleiben wir jetzt bei den Straßenbahnschienen. Diese wurden bisher bekanntlich meistens durch Laschen verbunden. Mit mehr oder minder großen und schweren Laschen werden die Schienenenden zusammengeschraubt, wodurch man die sogenannte Stoßverbindung erhält. Ich glaube, keine andere Sprache hat einen so schönen Ausdruck gefunden wie die deutsche mit dem Worte „Stoßverbindung". Meine Herren, ja es stößt, und wenn Sie hier auf der Trambahn eine Strecke fahren, so können Sie für 10 Pfennige den Stoß fühlen, ja hören, am Sonntag soll das Vergnügen hier sogar 15 Pfennige kosten.

Wenn Sie sich die Laschen ansehen, so sind dies große, mächtige Stahlstücke mit drei Bolzen auf jeder Seite. Man vermag eigentlich im ersten Augenblick nicht zu verstehen, wie es möglich ist, daß derartig fest verschraubte Laschen überhaupt locker werden können. Meine Herren, der Abend würde nicht reichen, um alle einschlägigen Fragen über das große Gebiet des Straßenbahnoberbaues auch nur anzudeuten, nur einige kurze Bemerkungen möchte ich machen. Am Anfang, als die Erfahrungen noch nicht groß waren, sind bei allen Straßenbahnen — wie selbstverständlich in München auch — die Verbindungen der Schienen zu schwach gewählt worden. Solche schwache Verbindungen lösen sich meist schon nach sehr kurzer Zeit, der ganze Stoß wird locker, und sobald einmal der Anfang gemacht ist, wird das Übel bei jedem darüberfahrenden Wagen größer, die Schienen werden besonders an den Enden stark abgefahren. Wie hilft man sich nun nach diesen Erfahrungen? Man nimmt bei verstärkten Schienen natürlich noch größere, schwerere, auch längere Laschen und zieht sehr starke Schrauben ein. Eine solche Verbindung hält wohl besser als die frühere leichte, aber ein ganz wesentlicher Übelstand ist damit verbunden, der auch auf die Dauer schlimmer wird. Denn nun hat man bei Anwendung dieser großen schweren Laschen einen ganz bedeutenden Unterschied zwischen der Schiene und dem Stoß; der Querschnitt der Schiene ist selbst außerordentlich stark durch diese schweren Laschen unterbrochen und hat beim Hinüberrollen der Wagen eine „amboßartige" Wirkung der Stöße. Die Laschen können wohl festliegen, denn die Bolzen rosten ziemlich schnell fest, und doch fahren sich Löcher in den Stoß ein. Es ist anerkannt falsch zu glauben, man könne die Schrauben der Laschenverbindung durch Mutter und Kontermutter befestigen und vollkommen sichern. Dies besorgt in vielen Fällen der Rost besser. Jeder Praktiker weiß, wie fest häufig eine verrostete Laschenverbindung an der Schiene sitzt, wie schwer die Schrauben zu lösen sind. Aber auch bei diesen Verbindungen, bei denen sich die Verschraubungen nicht lösen, tritt ein Ausfahren am Stoß ein, denn die amboßartige Wirkung am Stoß bleibt; sie tritt dadurch ein, daß die Wagen plötzlich auf eine viel schwerere Unterlage auffahren müssen. Ich verweise auf das hochinteressante Straßenbahnmuseum, das in Hamburg Herr Oberingenieur Culin angelegt hat, und in dem man unter vielem anderen sehen kann, wie in Schienenstößen mit vollständig festsitzenden Laschen bzw. Bolzen mehrere mm tiefe Einfahrungen vorhanden sind. Vielfach werden natürlich auch diese schweren Laschen locker, indem die Bolzen länger werden und die Bolzenlöcher sich erweitern. Wodurch also der Stoß, der Schlag der Wagen bei den Straßenbahnen entsteht, ist dann um so mehr klar, als man ja gegebenenfalls die Schrauben nicht nachziehen kann, wenn man nicht erhebliche Unkosten durch Aufreißen des Pflasters haben will. Wohl allgemein dürfte man zu der Überzeugung gekommen sein, daß die festeste, unlösbarste Verbindung die beste sein muß, und das ist schließlich nur eine Verschweißung. Diese allein gibt die kontinuierliche Schiene, die nicht durch schwere Laschenverbindungen unterbrochen ist. Denn ihr Gewicht ist 30, 40 oder mehr kg, während die Schweißstelle durch das Thermiteisen ganz unerheblich verstärkt ist, etwa 3—4 kg Gewichtsanhäufung besitzt. Die mit Hilfe von der Erwärmungsmasse „Thermit" verschweißten Schienen besitzen keinen dieser Übelstände, die schließlich jeder Laschenverbindung von Natur aus anhaften.

Noch ein weiterer Vorteil liegt in der Verschweißung. Bei den Straßenbahnen haben Sie bekanntlich auch noch einen sogenannten Kupferverbinder nötig, der von Schiene zu Schiene die stromleitende Verbindung herstellt. Denn wie Sie wissen, geht die Rückleitung des elektrischen Stromes durch die Schienen. Dieser Kupferverbinder ist nicht billig und leistet auch nicht immer das, was er leisten soll, eine wirklich gute Verbindung. Der Übergang von Kupfer zu Eisen bildet bereits einen schlechten Übergang; gerade dieser sogenannte Übergangswiderstand vergrößert sich ständig, da, wie jedem Physiker bekannt ist, Eisen und Kupfer in der feuchten Erde selbst einen galvanischen Strom bilden. Es wird also von vornherein ein Fehler in die Leitung gebracht, wenn man Kupfer mit Eisen verbindet. Dieser Übelstand der mangelhaften Stromrückleitung durch die Schienen ist nur allzu bekannt. Ich brauche nur die Namen „Irrströme", „vagabundierende Ströme" zu nennen. Der Strom wandert eben nicht durch die Schienen, sondern auch durch die Gas- und Wasserleitung der Stadt, und kann hier gegebenenfalls recht erheblichen Schaden anrichten, indem diese vagabundierenden Ströme die Rohre anfressen und beschädigen. Diese Beschädigung ist nun nicht etwa eine sich über die ganze Rohrlänge gleichmäßig verbreitende, in dem Falle würde sie kaum bemerkbar werden; vielmehr konzentriert sich der Strom bzw. dessen Wirkung. Dies ist ganz charakteristisch für diese Art der Zerstörung; es treten nämlich stellenweise Löcher im Rohrleitungssystem auf, und zwar auf Grund einer vorherigen lokalen Rostbildung, die durch Elektrolyse, hervorgerufen durch jene Irrströme, erzeugt war. Die geschweißten Schienen brauchen keine Kupferverbindung; die Leitungsfähigkeit der geschweißten Verbindung ist sogar größer als diejenige eines entsprechenden Stückes der Schiene selbst, infolge der durch das Thermiteisen hervorgerufenen kleinen Verstärkung. Daß die geschweißte Schiene die Stoßwirkung völlig beseitigt, ist selbstverständlich, denn bei guter Schweißung ist die Verbindungsstelle effektiv nicht aufzufinden.

Um zu den Resultaten zu kommen, möchte ich Ihnen folgendes mitteilen: Die ersten Schienenschweißungen sind vor 4 Jahren, und zwar zum Teil in belebten Straßen der Städte Berlin, Braunschweig und Dresden ausgeführt worden, aber noch in geringer Zahl, etwa 1200. Vor 3 Jahren sind — um die Resultate abzuwarten — nur wenige Schweißungen ausgeführt. Auch wurde das Verfahren besonders in der Handhabung vereinfacht. Vor etwa 2 Jahren wurden dann weitere 3000—4000 Schweißungen vorgenommen, zum Teil im Inland, zum Teil im Ausland. Nachdem man gesehen hatte, daß ein technischer Erfolg vorhanden, ist im vergangenen Jahre Material für fast 20 000 Stöße abgeliefert worden; eine gewisse Anzahl von diesen Stößen ist allerdings in diesem Jahre noch herzustellen. Doch ist diese Anzahl unbedeutend. Für dieses Jahr liegt bereits annähernd dieselbe Anzahl von Bestellungen vor. Ich glaube, dadurch dürfte schon erwiesen sein, daß man diesem Verfahren Vertrauen entgegenbringen kann. Allerdings sind diese Erfahrungen erst 4 Jahre alt, aber es ist doch ein Unterschied, ob ein geschweißter Stoß oder eine Laschenverbindung 4 Jahre hält. Beim geschweißten Stoß gibt es nur eines: entweder er hält, oder er reißt; bei der Laschenverbindung heißt es: sie hält, sie wird immer schlechter, und man kann nicht wissen, wie lang sie überhaupt noch halten kann. Bei einer geschweißten Verbindung kann man nach vierjähriger Beobachtung mit ziemlicher Gewißheit sagen, wenn die Schienen auf der ganzen Fahrfläche nicht zu weit abgefahren sind, wird in absehbarer Zeit auch am Stoß nichts passieren. Auf eine Strecke möchte ich ganz besonders aufmerksam machen. Es liegt seit 2 Jahren eine Strecke geschweißter Schienen in der Potsdamer Straße in Berlin (Abb. 82), wo ein 16 Sekundenverkehr herrscht. Wenn Sie demgegenüber 3 Minutenverkehr rechnen, so liegt diese Strecke schon mehr als 20 Jahre, und man hat die Dauerhaftigkeit des Materials doch in erster Linie nach der Verkehrsdichte zu bestimmen. Ich revidiere diese Strecke selbst sehr oft und weiß auch aus Mitteilungen von beteiligter Seite, daß man durchaus zufrieden ist. Man kann die Stöße nicht erkennen; selbst wenn man die Schienen abschreitet, kann man wohl die ungefähre Stelle der Verbindung herausfinden, nicht aber die bestimmte Schweißstelle entdecken.

Ich möchte noch hervorheben, daß das Verfahren vielfach im Ausland und vor allem in der Stadt Leeds großen Anklang gefunden hat. Leeds hat ein Trambahnnetz etwas größer als das Münchener und gilt als führende Stadt auf dem Gebiete des Trambahnwesens in England. Die Stadtverwaltung hat vor 2 Jahren eine Kommission von 6 Herren eingesetzt, um sämtliche Systeme der Schienenverbindung, die jetzt existieren, zu prüfen. Die Herren haben sich auch nicht gescheut, eine Reise nach Deutschland zu machen. Sie verließen an einem Freitag Leeds und waren am nächsten Dienstag wieder dort. Während dieser Zeit haben sie Dresden (Abb. 65) und Berlin besucht, haben sich die dortigen Resultate angesehen und sind zu dem Entschluß gekommen, dem Schienenschweißverfahren näherzutreten. Sie haben selbstverständlich erst im kleinen probiert, etwa 200—300 Stoßverbindungen, dann führten sie ungefähr weitere 3000 Schweißungen aus, und jetzt haben sie über das doppelte Quantum, 6500 Schweißungen, für 1904 in Bestellung gegeben. Daß diese Prüfung seitens der städtischen Straßenbahn in Leeds sehr vorurteilsfrei gemacht worden ist, wird Ihnen einleuchtend sein, denn der Engländer führt eine deutsche Erfindung eben nur dann ein, wenn er von deren Güte und Zweckmäßigkeit völlig durchdrungen ist.

So einfach das Verfahren ist, gewisse Handgriffe müssen immer gelernt sein. Wenn ein Verfahren jahrelang bekannt ist, weiß man gar nicht mehr, wie es möglich war, daß man anfänglich mit gewissen Schwierigkeiten zu kämpfen hatte. Bei Erfindung der Streichhölzer war auf jeder Büchse angegeben, wie das Entzünden vorzunehmen ist, jetzt geschieht das schon lange nicht mehr, da die Handgriffe eben allgemein bekannt sind.

Gestatten Sie mir hier eine kleine Abschweifung vom Thema im Anschluß an eine Unterhaltung, die ich mit einem Ihrer Herren vom Vorstande kurz vor dem Vortrage führte. Es ist eigenartig, daß dieses Verfahren in Deutschland verhältnismäßig noch nicht so gut eingeführt ist wie in England. In einer ganzen Reihe von englischen Städten, Nottingham, Manchester, Glasgow, Edinburgh usw., ist es bereits in Gebrauch. Und wie ist es dort hinübergelangt? Ich habe nie einen Monteur nach England geschickt. Die Stadt Leeds entsandte s. Z. einen Ingenieur nach Essen, der sich das Verfahren ansah, und nach einem Tage konnte ich ihm nichts mehr zeigen; er hat sich nicht nur die Schweißung, sondern auch die Fabrikation der Formen und Tiegel angesehen, und so führte er in Leeds das Verfahren ein, wobei er selbstverständlich, als die Praxis kam, eine Reihe von Schwierigkeiten — sagen wir sogenannte Kinderkrankheiten — zu überwinden hatte. Von Leeds aus ist das Verfahren — dank der großen Zuvorkommenheit der dortigen Verwaltung — schnell auf andere englische Städte übergegangen. So wurde nach eingehender Prüfung in Leeds und Essen das Verfahren auch für Singapore angenommen, wo etwa 40 km bereits zum großen Teil verschweißt sind. Die dortigen Arbeiten werden von einem nordamerikanischen Ingenieur geleitet, einem tüchtigen Praktiker. Dieser kam vor etwa Jahresfrist zum Studium des Thermitverfahrens nach Essen. Auch er erklärte mir nach 24 Stunden ganz offen, daß er sich langweile, denn er habe die Schweißung schon fünf- bis sechsmal gemacht und könne sie jetzt. Bei der Ausführung der Arbeiten in Singapore traten anfangs nichtgeahnte

Schwierigkeiten ein. Man mußte sich besonderen Formsand beschaffen, und der betreffende Ingenieur hatte als Hilfsarbeiter nur wenige Weiße, sondern hauptsächlich Kulis; aber nach ein paar Wochen ging auch dort alles glatt vonstatten. Nur in Deutschland — das muß ich tatsächlich gestehen — habe ich recht oft Schwierigkeiten, wenn es gilt, die ersten Schweißungen vornehmen zu lassen. Schon die Einführung selbst ist vielfach schwieriger. Dann aber werden die nötigen Handgriffe anscheinend — natürlich nur allgemein gesprochen — nicht so schnell erlernt, es kommen viel eher Fehlschweißungen vor aus irgendwelchen kleinen Versehen. Es ist ja keine Frage, in der Wissenschaft sind wir Deutsche allen anderen Völkern weit überlegen. Das ist so offenkundig, daß keiner uns darin die Palme ernstlich streitig machen wird. Die Ausländer kommen ja schon in so großer Zahl zu unseren Hochschulen, um zu lernen, daß wir Mittel und Wege schaffen müssen, damit sie den deutschen Studenten nicht die besten Plätze wegnehmen. In den verschiedensten wissenschaftlichen Disziplinen, Chemie, Medizin, Physik, haben wir in Deutschland die besten Lehrer, und alles strömt deshalb nach Deutschland. Ist es ebenso mit der Technik bestellt? Meine Herren, ich spreche in einer Polytechnischen Gesellschaft und möchte nicht meine Redefreiheit benutzen, um den Ruf unserer Techniker irgendwie zu schmälern. Was ich hier unter Technik meine, ist etwas ganz anderes. Ich meine die kleinen technischen Schwierigkeiten, die bis zu den einfachsten Handgriffen heruntergehen. Diese werden meiner Ansicht nach von den Engländern vielfach weit leichter überwunden. Diese Art der Technik, die mit der Wissenschaft nichts zu tun hat, ist in England und Amerika viel verbreiteter und williger in der Handhabung. Ich glaube, der Grund liegt darin, daß der englische Knabe bereits viel mehr als bei uns zu Lande gewohnt ist, allerhand kleine nützliche — vielfach vielleicht auch weniger nützliche — Handarbeiten zu treiben, daß er z. B. besonders kleine Schlosserarbeiten ausführt, sich an die Drehbank stellt und so frühzeitig lernt, sich selbst zu helfen. Wenn ein deutscher Knabe das tut, fällt er schon der elterlichen Verwunderung anheim, legt er gar selbständig eine elektrische Klingel von einem Zimmer in das andere, so glaubt man einen kommenden großen Erfinder in der Familie zu haben. Derartige jugendliche Fertigkeiten sind in England und besonders in Amerika ganz allgemein verbreitet, helfen aber im späteren Alter über so manche sich darbietende kleine Montageschwierigkeit recht leicht hinweg. Gerade in dieser Beziehung, glaube ich, kann der Deutsche von den Engländern und Amerikanern doch etwas annehmen. Übrigens ist unter den Briten wohl der Schotte am gewandtesten. Verzeihen Sie diese Abschweifung, ich komme nun wieder zur Schienenschweißung zurück.

Ich sagte anfangs, der Ausdehnungs- und Reibungskoeffizient gleichen sich beide genügend aus, infolgedessen man endlose Strecken zusammenschweißen kann. Trotzdem ist es durchaus nicht ausgeschlossen, daß in einem verschweißten Netz eine Anzahl von Brüchen entsteht; diese bilden sich aber fast ausnahmsweise in der ersten Zeit, im zweiten, dritten und vierten Jahre nicht mehr. Treten eben größere Spannungen im Gleise auf, so müssen sich diese durch einen Bruch schließlich ausgleichen. Hat sich so die Spannung Luft gemacht, dann tritt dieselbe Erscheinung ein, wie bei andern gerissenen Gegenständen, sie halten naturgemäß am längsten, eben weil die Spannung beseitigt ist. Ich erinnere nur an den gebrochenen Lampenzylinder, an den gesprungenen Suppenteller. Nun ist aber die Ausbesserung, d. h. die Nachschweißung eines gerissenen Stoßes sehr einfach und schnell ausgeführt. Man braucht nichts weiter zur Stelle zu schaffen als einen Tiegel, eine Form und eine Schweißportion Marke „Thermit". Ist also die eine oder andere Nachschweißung geschehen, so ist das Gleise fertig und bedarf dann in den kommenden Jahren nur ganz außerordentlich geringer Reparaturen und so gut wie gar keiner Unterhaltungskosten. Darin liegt der Hauptvorteil eines verschweißten Gleises.

Aber das Auftreten von Brüchen in einem ohne Lücken verschweißten Straßengleise ist nicht etwa allgemein. So ist, um einige Beispiele zu geben, in der Potsdamer Straße in Berlin kein Stoß gerissen. Aus Leeds ist mir berichtet, daß von über 3000 in den letzten 2 Jahren verschweißten Stößen nur drei gebrochen sind, und diese gehörten zu den ersten 20, die dort ausgeführt wurden. Man hat in Leeds herausgefunden, daß bei richtiger Verlegung der Schienen, falls diese vor allem in dem Beton gut verankert sind, kein Bruch eintreten kann. Weiter möchte ich auch noch erwähnen, daß von etwa 400 in Glasgow vergangenes Jahr verschweißten Stößen kein einziger gerissen ist; man hat sich dort auch die in Leeds gesammelten Erfahrungen zunutze gemacht. Aber wie dem auch sei, es ist auf das völlige Ausbleiben von Brüchen kein so großer Wert zu legen, da ein Nachschweißen einfach und mit verhältnismäßig nur geringen Kosten verknüpft ist.

Was die Kosten der Schweißung betrifft, so betragen sie ungefähr so viel wie die Kosten einer guten Laschenverbindung einschließlich der Kupferverbindung, sind eher sogar noch etwas billiger. Dabei haben die Bahnen bei der Verschweißung aber den Vorteil der viel größeren Haltbarkeit. Nun zur Ausführung selbst. Ich habe den dazu gehörigen Apparat hier auf dem Podium aufgestellt. Zur Herstellung der Formen gehört ein Doppelmodell, wie Sie solches auf dem Tisch hier sehen. (Abb. 68.) Selbstredend müssen die Formen in der richtigen Weise — „nach den Regeln der Kunst" — angefertigt werden. In den Eisengießereien werden bekanntlich derartig einfache Formen von jugendlichen Arbeitern hergestellt. Die Formen müssen möglichst porös, natürlich auch trocken sein. Wird hierin gefehlt, so kann die Schweißung leicht mißraten. Als Formsand eignet sich gut eine Mischung von gleichen Teilen reinem (kalkfreiem) Flußsand und Lehm, aber auch jeder Formsand, der zum Stahlguß verwendet wird. Die Trocknung der Formen geschieht in wenigen Stunden. Es werden die Formen an den Schienenstoß gelegt und sorgfältig verschmiert, dann wird das zur Reaktion gebrachte Gemisch aus einem sogenannten automatischen Tiegel eingegossen. Die Erwärmungsmasse „Thermit" wird in sogenannten Schweißportionen in plombierten Säcken abgegeben, die für jedes Profil verschieden sind. Formen und Tiegel fertigen sich die Straßenbahnen selbst an; sie üben ihre Kolonnen ein, von denen jede aus drei Mann besteht. Eine Schweißung dauert einschließlich des Anlegens des Klemmapparates und definitiven Ausrichtens der Schienen etwa eine halbe Stunde. Selbst bei leichtem Regenwetter kann geschweißt werden. Nur hat man durch ein Zeltdach oder dergleichen dafür zu sorgen, daß Schweißportionen, Tiegel und Formen trocken bleiben. Die Schweißung geht nun folgendermaßen vor sich: Unten in den Tiegel ist ein kleiner durchbohrter Ausflußkonus eingesetzt; in dessen Loch wird ein Eisenstift gesetzt und das Loch selbst mit einem kleinen Eisenplättchen, dem eine Asbestscheibe untergelegt wird, verschlossen. Auf das Plättchen wird etwas trockener Magnesiasand gegeben, damit das Thermiteisen nicht vorzeitig austropfen kann. Sobald die Reaktion im Tiegel beendet ist — etwa ½ Minute nach dem Entzünden — wird der Eisenstift mit Hilfe einer kleinen langarmigen Eisenstange hochgestoßen und der Tiegel entledigt sich seines feuerflüssigen Inhalts. (Abb. 67.) Das Thermiteisen, das zuerst ausfließt, verschmilzt den Fuß und Hals der Schienenenden, die Schlacke erwärmt den Kopf der Schiene auf Schweißtemperatur. So wird das ganze Schienenprofil gleichzeitig auf Schweißtemperatur gebracht, unten vom flüssigen Eisen, oben von der Schlacke. Das ist wichtig für das Geradebleiben der Schienen. Nach Erzielung der Schweißtemperatur kann man die Schienen mit Hilfe eines Klemmapparates etwas zusammenstauchen, um auch eine Stumpfschweißung des Kopfes zu erzielen; man kann aber dieses Zusammendrücken auch entbehren und ganz ohne Klemmapparat arbeiten. In diesem Falle wird zwar nicht eine vollständige Verschweißung des Kopfes erzielt, sondern nur des Halses und des Fußes, was aber in vielen Fällen genügt. (Abb. 47.)

(Das Experiment einer Schienenschweißung — große Straßenbahnschiene — wird auf dem Podium des Saales vorgeführt.)

Ich möchte dieses Thema verlassen und Ihr Augenmerk noch auf ein kleines Schienenstück lenken, das ich hier ausgestellt habe. Es ist eine ganz gewöhnliche Eisenbahnschiene, die an einer Seite einen kleinen apfelgroßen Buckel von angeschweißtem Thermiteisen trägt. Es werden, wie Ihnen bekannt, heute auch Vollbahnen elektrisch betrieben, wobei der Strom durch eine dritte Schiene zugeleitet wird. Diese Schienen wurden bisher durch starke Kupferdrähte elektrisch verbunden. Der Kupferbügel liegt in diesen Fällen frei und bildet, nebenbei bemerkt, während der Nachtzeit ein beliebtes Diebstahlsobjekt. Diese Kupferverbinder sind nicht billig, denn es muß eine sehr gut leitende Verbindung hergestellt werden, da oft 2000 bis 3000 Amper durch die Schiene gehen. Da hat man nun auf meinen Vorschlag Proben mit „Thermiteisen“ an Stelle der Kupferverbinder gemacht. Bei einer Berliner Vorortbahn nach Großlichterfelde sind 22 km seit etwa Jahresfrist in Betrieb, bei der die dritte Schiene mit Hilfe von Thermiteisen derartig verschweißt ist, und zwar sind immer je drei Schienenlängen zu 45 m verbunden. Die Stromzuführung ist dadurch erheblich besser geworden und die Verbindung kostet dabei nur den dritten oder vierten Teil des Kupferverbinders. (Abb. 70.) In der Untergrundbahn Metropolitain von Paris wurde ebenfalls die dritte Schiene verschweißt, man hat aber vorgezogen, die Schienen ringsherum — wie die Straßenbahnschienen — zu verschweißen. Die Versuchsstrecke, die über ein Jahr in Betrieb ist, ist zur Zufriedenheit ausgefallen, und es werden jetzt dort etwa 25 km nach diesem Verfahren verschweißt.

Ich will nun auch dieses Thema verlassen und Ihnen eine kleine Rohrschweißung vorführen. Das Verfahren wurde schon vor 4 Jahren von Herrn Ingenieur Schiemann hier gezeigt. Es sind in der Zwischenzeit schätzungsweise 50 000 solcher Rohrschweißungen in praxi ausgeführt worden. Solche aneinandergeschweißte Rohre werden vielfach u. a. in chemischen Fabriken angewendet zur Leitung von Lösungen von Alkalien, für Petroleumleitungen, besonders aber für Dampfleitungen und Luftleitungen mit höherem Druck. Für eine Rohrschweißung wird die flüssige Erwärmungsmasse „Thermit" über den Rand des Tiegels gegossen. Das Thermiteisen kann daher die Rohrstücke nicht mehr berühren, weil sich augenblicklich eine dünne Haut von Korund um das Rohr herumgelegt hat. Es liegt dann später das Thermiteisen in der Schlacke eingehüllt wie der Dotter im Eiweiß. Die Schweißung stellt sich billiger als eine gute Flanschenverbindung. Sie sehen hier ferner ein paar Kupferrohre, die mit Erwärmungsmasse „Thermit" stumpf aneinandergelötet sind, und zwar hat eine dünne Silberfolie als Zwischenlage gedient. (Abb. 21.)

Zum Schluß möchte ich noch auf eine ganz neue Anwendung des aluminothermischen Verfahrens hinweisen und muß da meinen Mitarbeiter Professor Mathesius vor allem nennen, der diesen Zweig besonders durchgearbeitet hat. Es handelt sich darum, dem Eisen geringe Mengen Titan zuzufügen. Ich habe früher sogenanntes Ferrotitan-Thermit auf die Oberfläche des flüssigen Gußeisens aufgestreut; dadurch wurde Ferrotitan abgeschieden, das sich im Bad auflöst. Besser ist es aber, das Gemisch in eine Büchse zu füllen und diese in das Bad einzutauchen; dann geht die Reaktion im Bade selbst vor sich, das ganze Bad wird dadurch durchgerührt und so auch gleichzeitig eine mechanische Wirkung hervorgerufen. Dieses Verfahren ist in einer Reihe von Fabriken in Aufnahme gekommen; es ist außerordentlich einfach und hat sich besonders für Maschinenguß bewährt. Dieses sogenannte Büchsenverfahren ist weiter ausgebildet für Anwendungen beim Stahlguß. Sie wissen, daß bei großen Stahlblöcken nach dem Guß stets ein Nachlunkern eintritt. Dies kann man dadurch verhindern, daß man nach der Lunkerbildung die Oberfläche aufhackt und mittels einer „Thermitbüchse", die in das halbflüssige Metall eingesenkt wird, den Stahl wieder aufweicht, um dann sofort flüssigen Stahl nachzugießen. Dieses Verfahren ist zuerst vom Stahlwerk Hörde bei Dortmund angewendet worden, das große Vorteile damit erzielt. (Abb. 62.)

Zum Schlusse zeigt Redner in einer Anzahl von Lichtbildern die verschiedenen Anwendungsarten der Erwärmungsmasse „Thermit" in der Praxis zur Schweißung von Schienen, gebrochenen Maschinenteilen wie Radspeichen, Zahnrädern, Schraubenwellen an Dampfern, Schiffssteven usw. und von fehlerhaften Rohren. (Abb. 83, 71 und 84.)

Aluminothermics.

(Lecture held before the International Electrical Congress St. Louis, 13th. September, 1904.)

A new means of creating high temperature is apt to lay the foundation for more or less important industrial developments. Legends tell us that there was once a time when humanity existed without fire until Prometheus brought the devine fire to the dwellers of the earth and thereby laid the foundation for civilization. In making a step forward across thousands of years, look at the industries before the employment of black coal—before it became known that coal was combustible matter. We perceive that our whole modern technical knowledge is based on the creation of heat by the combustion of black coal. A new fire, was supplied by Volta in the electric arc, but it took centuries before the invention of dynamos enabled us to utilize the heat power supplied by electricity, by means of the electric lamps and furnace. We perceive that the fundamental idea and the mere production of heat do not by themselves supply practical results, and that it is only the application that determines the real value, which it sometimes takes many years to detect. To these known means for the production of high temperatures, a new one is now added—the so-called "thermit process".

Although I may assume that most of you know the principles of the process, you will nevertheless permit a short explanation of its essential points. Just as generations passed mineral coal without detecting its combustible properties, it was not known heretofore that aluminium belonged to the combustible products, which under certain circumstances, once ignited, continues its own combustion. Aluminium in a divided state only wants to be mixed in certain proportions with a chemical compound containing oxygen, so-called "oxide", for instance—oxide of iron—in order to obtain a heating compound now known as Thermit, which name is copyrighted.

It is self-evident that the technical details of its preparations required special study, just as much as the preparation of gunpowder or dynamite. The particular character of this burning Thermit is quite different from that of explosives, the effect of which is always based on instantaneous production of great masses of gas. No gas whatever is produced by Thermit. The mas continues the combustion within itself without a supply of air or heat from outside. The chemical reaction is of the simplest, so that the first chemical lesson might commence with an explanation of these simple phenomeny. Even to a layman they are quite intelligible, as only three elements intercommunicate. First, aluminium, which is mixed, secondly, with a combination of metal—for instance, iron—and thirdly oxygen, which combination is called "oxide of iron". If this Thermit compound is ignited nothing except a separation of the oxygen from the iron and a chemical combination with the aluminium results, forming, therefore, aluminium oxide, and setting free or melting out the iron.

When Thermit has been burnt down in a crucible, the aluminium oxide, also called "corundum", floats on the top as a slag; the iron lies at the bottom as a regulus.

I have not yet mentioned the most remarkable and important properties of Thermit: firstly, its high combustion temperature, about equal to that of the electric arc—say 3000° C—and secondly, the speed of the reaction. A density of energy of the heat supply is produced, which has up to the present time never been obtained by other means—not even by the largest electric furnaces hitherto constructed. In this lies the principal reason of the utilization of Thermit. Independently from the quantity brought to reaction, the duration of the combustion in the crucible remains about unchanged, say from one-half to one minute. This is explained by the speed of the reaction peculiar to Thermit. In a large crucible a large melting zone is formed, which again on the large surface speedily ignites the surrounding particles. Thermit must be ignited by a so-called "ignition powder" of low ignition point, but producing a high temperature, which in its turn ignites the Thermit, as the latter is very difficult to ignite and in consequence presents no fire risk. Thermit thrown into an open hearth fire wont burn, because the temperature of this fire is insufficient to ignite Thermit.

Two parts of weight of Thermit give one part of pure, mild, malleable iron. If 200 Kilo Thermit are ignited in one crucible, hardly a minute afterwards one has at his disposal 100 Kilos of liquid, superheated, mild steel. By no other known means has it hitherto been possible to produce liquid steel in so speedy and simple a manner. No apparatus is required. A crucible lined with highly refractory basic material, such as magnesia or corundum slag obtained by this process, is all that is required. If one wanted to obtain the same heat efficiency, about 200 horse power would be required during one hour. It is easy to understand from this fact, the very peculiar heat source with which Thermit supplies us. Out of these properties of Thermit, we can deduce its applications.

As mentioned before, the development, but more still the introduction, was the work of years. In the course of this lecture you will probably obtain the conviction that although the practical application of the process has already made strides, nevertheless, infinite possibilities of new developments will present themselves. I can only mention here the most important ones and only partly touch on some of these, as Thermit finds uses in a great variety of applications. The principal branches are the following:

I. Metallurgical applications:
   (a) Production of pure carbonless metals and alloys.
   (b) Applications in iron and steel foundry practice.

II. Utilization of the alumino-genetic slag, corundum, so-called corubin:
   (a) For grinding purposes.
   (b) For ceramics in particular process Dr. Buchner, Mannheim.

III. Hard soldering, applications of sinter Thermit.

IV. Welding process:

(a) Pipe welding.

(b) Rail welding.

(1) Embedded trolley rails.

(2) Exposed "T" rails.

(3) Third rails.

(c) Application of Thermit or Thermit steel for repairs of all sorts; in particular for maritime repairs and spare castings wanted in a hurry, welding broken bosses of rolls, etc.

V. Application for cooking for camp use.

The new fire, as you see, has conquered a variety of fields, so that, in order to compare small matter with large, it may be looked upon as a sort of auxiliary industry, like electricity, which nowadays concerns itself with practically all aspects of our daily life.

A few communications concerning the metallurgical aspect may be given.

As mentioned before, Thermit separates pure metals from their oxides —not only iron, but also chromium, manganese, ferro titanium, ferro vanadium, and many others. In this way processes were elaborated to produce on a large scale carbonless metals of a purity not hitherto obtained. A long standing wish of metallurgists was fulfilled, which electricians could not satisfy in their furnaces, in spite of long continued studies. The metallurgists now proceeded to apply these pure metals in practice. Their successful studies on this subject cannot be sufficiently appreciated.

Chromium has first attracted particular attention and American works are using it in considerable quantities, particularly in the manufacture of high speed tool steels, whose efficiency is proved by turnings of the thickness of a finger. The usual addition is about six per cent. chromium besides tungsten, and the carbon contents must be kept as low as possible. For projectiles carbonless chromium is also used—in short, anywhere where chromium steel of accurate composition is required.

In nearly the same quantities pure manganese free from carbon is used, principally for alloying with copper, besides for casting of nickel and bronze. It is much used for propellers, which must not contain iron, a condition which precludes the use of ferro manganese.

Lately molybdenum and ferro vanadium have been placed on the market.

Ferro titanium is being used regularly since a few years ago by several steel works. In a very peculiar way this ferro titanium is introduced into liquid cast iron in the ladle, by means of the so-called box reaction. In this way highly heated ferro titanium is separated out at the bottom of the ladle, which alloys in *statu nascendi* to the contents of liquid iron. The reaction taking place in the midst of the bath, the latter is more thoroughly stirred or poled than is possible by other means. Through the introduction of a small quantity of titanium, which binds the nitrogen, the composition of the bath undergoes a chemical improvement. Impurities, such as slag and others, are driven up, and the bath is further purified.

It is remarkable that the sulphur contents are appreciably reduced. I will just mention two analyses:

Cast Iron	Before Ti. addition.	After Ti. addition.
Nr. 1.	Mn. 0·36	Mn. 0·30
	S. 0·19	S. 0·09
	Ti......	Traces.
	Before Ti. addition.	After Ti. addition.
Nr. 2.	Mn. 0·66	Mn. 0·64
	S. 0·09	S. 0·07
	Ti......	Traces.

Of late the contents of the boxes are pressed into solid moulds, preventing the possibility of their getting unmixed and producing a perfectly regular reaction. The iron becomes considerably more fluid and it can therefore be cast at a lower temperature and will show very much less tendency to form shrink cavities. The process has been introduced in the course of the last year in a number of foundries, in particular for cylinder castings, high pressure valves, etc.

The possibility of reviving liquid iron or steel locally by this "box reaction" has led to a further application, which has become very important for foundry purposes. In casting steel ingots of more than ten tons, the piping which occurs in the head and which extends through the upper third of the block, causes a great deal of trouble. A box containing from ten to twenty pounds of Thermit, according to the size of the ingot, is introduced just as late as the hardening of the surface will allow its insertion. The reaction will revive the steel in the head and allow the piping to be filled up with fresh steel.

A still more extensive use of box reaction consists in the introduction of Thermit into the risers. Formerly a small can of suitable shape was built into the bottom of the risers. Then it was thought a simplification to insert the box at the end of a rod, into the liquid iron, as it rose. Now, in a number of works, the Thermit is simply wrapped in paper and thrown on the rising liquid metal. This process is equally applied in the iron and steel casting practice. For cast iron the wrapper should contain, at the bottom, a pinch of ignition powder, as the temperature of liquid cast iron is insufficient to start the Thermit ignition. Liquid steel does not require ignition powder. Many faulty castings will be avoided by this application.

Having shortly touched on the metallurgical aspect of aluminothermics, before proceeding I wish to mention the uses of corundum slag. This artificial corundum, so-called "Corubin" (registered trade mark), is very different from, and its properties are much more valuable than those of the natural product. The cause is the chemical composition of the two materials. The natural contains various impurities, such as oxide of iron, silica—even small quantities of water in chemical combination. On the other hand, the aluminogenetic corundum is nearly free from all these, and in particular absolutely free from water. This is no doubt the cause of its greater hardness compared to the natural. In consequence Corubin is used for emery wheels.

The most curious, and in a way, epoch-making application, is one of a colleague of mine, Dr. Buchner, of Mannheim. He found that this material had an exceedingly low elastic coefficient and does not lose this property when mixed with a fire-clay binder. In this way he managed to produce vessels for chemical purposes of, entirely different properties than the earthenware vessels in use up to the present. You know how easily a porcelain or earthen vessel cracks when exposed to even small changes of temperature. Those made of corubin behave differently. They can be heated to red heat and cooled suddenly with water without showing any tendency to crack. I will demonstrate this by experiment: This vessel, as you see, has entirely lost the character of earthenware. For instance, for hot muriatic acid only enameled vessels could heretofore be used, which were not reliable and of very limited usefulness. Corubin offers, therefore, almost unlimited advantages to the chemical industry. Its highly refractory qualities have introduced it as a coating for bricks and tubes exposed to high temperatures. For these purposes only the corubin resulting from chromium reaction is utilized, of which sufficient quantities are available, in consequence of the large consumption of pure carbonless chromium. This corubin requires a special preparation before being used. The alumino-genetic corubin has proved itself a valuable product for making crucibles for the Thermit welding process. Such crucibles, made according to a certain recipe, will stand from fifty to sometimes 100 reactions.

The alumino-genetic-welding process, which I now shall deal with, offered this peculiar difficulty. A new fire had been started, over which one had not as yet gained entire control. It is a peculiar fire, which is solid and without flame, and which gives half its weight in the form of liquid metal and the other half in the form of over-heated slag. In the first experiment, iron rods were steeped into the liquid fire, in order to heat them like in a smith's hearth. Then a Thermit was produced which did not liquify, but only sintered and produced white heat. This, however, showed itself more applicable to hard soldering and less to welding. For the former application it is more handy than a charcoal fire or gas. For welding purposes a different process was found out. The pieces were butted between clamps, a mould put around the joint and into this the liquid mass was poured over the top of a crucible. After obtaining welding heat, the clamps were tightened. It was determined by experiments what quantity was necessary for each section and the results tabulated. The process of course, does not claim to replace the smith's fire, but to supply its place where the smith's fire would be insufficient. For instance, it has proved itself very valuable in welding lengths of pipes in installing whole systems. It competes successfully with flanged joints, particularly where the pipe system is used to carry fluids or gases which easily destroy their packings; especially for oil, alkaline, acetyline and refrigerators; naturally also for high pressure systems of all kinds. The welded joint is fully as strong as the pipe itself. Recently the manner of welding pipes into "T" shapes has been worked out. It required some little practice to successfully handle the material, but as it obviates keeping a large stock of various sized "T" pieces, it is of considerable importance, especially in outlying districts, mines etc. The action of the liquid in running out over the lip of the crucible, on to the piece to be welded, is peculiar. The slag corubin flows out first. This solidifies instantaneously on the metallic surface, so that the Thermit steel which follows and does not liquify the thin layer of slag, does not touch the welding surface and therefore cannot burn through the wall of the pipe. If the alumino-genetic iron were to come in contact with the metallic piece, it would fuse with it. After the weld is made, the slag and Thermit can therefore be easily removed with a hammer and the welded joint does not require machining.

I now come to one of the principal applications of the process—the welding of rails. The track of a street railway, in consequence of the bed on which it lies and the way in which the rails are held in the pavement, has to be considered from a different point of view than the exposed track of a steam road. The former, at present, has received more attention. Even laymen may know that there are hundreds of mechanical joints, none of which have given entire satisfaction. The demand of engineers for a really continuous rail, that is to say, having everywhere practically the same section, and undergoing in all parts the same amount of wear and tear is justified. For electric railways using the rails for conducting the return current, this is an additional advantage. Copper bonds are only an imperfect conductor of electricity, because, although when new and well fixed, they give satisfaction, still, in course of time, the skin resistance increases so much that the bonds require renewal. Otherwise the so-called "electrolysis" would take place, causing not only leakage of current, but interruption in gas and water pipes. These, on account of the large extent of the electric systems in the United States have received more attention and study here than abroad. A weld offers, of course, the greatest security for efficient conductivity.

To come to the practical side, the first welds were made about four years ago, in the same manner which I described when talking of the welding of pipes. The crucible was emptied by pouring over the lip, the rail ends brought by this means to welding heat, were forced together by a strong pair of clamps, so that the section was completely butt-welded. Afterwards the process was considerably simplified by, in a way, reversing it and letting the Thermit iron run out first, followed by the corundum. Over the mould is placed a conical crucible, plugged in the manner customary in our process. As soon as the charge in the crucible is burned down, it is tapped from the bottom and the iron runs into the mould made of refractory material. The highly overheated Thermit steel fuses with the foot and web of the rails to one homogeneous mass, thus forming an immovable solid shoe. As on account of the high temperature, a few pounds are sufficient, the diameter of section is only slightly increased, an advantage which is essential. The heat of the corundum that follows is utilized at the same time to bring the heads of the rail to welding heat. In this way the section is heated equally all over, which is material, to avoid bending of the rails. They will remain in absolutely the same position as when put down before welding and are not held by special clamps or bolts. With new rails and under special conditions, a butt-weld is sometimes demanded. This can be obtained by placing the rail ends into a strong pair of clamps. With well embedded rails and especially where they are anchored, a butt-weld is superfluous. With old rails, the life of which can be considerably lengthened by welding, the use of clamps is impracticable.

I wish to give some details regarding the strength of the welded rail. It is about eighty up to 100 per cent. of the rail itself; you will admit, a very satisfactory result. The resistance of a butt-welded and not butt-welded rail to vertical pressure from above is about the same. The resistance to pressure will not, however, satisfy critics as long as it is to be feared that the heads of the rail might get softer through having been brought to welding heat and develop the well-known hollows at the rail ends. This objection must be treated quite seriously, as all the advantages of the process would be of no avail against such a fault. As a matter of fact, the weld undergoes no change of this or any other sort. I will give practical proof of this. You see before you two plaster casts taken from two Thermit-welded joints. The casts extend considerably beyond the welded zone and beyond all parts liable to suffer. These casts have been taken recently by the management of the Great Berlin Street Railway and placed at my disposal after the joints had been in service for two years and after more than three-quarters of a million cars, not counting the very numerous trailers had passed over them. The head has remained perfectly level and even with the use of a ruler no unevennes swill be discovered. This fact disposes most effectually of all fears. Anyone can have this fact confirmed, if of two rails of identical material he will have one treated with Thermit and then have test-rods cut out of both. Tensile strength and elasticity will be found equal and unchanged. Theoretical explanations can be easily adduced and have been confirmed by the highest authorities. As the operation takes place without the air having access to the welding zone, a chemical change such as would occur in a coal or gas fire is impossible. As in this country there has been as yet no opportunity to meet this objection by practical proof, I may mention the reply I received from a prominent German street railway engineer to my request for small plaster casts of Thermit-welded joints that had been in the ground for more than three years. He said he failed to see the object of such casts, as it was well known that the joint would not show any difference from any other part of the surface of the rail. While two years ago only 3000 joints were welded, last year brought orders for 20 000 which amount has already been passed in the first half of the present year.

In this country it was only possible to begin the exploitation of the process quite recently, as in consequence of the custom duties it had been found impossible to import Thermit from abroad. Its manufacture was installed a few weeks ago, and even in this short space numerous trial orders have been placed. It has been possible to place at the Goldschmidt Thermit Company's disposal the services of Mr. Cole, who, with mature experience in track work, combines the special advantage of having successfully completed one of the largest contracts for welding rails by this system at Singapore. As simple as the process is, it still requires reasonable care and attention to details.

Regarding welds of exposed "T" rails, few experiences are at present available. The first practical tests were made this summer at Budapest, on behalf of the Hungarian Government Railway. Lengths of seventy-two meters, about 240 feet, and even one length of 150 meters—about 500 feet—were welded together. The tests are being continued at the present moment on other railroads.

A special rail joint calling for remark is that of the third rail. The copper bond in this case is also unsatisfactory, particularly as sometimes very strong currents have to pass through it. Besides, it lies exposed and therefore offers great temptation to thieves. In many cases it is sufficient to weld a small bond of Thermit steel between the two feet of the rail. A piece of tubing is placed over the mould and charged with Thermit. This is ignited and burns down by itself without a crucible being used. The price of such bonds is much below that of copper bonds. In this way, for instance, a suburban track thirteen and a half miles in length was welded and has stood the test of one winter's low temperature. The joint is mechanically strengthened by one fish-plate on the side opposite to the bond. The Metropolitan Underground Railway of Paris, France, has welded about twenty miles of third rail; in this case the whole section was welded and of course no fish-plates were used.

Thermit, however, is by no means used only for small welds, such as rails and tubes. By the possibility of burning down the largest quantities of Thermit and of obtaining at a moment's notice any quantity of liquid steel, the process is particularly useful for the largest weld, such as are necessary in ship repairs. A broken stern post, a cracked crank shaft, can be welded without removing it from its bearings. The results obtained can be appreciated from a number of lantern slide pictures which I shall have the pleasure of showing you at the end of the lecture.

In the Russian-Japanese war Thermit has played an important part, particularly on the Russian side. After the first attack of the Japanese on the Port Arthur fleet, orders for several tons were received from the Russian Government. These orders have continued to increase ever since. The remarkably speedy repairs of Russian ships are, according to accounts received by me, in many cases due to Thermit welds. The Japanese have, of course, also used Thermit, but as before the war it was less known there than in Russia, its possibilities have not received the same attention. Of course some practical experience is imperative before large quantities of Thermit can be successfully handled. This experience is, however not difficult to acquire. In far off countries Thermit has been taken into constant use, although no expirienced mechanics were available and the engineers had to teach themselves by closely observing the rules laid down in the pamphlets. Of course, it is just in such countries, where machinery is difficult to obtain, that Thermit is of inestimable value. By its help, urgent spare castings can be made at once out of Thermit steel; for instance, cog wheels.

For a special sort of repair, it is used in rolling mills for welding bosses on rolls. The surface on which the new boss is to be welded is brought to fusion heat by first pouring a little liquid iron on it, which is covered by a quantity of Thermit. The latter is ignited and enables the liquid metal, which is then poured on it, to evenly weld to the roll.

In conclusion I will mention an entirely novel application, appertaining so a very difficult field, namely, the "Culinary". In consequence of an old tuggestion of mine, the "Deutsche Munitions & Waffenfabrik", Karlsruhe, has constructed a very handy cooking and roasting stove, allowing a speedy warming of food and drink in the open air, by means of Thermit, without a flame. This can be of great value in campaigning, for instance, on outpost duty where cooking may be done without divulging one's position to the enemy. To avoid misunderstanding, I may as well mention at once that Thermit cannot be adapted to firing on a larger scale, for instance, on torpedo boats or others. In this respect it cannot compete with anthracite, as one Kilo Thermit gives about 450 calories, anthracite about 7000. The value of the new heat producer lies in the speed of the combustion and the enormous heat developed, or, as I said at the beginning, its density of energy, not in the great number of available calories. For heating purposes in the ordinary sense, it can therefore only be utilized on a small scale. for very specific purposes and where, besides, a particularly low price is not of importance, In such cases the ordinary heat producers cannot be employed with economical results, while Thermit, under such conditions, is burnt as in a calorimeter and can be utilized almost quantitatively.

From what you have seen and heard, you will have perceived that "the new fire" in the short time of its existence, has obtained a quite appreciable introduction and conquered a considerable market, but that only the initial work has been done and that the present field of its usefulness — in particular for rail welding purposes — will increase enormously. In the course of time new fields of utility will be discovered for a process which produces in so simple and speedy a manner without bulky equipment, enormous temperatures and simultaneously overheated liquid iron. I believe that the brainy enterprise of the American people will speedily master the new fire and that they will elaborate numerous new developments, so that the old world can learn from the practical successes of the new.

Große Schweißungen mittels Thermits im Schiffbau.

(Vortrag auf der Sommerversammlung der Schiffbautechnischen Gesellschaft in Danzig, 23. Mai 1905; Jahrbuch der Gesellschaft Bd. VII (1906) S. 188.)

Wenn ich Ihnen heute einen Vortrag über Schiffssteven-Schweißungen mittels „Thermit" halte, so kann ich mich deswegen schon etwas kurz fassen, weil „Thermit" kein so unbekannter Stoff mehr ist wie noch vor einigen Jahren. Trotzdem möchte ich mit Rücksicht auf diejenigen Herren, welche vielleicht noch nicht Gelegenheit gehabt haben, „Thermit" kennen zu lernen, kurz erwähnen, daß dieses im wesentlichen nichts weiter ist als eine Mischung von feingepulvertem Aluminium und Eisenoxyd. Dieser Stoff besitzt nicht nur die Eigenschaft, einmal an irgendeiner Stelle entzündet, von selbst weiter zu brennen, sondern es findet bei dem hierauf folgenden chemischen Verbrennungsprozeß die Ausscheidung von ziemlich reinem Eisen und Aluminiumoxyd, sog. Korund, statt unter Entwicklung ganz außerordentlicher Temperaturen, deren Höhe nicht mehr meßbar ist und nur rechnerisch auf etwa 3000° C. festgestellt werden kann. Das aus dem Thermit erschmolzene Eisen hat die Zusammensetzung des sog. Stahlgusses, nur ist es viel heißer als flüssiger Stahl des Martinofens. Kleine und große Mengen, in Tiegel entsprechender Größe gefüllt, brennen ziemlich gleich schnell in etwa 1 Minute nieder. Wiederholt sind Mengen von 600 kg Thermit auf einmal zur Reaktion gebracht, die über die Hälfte des Gewichtes flüssigen Stahl liefern können, da es bei der hohen Temperatur des Thermiteisens möglich ist, noch mehrere Prozent Eisen gleichzeitig mit einzuschmelzen.

Die außerordentliche Einfachheit des Prozesses wird nur durch die Schnelligkeit des Vorganges und die Ausdehnung des Anwendungsgebietes übertroffen. Es bedarf wohl keiner näheren Begründung, daß das Thermitverfahren auch seine Kinderkrankheiten erst durchmachen mußte, denn Thermit muß tatsächlich mit dem elektrischen Strom verglichen werden, insofern als es in der Hand des Unerfahrenen Unheil anrichten, in der Hand des Fachmannes aber großen Segen stiften kann.

Das Hauptanwendungsgebiet für Thermit war bisher die Schienenschweißung, die in Tausenden und aber Tausenden von Fällen zur Ausführung gekommen ist. Mindestens aber ebenso entwicklungsfähig scheint mir ein anderes Gebiet zu sein, nämlich die Verwendung des Thermiteisens besonders für Reparaturen gebrochener Schiffssteven. Die Photographien, welche ich nachher vermittels Diapositive auf dem Wandschirm zur Ansicht bringen werde, mögen Ihnen zeigen, daß auch derartige Arbeiten bereits mit Erfolg in der Praxis ausgeführt sind. Trotzdem sind in schiffbautechnischen Kreisen, besonders auf seiten der Versicherungsgesellschaften Bedenken gegen die Anwendung vorhanden, deren Berechtigung auch bisher nicht abzuleugnen war. Ich will diese Bedenken kurz auseinandersetzen und Ihnen zeigen, in welcher Weise das Verfahren auf diesem Gebiete vervollkommnet worden ist.

Allgemein wird zwar bei derartigen Reparaturen von Schweißungen gesprochen, was aber streng genommen nicht richtig ist, denn tatsächlich geschieht weiter nichts, als daß der gebrochene Querschnitt mit einer Lasche von Thermiteisen umgossen wird, die mit den abgebrochenen Enden selbst völlig verschmilzt. Da bei jedem dieser Prozesse die verschiedenartige Kühlung der einzelnen Querschnitte eine wesentliche Rolle spielt, und da besonders bei größeren Querschnitten es bislang nicht immer gelungen ist, einen Schrumpfriß im Innern zu verhüten, so ist es ohne weiteres selbstverständlich, daß es gänzlich verkehrt ist, eine Schiffsstevenschweißung, wenn ich sie einmal so nennen darf, nach dem Ergebnis von Zerreißstäben zu beurteilen, die aus der Mitte des Stückes herausgenommen sind; ein solcher Zerreißstab brauchte nicht erst auf die Maschine gebracht werden, da er gegebenenfalls von selbst auseinanderfällt! Ich komme auf diesen Punkt nochmals zurück.

Aber ein sehr wesentliches und voll berechtigtes Bedenken bestand darin, daß das mit Thermit vergossene Stevenmaterial oft größere Poren aufwies, die selbstverständlich die Festigkeit beeinträchtigten. Dieser große Übelstand ist nun beseitigt worden, und zwar lediglich dadurch, daß das zu verschweißende Stück in eigenartiger Weise angewärmt wird. Ich muß bei dieser Gelegenheit den Namen meines verehrten Mitarbeiters Herrn Regierungsbaumeister Lange erwähnen, der dies Verfahren besonders durchgearbeitet hat. Eine Anwärmung auf gewöhnlichem Wege durch eingebautes Koksfeuer ist ausgeschlossen, denn eine Vorbedingung für das gute Gelingen einer Schweißung ist die sorgfältigste Herstellung und Anbringung der die Schweißstelle umgebenden Form, und hierzu gehören bei den Massen, die bei Schiffsstevenschweißungen in Frage kommen, nicht Minuten, sondern Stunden. Bis also die Form an den etwa vorher angewärmten Stücken befestigt ist, wäre bereits eine große Abkühlung erfolgt. Zudem bietet das Ausrichten der Form an dem heißen Steven große Schwierigkeiten. Wir haben Erfolg auf anderem Wege gesucht und auch gefunden, indem wir die Form gewissermaßen zum Fuchs des Ofens gestalten und den natürlichen Zug durch Preßluft ersetzen, welche die Feuergase durch die Form hindurch und um das Werkstück herumtreibt, was infolge des starken Zuges nicht nur die Form reinigt, sondern wegen des abgeschlossenen Raumes die Erhitzung des Werkstückes und, was sehr wichtig ist, der Form selbst in kürzester Zeit bewerkstelligt. Eine Form, die an den inneren Wandungen auch nur Spuren von Feuchtigkeit enthält, bedingt ein Wühlen des Thermiteisens und hat zweifellos nicht nur auf die Porenbildung Einfluß, sondern führt in vielen Fällen durch Auftreten der sich bildenden Gasblasen geradezu ein Mißlingen der Arbeiten herbei. Wie schwer eine größere Form zu trocknen ist, mag auch aus der Tatsache erkannt werden, daß bei einer kürzlich in Bremerhaven an dem Lloyddampfer „Friedrich der Große" ausgeführten Stevenschweißung der Formsand in den äußeren Partien noch dampfte, als die umgossene Lasche bereits auf 100° abgekühlt war, obwohl die Form allein gegen vier Stunden mittels des Vorwärmofens angewärmt und so in den inneren Partien auf Rotglut gebracht war.

Als indirekte Folge der Vorwärmung habe ich bei den zahlreichen Versuchen, die teils in meiner Werkstatt teils in der Praxis angestellt sind, nicht nur die sichere Verschmelzung des Thermiteisens mit dem Werkstück, den Wegfall der Porenbildung, sondern auch ein dichteres Eisen erzielt. Verschiedene Stücke, die hier zur Ansicht ausliegen, werden meine Behauptungen unterstützen.

Das einzige Bedenken, was also heute bestehen kann, ist die Bildung innerer Schrumpfrisse. Indessen glaube ich, daß eine einfache Rechnung Sie darüber aufklären wird, daß diese zwar der Schönheit der Ausführung einen gewissen Abbruch tun, praktisch aber ganz ohne Bedeutung sind, weil man folgerichtig nur die Forderung stellen darf, daß die Bruchstelle mindestens ebenso stark ist, wie sie vorher war. Nehmen wir beispielsweise einen Steven von 18 cm im Quadrat, so besitzt dieser einen Widerstandsmoment von 972 cm^3. Da die Fläche des Schrumpfrisses nun, wie wir aus den zahlreichen Versuchen gesehen haben, niemals den ursprünglichen Querschnitt erreicht, so würde, gleiche Materialfestigkeit vorausgesetzt, bereits eine kastenförmig umgossene Lasche genügen, deren äußerer Durchmesser 22 cm ist. Tatsächlich haben wir die Dicke der Lasche immer etwas größer gewählt und alle Versuche, die ich wegen nicht ausreichender Größe der Biegemaschine nur bis auf Stevenstücke von etwa 14 cm Quadrat ausdehnen konnte, haben durch Auftreten des Bruches neben der Lasche, also im gesunden Material, die Richtigkeit meiner Darlegung bewiesen.

Ich will die Frage unerörtert lassen, ob nicht komplizierte Steven, wie sie besonders bei Doppelschraubendampfern nötig sind, billiger aus einzelnen, nachträglich aus Thermit zusammengeschweißten Stücken herzustellen seien. Es genügt mir vollständig, wenn sich etwas allgemeiner die Vorteile einer solchen relativ sehr einfachen und oft ungeheure direkte und indirekte Kosten ersparenden Reparatur einbürgern.

Wie schon kurz angedeutet, ist die Ausführung der Reparatur von Stevenbrüchen nur eine der vielen Anwendungen des aluminothermischen Verfahrens in Marinekreisen; die Schweißung gebrochener Wellen sowie von Maschinenteilen, die Enthärtung von Panzerplatten zwecks Einziehung von Bolzen kommen hinzu.

In dem Thermit besitzt man ein Mittel, jederzeit und überall flüssigen Stahl herzustellen, mit dem es möglich ist, plötzlich gebrochene Stücke, für die ein Ersatz nicht gleich vorhanden, durch einen Neuguß zu ersetzen.

Bietet somit das aluminothermische Verfahren der Schiffsbauindustrie im allgemeinen bereits wesentliche Vorteile, so wird das Thermit für die Kriegsmarine ein geradezu unumgänglich notwendiges Material, um den Schiffen die Möglichkeit einer schnellen Reparatur irgendwelcher Beschädigungen zu bieten. In dieser Beziehung hat es auch bereits in dem Russisch-Japanischen Kriege eine Rolle gespielt.

Ein inzwischen vorbereiteter, nunmehr zur Ausführung kommender Versuch einer Schweißung von einfachen Schiffsstevenstücken wird Sie, wie ich hoffe, noch besser von dem Vorteil des Verfahrens überzeugen.

Neue Thermitreaktionen.

(Vortrag auf der Hauptversammlung der Deutschen Bunsen-Gesellschaft am 30. Mai in Wien; Zeitschrift für Elektrochemie, 1908, S. 558.)

Vor zehn Jahren hatte ich die Ehre, in diesem Kreise zum ersten Male an der Hand einiger Experimente über ein neues Verfahren zur Erzeugung hoher Temperaturen vermittels Verbrennens von Aluminium sprechen zu dürfen. Wenn ich schon damals wegen des Ausdruckes „neu" um ihre Nachsicht bitten mußte, weil die Reaktionen auf fundamental einfachen chemischen Gleichungen beruhten und nur die Erscheinungen neu und eigenartig waren, so muß ich heute Ihre Nachsicht in erhöhtem Maße in Anspruch nehmen, weil die Reaktionen, die ich Ihnen jetzt vorführen will, wohl neu sind, aber den vor zehn Jahren zum ersten Male gezeigten außerordentlich ähneln.

Es handelt sich darum, an Stelle des Aluminiums andere Elemente oder Legierungen zu wählen, welche wie dieses die „Thermitreaktion" zeigen.

Vorerst möge mir gestattet sein, zu definieren, was unter einer Thermitreaktion zu verstehen ist. Ich möchte eine solche folgendermaßen kennzeichnen:

Eine Thermitreaktion ist eine solche, bei der ein oder mehrere reduzierend wirkende Metalle oder Metallegierungen auf eine Metallverbindung derartig einwirken, daß das Gemisch, an einer Stelle zur Entzündung gebracht, von selbst weiterbrennt, so daß sich unter völliger Oxydation des aktiven Elementes eine flüssige Schlacke bildet und sich das reduzierte Metall als einheitlicher Regulus abscheidet; falls ein Überschuß des zu reduzierenden Materials genommen wird, ist das reduzierte Metall frei oder praktisch frei von dem zur Reduktion verwendeten Metalle.

Diese Definition erscheint etwas lang, ich glaube aber, daß sie die richtige ist, weil sie gerade die beiden charakteristischsten Momente „flüssige Schlacke und einheitlicher Regulus" in den Vordergrund treten läßt.

Wie Ihnen bekannt ist, werden in der Technik seit einer Reihe von Jahren in großem Maßstabe diese sogen. Thermitverfahren ausgeführt und auf diese Weise Chrom, Mangan, Molybdän, besonders aber auch Eisen in technisch reinem, vor allem aluminiumfreiem Zustande abgeschieden.

Die technische Bedeutung des Thermitverfahrens erhellt allein aus der Tatsache, daß seit Einführung des Schienenschweißverfahrens für Straßenbahnen usw. 200000 Schienenstöße nach diesem Verfahren geschweißt wurden, was einer Gleislänge von Madrid bis Petersburg entspricht.

Auf dem internationalen Kongreß für angewandte Chemie im Jahre 1903 machte ich darauf aufmerksam, inwieweit das metallisch reine, in dem elektrischen Ofen hergestellte Silizium für diese Thermitreaktionen in Anwendung kommen könne.

Ich gestatte mir, auf diese Veröffentlichungen hinzuweisen und nur kurz zu wiederholen, daß **Silizium** diese Thermitreaktionen nicht gibt. Ein Gemisch von z. B. äquivalenten Teilen von Chromoxyd Cr_2O_3, Manganoxyd Mn_2O_3 oder Mn_3O_4 ist nicht zum Weiterbrennen zu bewegen. Wohl ist es möglich, wie ich hier zur Vervollständigung des damals Gesagten hinzufügen will, ein Gemisch von **Mangansuperoxyd** $Mn O_2$ und Silizium zu einer thermitähnlichen Reaktion zu bringen, aber wenn auch ein noch so großer Überschuß des Mangansuperoxydes genommen wird, so gelingt es doch nicht, das Silizium zu entfernen; es sind im besten Falle immer noch einige Prozent Silizium in dem Mangan vorhanden. Mit dem roten Eisenoxyd Fe_2O_3 ist ein Weiterglimmen nach erfolgter Entzündung möglich, falls das Silizium in sehr fein verteiltem Zustande verwendet wird, während mit dem für das Thermit gebräuchlichen Fe_3O_4 eine Reaktion nicht einsetzt. Metallabscheidungen sind ferner möglich, wenn Silizium mit Bleioxyd oder Kupferoxyd zur Reaktion gebracht wird, doch dürften diese Reaktionen ein praktisches Interesse nicht beanspruchen. Kupferoxyd brennt verhältnismäßig langsam ab; in der Schlacke befinden sich dann weiße Kugeln eines Kupfersilizides mit etwa 10% Si, daneben zeigt sich eine geringe Menge von reinem Cu. Bleioxyd verhält sich ähnlich; die Reaktion verläuft unter starker Rauchentwicklung.

Eine glatt verlaufende Reaktion erhält man dagegen, wenn ein Gemisch von gleichen Teilen Cu O und Pb O mit Si zur Reaktion gebracht wird. Ein derartiges Gemisch reagiert ähnlich wie Thermit, jedoch erheblich langsamer. Man erhält einen guten Regulus mit flüssiger Schlacke. Das Metall setzt sich in zwei Schichten ab, die untere besteht aus einer Legierung von etwa gleichen Teilen Pb und Cu mit nur Spuren Si, die obere Schicht aus sprödem Kupfer mit etwa 10% Si und geringen Mengen Blei.

Der erste, der eine der **Aluminiumthermitreaktion** ähnliche Reaktion erfolgreich ausgeführt hat, ist meines Wissens Professor **Muthmann** in München gewesen, der mir bereits vor einigen Jahren in seinem Laboratorium reines regulinisches Vanadin zeigte, das er mittels seines sog. Mischmetalles, das im wesentlichen aus metallischem Zer besteht, dargestellt hatte. Die betreffende Arbeit ist erst im Mai 1907 in Lieb. Ann., Bd. 355, erschienen: „Versuche über metallisches Vanadin, Niob und Tantal", W. **Muthmann** und L. **Weiß**.

Als nach dem elektrolytischen Verfahren, das in der Bitterfelder Fabrik ausgeführt wird, worüber uns Herr Dr. **Rathenau** vor vier Jahren einen Vortrag gehalten hat (Z. f. Elektroch. 10, Heft 30, 508 [1904], Hauptversammlung Bonn), metallisches **Kalzium** zu billigerem Preise hergestellt wurde, lag es selbstverständlich nahe, auch diesen Körper für die Thermitreaktion nutzbar zu machen. Die ersten Veröffentlichungen hierüber erschienen in den Ber. d. Deutsch. chem. Ges. **38**, 904 bis 906 (1905). Dort hat **Ernst Beckmann** vorläufige Mitteilungen über „Einige Anwendungen von metallischem Kalzium" gegeben. **Beckmann** schreibt, daß fein verteiltes Kalzium „nach dem Verfahren von **Goldschmidt** Metalloxyde bzw. Sulfide, z. B. Mangansuperoxyd, Kupferoxyd, Bleioxyd, Kupfersulfid, mit gutem Erfolge zu Metall reduziert". Diese Reaktion habe ich auch in meinem Laboratorium vorgenommen, und ich stimme mit den Erfolgen des Herrn Beckmann durchaus überein, nur hätte ich mich mit ihm über die Worte „guter Erfolg" auseinander zu setzen. Es liegt hier ein Unterschied zwischen den Ansichten des Theoretikers und des Praktikers vor.

Einige Reaktionen mit fein verteiltem Kalzium (Ca-Späne) sind besonders interessant. Z. B. ist ein Gemisch von salpetersaurem Ammon und Kalzium selbstentzündlich. Wird an Stelle von Ca das später zur Thermitreaktion beschriebene Ca Si oder Ca Al genommen, so tritt dieselbe Erscheinung ein.

Einleitend beschrieb ich die Thermitreaktion als eine solche, welche geeignet ist, unter einer flüssigen Schlacke einen einheitlichen Regulus abzuscheiden. Diese Abscheidung ist nun nach meinen vielfachen Untersuchungen und Experimenten mit metallischem Kalzium nicht möglich. Der Grund ist leicht einzusehen: der sich bildende Kalk ist außerordentlich schwerflüssig, und wenn auch bei den Reaktionen, beispielsweise bei der Reduktion von Eisenoxyd, eine gewisse Menge kleiner Metallreguli entstehen, so ist doch stets ein außerordentlich großer Teil — zumeist der größte — so mit Schlacke durchsetzt, daß — und das ist der wesentlichste Punkt vom Standpunkte des Praktikers aus — eine praktische Verwendung zur Darstellung des Metalles oder praktische Verwendung für Schweißzwecke infolge dieser „unsauberen" Reaktion nicht möglich erscheint.

Im folgenden soll nun eine Reihe richtiger Thermitreaktionen vorgeführt und beschrieben werden, die ganz in den Rahmen der oben gegebenen Definition einer Thermitreaktion hineinpassen*.

Es mag für denjenigen, der sich vielfach mit Thermitreaktionen beschäftigt hat, wohl nahegelegen haben, gerade das Kalzium in Verbindung mit Silizium zu bringen, um so eine leichtflüssige Kalksilikatschlacke zu erhalten, und um ferner die außerordentlich heftige Kalziumthermitreaktion mit der verlangsamenden Siliziumreaktion so zu vereinigen, daß aus diesem Gemisch ein technisch brauchbares Resultat erhalten wird. Tatsächlich gibt ein Gemisch oder eine Legierung von Kalzium und Silizium eine derartig thermitähnliche Reaktion, daß man äußerlich kaum imstande ist, beide voneinander zu unterscheiden.

Ich habe nun bereits seit einer Reihe von Jahren einige Hundert derartiger Reaktionen, die sämtlich für den Thermitfachmann von mehr oder weniger Interesse sind, in Gemeinschaft mit Herrn Dr. Weil und dessen Assistenten Herrn Dr. Müller ausgeführt. Da diese Reaktionen sämtlich, wie Sie sehen werden, sehr schnell verlaufen, ist es schon aus diesem Grunde wünschenswert, daß mehr als zwei Augen die Vorgänge beobachten. Es kann nun nicht meine Aufgabe sein, Ihnen hier alle diese Versuche zu beschreiben; ich muß mich darauf beschränken, auf eine Reihe besonders charakteristischer Reaktionen bzw. auf das Prinzip derselben hinzuweisen.

In ähnlicher Weise wie Kalziumsilizium wirkt auch Magnesiumsilizium, und dazu gesellt sich als dritte Kombination ein Gemisch oder eine Legierung von Kalzium und Aluminium.

Für die Güte und Brauchbarkeit einer Thermitreaktion ist nicht nur der kalorische Effekt maßgebend, sondern auch die Reaktions-

---

* D. R. P. 187457, 192015; Engl. P. 788 (1906), 926 (1906), 3089 (1906).

geschwindigkeit. Selbstverständlich ist es für die Metallabscheidung gleichgültig, innerhalb welcher Zeit das Metall zur Abscheidung gelangt, falls nur die Schlacke dünnflüssig genug ist, und falls das Metall einen genügend tiefen Schmelzpunkt hat, um unter dieser Schlacke einheitlich zum Fließen zu kommen. Will man aber eine Thermitreaktion auch für Schweißzwecke verwenden, so spielt die Reaktionsgeschwindigkeit eine erhebliche Rolle, da bei langsamer Reaktion das sich abscheidende Metall schnell abkühlt und dann für Schweißzwecke nicht oder schlechter zu verwenden ist. Daß eine stürmische Reaktion, wie sie das reine Kalzium ergibt, überhaupt nicht praktisch zu verwenden ist, ist ohne weiteres ersichtlich.

Ich will nun, um die Wirkung einer Kalzium-Siliziumreaktion anschaulich zu machen, zuerst eine Reaktion mit Kalzium und Eisenoxyd (Fe_3O_4) zeigen. Diese verläuft außerordentlich stürmisch, wie Sie sehen. Ich habe in jedem einzelnen Falle bereits vorher die Reaktion in einem anderen Tiegel mit gleicher Menge ausgeführt, so daß ich diese bereits erkaltete Masse umstürzen kann. Sie sehen, daß ein einheitlicher Regulus hier nicht abgeschieden worden ist, daß vielmehr zum großen Teile ein Gemisch von kleinen Metallkugeln und Schlacke nebst herausgespritztem Material vorliegt.

Ein Gemisch von Silizium mit dem gleichen Eisenoxyd ist, wie ich hier noch einmal vorführen werde, nicht zur Reaktion zu bringen.

Ich führe Ihnen jetzt als weiteres Experiment eine gewöhnliche Thermitreaktion vor, bei der Eisenoxyd und Aluminium in äquivalenten Teilen gemischt sind, und die Ihnen wohl bekannt sein wird.

Danach zeige ich Ihnen die Reaktion von Kalzium und Silizium mit Eisenoxyd. Sie werden kaum einen Unterschied zwischen diesen Reaktionen erkennen können, nur ist die Schlacke bei dem letzteren Experiment erheblich leichter flüssig und erstarrt auch nicht so schnell wie die Korundschlacke, was bei größeren Mengen allerdings erheblich mehr auffällt als bei dieser verhältnismäßig kleinen Reaktionsmasse.

Ich stürze wieder die entsprechenden Tiegel um, und Sie sehen, daß sich beim Kalzium-Siliziumthermit ein einheitlicher Eisenregulus gebildet hat, genau wie beim gewöhnlichen Thermit.

Es ist also tatsächlich möglich, mit diesem Kalzium-Siliziumthermit ähnliche Reaktionen und Metallabscheidungen vorzunehmen wie mit gewöhnlichem Thermit.

Selbstverständlich ist das Verhältnis zwischen Kalzium und Silizium nicht gleichgültig. Besonders wirkungsvoll ist ein Gemisch, das gleiche Mengen Kalziumthermit und Siliziumthermit enthält, in welchem also die aktiven Metalle Ca und Si sich wie 2 : 1 verhalten. Dies Gemisch gibt eine besonders dünnflüssige Schlacke, guten Metallregulus und verhältnismäßig hohen thermischen Effekt.

Im Kalorimeter gemessen, ergibt dieses Kalzium-Siliziumthermit etwa 720 Kal., während das gewöhnliche Thermit etwa 100 Kal. mehr anzeigt. Es sei aber darauf hingewiesen, daß diese Zahlen auf volle Genauigkeit keinen Anspruch machen; immerhin geben sie einen annähernd guten Wert und vor allem Vergleichswerte. Beispielsweise ist der Wasserwert des Apparates in diesen Zahlen nicht berücksichtigt, der aber auch verhältnismäßig unbedeutend ist. Näher auf die Konstruktion des für Thermit verwendeten Kalorimeters hier einzugehen und auf die Fehlerquellen bei der Messung, würde zu weit führen.

Wird das Verhältnis nach der einen oder anderen Seite hin geändert, so tritt entweder mehr die Kalziumreaktion ein, d. h. die Reaktion wird heftiger und die Schlacke strengflüssiger. Wird zu viel Silizium zugefügt, so wird die Reaktion erheblich verlangsamt oder stockt ganz.

Es ist selbstverständlich, daß man sich das aktive Gemisch dadurch einfach bereiten kann, daß man eine entsprechende Menge Kalziumspäne oder -feile mit Silizium mischt. Man kann auch metallisches Kalzium und Silizium unter einer geeigneten Schutzdecke zusammenschmelzen und diese spröde Metallegierung pulvern, falls sie nicht selbst bereits zu Pulver zerfällt.

Allein diese Darstellungsweise ist etwas teuer, da metallisches Kalzium, durch Elektrolyse hergestellt, immerhin nicht ganz billig ist. Dagegen wissen wir, daß metallisches Silizium im elektrischen Widerstandsofen recht billig hergestellt werden kann. Das Kilogramm Silizium ist jetzt etwa zu 1 Franc zu erhalten; der Preis würde bei größerer Verwendung noch erheblich weiter zurückgehen können.

Durch eine Veröffentlichung von Moissan und Dilthey, Ber. d. Deutsch. chem. Ges. **35**, 1106, war es bekannt geworden, daß Silizium, mit Kalk gemischt im elektrischen Ofen auf hohe Temperatur gebracht, ein Kalziumsilizid ergab, das jedoch stets CaC_2 enthielt. Moissan (Compt. rend. de l'Académie **127**, 584—590 [1898] erhielt ein Kalziumsilizid mit etwa 20% Kalzium und reichlichem Gehalt an Kohlenstoff.

Leider gelang es nicht, das Silizium dem Kalk gegenüber zu einer Thermitreaktion zu bewegen; dagegen ist es möglich, zwischen Silizium und Kalk ohne Anwendung des elektrischen Ofens ein Kalksilizid herzustellen, das bis mehr als ein Drittel metallisches Kalzium enthält. In dieser Richtung hin hat besonders Herr Dr. Weil eine Reihe von erfolgreichen Versuchen gemacht. Sie sehen hier vor sich größere Barren von diesem Kalziumsilizid, das technisch kohlefrei und äußerlich dem Silizium sehr ähnlich ist. Es ist spezifisch leichter als Aluminium; es sollte auch noch leichter als Silizium sein, das (nach Dammer, Bd. 4, 371) ein spezifisches Gewicht von 2,35 hat. Theoretisch sollte das spezifische Gewicht 2,2 sein, doch ist es praktisch zu 2,45 bestimmt worden; ein kleiner Gehalt an Eisen erhöht die Dichte. Auffallenderweise hält es sich trotz seines großen Kalziumgehaltes außerordentlich gut an der Luft. Dieses Kalziumsilizid wird nach einem besonderen patentierten Verfahren hergestellt (D. R. P. 199 193).

Um gute Thermitreaktionen zu erreichen, muß dem Kalziumsilizid allerdings noch etwas Kalzium hinzugefügt werden.

Dagegen hat sich das Kalziumsilizid für andere Verwendungen Eingang verschafft; es dient in der Stahlindustrie als ein neues und eigenartiges Raffinationsmittel. Dem Aluminium gegenüber hat es zwei Vorteile: es wirkt zwar wie dieses in geringeren Mengen als Desoxydationsmittel, in dem es den Stahl beruhigt („it kills the steel", wie der englische hüttenmännische Ausdruck lautet), es bildet aber im Gegensatz zum Aluminiumoxyd eine außerordentlich leichtflüssige Schlacke, die schnell an die Oberfläche steigt.

Bekanntlich ist es ein gewisser Nachteil des Aluminiums, daß dieses Aluminiumoxyd zum Teil im Stahlbade fein verteilt verbleibt (man kann dies auf Stahlschliffen mikroskopisch sehen), während das Kalziumsilizid sich als Kalksilikat ganz erheblich besser abscheidet. Ferner aber ist das Kalziumsilizium im Gegensatz zum Aluminium auch noch imstande, den Schwefelgehalt eines Stahles herabzudrücken. Für gewisse Stahlsorten ist ein Gehalt von unter 0,02% Schwefel amtlich vorgeschrieben. Es ist in vielen Fällen nicht einfach und nicht billig, von z. B. 0,05% Schwefel auf 0,02% herunterzukommen. In diesem Falle kann das Kalziumsilizium hilfreich einsetzen.

Ich habe diese Anwendung des Kalziumsiliziums und seine Darstellung mehr in Paranthese gegeben, da dies streng genommen mit den neuen Thermitreaktionen direkt nichts zu tun hat. Ich wende mich nunmehr wieder den neuen Thermitreaktionen selbst zu.

Wie bereits erwähnt, gibt Magnesium mit Silizium zusammen eine thermitähnliche Reaktion, während Magnesium allein ähnlich wie Kalzium wirkt, d. h. keine einheitliche Abscheidung gibt. Diese Reaktionen sind bereits vor mehr als 18 Jahren von Klemens Winkler studiert und veröffentlicht worden (Liebigs Ann. **301**, 1971; vgl. Ber. **23**, 44, 120 [1890]; vgl. auch Journ. f. prakt. Chemie **91**, 199 [1864]).

Selbstverständlich gibt es auch zwischen Magnesium und Silizium gewisse Verhältnisse, die sich besonders gut für die Thermitreaktion erweisen, doch kann man das Verhältnis zwischen Magnesium und Silizium für einige Abscheidungen noch etwas mehr variieren als zwischen Kalzium und Silizium. Gleiche Teile von Magnesiumthermit und Siliziumthermit, etwa 60 Teile Magnesium und 40 Teile Silizium, als aktive Metalle verwendet, geben eine gut verlaufende Thermitreaktion, die annähernd so viel Kalorien ergibt wie das gewöhnliche Aluminiumthermit. Es liegen aber gewisse praktische Nachteile bei diesen Magnesium-Siliziumreaktionen vor, welche sie doch nicht so geeignet machen wie die Aluminiumthermitreaktionen.

Eine Darstellung des Magnesiumsilizids nach Art des Kalziumsilizids gelingt nicht so glatt, da Silizium auf Magnesium nicht so leicht einwirkt wie auf Kalk. Eine bedeutend höhere Temperatur ist erforderlich, was wieder den Nachteil hat, daß das Mg aus der Legierung verdampft. Das Endprodukt enthält infolgedessen nur geringere Mengen Mg als das entsprechende Ca Si an Ca enthält.

Ähnliche Verhältnisse liegen auch bei Barium und Strontium vor. Es gelang, ein etwa 40prozentiges Bariumsilizid* unter Anwendung von verhältnismäßig geringer Erhitzung herzustellen, während die Einwirkung von Si auf SrO aus ähnlichen Gründen wie bei MgO bisher nur niederprozentigere Produkte lieferte.

Als dritte Thermitreaktion ist diejenige zu erwähnen, in der Aluminium zusammen mit dem Kalzium zur Wirkung kommt. Hier wirken also zwei Elemente zusammen, die an und für sich schon eine schnelle Reaktion

* Dieses Bariumsilizid entwickelt in salzsaurer Lösung selbstentzündlichen Siliziumwasserstoff; diese Reaktion kann in einer Probierröhre leicht vorgeführt werden.

geben. Es wäre also zu erwarten, daß die Aluminiumreaktion unter gewissen Verhältnissen verstärkt werden könnte. Experimente haben dies zum Teil bestätigt. Auch ist hierbei die Bildung einer leicht schmelzbaren Kalzium-Aluminiumschlacke von besonderem Vorteil.

Kalzium kann mit Aluminium in ziemlich weiten Grenzen gemischt werden, selbstverständlich ist ein zu hoher Kalziumgehalt zu vermeiden ein zu geringer Kalziumgehalt spielt dagegen keine Rolle.

Als besonders gutes Verhältnis hat sich ein Gemisch von 40% Kalziumthermit und 60% Aluminiumthermit gezeigt. Das Verhältnis zwischen Kalzium und Aluminium ist etwa 53 : 47. Die gebildete Aluminatschlacke hat die Zusammensetzung 3 CaO — 2 Al_2O_3 und ist besonders leichtflüssig. Im Kalorimeter zeigt dieses Thermit einen noch höheren thermischen Effekt an als das Aluminiumthermit, nämlich 880 Kalorien.

Mit diesem Kalziumaluminium lassen sich auch eine Reihe von metallischen Abscheidungen besonders gut ausführen. Sehr gut gelingt die Abscheidung des Chroms aus Chromoxyd. Es lassen sich bereits aus kleineren Mengen reinen Chromoxyds gute Reguli abscheiden, was bekanntlich mit Aluminium erst dann gelingt, wenn eine gewisse Menge Chromsäure dem Chromoxyd beigemengt ist.

Ich zeige die Reduktionen von Chromoxyd mit Aluminium sowie mit Kalziumaluminium nebeneinander, um Ihnen die bessere Abscheidung mit Hilfe von Kalziumaluminium zu demonstrieren.

Die Darstellung von Kalziumaluminium kann entweder dadurch erfolgen, daß man beide Elemente zusammenschmilzt, wenn man sie nicht gesondert verwenden will, oder daß man nach einem Patent von Poulenc Kalzium mit einer Aluminiumkathode elektrisch abscheidet (vgl. auch amerik. P. 875 668, eingereicht am 7. Juli 1902, erteilt am 31. Dezember 1907).

Eine Reihe von Reaktionen sind auch mit Hilfe von Aluminium-Kalzium-Silizium ausgeführt worden. Am besten hat sich eine Mischung oder Legierung von 33 Si, 20 Al, 47 Ca bewährt, welche fast gleichwertig ist einer Legierung von 60 Ca + 30 Si, und kommt also der besten Reaktion 67 Ca + 33 Si nicht gleich. Die sich bildende Schlacke hat dann eine Zusammensetzung von 3 SiO_2, Al_2O_3, 3 CaO und einen etwaigen Schmelzpunkt von 1345°. Weniger günstig wirkt eine Zusammensetzung von 50 Si, 15 Al, 35 Ca; doch wird auch bei diesem Verhältnis bei Verwendung von Eisenoxyd noch ein Eisenregulus erhalten.

Besonders aufmerksam machen möchte ich auf einen vor etwa vier Wochen auf der Jahresversammlung der American Electrochemical Society in Albany gehaltenen Vortrag von O. F. Watts und J. M. Breckenridge, der im wesentlichen dasselbe Thema behandelt, aber nur in Rücksicht auf Metallabscheidungen. In ihrem Vortrage weisen diese Herren zwar auf meine in der Zwischenzeit veröffentlichten Patente hin, geben aber sichtlich ihre eigenen Forschungen wieder. Die betreffende Arbeit erscheint ehestens in dem Ihnen allen wohlbekannten amerikanischen Journal. Durch die Liebenswürdigkeit des Herausgebers, meines verehrten Freundes Dr. Roeber, erhielt ich kurz vor meiner Rückreise von drüben einen ausführlichen Auszug dieses Vortrages, bei dem ich leider selbst nicht anwesend sein konnte, den ich indes für meine hier angegebenen Daten nicht benutzt habe. Es bilden also diese Veröffentlichungen gewissermaßen zwei parallele Forschungen. Die Resultate sind, soweit ich aus den Arbeiten von Watts und Breckenridge beurteilen konnte, den Ihnen hier gezeigten im wesentlichen gleich. Doch werden eine Anzahl neuer Beobachtungen dort mitgeteilt, auf die ich keine Rücksicht genommen habe, da ich mehr die praktisch-technische Seite im Auge behalte. Umgekehrt habe ich wieder viele Reaktionen angestellt und zum Teil beschrieben, die Sie in den Arbeiten der genannten Herren nicht finden.

Ebenso hat sich in neurer Zeit mit Ca-Thermitreaktionen F. Mollwo Perkin beschäftigt, dessen Arbeiten Sie in den Transactions of the Faraday Society veröffentlicht finden. Neben Kalzium verwendet Perkin auch CaH_2 als Reduktionsmittel. Indes dürften diese Arbeiten auch mehr von wissenschaftlichem als technischem Werte sein.

Die Frage: Ist Kalzium imstande, das Aluminium teilweise in dem Thermit zu ersetzen? — ganz zu ersetzen ist, wie oben angeführt, technisch nicht möglich — ist eine rein rechnerische; da 1 kg Aluminium annähernd dasselbe Quantum Sauerstoff bindet, 1 kg Kalzium aber nur etwa $^2/_5$ kg Sauerstoff, so ist das Verhältnis an und für sich ein ungünstiges, und das metallische Kalzium müßte erheblich billiger sein als das metallische Aluminium, um genügend vorteilhaft selbst dann verwendet werden zu können, wenn es nur einen geringen Teil des Aluminiums ersetzen soll.

Aluminium ganz oder teilweise für gewisse Zwecke durch Magnesium zu ersetzen, ist mir zwar schon vor zehn Jahren patentiert worden; jedoch scheitert die praktische Verwendung hierbei daran, daß es noch nicht gelungen ist, Magnesium so billig wie Aluminium herzustellen, was der Fall sein müßte, da Magnesium weniger Sauerstoff bindet als Aluminium.

Anders liegen die Verhältnisse bei einer Kombination von Silizium mit Magnesium oder Kalzium. Obgleich hierbei Magnesium theoretisch günstiger ist, da es mehr Sauerstoff als Kalzium bindet, so hat doch Kalzium den Vorteil, daß es mit Hilfe von Silizium wenigstens teilweise billig herzustellen ist. Immerhin gibt es auch hier praktisch wie auch vom kalorimetrischen Standpunkte aus nicht dasselbe Resultat wie Aluminium, so daß vor der Hand der größte Teil dieser Reaktionen ein mehr wissenschaftliches Interesse in Anspruch nimmt.

Allen drei Reaktionen von Metalloxyden mit dem Kalziumsilizium, Magnesiumsilizium, Kalziumaluminium ist nach den bisher angestellten vielseitigen Beobachtungen gemeinsam, daß kalorisch die besten Resultate erzielt werden, wenn die Zusammensetzung der resultierenden Schlacke derart gewählt wird, daß sie so leichtflüssig wie möglich wird.

Bei Kalziumsilizium ist die leichtest flüssige Kalksilikatschlacke 4 CaO, 3 SiO_2 mit einem Schmelzpunkte von 1425° (Boudouard, Journal of the Iron and Steel Institute 1905, 352), diese entspricht einem Thermit, bei welchem die aktiven Metalle eine Legierung von 67% Ca und 33% Si bilden oder in diesem Verhältnis gemischt sind.

Ein ähnliches Resultat ergibt ein Mg Si-Thermit (Mg : Si = 60 : 40). Die Schlacke hat die Zusammensetzung 7 MgO, 4 SiO_2 mit etwa gleich hohem Schmelzpunkte wie 4 CaO_3, 0,3 SiO_2.

Eine Mischung von gleichen Teilen Al- und Ca-Thermit (Ca : Al = 63 : 37) ergibt eine Schlacke nach der Zusammensetzung 2 CaO, Al_2O_3 mit einem Schmelzpunkt von 1400°*.

Noch etwas niedriger liegt der Schmelzpunkt der Schlacke 3 CaO, 2 Al_2O_3 (Schmelzpunkt 1395°**, welche bei der Reaktion eines Gemisches von 40 Ca-Thermit und 60 Al-Thermit (Ca : Al = 53 : 47) entsteht.

Eine andere Frage ist die, inwieweit sind diese Legierungen oder Metallgemische verwendbar für Schweißzwecke. Hierüber ist bereits oben einiges mitgeteilt worden. In erster Linie gibt das Kalorimeter hierfür einigen Aufschluß, aber durchaus keinen allein zuverlässigen. Es gibt Gemische, die anscheinend genügend exothermisch sind und doch für Schweißzwecke unbrauchbar bzw. schlecht brauchbar sind. Andere Gemische geben zwar weniger Kalorien ab, sind aber doch infolge größerer Reaktionsgeschwindigkeit und besserer Schlackenbildung usw. für Schweißzwecke besser zu verwenden. Hier spielt also allein die auf zahlreiche Experimente gegründete Erfahrung des Thermitisten (dieser Ausdruck hat sich in vielen Werkstätten, besonders hier in Österreich, eingebürgert, für diejenigen, welche Arbeiten mit „Thermit" ausführen) die ausschlaggebende Rolle.

Immerhin ist es eine bemerkenswerte Erscheinung, daß die Elemente derjenigen Stoffe, die am verbreitetsten auf unserer Erde sind, Aluminium, Kalzium, Silizium und Magnesium, allein oder in Wechselwirkung unter Entwicklung einer hohen Temperatur und einer außerordentlichen, durch die Schnelligkeit der Reaktion mit bedingten Energiedichte, die sogenannte Thermitreaktionen geben.

---

* Boudouard, Journ. of the Iron and Steel Institute 1905, 354.
** Ebenda.

Calcium Silicide. Trade-Mark "Thermit", a Purifier for Metals—Particularly Steel.

(Reactions; Published by Goldschmidt Thermit Company, New York, II. Quarter 1908, p. 25.)

Numerous metals and alloys have been used for a number of years fo purifying liquid steel. Among these the best known are manganese (in th shape of ferro-manganese), silicon, recently used as highgrade ferro-silicon also alloys of manganese, silicon and iron. Of recent years aluminum ha; to be counted among the well-known additions, for the reason that it possesses in an extraordinary degree the ability to rid liquid steel of the last particles of oxygen or, to use a homely phrase, to "kill" the steel. In this application very small quantities, such as 0·05 %, have given satisfactory results.

In spite of its well deserved popularity, this purifying agent (the use of which is necessary in a great many cases) possesses two properties which interfere with its general usefulness; the one might be called a positive, the other a negative property—"negative" in the sence that there is a desirable property which it ought to, but does not possess. The positive quality consists in the fact that the aluminum oxide—Al_2O_3—(which is formed during the deoxidation process) remains in appreciable quantities in the steel; in other words, it does not, as would be desirable, separate out completely into the slag. The cause of this lies in the high melting point of the oxide. It chills at the temperature of the liquid steel, as the melting point of Al_2O_3—even with some impurities—is above 1,800 degrees Centigrade. On polished and etched sections, these small particles of Al_2O_3 can be discovered by means of a microscope. In this connection, it may be of interest that titanium also shows this quality of leaving traces in the steel. On sections of etched steel, red crystals of cyanonitride of titanium may be observed. This observation also proves that titanium (used in the form of ferro-titanium) has the property of binding nitrogen. The mechanical properties of the steel, however, are interfered with by these small non-metallic impurities*.

What I call above the "negative quality" of the aluminum, is this: that it is not able to bind any sulphur that may be present in the steel. It is just in this respect that the calcium silicide shows to advantage as a purifier. It has the special property to reduce the last traces of sulphur, the elimination of which is often of the highest importance in the manufacture of special steels.

The difficulties of producing a steel with the maximum of 0·02 % sulphur are well known. Specifications—particularly of the government—often

---

* Practical experience proves that ferro-titanium is not suitable for alloying if the titanium is present in a larger percentage than 20 to 25%. Higher percentages resist alloying to liquid steel. An alloy with about 40 % titanium, having a bright gilt sheen is very refractory to liquid Martin steel.

call for that amount as a maximum. One can then take a steel with 0·4 % to 0·5 % sulphur, add the calcium silicide and thereby reduce the sulphur to the allowed proportion. In doing so, calcium sulphide is formed, while the silicon is mostly oxidized and combines with the bases present to a very highly liquid slag. This slag remains liquid quite as long as the steel and therefore finds it easy to rise to the surface and no impurities (such as are present with the aluminum) will show on the polished and etched sections of steel treated with the calcium silicide.

Silicide of calcium presents, therefore, an entirely new and effective purifying agent, which is used exactly like aluminum.

The calcium silicide contains about 30 % calcium, the remainder being principally silicon. As impurities, a few percentages of iron are present. An important point in its application is that it is technically free from carbon. In appearance it resembles silicon, being coarsely crystalline, very brittle and remaining unaffected by the influence of the atmosphere. A definite formula for its use can, of course, not be given, being controlled by the pecularities in the composition of the steel which is to be purified. A series of tests with analyses will quickly instruct the steel maker.

The introduction of this method was only begun during the first months of this year, after the subject had been studied for a long time. In Germany it has received considerable attention and large quantities of steel have already been refined by this process, while nearly all large steel works are now making tests with it.

A further field that promises well is the refining of nickel, copper or bronze castings with calcium silicide. Its mission is, of course, not to drive out the aluminum, but only to complete the series of purifying agents, by enabling certain kinds of steel to be improved in a simple and quick manner.

New Thermit Reactions.*

(Reactions; Published by Goldschmidt Thermit Company, New-York III. Quarter 1908. p. 48.)

The object of this paper is to demonstrate some new Thermit reactions the main feature of which ist the substitution of other elements or alloys for aluminium in the aluminothermic reaction.

I will first give my definition of a *thermit reaction:* "In a thermit reaction a metallic compound is reduced by one or several metals or metallic alloys in such a way that when the mixture is ignited at one place, the reaction continues of its own accord so that under complete oxidation of the reducing element, a fluid slag is formed, while the reduced metal is obtained as a homogeneous uniform regulus; if the oxyde is used in excess, the reduced metal is free, or practically free, from the element used as a reducing agent."

This definition seems lengthy, but it emphasizes two features which are most important from an engineering standpoint—namely, the production of a fluid slag and a uniform compact regulus of metal.

As is well known, thermit reactions are being employed on a large commercial scale for the production of chromium, manganese, molybdenum, &c., but especially for getting technically pure iron, free from aluminium and carbon, in a fused and exceedingly hot condition for welding and repairing purposes. Since the introduction of the thermit rail-welding process several years ago some 200,000 joints have been made by this method.

At the International Congress for Applied Chemistry in 1903 I discussed the possibility of employing metallic silicon (made in the electric furnace) as a substitute for aluminium in the thermit reaction. I showed that silicon cannot be successfully used in this way. For instance, if a mixture of equivalent parts of silicon and Cr_2O_3 or Mn_3O_4 is ignited, the reaction will not proceed. With a mixture of MnO_2 and silicon it is possible to obtain a reaction similar to the thermit reaction, but, however large an excess of MnO^2 may be employed, it is impossible to eliminate the silicon. Some per cent. of the silicon will always be found in the manganese.

With ferric oxide (Fe_2O_3) the reaction, when once started, will continue slowly if the silicon is used in a very finely divided state, while with Fe_3O_4 (as used in ordinary thermit) no reaction is obtained with silicon.

It is possible to reduce lead and copper by means of silicon from mixtures of silicon with oxides of lead or copper, but these reactions have hardly any practical interest. In the case of copper, the reaction is relatively slow and the slag contains white globules of a copper silicide with about 10 per cent. of silicon; a small quantity of pure copper is also produced. The lead reaction is similar; it proceeds with a strong development of smoke. If,

* A lecture delivered before the German Bunsen Society at Vienna, May 30, 08.

however, a mixture of equal parts of CuO and PbO is treated with Si, the reaction proceeds properly. The reaction of such a mixture is similar to that of thermit, although it is much slower. A compact regulus is obtained with a fluid slag. The metal is obtained in two layers, the lower, an alloy of equal parts of Pb and Cu, with traces of Si, while the upper is brittle copper with about 10 per cent. of silicon and small quantities of lead.

As far as I know, Prof. Muthmann, of Munich, was the first who successfully carried out a new reaction similar to the aluminothermic reaction. Several years ago he showed me in his laboratory a sample of pure reguline vanadium which he had produced by means of his so-called mixed metal (Mischmetall) which consists essentially of metallic cerium. (See the paper of W. Muthmann and L. Weiss on metallic vanadium, niobium and tantalum, published in May, 1907, in Liebig's *Annalen*, vol. 355.)

When the Bitterfelde works placed metallic calcium on the market, made by the electrolytic process described by Dr. Rathenau; (see the *Electrochemical and Metallurgical Industry*, vol. 2, page 276, and vol. 3, page 80), the application of calcium in thermit reactions naturally suggested itself. The first publication of experiments in this field appeared in the *Berichte der Deutschen Chemischen Gesellschaft*, Vol. 38, page 904, 1905, containing a preliminary notice by Ernst Beckmann on "some applications of metallic calcium." He states that calcium finely divided and used according to the Goldschmidt process, reduces certain metallic oxides and sulphides "with good success" to metal (for instance, manganese, copper, lead). I have carried out the reactions in my laboratory and I agree, in general, with Mr. Beckmann, although the meaning of his words "with good success" should be further interpreted. It seems that in this respect the opinions of the theorist and of the engineer are at variance.

In the above definition of a thermit reaction I emphasized the production of a fluid slag and of a uniform, homogeneous regulus. But this is impossible with metallic calcium, according to my extended investigations and experiments. The reason is not far to seek. The calcium oxide formed is but slightly fluid, and although a certain number of small metallic reguli are obtained (for instance, in the reduction of iron oxide), yet a large part, and generally the major part, of the reduced metal is closely intermixed with the slag. This is a serious matter from the standpoint of the engineer, since on account of this "unclean" reaction its practical application for the production of metals or for welding purposes appears impossible.

I will now describe a series of thermit reactions which fulfil all the requirements of the thermit reaction summed up in the above definition.

CALCIUM-SILICON.

To those experienced in thermit reactions it may appear natural to try to use calcium together with silicon for two reasons. The first is to produce an easily fluid calcium silicate slag. The second to combine the exceedingly turbulent calcium reaction with the slow silicon reaction in such a manner that a medium speed of reaction, best suited to technical purposes, is obtained.

For a number of years I have carried out several hundred of such thermit reactions which are all more or less of interest to the thermit specialist. These investigations have been carried out by me jointly with Dr. Weil and his assistant, Dr. Müller. Since all these reactions are rapid, it is desirable that more than two eyes observe them. This paper is restricted, however, to a description of the most characteristic reactions only, and of their principle.

Magnesium-silicon acts in a similar way as calcium-silicon, and a third suitable combination is a mixture or an alloy of calcium and aluminium.

The engineering value of a thermit reaction depends not only on the calorific effect, but also on the reaction velocity. Naturally, for metal reduction it does not matter how much time the reduction takes, provided the slag is sufficiently fluid and the metal has a sufficiently low melting point to flow together and form a compact regulus below the slag. If, however, a thermit reaction is to be used for welding, the reaction velocity is of considerable importance. If the reaction is slow, the reduced metal cools quickly and cannot be employed for welding. On the other hand, it is evident that a violent reaction, such as is obtained with pure calcium, cannot be made use of in practice.

I will now demonstrate a number of thermit reactions:*

$4\,Ca + Fe_3O_4$ —The calcium reaction is very violent. It does not yield a compact, uniform regulus of iron. The product is an intimate mixture of small metallic globules and slag.

$2\,Si + Fe_3O_4$ —This mixture cannot be made to yield a reaction which will go on satisfactorily.

Calcium-silicon thermit.—This reaction goes on almost in the same manner as the ordinary aluminium-thermit reaction, there being hardly any evident difference, except that with the silicon-calcium thermit the slag is much more fluid and does not solidify as quickly as the corundum slag of the aluminothermic reaction. This is especially the case when the process is carried out with large quantities.

Naturally, the proportion of calcium to silicon has some effect on the result. A mixture containing equal quantities of Ca-thermit and Si-thermit (so that the active metals Ca and Si are in the proportion of about 2 to 1) is especially effective. This mixture yields a thinly fluid slag, a good metallic regulus and a comparatively high thermic effect.

In the calorimeter this calcium-silicon thermit evolves 720 caloris, while the ordinary aluminium thermit evolves about 100 calories more. These figures are approximate and comparative figures only, and are not given as absolutely accurate.

If more calcium is used than corresponds to the above proportion, the reaction becomes quicker and more violent, while the slag is less fluid. If, on the other hand, the proportion of the silicon is increased, the reaction is retarded.

Of course, the active mixture may be prepared by mixing the proper quantities of calcium shavings or filings with silicon. It is also possible to

* These reactions were demonstrated experimentally by Dr. Goldschmidt before the Bunsen Society.

melt together metallic calcium and silicon under a suitable protective cover; the brittle alloy which is thus obtained is then powdered, if it does not disintegrate to powder spontaneously.

However, these methods of preparing the calcium-silicon are costly, since metallic calcium made by electrolysis is comparatively expensive. On the other hand, metallic silicon can be made in the electric furnace at very low cost. It is possible to buy the kilogram of silicon now for 1 franc (about 20 cents), and if more applications could be found for silicon, the price could be reduced still further.

Moissan and Dilthey (*Berichte der Deutschen Chemischen Gesellschaft*, Vol. 35, page 1106) heated silicon mixed with lime in an electric furnace to a high temperature and produced a calcium-silicide which always contained CaO_2. Moissan (*Comptes Rendus*, Vol. 127, page 584) obtained a calcium silicide with some 20 per cent calcium and a considerable quantity of carbon.

I have succeeded in making a calcium-silicide containing more than one-third of metallic calcium, without making use of the electric furnace. (Concerning the properties of this calcium-silicide and its application for the purification of metals, especially steel, see the Second Quarter of "Reactions", page 25.) Its specific gravity is lower than that of Al. Theoretically it is 2 · 2, but actually 2 · 45. A small iron content, of course, increases the density. In spite of its high calcium content, it withstands exposure to the air remarkably well.

MAGNESIUM - SILICON.

$4Mg + Fe_3O_4$ —Magnesium thermit reacts like calcium thermit, while a mixture of magnesium and silicon gives a reaction similar to ordinary thermit. Concerning investigations by Clemens Winkler in this field, more than 18 years ago, see *Liebig's Annalen*, Vol. 301, page 1971, also *Berichte*, 1890, Vol. 23, pages 44, 120 and *Journal für Praktische Chemie*, 1864, 91, 199.

Naturally, there are certain proportions between Mg and Si which are especially suitable for a thermit reaction, but it is possible to vary this proportion within even wider limits than in the case of calcium and silicon.

Equal portions of the magnesium-thermit and silicon-thermit, containing about 60 parts of magnesium and 40 parts of silicon as active metals, yield a good thermit reaction which evolves approximately as many calories as ordinary aluminium-thermit. However, these magnesium-silicon reactions have certain disadvantages which render them less suitable in practice than the aluminium-thermit reaction.

The production of magnesium-silicide in the same manner as calcium-silicide, has not yet been successfully carried out. Silicon acts on magnesia not as forcibly as on lime. A higher temperature is necessary, which results in the evaporation of magnesium from the alloy so that in the final product the magnesium contents are smaller than the contents of calcium in the calcium-silicide.

It is similar with BaO and SrO. We succeeded in preparing a 40 per cent barium silicide at a comparatively low temperature, while the action of Si on SrO could not be established with certainty for reasons similar to the case of MgO.

ALUMINIUM-CALCIUM.

In another thermit reaction aluminium is used together with calcium. In this case we have two elements, each of which gives a rapid reaction. It was, therefore, to be expected that under certain conditions the aluminium reaction could be strengthened by calcium. Experiments have confirmed this conclusion to some extent. The formation of an easily fusible calcium-aluminate slag is especially advantageous.

Calcium may be mixed with aluminium within very wide limits. Of course, too high a calcium content is to be avoided, while too small a calcium content has no effect.

An especially good proportion is a mixture of 40 parts of calcium thermit to 60 parts of aluminium thermit. The ratio of calcium to aluminium is about 53 to 47. The aluminate slag formed has a composition $3CaO—2Al_2O_3$ and is very fluid. In the calorimeter this thermit shows an even higher heat effect than aluminium-thermit, namely, 880 calories.

With this calcium-aluminium thermit it is possible to carry out very nicely a number of metallic reductions. The reductions of chromium from chromic oxide succeeds very well. Compact reguli of chromium are obtained even from small quantities of pure chromic oxide, while with aluminium as reducing agent this is possible only if a certain amount of chromic acid is added to the chromic oxide.

The calcium-aluminium may be made either by melting the two elements together, unless it is preferred to use calcium separately, or by electrolytic deposition of calcium on an aluminium cathode according to the patent of Poulenc. (See also United States Patent 875,666, application filed July 7, 1902, granted on December 31, 1907.)

* * *

The question whether ist is preferable to replace part of the aluminium in thermit by calcium is simply one of cost. Since 1 kg of aluminium combines with about the same quantity of oxygen, while 1 kg of calcium combines only with 0·4 kg of oxygen, the conditions are not very favorable. Metallic calcium must become considerably cheaper if there shall be any advantage in practice in replacing a small portion only of aluminium by calcium.

The use of magnesium was patented by me 10 years ago, but it has the practical disadvantage that magnesium cannot be made as cheaply as aluminium. For practical use in thermit this would be necessary since magnesium combines with less oxygen than aluminium.

The conditions are different with a mixture of silicon and magnesium or calcium. In this case the conditions are more favorable to magnesium since it combines with more oxygen than calcium. But calcium has the advantage that it can be made together with silicon at a relatively low expense. Nevertheless the practical result is not the same as with aluminium nor is the calorific effect the same, so that for the present most of these reactions are of more theoretical interest.

In each of these three reactions (calcium-silicon, magnesium-silicon and aluminium-calcium) the best results are obtained when the proportions are chosen with the view of making the slag as fluid as possible.

For calcium silicon, the most fluid calcium silicate slag is $4CaO, 3SiO_2$, with a melting point of 1425° C. (Boudouard, *Iron and Steel*, 1905, page 352.) This corresponds to a thermit in which the active metals form an alloy of 67 per cent Ca and 33 per cent Si, or are mixed in this proportion.

A similar result is obtained with a magnesium-silicon thermit containing 60 per cent of Mg and 40 per cent of Si. The slag has the composition $7MgO, 4SiO_2$, with about the same melting point as $4CaO, 3SiO_2$.

A mixture of about equal parts of aluminium-thermit and calcium-thermit (the proportion of calcium to aluminium being 63 to 67), gives a slag of the composition $2CaO, Al_2O_3$, with a melting point of 1400° C.

Slightly lower is the melting point of the slag $3CaO, 2Al_2O_3$, namely, 1395° C. This is formed from the reaction of a mixture of 40 per cent calcium-thermit and 60 per cent aluminium-thermit (Ca to Al=53 to 47). See Boudouard, page 354.

It is certainly interesting to note that the constituent elements of the most abundant materials on earth, namely, aluminium, silicon and magnesium, yield the best thermit reactions, with a production of high temperature and an extraordinary energy density, due to the high velocity of the reaction.

Dr. O. P. Watts and Mr. J. M. Breckenridge, at the last annual meeting of the American Electrochemical Society, presented a paper in which they also deal with the possibilities of replacing aluminium in the aluminothermic reaction by other active metals, like calcium, magnesium and silicon. While in my researches I always had in view the technical applications, the investigation of Watts and Breckenridge is perhaps more of a scientific interest. I may say that until the publication of the report of this paper (*Electrochemical and Metallurgical Industry*, June, 1908, page 237) I did not know of this investigation. This is, therefore, a case of two parallel independent researches leading to similar results. Messrs. Watts and Breckenridge refer in their paper to the patents which have been issued to me in the meanwhile.

The Melting Point in its Relation to Alloying Capacity.

(Metallurgical and Chemical Engineering Vol. IX. 1911, No. 7, p. 348.)

The opinion is often expressed that if a metal has a high melting point it is difficult to produce with it an alloy of uniform composition. When scrutinized, however, this opinion is found to be unwarranted. When I first introduced the aluminothermic metals, such as chromium, manganese, ferro-titanium, &c., into commercial practrice, I had to overcome considerable trouble, since metallurgists would tell me that the melting point of these carbon-free metals or alloys was higher than that of the usual brands then on the market which contained carbon, and that the higher melting point of my metals would interfere with their use.

Meanwhile, practice has long shown that carbon-free chromium, in spite of its melting point of 1550° C (2822° Fahr.) alloys easily with molten steel. The same is true for carbon-free manganese with a melting of 1245° C (2273° Fahr.) and this manganese alloys especially easily with copper; in fact, more easily than manganese containing carbon.

In recent years titanium is often added to steel. Ferrotitanium made for this purpose by the aluminothermic process has a melting point of 1330° C (2426° Fahr.) and alloys easily with liquid steel.

In the preceding paragraphs I have stated the melting' points although they are not of practical but only of scientific interest. The following notes will make this clear.:

An alloy is nothing but a solution. For instance, an alloy of zinc and copper is called a "solid solution". Zinc has a melting point of 419° C (786° Fahr.), copper a melting point of 1098° C (2008° Fahr.). Now let us try to alloy lead instead of zinc with copper; lead has a melting point of 330° C (626° Fahr.), hence much lower than zinc, yet our efforts of producing an alloy of copper and lead will not be successful. It is simply a fact that lead does not dissolve in copper.

Among the most refractory metals known we have platinum with a melting point of 1775° C (3227° Fahr.). Yet platinum alloys with tin and lead at a temperature of the melting points of these two metals. Many a young chemist has been sorry to make the experience that when by accident a small amount of these metals got into his beautiful new platinum crucible a hole was formed when it was heated. The fact ist simply that the high melting point of platinum does not protect the crucible from the dissolving action of the metals mentioned.

Since, as stated before, an alloy of two metals is nothing else but a solution of one in the other, we are justified from a scientific standpoint to consider it as analogous to the solution of common salt in water. We know that common salt dissolves easily in water; the melting point of common salt, which is at 820° C (1508° Fahr.) is without any significance for the process of solution.

From what has been said it is clear that for their practical purposes metallurgists have simply to take care that they employ metals or alloys which will dissolve. And it may become necessary to use intermediary alloys which dissolve more easily in the metallic bath. For instance, a high-percentage manganese-copper alloy is made from pure manganese, while instead of pure titanium ferrotitanium is used.

This carbon-free ferrotitanium, containing 25 per cent of titanium, is used now quite extensively as an addition to steel for making rails and rolls. This ferrotitanium made by the aluminothermic process dissolves very easily and uniformly in the molten steel. It has a small intentional content of aluminium, as this increases its solubility.

The experience of metallurgists has shown that as a rule carbon-free metals dissolve more easily than metals containing carbon, since the latter contain carbides—that is, chemical compounds with carbon. It is true that the melting point of the carbides is lower, but as was shown before, this has nothing to do with the solubility, or what is the same, the alloying capacity. The situation is practically the same with ferrovanadium as it is with titanium. For titanium and vanadium it is advantageous to use an intermediary alloy, because only very small quantities of these metals are used.

When a metallurgist has the choice between metals made by different processes the main point of importance is to use starting materials of absolutely uniform composition. Only if he is sure that they will not vary in composition he can get good reliable results. This requirement is fulfilled for metals made by the aluminothermic process on account of their method of production, since they are not made in small quantities, drop by drop, as is the case in the arc or melting zone of electric furnaces, but are produced from a uniformly fused charge. Uniform products are obtained as a result of the uniform composition of the thermit mixture. On the other hand it is very difficult to maintain uniformly the melting zone in an electric furnace, and for this reason it is practically impossible to obtain an absolutely uniform composition in electric furnace alloys, such as ferrochromium, ferrotitanium and errotungsten, as especially the carbon content varies considerably.

Erinnerungen an Robert Wilhelm Bunsen.

(Zeitschrift für angewandte Chemie 1911, S. 2137.)

Die hundertjährige Wiederkehr des Geburtstages Bunsens gibt mir, einem alten Schüler des großen Gelehrten, die Anregung, einige Erinnerungen aus meiner Heidelberger Studienzeit niederzuschreiben.

Von den vielen Lehrern, die mich in Schule, Haus und Universität unterrichtet haben, ist es Bunsen gewesen, von dem ich das Gefühl hatte, daß er mehr als jeder andere Lehrer aus tiefinnerstem Berufe war.

Jeder, der im Bunsenschen Laboratorium arbeitete, hatte reichlich Gelegenheit, von dem großen Meister in allen Einzelheiten der Chemie unterrichtet zu werden, und zwar nicht nur in theoretischer, sondern auch in rein praktischer, manueller Hinsicht. Allerdings war Bunsen nur für denjenigen „zu haben", der ein regelmäßiger und fleißiger Besucher seines Laboratoriums war. Er stand auch dem „Gelegenheitsstudenten" auf Anfrage zur Verfügung, war niemals mit dem weniger Fleißigen unfreundlich, doch konnte der Student, der nicht regelmäßig das Laboratorium besuchte, sehr deutlich herausfühlen, daß sich Bunsen lieber dem Fleißigen widmete. Diesem aber stand er auch über die Laboratoriumszeit gern zur Verfügung, ja, ich hatte sogar stets das Gefühl, als wenn Bunsen es liebte, von den Schülern, die ihre Sache ernst nahmen, „gequält" zu werden: Das immer wiederkehrende gleichmäßige Lehren wurde ihm wunderbarerweise nie zur Qual.

Dabei spreche ich von einer Zeit, in der Bunsen bereits 75 Jahre alt war. Ich gehörte also mit zu seinen letzten Schülern.

Bunsen legte ganz besonderen Wert darauf, daß seine Schüler mit der qualitativen Analyse vollkommen vertraut waren; er ließ erst dann die Übungen in der quantitativen Analyse beginnen, wenn er wußte, daß die qualitative durchaus beherrscht wurde.

Wie wohl in allen Laboratorien, so wurden auch in dem Bunsenschen gewisse numerierte Mischungen zum Analysieren gegeben. In einem kleinen Taschenbuch, das Bunsen stets bei sich trug, hatte er die Resultate notiert. Ich werde niemals den hübschen Ausspruch vergessen, den Bunsen tat, nachdem ich ihn gebeten, mir zu sagen, ob die Ergebnisse der qualitativen Analyse, die ich ihm unterbreitete, richtig seien. Ich nannte ihm die drei oder vier Elemente, die ich gefunden hatte, und der alte Herr blickte mich bedeutungsvoll an und sagte: „Ich will nicht wissen, was Sie gefunden haben, sagen Sie mir bitte, was Sie nicht gefunden haben." Er ging dann die einzelnen Gruppen der Elemente mit mir durch und ließ sich genau den Gang der Analyse beschreiben; ich mußte ihm jedesmal dabei erklären, wie die Reaktionen verlaufen waren, mußte die betreffenden chemischen Gleichungen aufschreiben, auseinandersetzen, was ich gesehen, was ich nicht gesehen. Man sieht daraus, wie außerordentlich ernsthaft der große Gelehrte es auch mit dem Anfänger nahm.

Bunsen war unermüdlich, den Studierenden auch die allerkleinsten Handgriffe zu zeigen, wie ein gesprungenes Probierglas am Gebläse wieder gebrauchsfähig zu machen ist, wie Glasfäden zu ziehen sind, wie man ein Filter richtig in den Trichter einlegt und vieles andere Nützliche. Von ganz besonderem Interesse aber waren die Prüfungen, die unter dem Namen „Bunsensche Flammenreaktionen" bekanntgeworden sind. Bunsen verstand es auch noch im hohen Alter, trotz seiner etwas zitternden Hand diese feinen mikrochemischen Arbeiten mit einer Fertigkeit und Vollendung zu zeigen, die Staunen erregte. Eine wesentliche Rolle spielte hierbei die linke Handfläche des Experimentators, welche Bunsen dazu benutzte, die Ingredienzien mit Hilfe eines Taschenmessers zu verreiben. Während des Experimentierens bildete die Falte der linken Handfläche, die sich bildet, wenn der kleine Finger eingeschlagen wird, die Vorratskammer für das Gemisch, das während der Untersuchungen verschiedentlich benutzt wurde. Daumen, Zeigefinger und Mittelfinger der linken Hand blieben dann trotz des eingeschlagenen kleinen Fingers zur freien Betätigung übrig.

Diese Untersuchungen, die in der Flamme des Bunsenbrenners vorgenommen wurden, ersetzten und verbesserten die sog. Lötrohrprobierkunst, die Bunsen nicht liebte. Gerade diese Fähigkeit, mit den kleinsten Mitteln die anschaulichsten Reaktionen zu erzielen, war kennzeichnend für Bunsens Lehrart und didaktisch von höchstem Wert.

Bunsen ließ diejenigen, die bei ihm promovieren wollten, eine Doktorarbeit nicht ausführen, ihm genügte das mündliche Examen. Der Gelehrte ging dabei von dem Standpunkte aus, daß der junge Student doch nicht imstande sei, eine selbständige Arbeit zu liefern, und daß die Doktorarbeit doch nur der Anregung des Lehrers entstamme; es sei richtiger, daß der Schüler, so lange er sich auf der Universität befinde, sich erst einmal in den Grundzügen der Wissenschaft so tief und breit wie möglich unterrichte aus dem, was vorhanden, ohne selbst neue Gebiete zu erschließen.

Als Examinator war Bunsen ganz besonders zuvorkommend. Jeder, der sein Kolleg mit Aufmerksamkeit gehört und es durchgearbeitet hatte, mußte bei der Prüfung eine gute Nummer erlangen. Mich fragte Bunsen im Examen besonders über seine Jodtitrierung, die er sehr eingehend im Laboratorium mit mir durchgenommen, von der er also die Überzeugung haben mußte, daß ich sie „am Schnürchen" kannte.

Ich möchte hier eine Bemerkung von Geh. Rat Kopp einfließen lassen, die seinerzeit in studentischen Kreisen vielfach verbreitet wurde — si non è vero e bene trovato: „Wer in Heidelberg das Examen mit rite (der letzten Nummer) besteht, hat es schriftlich, daß er ein Esel ist." Der kleine Geh. Rat Kopp, der wohl am bekanntesten durch sein großes Werk über die „Geschichte der Chemie" geworden ist, war auf Spaziergängen und vor allem auch auf Reisen der getreue Begleiter des an Gestalt sehr viel größeren Bunsen.

Bunsen sah es gern, wenn einer seiner Schüler auch nach dem Examen noch über Kapitel aus der anorganischen Chemie bei ihm arbeitete, die er selbst erforscht hatte. So benutzte ich die Gelegenheit, mittels des elektrischen Stromes die Darstellung von Kalzium und Strontium aus den geschmolzenen Chloriden vorzunehmen. Diese Arbeit war zu jener Zeit, da sie noch mit Bunsenschen Elementen ausgeführt werden mußte, und als einziger Meßapparat eine Tangentenbussole zur Verfügung stand, recht mühsam; sie wurde aber dadurch noch zu einer besonders heißen und recht lästigen, daß die Chloride in einem offenen Holzkohlenfeuer geschmolzen werden mußten. Trotz der Sommerhitze ließ Bunsen es sich nicht nehmen, stundenlang diesen Versuchen beizuwohnen, auch noch lange nach Schluß des Laboratoriums. Ja, Bunsen hielt es auch für notwendig, bei dem Auseinandernehmen der Tiegel zugegen zu sein, um die Ausbeute zu sehen und zu kontrollieren. Er ging dann die theoretischen Gesichtspunkte genau mit mir durch und sorgte auch dafür, daß die kleinen Reguli von Kalzium und Strontium, die noch heute in meinem Besitze sind, unter wasserfreiem Petroleum, das er mir selbst aus einem alten Vorrat herausgab, eingeschmolzen wurden. Auch das Einschmelzen in die Röhrchen zeigte er mir.

Bei derartigen Gelegenheiten konnte der alte Herr auch recht gesprächig werden und über Dinge reden, die fernab von der Chemie lagen. Gern erzählte er von seinen Reisen. Als besonders angenehm in seiner Erinnerung haftete ihm ein Besuch auf der Insel Malorka*.

Ein andermal erzählte er mir von alten Erinnerungen aus seiner Göttinger Dozentenzeit, die also damals schon etwa 50 Jahre zurücklagen, unter anderem von einem Freunde, der eine assyrische Inschrift infolge einer Wette innerhalb drei Wochen entziffert hätte. Diese alten Erinnerungen schienen besonders tief in ihm zu wurzeln. Als außerordentlich bemerkenswert haftet in meinem Gedächtnis der Hinweis, den Bunsen— als er einmal auf die weit vorgeschrittene Technik der alten Ägypter einging — machte, daß ihm kleine antike Kupferschalen aus dem alten Wunderlande der Pyramiden vorgelegen hätten, die ihm in ihrer Struktur ganz den Eindruck machten, als ob sie mit Hilfe des elektrischen Stromes niedergeschlagen wären. Diese kühne Vermutung im Munde eines so nüchtern denkenden Mannes war sehr überraschend.

Eines besonders interessanten Zwischenfalles entsinne ich mich, als mir Bunsen gestattete, einige spektralanalytische Beobachtungen anzustellen, wie sie in seinem Laboratorium häufiger von den Praktikanten vorgenommen wurden. Die Untersuchungen bestanden im wesentlichen darin, daß der Student, dem eine größere Reihe sehr reiner Präparate in kleinen Gläschen zur Verfügung gestellt wurde, an einem kleinen Platindrahte eine winzige Menge von dem Präparat durch Eintauchen in die Substanz befestigte und dann in die Bunsenflamme einführte, die Strahlen bzw. Linien im Spektroskop beobachtete und diese in eine liniierte Skala eintrug. Die Natriumlinie diente zum Einstellen. Diese wurde von Bunsen meistens mit einer in die Flamme gehaltenen Zigarre gezeigt. Bunsen war bekanntlich ein Raucher starker Havannazigarren. Er verfehlte nicht, darauf hinzuweisen, daß jede Havannazigarre auch deutlich die roten Lithiumlinien erkennen ließ. Hatte der Student zufällig auch eine Zigarre, die keine Lithiumreaktion ergab, so ließ sich Bunsen wohl nie den kleinen Witz entgehen, darauf hinzuweisen, daß die Zigarre des Studenten keine „Havanna“ sei.

* Diese Reise unternahm Bunsen mit dem Zoologen Dr. H. A. Pagenstecher, Prof. an der Universität Heidelberg. Sie ist sehr anschaulich und hübsch von Pagenstecher beschrieben, das Büchlein ist heute noch lesenswert. „Die Insel Malorka, Reiseskizze von Dr. H. A. Pagenstecher. Leipzig 1867. Verlag von Wilh. Engelmann.

Zu den zu untersuchenden Elementen standen mir auch geringe Mengen von Salzen des von Bunsen entdeckten Cäsiums und Rubidiums zur Verfügung.

Als Bunsen die Linien sah, die ich beim Cäsium aufnotiert hatte, schüttelte er bedenklich den Kopf und meinte, daß ich die beiden Linien im Violett unmöglich sehen könne. Er kontrollierte dann wiederholt, aber ich legte die Linien genau auf derselben Stelle fest. Ich habe den alten Herrn nie so lebhaft und interessiert gesehen wie in diesem Falle. Bunsen glaubte, daß ich mich täuschte, denn die beiden von mir beobachteten Linien gehörten dem Rubidium an. Das mir zur Verfügung gestellte Cäsiumpräparat war nicht vollständig rein, es enthielt noch Spuren von Rubidium. Diese Rubidiumlinien konnte ich mit Deutlichkeit erkennen, was Bunsen zu der Bemerkung veranlaßte, daß meine Augen ganz ausnahmsweise empfänglich seien für violette Strahlen, und er setzte hinzu: „Wenn ich Ihre Augen gehabt hätte, wäre mir die Trennung und vor allem die Auffindung des Rubidiums sehr erleichtert worden"*.

Bunsen forderte mich dann auf, mit ihm in sein Privatlaboratorium zu kommen. Er hatte dort noch größere Mengen der Salze, von den Dürkheimer Mutterlaugen herrührend, in denen Rubidium und Cäsium nur in allergeringsten Mengen vorhanden waren. Er wollte prüfen, ob ich auch in dieser großen Verdünnung noch die Linien sehen könnte, woran er allerdings selbst von vornherein etwas zweifelte. Tatsächlich war es mir nicht möglich, die Salze in diesem mir von Bunsen übergebenen Produkte zu erkennen. Bunsen überzeugte sich aber noch einmal von dem, was ich vorher gesehen und notiert hatte, um ganz sicher zu sein, daß eine Täuschung meinerseits nicht vorlag. Die letzte Arbeit, die mir Bunsen gab, war eine rein präparative: Die Herstellung von borwolframsaurem Kadmium; die spezifisch sehr schwere Lösung des Salzes sollte zur Trennung von Mineralien dienen.

Bunsen war in der Regel vormittags sowohl wie nachmittags einige Stunden im Laboratorium lehrend unter seinen Schülern anzutreffen. In den Sommermonaten stand er häufig denjenigen, die seine gasanalytischen Methoden bei ihm lernen wollten, noch vor seinem Frühkolleg zur Verfügung. Außerdem hielt er täglich über anorganische Experimentalchemie eine Vorlesung, die als einzig dastehend zu betrachten war. Er gab in einem Semester einen vollständigen Überblick über die anorganische Chemie, und was er zeigte und vortrug, war von Anfang bis zu Ende Selbstgeschaffenes, Selbsterlebtes, Selbsterforschtes. Bunsen legte außerordentlich großen Wert darauf, seinen Vortrag durch Experimente zu erläutern. Ich entsinne mich nicht, bemerkt zu haben, daß auch nur ein einziger Vorlesungsversuch mißglückte. Auch diese Vorlesungsexperimente waren mit einfachsten Mitteln durchgeführt. So zeigte Bunsen an einem einfachen Apparate die Wirkung der Geyser, stellte in der Vorlesung in einer Porzellanschale elektrolytisch metallisches Lithium dar. Ein Versuch war besonders wirkungsvoll: Es wurde Knallgas unter Seifenwasser, das in einer kleinen Porzellanschale bereitet war, eingeleitet. Auf der Oberfläche entwickelten

* Vgl. Über ein fünftes der Alkaligruppe angehörendes Element von Bunsen. Bericht der Akad. der Wissenschaft zu Berlin, 1861, L. 273/5.

sich sogleich mit Knallgas gefüllte Seifenblasen. Entzündet detonierten diese, und die Schale zersprang in Stücke. Dann wiederholte Bunsen das Experiment, indem er die mit Knallgas gefüllten Seifenblasen auf seiner Handfläche entstehen ließ. Die Explosion verlief ebenso laut, die Hand blieb, weil sie eine elastische Unterlage bildete, im Gegensatz zu der auf den Experimentiertisch gestellten Schale, völlig unversehrt.

Bei derartigen Experimenten wurde der Beifall der Studenten besonders stürmisch, er äußerte sich in lautem Getrampel. Ein Klatschen mit den Händen war verpönt. Bunsen wurde auch, wenn er den Hörsaal betrat und verließ, diese studentische Ovation dargebracht, wofür er stets mit einem freundlichen Blick, kaum merklich mit dem Kopfe nickend, dankte.

Seine Vortragsweise war im besten Sinne des Wortes als klassisch zu bezeichnen: Der Satzbau kurz, die Ausdrucksweise scharf, seine Stimme auch im hohen Alter noch tönend und ziemlich kräftig. Dabei verschmähte er all pomphaften Redewendungen oder schöngeistigen Vergleiche. In letzterer Beziehung konnte man sich keinen größeren Gegensatz denken als den Schönredner und Philosophen Kuno Fischer, der zur selben Zeit wie Bunsen an der Ruperto-Carola, der Heidelberger Universität, lehrte.

Bunsens Lieblingsgebiet war nicht die Chemie oder Physik, sondern die Geologie. In seinem Kolleg wies er vielfach auf dieses Wissensgebiet hin. Doch standen Bunsen auch mehr als gewöhnliche Kenntnisse in der Zoologie, Botanik und vor allem auch in der Medizin* zu Gebote, so daß man wohl nicht zu viel behauptet, wenn man sagt, daß er zu den Männern seiner Zeit gehörte, die Anspruch auf die größte naturwissenschaftliche Allgemeinbildung machen konnten.

Bunsen war eine grübelnde Natur mit zweifellos besonders tief ausgeprägtem Innenleben. Aus dieser Natur heraus erklärt sich die Abneigung gegen jedes äußere Gepränge, der Wunsch, so wenig wie möglich zu repräsentieren und durch gesellschaftliche Verpflichtungen gestört zu werden. Natürlichkeit im Wesen und Auftreten beherrschte ihn völlig. Er war durch seine Aufgaben so in sich gesammelt und so von ihnen eingenommen, daß er für Dinge, die ihm kleinlich vorkamen, keine Neigung verspürte. Man hatte von ihm die Überzeugung, daß er stets die Sache über alles stellte und das Persönliche so weit wie irgend möglich hintansetzte. Deswegen hörte man in seinem Kolleg niemals den Ausdruck: „Ich habe es gefunden“ oder: „Ich habe es entdeckt“, er sprach stets im unpersönlichen „Man“. Gleichviel, ob er vom Bunsenbrenner, vom Bunsenelement, vom Bunsenventil oder von der Spektralanalyse — Erfindungen, die schon zu seinen Lebzeiten seinen Namen trugen — sprach, niemals kehrte er seine Person hervor, niemals erwähnte er seinen Namen.

Dabei war Bunsen ein großer, ja begeisterter Freund von Naturschönheiten; er bevorzugte das Wandern zu Fuß, um sich in freier, frischer Luft zu stärken. Besonders ans Herz gewachsen war ihm Heidelberg mit seinen waldigen Umgebungen. Er liebte zweifellos sein deutsches Vaterland, das er früher

* Hier sei darauf aufmerksam gemacht, daß Bunsen auf die bekannte Einrichtung des „Bunsenventils“ gekommen ist durch seine medizinischen Kenntnisse über die Klappen oder Ventile in den Venen.

viel durchstreift hatte; aber er war frei von einer einseitigen Überschätzung deutscher Geistesarbeit. Seine Ansichten und Auffassungen beschränkten sich nicht auf einen engen Kreis. Ihm genügte unser Planet nicht für seine chemischen und physikalischen Forschungen, bis in die fernsten Welten hinein reichte das Auge dieses begnadeten Forschers.

Es ist vielfach von der großen Bescheidenheit Bunsens gesprochen worden. Seitdem Goethe das Wort geprägt, daß nur die Lumpen bescheiden seien, bedarf diese Eigenschaft, wenn man sie einem großen Manne zuspricht, der nötigen Einschränkung. Und ganz besonders dürfte dies der Fall bei unserem Gelehrten sein. Dieser war eine ausnehmend vornehme, im Verkehr besonders höfliche, zuvorkommende Natur. Das konnte man selbst an Kleinigkeiten merken. So ließ Bunsen es nie zu, daß, wenn man mit ihm gleichzeitig sein Privatlaboratorium zu betreten hatte, er voranging, stets mußte der Student den Vortritt nehmen. Sah man den alten Herrn beim Spaziergang, so mußte man aufpassen, daß man zeitig genug grüßte, da er nie auf den Gruß wartete und die ihm von Gesicht bekannten Praktikanten schon von weitem freundlich durch Abnehmen des Hutes grüßte.

Aber dieser weltmännischen Höflichkeit, dieser Bescheidenheit im Verkehr stand auch ein großes, man darf getrost sagen, übergroßes Selbstbewußtsein gegenüber. Denn Bunsen glaubte und schätzte fast nur das, was er selbst gesehen, erforscht und erfunden. Die Arbeiten anderer betrachtete er von vornherein mit Zweifel, ging vielfach über sie hinweg und behandelte manchen Forscher — der es nicht verdiente — sogar mit scharfem Spott. Dieser äußerte sich allerdings nur in gelegentlichen Gesprächen und Bemerkungen; denn nie hat Bunsen eine Streitschrift verfaßt. In dieser Geringschätzung der Arbeiten anderer und dem peinlichen Vermeiden von gedruckten Entgegnungen glich er dem großen Linné, der allerdings im Gegensatz zu Bunsen es sehr liebte, in den Vordergrund zu treten. Als Beispiel sei hier die drastische Bemerkung Bunsens erwähnt — sie ist mir von seinem verstorbenen langjährigen Assistenten Pavel erzählt worden — über das periodische System Mendelejeffs, der sich im Jahre 1859/60 in Heidelberg aufhielt: „Wenn sich ein geschickter Zahlenmensch den Kurszettel einer Zeitung vornimmt, so wird er auch bestimmte Reihen ausfindig machen zwischen Werten, die gar keine Beziehung zueinander haben.“ Bunsen erwähnte das System von Mendelejeff in seinem Kolleg nie. Auch den damals modernen Anschauungen über Atome und deren Gruppierungen stand der große Forscher fremd gegenüber. Sein Freund Kopp suchte ihn darüber in einer — anfänglich anonym erschienenen — Schrift „Aus der Molekularwelt“* in höchst geistreicher und witziger Art zu belehren. Dieses Büchlein sei jedem Chemiker, der Sinn für Humor hat, als Beispiel, wie dieser auch in rein wissenschaftliche Fragen hineingetragen werden kann, aufs angelegentlichste empfohlen. Vielfach dringt bei den Erläuterungen eine treffende Skepsis des Verfassers durch, die das kleine Werk sicher dem Zweifler Bunsen nur noch schmackhafter machte.

* Erschienen bei Winter in Heidelberg.

Wie Bunsen in seinem Kolleg im wesentlichen nur Selbsterforschtes vortrug, so ließ er in seinem Laboratorium nur über Themata arbeiten, die er selbst gab, und selbst durchgearbeitet hatte. Sobald ein Praktikant sich selbst ein Thema wählte, hörte das Interesse des Meisters auf. Diese Eigenart erklärte sich wohl aus seiner Gewissenhaftigkeit als Lehrer, der nur das in seinem Laboratorium zeigen und lehren wollte, was er selbst von Grund aus kannte.

Eine große Anzahl von Bunsenanekdoten gab es schon zu seinen Lebzeiten. Viele sollen die Hilflosigkeit des Gelehrten in Dingen beweisen, die ihm — besonders dem Junggesellen — anscheinend fernlagen, oder seine gesellschaftliche Unbeholfenheit im allgemeinen zeigen. Auch die jedem deutschen Gelehrten angedichtete Zerstreutheit spielt eine Rolle. Wollte man diesen Überlieferungen auch nur dem Sinne nach trauen, so würde man sich von dem großen Manne ein arges Zerrbild vortäuschen. Bunsen war durchaus Weltmann, der viel herumgekommen und mit Menschen aus allen Gesellschaftskreisen, niedrigen und höchsten, in Verkehr getreten war. Er verstand es sehr wohl, sich in alle Lagen des Lebens richtig und geschickt einzufügen. Dagegen besaß der große Gelehrte einen sehr feinen Humor und viel Ironie, die er beide oft genug gegen sich selbst anwendete: Bunsen ironisierte sich gern selbst. Auf diese Eigenschaft mögen jene vielfach törichten Bunseniana ihren Ursprung zurückführen, in denen der Schalk Bunsens mißverstanden wurde.

Das Gebiet der Chemie, besonders der anorganischen, das Bunsen beherrschte, war ein außerordentlich großes, denn er übersah es in allen seinen kleinsten Einzelheiten, gleichviel, ob es sich um die Trennung der seltenen Erden handelte, um die Gruppe der Platinmetalle, um die schwierigsten Gasanalysen, um Hüttenprozesse aller Art. Die Arbeiten, die er als Pionier fast auf jedem Gebiete, das er betrat, leistete, waren so umfassend und stets so tief eingehend, daß er nicht die Zeit zu finden schien, sich in die Forschungsgebiete der mit ihm lebenden Fachgenossen einzuarbeiten. So hat Bunsen auch nicht viele Mitarbeiter gehabt; die bekanntesten sind Kirchhoff und Roscoe.

Er steht der Nachwelt als einsame, alle überragende Größe da, deren Schwäche, die Arbeiten und Erfolge anderer zu übersehen, schließlich zur Stärke wurde. Sein unentwegtes Vertrauen auf seine eigene schöpferische Kraft beschäftigte ihn so ausschließlich, daß er der Welt eine große Zahl wertvollster neuer Erkenntnisse brachte, die für alle Zeiten segensreich nachwirken.

Reminiscences of Robert Wilhelm Bunsen.

(Metallurgical and Chemical Engineering. Vol. 9 [1911] p. 569.)

Translated by Flora Mercedes Waring*.

The centenary of Bunsen's birth has given me as an old pupil of the great savant, the idea of writing down some reminiscences of my student days at Heidelberg.

Of the many who have taught me in school, at home and at the university, Bunsen is the one teacher who impressed me most deeply as being truly a teacher by nature.

All who worked in Bunsen's laboratory had every possible opportunity of learning every detail of the science of chemistry from the great master, not only theoretically, but also from the purely practical, manual point of view.

Of course, Bunsen only devoted himself in this way to the regular and diligent worker in his laboratory. He was always ready, however, to help the occasional student, and was never otherwise than friendly to the less diligent; but the student who did not work at the laboratory regularly, could not but feel that Bunsen preferred to give his time to those who worked hard.

He put himself at the disposal of the latter out of working hours as well; indeed, I always had the feeling that Bunsen liked to be „bothered" by those students who were in earnest in their work. Strange is it seems, the constantly repeated monotonous teaching never seemed to be a torture to him.

I am speaking too of a time when Bunsen was fully 75 years old. I was' therefore, among the last of his pupils.

Bunsen attached special importance to his pupils being thoroughly conversant with qualitative analysis; he only allowed experiments in quantitative analysis when he knew that the student was complete master of the former.

As in other laboratories, so in Bunsen's, certain numbered mixtures were given out to be analyzed. He had the results put down in a small note book which he always carried about him. I shall never forget his delightful remark, when I asked him to tell me if the results of the qualitative analysis which I put before him were correct. I named the three or four elements which I had found, and the old gentleman gave me a glance full of meaning and said: „I don't want to know what you have found, please tell me what you have *not* found." He then went through the different groups of elements with me and made me describe exactly the process of analysis. I had to explain in each case how the reactions had taken place, and had furthermore to write down the respective chemical equations and put down separately what I had

---

* Schwester der Gattin des Verfassers.

seen, and what I had not seen. From this it can be seen how seriously the great savant dealt even with beginners.

Bunsen was never tired of showing his students even the smallest secrets of the science; how a cracked test-tube can be made fit for use again by the blast lamp, how glass filaments are drawn, how a filter is correctly placed in the funnel, and many another useful piece of knowledge.

The tests known under the name of „Bunsen flame-reactions" were of very special interest. Even at his advanced age and in spite of a somewhat trembling hand, Bunsen could carry out these fine microscopical chemical operations with a skill and a perfection that exeited wonder.

The palm of the left hand of the experimenter played an important part in this. Bunsen used it in this way: he rubbed the ingredients into it with the help of a penknife; during the experiment, the fold of the hand made by closing the little finger over the palm, formed the provision store for the mixture, used in various ways during the analysis. The thumb and the first and second fingers of the left hand remained free for use, in spite of the closed little finger.

These researches, which were carried out in the flame of the Bunsen burner, took the place of and were an improvement on the so-called blowpipe analysis, which Bunsen did not like. It was his capacity for obtaining the most striking reactions with the smallest means, that marked Bunsen's teaching and was of the greatest value didactically.

Those who wished to take their degree were not allowed by Bunsen to work out a doctor-thesis, the viva voce examination was enough for him. His point of view was that the young student was not in a position to do independant work, and that, therefore, the doctor-thesis could only be due to the initiative of the teacher; he, therefore, thought it better for the student, as long as he remained at the university, to deepen and widen his knowledge thoroughly in all the fundamental parts of the science placed before him without trying to break out new ground himself.

As an examiner, Bunsen was particularly thoughtful and kind. Every one who had listened to his lectures attentively and worked through them thoroughly, was certain to get a good place in the examination. In my examination, he questioned me specially on his iodine titration, which he had gone into with me in the laboratory with special care so that he could not but be certain that I had it all at my finger-ends.

I may be allowed here to repeat a remark made by Geh. Rat Kopp and which was current among the students in those days—si non è vero è bene trovato—"Whoever passes his examination in Heidelberg with rite (the lowest class), has it written down in pen and ink that he is an ass." Little Geh. Rat Kopp, who is best known through his great work on the "History of Chemistry", was the faithful companion in walks, and above all on journeys, of the physically much bigger Bunsen.

Bunsen was pleased if any of his pupils, even after the examination, continued to work under him on subjects of inorganic chemistry, which he had worked at himself. I myself, for instance, seized the opportunity of working at the production of calcium and strontium from melted chlorides, by means of electric current.

In those days this was a hard piece of work, as it had to be carried out with a Bunsen battery, and the only electrical measuring instrument was a tangent galvanometer. Not only was it hard, but particularly hot work, and very troublesome, because the chloride had to be melted on an open charcoal fire.

In spite of the heat of summer, Bunsen insisted on watching the experiment for hours, even long after the closing of the laboratory. He even considered it necessary to be present at the separating of the crucibles, in order to see and control the results.

He then went carefully through the theoretical calculations with me and took care too that tho small reguli of calcium and strontium (which I still possess) should be fused in petroleum free from water, which he gave me himself out of an old store. He showed me also the process of fusing in the small tubes.

On these occasions the old gentleman sometimes became very talkative and would converse on matters that lay far outside the realms of chemistry. He liked to talk about his journeys. A visit to the island of Majorca had left particularly pleasant memories behind.*

Another time he told me stories of his teaching days at Göttingen, even then fifty years back. Among other things, he told me of a friend who, in consequence of a bet, had deciphered an Assyrian inscription within three weeks. These old memories seem to have struck particularly deep root in him.

Of greatest interest to me was a remark Bunsen once made, when he was discoursing on the advanced technical knowledge of the Egyptians: he said he had been shown small ancient copper bowls from the old wonderland of the pyramids, which by their form had suggested to him the idea that they must have been precipitated with the help of the electric current. This bold suggestion from a man of very sober thoughts is very striking.

I remember a particularly interesting occurence when Bunsen allowed me to make some spectral-analytical experiments, such as were often made in his laboratory by the students. The experiment consisted chiefly in this, that the student, who had at his disposal a considerable number of pure substances in small glasses, attached a little of one substance to a platinum wire by dipping it into that substance, and then introduced it into the Bunsen flame, observing the rays or lines in the spectroscope and putting them down on a graduated scale.

The sodium line served as basis. Bunsen would point this one out with a cigar he held in the flame. As is well known, he was a smoker of strong Havanas. He never failed to point out that in every Havana you could see clearly also the red lithium line. If, by chance, a student himself had a cigar which showed no lithium reaction, Bunsen can scarcely ever have missed the opportunity of making a little joke, by pointing out that the student's cigar was no "Havana."

* He had gone there with the zoologist, Dr. H. A. Pagenstecher, professor at the University of Heidelberg. The latter has given a clear and charming account of this journey in a small book, which is still worth reading, "The Island of Majorca: Sketches of a Journey", by Dr. H. A. Pagenstecher (Leipzig: W. Engelmann, 1867).

Among the elements I had to analyze were small quantities of the salts of caesium and rubidium discovered by Bunsen.

When Bunsen saw the lines I had put down for caesium, he shook his head doubtfully and expressed his opinion that it was impossible for me to see the two lines in the violet. The test was repeated over and over again, but I always put the lines exactly in the same place.

I never saw the old gentleman so excited and interested as on that occasion. He thought I must have made a mistake, for both the lines observed by me belonged to rubidium. The caesium given me to work with had not been perfectly pure, it contained traces of rubidium.

I could see these rubidium lines clearly, a fact that led Bunsen to declare that my eyes were exceptionally sensitive to violet rays, and he added: "Had I had your eyes, the separation and above all the discovery of rubidium would have been rendered much easier to me."*

He then invited me to go with him to his private laboratory. He had there larger quantities of salts coming from the Dürkheim mother liquors which contained only infinitesimal portions of rubidium and caesium.

He wanted to try if I could see the lines in this extreme dilution, though he scarcely thought it possible. And, as a matter of fact, it was impossible to recognize the salts in the substance handed to me by Bunsen. He made certain once more, however, that there was no mistake on my part in what I had seen and put down before in my earlier tests.

The last work Bunsen gave me was purely preparative and related to the preparation of cadmium borotungstate. The solution of this salt with its very high specific gravity was to be used for the separation of minerals.

As a rule, Bunsen was to be met among his students in the laboratory for some hours both in the morning and in the afternoon. During the summer months, he was often even before his first lecture at the disposal of those who wished to learn from him his gas-analytical methods.

Besides this, he gave a daily lecture on experimental inorganic chemistry, a lecture which was probably unique. In one semester he gave a complete survey of inorganic chemistry and what he demonstrated and expounded was from beginning to end his own work, his own experience, his own research.

Bunsen attached the greatest importance to the illustration of his lectures by means of experiments. I cannot remember the failure of a single one. They too were carried out with the simplest means. For instance, Bunsen showed the working of the geysers with a simple apparatus, and prepared before his hearers electrolytically metallic lithium in a porcelain bowl.

One experiment was especially effective: oxy-hydrogen gas was introduced into a small china bowl full of soap and water. Soap bubbles filled with this gas formed at once on the surface. If a light were applied to them, they exploded and the bowl broke in pieces. Bunsen then repeated the experiment by forming the soap bubbles filled with the gas on the palm of his hand. The explosion was quite as loud, but the hand remained absolutely unhurt, because it formed an elastic foundation, not a hard one like the bowl placed on the lecture table.

* Cp. on a fifth element belonging to the alkali group. By Bunsen. Berichte der Akad. der Wissenschaften z. Berlin, 1861, L. 27.3/5.

After such experimentsthe students' applause was particularly stormy, it expressed itself in noisy stamping. Clapping of hands was proscribed. These student ovations were also given to Bunsen when he entered and when he left the lecture room, and he always thanked with a friendly glance and a scarcely perceptible nod.

Bunsen's manner of lecturing may be desrcibed as classic, in the best sense of the word. His sentences were short, his delivery clear, his voice even in advanced age sonorous and fairly strong. He despised every kind of hollow figure of speech or brilliant comparison. In this respect one could find no greater contrast to him the than orator and philosopher Kuno Fischer, who was lecturing at the Ruperto-Carola, the Heidelberg university, at the same time as Bunsen.

Bunsen's favorite study was neither chemistry nor physics, it was geology. In his lectures he often referred to this branch of science.

But Bunsen was also in possession of more than ordinary knowledge in zoology, botany and above all, in medicine*, so that it is not too much to maintain that he belongs to the men of his age who could claim the greatest general scientific culture.

Bunsen was of a meditative nature with an indubitably highly developed inner life. And this explains his dislike to ostentatious display, his wish not to appear in public or be disturbed by social duties more than was unavoidable. He was perfectly natural in his whole manner of being and acting. He was so thoroughly absorbed by his work, so taken up by it, that he felt no desire for things that seemed to him paltry.

With him, one always had the feeling that he placed the problem itself above everything and all that was personal as far out of sight as possible. That was why in his lectures, one never heard the expression: "I have found" or "I have discovered." He always spoke with the impersonal "one." Whether he spoke of the Bunsen burner, of the Bunsen battery, of the Bunsen valve, or of the spectral analysis-inventions that bore his name already while he was yet living—he never put himself forward, never mentioned his own name.

Bunsen was a great, even enthusiastic lover of the beauties of nature; he preferred wandering about on foot, so that he might gain strength in the fresh open air. Heidelberg, with its wooded surroundings, had become very dear to him. There is no doubt that he was deeply attached to his German Fatherland, through which he had wandered much in earlier years, but he was free from any onesided overweening appreciation of German intellectual efforts. His views and opinions were not limited by a narrow circle. Our planet did not suffice for his chemical and physical research, the eye of this gifted searcher pierced to the furthest worlds.

Much has been said about Bunsen's great modesty. Since Goethe declared that "only rascals are modest" this quality requires a certain reservation, when it is attributed to a great man. And this is specially called for in the case of our savant. He was an exceptionally high-minded man, most courteously kind in intercourse with others. That was noticeable even in small things. For instance, when a student entered his private laboratory

* I may point out here that Bunsen owed his invention of the wellknown contrivance the "Bunsen valve" to his medical knowledge of the flaps or valves in the veins.

with him, he would never go in first, but obliged the student to do so. If any one met the old gentleman out for a walk, he had to be careful to be in time in bowing first, for Bunsen never waited till he was saluted, but would take off his hat a long way off to the student whose face he recognized.

But together with this well-bred politeness, this simplicity in ordinary intercourse, there was in him a great, one may confidentially say, a too great consciousness of his merits. For Bunsen believed in, and set a value almost exclusively in, what he himself had seen, investigated, and discovered. Others' work he considered doubtful as a matter of course, very often ignored it and even treated with scorn many an investigator who did not deserve such treatment. He expressed this scorn, of course, only in incidental remarks and conversations, for he never wrote a controversial paper. In this depreciation of others' work and the careful avoidance of printed replies, he resembled the great Linnaeus, who, however, unlike Bunsen, took special delight in being himself in the foreground.

As an example, I may quote Bunsen's drastic remark—repeated to me by his late assistant Pavel, who was many years with him—on the periodical system of Mendelejeff, who was in Heidelberg from 1859 to 1860: "If a clever mathematician takes the Stock Exchange column of a newspaper, he also can discover fixed series of values that have no connection with one another." Bunsen never mentioned Mendelejeff's system in his lectures.

The great investigator also stood aloof from the then modern views on atoms and their groupings. His friend Kopp tried to enlighten him in an exceedingly clever and witty publication "From the world of molecules"*, which first appeared anonymously. This little book can be warmly recommended to every chemist who has a sense of humor, as far as that can enter into purely scientific questions. Often a very pertinent doubt on the part of the author pierces through the explanations, and this must have made the small workstill more savory to the doubter Bunsen.

As Bunsen lectured substantially only on what he had himself investigated, so in his laboratory he only allowed work on subjects he suggested himself, and on which he had worked himself. As soon as a laboratory student chose a subject on his own account, the master's interest ceased. This peculiarity finds its explanation in his conscientiousness as a teacher; he wished to demonstrate and teach in his laboratory only what he was thoroughly acquainted with himself.

There were already a great number of Bunsen anecdotes current during his lifetime. Many of them were meant to prove the helplessness of the savant in things which were likely to be unfamiliar to him, especially as a bachelor, or which showed his awkwardness in society in general. The absent-mindedness attributed to every German savant played its part too in these anecdotes. If we were to trust these traditions, even only in their general tendency, our mental picture of the great man would be a gross caricature. Bunsen was a thorough man of the world, who had traveled a great deal and had associated with men of every condition, high and low. He knew perfectly well how to behave correctly and befittingly in every situation in life. On the other

* Aus der Molekularwelt, published by Winter in Heidelberg.

hand, the great savant possessed a delicate sense of humor and a great taste for irony, both of which he often turned against himself; he liked to be ironical about himself. Probably those often foolish Bunsen stories owe their origin to this peculiarity of his, his joke having been misunderstood.

The domain of chemistry, especially of inorganic chemistry, that Bunsen was master of, was extraordinarily wide, for he possessed it in all its smallest details, whether it were a problem of the separation of rare earths, of the group of platinum metals, of the most difficult gas analyses, or of smelting proceses of every kind. The work he did, as pioneer, in almost every department that he touched upon, was so comprehensive and always so thorough, that he did not seem able to find the time to make himself sufficiently acquainted with the realms of investigation of his contemporaneous colleagues. Thus he had not many collaborators; the best known are Kirchhoff and Roscoe.

To us, who look back, he stands out in solitary grandeur, far above others. His weakness, in ignoring the work and success of others, became finally a source of strength. His immovable trust in his own creative power absorbed him so exclusively, that he gave the world a great deal of new and most valuable knowledge, a fruitful and priceless possession for all time.

A new Method for the Improvement of the Soundness of Steel Ingots by the Aid of Thermit.

(Lecture held at the Autumn Meeting of the Iron and Steel Institute, Leeds, October 1912. The Journal of the Iron and Steel Institute. Vol. LXXXVI. 1912. II. p. 78/87.)

It is well known that all alloys in transition from the liquid to the solid state tend to lose their homogeneity. The constituents which in the liquid state were uniformly distributed begin to segregate on solidifying, with the result that ultimately the ingot when cold is no longer homogeneous and has not the desired composition in all parts. The attainment of homogeneity in the preparation of alloys is a matter that has consistently engaged the attention of metallurgists.

Steel, that is material made by a fusion process, must be regarded as an alloy of iron with several elements, more particularly carbon, manganese, and silicon; phosphorus, sulphur, and copper being also present as impurities. The purer the iron the higher its melting point, and the other constituents of the alloy, especially carbon, and also phosphorus and sulphur, have the effect of lowering the melting point. In the production of steel, therefore, the purest constituents, that is, those which have the highest melting point, are the first to solidify and settle at the bottom and sides of the ingot mould. At the centre and head of the ingot, on the other hand, where the metal remains longest fluid, are gathered the more readily fusible impure elements which have separated out during cooling. The principal elements which accumulate near the top in this way are sulphur and phosphorus, &c., which exercise so injurious an influence on the mechanical properties of the material.

The serviceableness of an ingot is not only reduced by the process of segregation, but by a whole series of other defects arising during cooling and freezing.

For instance, during the transition from the liquid to the solid condition the volume of the ingot undergoes a change due to shrinkage. As solidification progresses from the sides and bottom inwards and upwards, the neighbouring layers of liquid and semi-liquid material are attracted owing to the gradual diminution of the volume until finally, in the centre of the ingot and towards the end, a large hollow, known as the pipe, is formed, which is the distinctive and objectionable defect of almost all steel ingots.

This, however, by no means exhausts the list of defects arising during the cooling and solidifying of an ingot. The material undergoes further change, owing to the evolution of gases shortly before freezing in the case of metal to which no silicon addition is made either in the furnace or ladle, that is, material which has not been siliconised, and at the same time contains only a low percentage of carbon. The evolution of gas is very energetic, and is accompanied by vigorous sparking. The gases consist of hydrogen and carbon monoxide, and as long as the metal in the interior of the ingot is sufficiently fluid they can escape freely and rapidly. But as cooling proceeds they become entangled and form blowholes of various dimensions within the ingot. These gas enclosures also adversely affect the homogeneity of the ingot, and frequently they exercise a most injurious effect on the quality of the material when they attain a considerable volume owing to their inability to work their way upwards through the already solidified metal.

By careful working, these defects in the ingot can be kept within comparatively reasonable bounds, and it is not the object of this paper to describe exactly the remedies usually resorted to. Mention may, however, here be made of a very valuable investigation by Dr. Canaris upon the influence of pouring upon the quality of mild steel blooms.* Dr. Canaris, who is the manager of the rolling-mills of Messrs. Schulz-Knaudt, Aktien Gesellschaft, at Angerort, near Duisburg, has exhaustively described the many precautions which are generally taken in order to obviate as far as possible the above enumerated defects arising during the freezing of a mild steel ingot.

The question of the prevention of piping in ingots is one that has always occupied the attention of metallurgists, and, among other remedies, the use of thermit was long ago recommended. The method of its application was to break open the crust which formed at the top of the metal in the mould, and to plunge a canister filled with thermit into the pipe, in order to remelt the surrounding parts. As soon as this remelting was effected, the hole was filled by pouring in fresh liquid steel from the ladle. The process as thus carried out was, therefore, a purely thermal one.

Unfortunately the method did not yield the desired results, in spite of the numerous trials made at a great many steelworks. In fact, it was only in exceptional cases that success was obtained, so that it was no wonder that this so-called anti-piping thermit process was soon discredited and forgotten.

Latterly, however, a new and very successful improvement of that old process has been made, which has proved very efficacious, especially in the treatment of non-siliconised steel, that is, steel to which no silicon addition has been made either in the furnace or in the ladle. At first sight it might be thought that the method had been altered only in one small detail, for the apparatus, consisting of a sheet metal canister filled with thermit, has been retained. It differs totally, however, in the mode of application and the result achieved.

Whereas formerly the thermit canister was used solely for the purpose of melting the upper portion of the ingot containing the pipe, the lower end having already solidified, the canister, according to the new method, is quickly plunged right to the bottom of the ingot before solidification has begun to set in, that is, before any of the defects referred to have had time to take effect. The reaction immediately causes an energetic ebullition of the liquid contents of the ingot mould, and the gases which have just begun to separate out are violently expelled, or, if the charge has not been siliconised, the bubbling of the metal due to the disengagement of the gas is incidentally checked. But the most noticeable feature is the sinking down of the liquid metal in the mould by more than a hand's-breadth as soon as

* C. Canaris, "Doctor's Dissertation on the Influence of Pouring on the Quality of Mild Steel Blooms." Düsseldorf, *Stahleisen*, G. m. b. H.

the reaction is complete, and the density of the material is increased by an amount corresponding to this reduction of volume. Further metal is then poured in from the ladle, until the level of the ingot is restored, and the ingot, if of non-siliconised steel, is then covered with an iron plate in the usual way.

The violent frothing up, due the to reaction of thermit, has other good effects, for the segregation already accumulating in the centre is driven upwards and the further formation of segregates prevented.

The new method has proved particularly effective for the treatment of ingots intended for rolling into plates, and the advantages here are very apparent. In this connection the new process was first tried at a steelworks combined with a plate rolling-mill, namely, the German firm of Schulz-Knaudt, A.G., and it was due to the enterprise of the steelworks manager, Dr. Canaris, assisted by Mr. Blewend, Engineer of Messrs. Th. Goldschmidt, A.G., of Essen, that the process was first put into practical operation. The author's thanks are due to both these gentlemen for their care, which resulted in bringing the matter to a successful issue.

Referring now to the results obtained with plates rolled from slabs treated with thermit in this manner, during the trial of the thermit process at those steelworks more than 4000 ingots, varying from 1 to 8 tons in weight, were treated as described, and exact records were kept of the working results.* It was found that the number of plates rejected, owing to the faultiness of the ingot, amounted only to 0·3 per cent. of the total weight of the ingots, whereas in many works the percentage of rejection amounts, as is well known to 15 per cent. or more. That figure of 0·3 per cent. could have been still further reduced if the defects due to rolling alone had been also taken into account.

In order to appreciate this result at its true value, the following circumstance must also be taken into consideration. In view of the fact that the quality of the ingots was improved in every respect, and that a much greater regularity in working was ensured, it was soon found possible, keeping the plates the same weight as before, to reduce the weight of all the ingots by 5 per cent., that is, to make them 5 per cent. less weight than is required in general practice. The principal advantage is that due to economy in rejections, but whereas this saving cannot very easily be calculated in exact figures, the advantage due to the 5 per cent. reduction in the weight of the ingot can be accurately computed. Assuming that the rough finished plates are worth £ 6 a ton, and that scrap costs £ 3 a ton, the difference in value the raw material and the finished product is £ 3 per ton, or 60 s., that is to say, the 5 per cent. reduction in weight represents a saving of $\frac{5 \times 60}{100} = 3$ s., since the cost of the thermit process, under the least favourable conditions, that is, if only small ingots are cast, does not exceed 1 s. 6 d. per ton, a net saving of at least 1 s. 6 d. per ton of plates rolled results. In the case of large ingots, the economy is considerably greater, for the reason that the cost of the thermit treatment is then reduced to one-half or even less. The pro-

* From November 1, 1911, till July 31 of this year 17,891 ingots were treated in the above-named steelworks. The ingots varied from 1 to 11 tons, and emanated from 1436 different heats.

portion of wages and consumption of rod iron is the same for a large as for a small ingot, while the quantity of thermit used is relatively smaller per unit of metal.

Further advantages are that the quality of the plates produced is much improved, and, in particular, the strength in different parts of the plate is much more uniform, this being due to the prevention of segregation. Added to this, there is also the capability of increasing the output without injuring the plant, and the quantity of waste is much reduced. The working of the rolling-mill proceeds with greater regularity owing to the reduction of the number of wasters to a minimum. Therefore, no interruptions need occur in the execution of orders. Dr. Canaris pronounces the process to be an ideal means for the improvement of the quality of the ingots.

Another important point may be specially mentioned, namely, that for the carrying out of the process no special apparatus is necessary, and no cost is incurred for the instalment of such apparatus. All that is required is the sheet iron box with thermit of the proper capacity, and an iron rod, by the aid of which the box is thrust down into the molten metal.

There are a number of other well-known processes which have for their object the prevention of pipe and the production of sound and homogeneous ingots. Some of these aim at keeping the head of the ingot liquid, but these are not applicable in cases where non-siliconised steel is being worked. For such metal a method of mechanical compression such as the Harmet process is the only other one that is in the least serviceable, by which, as is well known, the pipe and blowholes are eliminated by compression, but, in contrast to the thermit process, the application of fluid compression entails much and very costly plant. Moreover, with the Harmet process, only a limited number of ingots can be treated simultaneously, and the operation occupies several hours.

The author, however, has no intention of comparing the various processes, and although it would be acknowledged that the thermit process has various other advantages over the Harmet, he would only emphasise one, which consists in the greater simplicity and consequently a much greater cheapness of the thermit process. The results of Dr. Canaris' experiments, described in his report referred to above, together with analyses, particulars of tensile tests, and yield of finished plates, are given in the following tables.

In Table II. the doubling length and the mechanical properties of the thermit plates are compared with those of plates which have not been treated with thermit.

The exact method of carrying out the process on ingots of non-siliconised material is as follows: — the filling of the ingot mould is effected in the usual way, either by direct pouring into each mould from above, or filling a number of moulds simultaneously by bottom-pouring. After filling, the moulds are left undisturbed until the crust, which starts from the sides of the mould, has spread some little way inwards. This crust gives an indication of the progress of cooling, and hence of the right moment at which to introduce the thermit canisters. The width which the crust should be allowed to attain depends, of course, upon the size of the ingot, and is a matter that can only be judged by experience. The thermit canister (Fig. 85a) is preheated, and by means of the rod shown in Fig. 85b, is thrust vertically down to the bottom

TABLE I. — *Analyses and Tensile Tests of Thermit-treated Plates.*

Plate Nr.	Analyses.								Corresponding Tensile Tests,			
	Head.				Foot.				Head.		Foot.	
	C per Cent.	Mn per Cent.	P per Cent.	S per Cent.	C per Cent.	Mn per Cent.	P per Cent.	S per Cent.	Tensile Strength. Kg/m².	Elongation per Cent.	Tensile Strength. Kg/mm².	Elongation per Cent.
1	0·082	0·40	0·022	0·040	0·078	0·40	0·019	0·038	37·9	28·0	36·2	30·5
2	0·072	0·49	0·048	0.046	0·070	0·48	0·033	0.040	37·7	29·5	36·2	32·0
3	0·076	0.45	0·028	0·020	0·070	0·43	0·026	0·018	38·2	27·5	36·0	31·5
4	0·071	0.47	0·040	0·030	0.069	0·45	0·032	0·026	36·8	28·5	35·1	32·0
5	0·082	0·45	0·028	0·020	0·074	0·43	0·026	0·018	38·6	26·5	36·1	31·0

TABLE II. — *Results of Tests of Ingots Treated with Thermit.*

Remarks.	Plate No.	Weight of Ingot. Kgs.	Width of Plate. Millimetres.	Thickness of Plate. Millimitres.	Doubling Length. Millimetres.	Tensile Strength. Kg/mm².	Elongation per Cent.	Locality of Test Pieces.
With thermit	1	1285	2355	11	160	36·8	32·0	Foot
						38·7	28·5	Head
,, ,, ...	2	1295	2100	10	120	36·6	30·0	Foot
						37·8	28·0	Head
,, ,, ...	3	1295	2355	11	120	36·1	32·0	Foot
						38·2	29·5	Head
,, ,, ...	4	1290	2355	11	120	36·4	31·0	Foot
						38·1	29·5	Head
Without Thermit . .	5	1245	2115	10	770	36·8	28·0	Foot
						41·9	20·0	Head

TABLE III. — *Showing Sizes of the Thermit Boxes or canisters prepared for Ingots of Different Weights.*

Mark Indicating Class of Box.	Contents. Kilogrammes.	Weight of Ingot. Tons.
00	0·65	1—1·7
0	1·3	1·7—3·5
1	2·5	3·5—8·0

of the ingot mould, and is held there till the reaction is complete, the rod being then withdrawn. A scrap-iron rod will serve the purpose, and should be about half an inch in diameter, or somewhat stouter for the larger boxes. To economise material the bar can be made so that either end can be used. If the operation is performed at the right moment the surface of the ingot sinks down at once by several inches or more directly the boiling ceases. More metal is then poured in at the top, until the surface is again restored to the original level, where the crust first began to form, and an iron plate is then lightly placed on the metal in the usual way and then covered up with sand.

The amount by which the molten metal sinks down differs in different ingots, even in those cast from the same heat. It depends upon the degree of piping or on the size of blowholes which may be forming within the metal. The density of the ingot is, of course, greater by the amount that the metal sinks down. Up to the present experience shows that, by the new method, a much greater homogeneity of ingot can be reckoned upon, using an unprecedentedly simple means. The process is actually nothing less than a stirring up process, that ist o say, a purely mechanical and not a thermal one. Since the weight of thermit required for a 1-ton ingot is only a little over one pound, the rise of temperature is practically nil. At the bottom of the liquid metal, within a limited region only, an increase in temperature occurs, causing an energetic agitation of the highly heated particles, by means of which a current is produced. Further, the operation is under very easy control, and the necessary skill in the performance of it is soon learnt. Moreover, the men are not exposed to any risk in carrying it out.

The process has, in consequence, already been adopted at various works with success, and on a large scale. Until the results of the trials at the Schulz-Knaudt works were able to be published, the introduction of it in other works abroad had to be deferred, but there is little doubt that this new method of making homogeneous ingots will soon make headway in other countries.

The certainty of being able to produce sound ingots with a very small proportion of discard, makes it probable that in future ingots of large size only will be cast, from which small size plates will be rolled. The waste due to trimming and cutting up will be inconsiderable. Up till now it has been inadvisable to make large ingots, on account of the large percentage of discard and the resulting disproportionate waste of material. The increase of density and the improvement in quality of the steel are also to be reckoned as economies, and it is by no means unlikely that the thermit process may lead to modifications in rolling-mill practice generally.

Inhaltsverzeichnis.

Seite

Über ein neues Verfahren zur Erzeugung hoher Temperaturen und zur Darstellung von schwer schmelzbaren, kohlenstofffreien Metallen . 5

Über ein neues Verfahren zur Darstellung von Metallen und Legierungen mittels Aluminiums 12

Über ein neues Verfahren zur Darstellung von Metallen und Legierungen und von Korund sowie zur Erzielung hoher Temperaturen 19

Über ein neues Verfahren zur Erzeugung hoher Temperaturen, verbunden mit der Darstellung reiner, kohlenstofffreier Metalle und künstlichen Korunds 30

Über ein neues Verfahren zur Erzeugung hoher Temperaturen sowie zur Darstellung von reinen, kohlefreien Metallen und von Korund . . 36

Über die Erzielung hoher Temperaturen durch Verbrennung von Aluminium 51

Verfahren zur Erzeugung hoher Temperaturen 59

Die Erzielung hoher Temperaturen durch Verbrennung von Aluminium 65

L'Aluminothermie, nouveau procédé de préparation du manganèse et du chrome et d'obtention de températures très élevées 68

Das Zusammenschweißen von schmiedeeisernen Röhren 80

Verfahren zur Erzeugung hoher Temperaturen durch Verbrennen von Aluminium und einige Anwendungen desselben in der Technik. . . 90

Verfahren zum Ausbessern von Schmiede- und Stahlfassongußstücken nach Dr. Hans Goldschmidt, Essen a. d. Ruhr. 102

Das Enthärten von Panzerplatten nach dem aluminothermischen Verfahren von Dr. Hans Goldschmidt, Essen a. d. Ruhr 106

Einige technische Anwendungen des Verfahrens zur Erzeugung hoher Temperaturen durch Verbrennen von Aluminium (Aluminothermie) 107

Verfahren zur Erzeugung hoher Temperaturen mittels Verbrennens von Aluminium mit einigen technischen Anwendungen (Aluminothermie) 123

Practical Applications of the Process for the Production of High Temperatures by the Combustion of Aluminium 137

Anschweißen schadhafter oder abgenutzter Werkstücke, wie Walzenzapfen und dergleichen, mit Hilfe des aluminothermischen Verfahrens 146

Aluminothermie, Verfahren zur Erzeugung hoher Temperaturen mittels Verbrennens von Aluminium und dessen technische Anwendungsarten 148

Aluminothermie. Die Erzeugung hoher Temperaturen mittels Verbrennens von Aluminium und deren technische Anwendungen 167

Automatisches Schienenschweißverfahren 195

Aluminothermisches Schweißverfahren mit Hilfe eines automatisch wirkenden Abstiches 199

Seite

Aluminothermisches Schweiß- und Gießverfahren mit Hilfe eines automatisch wirkenden Abstiches. „Schienenschweißung“ 208
Aluminothermie, ein Verfahren zur Erzeugung hoher Temperaturen und deren technische Anwendungen 212
Die Aluminothermie 216
Zusammenschweißen von schmiedeeisernen Röhren nach dem aluminothermischen Verfahren 230
Anschweißen abgebrochener Walzenzapfen und ähnlicher schwerer Stücke mit Hilfe von Thermit 240
Über die Energiedichte des Thermits und einige neue technische Anwendungen der Aluminothermie 245
Eine neue automatische Schienenschweißung nach dem Goldschmidtschen Verfahren unter praktischer Vorführung einer Stoßschweißung . . 253
Aluminothermie 257
Verwendung des Thermiteisens 271
Über Aluminothermie 286
Über Eisen- und Stahlerzeugung im elektrischen Ofen 293
Neue Anwendungen der Aluminothermie für Stahl und Eisen 304
Aluminothermie 311
Aluminothermics, or Production of High Temperatures by Burning Aluminium and the Application of this to Engineering and Metallurgy 329
The Production of Pure Metals Free from Carbons by the Aluminothermic Method 339
Der Ruthenburg-Prozeß 344
Die Verwendung der Erwärmungsmasse Marke „Thermit“ in der Industrie 347
Aluminothermics 358
Große Schweißungen mittels Thermits im Schiffbau 367
Neue Thermitreaktionen 370
Calcium Silicide. Trade-Mark „Thermit“, a Purifier for Metals-Particularly Steel 379
New Thermit Reactions 381
The Melting Point in its Relation to Alloying Capacity 387
Erinnerungen an Robert Wilhelm Bunsen 389
Reminiscences of Robert Wilhelm Bunsen 396
A new Method for the Improvement of the Soundness of Steel Ingots by the Aid of Thermit 403

Seite 80 97 98 115 142 161 185

Abb. 1

Zerreißstab aus verschweißtem Rohr.

Abb. 2

Rohre, die beim Flachschlagen in der Längsrichtung geplatzt sind, während die in der Mitte der Rohrenden befindliche Querschweißung unverletzt blieb

In der Mitte desselben angeätzte Fläche, auf welcher die Schweißstelle sichtbar. Festigkeit: 36,8 pro qmm, Dehnung: 11,5 %. Festigkeit des ungeschweißten Materials: 38,5 pro qmm, Dehnung 15 %.

Abb. 3

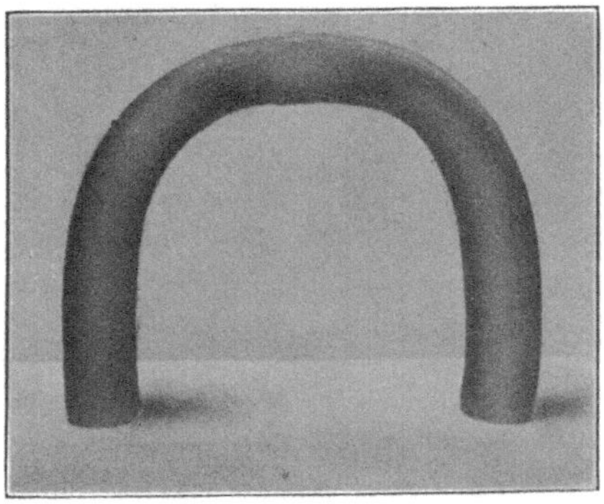

Geschweißtes Rohr, in kaltem Zustande gebogen

Seite 82 83 89 96 114 115 142

Abb. 4

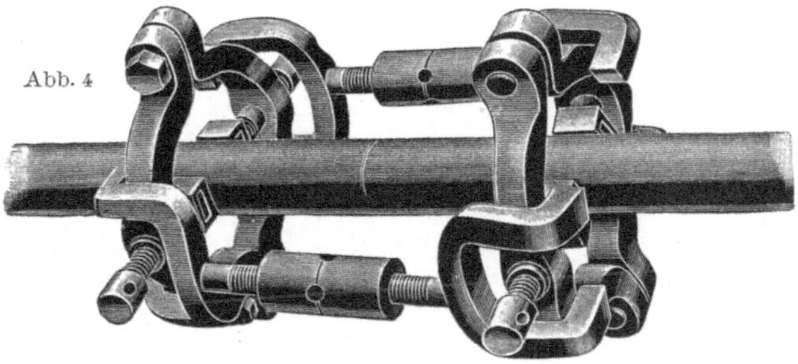

Zweizöllige Rohre mit angelegtem Spannapparat

Abb. 5

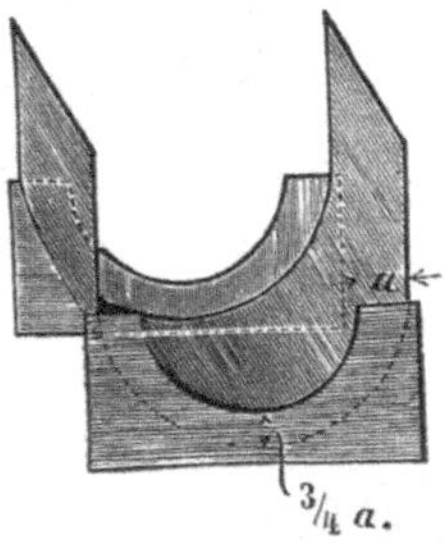

Unterteil einer für horizontal zu verschweißende Rohre bestimmten Form

Abb. 6

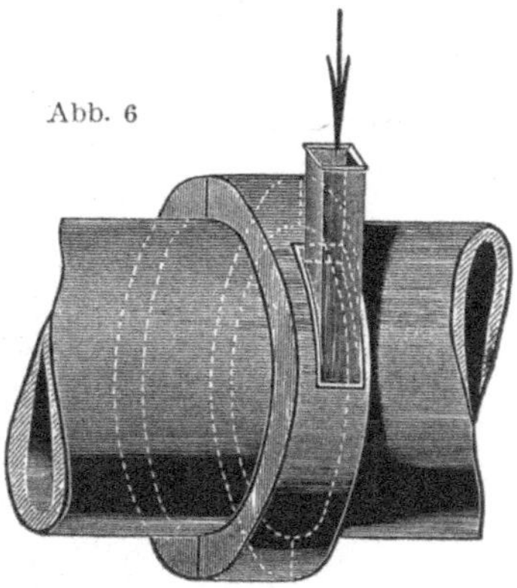

Eingußform für über vier Zoll weite Rohre

Abb. 7

Rohre in horizontaler Lage mit angelegter Eingußform

Seite 83 86 89 96 115 142 236 336

Abb. 8

Rohre in senkrechter Lage mit angelegter Eingußform

Abb. 9

Zum Eingießen der Erwärmungsmasse Marke „Thermit“ vorbereitete Form

Abb. 10

Tiegel mit zugehöriger Zange

Seite 87 88 95 96 100 113 115
130 141 142 190

Abb. 11

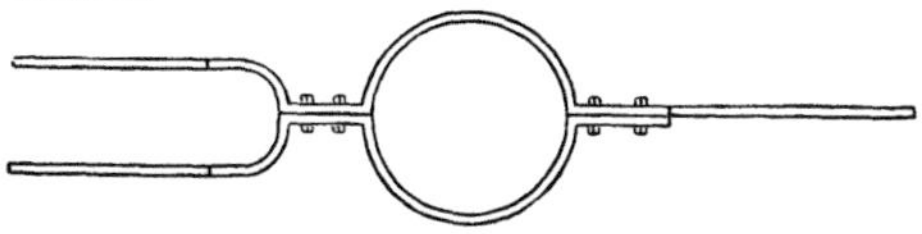

Halter für große Tiegel

Abb. 12

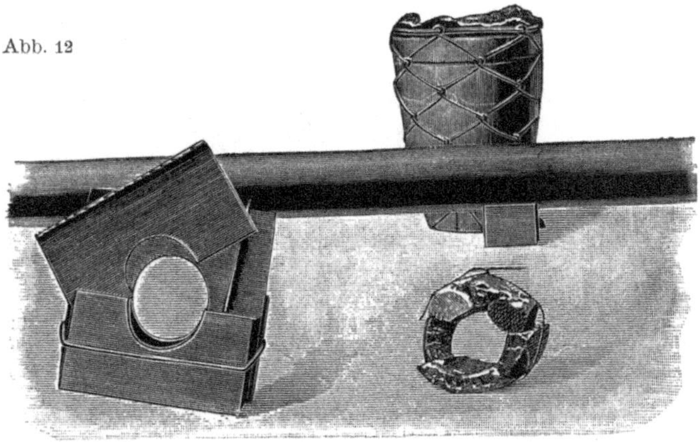

Verschweißte Rohre mit zugehörigem Tiegel, abgeschlagener Form und abgeschlagener Masse

Abb. 13

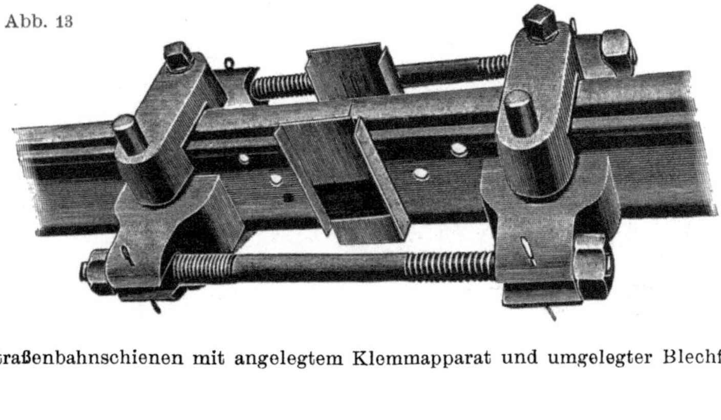

Straßenbahnschienen mit angelegtem Klemmapparat und umgelegter Blechform

Seite 95 101 105 117 121 133 135 143 145 158 181

Abb. 15
Mit Erwärmungsmasse Marke „Thermit“ ausgebesserter Lunker an einem Zylinderflansch

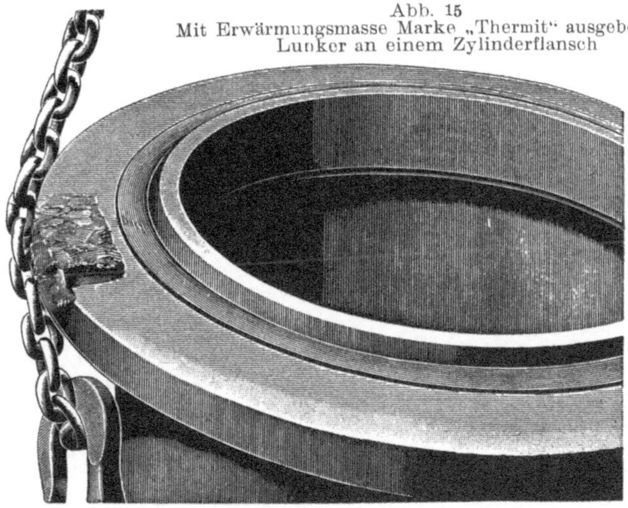

Abb. 14
Schweißung von Straßenbahnschienen in Braunschweig, 1900

Seite 101 105 111 121 128
136 140 145 155 177 193
213 221 266 280 288 289

Abb. 16

Stück eines Zahnrades mit abgebrochenem Zahn, mit unbearbeiteter und bearbeiteter Aufschweißung

Abb. 17

$^1/_4$ m dicker Eisenblock durch Aufgießen von aluminogenetischem Eisen bis auf ein Drittel durchgeschmolzen

Seite 146 161 164 184
191 230 291

Abb. 18

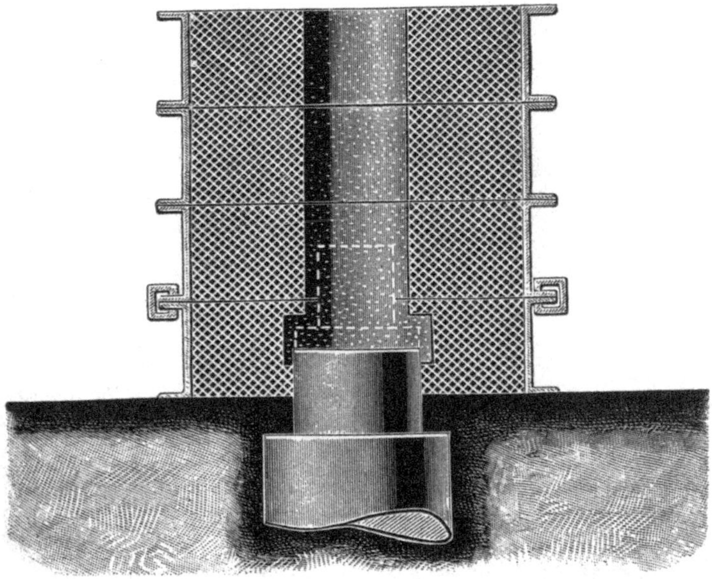

Form zum Anschweißen eines neuen Zapfens an einer Walze

Abb. 19

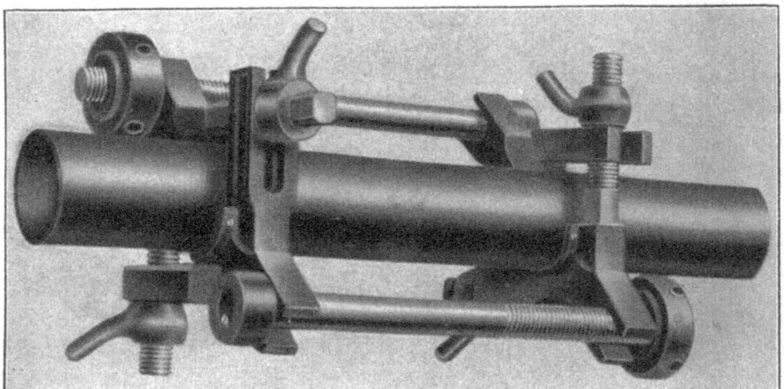

Zweizöllige Rohre mit angelegtem Spannapparat

Seite 161 184 185 213 223 230 239 324 357

Abb. 20

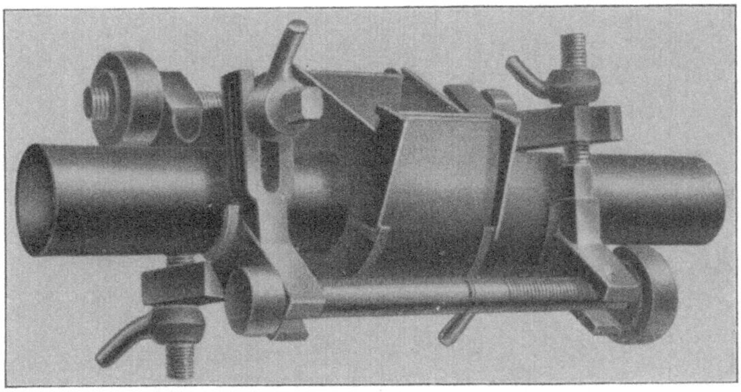

Rohre mit angelegter Eingußform und angelegtem Spannapparat

Abb. 21

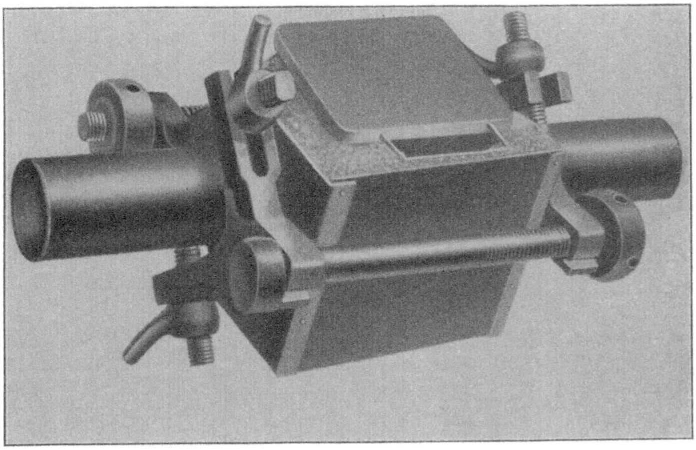

Horizontalliegende Rohre mit zum Eingießen fertig vorbereiteter Form

Abb. 22

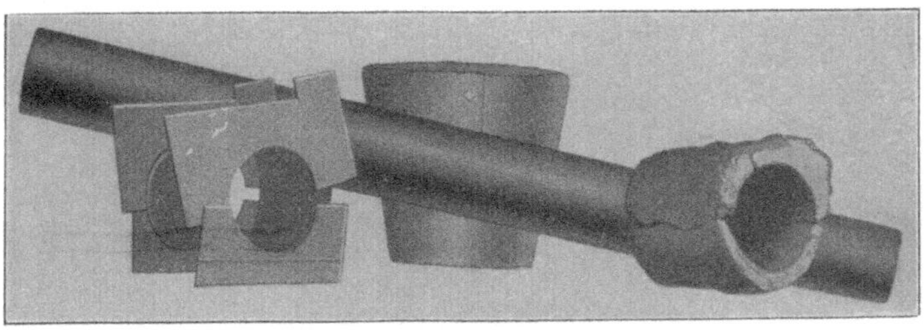

Verschweißte Rohre mit zugehörigem Tiegel, abgeschlagener Form und ageschlagener Masse.

Seite 161 163 185 187 224 238

Abb. 23

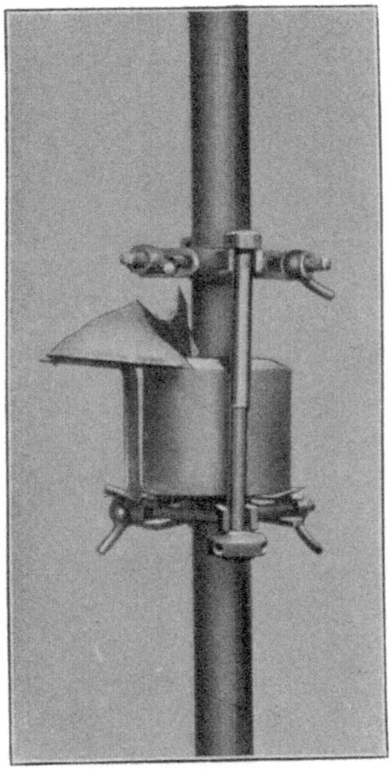

Form für in senkrechter Lage
zu verschweißende Rohre

Abb. 24

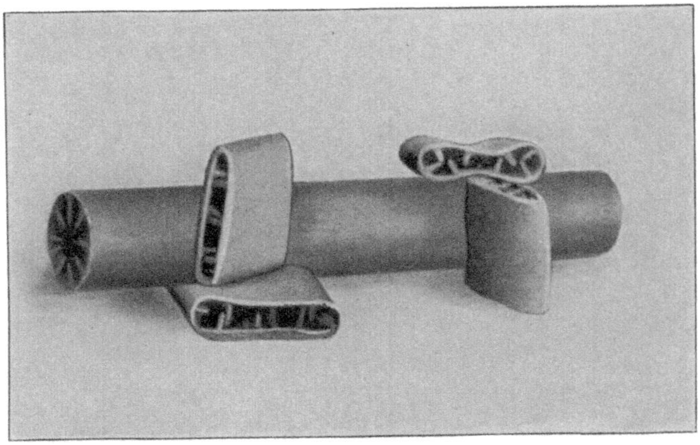

Geschweißte Rippenrohre, zum Teil nach der Schweißung
flachgeschlagen

Seite 163 187 239 291

Abb. 25

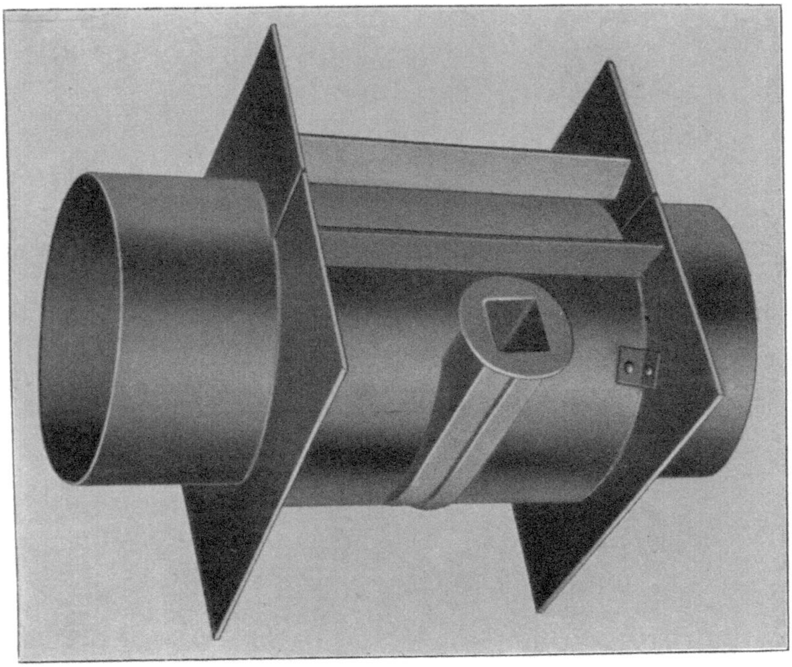

Eingußform für über fünf Zoll weite Rohre

Seite 165 166 193

Abb. 26 und 27

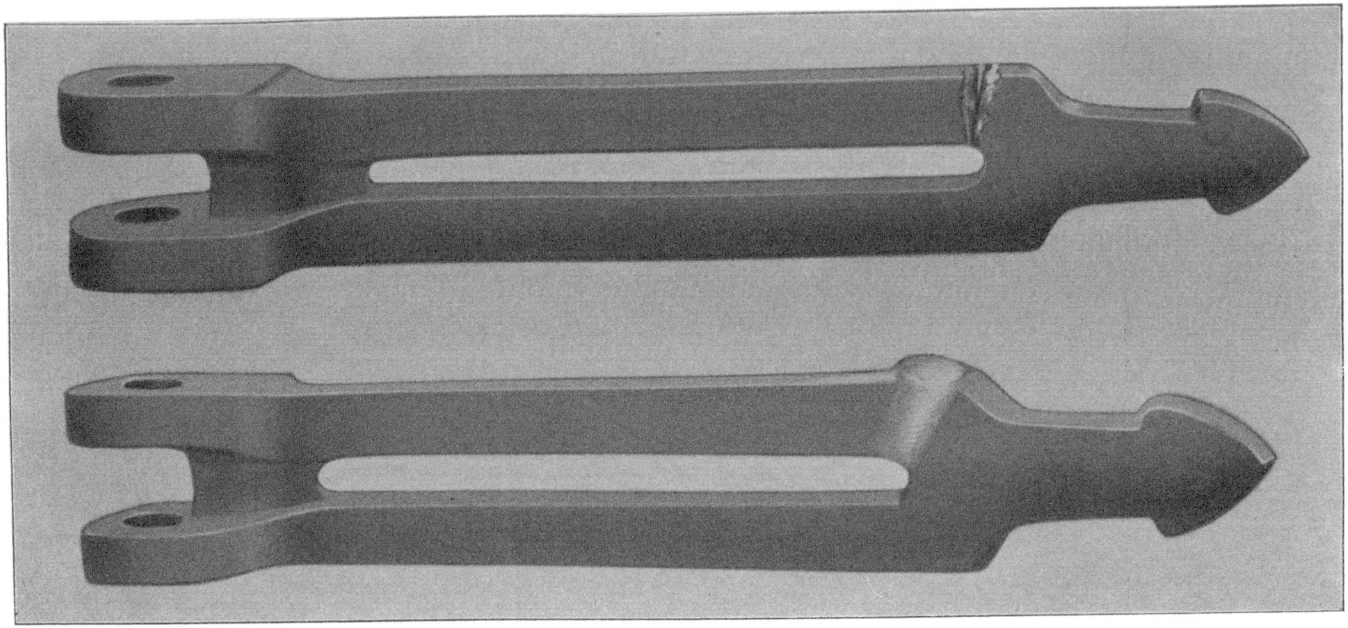

Mittels Erwärmungsmasse Marke „Thermit“ geschweißtes Stahlgußstück; Abb. 26 vor der Schweißung, Abb. 27 nach der Schweißung.

Seite 166 193 221 284 280 289

Abb. 28

Gußeisenplatte mit aufgegossenemBuckel aus Gußeisen, der nach der Aufschweißung in der Mitte durchbohrt und dann gesprengt wurde.

Abb. 30

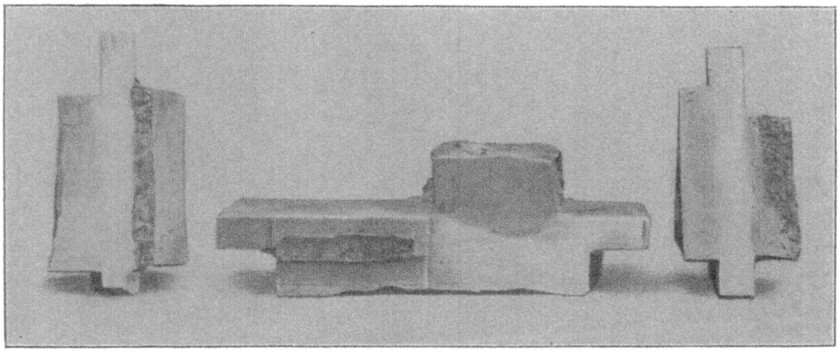

Aufgüsse von aluminogenetischem Eisen auf 20 mm starke Bleche, eingeätzt.

Abb. 29

Auf einer Stahlplatte aufgeschweißter gußeiserner Buckel.

Abb. 31

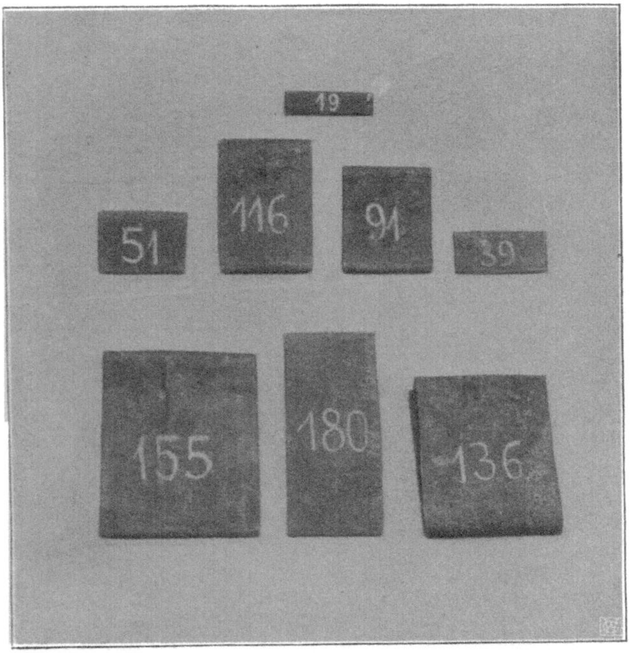

Seite
185 196
204 209
213 236
268 277
289

Aluminothermisch verschweißte Rohre verschiedenen Durchmessers, nach der Schweißung plattgeschlagen

Abb. 32

Aluminothermische Schienenschweißung im Augenblick der Reaktion

Seite 196 198 204 206 209 211
213 226 268 276 277

Abb. 33

Geschweißte Straßenbahnschienen; Schweißstelle am Fuße und Steg der Schiene durch einen aus aluminothermischem Eisen angeschweißten Schuh verstärkt

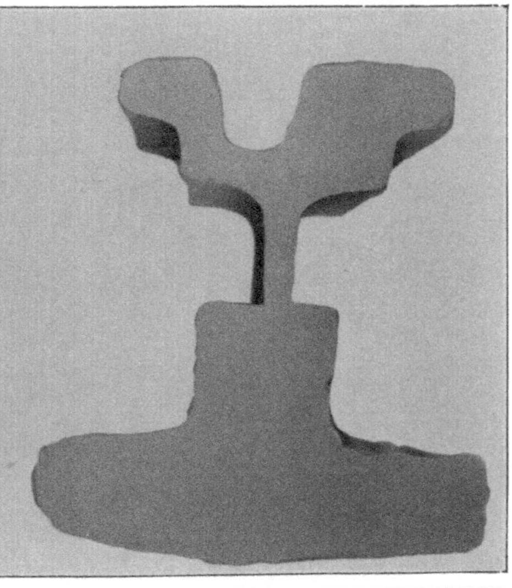

Abb. 34
Geschweißte Straßenbahnschiene, an der Schweißstelle durchschnitten

Abb. 35
Geschweißte Straßenbahnschiene, Durchschnitt durch die Schweißstelle

Seite 200 203 207 213 268 277 289

Abb. 36

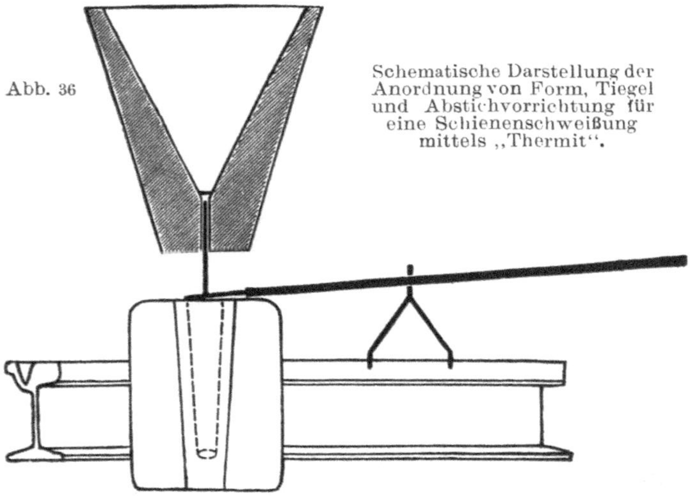

Schematische Darstellung der Anordnung von Form, Tiegel und Abstichvorrichtung für eine Schienenschweißung mittels „Thermit".

Abb. 37
Form für die aluminothermische Verschweißung eines Eisenbarrens von 100×100 mm

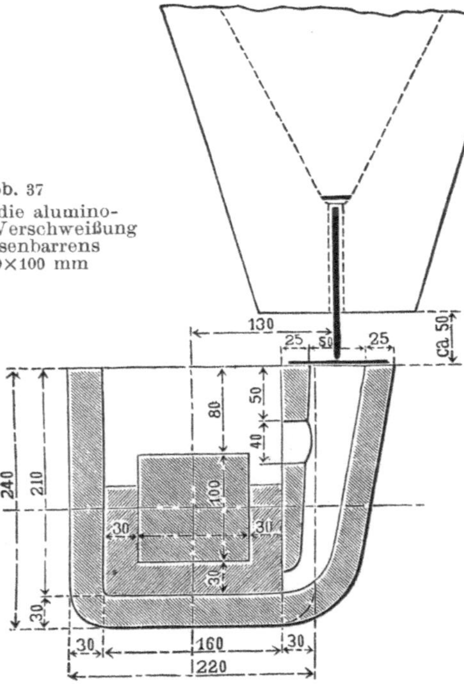

Seite 207 217 240 273
277 283 335 349

Abb. 38

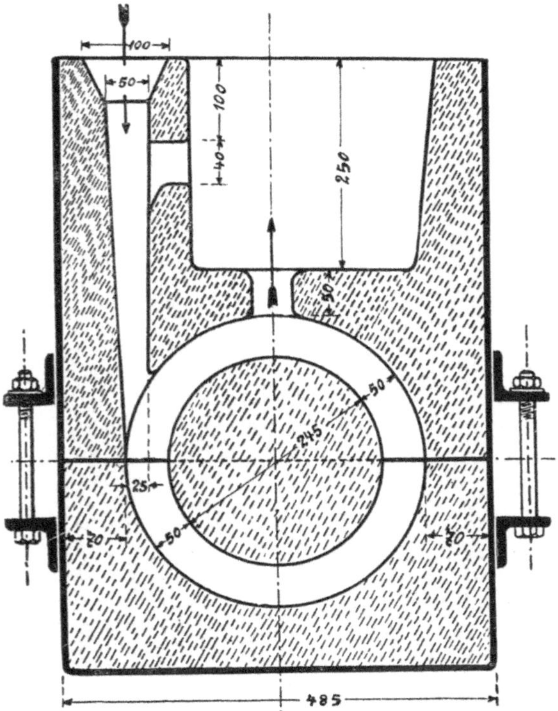

Form für die Verschweißung einer Welle von 245 mm Durchmesser

Abb. 39

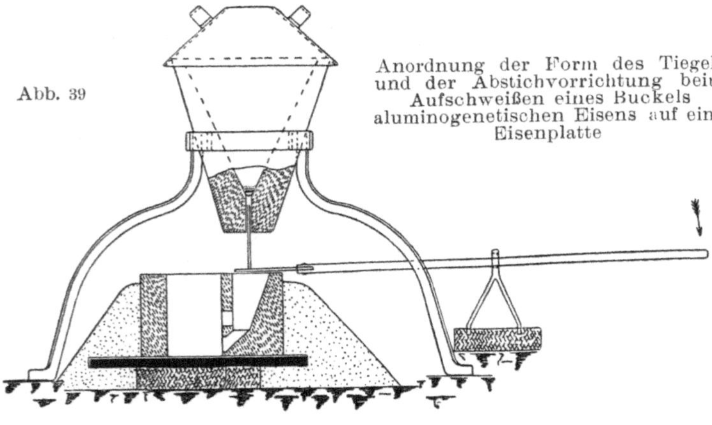

Anordnung der Form des Tiegels und der Abstichvorrichtung beim Aufschweißen eines Buckels aluminogenetischen Eisens auf eine Eisenplatte

Seite 217 239 266 274 279 349

Abb. 40

Durchschmelzen einer Eisenplatte mittels „Thermit“

Abb. 41

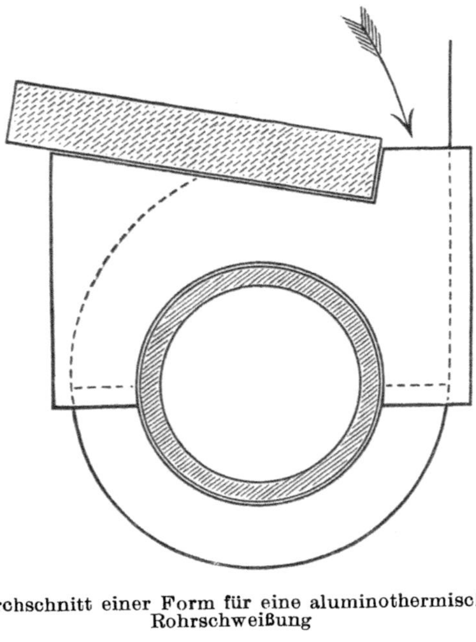

Durchschnitt einer Form für eine aluminothermische Rohrschweißung

Seite 241 242 284

Abb. 42

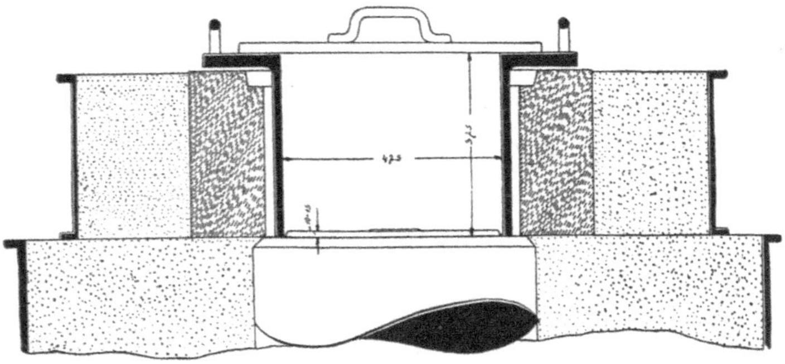

Unterteil der Form für die Schweißung eines abgebrochenen Walzenzapfens

Abb. 43

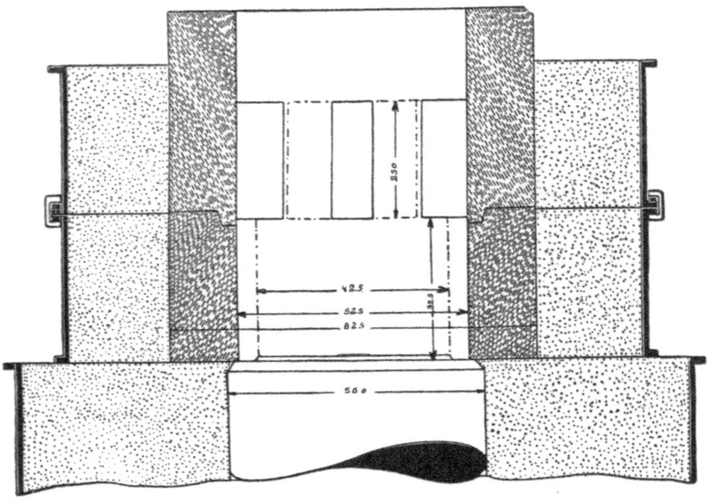

Vollständige Form für die Schweißung eines abgebrochenen Walzenzapfens

Seite 268 277 325 335

Abb. 44

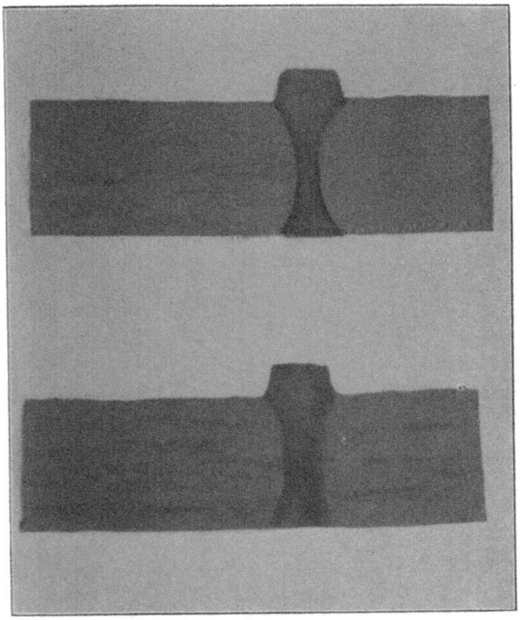

Mit „Thermit" geschweißte Eisenbarren,
der Länge nach durchschnitten und angeätzt

Abb. 45

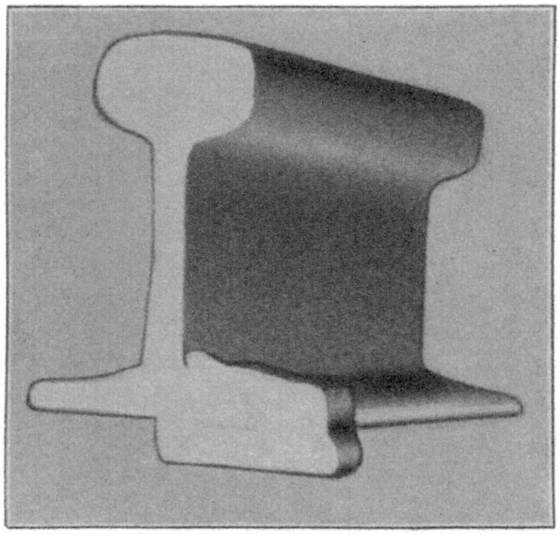

Stromleitungsschiene mit angeschweißtem Wulst
aus aluminogenetischem Eisen, durchschnitten

Seite 281 289 314 333 356

Abb. 46

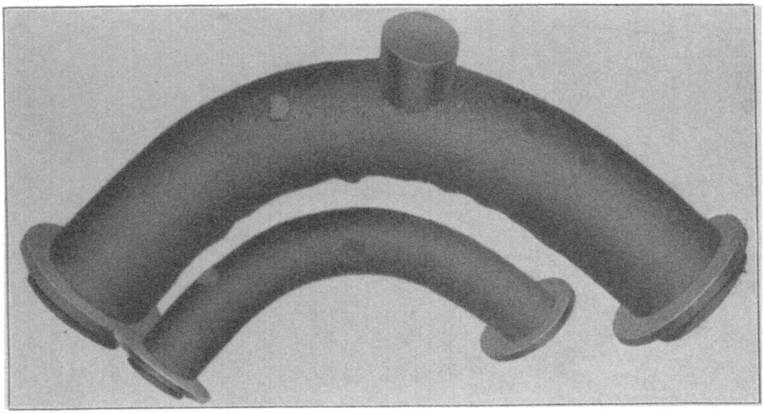

Schmiedeeiserne Rohre mit Fehlstellen, die mittels Erwärmungsmasse Marke „Thermit“ ausgebessert wurden

Abb. 47

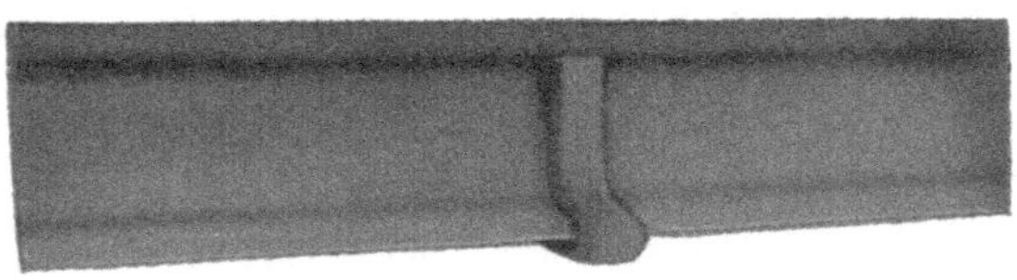

Geschweißte Straßenbahnschiene

Seite 292 324 331 336

Abb. 48

Achtersteven des Hapag-Dampfers „Sevilla“
mit Schweißstellen

Seite 295

Abb. 49

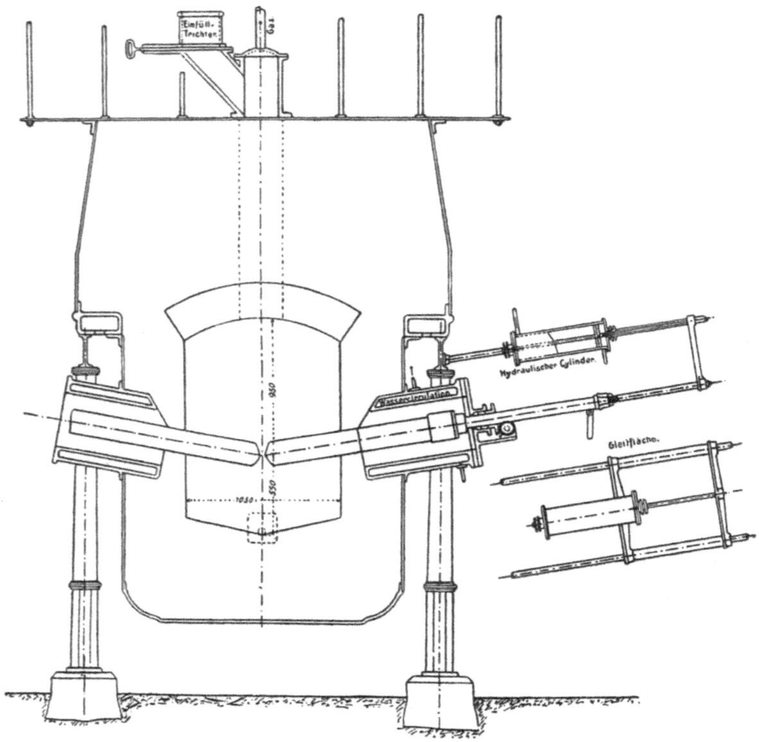

Schnitt durch den Stassano-Ofen

Abb. 50

Stassano-Ofen

Abb. 51

Versuchsofen von Stassano

Seite 300 331

Abb. 52

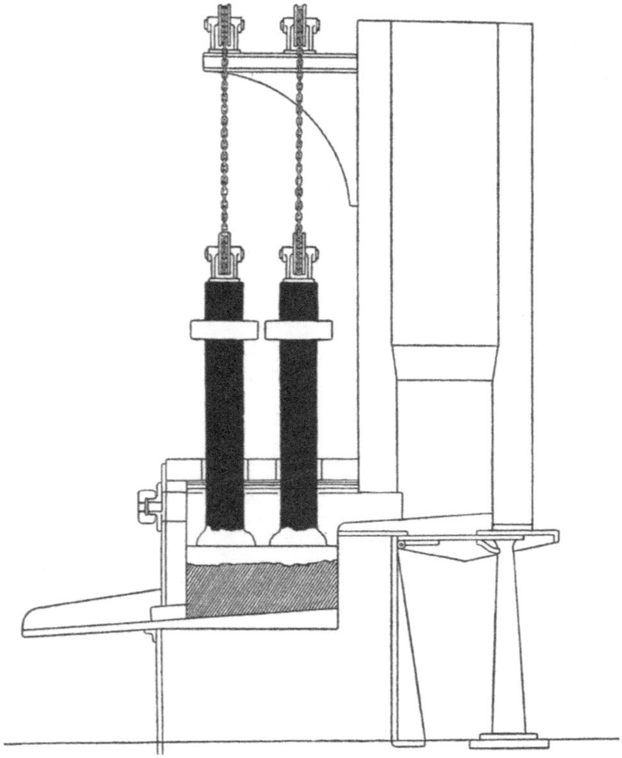

Schnitt durch den Raffinationsofen von Keller

Seite 300

Abb. 53

Raffinationsofen von Keller

Seite 301

Abb. 54

Héroult-Ofen

Abb. 55

Héroult-Ofen in Betrieb

Seite 301 302

Abb. 56

Héroult-Ofen. Ausgießen der fertigen Charge

Abb. 57

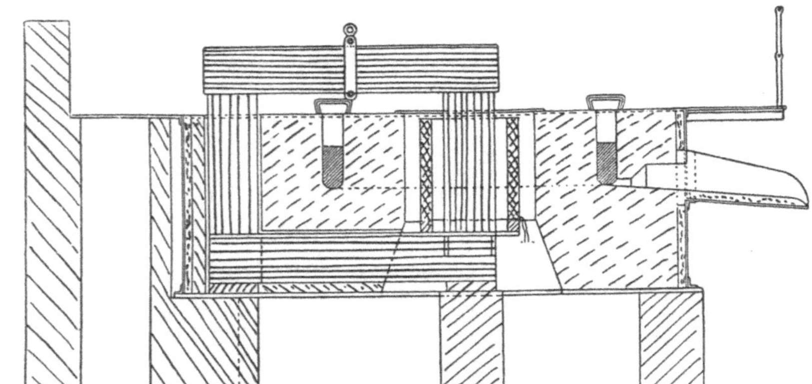

Schnitt durch den Kjellin-Ofen

Seite 302

Abb. 58

Kjellin-Ofen

Abb. 59

Seite 302 308 309 327 337

Kjellin-Ofen. Ausgießen der fertigen Charge

Abb. 61

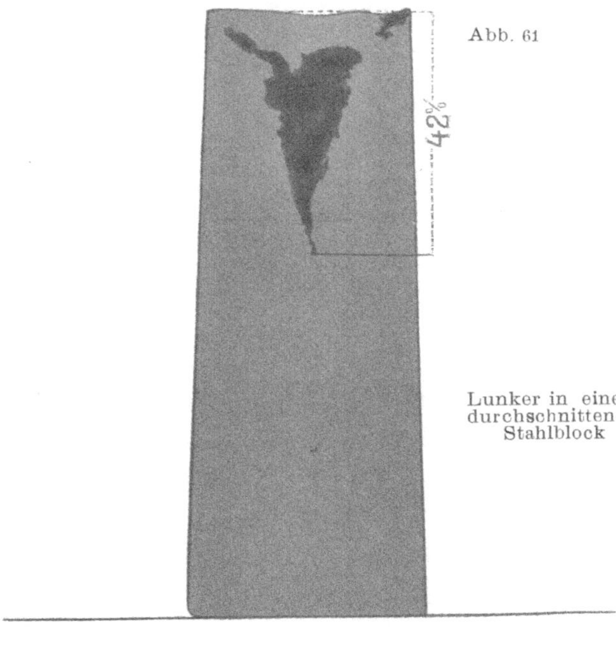

Lunker in einem durchschnittenen Stahlblock

Seite 308 309 326 327 337 357

Abb. 60

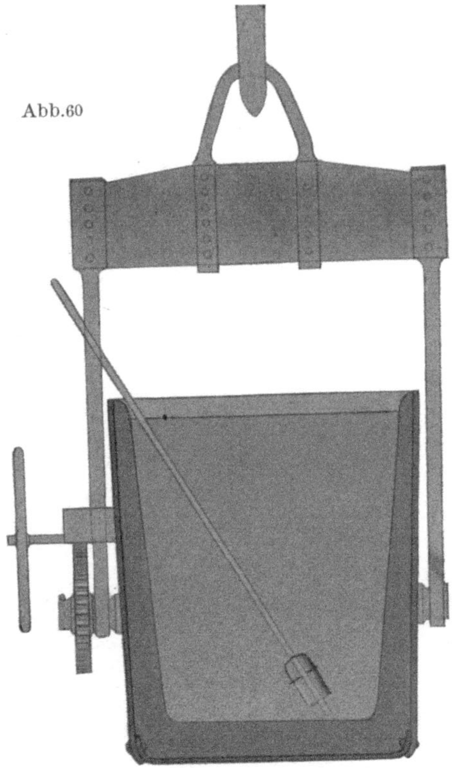

Pfanne mit flüssigem Gußeisen und darin eingetauchter Büchse Titan-Thermit

Abb. 62

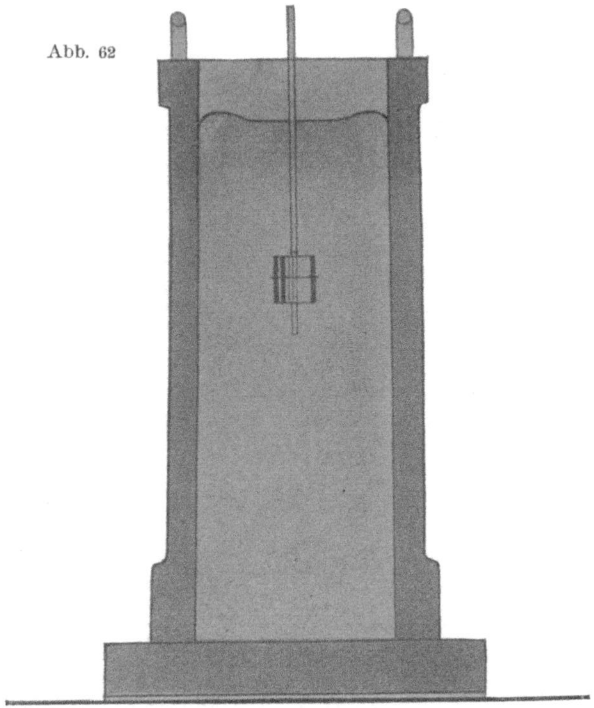

Durchschnitt einer Kokille mit flüssigem Stahl, in die eine Büchse Lunkerthermit eingetaucht ist

Seite 308 309 328 337

Abb. 63

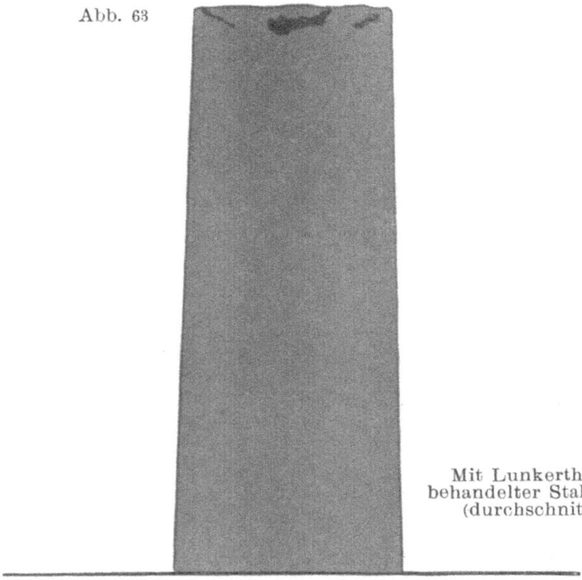

Mit Lunkerthermit behandelter Stahlblock (durchschnitten)

Abb. 64

Seite 313 353

Abb. 65

Schweißung von Straßenbahnschienen in Dresden, 1901

Seite 313

Abb. 66

Schweißung von Straßenbahnschienen in Graz, 1902

Seite
314 331
355 356

Abb. 67

Anordnung der Geräte (Klemmapparat, Form, Tiegel u. Abstichvorrichtung) für eine aluminothermische Schienenschweißung. 1903

Abb. 68

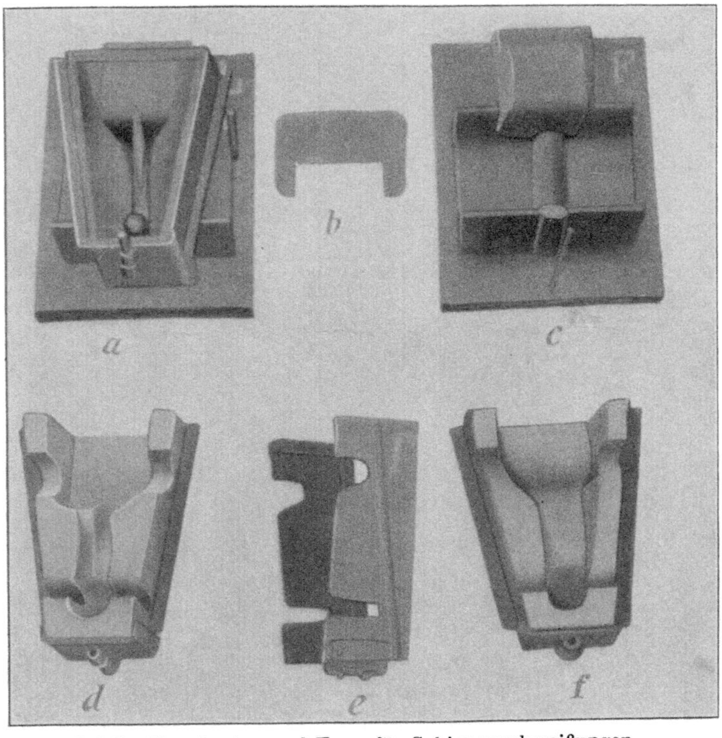

Modelle, Formkasten und Form für Schienenschweißungen

Seite 316 331 332

Abb. 69

Schweißung einer bereits eingebauten Straßenbahnschiene

Seite 317 324 334 335 336 349 356

Abb. 70

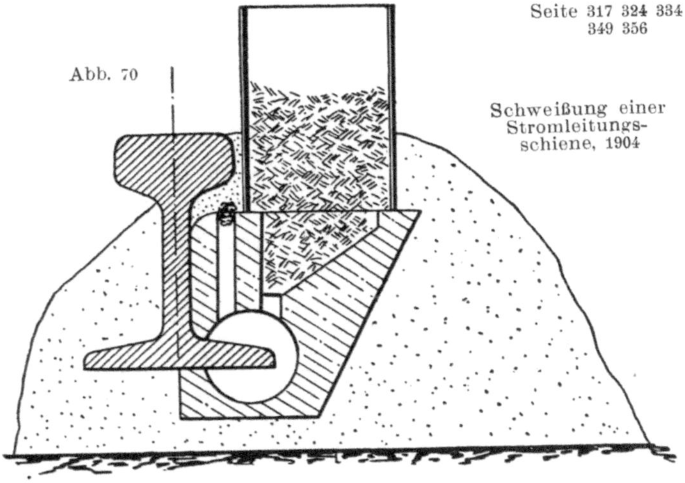

Schweißung einer Stromleitungs-schiene, 1904

Abb. 72

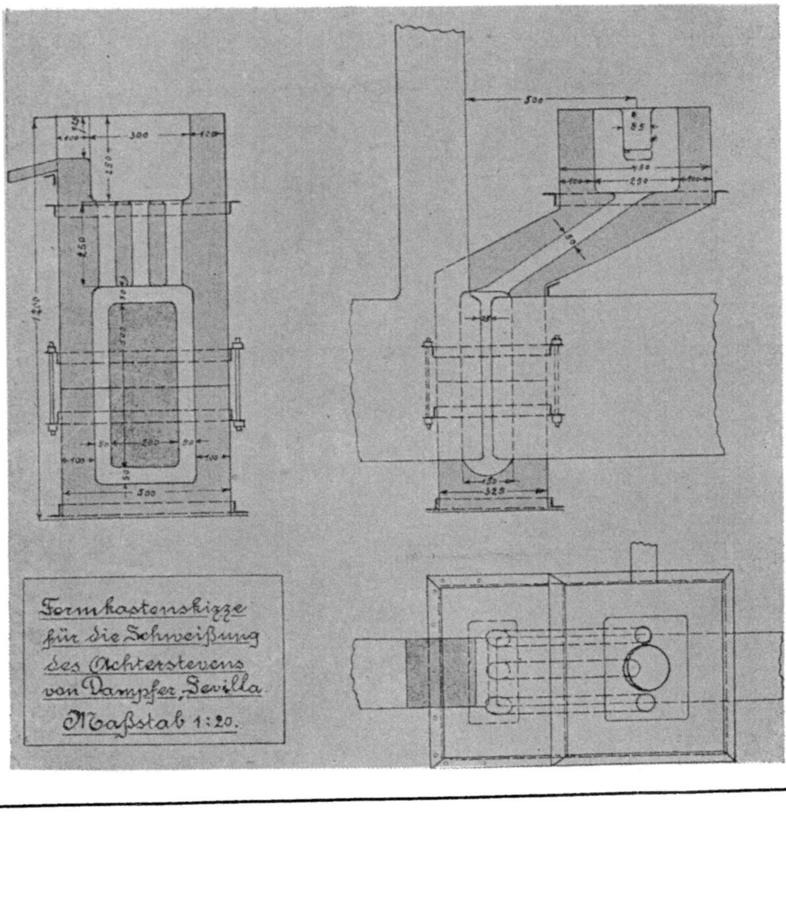

Seite 324 336 357

Abb. 71. Geschweißter Achtersteven des Dampfers „Sebenico"

Seite
324 326

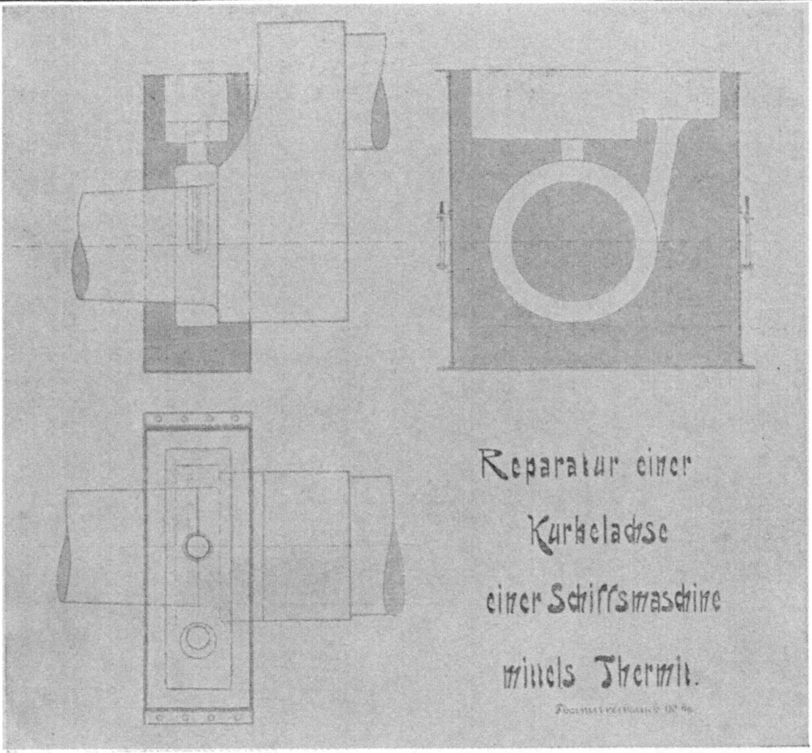

Abb.
73

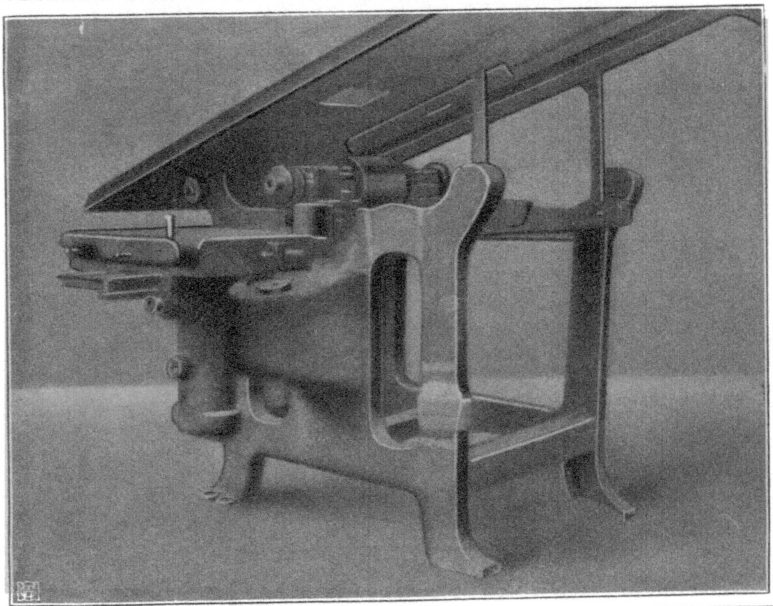

Abb. 74

Mittels „Thermit" reparierte Holzbearbeitungsmaschine

Seite 326

Abb. 75

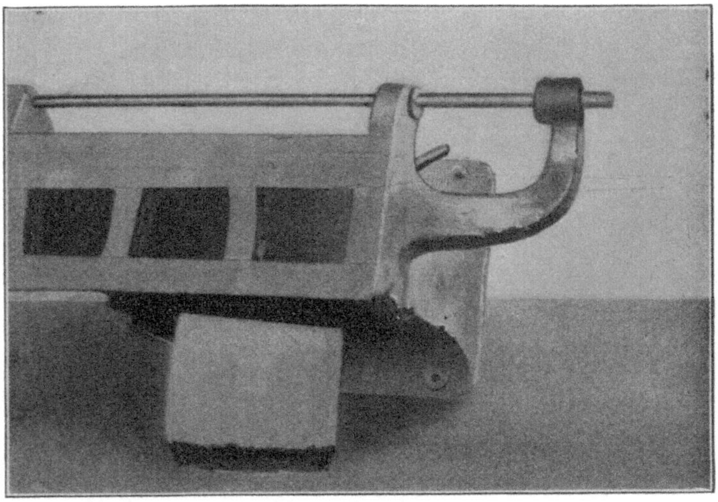

Mittels „Thermit“ reparierte Holzbearbeitungsmaschine

Abb. 76

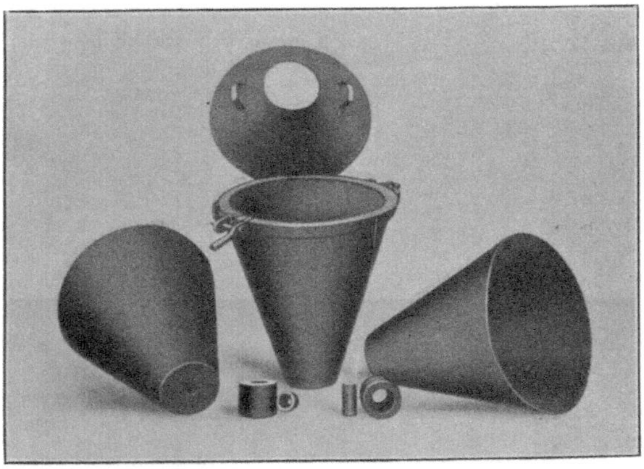

Automatischer Tiegel für das Goldschmidtsche Schweißverfahren.

Seite 332

Abb. 77

Lokomotivrad mit gebrochenen Speichen zur Schweißung vorbereitet.

Abb. 78

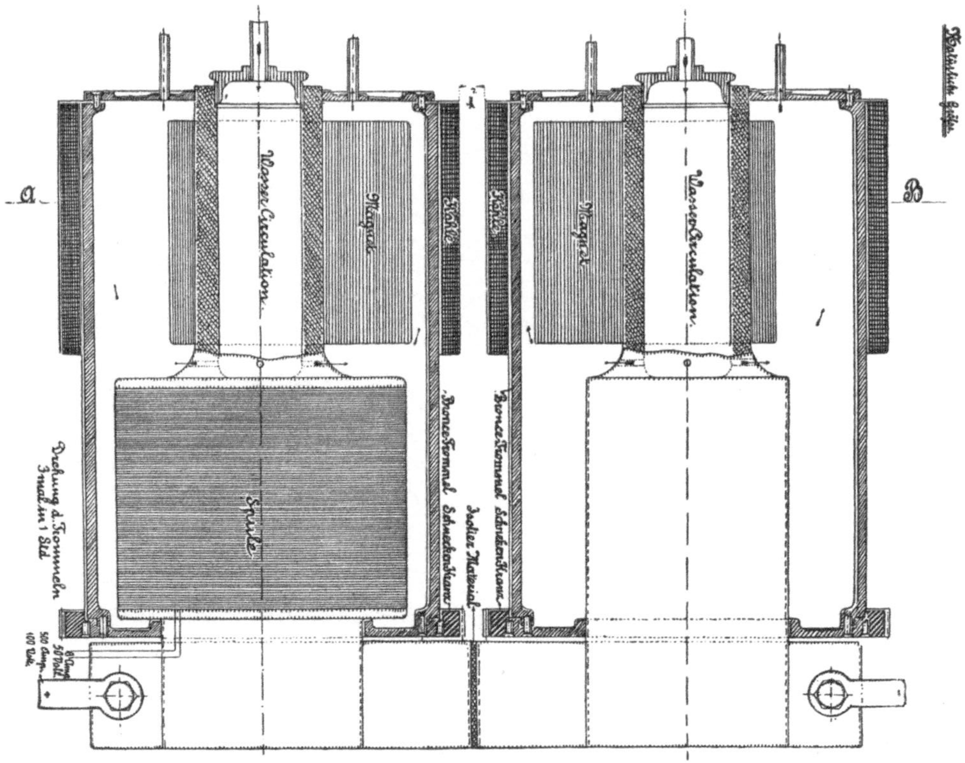

Schnitt durch die Vorrichtung nach Ruthenburg zur elektromagnetischen Aufbereitung von Eisenerzen

Seite 344

Abb. 79

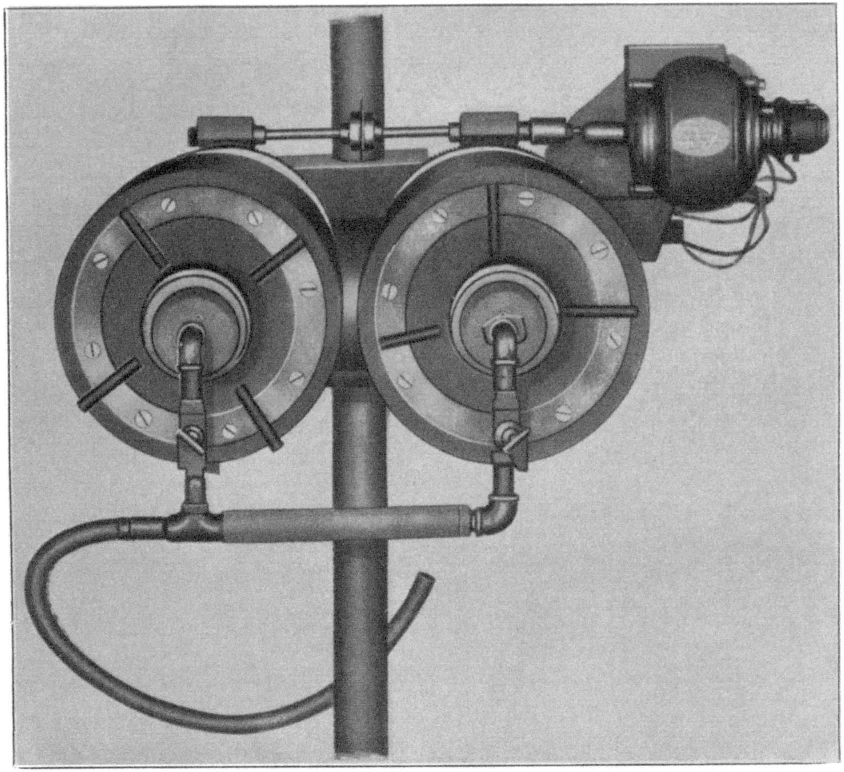

Elektromagnete
mit
Wasserkühlung

Seite 344 346

Abb. 80

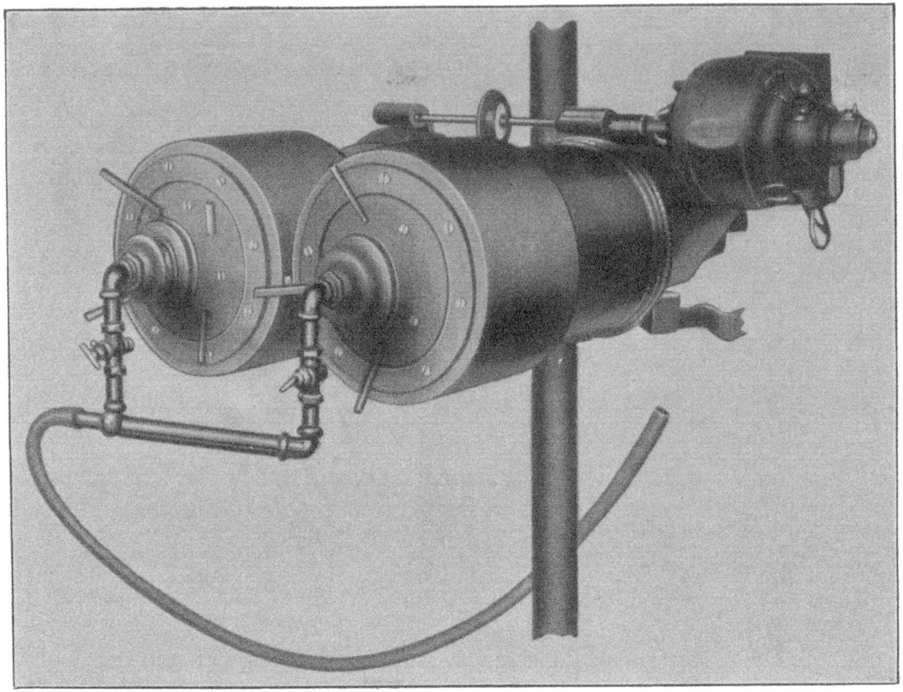

Elektromagnete mit Wasserkühlung

Abb. 81

Aufbereitungsanlage mit kleinem Schachtofen

Abb. 82

Seite 352

Schweißung von Straßenbahnschienen in Berlin auf der Potsdamer Straße, 1902

Abb. 85 a

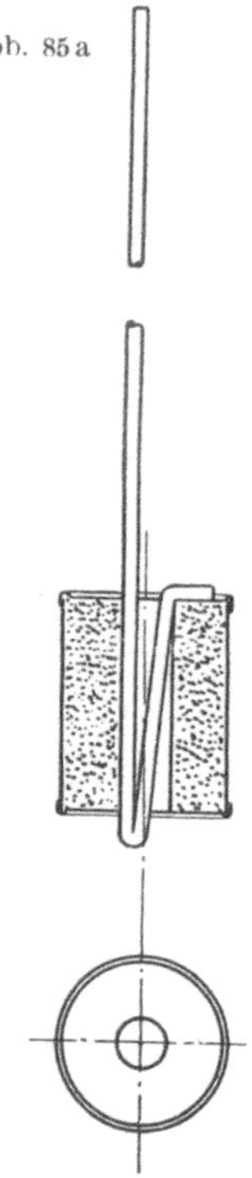

Abb 85 b

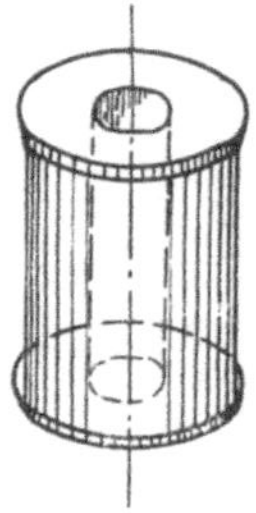

Befestigung der Lunkerthermit-Büchse an einem Eisenstab

Abb. 83

Lokomotivrad mit zwei mittels „Thermit“ reparierten Speichen

Seite 357

Abb. 84

Kurbelwelle

Abb. 86

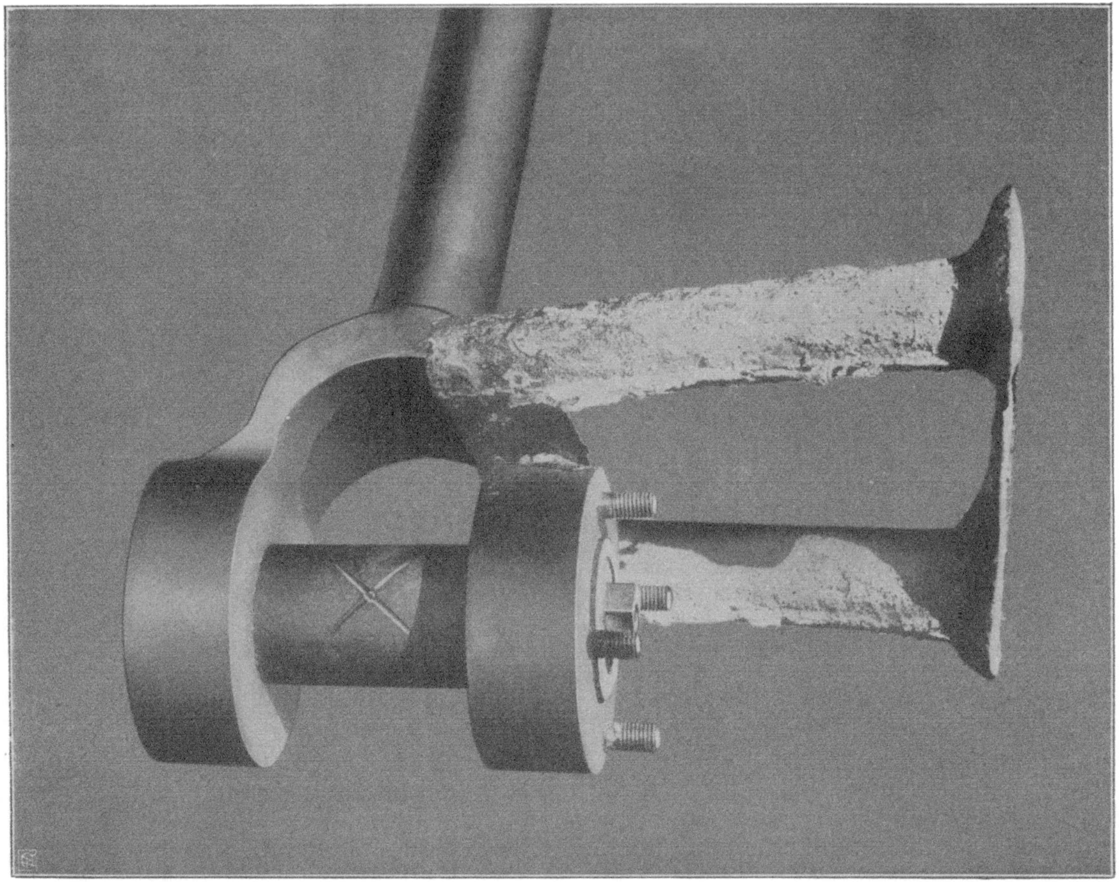

Mittels „Thermit" reparierte Pleuelstange

Abb. 87

Schweißung einer freiliegenden Rohrleitung mittels „Thermit"

Abb. 88

Mittels „Thermit" geschweißte Rohre, die durch einen umgestürzten Kessel herabgerissen und verbogen wurden, ohne leck zu werden

Abb. 89

Schweißung der Stromleitungsschiene auf der Untergrundbahn in Paris. Métropolitain

Abb. 90

Mittels „Thermit“ reparierte Bolzen-Schmiedemaschine. Eisenwulst mit Einlauf und Steigetrichter

Abb. 91

Wellenbock eines Kriegsschiffes, Bruchstellen vor der Schweißung

Abb. 92

An zwei Stellen geschweißter Wellenbock eines Kriegsschiffes

Abb. 93

Schweißung von Straßenbahnschienen auf der neuen Rheinbrücke in Köln a. Rh.

Abb. 94

Mittels „Thermit“ geschweißter Hintersteven eines Linienschiffes

Abb. 95

Schweißung von Straßenbahnschienen in Rio de Janeiro

Abb. 96

Schweißung von Straßenbahnschienen in Tokio

Abb. 97

Schweißung von Straßenbahnschienen in Paris

Abb. 98

Schweißung von Straßenbahnschienen in Barcelona

Abb. 99

Schweißung von Straßenbahnschienen in Barcelona

GPSR Compliance

The European Union's (EU) General Product Safety Regulation (GPSR) is a set of rules that requires consumer products to be safe and our obligations to ensure this.

If you have any concerns about our products, you can contact us on ProductSafety@springernature.com

In case Publisher is established outside the EU, the EU authorized representative is:

Springer Nature Customer Service Center GmbH
Europaplatz 3
69115 Heidelberg, Germany

Batch number: 10683525

Printed by Printforce, the Netherlands